21世纪电气信息学科立体化系列教材

编审委员会

顾问：

潘　垣（中国工程院院士，华中科技大学）

主任：

吴麟章（湖北工业大学）

委员：（按姓氏笔画排列）

王　斌（三峡大学电气信息学院）
余厚全（长江大学电子信息学院）
陈铁军（郑州大学电气工程学院）
吴怀宇（武汉科技大学信息科学与工程学院）
陈少平（中南民族大学电子信息工程学院）
罗忠文（中国地质大学信息工程学院）
周清雷（郑州大学信息工程学院）
谈宏华（武汉工程大学电气信息学院）
钱同惠（江汉大学物理与信息工程学院）
普杰信（河南科技大学电子信息工程学院）
廖家平（湖北工业大学电气与电子工程学院）

21世纪电气信息学科立体化系列教材

现代控制理论

主　编　赵明旺　王　杰　江卫华
副主编　朱清祥　刘　玫　程　磊

华中科技大学出版社
http://www.hustp.com

内容简介

本书介绍现代控制理论的基础知识。全书共分 7 章。第 1 章介绍了控制理论的发展及现代控制理论的主要内容。第 2 章介绍了控制系统的状态、状态空间和状态空间模型等基本概念，以及如何建立状态空间模型。第 3～5 章分别讨论了控制系统状态空间模型的时域分析、能控能观结构性分析、稳定性分析。第 6 章介绍了基于状态空间分析的系统综合，包括状态反馈与极点配置、系统镇定、系统解耦、状态观测器等。第 7 章介绍了最优控制理论初步知识。

为使读者更好地理解现代控制理论的概念和方法，本书还专门讨论了基于 Matlab 计算软件的现代控制理论相关问题和方法的计算机仿真计算与设计的程序编制和应用。本书还附有编著者自行开发的 Matlab 程序和大量算例。

本书可作为自动化专业、电气工程及其自动化专业、测控技术与仪器专业及其相关专业的本科生及研究生教材，也可供从事控制理论与控制工程研究、设计和应用的科技工作者参考使用。

图书在版编目(CIP)数据

现代控制理论/赵明旺　王　杰　江卫华　主编．—武汉：华中科技大学出版社，2007年3月(**2020.1重印**)

ISBN 978-7-5609-3950-6

Ⅰ.现…　Ⅱ.①赵…　②王…　③江…　Ⅲ.现代控制理论-高等学校-教材　Ⅳ.O231

中国版本图书馆CIP数据核字(2007)第020522号

现代控制理论　　赵明旺　王　杰　江卫华　主编

策划编辑：王红梅

责任编辑：王红梅　　封面设计：秦　茹

责任校对：陈　骏　　责任监印：周治超

出版发行：华中科技大学出版社(中国·武汉)

武昌喻家山　邮编：430074　电话：(027)87557437

录　排：华中科技大学惠友文印中心

印　刷：武汉华工鑫宏印务有限公司

开本：787mm×960mm　1/16　印张：24.75　插页：2　字数：484 000

版次：2007年3月第1版　**印次：2020年1月第5次印刷**　定价：**49.80元**

ISBN 978-7-5609-3950-6/O·410

前 言

本书是自动化专业、电气工程及其自动化专业、测控技术和仪器专业的教学计划中所列“现代控制理论”课程的对应教材。学习本课程的目的是使学生获得现代控制理论基础知识，掌握控制系统的状态空间分析方法，熟悉控制系统综合与最优控制方法，并为今后的学习深造和实际运用打下扎实的基础。全书覆盖线性系统理论和最优控制两个现代控制理论最基本的分支，内容包括线性系统的状态空间表示与运动分析、线性系统的能控性与能观性分析、控制系统的李雅普诺夫稳定性分析、系统综合以及最优控制。

现代控制理论涉及的数学概念与方法之多、之深、之新，与工程应用结合之紧密，在其他工科专业的知识体系中是不多见的。在教学中既要讲清现代数学与控制理论的基本概念和方法、建立控制理论的独特的思维方式，又要为控制理论与控制工程设计及应用架桥铺路，这给现代控制理论课程的教学带来极大困难与挑战。本书编著者多年从事控制理论系列课程的教学工作，潜心研究控制理论课程的教材内容和教学方法，积累了丰富的经验。在撰写过程中充分考虑了学习过程的教与学两个环节的特点，以增强教学过程的可操作性。

随着计算机技术与现代教育技术的发展，本书在如下两个方面作了新的探索。

(1) 专长于科学计算与工程设计的 Matlab 语言的诞生与发展，为现代控制理论课程的教学提供了新的支撑平台，为教学注入了新的活力。本书充分利用 Matlab 的图形化工具直观性强和符号计算工具揭示系统规律深刻的特点，在 Matlab 平台上介绍控制系统仿真分析、设计问题的计算方法与软件开发。为不破坏控制理论知识的系统性和严整性，编著者将 Matlab 相关内容放在各章的最后一节，既与本章内容相呼应，又自成体系。

(2) 以多媒体教学、网络教学为代表的现代教育技术的发展，为现代控制理论的教学带来了教学方法的革新。顺应这一革新，编著者精心开发了用于多媒体教学、网络教学的课件。需要使用者可直接登录华中科技大学出版社教学资源网下载。该课件是开放的，教学者可以直接使用，也可以在此基础上适当裁剪、加工，开发自己的课件；课件还包含所有为本书开发的 Matlab 程序、库函数以及图形化仿真软件平台，全书的习题参考答案，以及与控制理论相关的文献、资料。

在华中科技大学出版社的组织与协调下，来自 6 所高校长期担任“现代控制理论”课程教学的老师组成了本书的编委会。大家集思广益，深入细致地讨论了本书的编写大纲，然后分工负责各章的编写工作。本书编写分工为：郑州大学王杰编写第 1、2 章（其中 2.6 节与江汉大学刘玫共同编写）；刘玫编写第 3 章；长江大学朱清祥编写第 4 章；武汉工程大学江卫华编写第 5 章，武汉科技大学赵明旺与程磊共同编写第 6 章，赵明旺还负责全书各章的 Matlab 部分撰写、Matlab 程序编制以及附录。编委会特邀长期从事最优控制与鲁棒控制研究的武汉科技大学王耀青编写第 7 章。全书由赵明旺负责修改与统稿。湖北工业大学廖家平参与制定编写大纲，并提出了富有建设性的建议，在此致以衷心谢意！

本书参考了国内外大量专著、教材和文献（见参考文献），在此编著者谨向有关著作者致以衷心的谢意！

本书仅是学习现代控制理论过程中的一个环节。学习过程的实施，还有赖于教学者和学习者这两个教学的主体，有赖于他们教学的实践。书中难免存在不足或疏漏之处，恳请同行专家及使用者批评指正，谢谢！

21 世纪电气信息学科立体化系列教材

《现代控制理论》编委会

2006 年 10 月 20 日

目录

1 现代控制理论概况

本章介绍控制理论的发展、经典控制理论与现代控制理论的特点、Matlab 软件概述、现代控制理论的主要内容及学习方法，以及本书各章节的安排。作为全书的开篇，力求通过对现代控制理论的发展前景和应用成果的展示，激发读者对现代控制理论及相关领域知识探求的渴望和学习热情。

1.1 控制理论发展概述

现代工业、科学技术的迅猛发展，对控制系统提出了越来越高的要求。例如，要求系统有更高的控制精度、更快的控制速度、更大的控制范围以及更强的适应能力等。计算机技术和其他相关材料、设备的发展也为控制系统的新理论、新设计和新技术的产生创造了条件。如今，控制理论和技术已不再局限于工业和科学技术领域，而是广泛渗透到农业、社会、经济等领域。

控制理论的发展基本上可分为经典控制理论和现代控制理论两个阶段。

1.1.1 经典控制理论

在古代，劳动人民就凭借生产实践中积累的丰富经验和对反馈概念的直观认识，发明了许多闪烁着控制理论智慧火花的杰作。例如，我国北宋时期（1086—1089 年）天文学家苏颂、韩公廉建造的水运仪象台，就是一个按负反馈原理构成的闭环非线性自动控制系统；1681 年，法国物理学家、发明家巴本（D. Papin）发明了用作安全调节装置的锅炉压力调节器；1765 年，俄国人普尔佐诺夫（I. Polzunov）发明了蒸汽锅炉水位调节器等。

到了 1788 年，英国人瓦特（J. Watt）在他发明的蒸汽机上使用了离心调速器，解决了蒸汽机的速度控制问题。这项发明引起了人们对控制技术的重视，此后人们曾经试图改善调速器的准确性，却常常导致系统产生振荡。

实践中出现的问题，促使科学家们从理论上进行探索研究。1868年，英国物理学家麦克斯韦(J. C. Maxwell)通过对调速系统线性常微分方程的建立和分析，解释了瓦特速度控制系统不稳定的原因，开辟了用数学方法研究控制系统的途径。此后，英国数学家劳斯(E. J. Routh)和德国数学家胡尔维茨(A. Hurwitz)分别在1877年和1895年独立建立了直接根据代数方程的系数判别系统稳定性的准则。这些方法奠定了经典控制理论中时域分析法的基础。

1932年，美国物理学家奈奎斯特(H. Nyquist)研究了长距离电话线信号传输中出现的失真问题，运用复变函数理论建立了以频率特性为基础的稳定性判据，奠定了频域法的基础。随后，伯德(H. W. Bode)和尼科尔斯(N. B. Nichols)在20世纪30年代末和40年代初进一步发展了频域法，形成了经典控制理论的频域分析法，为工程技术人员提供了一个设计反馈控制系统的有效工具。

第二次世界大战期间，反馈控制方法被广泛应用于设计、研制飞机自动驾驶仪、火炮定位系统、雷达天线控制系统以及其他军用系统。这些系统的复杂性和对快速跟踪、精确控制的高性能追求，迫切要求拓展已有的控制技术，促成了许多新的见解和方法的产生。同时，还促进了对非线性系统、采样系统以及随机控制系统的研究。

1948年，美国科学家伊万斯(W. R. Evans)创立了根轨迹分析方法，为分析系统性能随系统参数变化的规律提供了有力工具，被广泛应用于反馈控制系统的分析、设计中。

以传递函数作为描述系统的数学模型，以时域分析法、根轨迹法和频域分析法为主要分析、设计工具，构成了经典控制理论的基本框架。到20世纪50年代，经典控制理论发展到相当成熟的地步，形成了相对完整的理论体系，为指导当时的控制工程实践发挥了极大的作用。

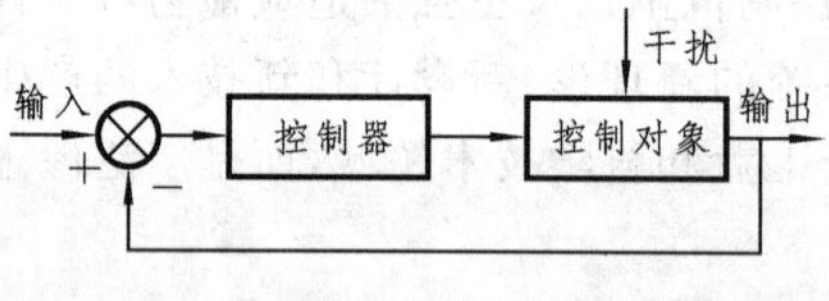

图1-1 反馈控制系统的简化原理框图

经典控制理论主要用于解决反馈控制系统中控制器的分析与设计的问题。图1-1所示为反馈控制系统的简化原理框图。

经典控制理论主要研究线性定常系统。所谓线性系统，是指系统中各组成环节或元件的状态或特性可以用线性微分方程描述的系统。如果描述该线性系统的微分方程的系数是常数，则称为线性定常系统。描述自动控制系统输入量、输出量和内部量之间关系的数学表达式称为系统的数学模型，它是分析和设计控制系统的基础。经典控制理论中广泛使用的频域法和根轨迹法，是建立在传递函数基础上的。线性定常系统的传递函数是在零初始条件下系统输出量的拉普拉斯(以下简称拉氏)变换与输入量的拉氏变换之比，是描述系统的频域模型。传递函数只描述了系统的输入与输出间的关系，没有内部变量的表示。经典控制理论的特点是以传递函数为数学工具，本质上是频域方法，主要研究"单输入单输出"(Single-Input Single-Output，简称SISO)线性定常系统的分析与设计，对线性定常系统的研究已经形成相当成熟的理论。典型的经典控制理论包括PID

控制、Smith 控制、解耦控制和串级控制等。

经典控制理论虽然具有很大的实用价值，但也有着明显的局限性，主要表现如下。

1）经典控制理论只适用于 SISO 线性定常系统的研究，难以推广到多输入多输出（Multi-Input Multi-Output，简称 MIMO）线性定常系统，对时变系统和非线性系统更无能为力。

2）用经典控制理论分析、设计控制系统，一般根据幅值裕度、相位裕度、超调量、调节时间等频域里讨论的指标来进行，这些指标并不直观且难以接受，与通常所讨论的性能指标，如最快速度、最小能量等，难以建立直接对应关系。

3）经典控制理论在系统设计、分析时无法考虑系统的初始条件，因此，难以达到高精度的位置、速度等控制系统设计要求。

4）经典控制理论在进行控制系统设计和综合时，需要借助丰富的经验进行试凑以及大量的手工计算。

1.1.2 现代控制理论

20 世纪 50 年代中期，科学技术及生产力的发展，特别是空间技术的发展，迫切要求解决更复杂的多变量系统、非线性系统的最优控制问题，如火箭和宇航器的导航、跟踪和着陆过程中的高精度、低消耗控制等。实践的需求推动了控制理论的进步，同时，计算机技术的发展也为控制理论的发展提供了条件，适合于描述航天器的运动规律，又便于计算机求解的状态空间描述成为主要的模型形式。俄国数学家李雅普诺夫（A. M. Ляпунов）在 1892 年创立的稳定性理论被应用到现代控制理论研究中。1956 年，前苏联科学家庞特里亚金（L. S. Понтрягин）提出极大值原理；同年，美国数学家贝尔曼（R. Bellman）创立了动态规划理论。极大值原理和动态规划理论为解决最优控制问题提供了理论依据。美国数学家卡尔曼（R. Kalman）在 1959 年提出了著名的卡尔曼滤波器，1960 年又提出系统的能控性和能观性问题。到 20 世纪 60 年代初，一套以状态方程作为描述系统的数学模型，以最优控制和卡尔曼滤波为核心的控制系统分析、设计的新原理和方法基本确定，现代控制理论应运而生。

现代控制理论主要利用计算机作为系统建模分析、设计乃至控制的手段，适用于多变量、非线性、时变系统。虽然它在本质上是一种“时域法”，但并不是对经典频域法的从频域到时域的简单回归，而是立足于新的分析方法，有着新的目标的新理论。现代控制理论研究内容非常广泛，主要包括 3 个基本内容：多变量线性系统理论、最优控制理论以及最优估计与系统辨识理论。现代控制理论从理论上解决了系统的能控性、能观性、稳定性以及复杂系统的控制问题。

与经典控制理论相比较，现代控制理论有如下优点。

1）现代控制理论不仅适用于 SISO 线性定常系统，而且易于推广到 MIMO 系统、时变系统和非线性系统等，显示了更强的描述系统的动态行为特性的能力，能够处理的系统的范围更大；

2）现代控制理论利用时域分析法容易给人以时间上清晰的性能指标，如最快速度、最小能量等，易于理解、接受和优化设计；

3）现代控制理论易于考虑系统的初始条件，使得所设计的控制系统有更高的精度和更佳的性能指标；

4）现代控制理论易于用计算机进行系统分析、计算和实现计算机控制，所设计的控制系统的实现具有极大的可行性、优越性、先进性。

现代控制理论和经典控制理论并不是截然对立的，而是相辅相成、互为补充的，有各自的长处和不足。一般来说，现代控制理论对描述系统动态特性的数学模型的要求较高，需要用到更多的数学知识，在控制系统的设计和实现时对控制设备和系统所处的环境要求也高一些。在进行实际系统分析与设计时，要根据具体的要求、目标和条件，选择适宜的控制理论方法，也可以将经典控制理论和现代控制理论结合起来综合考虑。

1.2 现代控制理论的主要内容

在工业生产过程应用中，常常遇到被控对象精确状态空间模型不易建立、合适的最优性能指标难以构造以及所得到最优的、稳定的控制器往往过于复杂等问题。为了解决这些问题，科学家们从 20 世纪 50 年代末现代控制理论的诞生至今，不断提出新的控制方法和理论，其内容相当丰富、广泛，极大地扩展了控制理论的研究范围。概括起来，主要包括如下内容。

1.2.1 线性系统理论

线性系统是一种最为常见的系统，也是控制理论讨论得最深入的系统。线性系统理论着重于研究线性系统状态的运动规律和改变这种运动规律的可能性和方法，以建立和揭示系统结构、参数、行为和性能间的定量关系。通常，研究系统运动规律的问题称为分析问题，研究改变运动规律的可能性和方法的问题则称为综合问题。线性系统理论的主要内容有系统的结构性问题，如系统的能控性、能观性、系统实现和结构性分解，以及线性状态反馈及极点配置、镇定、解耦和状态观测等问题。近 30 年来，线性系统理论一直是控制领域研究的重点，其主要研究方法有：以状态空间分析为基础的代数方法，以多项式理论为基础的多项式描述法和以空间分解为基础的几何方法。

1.2.2 最优控制理论

最优控制理论是研究和解决从所有可能的控制方案中寻找最优解的一门学科。具体地说，就是研究被控系统在给定的约束条件和性能指标下，寻求使性能指标达到最佳值的控制规律问题。例如，要求航天器达到预定轨道的时间最短、所携带的燃料最少等。最优控制理论的基本内容和常用方法是动态规划、最大值原理和变分法。

1.2.3 随机系统理论和最优估计

随机系统理论就是研究随机动态系统的系统分析、优化与控制等内容。实际应用中的工程系统、农业系统以及社会经济系统的本身含有一些未知的或者不能建模的因素，外部环境上亦存在各种扰动因素以及误差和噪音，这是信号或信息的检测与传输时不可避免的。随机系统理论将各种未知的、不能建模的内外部扰动和误差，用不能直接测量的随机变量及过程以概率统计的方式来描述，并利用随机代数方程、随机微分方程以及随机差分方程作为系统动态模型来刻画系统的特性与本质。

最优估计讨论的是如何根据系统的输入、输出信息，估计或构造出随机动态系统中不能直接测量的状态变量的值。由于现代控制理论主要是以状态空间模型为基础，构成反馈闭环多采用系统的状态变量，因此，估计某些不可直接测量的状态变量的最优方法是实现闭环控制系统的重要环节。实现最优估计的难度在于系统本身受多种内外因素扰动，并且各种输入输出信号的测量值都含有未知的、不可测的误差。

最优估计的早期工作是维纳(N. Wiener)在 20 世纪 40 年代提出的维纳滤波器，较系统、完整的工作是卡尔曼在 20 世纪 60 年代初提出的滤波器理论。随机系统理论和最优估计的基础理论为概率统计理论、线性系统理论和最优控制理论。

1.2.4 系统辨识

系统辨识是利用系统在试验或实际运行中测得的输入输出数据，运用数学方法归纳构造描述系统动态特性的数学模型，并估计其参数的理论和方法。系统辨识理论是由数理统计学发展而来的，是该学科在动态系统建模中的应用。系统辨识包括两个方面：结构辨识和参数估计。在实际的辨识过程中，随着使用方法的不同，结构辨识和参数估计这两个方面并不是截然分开的，而是可以交织在一起进行的。

无论是经典控制理论还是现代控制理论，在进行系统分析、综合和设计时，都需要事先知道系统的数学模型。系统辨识是最重要的实验建模方法，因此亦是控制理论实现和应用的基础。

1.2.5 自适应控制

自适应控制研究当被控系统的数学模型未知或者被控系统的结构和参数随时间和环境的变化而变化时，通过实时在线修正控制系统的结构或参数使其能主动适应变化的理论和方法。自适应控制系统通过不断地测量系统的输入、状态、输出或性能参数，逐渐了解和掌握对象，然后根据所得的信息按一定的设计方法作出决策，去更新控制器的结构和参数，以适应环境的变化，达到所要求的控制性能指标。该系统理论诞生于 20 世纪 50 年代末，是控制理论中发展最迅速、最活跃的分支。

自适应控制系统应具备如下基本功能。

1) 辨识对象的结构和参数，以便精确地建立被控对象的数学模型；

2）给出一种控制规律以使被控系统达到期望的性能指标；

3）自动修正控制器的参数。

因此，自适应控制系统主要用于过程模型未知或过程模型结构已知但参数未知的随机系统。

自适应控制系统的类型主要有自校正控制系统、模型参考自适应控制系统、自寻最优控制系统、学习控制系统等。近年来，非线性系统的自适应控制、基于神经网络的自适应控制受到重视，并发展了一些新的方法。

1.2.6 非线性系统理论

非线性控制是复杂控制理论中重要的基本问题，也是难点课题，它的发展几乎与线性系统平行。实际的工程和社会经济系统大多为非线性系统，线性系统只是实际系统的一种近似或理想化。因此，研究非线性系统的分析、综合和控制的非线性系统理论亦是现代控制理论的一个重要分支。由于非线性系统的研究缺乏系统的一般性的理论及方法，于是综合方法得到较大的发展，主要有以下几种方法。

1）李雅普诺夫方法：它是迄今为止最完善、最一般化的非线性方法，也正是由于它的一般性，在用来分析稳定性或镇定综合时都欠缺构造性。

2）变结构控制：由于其滑动模态(Sliding-Mode)具有对外界扰动和系统结构摄动的不变性，到20世纪80年代受到研究者的重视，是一种实用的非线性控制的综合方法。

3）微分几何法：它是非线性控制系统研究的主流，为非线性系统的结构分析、分解以及与结构有关的控制设计带来极大方便。

用微分几何法研究非线性系统是现代数学发展的必然产物，正如意大利数学家艾希德(A. Isidori)指出的：用微分几何法研究非线性系统所取得的成绩，就像20世纪50年代用拉普拉斯(以下简称拉氏)变换及复变函数理论研究SISO系统，或用线性代数研究多变量系统所取得的成就。但这种方法也有缺点，表现在它的复杂性、无层次性、准线性控制以及空间测度被破坏等方面。因此，最近又有学者提出引入新的、更深刻的数学工具去开拓新的方向，例如微分动力学、微分拓扑与代数拓扑、代数几何等。

1.2.7 鲁棒性分析与鲁棒控制

系统的数学模型与实际系统存在着参数或结构等方面的误差，而我们设计的控制规律大多基于系统的数学模型，为了保证实际系统对外界干扰、系统的不确定性等有尽可能小的敏感性，引出了研究系统鲁棒控制问题。简言之，系统的鲁棒性是指所关注的系统性能指标对系统的不确定性(如系统的未建模动态、系统的内部和外部扰动等)的不敏感性。鲁棒性分析讨论的是各种控制系统对所关注的性能指标的鲁棒性，给出系统能保持该性能指标的最大容许建模误差和内、外部扰动的上确界。

鲁棒控制研究的兴起以20世纪80年代线性系统的H_∞控制和基于特征结构配置的鲁棒控制方法为标志。对各种不确定性，鲁棒控制主要研究的是设计有鲁棒性的控制系统的理论和方法。近年来，对非线性系统的鲁棒自适应控制的研究已成为一个热点方向。人工神经网络方法、滑动模方法及鲁棒控制方法的结合可以设计出对一大类连续时间非线性系统稳定的自适应控制律。20 世纪 80 年代出现的 H_∞ 设计方法和变结构控制（滑模控制）推动了鲁棒控制理论的发展。现在，系统 H_∞ 范数已成为系统的重要性能指标。如何有效利用过程信息来降低系统的不确定性，是鲁棒控制研究的重要内容。由于许多控制问题可归结为线性矩阵不等式（简称 LMI）的研究，20 世纪 90 年代中期出现了关于 LMI 的控制软件工具。近几年，非线性系统、时滞饱和系统、时滞故障系统的鲁棒综合控制问题已经成为新的热点研究方向，而且已经有不少应用实例，如核反应堆的温度跟踪鲁棒控制、导弹系统的鲁棒自适应最优跟踪设计、机器人操作的鲁棒神经控制等。

1.2.8 分布参数控制

自 20 世纪 70 年代开始，国内外学者开始重视分布参数系统的研究。分布参数系统是无穷维系统，一般由偏微分方程、积分方程、泛函微分方程或抽象空间中的微分方程描述。分布参数控制系统的典型实例有电磁场、引力场、温度场等物理场，大型加热炉、水轮机与汽轮机，化学反应器中的物质分布状态，长导线中的电压和电流等控制对象，还有环境系统（如污染物在一区域内的分布）、生态系统（如物种的空间分布）、社会系统（如人口密度分布）等。

分布参数控制系统有 3 种控制方式。

1）点控制方式：将控制作用加在控制对象的几个孤立点处。

2）分布控制方式：将控制作用加在控制对象的几个区域内。

3）边界控制方式：将控制作用加在控制对象边界上。这种控制又有点控制和分布控制之分。因此，测量方式也有点测量、分布测量和边界测量之分。

分布参数控制系统既有计算机控制系统控制算法灵活、精度高的优点，又有仪表控制系统安全可靠、维护方便的优点。它的主要特点是：真正实现了分散控制；具有高度的灵活性和可扩展性；较强的数据通信能力；友好而丰富的人机界面以及极高的可靠性。

1.2.9 离散事件控制

如果系统的状态随离散事件发生而瞬时改变，不能用通常的微分方程描述的动力学模型来表示，一般称这类系统为离散事件动态系统（简称 DEDS）。对它的研究始于 20 世纪 80 年代初，目前已发展了多种处理离散事件系统的方法和模型，如有限状态马尔科夫链、Petri 网、排队网络、自动机理论、扰动分析法、极大代数法等，其理论已经应用于柔性制造系统、计算机通信系统、交通系统等。离散事件系统的研究虽然已经取得了较大进展，但还没有一套完整的理论体系来评价离散系统模型与实际对象的差异。离散事件动态系统自然延伸就是混合动态系统。

1.2.10 智能控制

20 世纪 70 年代,美国控制理论和人工智能专家傅京孙提出把人工智能的直觉推理方法用于机器人控制和学习控制系统,并将智能控制概括为自动控制和人工智能的结合。傅京孙、格洛里索(R. M. Glorioso)等人从控制理论的角度总结了人工智能技术与自适应、自学习和自组织控制的关系,正式提出了智能控制理论的构想。1967 年,勒德斯(C. T. Leondes)和孟德尔(J. M. Mendel)首次正式使用“智能控制”一词。1985 年 8 月 IEEE 在美国纽约召开智能控制专题讨论会,标志着智能控制作为一个新的学科分支正式被控制界承认。智能控制不同于经典控制理论和现代控制理论的处理方法,它研究的主要目标不仅仅是被控对象,同时也包含控制器本身。控制器不再是单一的数学模型,而是数学解析和知识系统相结合的广义模型,是多种知识混合的控制系统。

智能控制系统有如下基本特点。

1) 容错性。对复杂系统(如非线性、快时变、复杂多变量和环境扰动等)能进行有效的全局控制,并具有较强的容错能力。

2) 多模态性。定性决策和定量控制相结合的多模态组合控制。

3) 全局性。从系统的功能和整体优化的角度来分析和综合系统。

4) 混合模型和混合计算。对象是以知识表示的非数学广义模型和以数学模型表示的混合控制过程,人的智能在控制中起着协调作用,系统在信息处理上既有数学运算,又有逻辑和知识推理。

5) 学习和联想记忆能力。对一个过程或未知环境所提供的信息,系统具有进行识别记忆、学习,并利用积累的经验进一步改善系统的性能和能力。

6) 动态自适应性。对外界环境变化及不确定性的出现,系统具有修正或重构自身结构和参数的能力。

7) 组织协调能力。对于复杂任务和分散的传感信息,系统具有自组织和协调能力,体现出系统的主动性和灵活性。

智能控制的主要目标是使控制系统具有学习和适应能力。智能控制的主要研究分支有:模糊逻辑控制、模糊预测控制、神经网络控制和基于知识的分层控制设计。目前,智能控制理论虽然取得了不少研究成果,但智能控制的理论体系还不够成熟。近来,基于模糊推理的系统建模、神经网络模型参考自适应控制、神经网络内模控制、神经网络非线性预测控制、混沌神经网络控制等方面研究已有不少重要成果。智能控制理论有着广泛的应用,如基于神经动态规划的直升机的镇定控制和航天轨道操作器的基于知识的分层控制等。模糊推理、神经网络和遗传算法均具有模拟人类思维结构的特点,三者结合将是智能控制研究的主要方向之一。

现代控制理论除上述分支外,在其 30 多年的发展中还形成了许多理论和方法,这些内容将在专门的课程和书籍中介绍。

1.3 Matlab 软件概述

1.3.1 Matlab 的发展历史

Matlab 程序设计语言是美国 Mathworks 公司 20 世纪 80 年代中期推出的高性能数值计算软件。经过 20 余年的开发、扩充与不断完善，Matlab 已经发展成为功能强大、适合多学科应用的大型系统软件，成为数值计算、控制系统仿真与设计、信号处理等领域的最重要的软件。Matlab 已经成为线性代数、控制理论、数理统计、数字信号处理、动态系统仿真等课程的基本仿真计算与设计的工具，成为大学学习中的必修内容。

在科学研究与工程技术应用中常常要进行大量的数学运算，通常是借助 Fortran 和 C 语言等高级计算机语言编制计算程序，输入计算机做近似计算(数值计算)。但是，这需要熟练地掌握所用语言的语法规则与编制程序的相关规定及技巧，编制程序绝非易事。

Matlab 的产生和数学计算是紧密相联的。1967 年，在美国国家基金会的资助下，C. Moler 等人采用 Fortran 语言编写了特征值求解子程序库 Linpack 和线性方程求解子程序库 Eispack。这两个程序库代表了当时矩阵数值计算软件的最高水平。到了 20 世纪 70 年代后期，C. Moler 编写了使用 Linpack 和 Eispack 的接口程序，并将之命名为 Matlab(即 MATrix 和 LABoratory 的前 3 个字母组合，意为“矩阵实验室”)。这个程序受到了广泛欢迎，并作为教学辅助免费软件广为流传。20 世纪 80 年代中期，C. Moler 和 J. Little 合作开发了 Matlab 第 2 代专业版，大大提高了它的运算效率。随着功能逐渐完善，Matlab 应用范围也越来越广，且简单高效、易学易用。于是，1984 年，C. Moler 等组建了 Mathworks 公司，专门研究、扩展并改进 Matlab，并将其正式推向商业市场。1990 年，Mathworks 公司推出了以框图为基础的控制系统仿真工具 Simulink，它方便了系统的研究与开发，使控制工程师可以直接构造系统框图进行仿真，并提供了控制系统中常用的各种环节的模块库。1993 年，Mathworks 公司推出的 Matlab 4.0 版在原来的基础上又作了较大改进，并推出了 Windows 版，使命令执行和图形绘制可以在不同窗口进行。目前，Mathworks 公司已推出了 Matlab 7.0 版。

早期的 Matlab 数学处理的内核是针对数值计算编写的，对处理大批量数据效率很高，而另一些数学软件，例如 Mathematica、Maple 等则以符号计算见长，能给出解析解和任意精度解。Mathworks 公司顺应多功能需求的潮流，在其数值计算和图示能力的基础上，又率先开发了符号计算、文字处理、可视化建模和实时控制功能模块。Matlab 已成为国际公认的优秀数学应用软件。

1.3.2 Matlab 的主要功能与特点

Matlab 由主包和功能各异的工具箱组成，其最基本的数据结构是矩阵，也就是说它的操作对象是以矩阵为单位的。而随着 Matlab 的不断发展和各种工具箱的不断开发，它已经成为一种功能强大的实时工程计算软件，广泛应用于各种领域。

Matlab 的核心是一个基于矩阵运算的快速解释程序。它以交互式接受用户输入的各项指令，输出计算结果。它提供了一个开放式的集成环境，用户可以运行系统提供的大量命令，包括数值计算、图形绘制等。Matlab 的主要功能如下。

（1）数值计算功能

Matlab 可用于线性代数里的向量、矩阵和高维数组运算，复数运算，代数方程求根，插值与逼近拟合，数值微积分运算，常微分方程的数值解，最优化方法等，即几乎所有科学研究与工程技术应用需要的计算，均可用 Matlab 来解决。

Matlab 的各个数值计算软件经过精心设计和大量的数值试验论证，具有良好的数值计算特性。

（2）符号计算功能

科学计算有数值计算与符号计算两种。在数学、应用科学和工程计算领域，常常会遇到符号计算问题，仅有优异的数值计算功能并不能满足计算的全部需要。Matlab 环境下的符号计算功能主要有：符号表达式的基本运算，向量与矩阵的符号表达式运算，代数方程的符号表达式求根，符号微积分运算，常微分方程的符号表达式求解等。

（3）优化工具

Matlab 不仅提供了功能强大的优化函数，如非线性优化、线性规划、二次规划、0-1 整数规划、极小极大优化、多目标规划、最小二乘法等，还设计了许多新型智能优化方法，如神经网络优化、遗传算法优化、模糊逻辑等。

（4）数据分析和可视化功能

在科学计算中，研究人员经常会面对大量的原始数据而无从下手。如果能将这些数据以图形的形式显示出来，则会使数据间的关系清晰明了，便于分析、揭示数据间本质的内在关系。正是基于这种考虑，Matlab 提供了强大的数据分析和可视化功能。

（5）“活”笔记本功能

Matlab 的 Notebook 把 Word 与 Matlab 集成为一个整体，为文字处理、科学计算、工程设计构造了一个统一的工作环境，是一个能够解决各种计算问题的文字处理软件。只要在命令窗口中执行 Notebook 或者在 Word 环境中建立 M-book 模板，就可以进入一个新环境。在编辑科技文稿的同时可进行科学演算，还可以作图。这些演算的结果可以即时显示于操作命令之后。在这个环境中输入的一切命令能够被随时激活、修改、重新运算并更新原有结果。Notebook 称为 Matlab 的“活”笔记本，是撰写科技论文、演算理工学科习题的理想工具。

（6）工具箱

Matlab 软件包括基本部分和专业扩展两个部分。基本部分主要是一些基本的数学运算及数学函数。扩展部分称为工具箱，是用 Matlab 的基本语句和函数编制的各种子程序集，用于解决某一方面的专门问题，或实现某一类的新算法。

Matlab 通过不断推出的应用于各个领域的计算、仿真、分析与系统设计的工具箱，深入到应用数学、控制工程、信号分析与处理、图像处理、通信、数据库等领域。

(7) 非线性动态系统建模和仿真功能

Matlab 提供了模拟动态系统的交互式程序 Simulink，采用鼠标驱动方式，允许用户通过绘制框图来模拟系统，并动态地控制该系统。Simulink 能处理线性、非线性、连续、离散等多种系统。

Matlab 及其工具箱构成的计算与应用平台系统规模大、功能强，但其应用却非常便捷、高效。Matlab 在使用上具有以下主要特点。

(1) 编程效率高

Matlab 程序设计语言提供了丰富的库函数(称为 M 文件，即预先编制好的子程序)，既有常用的基本库函数，又有种类齐全、功能丰富多样的专用库函数(工具箱函数)。在编制程序时，这些库函数都可以直接调用，大大提高了编程效率。

Matlab 的基本数据编程单元是不需要指定维数、也不需要说明数据类型的复数矩阵，所以在 Matlab 环境下，数组(向量或矩阵)的操作如同数的操作一样简单方便，不必事先定义数组及其维数的大小、编制相应的基本数组运算子程序再进行有关操作。

由于 Matlab 语言以矩阵为基本操作单元且具有丰富的库函数，采用它进行程序设计的编程效率高。

(2) 界面友好、用户使用方便

首先，Matlab 具有友好的用户界面和易学易用的帮助系统。Matlab 的函数命令繁多，功能各异。用户在命令窗里通过 help 命令可以查询某个函数的功能及用法，还可以查询某个函数的路径以及某个子目录中的函数集合。这样，面对 Matlab 的强大功能与各种先进技术，即便是初学者，也不会望而生畏。因为 Matlab 已为用户提供了学习它的方便之路。

其次，Matlab 程序设计语言把编辑、编译、连接、执行、调试等多个步骤融为一体，并且具有良好的交互功能。如果直接在命令行输入命令语句，包括调用 M 文件的语句，每输入一条语句，Matlab 软件就可立即完成编译、连接和运行的全过程。如果将 Matlab 源程序编辑为 M 文件，编辑后的源文件就可像库函数一样直接运行，而不再需要编译和连接。在 Matlab 里，既可执行程序(M 文件)，又可通过人机对话调用不同的库函数，方便、快速地达到用户的目的。

第三，Matlab 语言可设置中断点、存储多个中间结果，还可进行跟踪调试。运行 M 文件时，如果有错，计算机屏幕上还会给出详细的出错信息提示，让用户修改，直到正确为止。Matlab 语言灵活方便，调试手段丰富，调试速度快。

Matlab 是演算纸式(便签式)的科学工程计算语言。使用 Matlab 编程运算与人进行科学计算的思路和笔算时表达方式完全一样，Matlab 的语法更贴近人的思维方式。因此，Matlab 语言易写易读，易于在科技人员之间交流。用 Matlab 编写程序，犹如在一张演算纸上排列书写公式，运算、求解问题十分方便。

(3) 方便的图形功能

Matlab 提供了许多“高级”图形函数，可以绘制出各种图形。例如，绘制二维、三维曲线以及三维曲面；平面或空间多边形填充；曲面的透明或消隐；图形缩放；调整观察角与方位角考察空间曲面的不同侧面；对曲面进行光照效果明暗处理以增强其立体感；为渲染曲面的空间特性而在网线间填色等。

Matlab 还开发了一些面向图形对象的“低级”图形函数，可以访问硬件系统建立各种“低级”图形对象，它们以图形句柄为界面。用户使用图形句柄可以操作图形的局部元素。

Matlab 有一系列绘图函数，适用于不同的坐标系，如线性坐标、极坐标及对数与半对数坐标。只需调用不同的函数，还可在图上标出图形的标题、标注坐标轴、绘制格栅等。另外，通过设定不同参数可绘出不同线形、颜色和视角的各种函数图形，使得图形清晰、美观，提高分析与设计计算结果的可视性。

此外，Matlab 还开发了图形用户界面(GUI)技术，方便用户自行开发基于图形界面的交互式平台。基于所开发的交互式平台，使用者可以在图形界面上实现计算、仿真、分析与设计的全部工作。

(4) 扩充能力强(开放性)

开放性是 Matlab 最重要和最受欢迎的特点之一。除内部函数外，所有 Matlab 基本函数和工具箱库函数都是可直接调用、可读可改的源文件。用户可以对这些库函数源文件根据需要进行修改，或自行建立新的库函数。这些被修改或新增的函数可以和 Matlab 提供的库函数一样保存、使用，构成新的专用工具箱。这种对源程序和系统的充分开放，可以提高 Matlab 使用效率，并丰富、扩充它的功能。

另外，为了充分利用 Basic、Fortran 和 C 语言等语言资源，包括用户运用这些语言编写好的程序，通过建立 Mex 文件的形式，进行混合编程，能够方便地调用这些语言的子程序，更进一步丰富及扩充了 Matlab 程序设计语言的功能。

(5) 语句简单、内涵丰富

Matlab 最基本的语句结构是赋值语句，语句的一般形式为

变量名列表＝表达式

其中，等号左边的变量名列表为 Matlab 的语句返回值；等号右边是表达式的定义，可以是 Matlab 允许的矩阵运算，也可以是 Matlab 的函数调用。

Matlab 程序设计语言最重要的成分是函数。函数调用的一般形式为

$$[a,b,c,\cdots]=\mathrm{fun}(d,e,f,\cdots)$$

即一个函数由函数名、输入变量 $d,e,f,\cdots$ 和输出变量 $a,b,c,\cdots$ 组成。同一函数名，不同数目的输入变量及不同数目的输出变量，代表着不同的含义，即使用了函数重载编程技术。Matlab 大量使用函数重载设计方法不仅使 Matlab 的库函数功能更加丰富，而且大大减少了库函数的数量，使得 Matlab 编写的 M 文件简单、精练而高效。

(6) 智能化程度高

Matlab 可以在绘图时自动选择最佳坐标，在进行数值积分时自动按精度选择步长，程序调试时能自动检测错误并提示程序错误，智能化程度高，大大方便了用户，提高了效率。

Matlab 语言易学易用，不要求使用者有高深的数学与程序语言的知识，不需要使用者深刻了解算法与编程技巧。在诸多领域里，无论是作为科学研究与工程运算的工具，还是作为计算机辅助的教学工具，Matlab 都是不可多得的工具软件。

1.3.3 控制系统 Matlab 计算及仿真

Matlab 及其工具箱的开发，使得它在科学计算与工程应用上愈来愈普遍。由于 Matlab 的强大功能与便捷应用，加上丰富的控制领域的工具箱，所以它特别适合用来对控制系统进行计算与仿真。在控制领域，Matlab 成为主要仿真分析与设计计算的软件的原因如下。

1) Matlab 运算功能强大，它提供的大量的基于矩阵的数值计算方法可以解决控制理论及控制系统分析、设计中经常遇到的计算问题。就这一点上 Matlab 已与自动控制密切联系在一起。

2) Mathworks 公司先后与世界上许多知名自动控制专家在他们擅长的领域合作，编写了具有特殊功能的工具箱，使得 Matlab 从一个数值运算工具变成自动控制计算与仿真的工具。Matlab 的控制工具箱里，软件内容丰富，系统门类齐全，已覆盖了控制系统的各个领域，每一个工具箱都是当今世界上该控制领域里的最权威、最先进的计算与仿真程序软件。目前，Matlab 软件包含的与控制领域直接相关的工具箱有以下几类。

① 基本控制方法：控制系统工具箱、系统辨识工具箱、仪表控制工具箱、最优化控制工具箱。

② 专用控制方法：鲁棒控制工具箱、μ 分析综合工具箱、LMI(线性不等式)控制工具箱、多变量频域设计工具箱、预测控制工具箱、定量反馈理论工具箱。

③ 相关信号处理与优化方法：信号处理工具箱、神经网络工具箱、模糊逻辑工具箱、遗传算法与直接搜索工具箱。

Matlab 用于控制及其相关领域的工具箱还在不断地扩充、丰富与完善，互联网上也有许多专家自行开发的各种新型工具箱供同行下载共享。这些工具箱都已成为 Matlab 的重要组成部分，也使 Matlab 成为自动控制领域最先进的工具。

3) Matlab 内容丰富，扩充能力强，编程效率高。不仅 Matlab 的开发者可以编制软件程序，使用者同样可以为实现新功能开发、编制软件程序，并将其放到 Matlab 里去，使 Matlab 的功能不断扩充逐步完善。

4) Matlab 语言语句简单，容易学习与使用。自动控制本身就有很多理论问题、系统设计与工程实现问题需要研究，再要为学习高级语言及其语法规则花太多的时间与精力是不可取的。Matlab 正好具有语言简单、掌握方便的特点，是一个理想的工具。

5）Matlab 界面友好，使用户乐于接触它，愿意使用它。Matlab 的强大方便的图形功能，可以使得重复、繁琐的计算与绘图劳动被简单、轻松的计算机操作所代替。而且数据计算准确，图形绘制精密，这一直是工作于控制领域的科技工作者所追求与期盼的事情。

随着 Matlab 软件的出现，它的众多工具箱与 Simulink 仿真工具，为控制系统的计算与仿真提供了一个强有力的工具，使控制系统的计算与仿真的传统方法发生了革命性的变化。Matlab 已经成为国际、国内控制领域内最流行的计算与仿真软件，成为控制领域工作者必备的基本工具。

1.4 本书的主要内容

尽管现代控制理论的内容极其丰富，但是作为控制类专业的本科生的基础课程，本书目的是使读者掌握现代控制理论的基础知识和基本方法，为进一步学习和提高打下基础。因此，本书主要介绍线性系统理论和最优控制理论，为学习线性多变量系统的分析、综合和设计打下基础。

全书共分 7 章，着重讲授线性系统理论的状态空间分析方法，目的是让读者结合线性系统理论的学习，掌握状态空间分析和综合方法，学会运用状态空间分析这一现代控制理论的基本工具。除第 1 章外，各章的主要内容包括以下几方面。

1）第 2 章讨论动态系统的状态空间描述。主要介绍在状态空间分析中需要应用的数学模型——状态空间模型的建立、状态空间模型的线性变换、MIMO 的传递函数阵、组合系统的状态空间模型以及离散时间动态系统的状态空间模型。

2）第 3 章讨论线性系统的运动分析。主要介绍连续系统与离散系统的状态空间模型的求解、状态转移矩阵的性质和计算以及连续系统状态方程的离散化。

3）第 4 章讨论线性系统的结构性问题。主要介绍动态系统的状态空间模型分析的两个基本结构性质——状态能控性和能观性，以及这两个性质在状态空间模型的结构分解和线性变换中的应用，并引入能控规范形和能观规范形，以及最小实现的概念。

4）第 5 章讨论李雅普诺夫稳定性分析。主要介绍李雅普诺夫稳定性的定义以及分析系统状态稳定性的李雅普诺夫理论和方法；着重讨论李雅普诺夫第二法及其在线性系统和几类非线性系统的应用，李雅普诺夫函数的构造等。

5）第 6 章讨论线性系统的系统综合问题。主要介绍状态空间分析方法在系统控制与综合中的应用，主要内容为状态反馈与极点配置、系统镇定、系统解耦、状态观测器。

6）第 7 章讨论最优控制问题初步，目的是使读者掌握求解最优控制问题的主要理论和方法，能对一些常见的最优控制问题进行有效的分析和求解。主要内容包括泛函基础、变分法和极大值原理、线性二次型最优控制问题，以及离散系统的最优控制问题。

近年来，科学计算与仿真分析软件 Matlab 得到迅猛发展并已经深入控制领域的分析计算、仿真与工程设计各个环节，成为控制领域专业人员的必备工具。针对本书讨论的现代控制理论的各种计算、分析、设计与运动仿真问题，在各章的最后一节还介绍了基于 Matlab 语言的程序设计与计算机仿真。

在现代控制理论课程学习中，将会遇到许多数学基本概念和方法，如线性代数及矩阵分析、常微分方程理论、实变函数及泛函分析以及最优化方法等。有些数学概念和方法，作为控制类专业本科生必须掌握的，在本书中就不再介绍。而对于本科阶段未单独设课讲授的数学概念和方法，本书则在附录和正文中加以简略介绍。

综上所述，本书内容仅限于现代控制理论中最基本的部分。由于控制理论学科本身处于不断的发展中，新的方法和理论不断涌现，因此在有限的课堂讲授时间内，不可能对所有现代控制理论的知识作详细介绍。相信读者在掌握了本书的基本内容之后，对有关的问题和新的方法，可以通过自我提高等途径加以解决。

本章小结

作为全书的开篇，本章力求通过对现代控制理论的发展前景和应用成果的展示，激发读者对现代控制理论及相关领域知识探求的欲望和学习热情。

本章 1.1 节描述了控制理论从单变量、传递函数、频域法的经典控制到多变量、状态方程、时域法的现代控制理论的发展过程。

1.2 节介绍了与现代控制理论在数学模型、分析与综合方法上关系密切的最优控制、自适应控制、鲁棒控制等主要分支，同时还涉及了在现代控制理论基础上发展起来的分布参数控制、离散事件控制和智能控制等新型控制理论与方法。

1.3 节简介了控制理论的强有力仿真与设计计算工具——Matlab 语言。

2 控制系统的状态空间模型

本章讨论动态系统的状态空间描述。主要介绍状态空间分析的数学模型——状态空间模型(也称为状态空间表达式)的建立、状态空间模型的线性变换、MIMO的传递函数阵、组合系统的状态空间模型,以及离散时间动态系统的状态空间模型。最后介绍控制模型的建立与变换问题基于 Matlab 的程序设计与计算。本章将力图让读者建立状态、状态空间与状态空间变换的概念,掌握状态空间模型的建立方法,为进行状态空间分析打下基础。

控制理论主要研究动态系统的系统分析、优化和综合等问题。所谓动态系统(又称为动力学系统),抽象地说是指能存储输入信息(或能量)的系统。例如,含有电感和电容等存储电能量的元件的电网络系统,含有弹簧和质量体等储存机械能量的刚体力学系统,含有热量和物料信息平衡关系的化工热力学系统等。这类系统与静态系统(也称为静力学系统)的区别在于:静态系统的输出取决于当前系统的瞬时输入,而动态系统的输出取决于系统当前及过去的输入信息的影响的叠加。例如,电阻的电流直接等于当前的电压输入与电阻值之比,而电容两端的电压则是通过电容的当前及过去的电流的积分值与电容值之比。

在进行动态系统的分析和综合时,首先应建立该系统的数学模型。在系统和控制科学领域,数学模型是指能描述动态系统的动态特性的数学表达式,它包含数值型的和逻辑型的、线性的和非线性的、时变的和定常的、连续时间型的和离散时间型的、集中参数的和分布参数的等表达式。这种描述系统动态特性的数学表达式亦称为系统的动态方程,它可按照系统的实际结构、工作原理,并通过某些决定系统动态行为的物理定理、化学反应定律、社会发展与经济发展规律以及相应的物料和能量平衡关系等机理建模方法建立系统模型,亦可通过实验取得能反映系统的动态行为的信息与数据,用数学方法归纳处理的实验建模方法建立系统模型。

针对不同的建模目的，采用不同的数学工具和描述方式，甚至对数学模型精度的不同的要求，都会导致建立不同的数学模型。因此，一个实际的系统可以用不同的数学模型去描述，如大多数实际系统的动力学模型都具有非线性特性，而且系统以分布参数的形式存在。若在建立数学模型中考虑这些复杂因素，必然导致所建立的模型中含有复杂的非线性微分方程或偏微分方程，这样就会给系统分析、控制系统的设计和实现带来相当大的困难。在给定的容许误差范围内，如果将这些复杂因素用线性特性、集中参数的形式作近似描述，将大大简化系统模型的复杂程度，从而使所建立的模型能有效地运用到系统分析和控制系统设计等方面。当然，过多地考虑系统的各种复杂因素的简化和近似，必然会影响数学模型的精度，以及模型在分析、综合和控制中的应用效果。因此，模型并不是越精确、越复杂越好。一个合理的数学模型应是对其准确性和简化程度作折衷考虑，是在忽略次要因素、尽可能抓住有限条件中的主要因素，并最终落脚于实际应用的目标、条件(工具)与环境的结果。

传递函数是经典控制理论中描述系统动态特性的主要数学模型，适用于单输入单输出(以下简称 SISO)线性定常系统，能方便地处理这一类系统的瞬态响应分析或频率法的分析和设计。但是，对于多输入多输出(以下简称 MIMO)系统、时变系统和非线性系统，这种数学模型就无能为力了。传递函数仅能反映系统输入与输出之间传递的线性动态特性，不能反映系统内部的动态变化特性，因而是一种对系统的外部动态特性的描述，这就使得它在实际应用中受到很大的限制。

现代控制理论是在引入状态和状态空间概念的基础上发展起来的。在用状态空间分析法分析系统时，系统的动态特性是用由状态变量构成的一阶微分方程组来描述的。它能反映系统的全部独立变量的变化，进而确定系统的全部内部运动状态，还可以方便地处理初始条件。因而，状态空间模型反映了系统动态行为的全部信息，是对系统行为的一种完全描述。

状态空间分析法不仅适用于 SISO 线性定常系统，还适用于非线性系统、时变系统、MIMO 系统以及随机系统等。因此，状态空间分析法适用范围广，对各种不同的系统，其数学表达形式简单而且统一。更突出的优点是，它能够方便地利用计算机进行运算，甚至直接用计算机进行实时控制。

本章的主要内容是阐明状态、状态变量、状态空间等基本概念；说明建立控制系统的状态空间模型的方法；讨论状态空间模型的线性变换及其与传递函数间的变换关系。

2.1 状态和状态空间模型

2.1.1 状态空间的基本概念

1. 系统的状态和状态变量

动态系统的“状态”是指系统过去、现在和将来的运动状况。下面给出状态和状态变量的定义。

定义 2-1 动态系统的状态，是指能够完全描述系统时间域动态行为的一个最小变量组。该变量组的每个变量称为状态变量。

在上述定义中，“最小变量组”是指这组变量中各个变量是相互独立的，即它们是线性无关的；“完全描述”是指这个最小变量组还必须具备以下条件，即给定了这个最小变量组在初始时刻($t=t_0$)的值(即初始状态)，和 $t\geqslant t_0$ 时刻后系统输入的时间函数或值，则系统在 $t\geqslant t_0$ 的任何瞬时的行为，即系统在 t 时刻的状态，就完全而且惟一地被确定了。

必须指出，系统在时间 $t(t\geqslant t_0)$ 的状态，是由系统在 t_0 时刻的初始状态和 $t\geqslant t_0$ 的输入惟一确定的，与 t_0 前的状态和输入无直接关系。

在描述系统状态的最小变量组中，状态变量的个数称为系统的阶数。若要完全描述 n 阶系统，则其最小变量组必须由 n 个变量(即状态变量)组成，一般记这 n 个状态变量为 $x_1(t)$，$x_2(t)$，…，$x_n(t)$。一个有 r 个输入、m 个输出和 n 个状态变量的MIMO系统如图 2-1 所示。

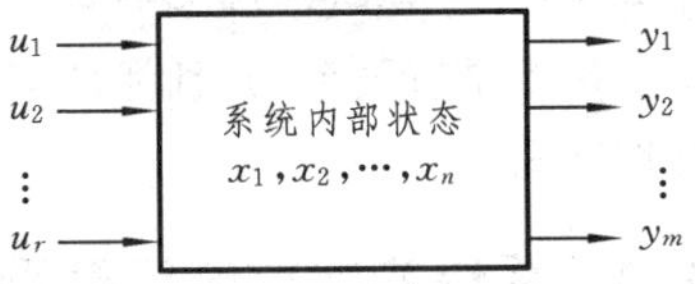

图 2-1 MIMO 系统示意图

若以这 n 个状态变量为分量，构成一个 n 维向量，则称这个向量为状态变量向量，简称状态向量，并可表示为

$$\boldsymbol{x}(t)=\begin{bmatrix}x_1(t)\\x_2(t)\\\vdots\\x_n(t)\end{bmatrix}=[x_1(t)\quad x_2(t)\quad\cdots\quad x_n(t)]^{\mathrm{T}}$$

值得指出的是，状态变量是描述系统内部动态特性行为的变量，它可以是能直接测量或观测的量，也可以是不能直接测量或观测的量，甚至可以是没有实际物理量与之直接相对应的抽象的数学变量。在经典控制理论与设计方法中，系统输出变量描述的仅仅是在系统分析和综合(滤波、优化与控制等)时所关心的系统外在表现的动态特性，并不是系统的全部动态特性。因此，状态变量比输出变量更能全面反映系统的内在变化规律。可以说，输出变量表示的仅仅是状态变量的综合外部表现，是状态变量在输出空间的投影。

2. 系统的状态空间

以系统的 n 个状态变量 $x_1(t)$，$x_2(t)$，…，$x_n(t)$ 为坐标轴，可构成一个 n 维欧氏空间，称为 n 维状态空间，记为 $\boldsymbol{R}^n$。n 维状态空间亦可理解为 n 维状态向量表示的所有可能状态的集合。若状态向量 $\boldsymbol{x}(t)$ 是属于 n 维状态空间的，则可表示为 $\boldsymbol{x}(t)\in\boldsymbol{R}^n$。

状态空间的概念是由向量空间概念引出的。向量空间属于一种线性空间，空间的维数是指构成该线性空间的基底的个数。对状态空间而言，维数是指构成状态空间的与线性无关的状态变量的个数。因此，二维状态空间即经典控制理论中的相平面，可以视为一平面坐标系；三维状态空间可视为一立体空间；至于 n 维状态空间，则可抽象理解为一个 n 维线性空间。

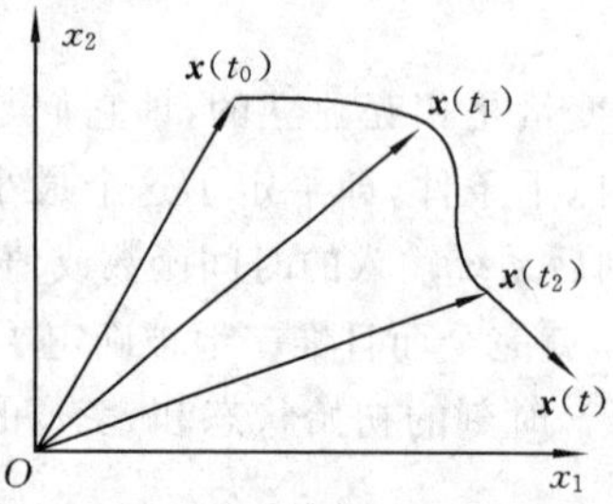

图 2-2 二维空间的状态轨线

状态向量的端点在状态空间中的位置，代表系统在某一时刻的运动状态。如随着时间的推移，状态不断地变化，那么 $t \geqslant t_0$ 的各瞬时状态在状态空间构成一条轨迹，称为状态轨线。图 2-2 所示的是某系统状态变量 x_1 和 x_2 的状态轨线。显然，状态轨线的形状完全由系统在初始时刻 t_0 的状态和 $t \geqslant t_0$ 时的输入以及系统动态特性惟一决定。

值得指出的是，对于可用集中参数描述的系统，状态变量都是有限个，并且都是实变量。因此，这里讨论的状态空间，一般是指有限维的实线性空间。

2.1.2 系统的状态空间模型

状态空间模型是应用状态空间分析法对动态系统所建立的一种数学模型，它是应用现代控制理论对系统进行分析和综合的基础。状态空间模型由描述系统的动态特性行为的状态方程和描述系统输出变量与状态变量间变换关系的输出方程组成。下面以一个由电容、电感等储能元件组成的电网络系统为例，说明状态空间模型的建立和形式，然后再进行一般的讨论。

某电网络系统的模型如图 2-3 所示，试建立以电压 u_i 为系统输入，电容器两端的电压 u_C 为输出的状态空间模型。

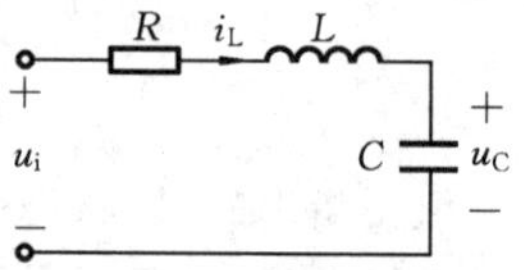

图 2-3 RLC 电网络系统

对于图 2-3 所示的电网络系统，首先应根据网络的回路电压和节点电流列出各电压和电流等物理量所满足的关系式。根据储能元件电容和电感的电压和电流关系，以及回路电压及节点电流分析定律，有

$$\begin{cases} R i_L + L \dfrac{di_L}{dt} + u_C = u_i \\ i_L = C \dfrac{du_C}{dt} \end{cases}$$

由常微分方程理论可知，只要方程组中的两个微分变量（即独立储能元件电感的电流和电容的电压）的初始值已知，就完全可以了解该电网络各个物理量的变化，故建立状态空间模型时只需选择两个状态变量。选择状态变量如下

$$x_1(t) = i_L, \quad x_2(t) = u_C$$

则上述电流、电压方程又可表示为

$$\begin{cases} R x_1 + L\dot{x}_1 + x_2 = u_i \\ x_1 = C\dot{x}_2 \end{cases}$$

将上述方程组的状态变量的导数项列在等号的左边，并且通过变量代换，使得每个方程都只包含一个状态变量的导数项。经整理，上述方程可记为

$$\begin{cases}\dot{x}_1=-\dfrac{R}{L}x_1-\dfrac{1}{L}x_2+\dfrac{1}{L}u_i\\ \dot{x}_2=\dfrac{1}{C}x_1\end{cases}$$

上述方程组是一个一阶微分方程组，它是用来描述系统的运动状态的状态方程。将上式转化为一阶矩阵微分方程的形式，即有

$$\begin{bmatrix}\dot{x}_1\\ \dot{x}_2\end{bmatrix}=\begin{bmatrix}-\dfrac{R}{L} & -\dfrac{1}{L}\\ \dfrac{1}{C} & 0\end{bmatrix}\begin{bmatrix}x_1\\ x_2\end{bmatrix}+\begin{bmatrix}\dfrac{1}{L}\\ 0\end{bmatrix}u_i$$

系统的输出方程用于描述输出变量与状态变量间的变换关系，因此有

$$u_C=x_2=[0\ 1]\begin{bmatrix}x_1\\ x_2\end{bmatrix}$$

将状态方程和输出方程列在一起，即有状态空间模型为

$$\begin{cases}\dot{\boldsymbol{x}}=\boldsymbol{Ax}+\boldsymbol{Bu}\\ \boldsymbol{y}=\boldsymbol{Cx}\end{cases}$$

式中，

$$\boldsymbol{x}=\begin{bmatrix}x_1\\ x_2\end{bmatrix},\quad \boldsymbol{u}=[u_i],\quad \boldsymbol{y}=[u_C]$$

$$\boldsymbol{A}=\begin{bmatrix}-\dfrac{R}{L} & -\dfrac{1}{L}\\ \dfrac{1}{C} & 0\end{bmatrix},\quad \boldsymbol{B}=\begin{bmatrix}\dfrac{1}{L}\\ 0\end{bmatrix},\quad \boldsymbol{C}=[0\quad 1]$$

由以上实例可知，状态空间模型由状态方程和输出方程组成。对于 n 阶系统，即状态变量个数为 n 的系统，状态方程是由 n 个一阶微分方程组成的一阶微分方程组。

若将上述状态空间模型推广到 MIMO 线性系统，则有如下线性定常连续系统的状态空间模型

$$\left.\begin{aligned}\dot{\boldsymbol{x}}&=\boldsymbol{Ax}+\boldsymbol{Bu}\\ \boldsymbol{y}&=\boldsymbol{Cx}+\boldsymbol{Du}\end{aligned}\right\}\tag{2-1}$$

式中，$\boldsymbol{x}(t)\in\boldsymbol{R}^n$，为 n 维状态向量；$\boldsymbol{u}(t)\in\boldsymbol{R}^r$，为 r 维输入向量；$\boldsymbol{y}(t)\in\boldsymbol{R}^m$，为 m 维输出向量；$\boldsymbol{A}\in\boldsymbol{R}^{n\times n}$，为 $n\times n$ 维系统矩阵；$\boldsymbol{B}\in\boldsymbol{R}^{n\times r}$，为 $n\times r$ 维输入矩阵；$\boldsymbol{C}\in\boldsymbol{R}^{m\times n}$，为 $m\times n$ 维输出矩阵；$\boldsymbol{D}\in\boldsymbol{R}^{m\times r}$，为 $m\times r$ 维直联矩阵。

系统矩阵 $\boldsymbol{A}$ 表示系统内部各状态变量之间的关联情况，它主要决定系统的动态特性；输入矩阵 $\boldsymbol{B}$ 又称为控制矩阵，它表示各输入变量对各状态变量的影响；输出矩阵 $\boldsymbol{C}$ 反映状态变量与输出变量间的作用关系；直联矩阵 $\boldsymbol{D}$ 则表示各输入变量对各输出变量的直接影响，许多系统不存在这种直联关系，即直联矩阵 $\boldsymbol{D}=0$。

以上讨论的是线性定常连续系统的状态空间模型，其特点是系统模型的线性性，且系统的结构和参数与时间 t 无关。上述系统的状态空间模型可推广至非线性系统、时变系统等。

下面将讨论非线性时变系统、非线性定常系统和线性时变系统的状态空间模型。

1. 非线性时变系统

状态空间模型由状态方程和输出方程组成。其中，状态方程描述系统内部各状态变量之间及其与各输入变量间的动态关系，输出方程则描述系统输出是如何由状态变量和输入变量决定的。因此，非线性时变系统的状态空间模型的形式为

$$\left.\begin{aligned}\dot{\boldsymbol{x}} &= \boldsymbol{f}(\boldsymbol{x},\boldsymbol{u},t)\\ \boldsymbol{y} &= \boldsymbol{g}(\boldsymbol{x},\boldsymbol{u},t)\end{aligned}\right\} \tag{2-2}$$

式中，$\boldsymbol{x}$ 为 n 维状态向量；$\boldsymbol{u}$ 为 r 维输入向量；$\boldsymbol{y}$ 为 m 维输出向量；$\boldsymbol{f}(\boldsymbol{x},\boldsymbol{u},t)$ 和 $\boldsymbol{g}(\boldsymbol{x},\boldsymbol{u},t)$ 分别为 n 维和 m 维关于状态向量 $\boldsymbol{x}$、输入向量 $\boldsymbol{u}$ 和时间 t 的非线性向量函数

$$\boldsymbol{f}(\boldsymbol{x},\boldsymbol{u},t) = [f_1(\boldsymbol{x},\boldsymbol{u},t) \quad f_2(\boldsymbol{x},\boldsymbol{u},t) \quad \cdots \quad f_n(\boldsymbol{x},\boldsymbol{u},t)]^{\mathrm{T}}$$

$$\boldsymbol{g}(\boldsymbol{x},\boldsymbol{u},t) = [g_1(\boldsymbol{x},\boldsymbol{u},t) \quad g_2(\boldsymbol{x},\boldsymbol{u},t) \quad \cdots \quad g_m(\boldsymbol{x},\boldsymbol{u},t)]^{\mathrm{T}}$$

其中，$f_i(\boldsymbol{x},\boldsymbol{u},t)(i=1,2,\cdots,n)$ 和 $g_j(\boldsymbol{x},\boldsymbol{u},t)(j=1,2,\cdots,m)$ 为关于状态 $\boldsymbol{x}$、输入 $\boldsymbol{u}$ 和时间 t 的非线性函数。这些非线性函数显含时间 t，表明系统的结构和参数将可能随时间变化而变化。

2. 非线性定常系统

若非线性时变系统的状态空间模型中不显含时间变量 t，则成为非线性定常系统的状态空间模型，有

$$\left.\begin{aligned}\dot{\boldsymbol{x}} &= \boldsymbol{f}(\boldsymbol{x},\boldsymbol{u})\\ \boldsymbol{y} &= \boldsymbol{g}(\boldsymbol{x},\boldsymbol{u})\end{aligned}\right\} \tag{2-3}$$

式中，$\boldsymbol{f}(\boldsymbol{x},\boldsymbol{u})$ 和 $\boldsymbol{g}(\boldsymbol{x},\boldsymbol{u})$ 分别为 n 维和 m 维关于状态向量 $\boldsymbol{x}$ 和输入向量 $\boldsymbol{u}$ 的非线性向量函数。这些非线性函数不显含时间变量 t，即表示系统的结构和参数不随时间变化而变化。

3. 线性时变系统

线性时变系统的状态空间模型为

$$\left.\begin{aligned}\dot{\boldsymbol{x}} &= \boldsymbol{A}(t)\boldsymbol{x} + \boldsymbol{B}(t)\boldsymbol{u}\\ \boldsymbol{y} &= \boldsymbol{C}(t)\boldsymbol{x} + \boldsymbol{D}(t)\boldsymbol{u}\end{aligned}\right\} \tag{2-4}$$

式中，模型中各系数矩阵的各元素为时间变量 t 的时变函数。

4. 线性定常系统

若线性时变系统的状态空间模型中各系数矩阵不显含时间 t，则成为线性定常系统的状态空间模型

$$\left.\begin{aligned}\dot{\boldsymbol{x}} &= \boldsymbol{A}\boldsymbol{x}+\boldsymbol{B}\boldsymbol{u}\\ \boldsymbol{y} &= \boldsymbol{C}\boldsymbol{x}+\boldsymbol{D}\boldsymbol{u}\end{aligned}\right\} \tag{2-5}$$

为书写简便,常将线性时变系统的状态空间模型(2-4)简记为 $\Sigma(\boldsymbol{A}(t),\boldsymbol{B}(t),\boldsymbol{C}(t),\boldsymbol{D}(t))$。类似地,线性定常系统的状态空间模型(2-5)亦可简记为 $\Sigma(\boldsymbol{A},\boldsymbol{B},\boldsymbol{C},\boldsymbol{D})$。其他的常用的助记符及其含义分别为

$$\Sigma(\boldsymbol{A},\boldsymbol{B},\boldsymbol{C}):\begin{cases}\dot{\boldsymbol{x}}=\boldsymbol{A}\boldsymbol{x}+\boldsymbol{B}\boldsymbol{u}\\ \boldsymbol{y}=\boldsymbol{C}\boldsymbol{x}\end{cases}$$

$$\Sigma(\boldsymbol{A},\boldsymbol{B}):\dot{\boldsymbol{x}}=\boldsymbol{A}\boldsymbol{x}+\boldsymbol{B}\boldsymbol{u}$$

$$\Sigma(\boldsymbol{A},\boldsymbol{C}):\begin{cases}\dot{\boldsymbol{x}}=\boldsymbol{A}\boldsymbol{x}\\ \boldsymbol{y}=\boldsymbol{C}\boldsymbol{x}\end{cases}$$

2.1.3 线性系统状态空间模型的模拟结构图

线性系统的状态空间模型还可以用结构图的方式表达,以形象地说明系统的输入、输出和状态之间的信息传递关系。在采用模拟或数字计算机仿真时,它是一个强有力的工具。

系统结构图中主要有 3 种基本元件:积分器、加法器和比例器,其表示符如图 2-4 所示。

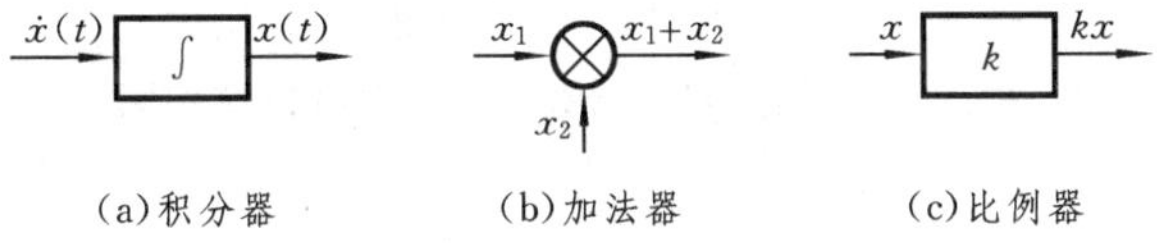

图 2-4 系统结构图中的 3 种基本元件

由上述 3 种基本元件的符号,即可绘出状态空间模型的结构图。如 n 维线性时变系统的状态空间模型为

$$\begin{cases}\dot{\boldsymbol{x}}=\boldsymbol{A}(t)\boldsymbol{x}+\boldsymbol{B}(t)\boldsymbol{u}\\ \boldsymbol{y}=\boldsymbol{C}(t)\boldsymbol{x}+\boldsymbol{D}(t)\boldsymbol{u}\end{cases}$$

其模拟结构如图 2-5 所示,图中双线表示传递的是多维向量信号。

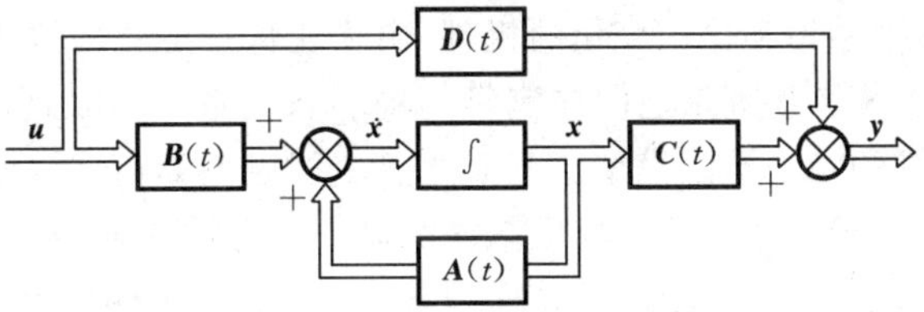

图 2-5 MIMO 线性时变系统的结构图

若需要用结构图表示各状态变量、各输入变量和各输出变量间的信息传递关系,则必须根据实际的状态空间模型,画出各变量间的结构图。双输入双输出线性定常系统的

状态空间模型如下,其结构图如图 2-6 所示。

$$\begin{bmatrix}\dot{x}_1\\ \dot{x}_2\end{bmatrix}=\begin{bmatrix}a_{11} & a_{12}\\ a_{21} & a_{22}\end{bmatrix}\begin{bmatrix}x_1\\ x_2\end{bmatrix}+\begin{bmatrix}b_{11} & b_{12}\\ b_{21} & b_{22}\end{bmatrix}\begin{bmatrix}u_1\\ u_2\end{bmatrix}$$

$$\begin{bmatrix}y_1\\ y_2\end{bmatrix}=\begin{bmatrix}c_{11} & c_{12}\\ c_{21} & c_{22}\end{bmatrix}\begin{bmatrix}x_1\\ x_2\end{bmatrix}+\begin{bmatrix}d_{11} & d_{12}\\ d_{21} & d_{22}\end{bmatrix}\begin{bmatrix}u_1\\ u_2\end{bmatrix}$$

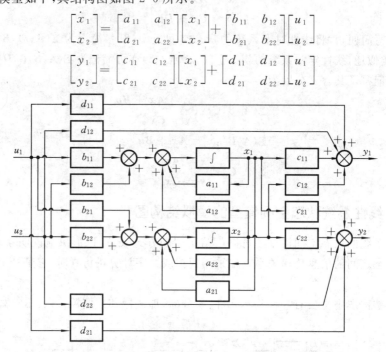

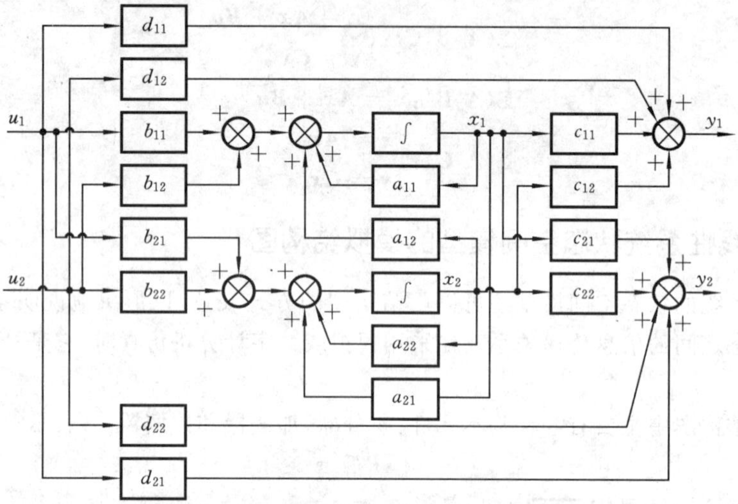

图 2-6 双输入双输出线性定常系统的结构图

2.2 根据系统机理建立状态空间模型

上一节讨论了由电容和电感两类储能元件以及电阻构成的电网络系统的状态空间模型的建立。现实世界中,许多物理、化学系统都具有存储和传递信息(或能量)的能力,都可视为动态系统,如机械动力学系统的弹簧和运动的质量体都存储有能量并能通过某种形式传递;化工热力学系统的物质中热量的存储与传递;化工反应系统中反应物质的物料传递和平衡等。

根据这些系统的物理和化学变化的机理,由描述这些变化的物理和化学的定理、定律和规律等,可得系统各物理量之间应满足的动静态关系式。因此,在选择适宜的状态变量后,可建立系统的状态空间模型。下面通过实例讨论如何建立刚体力学系统、机电能量转换系统、流体力学系统、化工反应系统的热量和物料平衡系统的状态空间模型。

1. 刚体动力学系统的状态空间模型

某刚体动力学系统的物理模型如图 2-7 所示,它是一个弹簧-质量体-阻尼器系统。试建立以外力 $u(t)$为系统输入、质量体位移 $y(t)$为输出的状态空间模型。

对于该刚体动力学系统,设 k 为弹簧的弹性系数,f 为阻尼器的阻尼系数。为建立系统的状态空间模型,首先由决定系统动态特性的牛顿第二定律建立系统各物理量的动态关系方程。

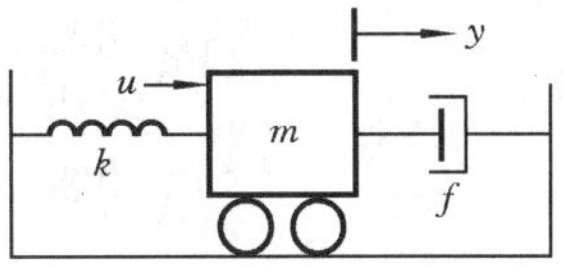

图 2-7 弹簧-质量体-阻尼器系统

许多实际系统中,由于难以了解系统的各种物理量的初始值或绝对值,一般仅考虑物理量相对于初始状况之后的相对值。对本例的刚体动力学系统,一般先假设在外力 $u(t)$ 作用于小车之前,小车处于平衡态。因此,建立模型时仅考虑外力加入后对小车运动的影响。由牛顿第二定律,有系统动态方程

$$m\frac{\mathrm{d}^2 y}{\mathrm{d}t^2}=u-f\frac{\mathrm{d}y}{\mathrm{d}t}-ky$$

对于上式,若已知质量体 m 在初始时刻 t_0 的初始位移 $y(t_0)$ 和初始速度 $\dot{y}(t_0)$,以及系统所受的外力 $u(t)$,则方程有 $y(t)$ 的惟一解。即在 $t\geqslant t_0$ 的任意时刻,质量体 m 的位移可以惟一地确定。因此,可以选择位移 $y(t)$ 和其导数 $\dot{y}(t)$ 为系统的状态变量,即

$$x_1(t)=y(t),\quad x_2(t)=\dot{y}(t)$$

将所选的状态变量代入系统动态方程,有

$$\begin{cases}\dot{x}_1=x_2\\ \dot{x}_2=-\dfrac{k}{m}x_1-\dfrac{f}{m}x_2+\dfrac{1}{m}u\end{cases}$$

上式为一阶微分方程组,即为系统的状态方程。

又由状态变量的选择,有如下的系统输出方程

$$\boldsymbol{y}=x_1$$

将上述状态方程和输出方程联合起来,则有如下矩阵形式的状态空间模型:

$$\begin{cases}\dot{\boldsymbol{x}}=\begin{bmatrix}0 & 1\\ -\dfrac{k}{m} & -\dfrac{f}{m}\end{bmatrix}\boldsymbol{x}+\begin{bmatrix}0\\ \dfrac{1}{m}\end{bmatrix}\boldsymbol{u}\\ \boldsymbol{y}=[1\quad 0]\boldsymbol{x}\end{cases}$$

2. 流体力学系统的状态空间模型

串联水槽系统如图 2-8 所示,其截面积分别为 A_1 和 A_2,当阀门的开度不变,在平衡工作点附近阀门阻力系数分别可视为常量 R_1 和 R_2。图中 $Q_i(t)$,$Q_1(t)$ 和 $Q_o(t)$ 为流量;$h_1(t)$ 和 $h_2(t)$ 分别为两水槽的水面高度。试建立输入为 $Q_i(t)$,输出为 $h_2(t)$ 时的状态空间模型。

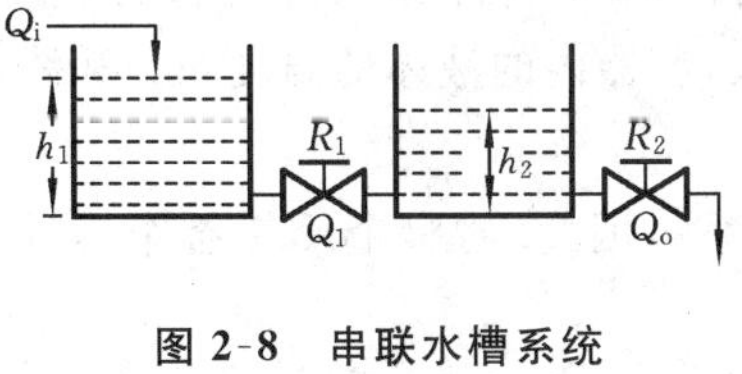

图 2-8 串联水槽系统

对于本例的流体力学系统,假设在初始时刻两个水槽的流入和流出的水流体已处于平衡。下面仅考虑流量 Q_i 的变化量 ΔQ_i 引起的水槽水位的变化。

由水槽所盛水量的平衡关系和流量与压力(水面高度)的关系,有

$$\begin{cases} A_1\dfrac{\mathrm{d}\Delta h_1}{\mathrm{d}t}=\Delta Q_{\mathrm{i}}-\Delta Q_1, \quad R_1\Delta Q_1=\Delta h_1-\Delta h_2 \\ A_2\dfrac{\mathrm{d}\Delta h_2}{\mathrm{d}t}=\Delta Q_1-\Delta Q_{\mathrm{o}}, \quad R_2\Delta Q_{\mathrm{o}}=\Delta h_2 \end{cases}$$

式中，Δ 表示平衡工作点附近的变化量。将上述方程的中间变量 ΔQ_1 和 ΔQ_{o} 消去，则有

$$\begin{cases} A_1\dfrac{\mathrm{d}\Delta h_1}{\mathrm{d}t}=\Delta Q_{\mathrm{i}}-\dfrac{\Delta h_1-\Delta h_2}{R_1} \\ A_2\dfrac{\mathrm{d}\Delta h_2}{\mathrm{d}t}=\dfrac{\Delta h_1-\Delta h_2}{R_1}-\dfrac{\Delta h_2}{R_2} \end{cases}$$

由于上述方程组只有两个独立的微分方程，故可选择两个状态变量。选择上述方程组中有导数项的变量 $\Delta h_1(t)$ 和 $\Delta h_2(t)$ 为状态变量 $x_1(t)$ 和 $x_2(t)$，则状态方程为

$$\begin{cases} \dot{x}_1=-\dfrac{1}{A_1R_1}x_1+\dfrac{1}{A_1R_1}x_2+\dfrac{1}{A_1}\boldsymbol{u} \\ \dot{x}_2=\dfrac{1}{A_2R_1}x_1-\dfrac{R_1+R_2}{A_2R_1R_2}x_2 \end{cases}$$

式中，$\boldsymbol{u}=[\Delta Q_{\mathrm{i}}]$。系统的输出方程为

$$\boldsymbol{y}=\Delta h_2=[x_2]$$

将上述状态方程和输出方程联合起来，则有矩阵形式的状态空间模型为

$$\begin{cases} \dot{\boldsymbol{x}}=\begin{bmatrix} -\dfrac{1}{A_1R_1} & \dfrac{1}{A_1R_1} \\ \dfrac{1}{A_2R_1} & -\dfrac{R_1+R_2}{A_2R_1R_2} \end{bmatrix}\boldsymbol{x}+\begin{bmatrix} \dfrac{1}{A_1} \\ 0 \end{bmatrix}\boldsymbol{u} \\ \boldsymbol{y}=[0 \quad 1]\boldsymbol{x} \end{cases}$$

3. 典型化工(热工)过程的状态空间模型

图 2-9 所示为一化学反应器，它是一个均匀、连续流动的单元，其中发生二级吸热反应：$2A\rightarrow B$。该化工反应生产过程为：温度为 θ_f（常量），含 A 物质的浓度为 C_{Af}（常量）的料液以 $Q(t)$ 的流量进入反应器；为保证单元内的液体体积不变，假定流出的流量亦为 $Q(t)$；为了使化学反应向右进行，用蒸汽对反应器内的溶液进行加热，蒸汽加热量为 $q(t)$。试以料液的流量 $Q(t)$ 和蒸汽加热量 $q(t)$ 为输入，容器内的液体的温度 $\theta(t)$ 和浓度 $C_A(t)$ 为输出，建立状态空间模型。

在化学反应中，一般应保持热量和物料的平衡关系。因此，对整个反应器作热量和物料平衡，就有

$$\frac{\mathrm{d}\theta(t)}{\mathrm{d}t}=\frac{Q(t)}{V\rho}[\theta_f-\theta(t)]+\frac{q(t)}{V\rho c}-\frac{(\Delta H)kC_A^2(t)}{\rho c}$$

$$\frac{\mathrm{d}C_A(t)}{\mathrm{d}t}=\frac{Q(t)}{V\rho}[C_{Af}-C_A(t)]-kC_A^2(t)$$

式中，V、ρ、c 分别为容器体积、料液密度和比热容；k 为反应速率常数；ΔH 为反应热。

显然，选择容器内的液体的温度 $\theta(t)$ 和浓度 $C_A(t)$ 为状态变量是合理的，即令

$$x_1(t)=\theta(t),\quad x_2(t)=C_A(t)$$

故系统的状态方程为

$$\begin{cases}\dot{x}_1=-\dfrac{Q(t)}{V\rho}x_1-\dfrac{(\Delta H)k}{\rho c}x_2^2+\dfrac{Q(t)}{V\rho}\theta_f+\dfrac{q(t)}{V\rho c}\\ \dot{x}_2=-\dfrac{Q(t)}{V\rho}x_2-kx_2^2+\dfrac{Q(t)}{V\rho}C_{Af}\end{cases}$$

输出方程为

$$\boldsymbol{y}=\begin{bmatrix}\theta(t)\\C_A(t)\end{bmatrix}=\begin{bmatrix}x_1\\x_2\end{bmatrix}$$

上述状态空间模型表示的是一个双输入双输出的非线性定常系统。

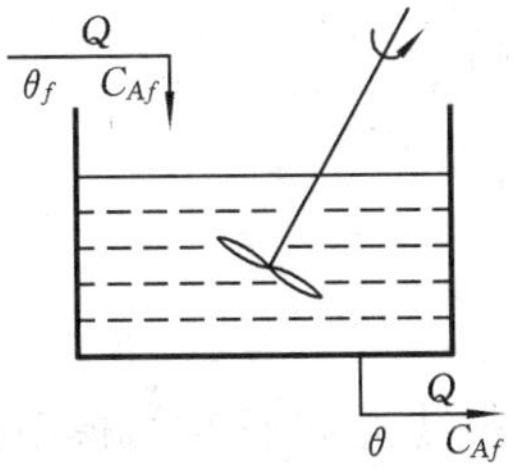

图 2-9 一个典型的化工(热工)过程

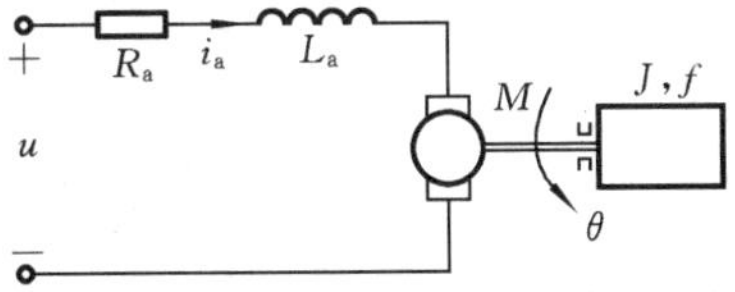

图 2-10 电枢控制的直流电动机原理图

4. 机电系统的状态空间模型

某电枢控制的直流电动机转速系统如图 2-10 所示，其中 R_a 和 L_a 分别为电枢回路总电阻和总电感，J 为电动机轴上的转动惯量，负载为摩擦系数为 f 的阻尼摩擦。试建立以电枢电压 $u(t)$ 为输入，轴的角位移 $\theta(t)$ 为输出的状态空间模型。

设电动机励磁电流不变，铁芯工作在非饱和区。分析图 2-10 所描述的电动机转速控制系统，可以写出电动机的主回路电压方程和轴转动运动方程为

$$u=R_a i_a+L_a\frac{\mathrm{d}i_a}{\mathrm{d}t}+E_a$$

$$M=J\frac{\mathrm{d}^2\theta}{\mathrm{d}t^2}+f\frac{\mathrm{d}\theta}{\mathrm{d}t}$$

式中，E_a 和 M 分别为电动机电枢电势和电动机转矩，且 $E_a=C_e\mathrm{d}\theta/\mathrm{d}t$，$M=C_m i_a$。其中 C_e 和 C_m 分别为电动机的电枢电势常数和转矩常数（含恒定的磁通量）。因此，主回路电压方程和轴转动运动方程可记为

$$\begin{cases}u=R_a i_a+L_a\dfrac{\mathrm{d}i_a}{\mathrm{d}t}+C_e\dfrac{\mathrm{d}\theta}{\mathrm{d}t}\\ C_m i_a=J\dfrac{\mathrm{d}^2\theta}{\mathrm{d}t^2}+f\dfrac{\mathrm{d}\theta}{\mathrm{d}t}\end{cases}$$

对于上述微分方程组，若已知电枢电流 $i_a(t)$、角位移 $\theta(t)$ 及其导数 $\mathrm{d}\theta(t)/\mathrm{d}t$ 在初始时刻 t_0 的值，以及电枢电压 u，则方程组有惟一解。因此，可以选择状态变量为

$$x_1(t)=i_a(t),\quad x_2(t)=\theta(t),\quad x_3(t)=\frac{\mathrm{d}\theta(t)}{\mathrm{d}t}$$

由微分方程组可得系统的状态方程为

$$\begin{cases}\dot{x}_1=-\dfrac{R_a}{L_a}x_1-\dfrac{C_e}{L_a}x_3+\dfrac{1}{L_a}u\\ \dot{x}_2=x_3\\ \dot{x}_3=\dfrac{C_m}{J}x_1-\dfrac{f}{J}x_3\end{cases}$$

输出方程为

$$y=\theta=x_2$$

由上述状态方程和输出方程可得系统的状态空间模型为

$$\begin{cases}\dot{\boldsymbol{x}}=\begin{bmatrix}-\dfrac{R_a}{L_a} & 0 & -\dfrac{C_e}{L_a}\\ 0 & 0 & 1\\ \dfrac{C_m}{J} & 0 & -\dfrac{f}{J}\end{bmatrix}\boldsymbol{x}+\begin{bmatrix}\dfrac{1}{L_a}\\ 0\\ 0\end{bmatrix}\boldsymbol{u}\\ \boldsymbol{y}=\begin{bmatrix}0 & 1 & 0\end{bmatrix}\boldsymbol{x}\end{cases}$$

由以上实例可以看出，对于结构和参数已知的系统，建立状态空间模型的依据是系统的内部机理（如各物理量之间所满足的回路电压和节点电流方程，牛顿第二定律，热量和物料平衡关系等），由其内部机理得到描述各物理量之间关系的微分方程，并将其化为状态变量的一阶微分方程组。所选择的状态变量的个数应为独立的储能元件数目，并将独立的储能元件的物理变量选为系统的状态变量，如将电网络系统中电容两端的电压和通过电感的电流、机械力学系统中惯性元件的速度（或角速度）及弹性元件的位移（或角位移）、流体力学系统中的流量、化工反应热力学系统中的热量（或温度）和流量（或浓度）等物理变量作为状态变量，是较方便的。对于系统机理、结构和参数未知的系统，其状态空间模型的建立，通常只能通过辨识的途径，即用实验建模的方法，通过试验得到系统的输入、输出数据，再用统计的方法确定其数学模型。

2.3 根据系统的输入输出关系建立状态空间模型

本节讨论由描述系统输入输出间动态特性的高阶常微分方程与传递函数，通过选择适当的状态变量建立系统的状态空间模型，这种问题称为系统的实现问题。这种变换过程的原则是不管状态变量如何选择，都应保持系统输入输出间的动、静态关系不变。

2.3.1 由高阶常微分方程建立状态空间模型

1. 微分方程不包含输入量的导数项

描述 SISO 线性系统的输入输出间动态行为的高阶常微分方程不包含输入量的导

数项时，可以表示为

$$y^{(n)}+a_1y^{(n-1)}+\cdots+a_ny=bu \tag{2-6}$$

式中，y 和 u 分别为系统的输出和输入，n 为系统的阶次。

现在要讨论的是通过选择适当的状态变量，将式(2-6)的输入输出关系描述式变换成下面的状态空间模型

$$\begin{cases}\dot{\boldsymbol{x}}=\boldsymbol{A}\boldsymbol{x}+\boldsymbol{B}\boldsymbol{u}\\ \boldsymbol{y}=\boldsymbol{C}\boldsymbol{x}+\boldsymbol{D}\boldsymbol{u}\end{cases} \tag{2-7}$$

式中，$\boldsymbol{x}$ 为 n 维状态变量向量，$\boldsymbol{A}$、$\boldsymbol{B}$、$\boldsymbol{C}$ 和 $\boldsymbol{D}$ 分别为适宜维数的矩阵。要建立状态空间模型，首先必须确定系统的状态变量。

由微分方程理论知，若初始时刻 t_0 的初值 $y(t_0)$，$\dot{y}(t_0)$，…，$y^{(n-1)}(t_0)$ 已知，则对给定的输入 $u(t)$，微分方程(2-6)有惟一解，即系统在 $t\geqslant t_0$ 的任何瞬时的动态都被惟一确定。因此，选择 $y(t)$，$\dot{y}(t)$，…，$y^{(n-1)}(t)$ 为状态变量可完全描述系统的动态特性。令

$$\left.\begin{array}{l}x_1=y\\ x_2=\dot{y}\\ \quad\vdots\\ x_n=y^{(n-1)}\end{array}\right\} \tag{2-8}$$

在此，取输出 y 和 y 的各阶导数为状态变量，物理含义明确，易于接受。

由式(2-8)可求得系统状态方程为

$$\left.\begin{array}{l}\dot{x}_1=x_2\\ \dot{x}_2=x_3\\ \vdots\\ \dot{x}_{n-1}=x_n\\ \dot{x}_n=-a_1x_n-a_2x_{n-1}-\cdots-a_nx_1+bu\end{array}\right\} \tag{2-9}$$

输出方程为

$$y=x_1 \tag{2-10}$$

将式(2-9)和式(2-10)表示成向量与矩阵形式，有

$$\dot{\boldsymbol{x}}=\begin{bmatrix}0&1&0&\cdots&0\\ 0&0&1&\cdots&0\\ \vdots&\vdots&\vdots&\ddots&\vdots\\ 0&0&0&\cdots&1\\ -a_n&-a_{n-1}&-a_{n-2}&\cdots&-a_1\end{bmatrix}\boldsymbol{x}+\begin{bmatrix}0\\ 0\\ \vdots\\ 0\\ b\end{bmatrix}\boldsymbol{u} \tag{2-11}$$

$$\boldsymbol{y}=\begin{bmatrix}1&0&\cdots&0&0\end{bmatrix}\boldsymbol{x} \tag{2-12}$$

式中，$\boldsymbol{x}=[x_1\ x_2\ \cdots\ x_n]^{\mathrm{T}}$；$\boldsymbol{u}=[u]$ 及 $\boldsymbol{y}=[y]$。

式(2-11)和式(2-12)可简记为

$$\left.\begin{aligned}\dot{\boldsymbol{x}} &= \boldsymbol{A}\boldsymbol{x}+\boldsymbol{B}\boldsymbol{u}\\ \boldsymbol{y} &= \boldsymbol{C}\boldsymbol{x}\end{aligned}\right\} \tag{2-13}$$

式中，$\boldsymbol{A}=\begin{bmatrix}0 & 1 & 0 & \cdots & 0\\ 0 & 0 & 1 & \cdots & 0\\ \vdots & \vdots & \vdots & \ddots & \vdots\\ 0 & 0 & 0 & \cdots & 1\\ -a_n & -a_{n-1} & -a_{n-2} & \cdots & -a_1\end{bmatrix}$，$\boldsymbol{B}=\begin{bmatrix}0\\0\\ \vdots\\0\\b\end{bmatrix}$，$\boldsymbol{C}=[1\quad 0\quad \cdots\quad 0\quad 0]$。

式(2-13)清楚地说明状态空间模型的系统矩阵 **A** 与微分方程(2-6)的系数 a_1，a_2，…，a_n之间，输入矩阵 **B** 与方程(2-6)系数 b 之间的对应关系。状态变量为输出 y 及其各阶导数时，通常称其为相变量。

上述状态空间模型的系统矩阵具有特别形式，该矩阵的最后一行与其矩阵特征多项式$|\lambda \boldsymbol{I}-\boldsymbol{A}|=\lambda^n+a_1\lambda^{n-1}+\cdots+a_{n-1}\lambda+a_n$的系数有对应关系，前 $n-1$ 行为 1 个 $n-1$ 维的零向量与$(n-1)\times(n-1)$的单位矩阵。该类矩阵称为友矩阵。友矩阵在线性定常系统的状态空间分析方法中是一种重要的矩阵，这些内容在后面的章节中可以看到。

例 2-1 将系统输入输出方程 $\dddot{\boldsymbol{y}}+6\ddot{\boldsymbol{y}}+11\dot{\boldsymbol{y}}+6\boldsymbol{y}=2\boldsymbol{u}$ 变换为状态空间模型。

解 由所求的系统输入输出方程，有

$$a_1=6,\quad a_2=11,\quad a_3=6,\quad b=2$$

当选择输出 **y** 及其一阶、二阶导数为状态变量时，由式(2-11)和式(2-12)可得状态空间模型为

$$\begin{cases}\dot{\boldsymbol{x}}=\begin{bmatrix}0 & 1 & 0\\ 0 & 0 & 1\\ -6 & -11 & -6\end{bmatrix}\boldsymbol{x}+\begin{bmatrix}0\\0\\2\end{bmatrix}\boldsymbol{u}\\ \boldsymbol{y}=[1\quad 0\quad 0]\boldsymbol{x}\end{cases}$$

2. 微分方程包含输入量的导数项

当SISO线性系统的微分方程含有输入量的导数项时，可以表示为

$$y^{(n)}+a_1y^{(n-1)}+\cdots+a_ny=b_0u^{(n)}+b_1u^{(n-1)}+\cdots+b_nu \tag{2-14}$$

对于这种形式的微分方程，若按照前面的方法选取相变量 $y(t)$，$\dot{y}(t)$，…，$y^{(n-1)}(t)$为状态变量，则得到状态方程为

$$\left.\begin{aligned}\dot{x}_1 &= x_2\\ &\vdots\\ \dot{x}_{n-1} &= x_n\\ \dot{x}_n &= -a_1x_n-a_2x_{n-1}-\cdots-a_nx_1+b_0u^{(n)}+b_1u^{(n-1)}+\cdots+b_nu\end{aligned}\right\} \tag{2-15}$$

根据微分方程解的存在性和惟一性条件，要求状态空间模型矩阵 **A**、**B** 和输入向量 $\boldsymbol{u}(t)$的各元素为分段连续的，而状态方程(2-15)的输入 $u(t)$的各阶导数可能在某些情况

下并不存在，从而方程解的存在性和惟一性条件遭到破坏。为了避免此情况的发生，状态方程不应出现输入 $\boldsymbol{u}(t)$ 的各元素的导数项，即对于方程(2-14)，不能直接将输出 $y(t)$ 的各阶导数项选作状态变量。

为避免状态方程出现输入的导数项，通常，可利用输出 y 和输入 u 以及它们的各阶导数的线性组合组成状态变量，其原则是使状态方程不显含输入 u 的各阶导数。基于这种思路选择状态变量的方法很多，下面先介绍一种方法，其他的方法将在后续章节中陆续介绍。

根据上述原则，选择状态变量为

$$\left.\begin{aligned} x_1 &= y-\beta_0 u \\ x_2 &= \dot{y}-\beta_1 u-\beta_0 \dot{u} \\ &\vdots \\ x_n &= y^{(n-1)}-\beta_{n-1} u-\beta_{n-2} \dot{u}-\cdots-\beta_0 u^{(n-1)} \end{aligned}\right\} \tag{2-16}$$

式中，$\beta_i(i=0,1,\cdots,n)$为待定系数，故有

$$\begin{aligned} \dot{x}_1 &= \dot{y}-\beta_0 \dot{u} = x_2+\beta_1 u \\ \dot{x}_2 &= \ddot{y}-\beta_1 \dot{u}-\beta_0 \ddot{u} = x_3+\beta_2 u \\ &\vdots \\ \dot{x}_{n-1} &= y^{(n-1)}-\beta_{n-2} \dot{u}-\beta_{n-3} \ddot{u}-\cdots-\beta_0 u^{(n-1)} = x_n+\beta_{n-1} u \\ \dot{x}_n &= y^{(n)}-\beta_{n-1} \dot{u}-\beta_{n-2} \ddot{u}-\cdots-\beta_0 u^{(n)} \\ &= -a_1 y^{(n-1)}-\cdots-a_n y+b_0 u^{(n)}+b_1 u^{(n-1)}+\cdots+b_n u-\beta_{n-1} \dot{u}-\beta_{n-2} \ddot{u}-\cdots-\beta_0 u^{(n)} \end{aligned}$$

若待定系数 $\beta_i(i=0,1,\cdots,n)$满足

$$\left.\begin{aligned} \beta_0 &= b_0 \\ \beta_1 &= b_1-a_1 \beta_0 \\ &\vdots \\ \beta_n &= b_n-a_1 \beta_{n-1}-\cdots-a_n \beta_0 \end{aligned}\right\} \tag{2-17}$$

则该高阶微分方程可转化为描述不含输入导数项的状态空间模型，即

$$\left.\begin{aligned} \dot{\boldsymbol{x}} &= \begin{bmatrix} 0 & 1 & 0 & \cdots & 0 \\ 0 & 0 & 1 & \cdots & 0 \\ \vdots & \vdots & \vdots & \ddots & \vdots \\ 0 & 0 & 0 & 0 & 1 \\ -a_n & -a_{n-1} & -a_{n-2} & \cdots & -a_1 \end{bmatrix} \boldsymbol{x}+\begin{bmatrix} \beta_1 \\ \beta_2 \\ \vdots \\ \beta_{n-1} \\ \beta_n \end{bmatrix} \boldsymbol{u} \\ \boldsymbol{y} &= \begin{bmatrix} 1 & 0 & \cdots & 0 & 0 \end{bmatrix} \boldsymbol{x}+\beta_0 \boldsymbol{u} \end{aligned}\right\} \tag{2-18}$$

式中，$\boldsymbol{x}=[x_1\ x_2\ \cdots\ x_n]^{\mathrm{T}}$；$\boldsymbol{u}=[u]$；$\boldsymbol{y}=[y]$。

实际上，计算式(2-17)相当于求解系数矩阵为上三角矩阵的线性方程组，即

$$\begin{bmatrix} 1 & 0 & 0 & \cdots & 0 \\ a_1 & 1 & 0 & \cdots & 0 \\ a_2 & a_1 & 1 & \cdots & 0 \\ \vdots & \vdots & \vdots & \ddots & \vdots \\ a_n & a_{n-1} & a_{n-2} & \cdots & 1 \end{bmatrix} \begin{bmatrix} \beta_0 \\ \beta_1 \\ \beta_2 \\ \vdots \\ \beta_n \end{bmatrix} = \begin{bmatrix} b_0 \\ b_1 \\ b_2 \\ \vdots \\ b_n \end{bmatrix}$$

例 2-2 将系统输入输出方程 $\dddot{y}+5\ddot{y}+8\dot{y}+4y=2\ddot{u}+14\dot{u}+24u$ 变换为状态空间模型。

解 由所求的系统输入输出方程,有

$$a_1=5,\quad a_2=8,\quad a_3=4,\quad b_0=0,\quad b_1=2,\quad b_2=14,\quad b_3=24$$

故由式(2-17)可得

$$\begin{aligned} \beta_0 &= b_0 = 0 \\ \beta_1 &= b_1 - a_1\beta_0 = 2 \\ \beta_2 &= b_2 - a_1\beta_1 - a_2\beta_0 = 4 \\ \beta_3 &= b_3 - a_1\beta_2 - a_2\beta_1 - a_3\beta_0 = -12 \end{aligned}$$

因此,当选择状态变量为

$$\begin{cases} x_1 = y - \beta_0 u = y \\ x_2 = \dot{y} - \beta_1 u - \beta_0 \dot{u} = \dot{y} - 2u \\ x_3 = \ddot{y} - \beta_2 u - \beta_1 \dot{u} - \beta_0 \ddot{u} = \ddot{y} - 4u - 2\dot{u} \end{cases}$$

时,由式(2-18)可写出状态空间模型为

$$\begin{cases} \dot{\boldsymbol{x}} = \begin{bmatrix} 0 & 1 & 0 \\ 0 & 0 & 1 \\ -4 & -8 & -5 \end{bmatrix} \boldsymbol{x} + \begin{bmatrix} 2 \\ 4 \\ -12 \end{bmatrix} \boldsymbol{u} \\ \boldsymbol{y} = [1 \quad 0 \quad 0] \boldsymbol{x} \end{cases}$$

2.3.2 由传递函数建立状态空间模型

下面讨论由描述系统输入输出关系的传递函数,通过选择适宜的状态变量,建立系统的状态空间模型的方法。由于传递函数与线性定系数常微分方程有直接的对应关系,故前面讨论的由系统高阶线性微分方程建立状态空间模型的方法同样适用于由传递函数建立状态空间模型。类似地,这里讨论的方法亦适用于由线性定系数常微分方程变换为状态空间模型的情况。

大多数实际物理系统的传递函数的分子多项式的阶次小于或等于其分母的阶次,此时称该传递函数为真有理传递函数;而分子多项式的阶次小于分母的阶次时,则称为严格真有理传递函数。

若已知 SISO 线性系统的传递函数为

$$\overline{G}(s) = \frac{\bar{b}_0 s^n + \bar{b}_1 s^{n-1} + \cdots + \bar{b}_n}{\bar{a}_0 s^n + \bar{a}_1 s^{n-1} + \cdots + \bar{a}_n} \quad (\bar{a}_0 \neq 0) \tag{2-19}$$

式中，$\bar{a}_i$ 和 $\bar{b}_i(i=0,1,\cdots,n)$为实常数，而且分子多项式与分母多项式无公因子。

用长除法可将式(2-19)写成如下形式

$$\bar{G}(s)=\frac{b_1s^{n-1}+\cdots+b_n}{s^n+a_1s^{n-1}+\cdots+a_n}+d=G(s)+d \tag{2-20}$$

式中，$G(s)=\dfrac{b_1s^{n-1}+\cdots+b_n}{s^n+a_1s^{n-1}+\cdots+a_n}$，$d=\dfrac{\bar{b}_0}{\bar{a}_0}$，$a_i=\dfrac{\bar{a}_i}{\bar{a}_0}$，$b_i=\dfrac{\bar{b}_i-\bar{b}_0a_i}{\bar{a}_0}$。

式(2-20)的第1项 $G(s)$为严格真有理函数；第2项 d 是常数，它反映系统输入和输出之间的直接传递关系。当传递函数的分子阶次小于分母阶次时，$d=0$。下面讨论严格真有理函数 $G(s)$如何变换为状态空间模型，至于式(2-20)中的 d，则相当于状态空间模型的直联矩阵 $\boldsymbol{D}$。

1. 传递函数中极点互异时的变换

对于式(2-20)中的 $G(s)$，其特征方程为

$$s^n+a_1s^{n-1}+\cdots+a_n=0$$

若该特征方程的 n 个特征根 $s_1,s_2,\cdots,s_n$互异，则用部分分式法可将 $G(s)$表示为

$$G(s)=\frac{b_1s^{n-1}+\cdots+b_n}{(s-s_1)(s-s_2)\cdots(s-s_n)}=\frac{k_1}{s-s_1}+\frac{k_2}{s-s_2}+\cdots+\frac{k_n}{s-s_n} \tag{2-21}$$

式中，$k_1,k_2,\cdots,k_n$为待定系数，且

$$k_i=[G(s)(s-s_i)]|_{s=s_i} \quad (i=1,2,\cdots,n) \tag{2-22}$$

由式(2-21)可知，输出 $y(t)$和输入 $u(t)$的拉氏变换满足

$$Y(s)=G(s)U(s)=\frac{k_1}{s-s_1}U(s)+\frac{k_2}{s-s_2}U(s)+\cdots+\frac{k_n}{s-s_n}U(s) \tag{2-23}$$

因此，若选择状态变量 $x_i(t)$使其拉氏变换满足

$$X_i(s)=\frac{1}{s-s_i}U(s) \quad (i=1,2,\cdots,n)$$

则有

$$sX_i(s)=s_iX_i(s)+U(s) \quad (i=1,2,\cdots,n)$$

对上式求拉氏反变换，即得系统的状态方程为

$$\dot{x}_i=s_ix_i+u \quad (i=1,2,\cdots,n) \tag{2-24}$$

由式(2-23)可知，系统输出 $y(t)$的拉氏变换为

$$Y(s)=k_1X_1(s)+k_2X_2(s)+\cdots+k_nX_n(s)$$

对上式求拉氏反变换，即得系统输出方程为

$$\boldsymbol{y}=k_1x_1+k_2x_2+\cdots+k_nx_n \tag{2-25}$$

因此，将状态方程(2-24)和输出方程(2-25)写成矩阵形式，有系统的状态空间模型为

$$\left.\begin{aligned}\dot{\boldsymbol{x}}&=\begin{bmatrix}s_1&0&\cdots&0\\0&s_2&\cdots&0\\\vdots&\vdots&\ddots&\vdots\\0&0&\cdots&s_n\end{bmatrix}\boldsymbol{x}+\begin{bmatrix}1\\1\\\vdots\\1\end{bmatrix}\boldsymbol{u}\\\boldsymbol{y}&=[k_1\quad k_2\quad\cdots\quad k_n]\boldsymbol{x}\end{aligned}\right\} \tag{2-26}$$

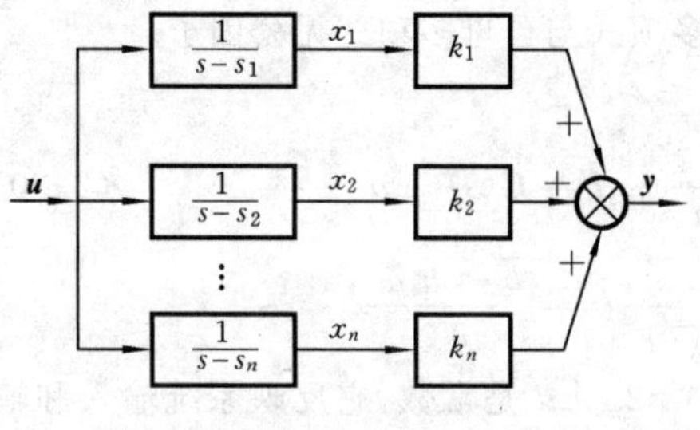

图 2-11 对角线规范形的结构图

用上述部分分式法建立的状态空间模型的系统矩阵 $\boldsymbol{A}$ 有一个显著特征——对角线矩阵，这种形式的状态空间模型即为下一节将详细讨论的所谓对角线规范形。

事实上，由式(2-23)和状态空间模型(2-26)可知，对角线规范形其实是将系统转换为 n 个一阶子系统（惯性环节）的并联形式，如图 2-11 所示。

例 2-3 用部分分式法将例 2-1 中微分方程对应的系统传递函数

$$G(s)=\frac{2}{s^3+6s^2+11s+6}$$

变换为状态空间模型。

解 由系统特征多项式 $s^3+6s^2+11s+6=0$，可求得系统的极点为

$$s_1=-1,\quad s_2=-2,\quad s_3=-3$$

于是有

$$G(s)=\frac{k_1}{s-s_1}+\frac{k_2}{s-s_2}+\frac{k_3}{s-s_3}$$

其中，$k_1=[G(s)(s+1)]|_{s=-1}=1$；

$k_2=[G(s)(s+2)]|_{s=-2}=-2$；

$k_3=[G(s)(s+3)]|_{s=-3}=1$。

故当选择状态变量为 $G(s)$ 分式并联分解的各个一阶惯性环节的输出时，由式(2-26)可得状态空间模型为

$$\begin{cases}\dot{\boldsymbol{x}}=\begin{bmatrix}-1 & 0 & 0\\ 0 & -2 & 0\\ 0 & 0 & -3\end{bmatrix}\boldsymbol{x}+\begin{bmatrix}1\\1\\1\end{bmatrix}\boldsymbol{u}\\ \boldsymbol{y}=[1\quad -2\quad 1]\boldsymbol{x}\end{cases}$$

将上述结果与例 2-1 的结果相比较可知，即使对同一个系统，采用不同的建立方法，将得到不同的状态空间模型。

2. 传递函数中有重极点时的变换

当系统特征方程有重根时，传递函数不能分解成如式(2-21)所示的 n 个一阶惯性环节并联的情况，亦得不到如式(2-26)的状态方程。

下面将讨论有重根时的传递函数如何变换成状态空间模型的方法。

为不失一般性，又能清楚地叙述变换方法，设系统特征方程有 6 个根，其值分别为 s_1、s_1、s_1、s_4、s_5、s_5，即 s_1 为 3 重极点、s_5 为二重极点。用部分分式法可将所对应的传递函数$G(s)$表示为

$$G(s)=\frac{k_{11}}{(s-s_1)^3}+\frac{k_{12}}{(s-s_1)^2}+\frac{k_{13}}{s-s_1}+\frac{k_{41}}{s-s_4}+\frac{k_{51}}{(s-s_5)^2}+\frac{k_{52}}{s-s_5}\tag{2-27}$$

式中，k_{ij} 为待定系数，且

$$k_{ij}=\frac{1}{(j-1)!}\cdot\frac{\mathrm{d}^{j-1}}{\mathrm{d}s^{j-1}}[G(s)(s-s_i)^{l_i}]\Big|_{s=s_i}\quad (j=1,2,\cdots,l_i) \tag{2-28}$$

其中，l_i为极点s_i的重数。

由式(2-27)可知，输出$y(t)$和输入$u(t)$的拉氏变换满足

$$\begin{aligned}Y(s)&=G(s)U(s)\\&=\frac{k_{11}}{(s-s_1)^3}U(s)+\frac{k_{12}}{(s-s_1)^2}U(s)+\frac{k_{13}}{s-s_1}U(s)+\frac{k_{41}}{s-s_4}U(s)+\frac{k_{51}}{(s-s_5)^2}U(s)+\frac{k_{52}}{s-s_5}U(s)\end{aligned}$$

若选择状态变量的拉氏变换满足

$$\left.\begin{aligned}&X_1(s)=\frac{1}{(s-s_1)^3}U(s),\quad X_2(s)=\frac{1}{(s-s_1)^2}U(s),\quad X_3(s)=\frac{1}{s-s_1}U(s)\\&X_4(s)=\frac{1}{s-s_4}U(s)\\&X_5(s)=\frac{1}{(s-s_5)^2}U(s),\quad X_6(s)=\frac{1}{s-s_5}U(s)\end{aligned}\right\} \tag{2-29}$$

即

$$\begin{cases}X_1(s)=\dfrac{1}{s-s_1}X_2(s),\quad X_2(s)=\dfrac{1}{s-s_1}X_3(s),\quad X_3(s)=\dfrac{1}{s-s_1}U(s)\\X_4(s)=\dfrac{1}{s-s_4}U(s)\\X_5(s)=\dfrac{1}{s-s_5}X_6(s),\quad X_6(s)=\dfrac{1}{s-s_5}U(s)\end{cases}$$

对上式求拉氏反变换，即得系统的状态方程为

$$\left.\begin{aligned}&\dot{x}_1=s_1x_1+x_2,\quad \dot{x}_2=s_1x_2+x_3,\quad \dot{x}_3=s_1x_3+\boldsymbol{u}\\&\dot{x}_4=s_4x_4+\boldsymbol{u}\\&\dot{x}_5=s_5x_5+x_6,\quad \dot{x}_6=s_5x_6+\boldsymbol{u}\end{aligned}\right\} \tag{2-30}$$

由式(2-27)和式(2-29)可求得系统输出方程的拉氏变换为

$$Y(s)=k_{11}X_1(s)+k_{12}X_2(s)+k_{13}X_3(s)+k_{41}X_4(s)+k_{51}X_5(s)+k_{52}X_6(s)$$

对上式求拉氏反变换，即得系统输出方程为

$$\boldsymbol{y}=k_{11}x_1+k_{12}x_2+k_{13}x_3+k_{41}x_4+k_{51}x_5+k_{52}x_6 \tag{2-31}$$

因此，将状态方程(2-30)和输出方程(2-31)写成矩阵形式，有状态空间模型为

$$\left.\begin{aligned}\dot{\boldsymbol{x}}&=\begin{bmatrix}s_1&1&0&0&0&0\\0&s_1&1&0&0&0\\0&0&s_1&0&0&0\\0&0&0&s_4&0&0\\0&0&0&0&s_5&1\\0&0&0&0&0&s_5\end{bmatrix}\boldsymbol{x}+\begin{bmatrix}0\\0\\1\\1\\0\\1\end{bmatrix}\boldsymbol{u}\\\boldsymbol{y}&=\begin{bmatrix}k_{11}&k_{12}&k_{13}&k_{41}&k_{51}&k_{52}\end{bmatrix}\boldsymbol{x}\end{aligned}\right\} \tag{2-32}$$

用上述部分分式法建立的状态空间模型的系统矩阵 **A** 有一个显著特征——块对角

矩阵，且每个矩阵方块为只有一个重特征值的特定矩阵块。这种块对角形式的状态空间模型即为下一节将详细讨论的所谓约旦(Jordan)规范形。

事实上，由式(2-27)和式(2-32)中的状态方程可知，约旦规范形其实是将系统转换为多个子系统(惯性环节)的串-并联形式。式(2-32)描述的状态空间系统的结构图如图2-12所示，为惯性环节的串-并联组合系统。

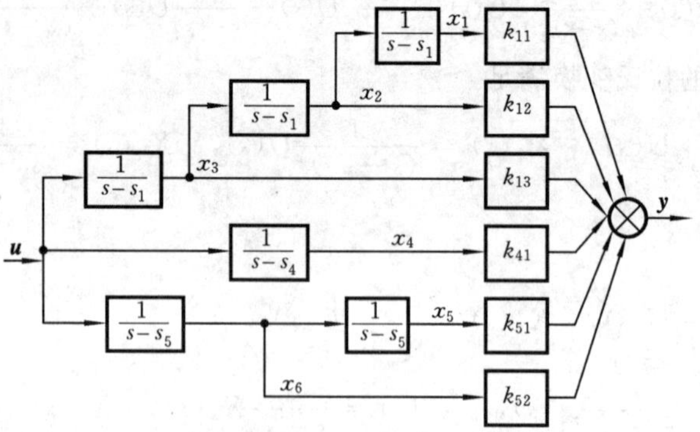

图 2-12 约旦规范形的结构图

例 2-4 用部分分式法将例 2-2 中微分方程所对应的系统传递函数

$$G(s)=\frac{2s^2+14s+24}{s^3+5s^2+8s+4}$$

变换为状态空间模型。

解 由系统特征多项式 s^3+5s^2+8s+4 可知，系统有二重极点 $s_1=-2$ 和单极点 $s_3=-1$。于是，传递函数 $G(s)$ 可分解为

$$G(s)=\frac{k_{11}}{(s-s_1)^2}+\frac{k_{12}}{s-s_1}+\frac{k_{31}}{s-s_3}$$

其中，$k_{11}=[G(s)(s+2)^2]|_{s=-2}=-4$；

$$k_{12}=\left[\frac{\mathrm{d}}{\mathrm{d}s}G(s)(s+2)^2\right]\bigg|_{s=-2}=-10;$$

$$k_{31}=[G(s)(s+1)]|_{s=-1}=12。$$

故当选择状态变量为 $G(s)$ 分式串一并联分解的各个一阶惯性环节的输出时，可得状态空间模型为

$$\begin{cases}\dot{\boldsymbol{x}}=\left[\begin{array}{cc:c}-2 & 1 & 0\\ 0 & -2 & 0\\ \hdashline 0 & 0 & -1\end{array}\right]\boldsymbol{x}+\left[\begin{array}{c}0\\1\\ \hdashline 1\end{array}\right]u\\ \boldsymbol{y}=[-4\quad -10\quad 12]\boldsymbol{x}\end{cases}$$

将本例与例 2-2 相比较可知，对于同一个系统，可以得到不同的状态空间模型，即状态空间模型不具有惟一性。

2.3.3 MIMO 线性系统

以双输入双输出的 3 阶系统为例，介绍由描述 MIMO 系统的高阶微分方程组如何建立状态空间模型的方法。

设描述系统的微分方程为

$$\left.\begin{aligned}\ddot{y}_1+a_1\dot{y}_1+a_2y_2&=b_1\dot{u}_1+b_2u_1+b_3u_2\\ \dot{y}_2+a_3y_2+a_4y_1&=b_4u_2\end{aligned}\right\} \tag{2-33}$$

同 SISO 系统一样，该系统的实现也是非惟一的。下面采用模拟结构图的方法，用高阶导数项求解法建立状态空间模型。因此，该系统的方程可表示为

$$\left.\begin{aligned}\ddot{y}_1&=-a_1\dot{y}_1-a_2y_2+b_1\dot{u}_1+b_2u_1+b_3u_2\\ \dot{y}_2&=-a_3y_2-a_4y_1+b_4u_2\end{aligned}\right\} \tag{2-34}$$

对每一个方程积分，直至消除导数符号为止，则有

$$\begin{aligned}y_1&=\iint[(-a_1\dot{y}_1+b_1\dot{u}_1)-a_2y_2+b_2u_1+b_3u_2]\mathrm{d}t^2\\ &=\int(-a_1y_1+b_1u_1)\mathrm{d}t+\iint(b_2u_1+b_3u_2-a_2y_2)\mathrm{d}t^2\end{aligned} \tag{2-35}$$

$$y_2=\int(-a_3y_2-a_4y_1+b_4u_2)\mathrm{d}t \tag{2-36}$$

故可得该系统的模拟结构图，如图 2-13 所示。

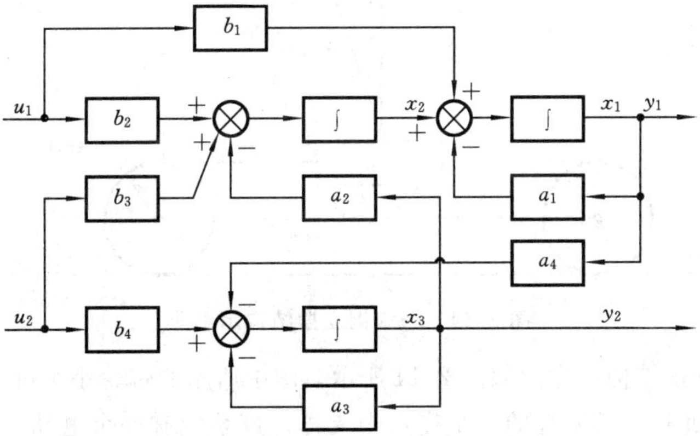

图 2-13 系统模拟结构图

取每个积分器的输出为一个状态变量，如图 2-13 所示，则式(2-33)的一种状态空间实现为

$$\begin{cases}\dot{x}_1=-a_1x_1+x_2+b_1u_1\\ \dot{x}_2=-a_2x_3+b_2u_1+b_3u_2\\ \dot{x}_3=-a_4x_1-a_3x_3+b_4u_2\end{cases} \tag{2-37}$$

相应的输出方程为

$$\begin{cases} y_1 = x_1 \\ y_2 = x_3 \end{cases} \tag{2-38}$$

因此,该双输入双输出系统的矩阵形式状态空间模型为

$$\left.\begin{aligned} \begin{bmatrix} \dot{x}_1 \\ \dot{x}_2 \\ \dot{x}_3 \end{bmatrix} &= \begin{bmatrix} -a_1 & 1 & 0 \\ 0 & 0 & -a_2 \\ -a_4 & 0 & -a_3 \end{bmatrix} \begin{bmatrix} x_1 \\ x_2 \\ x_3 \end{bmatrix} + \begin{bmatrix} b_1 & 0 \\ b_2 & b_3 \\ 0 & b_4 \end{bmatrix} \begin{bmatrix} u_1 \\ u_2 \end{bmatrix} \\ \begin{bmatrix} y_1 \\ y_2 \end{bmatrix} &= \begin{bmatrix} 1 & 0 & 0 \\ 0 & 0 & 1 \end{bmatrix} \begin{bmatrix} x_1 \\ x_2 \\ x_3 \end{bmatrix} \end{aligned}\right\} \tag{2-39}$$

2.3.4 非线性系统

倒立摆系统是一个多变量、存在严重非线性的非自治不稳定系统,经常用来研究和比较各种控制方法的性能。其结构和飞机着陆、火箭飞行及机器人的关节运动等有很多相似之处,其控制方法的研究在航空及机器人等领域有着广泛的应用,引起了人们越来越浓厚的研究兴趣。下面以一个一级倒立摆系统为例,简述如何通过其动力学模型的常微分方程建立非线性系统的状态空间模型的。

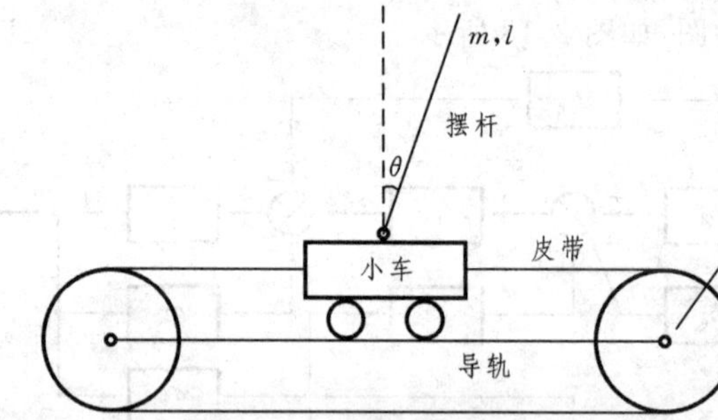

图 2-14 一级倒立摆结构示意图

某一级倒立摆结构示意图如图 2-14 所示。图中所示的带轮小车可以左右移动来平衡其上的摆杆,此杆由其底部的一个支点来支撑。该系统有一个电动机、一根连接电动机与小车的皮带和一些滑轮,还有测量小车的速度、位置、杆底部与铅垂线所成的角度及其微分的传感器,其控制任务是电动机通过皮带施加合适的力 f 给小车从而使杆不倒,并使小车不超过左右边界。一级倒立摆有两个运动自由度:一个沿水平方向运动,另一个绕轴转动。

通过对滑轮小车和摆杆的受力分析和推导,忽略交流电动机的动特性,并假设交流电动机由 u 到 f 的静态增益为 1,得到倒立摆系统的动力学描述为

$$\begin{cases}(J+ml^2)\dfrac{\mathrm{d}^2\theta}{\mathrm{d}t^2}+(ml\cos\theta)\dfrac{\mathrm{d}^2x}{\mathrm{d}t^2}=mlg\sin\theta \\ (M+m)\dfrac{\mathrm{d}^2x}{\mathrm{d}t^2}+\mu_c\dfrac{\mathrm{d}x}{\mathrm{d}t}+(ml\cos\theta)\dfrac{\mathrm{d}^2\theta}{\mathrm{d}t^2}=u+ml\sin\theta\left[\dfrac{\mathrm{d}\theta}{\mathrm{d}t}\right]^2\end{cases}$$

式中，M 为小车质量；m 和 l 分别为摆杆的质量和长度；μ_c是小车与导轨的摩擦系数；f 为施加在小车水平方向上的外力；u 为作用在电动机上的电压，是控制变量；J 为转动惯量，且 $J=ml^2/3$；x 为小车的水平位移，由与电动机相连的电位计测得；$\dot{x}$ 为小车的水平位移速度，由与电动机连接的电位计测得的信号经微分而得；θ 为杆与垂线的夹角，取顺时针方向为正方向，由安装在上车上并与杆的底部相连的电位计测得；$\dot{\theta}$为杆转动的角速度，由信号 θ 经微分而得。

整理上式可得

$$\begin{cases}\ddot{x}=\dfrac{-2\mu_c P\dot{x}+2Pml(\sin\theta)\dot{\theta}^2-m^2l^2g\sin2\theta+2Pu}{2(K+m^2l^2\sin^2\theta)} \\ \ddot{\theta}=\dfrac{2ml\mu_c(\cos\theta)\dot{x}-m^2l^2g(\sin2\theta)\dot{\theta}^2+2mlg(M+m)\sin\theta-2ml(\cos\theta)u}{2(K+m^2l^2\sin^2\theta)}\end{cases}$$

式中，$P=J+ml^2=4ml^2/3$；$K=J(M+m)+Mml^2=(4M+m)ml^2/3$。

对该倒立摆系统，选取状态变量 $\boldsymbol{z}=[z_1\quad z_2\quad z_3\quad z_4]^{\mathrm{T}}=[x\quad \dot{x}\quad \theta\quad \dot{\theta}]^{\mathrm{T}}$。由上式，得该倒立摆系统的状态空间模型为

$$\begin{cases}\dot{z}_1=z_2 \\ \dot{z}_2=\dfrac{-2\mu_c Pz_2+2Pml(\sin z_3)z_4^2-m^2l^2g(\sin2z_3)+2Pu}{2[K+m^2l^2(\sin z_3)^2]} \\ \dot{z}_3=z_4 \\ \dot{z}_4=\dfrac{2ml\mu_c(\cos z_3)z_2-m^2l^2g(\sin2z_3)z_4^2+2mlg(M+m)\sin z_3-2ml(\cos z_3)u}{2[K+m^2l^2(\sin z_3)^2]}\end{cases}$$

由于数学方法的局限以及工程系统实现的困难，在进行系统分析与控制时，复杂的非线性模型将导致分析求解及控制的困难。因此，常将非线性模型在其平衡点(工作点)附近对其进行泰勒级数展开至一阶线性方程，以获得简化的数学模型，实现系统分析与控制。这种处理方法也是工程中常用的方法。若摆杆相对于垂直线的角度 θ 保持足够小(如$|x_1|=|\theta|<5°$)，则常有线性展开近似为

$$\sin\theta=\theta\quad 或者\quad \sin\theta=0,\cos\theta=1$$

因此，本实例在平衡点 $\boldsymbol{z}=[z_1\quad z_2\quad z_3\quad z_4]^{\mathrm{T}}=[0\quad 0\quad 0\quad 0]^{\mathrm{T}}$附近的近似线性化状态方程为

$$\dot{\boldsymbol{z}}=\boldsymbol{A}\boldsymbol{z}+\boldsymbol{B}u$$

其中
$$A=\begin{bmatrix}0 & 1 & 0 & 0\\ 0 & -\frac{\mu_c P}{K} & -\frac{m^2 l^2 g}{K} & 0\\ 0 & 0 & 1 & 0\\ 0 & \frac{ml\mu_c}{K} & \frac{mlg(M+m)}{K} & 0\end{bmatrix},\quad B=\begin{bmatrix}0\\ \frac{P}{K}\\ 0\\ -\frac{ml}{K}\end{bmatrix}$$

输出方程为
$$\begin{bmatrix}\theta\\ x\end{bmatrix}=\begin{bmatrix}1 & 0 & 0 & 0\\ 0 & 0 & 1 & 0\end{bmatrix}\boldsymbol{z}$$

至此，得到一级倒立摆系统的状态空间线性化数学模型。

2.4 线性变换和约旦规范形

从上一节的讨论可以看到，同一个系统的状态空间模型，即使其维数相同，其具体结构和系数矩阵也可以是多种多样的，如系统矩阵 $\boldsymbol{A}$ 可以为对角线矩阵或约旦矩阵，也可以为其他形式。状态空间模型不同，取决于状态变量的不同选择。由此产生了一个问题：各种不同选择的状态变量之间，以及它们所对应的状态空间模型之间的关系如何？

在控制系统的分析和设计中，用某些特殊的状态空间模型将使系统分析与设计相对简化，如对角线规范形和约旦规范形。由此提出如下问题：如何把一般形式的状态空间模型变换成特定形式的状态空间模型以降低系统分析、设计的难度。

状态变量是一组实变量，它们所组成的状态空间为一个实线性空间。由线性代数知识可知，线性空间随着表征空间坐标的基底的选取的不同，空间点关于各种基底的坐标亦不同。这些基底之间的关系如进行了一次坐标变换，而空间中的点的坐标则相当于作了一次线性变换。因此，利用线性代数的知识回答了上述两个问题。

1）不同选取的状态变量之间存在一种坐标变换，其相应的状态空间模型之间也存在一种相应的相似变换。在现代控制理论中，这种变换称为线性变换或状态变换。

2）既然可以对状态变量和状态空间模型进行线性变换，在一定条件下也应可以将一般形式的状态空间模型变换成某种特殊的状态空间模型。

2.4.1 状态空间的线性变换

对于一个 n 维的动态系统，可选择适当的 n 个状态变量以建立状态空间模型来描述。但是，这 n 个状态变量的选择却不是惟一的。这一点可利用线性代数中的基底变换来理解。

一个 n 维的线性独立的状态变量向量，在 n 维状态空间构成一个坐标系，即相当于空间的一个基底。存在于这个空间的另外的坐标系，则必定与它存在一个线性变换关系。设描述同一个状态空间的两个 n 维的状态变量向量分别为
$$\boldsymbol{x}=[x_1\quad x_2\quad \cdots\quad x_n]^{\mathrm{T}},\quad \tilde{\boldsymbol{x}}=[\tilde{x}_1\quad \tilde{x}_2\quad \cdots\quad \tilde{x}_n]^{\mathrm{T}}$$

则由线性代数知识可知，它们之间必有如下变换关系：

$$\boldsymbol{x}=\boldsymbol{P}\tilde{\boldsymbol{x}},\quad \tilde{\boldsymbol{x}}=\boldsymbol{P}^{-1}\boldsymbol{x} \tag{2-40}$$

式中，$\boldsymbol{P}\in\boldsymbol{R}^{n\times n}$，是 $n\times n$ 维的非奇异变换矩阵，于是可得

$$\left.\begin{aligned} x_1&=p_{11}\tilde{x}_1+p_{12}\tilde{x}_2+\cdots+p_{1n}\tilde{x}_n\\ x_2&=p_{21}\tilde{x}_1+p_{22}\tilde{x}_2+\cdots+p_{2n}\tilde{x}_n\\ &\vdots\\ x_n&=p_{n1}\tilde{x}_1+p_{n2}\tilde{x}_2+\cdots+p_{nn}\tilde{x}_n \end{aligned}\right\} \tag{2-41}$$

式中，p_{ij} 为变换矩阵 $\boldsymbol{P}$ 的各元素。

式(2-41)表明，状态变量 $x_1,x_2,\cdots,x_n$ 均可表示为状态变量 $\tilde{x}_1,\tilde{x}_2,\cdots,\tilde{x}_n$ 的线性组合，即每一组 $x_1,x_2,\cdots,x_n$ 的值都惟一地对应有一组 $\tilde{x}_1,\tilde{x}_2,\cdots,\tilde{x}_n$ 的值。同样地，每一组 $\tilde{x}_1,\tilde{x}_2,\cdots,\tilde{x}_n$ 的值都惟一地对应有一组 $x_1,x_2,\cdots,x_n$ 的值。

状态变量向量 $\boldsymbol{x}$ 与 $\tilde{\boldsymbol{x}}$ 间的变换，称为状态的线性变换。

应该注意的是，变换矩阵 $\boldsymbol{P}$ 一定是非奇异的，才能使 $\boldsymbol{x}$ 和 $\tilde{\boldsymbol{x}}$ 间的变换关系是等价的、惟一的和可逆的。

在定义了上述状态的线性变换后，就可来讨论状态空间模型间的变换关系。对状态变量向量 $\boldsymbol{x}$ 下的状态空间模型

$$\begin{cases}\dot{\boldsymbol{x}}=\boldsymbol{A}\boldsymbol{x}+\boldsymbol{B}\boldsymbol{u}\\ \boldsymbol{y}=\boldsymbol{C}\boldsymbol{x}+\boldsymbol{D}\boldsymbol{u}\end{cases} \tag{2-42}$$

作非奇异线性变换 $\boldsymbol{x}=\boldsymbol{P}\tilde{\boldsymbol{x}}$，即 $\tilde{\boldsymbol{x}}=\boldsymbol{P}^{-1}\boldsymbol{x}$，于是状态空间模型(2-42)可表示为

$$\begin{cases}\dot{\tilde{\boldsymbol{x}}}=\boldsymbol{P}^{-1}\boldsymbol{A}\boldsymbol{P}\tilde{\boldsymbol{x}}+\boldsymbol{P}^{-1}\boldsymbol{B}\boldsymbol{u}\\ \boldsymbol{y}=\boldsymbol{C}\boldsymbol{P}\tilde{\boldsymbol{x}}+\boldsymbol{D}\boldsymbol{u}\end{cases} \tag{2-43}$$

若将在状态变量向量 $\tilde{\boldsymbol{x}}$ 下的状态空间模型表示为

$$\begin{cases}\dot{\tilde{\boldsymbol{x}}}=\tilde{\boldsymbol{A}}\tilde{\boldsymbol{x}}+\tilde{\boldsymbol{B}}\boldsymbol{u}\\ \boldsymbol{y}=\tilde{\boldsymbol{C}}\tilde{\boldsymbol{x}}+\tilde{\boldsymbol{D}}\boldsymbol{u}\end{cases} \tag{2-44}$$

则式(2-42)描述的线性系统在线性变换矩阵 $\boldsymbol{P}$ 下的各矩阵具有如下对应关系：

$$\tilde{\boldsymbol{A}}=\boldsymbol{P}^{-1}\boldsymbol{A}\boldsymbol{P},\quad \tilde{\boldsymbol{B}}=\boldsymbol{P}^{-1}\boldsymbol{B},\quad \tilde{\boldsymbol{C}}=\boldsymbol{C}\boldsymbol{P},\quad \tilde{\boldsymbol{D}}=\boldsymbol{D} \tag{2-45}$$

应该注意的是，系统的初始条件也必须作相应的变换，即

$$\tilde{\boldsymbol{x}}(t_0)=\boldsymbol{P}^{-1}\boldsymbol{x}(t_0)$$

式中，t_0 为系统运动的初始时刻。

例 2-5 试将以下状态空间模型

$$\begin{cases}\dot{\boldsymbol{x}}=\begin{bmatrix}0&1&0\\0&0&1\\-6&-11&-6\end{bmatrix}\boldsymbol{x}+\begin{bmatrix}0\\0\\6\end{bmatrix}\boldsymbol{u}\\ \boldsymbol{y}=\begin{bmatrix}1&0&0\end{bmatrix}\boldsymbol{x}\end{cases}$$

作变换矩阵为下式所示的线性变换。

$$P=\begin{bmatrix}1 & 1 & 1\\ -1 & -2 & -3\\ 1 & 4 & 9\end{bmatrix}$$

解 线性变换 P 的逆矩阵为

$$P^{-1}=\begin{bmatrix}3 & 2.5 & 0.5\\ -3 & -4 & -1\\ 1 & 1.5 & 0.5\end{bmatrix}$$

则有 $\tilde{A}=P^{-1}AP=\begin{bmatrix}-1 & 0 & 0\\ 0 & -2 & 0\\ 0 & 0 & -3\end{bmatrix}$，$\tilde{B}=P^{-1}B=\begin{bmatrix}3\\ -6\\ 3\end{bmatrix}$，$\tilde{C}=CP=[1\ \ 1\ \ 1]$

故系统在新的状态变量 $\tilde{x}$ 下的状态空间模型为

$$\begin{cases}\dot{\tilde{x}}=\begin{bmatrix}-1 & 0 & 0\\ 0 & -2 & 0\\ 0 & 0 & -3\end{bmatrix}\tilde{x}+\begin{bmatrix}3\\ -6\\ 3\end{bmatrix}u\\ y=[1\ \ 1\ \ 1]\tilde{x}\end{cases}$$

2.4.2 系统特征值的不变性与系统的不变量

线性定常系统的特征结构由特征值和特征向量表征。系统的特征结构对系统运动的特性和行为具有重要的影响，决定了系统的基本特性。下面讨论系统经状态线性变换后，其特征值不变的性质，即状态线性变换不改变系统基本特性的性质。

1. 系统的特征值和特征向量

定义 2-2 设 v 是 n 维非零向量，A 是 $n\times n$ 矩阵。若方程组

$$Av=\lambda v \tag{2-46}$$

成立，则称 λ 为矩阵 A 的特征值，非零向量 v 为 λ 所对应的矩阵 A 的特征向量。

将特征值的定义式(2-46)写为

$$(\lambda I-A)v=0 \tag{2-47}$$

式中，I 为 $n\times n$ 的单位矩阵。因此，由代数方程理论可知，式(2-47)有 v 的非零解的充要条件为

$$|\lambda I-A|=0 \tag{2-48}$$

并称式(2-48)为矩阵 A 的特征方程，而 $|\lambda I-A|$ 为 A 的特征多项式。将 $|\lambda I-A|$ 展开，可得

$$|\lambda I-A|=\lambda^n+a_1\lambda^{n-1}+\cdots+a_{n-1}\lambda+a_n \tag{2-49}$$

式中，$a_i(i=1,2,\cdots,n)$ 称为特征多项式的系数。

因此，$n\times n$ 维的矩阵 A 的特征多项式为 n 阶多项式。

n 阶的特征方程(2-48)的 n 个根 $\lambda_1,\lambda_2,\cdots,\lambda_n$ 即为矩阵 A 的 n 个特征值。在得到特

征值λ_i后，由式(2-46)或式(2-47)可求得矩阵对应于λ_i的特征向量$\boldsymbol{v}_i$。

对于线性定常系统

$$\left.\begin{aligned}\dot{\boldsymbol{x}} &= \boldsymbol{A}\boldsymbol{x} + \boldsymbol{B}\boldsymbol{u}\\ \boldsymbol{y} &= \boldsymbol{C}\boldsymbol{x} + \boldsymbol{D}\boldsymbol{u}\end{aligned}\right\} \tag{2-50}$$

定义系统矩阵$\boldsymbol{A}$的特征值为系统的特征值。因此，一个n维线性定常系统必然有n个特征值与之对应。对于物理上可实现的系统，其系统矩阵必为实矩阵。因此，线性定常系统的特征多项式必为实系数多项式，其特征值或为实数，或为成对出现的共轭复数。

2. 系统特征值的不变性

系统的特征值表征了系统的基本属性，而系统的非奇异线性变换仅相当于从另外一个角度来描述系统而已，并未改变系统的本质。因此，表征系统基本特性的系统特征值应不随线性变换而改变，即线性定常系统特征值对线性变换具有不变性。这个结论可证明如下。

证明 设系统原状态空间模型的系统矩阵为$\boldsymbol{A}$，经线性变换$\boldsymbol{x}=\boldsymbol{P}\tilde{\boldsymbol{x}}$后，系统矩阵为$\tilde{\boldsymbol{A}}=\boldsymbol{P}^{-1}\boldsymbol{A}\boldsymbol{P}$。矩阵$\tilde{\boldsymbol{A}}$的特征多项式为

$$\begin{aligned}|\lambda\boldsymbol{I}-\tilde{\boldsymbol{A}}| &= |\lambda\boldsymbol{I}-\boldsymbol{P}^{-1}\boldsymbol{A}\boldsymbol{P}| = |\boldsymbol{P}^{-1}(\lambda\boldsymbol{I}-\boldsymbol{A})\boldsymbol{P}|\\ &= |\boldsymbol{P}^{-1}|\cdot|\lambda\boldsymbol{I}-\boldsymbol{A}|\cdot|\boldsymbol{P}| = |\lambda\boldsymbol{I}-\boldsymbol{A}|\end{aligned}$$

即$\boldsymbol{A}$与$\tilde{\boldsymbol{A}}$有相同的特征多项式。可见，系统经非奇异线性变换后，其特征值不变。

□□□

将特征方程写成多项式的形式，即

$$|\lambda\boldsymbol{I}-\boldsymbol{A}| = \lambda^n + a_1\lambda^{n-1} + \cdots + a_{n-1}\lambda + a_n$$

由于特征值全由特征多项式的系数$a_i(i=1,2,\cdots,n)$惟一地确定，而特征值经非奇异变换是保持不变的，因此系数$a_i(i=1,2,\cdots,n)$也是不变的量，称特征多项式的系数为系统的不变量。

3. 特征向量的计算

在得到特征值λ_i后，由方程组

$$(\lambda_i\boldsymbol{I}-\boldsymbol{A})\boldsymbol{v}_i = 0$$

可求得矩阵$\boldsymbol{A}$对应于λ_i的特征向量$\boldsymbol{v}_i$。由于λ_i为$\boldsymbol{A}$的特征值，故$\lambda_i\boldsymbol{I}-\boldsymbol{A}$为不可逆的。由代数方程理论可知，上述方程组的解并不惟一。因此，具体求特征向量时，可假定其某个或几个元素的值，然后再求得特征向量。

当特征方程存在重根时，线性独立的特征向量可能不惟一，其计算也比特征值互异时的复杂。一般来说，矩阵的重特征值λ_i所对应的线性独立的特征向量可能不止一个。它的独立特征向量的数目等价于系统的维数与线性方程组(2-47)的线性独立的方程数之差，即$n-\mathrm{rank}(\lambda_i\boldsymbol{I}-\boldsymbol{A})$，其中rank为求矩阵的秩。

在数学上，由特征方程求得的特征值λ_i的重数称为特征值λ_i的代数重数，而线性独

立的特征向量数称为特征值λ_i的几何重数。

例 2-6 求如下矩阵的特征向量。

$$\boldsymbol{A}=\begin{bmatrix}3 & 0 & -1\\1 & 2 & -1\\2 & 0 & 0\end{bmatrix}$$

解 (1) 由特征方程$|\lambda\boldsymbol{I}-\boldsymbol{A}|=0$可求得系统的特征值为

$$\lambda_1=1,\quad \lambda_2=2,\quad \lambda_3=2$$

即 2 为系统的二重特征值,其代数重数为 2。

(2) 计算对应于$\lambda_1=1$的特征向量。按定义有

$$(\lambda_1\boldsymbol{I}-\boldsymbol{A})\boldsymbol{v}_1=0$$

将$\boldsymbol{A}$、λ_1和$\boldsymbol{v}_1$代入上式,有

$$\begin{bmatrix}-2 & 0 & 1\\-1 & -1 & 1\\-2 & 0 & 1\end{bmatrix}\begin{bmatrix}v_{11}\\v_{12}\\v_{13}\end{bmatrix}=0$$

该方程组有无穷组解。由于$n-\text{rank}(\lambda_1\boldsymbol{I}-\boldsymbol{A})=1$,即特征向量解空间为一维空间,其通解式为

$$\boldsymbol{v}_1=[v_{11}\quad v_{12}\quad v_{13}]^{\mathrm{T}}=[v_{11}\quad v_{11}\quad 2v_{11}]^{\mathrm{T}}$$

令$v_{11}=1$,可得如下独立的特征向量:

$$\boldsymbol{v}_1=[1\quad 1\quad 2]^{\mathrm{T}}$$

(3) 计算对应于重特征值$\lambda_2=\lambda_3=2$的特征向量。按定义有

$$(\lambda_2\boldsymbol{I}-\boldsymbol{A})\boldsymbol{v}_2=0$$

将$\boldsymbol{A}$、λ_2和$\boldsymbol{v}_2$代入上式,有

$$\begin{bmatrix}-1 & 0 & 1\\-1 & 0 & 1\\-2 & 0 & 2\end{bmatrix}\begin{bmatrix}v_{21}\\v_{22}\\v_{23}\end{bmatrix}=0$$

由于$n-\text{rank}(\lambda_2\boldsymbol{I}-\boldsymbol{A})=2$,该方程组有二维的特征向量解空间,故矩阵的特征向量解空间为二维空间,独立的特征向量数为 2。解该方程可得特征向量的通解式为

$$\boldsymbol{v}_2=[v_{21}\quad v_{22}\quad v_{23}]^{\mathrm{T}}=[v_{21}\quad v_{22}\quad v_{21}]^{\mathrm{T}}$$

因此,令$v_{21}=1$,$v_{22}=0$或 1,解之得

$$\boldsymbol{v}_2=[1\quad 0\quad 1]^{\mathrm{T}},\boldsymbol{v}_3=[1\quad 1\quad 1]^{\mathrm{T}}$$

即重特征值 2 有两个线性独立的特征向量,故该重特征值的几何重数亦为 2。

4. 广义特征向量和特征向量链

某些矩阵重特征值的线性独立特征向量数小于其代数重数,即其几何重数小于代数重数,从而矩阵所有的特征值所对应的线性独立的特征向量的数目之和小于矩阵的维数。为此,需引入广义特征向量和特征向量链的概念。

广义特征向量是矩阵的重特征值λ_i所对应的某个线性独立特征向量$\boldsymbol{v}_j$满足如下方程组的向量$\boldsymbol{v}_{j,k}$:

$$\left.\begin{aligned}&\boldsymbol{v}_{j,1}=\boldsymbol{v}_j\\&(\lambda_i\boldsymbol{I}-\boldsymbol{A})\boldsymbol{v}_{j,k}=-\boldsymbol{v}_{j,k-1}\quad(k=2,3,\cdots)\end{aligned}\right\}\tag{2-51}$$

解上述方程组，一直到方程组无解为止，就可求得特征值 λ_i 的特征向量 $\boldsymbol{v}_j$ 所对应的所有广义特征向量 $\boldsymbol{v}_{j,k}$。

矩阵重特征值 λ_i 的所有线性独立特征向量 $\boldsymbol{v}_j$ 及其对应的广义特征向量 $\boldsymbol{v}_{j,k}$ 的个数应等于该特征值的代数重数，否则就存在其他的特征向量或广义特征向量。值得注意的是，并不是重特征值 λ_i 的任何一组线性独立特征向量都能求出所有的广义特征向量的。若重特征值 λ_i 的某一组特征向量 $\boldsymbol{v}_j$ 个数及其广义特征向量 $\boldsymbol{v}_{j,k}$ 的个数之和小于该特征值的代数重数，则应重新选取重特征值 λ_i 的其他一组线性独立特征向量及其所有的广义特征向量。在矩阵计算中，可采取逆向先逐个确定广义特征向量，再确定特征向量的方法，以避免特征向量确定的困难。

矩阵重特征值 λ_i 的特征向量 $\boldsymbol{v}_j$ 的广义特征向量 $\boldsymbol{v}_{j,1}$、$\boldsymbol{v}_{j,2}$、…组成的向量链称为矩阵重特征值 λ_i 的特征向量 $\boldsymbol{v}_j$ 对应的特征向量链。

广义特征向量并不是矩阵的特征向量，它只是与对应的特征向量组成该矩阵在 n 维线性空间的一个不变子空间。矩阵的所有特征向量和广义特征向量线性独立，并且构成 n 维线性空间的一组基底。这个特性在矩阵分析中是相当重要的。

例 2-7　求如下矩阵的特征向量和特征向量链。

$$\boldsymbol{A}=\begin{bmatrix}-4&-3&-6\\1&0&2\\1&1&1\end{bmatrix}$$

解　(1) 由特征方程 $|\lambda\boldsymbol{I}-\boldsymbol{A}|=0$ 可求得系统的特征值为

$$\lambda_1=\lambda_2=\lambda_3=-1$$

即 -1 为系统的三重特征值，其代数重数为 3。

(2) 计算对应于三重特征值 -1 的特征向量。按定义，有

$$(\lambda_1\boldsymbol{I}-\boldsymbol{A})\boldsymbol{v}_1=0$$

将 $\boldsymbol{A}$、λ_1 和 $\boldsymbol{v}_1$ 代入上式，有

$$\begin{bmatrix}3&3&6\\-1&-1&-2\\-1&-1&-2\end{bmatrix}\begin{bmatrix}v_{11}\\v_{12}\\v_{13}\end{bmatrix}=0$$

由于 $n-\mathrm{rank}(\lambda_1\boldsymbol{I}-\boldsymbol{A})=2$，因此该特征值应有 2 个独立特征向量，该重特征值的几何重数亦为 2。由于三重特征值 -1 只有两个线性独立的特征向量，几何重数小于代数重数，因此该特征值的某个独立特征向量一定存在广义特征向量。

解该特征向量方程，可得特征向量的通解式为

$$\boldsymbol{v}_1=[v_{11}\quad v_{12}\quad -(v_{11}+v_{12})/2]^{\mathrm{T}}$$

分别令两组独立的 $\{v_{11}\ v_{12}\}$ 即可求得三重特征值 λ_1 的两个线性独立的特征向量。

(3) 计算广义特征向量和特征向量链。按定义式(2-51)，特征向量 $\boldsymbol{v}_1$ 的广义特征向量 $\boldsymbol{v}_{1,2}$ 满足

$$(\lambda_1 \boldsymbol{I}-\boldsymbol{A})\boldsymbol{v}_{1,2}=-\boldsymbol{v}_1$$

将 $\boldsymbol{A}$、λ_1 和 $\boldsymbol{v}_1$ 代入上式，有

$$\begin{bmatrix} 3 & 3 & 6 \\ -1 & -1 & -2 \\ -1 & -1 & -2 \end{bmatrix}\boldsymbol{v}_{1,2}=\begin{bmatrix} -v_{11} \\ -v_{12} \\ (v_{11}+v_{12})/2 \end{bmatrix}$$

因此，根据方程的可解性，存在广义特征向量的特征向量 $\boldsymbol{v}_1$ 中的 v_{11} 和 v_{12} 满足 $v_{11}=-3v_{12}$，此时的广义特征向量的通解式为

$$\boldsymbol{v}_{1,2}=[r_1 \quad r_2 \quad -(r_1+r_2-v_{12})/2]^{\mathrm{T}}$$

式中，r_1 和 r_2 为任意数。因此，存在广义特征向量的特征向量 $\boldsymbol{v}_1$ 和其对应的广义特征向量，可以分别取为

$$\boldsymbol{v}_1=\begin{bmatrix} v_{11} \\ v_{12} \\ -(v_{11}+v_{12})/2 \end{bmatrix}=\begin{bmatrix} -3v_{12} \\ v_{12} \\ v_{12} \end{bmatrix}=\begin{bmatrix} -3 \\ 1 \\ 1 \end{bmatrix},\boldsymbol{v}_{1,2}=\begin{bmatrix} r_1 \\ r_2 \\ -(r_1+r_2-v_{12}/2) \end{bmatrix}=\begin{bmatrix} 1 \\ 2 \\ -1 \end{bmatrix}$$

另外一个不存在广义特征向量的三重特征值 λ_1 的特征向量为

$$\boldsymbol{v}_2=[v_{11} \quad v_{12} \quad -(v_{11}+v_{12})/2]^{\mathrm{T}}=[1 \quad -1 \quad 0]^{\mathrm{T}}$$

前面共求得 3 个特征向量和广义特征向量 $\boldsymbol{v}_1$，$\boldsymbol{v}_2$ 和 $\boldsymbol{v}_{1,2}$。由于矩阵 $\boldsymbol{A}$ 的维数为 3×3，对应于上述特征向量和广义特征向量，已不存在其他的广义特征向量，故特征值 λ_1 对应于特征向量 $\boldsymbol{v}_1$ 的特征向量链为 $\boldsymbol{v}_1$ 和 $\boldsymbol{v}_{1,2}$。

2.4.3 对角线规范形的转换

对角线规范形是指系统矩阵 $\boldsymbol{A}$ 为对角线矩阵的一类状态空间模型，如在 2.3.2 小节中式(2-26)所示的由极点互异的传递函数变换得的状态空间模型。该类状态空间模型在进行系统分析和综合时，清晰直观，如将系统变换为 n 个一阶惯性环节的并联，即可使问题得以简化，故在状态空间分析法中它是较重要的一类状态空间模型。

任何具有 n 个线性独立的特征向量的状态空间模型经状态变换后一定能变换成对角线规范形。该结论可构造性地叙述与证明如下。

结论 若线性定常系统的状态方程为

$$\dot{\boldsymbol{x}}=\boldsymbol{A}\boldsymbol{x}+\boldsymbol{B}\boldsymbol{u}$$

其中，$\boldsymbol{A}$ 的 n 个特征值 $\lambda_1,\lambda_2,\cdots,\lambda_n$ 所对应的特征向量线性独立，则必存在非奇异变换矩阵 $\boldsymbol{P}$，使其进行状态变换 $\boldsymbol{x}=\boldsymbol{P}\tilde{\boldsymbol{x}}$ 或 $\tilde{\boldsymbol{x}}=\boldsymbol{P}^{-1}\boldsymbol{x}$ 后成为对角线规范形，即系统的状态方程为

$$\dot{\tilde{\boldsymbol{x}}}=\tilde{\boldsymbol{A}}\tilde{\boldsymbol{x}}+\tilde{\boldsymbol{B}}\boldsymbol{u}$$

式中，系统矩阵 $\tilde{\boldsymbol{A}}$ 为对角线矩阵，且

$$\tilde{\boldsymbol{A}}=\boldsymbol{P}^{-1}\boldsymbol{A}\boldsymbol{P}=\begin{bmatrix} \lambda_1 & 0 & \cdots & 0 \\ 0 & \lambda_2 & \cdots & 0 \\ \vdots & \vdots & \ddots & \vdots \\ 0 & 0 & \cdots & \lambda_n \end{bmatrix}$$

并且变换矩阵 $\boldsymbol{P}$ 可取为

$$\boldsymbol{P}=[\boldsymbol{p}_1 \quad \boldsymbol{p}_2 \quad \cdots \quad \boldsymbol{p}_n]$$

其中，$\boldsymbol{p}_1,\boldsymbol{p}_2,\cdots,\boldsymbol{p}_n$分别是矩阵 $\boldsymbol{A}$ 对应于特征值$\lambda_1,\lambda_2,\cdots,\lambda_n$的特征向量。

证明 若 $\boldsymbol{p}_i$为对应于特征值λ_i的独立的特征向量，则必有

$$\boldsymbol{A}\boldsymbol{p}_i=\lambda_i\boldsymbol{p}_i$$

因此有
$$[\boldsymbol{A}\boldsymbol{p}_1 \quad \boldsymbol{A}\boldsymbol{p}_2 \quad \cdots \quad \boldsymbol{A}\boldsymbol{p}_n]=[\lambda_1\boldsymbol{p}_1 \quad \lambda_2\boldsymbol{p}_2 \quad \cdots \quad \lambda_n\boldsymbol{p}_n]$$

上式等号两边分别有

$$[\boldsymbol{A}\boldsymbol{p}_1 \quad \boldsymbol{A}\boldsymbol{p}_2 \quad \cdots \quad \boldsymbol{A}\boldsymbol{p}_n]=\boldsymbol{A}[\boldsymbol{p}_1 \quad \boldsymbol{p}_2 \quad \cdots \quad \boldsymbol{p}_n]=\boldsymbol{A}\boldsymbol{P}$$

$$[\lambda_1\boldsymbol{p}_1 \quad \lambda_2\boldsymbol{p}_2 \quad \cdots \quad \lambda_n\boldsymbol{p}_n]=[\boldsymbol{p}_1 \quad \boldsymbol{p}_2 \quad \cdots \quad \boldsymbol{p}_n]\begin{bmatrix}\lambda_1 & 0 & \cdots & 0\\ 0 & \lambda_2 & \cdots & 0\\ \vdots & \vdots & \ddots & \vdots\\ 0 & 0 & \cdots & \lambda_n\end{bmatrix}$$

$$=\boldsymbol{P}\begin{bmatrix}\lambda_1 & 0 & \cdots & 0\\ 0 & \lambda_2 & \cdots & 0\\ \vdots & \vdots & \ddots & \vdots\\ 0 & 0 & \cdots & \lambda_n\end{bmatrix}$$

即有
$$\boldsymbol{A}\boldsymbol{P}=\boldsymbol{P}\begin{bmatrix}\lambda_1 & 0 & \cdots & 0\\ 0 & \lambda_2 & \cdots & 0\\ \vdots & \vdots & \ddots & \vdots\\ 0 & 0 & \cdots & \lambda_n\end{bmatrix}$$

当系统矩阵 $\boldsymbol{A}$ 的特征值λ_i所对应的特征向量 $\boldsymbol{p}_i$线性独立时，变换矩阵 $\boldsymbol{P}$ 为可逆的。因此，对原状态方程进行线性变换 $\boldsymbol{x}=\boldsymbol{P}\tilde{\boldsymbol{x}}$ 后可得

$$\tilde{\boldsymbol{A}}=\boldsymbol{P}^{-1}\boldsymbol{A}\boldsymbol{P}=\begin{bmatrix}\lambda_1 & 0 & \cdots & 0\\ 0 & \lambda_2 & \cdots & 0\\ \vdots & \vdots & \ddots & \vdots\\ 0 & 0 & \cdots & \lambda_n\end{bmatrix}$$

即证明了结论。 □□□

例 2-8 试将下列状态空间模型变换为对角线规范形。

$$\begin{cases}\dot{\boldsymbol{x}}=\begin{bmatrix}0 & 1 & -1\\ -6 & -11 & 6\\ -6 & -11 & 5\end{bmatrix}\boldsymbol{x}+\begin{bmatrix}0\\0\\1\end{bmatrix}\boldsymbol{u}\\ \boldsymbol{y}=[1 \quad 0 \quad 0]\boldsymbol{x}\end{cases}$$

解 (1) 先求 $\boldsymbol{A}$ 的特征值。由特征方程$|\lambda\boldsymbol{I}-\boldsymbol{A}|=0$ 可求得系统的特征值为

$$\lambda_1=-1,\quad \lambda_2=-2,\quad \lambda_3=-3$$

(2) 求特征值所对应的状态向量。由前述方法可求得特征值λ_1,λ_2和λ_3所对应的特征向量分

别为

$$\boldsymbol{p}_1=[1\quad 0\quad 1]^{\mathrm{T}},\quad \boldsymbol{p}_2=[1\quad 2\quad 4]^{\mathrm{T}},\quad \boldsymbol{p}_3=[1\quad 6\quad 9]^{\mathrm{T}}$$

(3) 取系统的特征向量组成线性变换矩阵 $\boldsymbol{P}$ 并求逆矩阵 $\boldsymbol{P}^{-1}$,即有

$$\boldsymbol{P}=\begin{bmatrix}1&1&1\\0&2&6\\1&4&9\end{bmatrix},\quad \boldsymbol{P}^{-1}=\begin{bmatrix}3&5/2&-2\\-3&-4&3\\1&3/2&-1\end{bmatrix}$$

(4) 计算 $\tilde{\boldsymbol{A}}$、$\tilde{\boldsymbol{B}}$ 和 $\tilde{\boldsymbol{C}}$

$$\tilde{\boldsymbol{A}}=\boldsymbol{P}^{-1}\boldsymbol{A}\boldsymbol{P}=\begin{bmatrix}-1&0&0\\0&-2&0\\0&0&-3\end{bmatrix},\quad \tilde{\boldsymbol{B}}=\boldsymbol{P}^{-1}\boldsymbol{B}=\begin{bmatrix}-2\\3\\-1\end{bmatrix},\quad \tilde{\boldsymbol{C}}=\boldsymbol{C}\boldsymbol{P}=[1\quad 1\quad 1]$$

故系统在新的状态变量 $\tilde{x}$ 下的状态空间模型为

$$\begin{cases}\dot{\tilde{\boldsymbol{x}}}=\begin{bmatrix}-1&0&0\\0&-2&0\\0&0&-3\end{bmatrix}\tilde{\boldsymbol{x}}+\begin{bmatrix}-2\\3\\-1\end{bmatrix}\boldsymbol{u}\\ \boldsymbol{y}=[1\quad 1\quad 1]\tilde{\boldsymbol{x}}\end{cases}$$

对 2.3.1 小节讨论过的友矩阵

$$\boldsymbol{A}=\begin{bmatrix}0&1&0&\cdots&0\\0&0&1&\cdots&0\\\vdots&\vdots&\vdots&\ddots&\vdots\\0&0&0&\cdots&1\\-a_n&-a_{n-1}&-a_{n-2}&\cdots&-a_1\end{bmatrix}$$

由

$$\boldsymbol{A}\begin{bmatrix}1\\\lambda_i\\\lambda_i^2\\\vdots\\\lambda_i^{n-1}\end{bmatrix}=\begin{bmatrix}0&1&0&\cdots&0\\0&0&1&\cdots&0\\\vdots&\vdots&\vdots&\ddots&\vdots\\0&0&0&\cdots&1\\-a_n&-a_{n-1}&-a_{n-2}&\cdots&-a_1\end{bmatrix}\begin{bmatrix}1\\\lambda_i\\\lambda_i^2\\\vdots\\\lambda_i^{n-1}\end{bmatrix}=\begin{bmatrix}\lambda_i\\\lambda_i^2\\\lambda_i^3\\\vdots\\\lambda_i^n\end{bmatrix}=\lambda_i\begin{bmatrix}1\\\lambda_i\\\lambda_i^2\\\vdots\\\lambda_i^{n-1}\end{bmatrix}$$

可知,友矩阵 $\boldsymbol{A}$ 对应于特征值 λ_i 的特征向量可取为

$$\boldsymbol{p}_i=[1\quad \lambda_i\quad \cdots\quad \lambda_i^{n-1}]^{\mathrm{T}}$$

因此,当友矩阵的特征值互异时,将友矩阵 $\boldsymbol{A}$ 变换成对角线规范形的变换矩阵 $\boldsymbol{P}$,恰为如下范德蒙(Vandermonde)矩阵

$$\boldsymbol{P}=\begin{bmatrix}1&1&\cdots&1\\\lambda_1&\lambda_2&\cdots&\lambda_n\\\vdots&\vdots&\ddots&\vdots\\\lambda_1^{n-1}&\lambda_2^{n-1}&\cdots&\lambda_n^{n-1}\end{bmatrix}$$

例 2-9 试将下列状态空间模型变换为对角线规范形。

$$\begin{cases}\dot{\boldsymbol{x}}=\begin{bmatrix}0 & 1 & 0\\0 & 0 & 1\\0 & -2 & -3\end{bmatrix}\boldsymbol{x}+\begin{bmatrix}0\\0\\6\end{bmatrix}\boldsymbol{u}\\ \boldsymbol{y}=\begin{bmatrix}1 & 0 & 0\end{bmatrix}\boldsymbol{x}\end{cases}$$

解 (1) 先求 $\boldsymbol{A}$ 的特征值。由特征方程 $|\lambda\boldsymbol{I}-\boldsymbol{A}|=0$ 可求得系统的特征值为

$$\lambda_1=0,\quad \lambda_2=-1,\quad \lambda_3=-2$$

(2) 由于 $\boldsymbol{A}$ 为友矩阵，故将 $\boldsymbol{A}$ 变换成对角线矩阵的变换矩阵 $\boldsymbol{P}$ 及其逆矩阵 $\boldsymbol{P}^{-1}$ 分别为

$$\boldsymbol{P}=\begin{bmatrix}1 & 1 & 1\\0 & -1 & -2\\0 & 1 & 4\end{bmatrix},\quad \boldsymbol{P}^{-1}=\begin{bmatrix}1 & 1.5 & 0.5\\0 & -2 & -1\\0 & 0.5 & 0.5\end{bmatrix}$$

(3) 计算 $\widetilde{\boldsymbol{A}}$、$\widetilde{\boldsymbol{B}}$ 和 $\widetilde{\boldsymbol{C}}$

$$\widetilde{\boldsymbol{A}}=\boldsymbol{P}^{-1}\boldsymbol{A}\boldsymbol{P}=\begin{bmatrix}0 & 0 & 0\\0 & -1 & 0\\0 & 0 & -2\end{bmatrix},\quad \widetilde{\boldsymbol{B}}=\boldsymbol{P}^{-1}\boldsymbol{B}=\begin{bmatrix}3\\-6\\3\end{bmatrix},\quad \widetilde{\boldsymbol{C}}=\boldsymbol{C}\boldsymbol{P}=\begin{bmatrix}1 & 1 & 1\end{bmatrix}$$

故系统在新的状态变量 $\tilde{\boldsymbol{x}}$ 下的状态空间模型为

$$\begin{cases}\dot{\tilde{\boldsymbol{x}}}=\begin{bmatrix}0 & 0 & 0\\0 & -1 & 0\\0 & 0 & -2\end{bmatrix}\tilde{\boldsymbol{x}}+\begin{bmatrix}3\\-6\\3\end{bmatrix}\boldsymbol{u}\\ \boldsymbol{y}=\begin{bmatrix}1 & 1 & 1\end{bmatrix}\tilde{\boldsymbol{x}}\end{cases}$$

2.4.4 约旦规范形的转换

若系统存在重特征值，且系统的线性独立特征向量的数目小于该特征值的重数，则系统矩阵 $\boldsymbol{A}$ 不能变换成对角线矩阵。在此种情况下，$\boldsymbol{A}$ 可变换成约旦矩阵，系统模型可变换成约旦规范形。

1. 约旦块和约旦矩阵

约旦块的定义式为

$$\boldsymbol{J}_i=\begin{bmatrix}\lambda_i & 1 & 0 & \cdots & 0\\0 & \lambda_i & 1 & \cdots & 0\\\vdots & \vdots & \vdots & \ddots & \vdots\\0 & 0 & 0 & \cdots & 1\\0 & 0 & 0 & \cdots & \lambda_i\end{bmatrix}_{m_i\times m_i}\quad (m_i\geqslant 1) \tag{2-52}$$

式中，m_i 为该约旦块的维数。由多个约旦块组成的块对角矩阵称为约旦矩阵，如

$$\boldsymbol{J}=\begin{bmatrix}\boldsymbol{J}_1 & 0 & \cdots & 0\\0 & \boldsymbol{J}_2 & \cdots & 0\\\vdots & \vdots & \ddots & \vdots\\0 & 0 & \cdots & \boldsymbol{J}_l\end{bmatrix} \tag{2-53}$$

式中，l 为约旦块的块数；$\boldsymbol{J}_1,\boldsymbol{J}_2,\cdots,\boldsymbol{J}_l$ 为约旦块。

下述矩阵均为约旦矩阵。

$$\left[\begin{array}{c:ccc}2 & 0 & 0 & 0 \\ \hdashline 0 & -1 & 1 & 0 \\ 0 & 0 & -1 & 1 \\ 0 & 0 & 0 & -1\end{array}\right],\quad \left[\begin{array}{c:cc:c}-1 & 0 & 0 & 0 \\ \hdashline 0 & -1 & 1 & 0 \\ 0 & 0 & -1 & 0 \\ \hdashline 0 & 0 & 0 & 3\end{array}\right]$$

其中，第 1 个约旦矩阵有 2 个约旦块，分别为 1×1 维的特征值为 2 的约旦块和 3×3 维的特征值为 −1 的约旦块；第 2 个约旦矩阵有 3 个约旦块，分别为 1×1 维的特征值为 3 的约旦块以及 1×1 维和 2×2 维的特征值为 −1 的 2 个约旦块。

由上述约旦块和约旦矩阵的定义可知，对角线矩阵亦可视为约旦矩阵的一个特例，其每个约旦块的维数为 1×1。在本书的后续部分，若未加以特别指明，则所有对约旦矩阵有关的结论都同样适用于对角线矩阵。

2. 约旦规范形及其计算

系统矩阵 $\boldsymbol{A}$ 为约旦矩阵的状态空间模型称为约旦规范形，如在 2.3.2 小节中式 (2-32)所示的由重极点的传递函数变换得的状态空间模型。与对角线规范形一样，约旦规范形也是线性定常系统状态空间分析的一种重要状态空间模型。下面讨论一般状态空间模型与约旦规范形之间的线性变换的计算问题。

任何有重特征值且其线性独立特征向量的数目小于矩阵维数的矩阵，虽然不能通过矩阵相似变换转换成对角线矩阵，但都可经相似变换转换为约旦矩阵。若将对角线矩阵亦视为约旦矩阵的一个特例，则任何矩阵皆可经相似变换转换为约旦矩阵。与此相一致，任何状态空间模型都可经非奇异状态变换转换成约旦规范形。

任何矩阵都可变换成约旦矩阵，但具体能变换成有几个约旦块的约旦矩阵，则与系统的特征向量有关。对此有如下结论：矩阵所变换成的约旦矩阵的约旦块数等于该矩阵的线性独立特征向量的数目(即几何重数)。因此，每个特征值所对应的约旦块的数目可能大于 1，并且等于该特征值所对应的线性独立特征向量数目，即该特征值的几何重数。

下面讨论约旦规范形的变换矩阵的构造问题。

已知线性定常系统的状态方程为

$$\dot{\boldsymbol{x}} = \boldsymbol{A}\boldsymbol{x} + \boldsymbol{B}u \tag{2-54}$$

若 $\boldsymbol{A}$ 共有 $p(p<n)$ 个互异的特征值和 $l(p\leqslant l<n)$ 个线性独立特征向量，则 $\boldsymbol{A}$ 有重特征值。

由于 $l<n$，矩阵 $\boldsymbol{A}$ 至少有一个特征值对应的线性独立特征向量数目小于其代数重数，即其几何重数小于代数重数。因此，矩阵 $\boldsymbol{A}$ 存在广义特征向量和特征向量链。将这些线性独立特征向量记为 $\boldsymbol{p}_{i,1}(i=1,2,\cdots,l)$，则其所对应的广义特征向量可记为

$\boldsymbol{p}_{i,j}(j=2,\cdots,m_i;i=1,2,\cdots,l)$。

对于系统矩阵 $\boldsymbol{A}$,必存在非奇异的变换矩阵 $\boldsymbol{P}$,使其进行 $\boldsymbol{x}=\boldsymbol{P}\tilde{\boldsymbol{x}}$ 或 $\tilde{\boldsymbol{x}}=\boldsymbol{P}^{-1}\boldsymbol{x}$ 的变换后,系统的状态方程为如下约旦规范形:

$$\dot{\tilde{\boldsymbol{x}}}=\tilde{\boldsymbol{A}}\tilde{\boldsymbol{x}}+\tilde{\boldsymbol{B}}\boldsymbol{u} \tag{2-55}$$

式中,系统矩阵 $\tilde{\boldsymbol{A}}$ 为约旦矩阵

$$\tilde{\boldsymbol{A}}=\begin{bmatrix}\boldsymbol{J}_1 & 0 & \cdots & 0\\ 0 & \boldsymbol{J}_2 & \cdots & 0\\ \vdots & \vdots & \ddots & \vdots\\ 0 & 0 & \cdots & \boldsymbol{J}_l\end{bmatrix}$$

其中,$\boldsymbol{J}_i(i=1,2,\cdots,l)$为约旦块,其所对应的特征值为 λ_i,并且变换矩阵 $\boldsymbol{P}$ 可取为 $\boldsymbol{P}=[\boldsymbol{P}_1\ \boldsymbol{P}_2\ \cdots\ \boldsymbol{P}_l]$,$\boldsymbol{P}_i(i=1,2,\cdots,l)$是矩阵 $\boldsymbol{A}$ 对应于线性独立特征向量的特征向量链所组成的分块矩阵

$$\boldsymbol{P}_i=[\boldsymbol{p}_{i,1}\quad \boldsymbol{p}_{i,2}\quad \cdots\quad \boldsymbol{p}_{i,m_i}]\quad (i=1,2,\cdots,l) \tag{2-56}$$

式中,$\boldsymbol{p}_{i,j}$为特征值λ_i所对应的线性独立特征向量 $\boldsymbol{p}_{i,1}$ 的广义特征向量。

下面证明上述结论。

证明　若 $\boldsymbol{P}_i$为由特征值λ_i对应的特征向量 $\boldsymbol{p}_{i,1}$ 的特征向量链所组成的分块矩阵,则必有

$$\begin{cases}\boldsymbol{A}\boldsymbol{p}_{i,1}=\lambda_i\boldsymbol{p}_{i,1}\\ (\lambda_i\boldsymbol{I}-\boldsymbol{A})\boldsymbol{p}_{i,k}=-\boldsymbol{p}_{i,k-1}\qquad (k=2,3,\cdots,m_i)\end{cases}$$

因此有

$$\begin{aligned}\boldsymbol{A}\boldsymbol{P}_i&=\boldsymbol{A}[\boldsymbol{p}_{i,1}\quad \boldsymbol{p}_{i,2}\quad \cdots\quad \boldsymbol{p}_{i,m_i}]=[\boldsymbol{A}\boldsymbol{p}_{i,1}\quad \boldsymbol{A}\boldsymbol{p}_{i,2}\quad \cdots\quad \boldsymbol{A}\boldsymbol{p}_{i,m_i}]\\&=[\lambda_i\boldsymbol{p}_{i,1}\quad \lambda_i\boldsymbol{p}_{i,2}+\boldsymbol{p}_{i,1}\quad \cdots\quad \lambda_i\boldsymbol{p}_{i,m_i}+\boldsymbol{p}_{i,m_i-1}]\\&=[\boldsymbol{p}_{i,1}\quad \boldsymbol{p}_{i,2}\quad \cdots\quad \boldsymbol{p}_{i,m_i}]\begin{bmatrix}\lambda_i & 1 & \cdots & 0\\ 0 & \lambda_i & \cdots & 0\\ \vdots & \vdots & \ddots & \vdots\\ 0 & 0 & \cdots & \lambda_i\end{bmatrix}=\boldsymbol{P}_i\boldsymbol{J}_i\end{aligned}$$

其中,$\boldsymbol{J}_i$为相应的约旦块。因此有

$$\begin{aligned}\boldsymbol{A}\boldsymbol{P}&=\boldsymbol{A}[\boldsymbol{P}_1\quad \boldsymbol{P}_2\quad \cdots\quad \boldsymbol{P}_l]=[\boldsymbol{A}\boldsymbol{P}_1\quad \boldsymbol{A}\boldsymbol{P}_2\quad \cdots\quad \boldsymbol{A}\boldsymbol{P}_l]=[\boldsymbol{P}_1\boldsymbol{J}_1\quad \boldsymbol{P}_2\boldsymbol{J}_2\quad \cdots\quad \boldsymbol{P}_l\boldsymbol{J}_l]\\&=[\boldsymbol{P}_1\quad \boldsymbol{P}_2\quad \cdots\quad \boldsymbol{P}_l]\begin{bmatrix}\boldsymbol{J}_1 & 0 & \cdots & 0\\ 0 & \boldsymbol{J}_2 & \cdots & 0\\ \vdots & \vdots & \ddots & \vdots\\ 0 & 0 & \cdots & \boldsymbol{J}_l\end{bmatrix}=\boldsymbol{P}\begin{bmatrix}\boldsymbol{J}_1 & 0 & \cdots & 0\\ 0 & \boldsymbol{J}_2 & \cdots & 0\\ \vdots & \vdots & \ddots & \vdots\\ 0 & 0 & \cdots & \boldsymbol{J}_l\end{bmatrix}\end{aligned}$$

由于特征向量和广义特征向量为线性独立的,且二者的数目之和为矩阵的维数,故由特征向量和广义特征向量组成的变换矩阵 $\boldsymbol{P}$ 为可逆的。因此,对原状态方程进行线性

变换 $x=P\tilde{x}$ 后，可得

$$\tilde{A}=P^{-1}AP=\begin{bmatrix} J_1 & 0 & \cdots & 0 \\ 0 & J_2 & \cdots & 0 \\ \vdots & \vdots & \ddots & \vdots \\ 0 & 0 & \cdots & J_l \end{bmatrix}$$

□□□

例 2-10 试将下列状态空间模型变换为约旦规范形。

$$\begin{cases} \dot{x}=\begin{bmatrix} 2 & 1 & 1 & 0 \\ 0 & 2 & 0 & 0 \\ 0 & 0 & 2 & 0 \\ -3 & -1 & -5 & -1 \end{bmatrix}x+\begin{bmatrix} 0 \\ 0 \\ 0 \\ 1 \end{bmatrix}u \\ y=[1\ \ 0\ \ 0\ \ 0\ ]x \end{cases}$$

解 (1) 先求 A 的特征值。由特征方程 $|\lambda I-A|=0$ 可求得系统特征值为 2,2,2,−1。

(2) 求特征值所对应的特征向量。由前述的方法可求得特征值 2 有如下两个线性独立特征向量：

$$p_{1,1}=[1\ \ 1\ \ -1\ \ 1/3]^{\mathrm{T}},\quad p_{2,1}=[1\ \ 0\ \ 0\ \ -1]^{\mathrm{T}}$$

其中，$p_{1,1}$ 无广义特征向量，而 $p_{2,2}$ 的广义特征向量为

$$p_{2,2}=[1\ \ 1\ \ 0\ \ -1]^{\mathrm{T}}$$

特征值−1 的特征向量为

$$p_{3,1}=[0\ \ 0\ \ 0\ \ 1]^{\mathrm{T}}$$

(3) 取系统的特征向量和广义特征向量组成线性变换矩阵 P 并求逆矩阵 P^{-1}，即

$$P=[p_{1,1}\quad p_{2,1}\quad p_{2,2}\quad p_{3,1}]=\begin{bmatrix} 1 & 1 & 1 & 0 \\ 1 & 0 & 1 & 0 \\ -1 & 0 & 0 & 0 \\ 1/3 & -1 & -1 & 1 \end{bmatrix},\quad P^{-1}=\begin{bmatrix} 0 & 0 & -1 & 0 \\ 1 & -1 & 0 & 0 \\ 0 & 1 & 1 & 0 \\ 1 & 0 & 4/3 & 1 \end{bmatrix}$$

(4) 计算 $\tilde{A}$、$\tilde{B}$ 和 $\tilde{C}$

$$\tilde{A}=P^{-1}AP=\begin{bmatrix} 2 & 0 & 0 & 0 \\ 0 & 2 & 1 & 0 \\ 0 & 0 & 2 & 0 \\ 0 & 0 & 0 & -1 \end{bmatrix},\quad \tilde{B}=P^{-1}B=\begin{bmatrix} 0 \\ 0 \\ 0 \\ 1 \end{bmatrix},\quad \tilde{C}=CP=[1\ \ 1\ \ 1\ \ 0]$$

故系统在新的状态变量 $\tilde{x}$ 下的状态空间模型为

$$\begin{cases} \dot{\tilde{x}}=\begin{bmatrix} 2 & 0 & 0 & 0 \\ 0 & 2 & 1 & 0 \\ 0 & 0 & 2 & 0 \\ 0 & 0 & 0 & -1 \end{bmatrix}\tilde{x}+\begin{bmatrix} 0 \\ 0 \\ 0 \\ 1 \end{bmatrix}u \\ y=[1\ \ 1\ \ 1\ \ 0]\tilde{x} \end{cases}$$

与对角线规范形类似，可以证明：当系统矩阵 **A** 为友矩阵时，若其存在重特征值，则其对应于特征值 λ_i 的独立特征向量只有一个，且由该特征向量及其对应的广义特征向量组成的分块矩阵 $\boldsymbol{P}_i$ 可取为如下 $n\times m_i$ 维的分块矩阵：

$$\boldsymbol{P}_i=\begin{bmatrix}1 & 0 & \cdots & 0\\ \lambda_i & 1 & \cdots & 0\\ \lambda_i^2 & 2\lambda_i & \cdots & 0\\ \vdots & \vdots & \ddots & \vdots\\ \lambda_i^{n-1} & (n-1)\lambda_i^{n-2} & \cdots & \dfrac{(n-1)!\lambda_i^{n-m_i}}{(n-m_i)!(m_i-1)!}\end{bmatrix}_{n\times m_i}\quad(i=1,2,\cdots,l)\tag{2-57}$$

式中，m_i 为该特征值的代数重数。

由上述分块矩阵 $\boldsymbol{P}_i$ 组成的变换矩阵 **P**，可将友矩阵 **A** 变换成每个特征值都仅有一个约旦块的约旦矩阵。

例 2-11　试将下列状态空间模型变换为约旦规范形。

$$\begin{cases}\dot{\boldsymbol{x}}=\begin{bmatrix}0 & 1 & 0\\ 0 & 0 & 1\\ -4 & -8 & -5\end{bmatrix}\boldsymbol{x}+\begin{bmatrix}0\\0\\1\end{bmatrix}\boldsymbol{u}\\ \boldsymbol{y}=\begin{bmatrix}1 & 0 & 0\end{bmatrix}\boldsymbol{x}\end{cases}$$

解　(1) 先求 **A** 的特征值。由特征方程 $|\lambda\boldsymbol{I}-\boldsymbol{A}|=0$ 可求得系统特征值为

$$\lambda_1=-1,\quad \lambda_2=\lambda_3=-2$$

(2) 由于 **A** 为友矩阵，故将 **A** 变换成约旦矩阵的变换矩阵 **P** 及其逆矩阵 $\boldsymbol{P}^{-1}$ 分别为

$$P_1=\begin{bmatrix}1\\ \lambda_1\\ \lambda_1^2\end{bmatrix},\quad P_2=\begin{bmatrix}1 & 0\\ \lambda_2 & 1\\ \lambda_2^2 & 2\lambda_2\end{bmatrix}$$

$$\boldsymbol{P}=\begin{bmatrix}P_1 & P_2\end{bmatrix}=\begin{bmatrix}1 & 1 & 0\\ -1 & -2 & 1\\ 1 & 4 & -4\end{bmatrix},\quad \boldsymbol{P}^{-1}=\begin{bmatrix}4 & 4 & 1\\ -3 & -4 & -1\\ -2 & -3 & -1\end{bmatrix}$$

(3) 计算 $\tilde{\boldsymbol{A}}$、$\tilde{\boldsymbol{B}}$ 和 $\tilde{\boldsymbol{C}}$

$$\tilde{\boldsymbol{A}}=\boldsymbol{P}^{-1}\boldsymbol{A}\boldsymbol{P}=\begin{bmatrix}-1 & 0 & 0\\ 0 & -2 & 1\\ 0 & 0 & -2\end{bmatrix},\quad \tilde{\boldsymbol{B}}=\boldsymbol{P}^{-1}\boldsymbol{B}=\begin{bmatrix}1\\ -1\\ -1\end{bmatrix},\quad \tilde{\boldsymbol{C}}=\boldsymbol{C}\boldsymbol{P}=\begin{bmatrix}1 & 1 & 0\end{bmatrix}$$

故系统在新的状态变量 $\tilde{\boldsymbol{x}}$ 下的状态空间模型为

$$\begin{cases}\dot{\tilde{\boldsymbol{x}}}=\begin{bmatrix}-1 & 0 & 0\\ 0 & -2 & 1\\ 0 & 0 & -2\end{bmatrix}\tilde{\boldsymbol{x}}+\begin{bmatrix}1\\-1\\-1\end{bmatrix}\boldsymbol{u}\\ \boldsymbol{y}=\begin{bmatrix}1 & 1 & 0\end{bmatrix}\tilde{\boldsymbol{x}}\end{cases}$$

2.5 传递函数阵

对于 SISO 线性定常系统,标量传递函数表达了系统输入与输出间的信息动态传递关系。对于 MIMO 线性定常系统,将每个输入通道至输出通道之间的标量传递函数按序排列成矩阵函数,即传递函数阵,可用来表达系统多输入与多输出间的信息动态传递关系。本节将从状态空间模型出发,导出 MIMO 系统的传递函数阵,并讨论有各种联结关系的组合系统的传递函数阵。

2.5.1 传递函数阵的定义

对一个 r 维输入、m 维输出的 MIMO 系统,若其输入和输出向量的拉氏变换分别为 $\boldsymbol{U}(s)$ 和 $\boldsymbol{Y}(s)$,且该系统的初始条件为零,则系统的输入与输出间的动态关系可表示为

$$\boldsymbol{Y}(s)=\boldsymbol{G}(s)\boldsymbol{U}(s) \tag{2-58}$$

式中,$\boldsymbol{G}(s)$ 为传递函数阵,其每个元素为传递函数,形式为

$$\boldsymbol{G}(s)=\begin{bmatrix} G_{11}(s) & G_{12}(s) & \cdots & G_{1r}(s) \\ G_{21}(s) & G_{22}(s) & \cdots & G_{2r}(s) \\ \vdots & \vdots & \ddots & \vdots \\ G_{m1}(s) & G_{m2}(s) & \cdots & G_{mr}(s) \end{bmatrix}$$

其中,$G_{ij}(s)(i=1,2,\cdots,m;j=1,2,\cdots,r)$ 描述了第 i 个输出与第 j 个输入之间的动态传递关系。

2.5.2 由状态空间模型求传递函数阵

前面已经介绍了 SISO 系统从传递函数求系统的状态空间模型,下面将介绍其逆问题,即怎样从已知的状态空间模型求系统的传递函数阵。

1. 传递函数阵的推导

已知 MIMO 线性定常系统的状态空间模型为

$$\left.\begin{aligned} \dot{\boldsymbol{x}} &= \boldsymbol{A}\boldsymbol{x}+\boldsymbol{B}\boldsymbol{u} \\ \boldsymbol{y} &= \boldsymbol{C}\boldsymbol{x}+\boldsymbol{D}\boldsymbol{u} \end{aligned}\right\} \tag{2-59}$$

式中,$\boldsymbol{x}(t)$ 为 n 维状态向量;$\boldsymbol{u}(t)$ 为 r 维输入向量;$\boldsymbol{y}(t)$ 为 m 维输出向量。

对式(2-59)取拉氏变换,有

$$\left.\begin{aligned} s\boldsymbol{X}(s)-\boldsymbol{x}(0) &= \boldsymbol{A}\boldsymbol{X}(s)+\boldsymbol{B}\boldsymbol{U}(s) \\ \boldsymbol{Y}(s) &= \boldsymbol{C}\boldsymbol{X}(s)+\boldsymbol{D}\boldsymbol{U}(s) \end{aligned}\right\} \tag{2-60}$$

式中,$\boldsymbol{X}(s)$、$\boldsymbol{U}(s)$ 和 $\boldsymbol{Y}(s)$ 分别为状态向量 $\boldsymbol{x}(t)$、输入向量 $\boldsymbol{u}(t)$ 和输出向量 $\boldsymbol{y}(t)$ 的拉氏变换;$\boldsymbol{x}(0)$ 为状态变量 $\boldsymbol{x}(t)$ 在 $t=0$ 时刻的初始状态值。

由于传递函数阵描述的是系统输入到输出间的动态传递关系，与系统的状态变量初始条件无关，因此令 $\boldsymbol{x}(0)=0$，于是状态方程的拉氏变换式可表示为

$$s\boldsymbol{X}(s)=\boldsymbol{AX}(s)+\boldsymbol{BU}(s)$$

或

$$\boldsymbol{X}(s)=(s\boldsymbol{I}-\boldsymbol{A})^{-1}\boldsymbol{BU}(s)$$

将上式代入式(2-60)，有

$$\boldsymbol{Y}(s)=[\boldsymbol{C}(s\boldsymbol{I}-\boldsymbol{A})^{-1}\boldsymbol{B}+\boldsymbol{D}]\boldsymbol{U}(s)$$

因此，可得该线性定常连续系统的传递函数阵为

$$\boldsymbol{G}(s)=\boldsymbol{C}(s\boldsymbol{I}-\boldsymbol{A})^{-1}\boldsymbol{B}+\boldsymbol{D} \tag{2-61}$$

对于输入与输出间无直接关联项(即 $\boldsymbol{D}=0$)的系统，则有

$$\boldsymbol{G}(s)=\boldsymbol{C}(s\boldsymbol{I}-\boldsymbol{A})^{-1}\boldsymbol{B} \tag{2-62}$$

例 2-12 求如下系统的传递函数。

$$\begin{cases}\dot{\boldsymbol{x}}=\begin{bmatrix}-5 & -1\\ 3 & -1\end{bmatrix}\boldsymbol{x}+\begin{bmatrix}2\\5\end{bmatrix}\boldsymbol{u}\\ \boldsymbol{y}=[1\quad 2]\boldsymbol{x}\end{cases}$$

解 由式(2-61)可得

$$\boldsymbol{G}(s)=\boldsymbol{C}(s\boldsymbol{I}-\boldsymbol{A})^{-1}\boldsymbol{B}=[1\quad 2]\begin{bmatrix}s+5 & 1\\ -3 & s+1\end{bmatrix}^{-1}\begin{bmatrix}2\\5\end{bmatrix}$$

$$=\frac{[1\quad 2]}{(s+2)(s+4)}\begin{bmatrix}s+1 & -1\\ 3 & s+5\end{bmatrix}\begin{bmatrix}2\\5\end{bmatrix}=\frac{12s+59}{(s+2)(s+4)}$$

应当指出，对于同一系统，尽管其状态空间模型可以作各种非奇异变换而不是惟一的，但它的传递函数阵是不变的。这是由于系统的状态变换仅对系统的状态变量进行变换，系统的输入变量、输出变量的选择及它们间的动静态关系保持不变。因此，有如下结论：描述系统的输入与输出间动态传递关系的传递函数阵对状态变换具有不变性。

这个结论可由以下步骤证明。

证明 设系统的状态空间模型为 $\Sigma(\boldsymbol{A},\boldsymbol{B},\boldsymbol{C},\boldsymbol{D})$，导出的传递函数阵为

$$\boldsymbol{G}(s)=\boldsymbol{C}(s\boldsymbol{I}-\boldsymbol{A})^{-1}\boldsymbol{B}+\boldsymbol{D}$$

若对此系统作线性状态变换 $\boldsymbol{x}=\boldsymbol{P}\tilde{\boldsymbol{x}}$ 或 $\tilde{\boldsymbol{x}}=\boldsymbol{P}^{-1}\boldsymbol{x}$，则有变换后的状态空间模型 $\tilde{\Sigma}(\tilde{\boldsymbol{A}},\tilde{\boldsymbol{B}},\tilde{\boldsymbol{C}},\tilde{\boldsymbol{D}})$。其中，$\tilde{\boldsymbol{A}}=\boldsymbol{P}^{-1}\boldsymbol{AP}$，$\tilde{\boldsymbol{B}}=\boldsymbol{P}^{-1}\boldsymbol{B}$，$\tilde{\boldsymbol{C}}=\boldsymbol{CP}$，$\tilde{\boldsymbol{D}}=\boldsymbol{D}$。则对应于系统状态空间模型的传递函数阵为

$$\tilde{\boldsymbol{G}}(s)=\tilde{\boldsymbol{C}}(s\boldsymbol{I}-\tilde{\boldsymbol{A}})^{-1}\tilde{\boldsymbol{B}}+\tilde{\boldsymbol{D}}$$

则

$$\tilde{\boldsymbol{G}}(s)=\boldsymbol{CP}(s\boldsymbol{I}-\boldsymbol{P}^{-1}\boldsymbol{AP})^{-1}\boldsymbol{P}^{-1}\boldsymbol{B}+\boldsymbol{D}=\boldsymbol{CP}[\boldsymbol{P}^{-1}(s\boldsymbol{I}-\boldsymbol{A})\boldsymbol{P}]^{-1}\boldsymbol{P}^{-1}\boldsymbol{B}+\boldsymbol{D}$$

$$=\boldsymbol{C}(s\boldsymbol{I}-\boldsymbol{A})^{-1}\boldsymbol{B}+\boldsymbol{D}=\boldsymbol{G}(s)$$

□□□

可见，系统传递函数阵对状态变换具有不变性。

2. 函数矩阵($s\boldsymbol{I}-\boldsymbol{A}$)的逆矩阵的快速计算

在传递函数矩阵的许多分析、计算问题中，涉及函数矩阵($s\boldsymbol{I}-\boldsymbol{A}$)的逆矩阵的计算问题。当系统的阶数较高时，直接计算该函数逆矩阵将会遇到计算量大、计算困难等问题。下面介绍一种实用的计算$(s\boldsymbol{I}-\boldsymbol{A})^{-1}$的递推算法，其证明可从相关的《矩阵分析》的书籍中找到。

设$\boldsymbol{A}$为$n\times n$维的矩阵，则($s\boldsymbol{I}-\boldsymbol{A}$)的逆矩阵为

$$(s\boldsymbol{I}-\boldsymbol{A})^{-1}=\frac{\operatorname{adj}(s\boldsymbol{I}-\boldsymbol{A})}{|s\boldsymbol{I}-\boldsymbol{A}|} \tag{2-63}$$

式中，$\operatorname{adj}(s\boldsymbol{I}-\boldsymbol{A})$为$s\boldsymbol{I}-\boldsymbol{A}$的伴随矩阵；$|s\boldsymbol{I}-\boldsymbol{A}|$为矩阵$\boldsymbol{A}$的特征多项式，且

$$|s\boldsymbol{I}-\boldsymbol{A}|=s^n+a_1s^{n-1}+\cdots+a_n$$

由线性代数知识可知，其可表示为如下多项式矩阵函数：

$$\operatorname{adj}(s\boldsymbol{I}-\boldsymbol{A})=s^{n-1}\boldsymbol{I}+\boldsymbol{B}_2s^{n-2}+\cdots+\boldsymbol{B}_{n-1}s+\boldsymbol{B}_n \tag{2-64}$$

式中，矩阵$\boldsymbol{I}$、$\boldsymbol{B}_2$、…、$\boldsymbol{B}_n$为$n\times n$维的矩阵。

可以证明，特征多项式的系数a_i和伴随矩阵的系数矩阵$\boldsymbol{B}_j$满足如下递推计算关系式：

$$\left.\begin{array}{ll}
a_1=-\operatorname{tr}(\boldsymbol{A}), & \boldsymbol{B}_2=\boldsymbol{A}+a_1\boldsymbol{I}\\
a_2=-\dfrac{\operatorname{tr}(\boldsymbol{AB}_2)}{2}, & \boldsymbol{B}_3=\boldsymbol{AB}_2+a_2\boldsymbol{I}\\
\quad\vdots & \quad\vdots\\
a_{n-1}=-\dfrac{\operatorname{tr}(\boldsymbol{AB}_{n-1})}{n-1}, & \boldsymbol{B}_n=\boldsymbol{AB}_{n-1}+a_{n-1}\boldsymbol{I}\\
a_n=-\dfrac{\operatorname{tr}(\boldsymbol{AB}_n)}{n}, & 0=\boldsymbol{AB}_n+a_n\boldsymbol{I}
\end{array}\right\} \tag{2-65}$$

式中，$\operatorname{tr}(\boldsymbol{M})$表示矩阵$\boldsymbol{M}$的迹(trace)，即$\boldsymbol{M}$中的主对角线上各元素之代数和。

由上述递推方法计算得$s\boldsymbol{I}-\boldsymbol{A}$的伴随矩阵和$\boldsymbol{A}$的特征多项式后，由式(2-63)可计算得$(s\boldsymbol{I}-\boldsymbol{A})^{-1}$。上述计算方法采用逐次迭代可求得特征多项式系数$a_i$和伴随矩阵的系数矩阵$\boldsymbol{B}_j$，避免了直接求高阶多项式矩阵函数的逆矩阵的困难。

2.5.3 组合系统的状态空间模型和传递函数阵

对于许多复杂的生产过程与设备，其系统结构可以等效为多个子系统的组合结构，这些组合结构可以由并联、串联和反馈3种基本组合联结形式表示。下面讨论由这3种基本组合联结形式构成的状态空间模型和传递函数阵。

1. 并联联结

对应于图2-15所示的并联联结组合系统的两个子系统的传递函数阵为

$$\boldsymbol{G}_1(s)=\boldsymbol{C}_1(s\boldsymbol{I}-\boldsymbol{A}_1)^{-1}\boldsymbol{B}_1+\boldsymbol{D}_1 \tag{2-66}$$

$$G_2(s)=C_2(sI-A_2)^{-1}B_2+D_2 \tag{2-67}$$

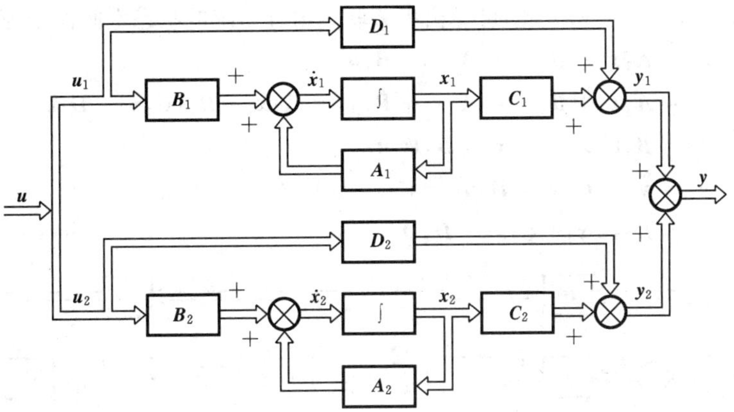

图 2-15 并联联结组合系统方块结构图

其对应的状态空间模型分别为

$$\left.\begin{aligned}\dot{x}_1&=A_1x_1+B_1u_1\\y_1&=C_1x_1+D_1u_1\end{aligned}\right\} \tag{2-68}$$

$$\left.\begin{aligned}\dot{x}_2&=A_2x_2+B_2u_2\\y_2&=C_2x_2+D_2u_2\end{aligned}\right\} \tag{2-69}$$

从图 2-15 可知，$u_1=u_2=u$，$y_1+y_2=y$，可导出并联联结组合系统的状态空间模型为

$$\begin{bmatrix}\dot{x}_1\\\dot{x}_2\end{bmatrix}=\begin{bmatrix}A_1&0\\0&A_2\end{bmatrix}\begin{bmatrix}x_1\\x_2\end{bmatrix}+\begin{bmatrix}B_1\\B_2\end{bmatrix}u$$

$$y=C_1x_1+D_1u_1+C_2x_2+D_2u_2=[C_1\quad C_2]\begin{bmatrix}x_1\\x_2\end{bmatrix}+(D_1+D_2)u$$

由上述状态空间模型可知，并联联结组合系统的状态变量的维数为子系统的状态变量的维数之和。由组合系统的状态空间模型可求得组合系统的传递函数阵为

$$\begin{aligned}G(s)&=[C_1\quad C_2]\left[sI-\begin{pmatrix}A_1&0\\0&A_2\end{pmatrix}\right]^{-1}\begin{bmatrix}B_1\\B_2\end{bmatrix}+(D_1+D_2)\\&=[C_1\quad C_2]\begin{bmatrix}(sI-A_1)^{-1}&0\\0&(sI-A_2)^{-1}\end{bmatrix}\begin{bmatrix}B_1\\B_2\end{bmatrix}+(D_1+D_2)\\&=[C_1(sI-A_1)^{-1}B_1+D_1]+[C_2(sI-A_2)^{-1}B_2+D_2]\\&=G_1(s)+G_2(s)\end{aligned} \tag{2-70}$$

因此，并联联结组合系统的传递函数阵为各并联子系统的传递函数阵之和。

2. 串联联结

设图 2-16 所示的串联联结组合系统的两个子系统的传递函数阵分别为式(2-66)和

式(2-67)所示，其对应的状态空间模型分别如式(2-68)和式(2-69)所示。从图 2-16 可知，$\boldsymbol{u}_1=\boldsymbol{u}$、$\boldsymbol{u}_2=\boldsymbol{y}_1$、$\boldsymbol{y}_2=\boldsymbol{y}$，因此，可导出串联联结组合系统的状态空间模型为

$$\begin{aligned}
\dot{\boldsymbol{x}}_1 &= \boldsymbol{A}_1\boldsymbol{x}_1+\boldsymbol{B}_1\boldsymbol{u}_1=\boldsymbol{A}_1\boldsymbol{x}_1+\boldsymbol{B}_1\boldsymbol{u}\\
\dot{\boldsymbol{x}}_2 &= \boldsymbol{A}_2\boldsymbol{x}_2+\boldsymbol{B}_2\boldsymbol{u}_2=\boldsymbol{A}_2\boldsymbol{x}_2+\boldsymbol{B}_2\boldsymbol{y}_1=\boldsymbol{A}_2\boldsymbol{x}_2+\boldsymbol{B}_2(\boldsymbol{C}_1\boldsymbol{x}_1+\boldsymbol{D}_1\boldsymbol{u}_1)\\
&= \boldsymbol{B}_2\boldsymbol{C}_1\boldsymbol{x}_1+\boldsymbol{A}_2\boldsymbol{x}_2+\boldsymbol{B}_2\boldsymbol{D}_1\boldsymbol{u}\\
\boldsymbol{y} &= \boldsymbol{y}_2=\boldsymbol{C}_2\boldsymbol{x}_2+\boldsymbol{D}_2\boldsymbol{u}_2=\boldsymbol{C}_2\boldsymbol{x}_2+\boldsymbol{D}_2(\boldsymbol{C}_1\boldsymbol{x}_1+\boldsymbol{D}_1\boldsymbol{u}_1)\\
&= \boldsymbol{D}_2\boldsymbol{C}_1\boldsymbol{x}_1+\boldsymbol{C}_2\boldsymbol{x}_2+\boldsymbol{D}_2\boldsymbol{D}_1\boldsymbol{u}
\end{aligned}$$

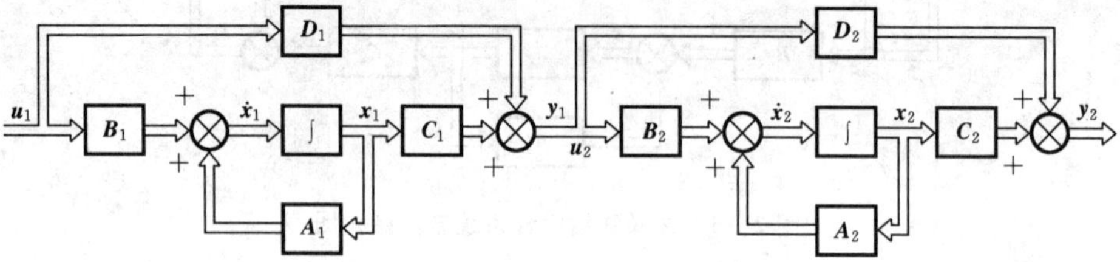

图 2-16 串联联结组合系统方块结构图

即有
$$\begin{cases}
\begin{bmatrix}\dot{\boldsymbol{x}}_1\\ \dot{\boldsymbol{x}}_2\end{bmatrix}=\begin{bmatrix}\boldsymbol{A}_1 & 0\\ \boldsymbol{B}_2\boldsymbol{C}_1 & \boldsymbol{A}_2\end{bmatrix}\begin{bmatrix}\boldsymbol{x}_1\\ \boldsymbol{x}_2\end{bmatrix}+\begin{bmatrix}\boldsymbol{B}_1\\ \boldsymbol{B}_2\boldsymbol{D}_1\end{bmatrix}\boldsymbol{u}\\
\boldsymbol{y}=\begin{bmatrix}\boldsymbol{D}_2\boldsymbol{C}_1 & \boldsymbol{C}_2\end{bmatrix}\begin{bmatrix}\boldsymbol{x}_1\\ \boldsymbol{x}_2\end{bmatrix}+\boldsymbol{D}_2\boldsymbol{D}_1\boldsymbol{u}
\end{cases}$$

由上述状态空间模型可知，串联联结组合系统的状态变量的维数为子系统的状态变量的维数之和。由串联联结组合系统的状态空间模型可求得组合系统的传递函数阵为

$$\begin{aligned}
\boldsymbol{G}(s) &= \begin{bmatrix}\boldsymbol{D}_2\boldsymbol{C}_1 & \boldsymbol{C}_2\end{bmatrix}\left(s\boldsymbol{I}-\begin{bmatrix}\boldsymbol{A}_1 & 0\\ \boldsymbol{B}_2\boldsymbol{C}_1 & \boldsymbol{A}_2\end{bmatrix}\right)^{-1}\begin{bmatrix}\boldsymbol{B}_1\\ \boldsymbol{B}_2\boldsymbol{D}_1\end{bmatrix}+\boldsymbol{D}_2\boldsymbol{D}_1\\
&= \begin{bmatrix}\boldsymbol{D}_2\boldsymbol{C}_1 & \boldsymbol{C}_2\end{bmatrix}\begin{bmatrix}(s\boldsymbol{I}-\boldsymbol{A}_1)^{-1} & 0\\ (s\boldsymbol{I}-\boldsymbol{A}_2)^{-1}\boldsymbol{B}_2\boldsymbol{C}_1(s\boldsymbol{I}-\boldsymbol{A}_1)^{-1} & (s\boldsymbol{I}-\boldsymbol{A}_2)^{-1}\end{bmatrix}\begin{bmatrix}\boldsymbol{B}_1\\ \boldsymbol{B}_2\boldsymbol{D}_1\end{bmatrix}+\boldsymbol{D}_2\boldsymbol{D}_1\\
&= \boldsymbol{D}_2\boldsymbol{C}_1(s\boldsymbol{I}-\boldsymbol{A}_1)^{-1}\boldsymbol{B}_1+\boldsymbol{C}_2(s\boldsymbol{I}-\boldsymbol{A}_2)^{-1}\boldsymbol{B}_2\boldsymbol{C}_1(s\boldsymbol{I}-\boldsymbol{A}_1)^{-1}\boldsymbol{B}_1+\boldsymbol{C}_2(s\boldsymbol{I}-\boldsymbol{A}_2)^{-1}\boldsymbol{B}_2\boldsymbol{D}_1+\boldsymbol{D}_2\boldsymbol{D}_1\\
&= [\boldsymbol{C}_2(s\boldsymbol{I}-\boldsymbol{A}_2)^{-1}\boldsymbol{B}_2+\boldsymbol{D}_2][\boldsymbol{C}_1(s\boldsymbol{I}-\boldsymbol{A}_1)^{-1}\boldsymbol{B}_1+\boldsymbol{D}_1]\\
&= \boldsymbol{G}_2(s)\boldsymbol{G}_1(s)
\end{aligned}\tag{2-71}$$

因此，串联联结组合系统的传递函数阵为串联系统各子系统的传递函数阵的顺序乘积。应当注意，由于矩阵不满足乘法交换律，故在式(2-71)中 $\boldsymbol{G}_1(s)$ 和 $\boldsymbol{G}_2(s)$ 的位置不能颠倒，它们的顺序与它们在系统中串联联结的顺序一致。

3. 反馈联结

设对应于图 2-17 所示的反馈联结组合系统的两个子系统的传递函数阵为

$$G_0(s) = C_1(sI - A_1)^{-1}B_1 \tag{2-72}$$

$$F(s) = C_2(sI - A_2)^{-1}B_2 \tag{2-73}$$

则其对应的状态空间模型分别为

$$\left.\begin{aligned}\dot{x}_1 &= A_1x_1 + B_1u_1\\ y_1 &= C_1x_1\end{aligned}\right\} \tag{2-74}$$

$$\left.\begin{aligned}\dot{x}_2 &= A_2x_2 + B_2u_2\\ y_2 &= C_2x_2\end{aligned}\right\} \tag{2-75}$$

从图 2-17 可知，$u_1 = u - y_2$、 $u_2 = y_1 = y$，因此可导出反馈联结组合系统的状态空间模型为

$$\dot{x}_1 = A_1x_1 + B_1u_1 = A_1x_1 + B_1(u - y_2) = A_1x_1 - B_1C_2x_2 + B_1u$$

$$\dot{x}_2 = A_2x_2 + B_2u_2 = A_2x_2 + B_2y_1 = A_2x_2 + B_2C_1x_1$$

$$y = y_1 = C_1x_1$$

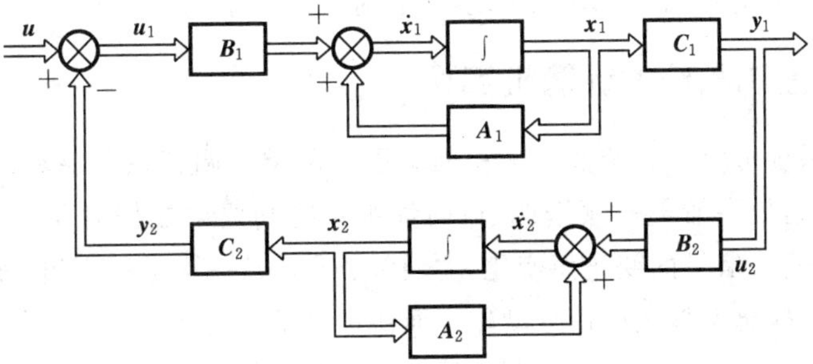

图 2-17 反馈联结组合系统方块模拟图

即有
$$\begin{cases}\begin{bmatrix}\dot{x}_1\\ \dot{x}_2\end{bmatrix} = \begin{bmatrix}A_1 & -B_1C_2\\ B_2C_1 & A_2\end{bmatrix}\begin{bmatrix}x_1\\ x_2\end{bmatrix} + \begin{bmatrix}B_1\\ 0\end{bmatrix}u\\ y = \begin{bmatrix}C_1 & 0\end{bmatrix}\begin{bmatrix}x_1\\ x_2\end{bmatrix}\end{cases}$$

可见，反馈联结组合系统的状态变量的维数为子系统的状态变量的维数之和。

由反馈联结组合系统的联结图图 2-17 可知

$$Y(s) = G_0(s)U_1(s) = G_0(s)[U(s) - Y_2(s)] = G_0(s)[U(s) - F(s)Y(s)]$$

故
$$[I + G_0(s)F(s)]Y(s) = G_0(s)U(s)$$

或
$$Y(s) = [I + G_0(s)F(s)]^{-1}G_0(s)U(s)$$

可得反馈联结组合系统的传递函数为

$$G(s) = [I + G_0(s)F(s)]^{-1}G_0(s) \tag{2-76}$$

由图 2-17 还可作如下推导：

$$U(s) = Y_2(s) + U_1(s) = F(s)G_0(s)U_1(s) + U_1(s)$$

$$= [\boldsymbol{I}+\boldsymbol{F}(s)\boldsymbol{G}_0(s)]\boldsymbol{U}_1(s) = [\boldsymbol{I}+\boldsymbol{F}(s)\boldsymbol{G}_0(s)]\boldsymbol{G}_0^{-1}(s)\boldsymbol{Y}(s)$$

故

$$\boldsymbol{Y}(s) = \boldsymbol{G}_0(s)[\boldsymbol{I}+\boldsymbol{F}(s)\boldsymbol{G}_0(s)]^{-1}\boldsymbol{U}(s)$$

因此，反馈联结组合系统的传递函数又可写为

$$\boldsymbol{G}(s) = \boldsymbol{G}_0(s)[\boldsymbol{I}+\boldsymbol{F}(s)\boldsymbol{G}_0(s)]^{-1} \tag{2-77}$$

2.6 线性离散系统的状态空间描述

随着计算机在系统控制中的广泛应用，离散时间系统（以下简称为离散系统）日益显示出其重要性。和连续系统不同，离散系统中各部分的信号不再是时间变量 t 的连续函数。在系统的一处或多处，其信号呈现断续式的脉冲串或数码的形式。事实上，大量的连续系统通常先通过采样化为时间离散化系统，再来进行分析和控制。

与连续系统类似，为更好地分析、控制离散时间被控对象，引入状态空间分析方法。下面先讨论工程控制系统的计算机实现，然后讨论离散系统的状态空间描述等问题。

2.6.1 工程控制系统的计算机实现

自动控制系统可以分为调节系统和伺服系统两类。调节系统要求被控对象的状态保持不变，输入信号一般不作频繁调节；而伺服系统则要求被控对象的状态能自动、连续、精确地跟随输入信号的变化而变化。“伺服(Servo)”一词是拉丁语“奴隶”的意思，意即系统像奴隶一样忠实地按照命令动作。而命令是根据需要不断变化的，因此伺服系统又称为随动系统。对于机械运动控制系统，被控对象状态主要有速度和位置，如速度伺服系统、位置伺服系统。下面以伺服系统为例来介绍其在计算机系统中的一般实现。

用计算机代替常规的模拟控制器，使它成为控制系统的一个组成部分，这种有计算机参加控制的系统简称为计算机控制系统。换言之，计算机控制系统是强调计算机作为控制系统的一个组成部分而得名的。计算机控制系统有时也称为数字控制系统，这是为了强调在控制系统中含有数字信号。

引入计算机控制的伺服系统称为计算机控制伺服系统，也称为数字伺服系统。在图 2-18 所示伺服系统中，引入计算机代替误差的求取和控制器的功能，构成计算机控制伺服系统，如图 2-19 所示。由于计算机输入输出的只能是数字信号，所以要加入 A/D (Analog to Digital Converter，模拟量-数字量转换）和 D/A(Digital to Analog Converter，数字量-模拟量转换）环节。

计算机控制伺服系统由计算机通过模拟量输入通道(A/D)采集被控对象的状态，与给定值的数字量比较，获得误差，然后经控制器的算法程序进行信息加工，作出相应的控制和处理决策，形成控制信息，通过模拟量输出通道(D/A)，转变成被控对象可以接受的模拟信号，再由驱动器带动系统跟踪输入变化。因此，计算机控制伺服系统由计算机、模

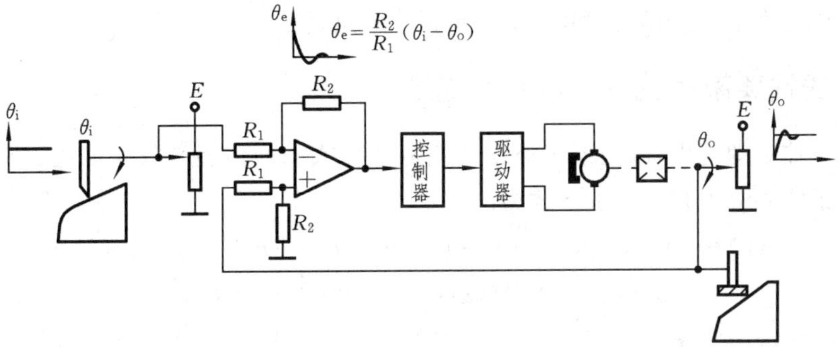

图 2-18 位置伺服系统

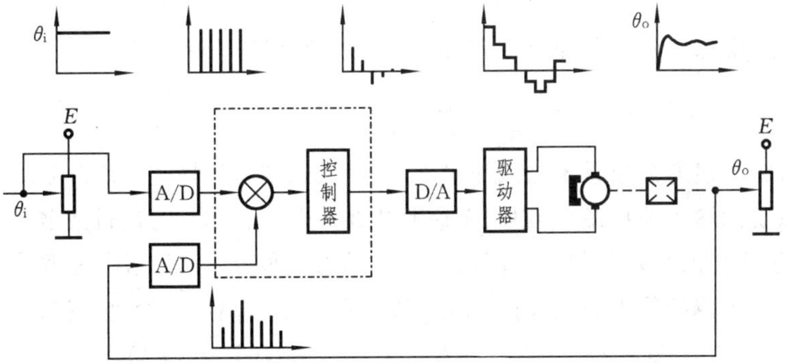

图 2-19 计算机控制伺服系统

拟量输入通道、模拟量输出通道以及被控对象组成。计算机控制伺服系统的被控对象一般为运动部件。为系统安全起见，常要求系统启动工作时，计算机与被控对象间“握一次手”——互相访问一下，都准备就绪了才开始工作。因此计算机控制伺服系统中还应该有开关量的输入、输出通道。计算机控制伺服系统的组成如图2-20所示。

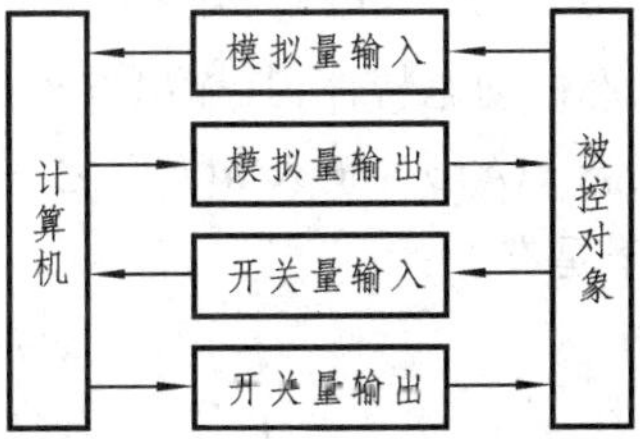

图 2-20 计算机控制伺服系统的组成

计算机伺服控制系统的工作过程如下。

1）实时数据采集：对被控参数的瞬时值进行检测、转换并输入到计算机中。

2）实时决策：对采集到的表征被控参数的状态变量进行分析，并按设定的控制规律进行计算，决定进一步的控制策略。

3）实时控制：根据决策的结果，实时地对控制机构发出控制信号。

计算机控制伺服系统是不断重复上面3个步骤，控制整个系统按一定的品质指标进行工作，并对系统的异常状态进行监视和处理的。控制过程的3个步骤对计算机来说实际上只是执行算术、逻辑运算和输入、输出操作的过程。

2.6.2　线性离散系统的状态空间描述

在经典控制理论中，离散系统通常用差分方程或脉冲传递函数来描述。SISO 线性定常离散系统差分方程的一般形式为

$$\begin{aligned} &y(k+n)+a_1y(k+n-1)+\cdots+a_{n-1}y(k+1)+a_ny(k) \\ &=b_0u(k+n)+b_1u(k+n-1)+\cdots+b_nu(k) \end{aligned} \tag{2-78}$$

式中，k 表示第 k 次采样的 kT 时刻；T 为采样周期；$y(k)$、$u(k)$分别为 kT 时刻的输出量和输入量；a_i、b_i为表征系统特性的常系数。考虑初始条件为零时的 z 变换关系有

$$\mathscr{Z}[y(k)]=Y(z),\quad \mathscr{Z}[y(k+i)]=z^iY(z)$$

对式(2-78)两端取 z 变换并加以整理可得脉冲传递函数(z 域传递函数)

$$G(z)=\frac{Y(z)}{U(z)}=\frac{b_0z^n+b_1z^{n-1}+\cdots+b_n}{z^n+a_1z^{n-1}+\cdots+a_{n-1}z+a_n} \tag{2-79}$$

式(2-78)描述的离散系统输入输出差分方程、式(2-79)描述的离散系统传递函数分别与连续系统的输入输出微分方程、传递函数在形式上相同。为进行离散系统的状态空间分析，需引入离散系统的状态空间模型。在状态空间法中，采用由离散状态方程和离散输出方程所组成的线性定常离散系统状态空间模型对离散系统进行描述，即

$$\left.\begin{aligned} \boldsymbol{x}((k+1)T)&=\boldsymbol{G}(T)\boldsymbol{x}(kT)+\boldsymbol{H}(T)\boldsymbol{u}(kT) \\ \boldsymbol{y}(kT)&=\boldsymbol{C}(T)\boldsymbol{x}(kT)+\boldsymbol{D}(T)\boldsymbol{u}(kT) \end{aligned}\right\} \tag{2-80}$$

式中，$\boldsymbol{x}(kT)$、$\boldsymbol{u}(kT)$和 $\boldsymbol{y}(kT)$分别为 n 维状态变量向量、r 维输入向量和 m 维输出向量；$\boldsymbol{G}(T)$、$\boldsymbol{H}(T)$、$\boldsymbol{C}(T)$和 $\boldsymbol{D}(T)$分别为 $n\times n$ 维系统矩阵、$n\times r$ 维输入矩阵、$m\times n$ 维输出矩阵和 $m\times r$ 维直联矩阵。其状态方程是一个一阶差分方程组，表示在$(k+1)T$ 采样时刻的状态 $\boldsymbol{x}((k+1)T)$与在 kT 采样时刻的状态 $\boldsymbol{x}(kT)$和输入 $\boldsymbol{u}(kT)$之间的关系，描述了系统状态的动态特性；其输出方程是一个代数方程，表示在 kT 采样时刻，系统输出 $\boldsymbol{y}(kT)$与状态 $\boldsymbol{x}(kT)$和输入 $\boldsymbol{u}(kT)$之间的关系。为书写简单，通常将状态空间模型中的 T 省去，于是有

$$\left.\begin{aligned} \boldsymbol{x}(k+1)&=\boldsymbol{G}\boldsymbol{x}(k)+\boldsymbol{H}\boldsymbol{u}(k) \\ \boldsymbol{y}(k)&=\boldsymbol{C}\boldsymbol{x}(k)+\boldsymbol{D}\boldsymbol{u}(k) \end{aligned}\right\} \tag{2-81}$$

其亦可简记为 $\Sigma(\boldsymbol{G},\boldsymbol{H},\boldsymbol{C},\boldsymbol{D})$。与连续系统类似，线性定常离散系统状态空间模型的结构图如图 2-21 所示。

由图 2-21 可以看出，线性定常离散系统中的 $\boldsymbol{x}(k)$和 $\boldsymbol{x}(k+1)$相似于线性连续系统中的 $\boldsymbol{x}(t)$和 $\dot{\boldsymbol{x}}(t)$；而 $\boldsymbol{x}(k+1)$和 $\boldsymbol{x}(k)$之间的单位延迟作用，相当于连续系统中 $\dot{\boldsymbol{x}}(t)$和 $\boldsymbol{x}(t)$之间的积分作用。

与式(2-81)类似，对于线性时变离散系统，其状态空间模型可记为

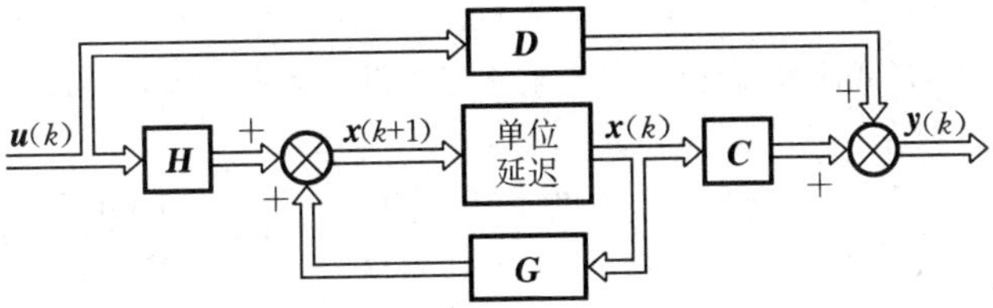

图 2-21 线性定常离散系统状态空间模型的结构图

$$\left.\begin{aligned} \boldsymbol{x}(k+1) &= \boldsymbol{G}(k)\boldsymbol{x}(k) + \boldsymbol{H}(k)\boldsymbol{u}(k) \\ \boldsymbol{y}(k) &= \boldsymbol{C}(k)\boldsymbol{x}(k) + \boldsymbol{D}(k)\boldsymbol{u}(k) \end{aligned}\right\} \tag{2-82}$$

2.6.3 离散系统的机理建模

与连续系统通过系统机理来建立状态空间模型的方法一样，对已掌握系统机理的离散系统，也可以通过机理分析建立状态空间模型。

人口分布问题是一个典型的社会系统。对人口分布问题建立状态空间描述模型，可以分析和预测人口分布的发展态势。下面讨论一个经过适当简化的城乡人口分布问题，并以此人口模型的状态空间描述为例，讨论如何通过系统机理建立离散系统的状态空间描述。

例 2-13 假设某个国家普查统计结果如下。

(1) 2001 年城乡人口的分布：城市人口为 1 000 万(即 10^7)，乡村人口为 9 000 万(即9×10^7)。

(2) 人口的自然流动情况：每年有 2%上一年城市人口迁移去乡村，同时有 4%上一年乡村人口迁移去城市。

(3) 人口增长情况：整个国家人口的自然增长率为 1%。

(4) 激励性政策控制手段的作用：一个单位正控制措施可激励 5 万(即 5×10^4)城市人口迁移去乡村，而一个单位负控制措施会导致 5 万(即 5×10^4)乡村人口流向城市。

试建立反映这个国家城乡人口分布的状态空间模型，以政策控制 u 为输入变量，全国人口数 y 为输出变量。

解 (1) 符号和约定。记 k 为离散时间变量，取 $k=0$ 代表 2001 年。设 $x_1(k)$和$x_2(k)$为第 k 年的城市人口和乡村人口；$u(k)$为第 k 年所采取的激励性政策控制手段；$y(k)$为第 k 年的全国人口数。

(2) 选取变量。考虑到问题中城市人口 x_1 和乡村人口 x_2 的极大线性无关性，可取城市人口 x_1 和乡村人口 x_2 为状态变量。

(3) 建立状态变量方程。基于问题给出的参量，即第 $k+1$ 年相对于第 k 年的人口迁移、自然增长和政策控制等关系，可以定出反映第 $k+1$ 年城市人口和乡村人口的分布状态方程为

$$x_1(k+1) = 1.01\times(1-0.02)x_1(k) + 1.01\times0.04x_2(k) + 1.01\times5\times10^4u(k)$$

$$x_2(k+1) = 1.01\times0.02x_1(k) + 1.01\times(1-0.04)x_2(k) - 1.01\times5\times10^4u(k)$$

其中，$k=0,1,2,\cdots$。

(4) 建立输出变量方程。反映全国人口变化态势的输出方程为

$$y(k) = x_1(k) + x_2(k)$$

(5) 导出向量方程形式的状态空间模型。将上述方程用向量方程形式描述，得到人口分布问题的状态方程和输出方程为

$$\begin{bmatrix} x_1(k+1) \\ x_2(k+1) \end{bmatrix} = \begin{bmatrix} 0.9898 & 0.0404 \\ 0.0202 & 0.9696 \end{bmatrix} \begin{bmatrix} x_1(k) \\ x_2(k) \end{bmatrix} + \begin{bmatrix} 5.05 \times 10^4 \\ -5.05 \times 10^4 \end{bmatrix} u(k)$$

$$y(k) = \begin{bmatrix} 1 & 1 \end{bmatrix} \begin{bmatrix} x_1(k) \\ x_2(k) \end{bmatrix}$$

记作矩阵形式

$$\begin{cases} \boldsymbol{x}(k+1) = \boldsymbol{G}\boldsymbol{x}(k) + \boldsymbol{H}\boldsymbol{u}(k) \\ \boldsymbol{y}(k) = \boldsymbol{C}\boldsymbol{x}(k) + \boldsymbol{D}\boldsymbol{u}(k) \end{cases}$$

其中，
$$\boldsymbol{x}(k) = \begin{bmatrix} x_1(k) \\ x_2(k) \end{bmatrix}, \quad \boldsymbol{u}(k) = [u(k)], \quad \boldsymbol{y}(k) = [y(k)]$$

$$\boldsymbol{G} = \begin{bmatrix} 0.9898 & 0.0404 \\ 0.0202 & 0.9696 \end{bmatrix}, \quad \boldsymbol{H} = \begin{bmatrix} 5.05 \times 10^4 \\ -5.05 \times 10^4 \end{bmatrix}, \quad \boldsymbol{C} = [1 \quad 1], \quad \boldsymbol{D} = [0]$$

上述人口分布的离散状态空间模型是基于地区（区域）人口分布及自然增长率来建立的，也可以采用年龄段人口数及育龄妇女生育率来建立人口分布的离散状态空间模型，或者结合两种方法建立更精确、更完善的人口分布模型。以所建立的模型为基础，就可以进行人口分布演变的计算机仿真、分析与控制（制订与实施人口政策）。基于Matlab工具，读者可自行完成人口演变的计算机仿真。

2.6.4 由离散系统的输入/输出关系建立状态空间模型

由于线性定常离散系统与线性定常连续系统的状态空间模型之间、传递函数之间，以及高阶微分方程和高阶差分方程之间，具有结构形式上的一致性，故建立线性定常离散系统的状态空间模型时，可借助线性定常连续系统建立状态空间模型的方法，即从微分方程或传递函数建立连续系统状态空间模型的方法，对应推广到离散系统。在具体运用时，可将微分与差分、拉氏变换算子与 z 变换算子相对应，直接利用在 1.3 节介绍的由连续系统的输入/输出关系建立状态空间模型的方法，建立线性离散系统的状态空间模型。下面举例说明。

例 2-14 将以下系统输入输出方程变换为状态空间模型。

$$y(k+2) + 5y(k+1) + 6y(k) = u(k+2) + 2u(k+1) + u(k)$$

解 (1) 根据 2.3.1 小节介绍的方法求解。由系统输入输出方程可知

$$a_1 = 5, \quad a_2 = 6, \quad b_0 = 1, \quad b_1 = 2, \quad b_2 = 1$$

故由 2.3.1 小节中式(2-17)可得

$$\beta_0 = b_0 = 1$$

$$\beta_1 = b_1 - a_1\beta_0 = -3$$

$$\beta_2 = b_2 - a_1\beta_1 - a_2\beta_0 = 10$$

当选择的状态变量为

$$x_1(k) = y(k) - \beta_0 u(k) = y(k) - u(k)$$

$$x_2(k) = y(k+1) - \beta_1 u(k) - \beta_0 u(k+1) = y(k+1) + 3u(k) - u(k+1)$$

时，与式(2-18)类似，可写出如下线性离散系统的状态空间模型：

$$\begin{cases} \boldsymbol{x}(k+1) = \begin{bmatrix} 0 & 1 \\ -6 & -5 \end{bmatrix}\boldsymbol{x}(k) + \begin{bmatrix} -3 \\ 10 \end{bmatrix}\boldsymbol{u}(k) \\ \boldsymbol{y}(k) = [1 \quad 0]\boldsymbol{x}(k) + \boldsymbol{u}(k) \end{cases}$$

(2) 根据 2.3.2 小节的方法求解。由系统的输入/输出方程有系统的传递函数以及部分分式展开式

$$G(z) = \frac{z^2+2z+1}{z^2+5z+6} = 1 + \frac{-3z-5}{z^2+5z+6} = 1 + \frac{1}{z+2} - \frac{4}{z+3}$$

故当选择的状态变量的 z 变换满足

$$X_1(z) = \frac{1}{z+2}U(z), \quad X_2(z) = \frac{1}{z+3}U(z)$$

时，与 2.3.2 小节中式(2-26)类似，可得线性离散系统的状态空间模型为

$$\begin{cases} \boldsymbol{x}(k+1) = \begin{bmatrix} -2 & 0 \\ 0 & -3 \end{bmatrix}\boldsymbol{x}(k) + \begin{bmatrix} 1 \\ 1 \end{bmatrix}\boldsymbol{u}(k) \\ \boldsymbol{y}(k) = [1 \quad -4]\boldsymbol{x}(k) + \boldsymbol{u}(k) \end{cases}$$

2.6.5 由离散系统的状态空间模型求传递函数阵

与线性定常连续系统类似，对 MIMO 线性定常离散系统，也可引入描述输入/输出动态关系的 z 域中的传递函数阵 $\boldsymbol{G}(z)$。传递函数阵 $\boldsymbol{G}(z)$ 定义为满足如下关系的函数矩阵

$$\boldsymbol{Y}(z) = \boldsymbol{G}(z)\boldsymbol{U}(z)$$

式中，$\boldsymbol{Y}(z) \in \boldsymbol{R}^m$，为 m 维输出变量向量的 z 变换；$\boldsymbol{U}(z) \in \boldsymbol{R}^r$，为 r 维输入变量向量的 z 变换；$\boldsymbol{G}(z) \in \boldsymbol{R}^{m\times r}$，为 $m\times r$ 函数矩阵。

下面讨论求取线性定常离散系统的状态空间模型所对应的传递函数阵：

$$\left.\begin{aligned} \boldsymbol{x}(k+1) &= \boldsymbol{G}\boldsymbol{x}(k) + \boldsymbol{H}\boldsymbol{u}(k) \\ \boldsymbol{y}(k) &= \boldsymbol{C}\boldsymbol{x}(k) + \boldsymbol{D}\boldsymbol{u}(k) \end{aligned}\right\} \tag{2-83}$$

令状态变量向量 $\boldsymbol{x}(k)$ 的初始值为 0，则对式(2-83)中的状态方程两边取 z 变换可得

$$z\boldsymbol{X}(z) = \boldsymbol{G}\boldsymbol{X}(z) + \boldsymbol{H}\boldsymbol{U}(z)$$

所以有

$$\boldsymbol{X}(z) = (z\boldsymbol{I} - \boldsymbol{G})^{-1}\boldsymbol{H}\boldsymbol{U}(z)$$

$$\boldsymbol{Y}(z) = [\boldsymbol{C}(z\boldsymbol{I} - \boldsymbol{G})^{-1}\boldsymbol{H} + \boldsymbol{D}]\boldsymbol{U}(z)$$

因此，传递函数阵为

$$\boldsymbol{G}(z) = \boldsymbol{C}(z\boldsymbol{I} - \boldsymbol{G})^{-1}\boldsymbol{H} + \boldsymbol{D} \tag{2-84}$$

由此可知，由式(2-84)描述的离散系统状态空间模型的传递函数阵与连续系统状态空间模型的传递函数阵形式与结构完全一致。

例 2-15 求如下系统状态空间模型对应的 z 域传递函数 $\boldsymbol{G}(z)$。

$$\begin{cases}\boldsymbol{x}(k+1)=\begin{bmatrix}0 & 1\\ -0.09 & -1\end{bmatrix}\boldsymbol{x}(k)+\begin{bmatrix}-0.1\\ 0.1\end{bmatrix}\boldsymbol{u}(k)\\ \boldsymbol{y}(k)=\begin{bmatrix}0 & 1\end{bmatrix}\boldsymbol{x}(k)+\boldsymbol{u}(k)\end{cases}$$

解 由式(2-84)，有

$$\boldsymbol{G}(z)=\boldsymbol{C}(z\boldsymbol{I}-\boldsymbol{G})^{-1}\boldsymbol{H}+\boldsymbol{D}=\begin{bmatrix}0 & 1\end{bmatrix}\begin{bmatrix}z & -1\\ 0.09 & z+1\end{bmatrix}^{-1}\begin{bmatrix}-0.1\\ 0.1\end{bmatrix}+1$$

$$=\frac{\begin{bmatrix}0 & 1\end{bmatrix}}{z^2+z+0.09}\begin{bmatrix}z+1 & 1\\ -0.09 & z\end{bmatrix}\begin{bmatrix}-0.1\\ 0.1\end{bmatrix}+1=1+\frac{0.1z+0.009}{z^2+z+0.09}$$

2.7 Matlab 问题

本章涉及的计算问题主要有控制系统的状态空间模型的建立，控制系统模型间的转换，状态及状态空间模型变换和组合系统模型的计算。下面分别介绍基于 Matlab 的上述问题的程序编制和计算方法。

2.7.1 控制系统模型种类与转换

在 Matlab 中，有 4 种表示线性定常系统(LTI)的模型，分别是传递函数模型、零极点增益模型、状态空间模型、Simulink 结构图模型。前 3 种模型是用数学表达式描述，第 4 种是基于传递函数的图形化形式——动态结构图的模型。这 4 种模型都有连续系统与离散系统两种模型。下面分别介绍传递函数模型和状态空间模型及其转换。

1. 传递函数模型

线性定常系统可以是连续系统，也可以是离散系统。2 种系统基于 Matlab 的传递函数模型和状态空间模型基本一致。下面分 SISO 系统和 MIMO 系统 2 种情况介绍 Matlab 中的传递函数模型的表示和建立。

(1) SISO 系统的传递函数

线性定常连续系统一般以常系数线性常微分方程来描述。对于一个 SISO 线性定常连续系统，其常微分方程为

$$a_0y^{(n)}+a_1y^{(n-1)}+\cdots+a_ny=b_0u^{(m)}+b_1u^{(m-1)}+\cdots+b_mu \quad (a_0\neq 0,b_0\neq 0,n\geqslant m) \tag{2-85}$$

对应的拉氏变换得到的传递函数模型为

$$\boldsymbol{G}(s)=\frac{b_0s^m+b_1s^{m-1}+\cdots+b_m}{a_0s^n+a_1s^{n-1}+\cdots+a_n} \quad (a_0\neq 0,b_0\neq 0,n\geqslant m) \tag{2-86}$$

在 Matlab 中，多项式常用数组表达，如 n 阶多项式 $a_0s^n+a_1s^{n-1}+\cdots+a_n$ 可用 $n+1$ 个元素的数组表达为

$$[a_0 \quad a_1 \quad \cdots \quad a_n]$$

其中，数组元素按多项式中"s"的降幂顺序排列，其中的"0"不能省略。因此式(2-86)的传递函数的分子与分母多项式可以用 2 个数组表达为

$$\begin{cases}\text{num}=[b_0 \quad b_1 \quad \cdots \quad b_m]\\ \text{den}=[a_0 \quad a_1 \quad \cdots \quad a_n]\end{cases}$$

在 Matlab 中，传递函数模型变量的数据结构为' tf '类，可采用函数 tf()来描述分子和分母多项式的数组组合，从而建立控制系统的传递函数模型。tf()函数的主要调用格式为

```
sys=tf(num,den)
```

或直接为

```
sys=tf([b0  b1  …  bm],[a0  a1  …  an])
```

经过上述命令，变量 sys 即表示式(2-86)所表征的连续系统传递函数模型。

类似地，对于 SISO 线性定常离散系统，其高阶差分方程模型和 z 域传递函数模型分别为

$$\begin{aligned}&a_0y(k+n)+a_1y(k+n-1)+\cdots+a_{n-1}y(k+1)+a_ny(k)\\&\quad=b_0u(k+m)+b_1u(k+m-1)+\cdots+b_mu(k)\end{aligned} \tag{2-87}$$

$$G(z)=\frac{b_0z^m+b_1z^{m-1}+\cdots+b_m}{a_0z^n+a_1z^{n-1}+\cdots+a_{n-1}z+a_n} \quad (a_0\neq 0,b_0\neq 0,n\geqslant m) \tag{2-88}$$

建立 Matlab 的线性定常离散系统传递函数模型也可采用函数 tf()，其建立离散系统传递函数的语句为

```
num=[b0  b1  …  bm];
den=[a0  a1  …  an];
sys=tf(num, den, Ts)
```

或直接为

```
sys=tf([b0  b1  …  bm],[a0  a1  …  an],Ts)
```

其中，T_s 为采样周期的值。当 $T_s=-1$ 或者 $T_s=[]$时，系统的采样周期未定义。经过上述命令，变量 sys 即表示式(2-88)所表征的离散系统传递函数模型。

Matlab 问题 2-1 试在 Matlab 中建立例 2-14 的离散系统的传递函数模型。

Matlab 程序 m2-1 如下。

```
num_1=[1 2 1];                % 建立传递函数的分子多项式
```

```
den_1=[1 5 6];                    % 建立传递函数的分母多项式
sys_1=tf(num_1,den_1,-1)  % 由分子与分母多项式建立 Matlab 传递函数模型
```

Matlab 程序 m2-1 执行结果如下。

```
z^2+2 z+1
---------------
z^2+5 z+6
```

对已建立好的 SISO 系统传递函数模型变量 sys，其传递函数的分子和分母多项式可分别由 sys.num{1}和 sys.den{1}获得。如在 Matlab 程序 m2-1 执行后有

```
sys_1.num{1}=[1  2  1];  sys_1.den{1}=[1  5  6];
```

(2) MIMO 系统的传递函数阵

MIMO 线性定常连续系统的传递函数阵 $\boldsymbol{G}(s)$ 可以表示为

$$\boldsymbol{G}(s)=\begin{bmatrix} G_{11}(s) & G_{12}(s) & \cdots & G_{1r}(s) \\ G_{21}(s) & G_{22}(s) & \cdots & G_{2r}(s) \\ \vdots & \vdots & \ddots & \vdots \\ G_{m1}(s) & G_{m2}(s) & \cdots & G_{mr}(s) \end{bmatrix}$$

其中，$G_{ij}(s)=n_{ij}(s)/d_{ij}(s)$ 描述第 i 个输出与第 j 个输入之间的动态传递关系，$n_{ij}(s)$ 和 $d_{ij}(s)$ 分别为其分子与分母多项式。

在 Matlab 中，为建立 MIMO 线性定常系统的传递函数阵，规定传递函数阵对应的分子多项式输入格式为

$$\begin{aligned} \text{num}=\{\ & \text{num}_{11}\ \text{num}_{12}\cdots\ \text{num}_{1r}; \\ & \text{num}_{21}\ \text{num}_{22}\cdots\ \text{num}_{2r}; \\ & \vdots \\ & \text{num}_{m1}\ \text{num}_{m2}\cdots\ \text{num}_{mr}\} \end{aligned}$$

其中，num_{ij} 为 $G_{ij}(s)$ 的分子多项式 $n_{ij}(s)$ 的数组表示，其表示方法与前面介绍的 SISO 系统传递函数的分子多项式表示方法一致；num_{ij} 的排列方法与 Matlab 矩阵的各元素排列方法一致，但这里用符号"{}"代替矩阵符号"[]"。

传递函数阵对应的分母多项式输入格式与分子的输入格式一致，也排成"{}"表示的多维数组形式。下面通过一个 2×2 的传递函数阵的输入方法来演示 Matlab 建立 MIMO传递函数模型的过程。

Matlab 问题 2-2 试在 Matlab 中建立如下传递函数阵的 Matlab 模型。

$$\boldsymbol{G}(s)=\begin{bmatrix} \dfrac{s^2+2s+1}{s^2+5s+6} & \dfrac{s+5}{s+2} \\ \dfrac{2s+3}{s^3+6s^2+11s+6} & \dfrac{6}{2s+7} \end{bmatrix}$$

Matlab 程序 m2-2 如下。

```
num={[1 2 1] [1 5]; [2 3] [6]};           % 建立传递函数阵的分子多项式表示
den={[1 5 6] [1 2]; [1 6 11 6] [2 7]};    % 建立传递函数阵的分母多项式表示
sys_1=tf(num,den)                          % 由分子与分母多项式表示建立 Matlab 传
                                             递函数阵模型
```

Matlab 程序 m2-2 执行结果如下。

```
Transfer function from input 1 to output...
     s^2+2 s+1
#1:--------------
     s^2+5 s+6

         2 s+3
#2:--------------------
     s^3+6 s^2+11 s+6

Transfer function from input 2 to output...
     s+5
#1:------
     s+2

      6
#2:-------
     2 s+7
```

对已建立的传递函数模型阵变量 sys,传递函数模型阵 $\boldsymbol{G}(s)$的各元素的分子和分母多项式可分别由 sys. num{i,j}和 sys. den{i,j}获得。如在 Matlab 程序 m2-2 执行后有

```
sys.num{2,1}=[0 0 2 3];      sys.den{2,1}=[1 6 11 6];
```

分别表示

$$G_{21}(s)=\frac{2s+3}{s^3+6s^2+11s+6}$$

的分子和分母多项式。这里 Matlab 内部的分子多项式表示[0 0 2 3]是因为要与分母多项式表示为同阶的多项式,由于分子的阶次低,故高次项补 0。

在 Matlab 中,sys. num{i,j}和 sys. den{i,j}均为一般的一维数组结构,可以对其进行直接计算处理。如在执行 Matlab 程序 m2-2 后,执行赋值语句

```
sys.num{2,1}=[0 1 0 0];
```

则修改系统传递函数模型 $G_{21}(s)$的分子多项式为 s^2。

2. 状态空间模型

线性定常连续系统的状态空间模型为

$$\begin{cases}\dot{\boldsymbol{x}}=\boldsymbol{A}\boldsymbol{x}+\boldsymbol{B}\boldsymbol{u}\\ \boldsymbol{y}=\boldsymbol{C}\boldsymbol{x}+\boldsymbol{D}\boldsymbol{u}\end{cases}$$

在 Matlab 中,状态空间模型变量的数据结构为' ss '类,可以用函数 ss()来建立控制系统的状态空间模型。

ss()函数的主要调用格式为

```
sys=ss(A,B,C,D)
```

其中,**A**,**B**,**C**,**D** 为已经赋值的适宜维数的数组(矩阵)。若输入的矩阵维数不匹配,ss()函数将显示出错信息,指出系统矩阵维数不匹配。

对线性定常离散系统 $\Sigma(\boldsymbol{G},\boldsymbol{H},\boldsymbol{C},\boldsymbol{D})$,用函数 ss()建立状态空间模型的调用格式为

```
sys=ss(G,H,C,D,Ts)
```

其中,T_s 为输入的采样周期,与建立离散系统传递函数的 Matlab 函数 tf()的格式一致。

Matlab 问题 2-3 试在 Matlab 中建立如下连续系统的状态空间模型。

$$\begin{cases}\dot{\boldsymbol{x}}=\begin{bmatrix}0 & 1\\ -2 & -3\end{bmatrix}\boldsymbol{x}+\begin{bmatrix}0\\ 1\end{bmatrix}\boldsymbol{u}\\ \boldsymbol{y}=\begin{bmatrix}1 & 0\end{bmatrix}\boldsymbol{x}\end{cases}$$

Matlab 程序 m2-3 如下。

```
A_2=[0 1; -2 -3];                        % 输入状态空间模型的各矩阵
B_2=[0; 1];  C_2=[1 0]; D_2=0;           % 没有直联矩阵 D 时,补适宜维数的零矩阵
sys_2=ss(A_2,B_2,C_2,D_2)
```

Matlab 程序 m2-3 执行结果如下。

```
a=          x1    x2
      x1     0     1
      x2    -2    -3
b=          u1
      x1     0
      x2     1
c=          x1    x2
      y1     1     0
d=          u1
      y1     0
```

对 Matlab 的状态空间模型变量 sys,描述状态空间模型的 4 个矩阵 **A**、**B**、**C** 和 **D** 可分别由 sys. a、sys. b、sys. c 和 sys. d 获得。如执行 Matlab 程序 m2-3 后,有

$$\text{sys. a}=\begin{bmatrix}0 & 1\\ -2 & -3\end{bmatrix},\quad \text{sys. b}=\begin{bmatrix}0\\ 1\end{bmatrix},\quad \text{sys. c}=\begin{bmatrix}1 & 0\end{bmatrix},\quad \text{sys. d}=\begin{bmatrix}0\end{bmatrix}$$

这里 sys. a、sys. b、sys. c 和 sys. d 为一般二维数组结构,可以对其进行直接计算处理。如在执行 Matlab 程序 m2-3 后,执行赋值语句

```
sys.c=[0 2]
```

则修改系统状态空间模型的输出矩阵 **C** 为[0 2]。

3. 状态空间模型到传递函数模型的转换

Matlab 提供了能非常方便地转换各种模型的函数，如由状态空间模型转换为传递函数模型、由传递函数模型求状态空间模型等。

由于系统的传递函数模型是惟一的，由状态空间模型转换为传递函数模型可以直接采用建立传递函数模型的 tf() 函数，但其输入变量格式不同。由状态空间模型求解传递函数模型的调用格式为

```
连续系统：con_tf=tf(con_ss)
离散系统：dis_tf=tf(dis_ss)
```

其中，con_ss 和 dis_ss 分别为已赋值的连续系统和离散系统状态空间模型；con_tf 和 dis_tf分别为求得的连续系统和离散系统传递函数模型。

如在执行 Matlab 程序 m2-3 后，执行语句

```
sys_tf=tf(sys_2)
```

则有

```
      1
----------------
s^2+3 s+2
```

即为所求的 Matlab 问题 2-3 的状态空间模型的传递函数模型。

4. 传递函数模型到状态空间模型的转换

当状态变量的选择不同时，状态空间模型并不惟一，因此由传递函数模型转换得到的状态空间模型有许多不同的类型。在 Matlab 中，主要有函数 ss() 和 canon() 提供由传递函数模型到状态空间模型的转换，可以得到 3 种类型的状态空间模型：等效(Equivalent)实现状态空间模型、模态(Modal)规范形和友矩阵(Companion)实现。模态规范形和友矩阵实现分别对应于状态空间模型的对角线规范形和能控规范 I 形。若要求解如约旦规范形、能控/能观规范形等其他类型的状态空间模型，则需自己编制相应的 Matlab 程序。

(1) *转换函数 ss()*

Matlab 提供的转换函数 ss() 即为前面介绍的建立状态空间模型的函数 ss()，但其输入变量格式不同。对于由传递函数模型求解状态空间模型问题，其调用格式为

```
连续系统：con_ss=ss(con_tf)
离散系统：dis_ss=ss(dis_tf)
```

其中，con_tf 和 dis_tf 分别为已赋值的连续系统和离散系统传递函数模型；con_ss 和 dis_ss分别为求得的连续系统和离散系统状态空间模型。

如在执行 Matlab 程序 m2-1 后，执行语句

```
sys_1_ss=ss(sys_1)
```

则有

```
a=            x1      x2
       x1     -5      -3
       x2      2       0
b=            u1
       x1      2
       x2      0
c=            x1      x2
       y1   -1.5   -1.25
d=            u1
       y1      1
```

即为所求模型的一个等效状态空间模型实现。

(2) 规范形转换函数 canon()

Matlab 提供的规范形转换函数 canon()可以将传递函数模型转换得到状态空间的模态规范形,即对角规范形,其调用格式为

连续系统:con_ss=canon (con_tf, 'modal')

离散系统:dis_ss=canon (dis_tf, 'modal')

如在执行 Matlab 程序 m2-1 后,执行语句

```
sys_can_ss=canon(sys_1,'modal')
```

则有

```
a=                x1          x2
       x1         -3           0
       x2          0          -2
b=                u1
       x1     -7.211
       x2     -5.657
c=                x1          x2
       y1     0.5547     -0.1768
d=                u1
       y1          1
```

即为所求模型的对角线规范形实现。

Matlab 提供的规范形转换函数 canon(),还可以将传递函数模型转换得到状态空间的友矩阵实现,即第 4 章介绍的能控规范 I 形。转换函数 canon()转换为能控规范 I 形的情况将在后面介绍。

(3) 常微分方程(传递函数)转换为状态空间模型函数 dif2ss()

在 2.3.1 小节与 2.3.2 小节介绍过选择状态变量建立高阶常微分方程(可直接对应于传递函数)的状态空间模型的方法。由该变换方法,编著者编制的 Matlab 转换函数 dif2ss(),可以通过选择状态变量,建立高阶常微分方程(传递函数)的状态空间模型(该函数源程序在本教材所附的光盘中)。

函数 dif2ss()的主要调用格式为

```
sys_ss=dif2ss (sys_tf,type)
sys_ss=dif2ss (sys_num, sys_den,type)
```

其中,第 1 种调用格式为传递函数模型;第 2 种调用格式为传递函数的分子和分母多项式;type 为变换的方法和输出状态空间模型选择的符号串变量。对应于 2.3.1 小节介绍的选择输出变量和输入变量的相变量组合为状态变量,所得到的系统矩阵为友矩阵的变换方法,符号串 type 为'companion';对应于 2.3.2 小节介绍的通过传递函数部分分式展开,建立约旦规范形(含对角线规范形)的变换方法,符号串 type 为'jordan'。

Matlab 问题 2-4 试在 Matlab 中建立例 2-2 与例 2-4 的高阶微分方程

$$\dddot{y}+5\ddot{y}+8\dot{y}+4y=2\ddot{u}+14\dot{u}+24u$$

的状态空间模型。

Matlab 程序 m2-4 如下。

```
num_1=[2 14 24]; den_1=[1 5 8 4];
sys_1=tf(num_1,den_1);                  % 建立传递函数模型
sys_comp=dif2ss(sys_1,'companion')      % 求传递函数的友矩阵形状态空间模型
sys_jord=dif2ss(num_1,den_1,'jordan')   % 求传递函数的约旦规范形状态空间模型
```

Matlab 程序 m2-4 执行结果如下。

'companion'形输出结果

```
a=        x1    x2    x3
    x1     0     1     0
    x2     0     0     1
    x3    -4    -8    -5
b=        u1
    x1     2
    x2     4
    x3   -12
c=        x1    x2    x3
    y1     1     0     0
d=        u1
    y1     0
```

'jordan'形输出结果

```
a=        x1    x2    x3
    x1    -2     1     0
    x2     0    -2     0
    x3     0     0    -1
b=        u1
    x1     0
    x2     1
    x3     1
c=        x1    x2    x3
    y1    -4   -10    12
d=        u1
    y1     0
```

上述编制的转换函数 dif2ss()是针对连续系统的，读者可以非常方便地扩展成同样适用于离散系统的多种输入/输出格式的 Matlab 函数。

2.7.2 状态及状态空间模型变换

在状态空间分析方法中，状态及状态空间模型变换是一个非常重要的工具和分析的基础。在这里，涉及的主要计算问题有状态空间模型的变换，特征值、特征向量与广义特征向量的计算，一般状态空间模型到约旦规范形(对角线规范形)的变换等。

Matlab 及其所附带的线性代数、符号计算以及控制系统设计工具箱中提供了部分可直接调用的函数，可用于这些问题的计算，但有些计算需要自己编制相应的函数和程序。

1. 状态空间模型的变换

Matlab 提供了在给定变换矩阵下，计算状态空间模型变换的可直接调用函数 ss2ss()，其调用格式为

```
sysT=ss2ss(sys,T)
```

其中，sys 和 sysT 分别为变换前与变换后(输入与输出)的状态空间模型变量；T 为给定的变换矩阵。函数 ss2ss()进行的状态变换为 $\tilde{\boldsymbol{x}}=\boldsymbol{T}\boldsymbol{x}$，将状态空间模型 $\Sigma(\boldsymbol{A},\boldsymbol{B},\boldsymbol{C},\boldsymbol{D})$ 变换为 $\tilde{\Sigma}(\tilde{\boldsymbol{A}},\tilde{\boldsymbol{B}},\tilde{\boldsymbol{C}},\tilde{\boldsymbol{D}})=\tilde{\Sigma}(\boldsymbol{T}\boldsymbol{A}\boldsymbol{T}^{-1},\boldsymbol{T}\boldsymbol{B},\boldsymbol{C}\boldsymbol{T}^{-1},\boldsymbol{D})$。

Matlab 问题 2-5 试在 Matlab 中计算例 2-5 的状态空间模型变换。

函数 ss2ss()进行的变换形式为 $\tilde{\boldsymbol{x}}=\boldsymbol{T}\boldsymbol{x}$，而 2.4 节介绍的变换形式为 $\boldsymbol{x}=\boldsymbol{P}\tilde{\boldsymbol{x}}$，二者的变换矩阵为互逆的关系。

Matlab 程序 m2-5 如下。

```
A=[0 1 0; 0 0 1; -6 -11 -6];
B=[0; 0; 6]; C=[1 0 0]; D=0;
P=[1 1 1; -1 -2 -3; 1 4 9];
sys_in=ss(A,B,C,D);            % 建立状态空间模型
sys_out=ss2ss(sys_in,inv(P))   % 进行状态空间模型变换,变换矩阵为矩阵 P 的逆矩阵
```

Matlab 程序 m2-5 执行结果如下。

```
a=                    x1            x2            x3
        x1            -1   1.776e-0.15   1.776e-0.15
        x2  -6.661e-0.16            -2             0
        x3   5.551e-0.16   1.332e-0.15            -3
b=                    u1
        x1             3
        x2            -6
        x3             3
```

```
c=        x1   x2   x3
      y1   1    1    1
d=        u1
      y1   0
```

由于数值计算存在一定的计算误差，上述计算结果中矩阵 **A** 的非对角元素实际上应为 0。

2. 特征值、特征向量与广义特征向量的计算

Matlab 提供了直接计算特征值和特征向量的函数 eig()，其调用格式为

```
d=eig(A)
[V,D]=eig(A)
```

其中，第 1 种格式为只计算所有特征值，输出格式为将所有特征值排成向量；第 2 种格式可同时得到所有特征向量和特征值，输出格式为所有特征值为对角线元素的对角线矩阵 ***D***，所有特征向量为列向量并排成矩阵 **V**。

Matlab 的函数 eig()不能直接计算广义特征向量，要计算广义特征向量则需要符号计算工具箱的函数 jordan()，其调用格式为

```
J=jordan(A)
[V,J]=jordan(A)
```

其中，第 1 种格式为只计算 **A** 矩阵对应的约旦矩阵 ***J***；第 2 种格式可同时得到所有广义特征向量和约旦矩阵 ***J***，其中广义特征向量为列向量并排成矩阵 **V**。

Matlab 问题 2-6 试在 Matlab 中计算例 2-7 中矩阵的特征值和广义特征向量。

Matlab 程序 m2-6 如下。

```
A=[-4 -3 -6; 1 0 2; 1 1 1];
[V,J]=jordan(A)
```

Matlab 程序 m2-6 执行结果如下。

```
广义特征向量(列向量)              约旦矩阵
V=   -3   -1   -2               J=   -1    1    0
      1    0    0                     0   -1    0
      1    1    1                     0    0   -1
```

由于函数 eig()不能计算广义特征向量和约旦矩阵，因此在不能判定矩阵是否存在重根时，建议使用函数 jordan()。

3. 一般状态空间模型到约旦规范形的变换

Matlab 没有直接提供将一般状态空间模型变换成约旦规范形(对角线规范形为其一个特例)的函数，但可利用符号计算工具箱提供的计算约旦矩阵和广义特征向量的函

数 jordan()求解广义特征向量,进而构造变换矩阵求解约旦规范形。

Matlab 问题 2-7 试在 Matlab 中将例 2-11 的状态空间模型变换为约旦规范形。
Matlab 程序 m2-7 如下。

```
A=[0 1 0;0 0 1;-4 -8 -5];
B=[0;0;1];C=[1 0 0];D=0;
sys_in=ss(A,B,C,D);          % 建立状态空间模型
[P,J]=jordan(A);             % 求矩阵 A 的所有广义特征向量和约旦矩阵
sys_out=ss2ss(sys_in,inv(P)); % 进行状态空间模型变换,变换矩阵为矩阵 P 的逆矩阵
```

Matlab 程序 m2-7 执行结果如下。

a=	x1	x2	x3
x1	-1	$-8.882\mathrm{e}-0.16$	$-7.772\mathrm{e}-0.16$
x2	$-2.22\mathrm{e}-0.16$	-2	1
x3	$8.882\mathrm{e}-0.16$	$-1.776\mathrm{e}-0.15$	-2

b=	u1
x1	0.25
x2	-0.25
x3	0.5

c=	x1	x2	x3
y1	4	-2	-3

d=	u1
y1	0

2.7.3 组合系统的模型计算

Matlab 提供了可直接计算组合系统传递函数模型和状态空间模型的函数,分别是并联联结系统函数 parallel()、串联联结系统函数 series()和反馈联结系统函数 feedback()。采用这些函数可以直接计算 SISO 和 MIMO 系统的 3 种联结组合的传递函数阵或状态空间模型。

这 3 个函数的主要调用格式分别为

```
sys=parallel(sys1,sys2)
sys=series(sys1,sys2)
sys=feedback(sys1,sys2)
```

其中,输入 sys1 和 sys2 为组成组合系统的 2 个子系统模型,可以都为传递函数阵模型,也可以都为状态空间模型;sys 为输出的组合系统模型。当输入的 sys1 和 sys2 为传递函数阵模型时,输出 sys 也为传递函数阵模型;当输入的 sys1 和 sys2 为状态空间模型时,输出 sys 也为状态空间模型。

Matlab 问题 2-8 试在 Matlab 中计算如下 2 个系统的并联组合系统的传递函数。

$$G_1(s)=\frac{3s+1}{s^2+3s+2},\quad G_2(s)=\frac{s+4}{s+2}$$

Matlab 程序 m2-8 如下。

```
num_1=[3 1]; den_1=[1 3 2];
num_2=[1 4]; den_2=[1 2];
sys_1=tf(num_1,den_1);          % 建立子系统 1 的传递函数
sys_2=tf(num_2,den_2);          % 建立子系统 2 的传递函数
sys_3=parallel(sys_1,sys_2)     % 计算并联联结组合系统的传递函数
```

Matlab 程序 m2-8 执行结果如下。

```
s^3+10 s^2+21 s+10
----------------------------
s^3+5 s^2+8 s+4
```

上述函数 parallel()没有进行零极点相消得到最低阶的传递函数模型。函数 minreal()可以对传递函数模型化简得到最低阶的传递函数模型。函数 minreal()的主要调用格式为

```
sys_out=minreal(sys_in)
```

其中,sys_in 和 sys_out 分别为输入和输出的传递函数阵。对 Matlab 程序 m2-8 的执行结果 sys()运行

```
sys_4=minreal(sys_3)
```

则有如下计算结果。

```
s^2+8 s+5
--------------
s^2+3 s+2
```

Matlab 问题 2-9 试在 Matlab 中计算如下 2 个系统的反馈组合系统的状态空间模型。

$$\text{前向系统 } G_0(s):\begin{cases}\dot{\boldsymbol{x}}_1=\begin{bmatrix}0&1&0\\0&0&1\\-4&-8&-5\end{bmatrix}\boldsymbol{x}_1+\begin{bmatrix}0\\0\\1\end{bmatrix}\boldsymbol{u}_1\\ \boldsymbol{y}_1=\begin{bmatrix}1&0&0\end{bmatrix}\boldsymbol{x}_1\end{cases}$$

$$\text{反馈环节 } F(s):\begin{cases}\dot{\boldsymbol{x}}_2=\begin{bmatrix}0&1\\-2&-3\end{bmatrix}\boldsymbol{x}_2+\begin{bmatrix}0\\1\end{bmatrix}\boldsymbol{u}_2\\ \boldsymbol{y}_2=\begin{bmatrix}1&0\end{bmatrix}\boldsymbol{x}_2\end{cases}$$

Matlab 程序 m2-9 如下。

```
A_1=[0 1 0; 0 0 1; -4 -8 -5];
B_1=[0; 0; 1]; C_1=[1 0 0]; D_1=0;
```

```
A_2=[0 1; -2 -3];
B_2=[0; 1]; C_2=[1 0]; D_2=0;
sys_1=ss(A_1,B_1,C_1,D_1);          % 建立前向系统的状态空间模型
sys_2=ss(A_2,B_2,C_2,D_2);          % 建立反馈环节的状态空间模型
sys_3=feedback(sys_1,sys_2)         % 计算反馈联结组合系统的状态空间模型
```

Matlab 程序 m2-9 执行结果如下。

```
a=        x1   x2   x3   x4   x5
     x1    0    1    0    0    0
     x2    0    0    1    0    0
     x3   -4   -8   -5   -1    0
     x4    0    0    0    0    1
     x5    1    0    0   -2   -3
b=        u1
     x1    0
     x2    0
     x3    1
     x4    0
     x5    0
c=       x1  x2  x3  x4  x5
    y1    1   0   0   0   0
d=       u1
    y1    0
```

本章小结

2.1 节首先引入现代控制理论数学模型的基础概念:状态、状态空间和状态空间模型,从而为研究控制系统的输入/输出关系、系统内部物理的和数学定义的状态与输入/输出的关系提供了方法,也为方便地进行多变量控制系统的分析综合与设计提供了有效的数学工具。

状态空间模型可以根据系统的机理经过推理获得,例如 2.2 节介绍的电网络、一级倒立摆-小车系统、电枢控制的直流电动机和典型的化工(热工)系统等,也可以从其他形式的数学模型转换得来,例如 2.3 节介绍的微分(差分)方程、传递函数、传递关系方框图等,并初步探讨了非线性系统的建模与线性化。

表达控制系统的状态空间模型的形式并不是惟一的。2.4 节以线性变换为基础,描述同一系统的不同状态空间模型之间的变换、等效化简的方法。本节介绍的状态空间变换以及将系统转化为约旦(对角)规范形的方法,为以后系统的分析、综合与设计提供了最基本的数学工具。

2.5 节介绍传递函数(矩阵)的分析与计算方法,不仅为系统的分析和设计提供了直观的输入/输出关系及其确切的物理解释,同时还为基于现代控制理论的“现代频域法”建立了一个连接经典

控制理论和现代控制理论的桥梁。

2.6 节简明扼要地介绍了离散系统以及计算机控制系统的组成原理、离散系统状态空间模型的建立等,力求使得关于现代控制理论数学模型的描述全面、系统。

最后,2.7 节介绍了控制系统模型的建立、各种控制系统模型间的转换、状态及状态空间模型变换等问题的 Matlab 语言程序编制和计算方法。

习　题

2-1 如题图 2-1 所示的 RLC 电路网络,其中 $U_i(t)$ 为输入电压,安培表的指示电流 $i_o(t)$ 为输出量。试列写状态空间模型。

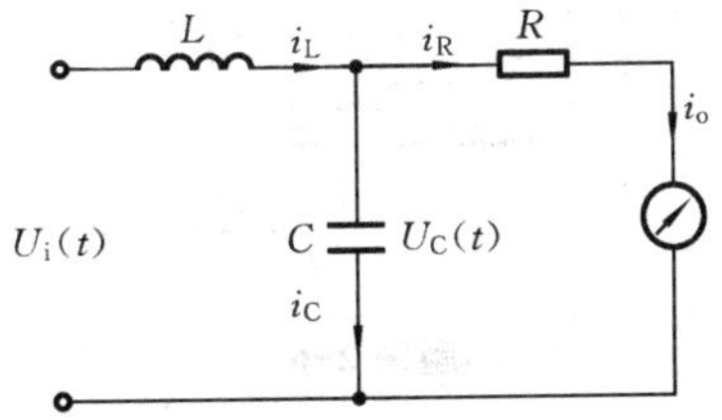

题图 2-1

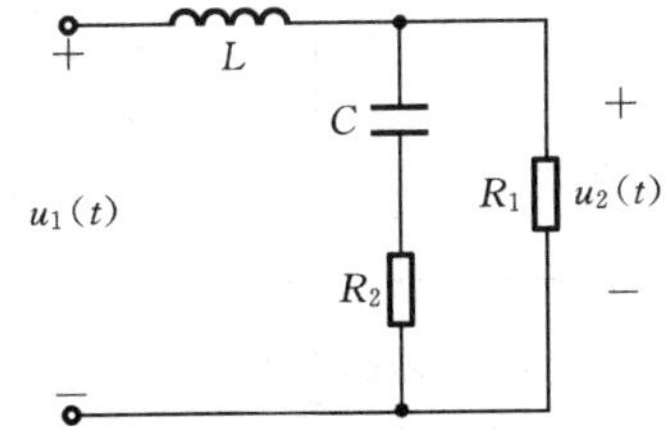

题图 2-2

2-2 题图 2-2 所示为 RLC 电路网络,其中 $u_1(t)$ 为输入电压,$u_2(t)$ 为输出电压。试列写出状态空间模型。

2-3 设一个弹簧-质量-阻尼器系统,安装在一个不计质量的小车上,如题图 2-3 所示。u 和 y 分别为小车和质量体的位移,k、b 和 m 分别为弹簧弹性系数、阻尼器阻尼系数和质量体质量。试建立 u 为输入、y 为输出的状态空间模型。

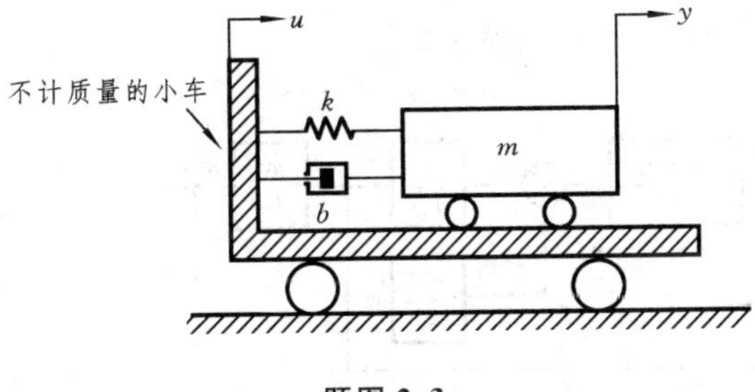

题图 2-3

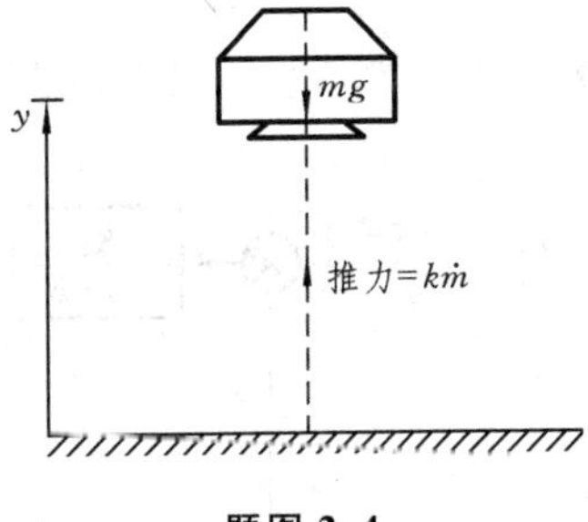

题图 2-4

2-4 题图 2-4 所示的登月舱在月球软着陆的示意图。其中,m 为登月舱质量,g 为月球表面重力常数,$-k\dot{m}$ 为反向推力,k 为常数,y 为登月舱相对于地球表面着陆点的距离。现指定状态变量组 $x_1=y, x_2=\dot{y}$ 和 $x_3=m$,输入变量 $u=\dot{m}$,试列出系统的状态方程。

2-5 某磁场控制的直流电动机的简化原理图如题图 2-5 所示,其中电动机轴上的负载为阻尼摩擦,其摩擦系数为 f;电动机轴上的转动惯量为 J。设输入为电枢电压 u_a 和激磁电压 u_f,输出为电动机转角 θ,试列出系统的状态空间模型。

2-6 题图 2-6 所示的化学反应器是一个均匀、连续流动单元，其中发生如下反应速率常数为 k 的一级吸热反应

$$A \xrightarrow{k} B$$

该化学反应生产过程为：温度为常量 θ_f，含 A 物质的浓度为常量 C_{Af} 的料液以 $Q(t)$ 的流量进入反应器；假定流出的液体的流量也为 $Q(t)$，保持单元内液体体积为 V；为了使化学反应向右进行，用蒸汽对反应器内的溶液进行加热，蒸汽加热量为 $q(t)$。试以料液的流量 $Q(t)$ 和蒸汽加热量 $q(t)$ 为输入，容器内的液体的温度 $\theta(t)$ 和物质 B 的浓度 $C_B(t)$ 为输出，建立状态空间模型。

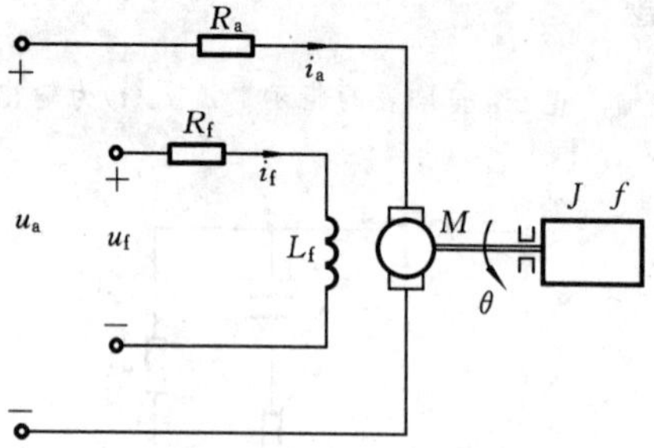

题图 2-5

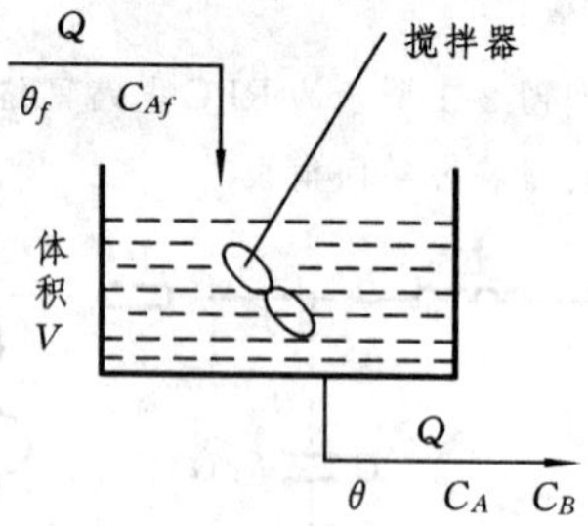

题图 2-6

2-7 将以下系统输入输出方程转换为状态空间模型。

(1) $\dddot{y}+2\ddot{y}+6\dot{y}+3y=5u$ (2) $2\dddot{y}-3y=\dddot{u}-u$

(3) $\dddot{y}+4\ddot{y}+5\dot{y}+2y=2\dddot{u}+\ddot{u}+\dot{u}+2u$

2-8 将下列传递函数转换为状态空间模型。

(1) $G(s)=\dfrac{2s^2+18s+40}{s^3+6s^2+11s+6}$ (2) $G(s)=\dfrac{s^2+2s+1}{s^2+5s+6}$

(3) $G(s)=\dfrac{3(s+5)}{(s+3)^2(s+1)}$

2-9 试求题图 2-9 所示系统的模拟结构图，并建立其状态空间模型。

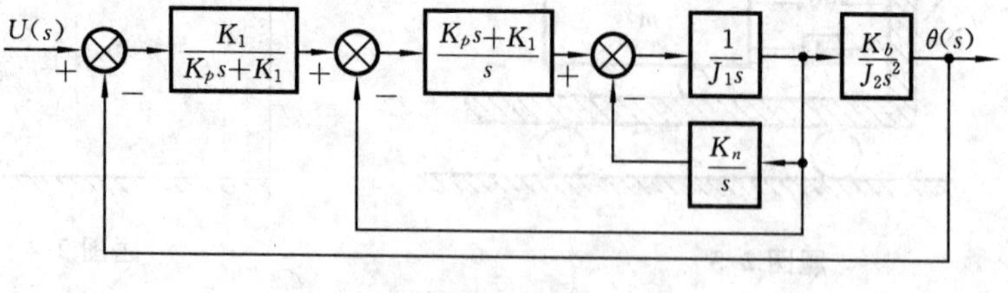

题图 2-9

2-10 给定题图 2-10 所示的一个系统方框图，输入变量和输出变量分别为 u 和 y，试列出系统的一个状态空间模型。

2-11 已知系统的状态空间模型为

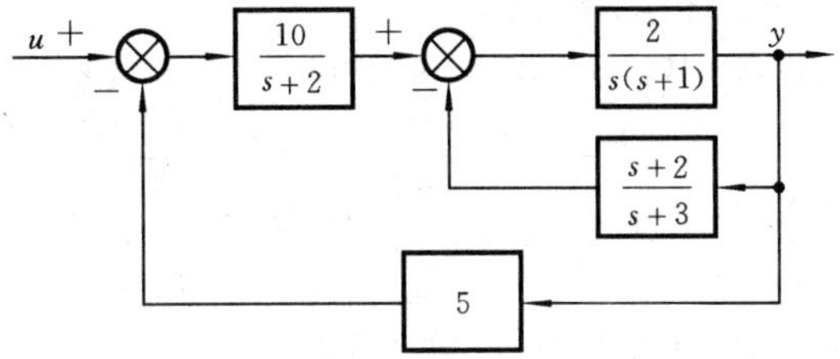

题图 2-10

$$\begin{cases}\dot{x}=\begin{bmatrix}3&0&0\\1&5&2\\0&2&1\end{bmatrix}x+\begin{bmatrix}1&0\\2&0\\0&5\end{bmatrix}u\\ y=\begin{bmatrix}3&0&1\\6&2&0\end{bmatrix}x\end{cases}$$

现用 $\tilde{x}=Px$ 进行状态变换,其变换矩阵为

$$P=\begin{bmatrix}1&0&0\\0&2&0\\0&0&3\end{bmatrix}$$

试写出状态变换后的状态方程和输出方程。

2-12 求下列各方阵 A 的特征值、特征向量和广义特征向量。

(1) $A=\begin{bmatrix}1&3\\0&2\end{bmatrix}$　　(2) $A=\begin{bmatrix}1&2&2\\2&1&2\\2&2&1\end{bmatrix}$

(3) $A=\begin{bmatrix}0&1&0\\0&0&1\\2&-5&4\end{bmatrix}$　　(4) $A=\begin{bmatrix}0&1&0\\0&0&1\\-8&-12&-6\end{bmatrix}$

2-13 试将下列状态方程变换为约旦规范形(对角线规范形)。

(1) $\begin{cases}\dot{x}=\begin{bmatrix}2&-1&-1\\0&-1&0\\0&2&1\end{bmatrix}x+\begin{bmatrix}7\\2\\3\end{bmatrix}u\\ y=\begin{bmatrix}0&0&1\\1&2&0\end{bmatrix}x\end{cases}$　　(2) $\dot{x}=\begin{bmatrix}8&-8&-2\\4&-3&-2\\3&-4&1\end{bmatrix}x+\begin{bmatrix}2&3\\1&5\\7&1\end{bmatrix}u$

2-14 状态空间模型为

$$\begin{cases}\dot{x}=\begin{bmatrix}0&1&0\\-2&-3&0\\-1&1&-3\end{bmatrix}x+\begin{bmatrix}0\\1\\2\end{bmatrix}u\\ y=\begin{bmatrix}0&0&1\end{bmatrix}x\end{cases}$$

画出其模拟结构图，求系统的传递函数。

2-15 已知两系统的传递函数阵 $\boldsymbol{W}_1(s)$ 和 $\boldsymbol{W}_2(s)$ 分别为

$$\boldsymbol{W}_1(s)=\begin{bmatrix}\frac{1}{s+1} & \frac{1}{s+2}\\ 0 & \frac{s+1}{s+2}\end{bmatrix},\ \boldsymbol{W}_2(s)=\begin{bmatrix}\frac{1}{s+3} & \frac{1}{s+4}\\ \frac{1}{s+1} & 0\end{bmatrix}$$

试求两子系统串联联结和并联联结时，系统的传递函数阵。

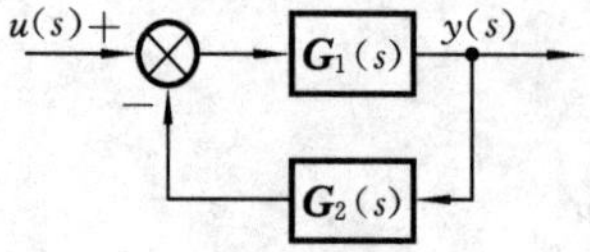

题图 2-16

2-16 给定题图 2-16 所示的动态输出反馈系统，其中，

$$\boldsymbol{G}_1(s)=\begin{bmatrix}\frac{1}{s+1} & \frac{1}{s+2}\\ 0 & \frac{s+1}{s+2}\end{bmatrix},\ \boldsymbol{G}_2(s)=\begin{bmatrix}\frac{1}{s+3} & \frac{1}{s+4}\\ \frac{1}{s+1} & 0\end{bmatrix}$$

试定出反馈系统的传递函数阵 $\boldsymbol{G}(s)$。

2-17 将下列系统输入输出方程变换为状态空间模型。

(1) $\boldsymbol{y}(k+2)+2\boldsymbol{y}(k+1)+\boldsymbol{y}(k)=\boldsymbol{u}(k)$

(2) $\boldsymbol{y}(k+2)+\boldsymbol{y}(k+1)+0.16\boldsymbol{y}(k)=\boldsymbol{u}(k+1)+2\boldsymbol{u}(k)$

2-18 求下列系统状态空间模型对应的 z 域传递函数 $\boldsymbol{G}(z)$。

(1) $\begin{cases}\boldsymbol{x}(k+1)=\begin{bmatrix}-2 & 0\\ 0 & -3\end{bmatrix}\boldsymbol{x}(k)+\begin{bmatrix}1\\1\end{bmatrix}\boldsymbol{u}(k)\\ \boldsymbol{y}(k)=[1\quad -4]\boldsymbol{x}(k)+\boldsymbol{u}(k)\end{cases}$

(2) $\begin{cases}\boldsymbol{x}(k+1)=\begin{bmatrix}0 & 1\\ -0.16 & -1\end{bmatrix}\boldsymbol{x}(k)+\begin{bmatrix}0\\1\end{bmatrix}\boldsymbol{u}(k)\\ \boldsymbol{y}(k)=[2\quad 1]\boldsymbol{x}(k)\end{cases}$

3 线性系统的时域分析

本章讨论线性系统的运动分析。主要介绍连续系统与离散系统的状态空间模型的求解、状态转移矩阵的性质和计算，以及连续系统状态方程的离散化，最后介绍状态空间模型求解与控制系统的运动仿真问题的基于 Matlab 的程序设计与仿真计算。

建立了系统的数学描述之后，接下来要对系统作定量和定性分析。定量分析主要研究系统对给定输入信号的响应问题，也就是对描述系统的状态方程和输出方程的求解问题。定性分析主要研究系统的结构性质，如能控性、能观性、稳定性等。本章先讨论用状态空间模型描述的线性系统的定量分析问题，即状态空间模型的求解问题。

根据常微分方程理论，求解一个一阶常系数线性微分方程组是很容易的，可是求解一个一阶变系数线性微分方程组却非易事。状态转移矩阵的引入，使得定常系统和时变系统的求解公式具有一个统一的形式。为此，本章将重点讨论状态转移矩阵的定义、性质和计算方法，并在此基础上导出状态方程的求解公式。

本章讨论的另一个中心问题是连续系统状态方程的离散化，即建立连续系统的离散系统状态方程。随着计算机在控制系统分析、设计和实时控制中的广泛应用，这个问题显得越来越重要。在离散系统状态方程建立的基础上，本章也将讨论相应的状态方程求解问题，并将导出在形式上与连续系统状态方程的解一致的离散系统状态方程的解的表达式。

3.1 线性定常连续系统状态方程的解

在讨论一般线性定常连续系统状态方程的解之前，先讨论线性定常齐次状态方程的解，以便引入矩阵指数函数和状态转移矩阵的概念。所谓齐次状态方程，就是指状态方程中不考虑输入项的作用，满足方程解的齐次性的一类状态方程。研究齐次状态方程的解，就是研究系统本身在无外力作用下的自由运动。

3.1.1 齐次状态方程的解

齐次状态方程就是指输入为零时的状态方程，即

$$\dot{\boldsymbol{x}}(t)=\boldsymbol{A}\boldsymbol{x}(t) \tag{3-1}$$

式中，$\boldsymbol{x}(t)$为 n 维状态变量向量；$\boldsymbol{A}$ 为 $n\times n$ 维定常矩阵。求解齐次状态方程就是求齐次状态方程(3-1)满足初始状态

$$\boldsymbol{x}(t)\big|_{t=t_0}=\boldsymbol{x}(t_0)$$

的解，也就是由初始时刻 t_0的初始状态 $\boldsymbol{x}(t_0)$引起的自由运动。

求解该齐次状态方程时常用的常微分方程求解方法有级数展开法和拉氏变换法 2 种。

1. 级数展开法

在求解齐次状态方程式(3-1)之前，首先观察标量常微分方程

$$\dot{x}(t)=ax(t) \tag{3-2}$$

在初始时刻 $t_0=0$ 的解。式(3-2)中 $x(t)$为标量变量，a 为常数。由常微分方程理论知，该方程的解连续可微。因此，该解经泰勒展开可表征为无穷级数，即有

$$x(t)=q_0+q_1t+q_2t^2+\cdots+q_kt^k+\cdots \tag{3-3}$$

式中，$q_k(k=1,2,\cdots)$为待定级数展开系数。将所设解代入方程(3-2)，可得

$$q_1+2q_2t+3q_3t^2+\cdots+kq_kt^{k-1}+\cdots=a(q_0+q_1t+q_2t^2+\cdots+q_kt^k+\cdots) \tag{3-4}$$

如果所设解是方程的真实解，则对任意 t，方程(3-4)均成立。因此，使 t 有相同幂次项的各项系数相等，即可求得

$$q_1=\frac{a}{1!}q_0,\quad q_2=\frac{a}{2}q_1=\frac{a^2}{2!}q_0,\quad \cdots,\quad q_k=\frac{a}{k}q_{k-1}=\frac{a^k}{k!}q_0,\cdots$$

令方程(3-3)中 $t=0$，可确定 $q_0=x(0)$，因此 $x(t)$的解式(3-3)可写为

$$x(t)=\left(1+at+\frac{a^2}{2!}t^2+\cdots+\frac{a^k}{k!}t^k+\cdots\right)x(0)=\mathrm{e}^{at}x(0)$$

上述求解标量微分方程的级数展开法，可推广至求解式(3-1)所示的向量状态方程的解。为此，设其解为 t 的向量幂级数，即

$$\boldsymbol{x}(t)=\boldsymbol{q}_0+\boldsymbol{q}_1t+\boldsymbol{q}_2t^2+\cdots+\boldsymbol{q}_kt^k+\cdots \tag{3-5}$$

式中，$\boldsymbol{q}_k(k=1,2,\cdots)$为待定级数展开系数向量。将所设解代入方程(3-1)，可得

$$\boldsymbol{q}_1+2\boldsymbol{q}_2t+3\boldsymbol{q}_3t^2+\cdots+k\boldsymbol{q}_kt^{k-1}+\cdots=\boldsymbol{A}(\boldsymbol{q}_0+\boldsymbol{q}_1t+\boldsymbol{q}_2t^2+\cdots+\boldsymbol{q}_kt^k+\cdots)$$

得

$$\boldsymbol{q}_1=\frac{\boldsymbol{A}}{1!}\boldsymbol{q}_0,\quad \boldsymbol{q}_2=\frac{\boldsymbol{A}}{2}\boldsymbol{q}_1=\frac{\boldsymbol{A}^2}{2!}\boldsymbol{q}_0,\quad \cdots,\quad \boldsymbol{q}_k=\frac{\boldsymbol{A}}{k}\boldsymbol{q}_{k-1}=\frac{\boldsymbol{A}^k}{k!}\boldsymbol{q}_0,\cdots$$

若初始时刻 $t_0=0$，初始状态 $\boldsymbol{x}(0)=\boldsymbol{x}_0$，则可确定 $\boldsymbol{q}_0=\boldsymbol{x}(0)=\boldsymbol{x}_0$，因此状态 $\boldsymbol{x}(t)$的解式(3-5)可写为

$$\boldsymbol{x}(t)=\left(\boldsymbol{I}+\boldsymbol{A}t+\frac{\boldsymbol{A}^2}{2!}t^2+\cdots+\frac{\boldsymbol{A}^k}{k!}t^k+\cdots\right)\boldsymbol{x}_0$$

该方程右边括号里的展开式是 $n\times n$ 维矩阵函数。由于它类似于标量指数函数的无穷级数展开式，所以称为矩阵指数函数，且记为

$$\mathrm{e}^{\boldsymbol{A}t}\triangleq\boldsymbol{I}+\boldsymbol{A}t+\frac{\boldsymbol{A}^2}{2!}t^2+\cdots+\frac{\boldsymbol{A}^k}{k!}t^k+\cdots \tag{3-6}$$

利用矩阵指数函数符号，齐次状态方程的解可写为

$$\boldsymbol{x}(t)=\mathrm{e}^{\boldsymbol{A}t}\boldsymbol{x}_0 \tag{3-7}$$

2. 拉氏变换法

若将标量函数的拉氏变换的定义扩展到向量函数和矩阵函数，则向量函数和矩阵函数的拉氏变换分别定义为对该向量函数和矩阵函数的各个元素求相应的拉氏变换，这样可利用拉氏变换及拉氏反变换的方法求解齐次状态方程(3-1)的解。

设初始时刻 $t_0=0$ 且初始状态 $\boldsymbol{x}(t_0)=\boldsymbol{x}_0$，对式(3-1)的两边取拉氏变换，可得

$$s\boldsymbol{X}(s)-\boldsymbol{x}_0=\boldsymbol{A}\boldsymbol{X}(s)$$

式中，$\boldsymbol{X}(s)$为状态向量 $\boldsymbol{x}(t)$的拉氏变换。于是可求得齐次状态方程(3-1)的解 $\boldsymbol{x}(t)$的拉氏变换为

$$\boldsymbol{X}(s)=(s\boldsymbol{I}-\boldsymbol{A})^{-1}\boldsymbol{x}_0$$

对上式取拉氏反变换，即得齐次状态方程的解为

$$\boldsymbol{x}(t)=\mathscr{L}^{-1}[(s\boldsymbol{I}-\boldsymbol{A})^{-1}]\boldsymbol{x}_0 \tag{3-8}$$

由拉氏变换知识可知，对于标量函数，下列关系式成立：

$$(s-a)^{-1}=\frac{1}{s}+\frac{a}{s^2}+\frac{a^2}{s^3}+\cdots+\frac{a^{k-1}}{s^k}+\cdots$$

$$\mathscr{L}^{-1}[(s-a)^{-1}]=1+at+\frac{a^2t^2}{2!}+\cdots+\frac{a^kt^k}{k!}+\cdots=\mathrm{e}^{at}$$

将上述关系式推广至矩阵函数，则有

$$(s\boldsymbol{I}-\boldsymbol{A})^{-1}=\frac{\boldsymbol{I}}{s}+\frac{\boldsymbol{A}}{s^2}+\frac{\boldsymbol{A}^2}{s^3}+\cdots+\frac{\boldsymbol{A}^{k-1}}{s^k}+\cdots$$

$$\begin{aligned}\mathscr{L}^{-1}[(s\boldsymbol{I}-\boldsymbol{A})^{-1}]&=\mathscr{L}^{-1}\left[\frac{\boldsymbol{I}}{s}+\frac{\boldsymbol{A}}{s^2}+\frac{\boldsymbol{A}^2}{s^3}+\cdots+\frac{\boldsymbol{A}^{k-1}}{s^k}+\cdots\right]\\&=\boldsymbol{I}+\boldsymbol{A}t+\frac{\boldsymbol{A}^2}{2!}t^2+\cdots+\frac{\boldsymbol{A}^k}{k!}t^k+\cdots=\mathrm{e}^{\boldsymbol{A}t}\end{aligned} \tag{3-9}$$

将式(3-9)代入式(3-8)，得

$$\boldsymbol{x}(t)=\mathscr{L}^{-1}[(s\boldsymbol{I}-\boldsymbol{A})^{-1}]\boldsymbol{x}_0=\mathrm{e}^{\boldsymbol{A}t}\boldsymbol{x}_0$$

上述拉氏反变换法求解结果与前面的级数展开法求解结果一致。

显然，若初始时刻 $t_0\neq0$，且对上述齐次状态方程的解作时间坐标平移变换，则可得解的另一种表述形式为

$$\boldsymbol{x}(t)=\mathrm{e}^{\boldsymbol{A}(t-t_0)}\boldsymbol{x}(t_0) \tag{3-10}$$

齐次状态方程的解式(3-10)说明齐次线性系统的状态变化实质上是初始状态 $\boldsymbol{x}(t_0)$ 从初始时刻 t_0 到时刻 t 时间内的转移变化，其转移特性和状态完全由矩阵指数函数 $\mathrm{e}^{\boldsymbol{A}(t-t_0)}$ 所决定。因此，引入描述系统状态转移特性的状态转移矩阵为

$$\boldsymbol{\Phi}(t)=\mathrm{e}^{\boldsymbol{A}t} \tag{3-11}$$

则有

$$\boldsymbol{\Phi}(t-t_0)=\mathrm{e}^{\boldsymbol{A}(t-t_0)} \tag{3-12}$$

$$\boldsymbol{x}(t)=\boldsymbol{\Phi}(t)\boldsymbol{x}_0=\boldsymbol{\Phi}(t-t_0)\boldsymbol{x}(t_0) \tag{3-13}$$

由式(3-8)和式(3-13)可知，系统状态转移矩阵有如下关系：

$$\boldsymbol{\Phi}(t)=\mathscr{L}^{-1}[(s\boldsymbol{I}-\boldsymbol{A})^{-1}] \tag{3-14}$$

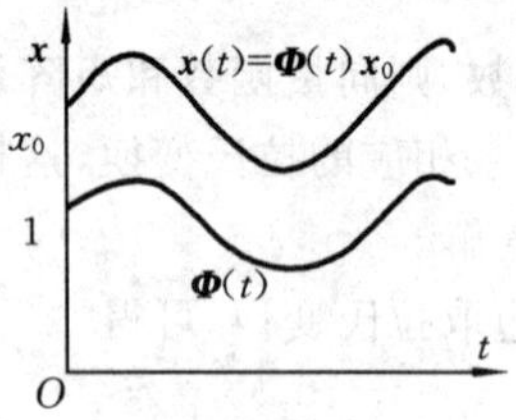

图 3-1 状态转移特性曲线

齐次状态方程的解描述了线性定常连续系统的自由运动。由解的表达式可以看出，在状态空间中，系统自由运动的轨迹是从初始时刻的初始状态到 t 时刻的状态的转移曲线，如图 3-1 所示。当初始状态给定以后，系统的状态转移特性就完全由状态转移矩阵决定。所以，状态转移矩阵包含系统自由运动的全部信息。可见，状态转移矩阵的计算是齐次状态方程求解的关键。

例 3-1 试求如下线性定常系统状态方程在初始状态 $\boldsymbol{x}_0$ 下的解。

$$\dot{\boldsymbol{x}}=\begin{bmatrix}0 & 1\\ -2 & -3\end{bmatrix}\boldsymbol{x},\quad \boldsymbol{x}_0=\begin{bmatrix}1\\2\end{bmatrix}$$

解 (1) 首先求矩阵函数 $s\boldsymbol{I}-\boldsymbol{A}$ 的逆矩阵 $(s\boldsymbol{I}-\boldsymbol{A})^{-1}$，即

$$(s\boldsymbol{I}-\boldsymbol{A})^{-1}=\frac{\mathrm{adj}(s\boldsymbol{I}-\boldsymbol{A})}{|s\boldsymbol{I}-\boldsymbol{A}|}=\frac{1}{(s+1)(s+2)}\begin{bmatrix}s+3 & 1\\ -2 & s\end{bmatrix}$$

$$=\begin{bmatrix}\frac{2}{s+1}-\frac{1}{s+2} & \frac{1}{s+1}-\frac{1}{s+2}\\ -\frac{2}{s+1}+\frac{2}{s+2} & -\frac{1}{s+1}+\frac{2}{s+2}\end{bmatrix}$$

(2) 计算矩阵指数函数 $\mathrm{e}^{\boldsymbol{A}t}$，有

$$\mathrm{e}^{\boldsymbol{A}t}=\mathscr{L}^{-1}[(s\boldsymbol{I}-\boldsymbol{A})^{-1}]=\begin{bmatrix}2\mathrm{e}^{-t}-\mathrm{e}^{-2t} & \mathrm{e}^{-t}-\mathrm{e}^{-2t}\\ -2\mathrm{e}^{-t}+2\mathrm{e}^{-2t} & -\mathrm{e}^{-t}+2\mathrm{e}^{-2t}\end{bmatrix}$$

(3) 该状态方程的解为

$$\boldsymbol{x}(t)=\mathrm{e}^{\boldsymbol{A}t}\boldsymbol{x}_0=\begin{bmatrix}4\mathrm{e}^{-t}-3\mathrm{e}^{-2t}\\ -4\mathrm{e}^{-t}+6\mathrm{e}^{-2t}\end{bmatrix}$$

3.1.2 线性定常连续系统的状态转移矩阵

1. 基本定义

下面给出前面引入的状态转移矩阵的定义。

定义 3-1 对于线性定常连续系统(3-1)，满足矩阵微分方程和初始条件

$$\begin{cases}\dot{\boldsymbol{\Phi}}(t)=\boldsymbol{A}\boldsymbol{\Phi}(t)\\ \boldsymbol{\Phi}(0)=\boldsymbol{I}\end{cases} \tag{3-15}$$

的解 $\boldsymbol{\Phi}(t)$，定义为线性定常连续系统(3-1)的状态转移矩阵。

将式(3-15)定义的状态转移矩阵代入式(3-13)和式(3-1)可知，这里定义的状态转移矩阵与前面定义的是一致的。引入定义式(3-15)，主要是为了使状态转移矩阵的概念易于推广到时变系统、离散系统等。

当系统矩阵 $\boldsymbol{A}$ 为 $n\times n$ 维方阵时，状态转移矩阵 $\boldsymbol{\Phi}(t)$亦为 $n\times n$ 维方阵，且其元素为时间 t 的函数。下面给出几种特殊形式的系统矩阵 $\boldsymbol{A}$ 的状态转移矩阵。

1）对角线矩阵。若 $\boldsymbol{A}$ 为对角线矩阵

$$\boldsymbol{A}=\begin{bmatrix}\lambda_1 & 0 & \cdots & 0\\ 0 & \lambda_2 & \cdots & 0\\ \vdots & \vdots & \ddots & \vdots\\ 0 & 0 & \cdots & \lambda_n\end{bmatrix}$$

则其状态转移矩阵为

$$\boldsymbol{\Phi}(t)=\mathrm{e}^{\boldsymbol{A}t}=\begin{bmatrix}\mathrm{e}^{\lambda_1 t} & 0 & \cdots & 0\\ 0 & \mathrm{e}^{\lambda_2 t} & \cdots & 0\\ \vdots & \vdots & \ddots & \vdots\\ 0 & 0 & \cdots & \mathrm{e}^{\lambda_n t}\end{bmatrix} \tag{3-16}$$

2）块对角矩阵。若 $\boldsymbol{A}$ 为块对角矩阵

$$\boldsymbol{A}=\begin{bmatrix}\boldsymbol{A}_1 & 0 & \cdots & 0\\ 0 & \boldsymbol{A}_2 & \cdots & 0\\ \vdots & \vdots & \ddots & \vdots\\ 0 & 0 & \cdots & \boldsymbol{A}_l\end{bmatrix}$$

其中，$\boldsymbol{A}_i$为 $m_i\times m_i$维的分块矩阵，则其状态转移矩阵为

$$\boldsymbol{\Phi}(t)=\mathrm{e}^{\boldsymbol{A}t}=\begin{bmatrix}\mathrm{e}^{\boldsymbol{A}_1 t} & 0 & \cdots & 0\\ 0 & \mathrm{e}^{\boldsymbol{A}_2 t} & \cdots & 0\\ \vdots & \vdots & \ddots & \vdots\\ 0 & 0 & \cdots & \mathrm{e}^{\boldsymbol{A}_l t}\end{bmatrix} \tag{3-17}$$

3）约旦块矩阵。若 $\boldsymbol{A}_i$为 $m_i\times m_i$维的约旦块

$$\boldsymbol{A}_i=\begin{bmatrix}\lambda_i & 1 & 0 & \cdots & 0\\ 0 & \lambda_i & 1 & \cdots & 0\\ \vdots & \vdots & \vdots & \ddots & \vdots\\ 0 & 0 & 0 & \cdots & 1\\ 0 & 0 & 0 & \cdots & \lambda_i\end{bmatrix}_{m_i\times m_i} \qquad (m_i\geqslant 1)$$

则约旦块 $\boldsymbol{A}_i$的矩阵指数函数为

$$e^{\boldsymbol{A}_i t} = e^{\lambda_i t}\begin{bmatrix} 1 & t & \cdots & \dfrac{t^{m_i-2}}{(m_i-2)!} & \dfrac{t^{m_i-1}}{(m_i-1)!} \\ 0 & 1 & \cdots & \dfrac{t^{m_i-3}}{(m_i-3)!} & \dfrac{t^{m_i-2}}{(m_i-2)!} \\ \vdots & \vdots & \ddots & \vdots & \vdots \\ 0 & 0 & \cdots & 1 & t \\ 0 & 0 & \cdots & 0 & 1 \end{bmatrix}_{m_i\times m_i} \tag{3-18}$$

对于式(3-16)、式(3-17)和式(3-18),可利用关系式

$$e^{\boldsymbol{A}t} = \boldsymbol{I} + \boldsymbol{A}t + \frac{\boldsymbol{A}^2}{2!}t^2 + \cdots + \frac{\boldsymbol{A}^k}{k!}t^k + \cdots \tag{3-19}$$

证明,读者可自行完成。

2. 矩阵指数函数和状态转移矩阵的性质

由关系式(3-19)和状态转移矩阵的定义,可证明矩阵指数函数和状态转移矩阵具有如下性质($\boldsymbol{\Phi}(t)$为方阵 $\boldsymbol{A}$ 的状态转变矩阵):

1) $$\boldsymbol{\Phi}(0) = e^{\boldsymbol{A}0} = \boldsymbol{I} \tag{3-20}$$

2) $$e^{\boldsymbol{A}(t+s)} = e^{\boldsymbol{A}t}e^{\boldsymbol{A}s},\ \boldsymbol{\Phi}(t+s) = \boldsymbol{\Phi}(t)\boldsymbol{\Phi}(s) \tag{3-21}$$

式中,t 和 s 为两个独立的标量自变量。

证明 由指数矩阵函数的表达式(3-19),有

$$\begin{aligned} e^{\boldsymbol{A}t}e^{\boldsymbol{A}s} &= \left(\boldsymbol{I} + \boldsymbol{A}t + \frac{\boldsymbol{A}^2}{2!}t^2 + \cdots + \frac{\boldsymbol{A}^k}{k!}t^k + \cdots\right)\left(\boldsymbol{I} + \boldsymbol{A}s + \frac{\boldsymbol{A}^2}{2!}s^2 + \cdots + \frac{\boldsymbol{A}^k}{k!}s^k + \cdots\right) \\ &= \boldsymbol{I} + \boldsymbol{A}(t+s) + \frac{\boldsymbol{A}^2}{2!}(t^2 + 2ts + s^2) + \cdots + \frac{\boldsymbol{A}^k}{k!}(t+s)^k + \cdots \\ &= e^{\boldsymbol{A}(t+s)} \end{aligned}$$

□□□

3) $$[e^{\boldsymbol{A}(t_2-t_1)}]^{-1} = e^{-\boldsymbol{A}(t_2-t_1)} = e^{\boldsymbol{A}(t_1-t_2)},[\boldsymbol{\Phi}(t_2-t_1)]^{-1} = \boldsymbol{\Phi}(t_1-t_2) \tag{3-22}$$

4) 对于 $n\times n$ 阶的方阵 $\boldsymbol{A}$ 和 $\boldsymbol{B}$,下式仅当 $\boldsymbol{AB}=\boldsymbol{BA}$ 时才成立。

$$e^{(\boldsymbol{A}+\boldsymbol{B})t} = e^{\boldsymbol{A}t}e^{\boldsymbol{B}t} \tag{3-23}$$

5) $$\frac{d}{dt}e^{\boldsymbol{A}t} = \boldsymbol{A}e^{\boldsymbol{A}t} = e^{\boldsymbol{A}t}\boldsymbol{A},\dot{\boldsymbol{\Phi}}(t) = \boldsymbol{A}\boldsymbol{\Phi}(t) = \boldsymbol{\Phi}(t)\boldsymbol{A} \tag{3-24}$$

6) $$[\boldsymbol{\Phi}(t)]^n = \boldsymbol{\Phi}(nt) \tag{3-25}$$

7) $$\boldsymbol{\Phi}(t_2-t_1)\boldsymbol{\Phi}(t_1-t_0) = \boldsymbol{\Phi}(t_2-t_0) \tag{3-26}$$

8) $$e^{\boldsymbol{A}^{\mathrm{T}}t} = (e^{\boldsymbol{A}t})^{\mathrm{T}} \tag{3-27}$$

由状态转移矩阵的含义,有

$$\boldsymbol{x}(t_2) = \boldsymbol{\Phi}(t_2-t_1)\boldsymbol{x}(t_1) = \boldsymbol{\Phi}(t_2-t_1)[\boldsymbol{\Phi}(t_1-t_0)\boldsymbol{x}(t_0)] = [\boldsymbol{\Phi}(t_2-t_1)\boldsymbol{\Phi}(t_1-t_0)]\boldsymbol{x}(t_0)$$

而
$$\boldsymbol{x}(t_2) = \boldsymbol{\Phi}(t_2-t_0)\boldsymbol{x}(t_0)$$

式(3-26)所示的性质表明,在系统的状态转移过程中,既可以将系统的一步状态转移分解成多步状态转移,也可以将系统的多步状态转移等效为一步状态转移,如图 3-2 所示。

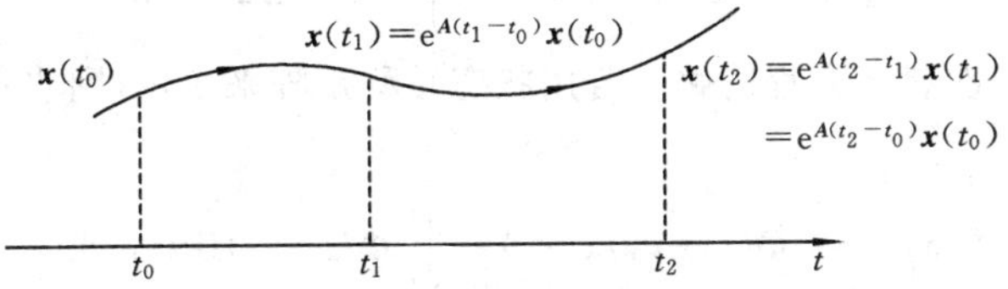

图 3-2 系统的状态转移

例 3-2 求如下系统的状态转移矩阵的逆矩阵 $\boldsymbol{\Phi}^{-1}(t)$。

$$\dot{\boldsymbol{x}} = \begin{bmatrix} 0 & 1 \\ -2 & -3 \end{bmatrix}\boldsymbol{x}$$

解 对于该系统，在例 3-1 已求得状态转移矩阵为

$$\boldsymbol{\Phi}(t) = e^{\boldsymbol{A}t} = \begin{bmatrix} 2e^{-t}-e^{-2t} & e^{-t}-e^{-2t} \\ -2e^{-t}+2e^{-2t} & -e^{-t}+2e^{-2t} \end{bmatrix}$$

由于 $\boldsymbol{\Phi}^{-1}(-t)=\boldsymbol{\Phi}(t)$，所以求得状态转移矩阵的逆矩阵为

$$\boldsymbol{\Phi}^{-1}(t) = \boldsymbol{\Phi}(-t) = \begin{bmatrix} 2e^{t}-e^{2t} & e^{t}-e^{2t} \\ -2e^{t}+2e^{2t} & -e^{t}+2e^{2t} \end{bmatrix}$$

3.1.3 非齐次状态方程的解

当线性定常连续系统具有输入作用时，其状态方程为如下非齐次状态方程：

$$\dot{\boldsymbol{x}}(t) = \boldsymbol{A}\boldsymbol{x}(t) + \boldsymbol{B}\boldsymbol{u}(t) \tag{3-28}$$

该状态方程在初始状态

$$\boldsymbol{x}(t)\big|_{t=t_0} = \boldsymbol{x}(t_0)$$

下的解，也就是由初始状态 $\boldsymbol{x}(t_0)$ 和输入作用 $\boldsymbol{u}(t)$ 所引起的系统状态的运动轨迹。下面用两种求解常微分方程的方法讨论状态方程式(3-28)的解。

1. 直接求解法

将式(3-28)移项，可得

$$\dot{\boldsymbol{x}}(t) - \boldsymbol{A}\boldsymbol{x}(t) = \boldsymbol{B}\boldsymbol{u}(t)$$

将上式两边左乘以 $e^{-\boldsymbol{A}t}$，得

$$e^{-\boldsymbol{A}t}[\dot{\boldsymbol{x}}(t) - \boldsymbol{A}\boldsymbol{x}(t)] = e^{-\boldsymbol{A}t}\boldsymbol{B}\boldsymbol{u}(t)$$

即

$$\frac{d}{dt}[e^{-\boldsymbol{A}t}\boldsymbol{x}(t)] = e^{-\boldsymbol{A}t}\boldsymbol{B}\boldsymbol{u}(t)$$

在区间 $[t_0,t]$ 内对上式积分，得

$$\int_{t_0}^{t}\frac{d}{d\tau}[e^{-\boldsymbol{A}\tau}\boldsymbol{x}(\tau)]d\tau = \int_{t_0}^{t}e^{-\boldsymbol{A}\tau}\boldsymbol{B}\boldsymbol{u}(\tau)d\tau$$

即

$$e^{-\boldsymbol{A}t}\boldsymbol{x}(t) - e^{-\boldsymbol{A}t_0}\boldsymbol{x}(t_0) = \int_{t_0}^{t}e^{-\boldsymbol{A}\tau}\boldsymbol{B}\boldsymbol{u}(\tau)d\tau$$

因此
$$x(t)=e^{A(t-t_0)}x(t_0)+\int_{t_0}^{t}e^{A(t-\tau)}Bu(\tau)d\tau \tag{3-29}$$
式(3-29)便是非齐次状态方程的解。若用状态转移矩阵来表示,则非齐次状态方程的解可记为
$$x(t)=\Phi(t-t_0)x(t_0)+\int_{t_0}^{t}\Phi(t-\tau)Bu(\tau)d\tau \tag{3-30}$$
当初始时刻 $t_0=0$,初始状态 $x(0)=x_0$时,则非齐次状态方程的解 $x(t)$又可记为
$$x(t)=e^{At}x_0+\int_0^t e^{A(t-\tau)}Bu(\tau)d\tau=\Phi(t)x_0+\int_0^t\Phi(t-\tau)Bu(\tau)d\tau \tag{3-31}$$

2. 拉氏变换法

将式(3-28)两边取拉氏变换,可得
$$sX(s)-x_0=AX(s)+BU(s) \tag{3-32}$$
即
$$(sI-A)X(s)=x_0+BU(s) \tag{3-33}$$
式中,$X(s)$和$U(s)$分别为$x(t)$和$u(t)$的拉氏变换。

将式(3-33)两边左乘以$(sI-A)^{-1}$,得
$$X(s)=(sI-A)^{-1}[x_0+BU(s)]$$
对上式两边取拉氏反变换,并利用卷积的拉氏变换公式,有
$$x(t)=\mathscr{L}^{-1}[(sI-A)^{-1}x_0]+\mathscr{L}^{-1}[(sI-A)^{-1}BU(s)]=e^{At}x(0)+\int_0^t e^{A(t-\tau)}Bu(\tau)d\tau$$
结果与直接求解法完全相同。

由非齐次状态方程的解式(3-29)或式(3-31)可以看出,线性定常系统的解由 2 个部分相加组成。第 1 部分是系统由初始状态引起的自由运动,它是初始状态对系统状态的转移,与初始时刻后的输入无关,称为系统的零输入响应;第 2 部分是由输入项引起的系统强迫运动,其值为输入函数与矩阵指数函数的卷积,因此,它与输入的大小和性质有关,与系统的初始状态无关,称为系统的零状态响应。这表明,系统在任意时刻的状态取决于系统的初始状态 $x(t_0)$和从初始时刻 t_0以来的输入。如果人为地选择输入信号,就可以使系统状态在状态空间中获得所需要的期望状态轨迹。

由非齐次状态方程的解 $x(t)$,可得线性定常连续系统 $\Sigma(A,B,C,D)$的输出响应为
$$y(t)=Cx(t)+Du(t)=Ce^{A(t-t_0)}x(t_0)+\int_{t_0}^{t}Ce^{A(t-\tau)}Bu(\tau)d\tau+Du(t) \tag{3-34a}$$
或记为
$$y(t)=C\Phi(t-t_0)x(t_0)+\int_{t_0}^{t}C\Phi(t-\tau)Bu(\tau)d\tau+Du(t) \tag{3-34b}$$
当初始时刻 $t_0=0$、初始状态 $x(0)=x_0$时,输出相应 $y(t)$可表示为
$$y(t)=Ce^{At}x_0+\int_0^t Ce^{A(t-\tau)}Bu(\tau)d\tau+Du(t)=C\Phi(t)x_0+\int_0^t C\Phi^{(t-\tau)}Bu(\tau)d\tau+Du(t)$$

线性定常连续系统输出的解由 3 个部分相加组成。第 1 部分是由初始状态引起的系统的自由运动;第 2 部分是由输入引起的系统强迫运动;第 3 部分则是由直联项引起

的前馈响应。

例 3-3 已知线性定常系统如下，试求系统在单位阶跃输入作用下状态方程的解。

$$\dot{\boldsymbol{x}}=\begin{bmatrix}0 & 1\\ -2 & -3\end{bmatrix}\boldsymbol{x}+\begin{bmatrix}0\\ 1\end{bmatrix}\boldsymbol{u},\quad \boldsymbol{x}_0=\begin{bmatrix}1\\ 2\end{bmatrix}$$

解 在例 3-1 中已求出状态转移矩阵 $\boldsymbol{\Phi}(t)$ 为

$$\boldsymbol{\Phi}(t)=\begin{bmatrix}2\mathrm{e}^{-t}-\mathrm{e}^{-2t} & \mathrm{e}^{-t}-\mathrm{e}^{-2t}\\ -2\mathrm{e}^{-t}+2\mathrm{e}^{-2t} & -\mathrm{e}^{-t}+2\mathrm{e}^{-2t}\end{bmatrix}$$

于是，系统状态方程在阶跃输入 $\boldsymbol{u}(t)=1(t)$ 下的解为

$$\begin{aligned}\boldsymbol{x}(t)&=\boldsymbol{\Phi}(t)\boldsymbol{x}_0+\int_0^t\boldsymbol{\Phi}(t-\tau)\boldsymbol{B}\boldsymbol{u}(\tau)\mathrm{d}\tau\\ &=\begin{bmatrix}2\mathrm{e}^{-t}-\mathrm{e}^{-2t} & \mathrm{e}^{-t}-\mathrm{e}^{-2t}\\ -2\mathrm{e}^{-t}+2\mathrm{e}^{-2t} & -\mathrm{e}^{-t}+2\mathrm{e}^{-2t}\end{bmatrix}\begin{bmatrix}1\\ 2\end{bmatrix}+\int_0^t\begin{bmatrix}2\mathrm{e}^{-(t-\tau)}-\mathrm{e}^{-2(t-\tau)} & \mathrm{e}^{-(t-\tau)}-\mathrm{e}^{-2(t-\tau)}\\ -2\mathrm{e}^{-(t-\tau)}+2\mathrm{e}^{-2(t-\tau)} & -\mathrm{e}^{-(t-\tau)}+2\mathrm{e}^{-2(t-\tau)}\end{bmatrix}\begin{bmatrix}0\\ 1\end{bmatrix}\mathrm{d}\tau\\ &=\begin{bmatrix}4\mathrm{e}^{-t}-3\mathrm{e}^{-2t}\\ -4\mathrm{e}^{-t}+6\mathrm{e}^{-2t}\end{bmatrix}+\int_0^t\begin{bmatrix}\mathrm{e}^{-(t-\tau)}-\mathrm{e}^{-2(t-\tau)}\\ -\mathrm{e}^{-2(t-\tau)}+2\mathrm{e}^{-2(t-\tau)}\end{bmatrix}\mathrm{d}\tau=\begin{bmatrix}1/2+3\mathrm{e}^{-t}-(5/2)\mathrm{e}^{-2t}\\ -3\mathrm{e}^{-t}+5\mathrm{e}^{-2t}\end{bmatrix}\end{aligned}$$

3.1.4 系统的脉冲响应

当系统的输入为单位脉冲函数时，系统在零初始状态时的输出响应称为脉冲响应。单位脉冲函数 $\delta(t)$ 可定义为

$$\begin{cases}\delta(t)=\begin{cases}0,(t\neq 0)\\ \infty,(t=0)\end{cases}\\ \displaystyle\int_{0^-}^{0^+}\delta(t)\mathrm{d}t=1\end{cases}$$

因此，由线性定常连续系统 $\sum(\boldsymbol{A},\boldsymbol{B},\boldsymbol{C})$ 的输出 $\boldsymbol{y}(t)$ 的表达式(3-34)可得系统的脉冲响应 $\boldsymbol{H}(t)$ 为

$$\boldsymbol{H}(t)=\int_0^t\boldsymbol{C}\mathrm{e}^{\boldsymbol{A}(t-\tau)}\boldsymbol{B}\boldsymbol{u}(\tau)\mathrm{d}\tau=\int_{0^-}^{0^+}\boldsymbol{C}\mathrm{e}^{\boldsymbol{A}(t-\tau)}\boldsymbol{B}\delta(\tau)\mathrm{d}\tau \tag{3-35}$$

由卷积分的性质可得，式(3-35)的积分结果为

$$\boldsymbol{H}(t)=\boldsymbol{C}\mathrm{e}^{\boldsymbol{A}t}\boldsymbol{B} \tag{3-36}$$

所以，脉冲响应也反映了系统输入与输出间的动态传递关系。

由于系统的线性变换仅对状态变量和状态空间模型进行变换，而未改变系统的传递函数，即系统的输入与输出间的动态传递关系未改变，故描述系统的输入与输出间关系的系统脉冲响应在系统状态空间模型的线性变换中具有不变性。

3.2 状态转移矩阵计算

状态方程求解过程的关键是状态转移矩阵 $\boldsymbol{\Phi}(t)$ 的计算。对于线性定常连续系统，该问题又归结到矩阵指数函数 $\mathrm{e}^{\boldsymbol{A}t}$ 的计算。上一节已经介绍基于拉氏反变换的矩阵指数

函数 e^{At} 的计算方法，下面介绍计算矩阵指数函数的其他 3 种常用方法。

3.2.1 级数求和法

由上一节可知，矩阵指数函数定义为

$$e^{At}=\sum_{k=0}^{\infty}\frac{A^k t^k}{k!}=I+At+\frac{A^2}{2!}t^2+\cdots+\frac{A^k}{k!}t^k+\cdots \tag{3-37}$$

矩阵指数函数 e^{At} 的计算可由上述定义式直接计算。

由于上述定义式是一个无穷级数，故在计算中必须考虑级数收敛性条件和计算收敛速度问题。类似于标量指数函数 e^{at}，对所有有限的常数矩阵 A 和有限的时间 t 来说，矩阵指数函数 e^{At} 这个无穷级数都是收敛的。

显然，用此方法计算 e^{At} 一般不能写成封闭的解析形式，只能得到数值计算结果。其计算精度取决于矩阵级数的收敛性与计算时所取的项数的多少。如果项数过多，则人工计算很麻烦，一般只适用于计算机计算。这种计算方法的缺点是计算得到的结果是一个近似数值，计算量大，精度低，难以得到计算结果的简洁的解析表达式。

例 3-4 用直接计算法求下述矩阵的矩阵指数函数。

$$A=\begin{bmatrix}0 & 1\\ -2 & -3\end{bmatrix}$$

解 按式(3-37)计算，有

$$\begin{aligned}e^{At}&=I+At+\frac{A^2t^2}{2!}+\cdots+\frac{A^kt^k}{k!}+\cdots\\&=\begin{bmatrix}1 & 0\\ 0 & 1\end{bmatrix}+\begin{bmatrix}0 & 1\\ -2 & -3\end{bmatrix}t+\begin{bmatrix}0 & 1\\ -2 & -3\end{bmatrix}^2\frac{t^2}{2!}+\cdots\\&=\begin{bmatrix}1-t^2+\cdots & t-3t^2/2+\cdots\\ -2t+3t^2+\cdots & 1-3t+\cdots\end{bmatrix}\end{aligned}$$

3.2.2 约旦规范形法

上一节给出了对角线矩阵、块对角矩阵和约旦块等 3 种特殊形式的矩阵 A 的矩阵指数函数 e^{At}。因为任何矩阵都可经线性变换成为对角线矩阵或约旦矩阵，因此下面将利用对角线矩阵和约旦矩阵的矩阵指数函数计算简便的性质，通过线性变换将一般形式的系统矩阵变换成对角线矩阵或约旦矩阵计算其矩阵指数函数。

关于矩阵指数函数有如下结论：对于矩阵 A，若经非奇异线性变换（相似变换）矩阵 P 作变换后，有

$$\tilde{A}=P^{-1}AP \tag{3-38}$$

则相应地有

$$e^{At}=Pe^{\tilde{A}t}P^{-1},\quad e^{\tilde{A}t}=P^{-1}e^{At}P \tag{3-39}$$

该结论可简单证明如下：

$$\begin{aligned}
e^{\tilde{A}t} &= I + \tilde{A}t + \frac{\tilde{A}^2}{2!}t^2 + \cdots + \frac{\tilde{A}^k}{k!}t^k + \cdots \\
&= I + P^{-1}APt + \frac{(P^{-1}AP)^2}{2!}t^2 + \cdots + \frac{(P^{-1}AP)^k}{k!}t^k + \cdots \\
&= P^{-1}\left(I + At + \frac{A^2}{2!}t^2 + \cdots + \frac{A^k}{k!}t^k + \cdots\right)P \\
&= P^{-1}e^{At}P
\end{aligned}$$

□□□

可见，对于矩阵 A，根据线性变换方法，可由式(3-38)得到对角线矩阵或约旦矩阵，然后利用该类规范形矩阵的矩阵指数函数，由式(3-39)来求原矩阵 A 的矩阵指数函数。

例 3-5　试求如下系统矩阵的矩阵指数函数。

$$A = \begin{bmatrix} 0 & 1 & -1 \\ -6 & -11 & 6 \\ -6 & -11 & 5 \end{bmatrix}$$

解　(1) 首先由系统矩阵 A 的特征方程求得系统的特征值为

$$\lambda_1 = -1,\quad \lambda_2 = -2,\quad \lambda_3 = -3$$

(2) 然后由线性方程组

$$(\lambda_i I - A)p_i = 0$$

求得矩阵 A 的特征值 λ_1、λ_2 和 λ_3 所对应的特征向量为

$$p_1 = [1\quad 0\quad 1]^T,\quad p_2 = [1\quad 2\quad 4]^T,\quad p_3 = [1\quad 6\quad 9]^T$$

故将 A 变换成对角线矩阵的变换矩阵 P 及其逆矩阵 P^{-1} 分别为

$$P = \begin{bmatrix} 1 & 1 & 1 \\ 0 & 2 & 6 \\ 1 & 4 & 9 \end{bmatrix},\quad P^{-1} = \begin{bmatrix} 3 & 5/2 & -2 \\ -3 & -4 & 3 \\ 1 & 3/2 & -1 \end{bmatrix}$$

(3) 由式(3-38)和式(3-39)，分别有

$$\tilde{A} = P^{-1}AP = \begin{bmatrix} -1 & 0 & 0 \\ 0 & -2 & 0 \\ 0 & 0 & -3 \end{bmatrix},\quad e^{\tilde{A}t} = \begin{bmatrix} e^{-t} & 0 & 0 \\ 0 & e^{-2t} & 0 \\ 0 & 0 & e^{-3t} \end{bmatrix}$$

$$e^{At} = Pe^{\tilde{A}t}P^{-1} = \begin{bmatrix} 3e^{-t} - 3e^{-2t} + e^{-3t} & 5e^{-t}/2 - 4e^{-2t} + 3e^{-3t}/2 & -2e^{-t} + 3e^{-2t} - e^{-3t} \\ -6e^{-2t} + 6e^{-3t} & -8e^{-2t} + 9e^{-3t} & 6e^{-2t} - 6e^{-3t} \\ 3e^{-t} - 12e^{-2t} + 9e^{-3t} & 5e^{-t}/2 - 16e^{-2t} + 27e^{-3t}/2 & -2e^{-t} + 12e^{-2t} - 9e^{-3t} \end{bmatrix}$$

例 3-6　试求如下系统矩阵的矩阵指数函数。

$$A = \begin{bmatrix} 0 & 1 & 0 \\ 0 & 0 & 1 \\ 2 & 3 & 0 \end{bmatrix}$$

解　(1) 首先由系统矩阵 A 的特征方程求得系统的特征值为

$$\lambda_1 = 2,\quad \lambda_2 = \lambda_3 = -1$$

即系统存在一个二重根 -1。

(2) 由于矩阵 $\boldsymbol{A}$ 为友矩阵，故将 $\boldsymbol{A}$ 变换成约旦矩阵的变换矩阵 $\boldsymbol{P}$ 及其逆矩阵$\boldsymbol{P}^{-1}$分别为

$$\boldsymbol{P}=\begin{bmatrix}1 & 1 & 0\\ 2 & -1 & 1\\ 4 & 1 & -2\end{bmatrix},\quad \boldsymbol{P}^{-1}=\frac{1}{9}\begin{bmatrix}1 & 2 & 1\\ 8 & -2 & -1\\ 6 & 3 & -1\end{bmatrix}$$

(3) 由式(3-38)和式(3-39)，分别有

$$\widetilde{\boldsymbol{A}}=\boldsymbol{P}^{-1}\boldsymbol{A}\boldsymbol{P}=\begin{bmatrix}2 & 0 & 0\\ 0 & -1 & 1\\ 0 & 0 & -1\end{bmatrix},\quad \mathrm{e}^{\widetilde{\boldsymbol{A}}t}=\begin{bmatrix}\mathrm{e}^{2t} & 0 & 0\\ 0 & \mathrm{e}^{-t} & t\mathrm{e}^{-t}\\ 0 & 0 & \mathrm{e}^{-t}\end{bmatrix}$$

$$\mathrm{e}^{\boldsymbol{A}t}=\boldsymbol{P}\mathrm{e}^{\widetilde{\boldsymbol{A}}t}\boldsymbol{P}^{-1}=\frac{1}{9}\begin{bmatrix}\mathrm{e}^{2t}+(8+6t)\mathrm{e}^{-t} & 2\mathrm{e}^{2t}+(-2+3t)\mathrm{e}^{-t} & \mathrm{e}^{2t}+(-1-3t)\mathrm{e}^{-t}\\ 2\mathrm{e}^{2t}-(2+6t)\mathrm{e}^{-t} & 4\mathrm{e}^{2t}+(5-3t)\mathrm{e}^{-t} & 2\mathrm{e}^{2t}+(-2+3t)\mathrm{e}^{-t}\\ 4\mathrm{e}^{2t}+(-4+6t)\mathrm{e}^{-t} & 8\mathrm{e}^{2t}+(-8+3t)\mathrm{e}^{-t} & 4\mathrm{e}^{2t}+(5-3t)\mathrm{e}^{-t}\end{bmatrix}$$

3.2.3　塞尔维斯特内插法

在讨论塞尔维斯特(Sylvester)内插法计算矩阵指数函数 $\mathrm{e}^{\boldsymbol{A}t}$时，需要用到关于矩阵特征多项式的凯莱-哈密顿(Cayley-Hamilton)定理以及最小多项式的概念。因此，下面首先给出凯莱-哈密顿定理及最小多项式的概念，再讨论塞尔维斯特内插法。

1. 凯莱-哈密顿定理

凯莱-哈密顿定理是矩阵方程分析和求解中非常重要的定理，其表述如下。

定理 3-1(凯莱-哈密顿定理)　设 $n\times n$ 矩阵 $\boldsymbol{A}$ 的特征多项式为

$$f(\lambda)=|\lambda\boldsymbol{I}-\boldsymbol{A}|=\lambda^n+a_1\lambda^{n-1}+\cdots+a_{n-1}\lambda+a_n$$

则矩阵 $\boldsymbol{A}$ 必使由上述特征多项式得到的矩阵多项式函数为零，即

$$f(\boldsymbol{A})=\boldsymbol{A}^n+a_1\boldsymbol{A}^{n-1}+\cdots+a_{n-1}\boldsymbol{A}+a_n\boldsymbol{I}=0 \tag{3-40}$$

上述特征多项式亦称为矩阵 $\boldsymbol{A}$ 的零化特征多项式。

证明　因为

$$\boldsymbol{I}=(\lambda\boldsymbol{I}-\boldsymbol{A})^{-1}(\lambda\boldsymbol{I}-\boldsymbol{A})=\frac{\mathrm{adj}(\lambda\boldsymbol{I}-\boldsymbol{A})}{|\lambda\boldsymbol{I}-\boldsymbol{A}|}(\lambda\boldsymbol{I}-\boldsymbol{A})$$

故

$$|\lambda\boldsymbol{I}-\boldsymbol{A}|\,\boldsymbol{I}=\mathrm{adj}(\lambda\boldsymbol{I}-\boldsymbol{A})(\lambda\boldsymbol{I}-\boldsymbol{A}) \tag{3-41}$$

由伴随矩阵的定义可知，伴随矩阵 $\mathrm{adj}(\lambda\boldsymbol{I}-\boldsymbol{A})$可表示为如下多项式矩阵函数

$$\mathrm{adj}(\lambda\boldsymbol{I}-\boldsymbol{A})=\lambda^{n-1}\boldsymbol{I}+\lambda^{n-2}\boldsymbol{B}_2+\cdots+\lambda\boldsymbol{B}_{n-1}+\boldsymbol{B}_n \tag{3-42}$$

式中，矩阵 $\boldsymbol{B}_2$、$\boldsymbol{B}_3$、…、$\boldsymbol{B}_n$为 $n\times n$ 维的常数矩阵。因此，由式(3-41)和式(3-42)，有

$$\begin{aligned}\boldsymbol{I}\lambda^n+\boldsymbol{I}a_1\lambda^{n-1}+\cdots+\boldsymbol{I}a_{n-1}\lambda+\boldsymbol{I}a_n&=(\lambda^{n-1}\boldsymbol{I}+\lambda^{n-2}\boldsymbol{B}_2+\cdots+\lambda\boldsymbol{B}_{n-1}+\boldsymbol{B}_n)(\lambda\boldsymbol{I}-\boldsymbol{A})\\&=\boldsymbol{I}\lambda^n+(\boldsymbol{B}_2-\boldsymbol{A})\lambda^{n-1}+\cdots+(\boldsymbol{B}_n-\boldsymbol{B}_{n-1}\boldsymbol{A})\lambda-\boldsymbol{B}_n\boldsymbol{A}\end{aligned}$$

上式中，令等号两边 λ 的同幂次项的系数相等，则有

$$\begin{gathered}a_1\boldsymbol{I}-\boldsymbol{B}_2+\boldsymbol{A}=0\\ a_2\boldsymbol{I}-\boldsymbol{B}_3+\boldsymbol{B}_2\boldsymbol{A}=0\\ \vdots\end{gathered}$$

$$a_{n-1}\boldsymbol{I}-\boldsymbol{B}_n+\boldsymbol{B}_{n-1}\boldsymbol{A}=0$$

$$a_n\boldsymbol{I}+\boldsymbol{B}_n\boldsymbol{A}=0$$

因此，将上述各等式从上至下依次右乘以 $\boldsymbol{A}^{n-1},\cdots,\boldsymbol{A},\boldsymbol{I}$，然后将各等式相加，即得

$$\boldsymbol{A}^n+a_1\boldsymbol{A}^{n-1}+\cdots+a_{n-1}\boldsymbol{A}+a_n\boldsymbol{I}=0$$

故矩阵 $\boldsymbol{A}$ 满足其本身的零化特征多项式。 □□□

2. 最小多项式

根据凯莱-哈密顿定理，任一 $n\times n$ 维矩阵 $\boldsymbol{A}$ 满足其自身的特征方程，即特征多项式为 $\boldsymbol{A}$ 的一个零化多项式。然而特征多项式不一定是 $\boldsymbol{A}$ 的最小阶次的零化多项式。将矩阵 $\boldsymbol{A}$ 满足的最小阶次的首一零化多项式称为最小多项式，也就是说，定义 $n\times n$ 维矩阵 $\boldsymbol{A}$ 的最小多项式为满足

$$\phi(\boldsymbol{A})=\boldsymbol{A}^m+\beta_1\boldsymbol{A}^{m-1}+\cdots+\beta_{m-1}\boldsymbol{A}+\beta_m\boldsymbol{I}=0 \qquad (m\leqslant n)$$

的阶次最低的首一多项式 $\phi(\lambda)=\lambda^m+\beta_1\lambda^{m-1}+\cdots+\beta_{m-1}\lambda+\beta_m$。

最小多项式在矩阵多项式的分析与计算中有着重要作用。下面的定理给出了特征多项式与最小多项式的关系。

定理 3-2 设首一多项式 $d(\lambda)$ 是 $\lambda\boldsymbol{I}-\boldsymbol{A}$ 的伴随矩阵 $\mathrm{adj}(\lambda\boldsymbol{I}-\boldsymbol{A})$ 的所有元素的最高公约式，则最小多项式为

$$\phi(\lambda)=\frac{|\lambda\boldsymbol{I}-\boldsymbol{A}|}{d(\lambda)} \tag{3-43}$$

证明 由假设知，矩阵 $\mathrm{adj}(\lambda\boldsymbol{I}-\boldsymbol{A})$ 的最高公约式为 $d(\lambda)$，故

$$\mathrm{adj}(\lambda\boldsymbol{I}-\boldsymbol{A})=d(\lambda)\boldsymbol{B}(\lambda)$$

式中，$\boldsymbol{B}(\lambda)$ 的 n^2 个元素（为 λ 的函数）的最高公约式为 1。由于

$$(\lambda\boldsymbol{I}-\boldsymbol{A})\mathrm{adj}(\lambda\boldsymbol{I}-\boldsymbol{A})=|\lambda\boldsymbol{I}-\boldsymbol{A}|\boldsymbol{I}$$

可得

$$d(\lambda)(\lambda\boldsymbol{I}-\boldsymbol{A})\boldsymbol{B}(\lambda)=|\lambda\boldsymbol{I}-\boldsymbol{A}|\boldsymbol{I} \tag{3-44}$$

由式(3-44)可知，$|\lambda\boldsymbol{I}-\boldsymbol{A}|$ 可被 $d(\lambda)$ 整除。设 $d(\lambda)$ 整除 $|\lambda\boldsymbol{I}-\boldsymbol{A}|$ 得到的因式记为 $\varphi(\lambda)$，则有

$$|\lambda\boldsymbol{I}-\boldsymbol{A}|=d(\lambda)\varphi(\lambda) \tag{3-45}$$

由于首一多项式 $d(\lambda)$ 的 λ 最高阶次的系数为 1，所以 $\varphi(\lambda)$ 的 λ 最高阶次的系数也应为 1。由式(3-44)和式(3-45)可得

$$(\lambda\boldsymbol{I}-\boldsymbol{A})\boldsymbol{B}(\lambda)=\varphi(\lambda)\boldsymbol{I} \tag{3-46}$$

因而 $\varphi(\boldsymbol{A})=0$，即 $\varphi(\lambda)$ 亦为 $\boldsymbol{A}$ 的零化多项式。

设 $\phi(\lambda)$ 为 $\boldsymbol{A}$ 的最小多项式，因此零化多项式 $\varphi(\lambda)$ 可写为

$$\varphi(\lambda)=g(\lambda)\phi(\lambda)+e(\lambda)$$

式中，$e(\lambda)$ 的阶次比 $\phi(\lambda)$ 低。由于 $\varphi(\boldsymbol{A})=0$ 和 $\phi(\boldsymbol{A})=0$，所以必然有 $e(\boldsymbol{A})=0$。考虑到 $\phi(\lambda)$ 为最小多项式，所以不存在比 $\phi(\lambda)$ 阶次还低的零化多项式，故 $e(\lambda)$ 必为零，即有

$$\varphi(\lambda)=g(\lambda)\phi(\lambda)$$

又因为$\phi(\boldsymbol{A})=0$,所以$\phi(\lambda)$可写为

$$\phi(\lambda)\boldsymbol{I}=(\lambda\boldsymbol{I}-\boldsymbol{A})\boldsymbol{H}(\lambda)$$

式中,$\boldsymbol{H}(\lambda)$为$\phi(\lambda)\boldsymbol{I}$的一个因子矩阵,故

$$\varphi(\lambda)\boldsymbol{I}=g(\lambda)\phi(\lambda)\boldsymbol{I}=g(\lambda)(\lambda\boldsymbol{I}-\boldsymbol{A})\boldsymbol{H}(\lambda)$$

由式(3-46),有

$$\boldsymbol{B}(\lambda)=g(\lambda)\boldsymbol{H}(\lambda)$$

又因为$B(\lambda)$的n^2个元素的最高公约式为1,因此$g(\lambda)=1$,于是

$$\varphi(\lambda)=\phi(\lambda)$$

因此,由上式和方程(3-45)可得

$$\phi(\lambda)=\frac{|\lambda\boldsymbol{I}-\boldsymbol{A}|}{d(\lambda)}$$

□□□

根据定理3-2,$n\times n$维矩阵$\boldsymbol{A}$的最小多项式$\phi(\lambda)$可按以下步骤求出。

1) 由伴随矩阵$\mathrm{adj}(\lambda\boldsymbol{I}-\boldsymbol{A})$写出作为$\lambda$的因式分解多项式的$\mathrm{adj}(\lambda\boldsymbol{I}-\boldsymbol{A})$的各元素。

2) 确定作为伴随矩阵$\mathrm{adj}(\lambda\boldsymbol{I}-\boldsymbol{A})$各元素的最高公约式$d(\lambda)$。选取$d(\lambda)$的$\lambda$最高阶次系数为1。如果不存在公约式,则$d(\lambda)=1$。

3) 最小多项式$\phi(\lambda)$可由$|\lambda\boldsymbol{I}-\boldsymbol{A}|$除以$d(\lambda)$得到。

3. 塞尔维斯特内插法计算矩阵指数函数

基于最小多项式(或特征多项式),塞尔维斯特内插法可以非常简洁、快速地计算出矩阵指数函数,其计算思想与过程可描述如下。

若$\phi(\lambda)=\lambda^m+\beta_1\lambda^{m-1}+\cdots+\beta_{m-1}\lambda+\beta_m$为矩阵$\boldsymbol{A}$的最小多项式,则由$\phi(\boldsymbol{A})=0$有

$$\boldsymbol{A}^m=-\beta_1\boldsymbol{A}^{m-1}-\cdots-\beta_{m-1}\boldsymbol{A}-\beta_m\boldsymbol{I} \tag{3-47}$$

即$\boldsymbol{A}^m$可用有限项$\boldsymbol{A}^{m-1},\cdots,\boldsymbol{A},\boldsymbol{I}$的线性组合来表示。

将上式两边乘以矩阵$\boldsymbol{A}$,得

$$\begin{aligned}\boldsymbol{A}^{m+1}&=-\beta_1\boldsymbol{A}^m-\cdots-\beta_{m-1}\boldsymbol{A}^2-\beta_m\boldsymbol{A}\\&=-\beta_1(-\beta_1\boldsymbol{A}^{m-1}-\cdots-\beta_{m-1}\boldsymbol{A}-\beta_m\boldsymbol{I})-\cdots-\beta_{m-1}\boldsymbol{A}^2-\beta_m\boldsymbol{A}\\&=(\beta_1^2-\beta_2)\boldsymbol{A}^{m-1}+\cdots+(\beta_1\beta_{m-1}-\beta_m)\boldsymbol{A}+\beta_1\beta_m\boldsymbol{I}\end{aligned} \tag{3-48}$$

即$\boldsymbol{A}^{m+1}$也可用有限项$\boldsymbol{A}^{m-1},\cdots,\boldsymbol{A},I$的线性组合来表示。

依此类推,可知所有高于$(m-1)$次的乘幂$\boldsymbol{A}^m,\boldsymbol{A}^{m+1},\boldsymbol{A}^{m+2},\cdots$都可用有限项$\boldsymbol{A}^{m-1},\cdots,\boldsymbol{A},\boldsymbol{I}$的线性组合来表示,故

$$\mathrm{e}^{\boldsymbol{A}t}=\boldsymbol{I}+\boldsymbol{A}t+\frac{\boldsymbol{A}^2}{2!}t^2+\cdots+\frac{\boldsymbol{A}^k}{k!}t^k+\cdots=\alpha_0(t)\boldsymbol{I}+\alpha_1(t)\boldsymbol{A}+\cdots+\alpha_{m-1}(t)\boldsymbol{A}^{m-1} \tag{3-49}$$

式中,$\alpha_i(t)(i=0,1,\cdots,m-1)$为待定的关于时间$t$的函数。

式(3-49)表明,矩阵$\boldsymbol{A}$的矩阵指数函数$\mathrm{e}^{\boldsymbol{A}t}$可用有限项$\boldsymbol{A}^{m-1},\cdots,\boldsymbol{A},I$的线性函数组合表示。

利用式(3-49)计算矩阵指数函数$\mathrm{e}^{\boldsymbol{A}t}$的关键是如何计算式(3-49)中的待定函数$\alpha_i(t)$。下面分两种情况来讨论。

(1) **A** 的特征值互异

设矩阵 **A** 的 n 个互异的特征值为 $\lambda_1,\lambda_2,\cdots,\lambda_n$，由于系统的特征值互异，故矩阵 **A** 的最小多项式 $\phi(\lambda)$ 等于特征多项式 $f(\lambda)=\lambda^n+a_1\lambda^{n-1}+\cdots+a_{n-1}\lambda+a_n$。因系统的所有特征值 λ_i 使特征多项式 $f(\lambda_i)=0$，故与式(3-47)和式(3-49)的证明类似，亦有

$$\lambda_i^n=-a_1\lambda_i^{n-1}-\cdots-a_{n-1}\lambda_i-a_n \qquad (i=1,2,\cdots,n) \tag{3-50}$$

$$e^{\lambda_i t}=\alpha_0(t)+\alpha_1(t)\lambda_i+\cdots+\alpha_{n-1}(t)\lambda_i^{n-1} \qquad (i=1,2,\cdots,n) \tag{3-51}$$

式中，待定函数 $\alpha_i(t)(i=0,1,\cdots,n-1)$ 与矩阵指数函数 $e^{\boldsymbol{A}t}$ 的表达式(3-49)中的 $\alpha_i(t)$ 一致。由式(3-51)可得待定函数 $\alpha_i(t)(i=0,1,\cdots,n-1)$ 的线性方程组如下：

$$\begin{bmatrix} 1 & \lambda_1 & \cdots & \lambda_1^{n-1} \\ 1 & \lambda_2 & \cdots & \lambda_2^{n-1} \\ \vdots & \vdots & \ddots & \vdots \\ 1 & \lambda_n & \cdots & \lambda_n^{n-1} \end{bmatrix} \begin{bmatrix} \alpha_0(t) \\ \alpha_1(t) \\ \vdots \\ \alpha_{n-1}(t) \end{bmatrix} = \begin{bmatrix} e^{\lambda_1 t} \\ e^{\lambda_2 t} \\ \vdots \\ e^{\lambda_n t} \end{bmatrix} \tag{3-52}$$

求解方程(3-52)得函数 $\alpha_i(t)$ 后，由式(3-49)可计算得矩阵指数函数 $e^{\boldsymbol{A}t}$。

(2) **A** 有重特征值

可以证明，矩阵 **A** 与它的约旦矩阵 $\tilde{\boldsymbol{A}}$ 具有相同的最小多项式 $\phi(\lambda)$。因此，由式(3-47)～(3-49)的推导可知，约旦矩阵 $\tilde{\boldsymbol{A}}$ 也满足

$$e^{\tilde{\boldsymbol{A}}t}=\alpha_0(t)\boldsymbol{I}+\alpha_1(t)\tilde{\boldsymbol{A}}+\cdots+\alpha_{m-1}(t)\tilde{\boldsymbol{A}}^{m-1} \tag{3-53}$$

设在最小多项式 $\phi(\lambda)$ 中特征值 λ_i 的重数为 m_i，则由式(3-53)很容易证明 $\alpha_i(t)$ 满足

$$\begin{aligned} e^{\lambda_i t} &= \alpha_0(t)+\alpha_1(t)\lambda_i+\cdots+\alpha_{m-1}(t)\lambda_i^{m-1} \\ t e^{\lambda_i t} &= \alpha_1(t)+2\alpha_2(t)\lambda_i+\cdots+(m-1)\alpha_{m-1}(t)\lambda_i^{m-2} \\ &\vdots \\ t^{m_i-1}e^{\lambda_i t} &= (m_i-1)!\alpha_{m_i-1}(t)+\cdots+\frac{(m-1)!}{(m-m_i)}\alpha_{m-1}(t)\lambda_i^{m-m_i} \end{aligned}$$

由上述方程，可求得待定函数 $\alpha_i(t)$。为清楚说明问题，设 **A** 和 $\tilde{\boldsymbol{A}}$ 的最小多项式 $\phi(\lambda)$ 中有 6 个特征值 λ_1、λ_1、λ_1、λ_2、λ_2、λ_3，则相应的矩阵指数函数计算式(3-49)中的待定函数 $\alpha_i(t)(i=0,1,\cdots,5)$ 的计算式为

$$\begin{bmatrix} \alpha_0(t) \\ \alpha_1(t) \\ \alpha_2(t) \\ \alpha_3(t) \\ \alpha_4(t) \\ \alpha_5(t) \end{bmatrix} = \begin{bmatrix} 0 & 0 & 1 & 3\lambda_1 & \frac{4!}{2!2!}\lambda_1^2 & \frac{5!}{3!2!}\lambda_1^3 \\ 0 & 1 & 2\lambda_1 & 3\lambda_1^2 & 4\lambda_1^3 & \frac{5!}{4!}\lambda_1^4 \\ 1 & \lambda_1 & \lambda_1^2 & \lambda_1^3 & \lambda_1^4 & \lambda_1^5 \\ \hdashline 0 & 1 & 2\lambda_2 & 3\lambda_2^2 & 4\lambda_2^3 & \frac{5!}{4!}\lambda_2^4 \\ 1 & \lambda_2 & \lambda_2^2 & \lambda_2^3 & \lambda_2^4 & \lambda_2^5 \\ \hdashline 1 & \lambda_3 & \lambda_3^2 & \lambda_3^3 & \lambda_3^4 & \lambda_3^5 \end{bmatrix}^{-1} \begin{bmatrix} \frac{1}{2!}t^2 e^{\lambda_1 t} \\ \frac{1}{1!}t e^{\lambda_1 t} \\ e^{\lambda_1 t} \\ \hdashline \frac{1}{1!}t e^{\lambda_2 t} \\ e^{\lambda_2 t} \\ \hdashline e^{\lambda_3 t} \end{bmatrix} \tag{3-54}$$

值得指出的是，上述塞尔维斯特内插法不仅对矩阵 **A** 的最小多项式成立，而且对所

有矩阵 **A** 的零化多项式也成立。因此,在难以求解最小多项式时,上述方法中的最小多项式可用矩阵 **A** 的特征多项式代替,所得结果一致,仅计算量稍大。

例 3-7 试求如下系统矩阵的矩阵指数函数。

$$\boldsymbol{A}=\begin{bmatrix}0 & 1 & 0\\ 0 & 0 & 1\\ -6 & -11 & -6\end{bmatrix}$$

解 由于矩阵 **A** 的 3 个互异特征值分别为−1、−2 和−3,因此,解方程组(3-52)可得

$$\begin{bmatrix}\alpha_0(t)\\ \alpha_1(t)\\ \alpha_2(t)\end{bmatrix}=\begin{bmatrix}1 & -1 & 1\\ 1 & -2 & 4\\ 1 & -3 & 9\end{bmatrix}^{-1}\begin{bmatrix}e^{-t}\\ e^{-2t}\\ e^{-3t}\end{bmatrix}=\frac{1}{2}\begin{bmatrix}6e^{-t}-6e^{-2t}+2e^{-3t}\\ 5e^{-t}-8e^{-2t}+3e^{-3t}\\ e^{-t}-2e^{-2t}+e^{-3t}\end{bmatrix}$$

则系统的矩阵指数函数为

$$\begin{aligned}e^{\boldsymbol{A}t}&=\alpha_0(t)\boldsymbol{I}+\alpha_1(t)\boldsymbol{A}+\alpha_2(t)\boldsymbol{A}^2\\ &=\frac{1}{2}\begin{bmatrix}6e^{-t}-6e^{-2t}+2e^{-3t} & 5e^{-t}-8e^{-2t}+3e^{-3t} & e^{-t}-2e^{-2t}+e^{-3t}\\ -6e^{-t}+12e^{-2t}-6e^{-3t} & -5e^{-t}+16e^{-2t}-9e^{-3t} & -e^{-t}+4e^{-2t}-3e^{-3t}\\ 6e^{-t}-12e^{-2t}+9e^{-3t} & 5e^{-t}-32e^{-2t}+27e^{-3t} & e^{-t}-8e^{-2t}+9e^{-3t}\end{bmatrix}\end{aligned}$$

例 3-8 试求如下系统矩阵的矩阵指数函数。

$$\boldsymbol{A}=\begin{bmatrix}0 & 1 & 0\\ -2 & 3 & 0\\ 0 & 0 & 2\end{bmatrix}$$

解 矩阵 **A** 的特征方程为

$$f(\lambda)=\begin{vmatrix}\lambda & -1 & 0\\ 2 & \lambda-3 & 0\\ 0 & 0 & \lambda-2\end{vmatrix}=(\lambda-1)(\lambda-2)^2=0$$

得特征值为 1,2 和 2。由于特征值 2 为二重特征值,下面按基于最小多项式和特征多项式两种多项式用塞尔维斯特内插法计算矩阵指数函数。

(1) 先计算伴随矩阵

$$\operatorname{adj}(\lambda\boldsymbol{I}-\boldsymbol{A})=\operatorname{adj}\begin{bmatrix}\lambda & -1 & 0\\ 2 & \lambda-3 & 0\\ 0 & 0 & \lambda-2\end{bmatrix}=\begin{bmatrix}(\lambda-3)(\lambda-2) & \lambda-2 & 0\\ -2(\lambda-2) & \lambda(\lambda-2) & 0\\ 0 & 0 & (\lambda-1)(\lambda-2)\end{bmatrix}$$

因此,伴随矩阵 $\operatorname{adj}(\lambda\boldsymbol{I}-\boldsymbol{A})$各元素的最高公约式为 $\lambda-2$,故最小多项式 $\phi(\lambda)$为

$$\phi(\lambda)=\frac{f(\lambda)}{d(\lambda)}=\frac{(\lambda-1)(\lambda-2)^2}{\lambda-2}=(\lambda-1)(\lambda-2)$$

由于最小多项式的阶次为 2,则根据塞尔维斯特内插法,矩阵指数函数可以表示为

$$e^{\boldsymbol{A}t}=\alpha_0(t)\boldsymbol{I}+\alpha_1(t)\boldsymbol{A}$$

由式(3-54)可得

$$\begin{bmatrix}\alpha_0(t)\\ \alpha_1(t)\end{bmatrix}=\begin{bmatrix}1 & 1\\ 1 & 2\end{bmatrix}^{-1}\begin{bmatrix}e^{t}\\ e^{2t}\end{bmatrix}=\begin{bmatrix}2e^{t}-e^{2t}\\ -e^{t}+e^{2t}\end{bmatrix}$$

故系统的矩阵指数函数为

$$e^{At}=\alpha_0(t)I+\alpha_1(t)A=\begin{bmatrix}2e^t-e^{2t} & -e^t+e^{2t} & 0\\ 2(e^t-e^{2t}) & -e^t+2e^{2t} & 0\\ 0 & 0 & e^{2t}\end{bmatrix}$$

(2) 由于特征多项式的阶次为 3，故根据塞尔维斯特内插法，矩阵指数函数可以表示为

$$e^{At}=\alpha_0(t)I+\alpha_1(t)A+\alpha_2(t)A^2$$

由式(3-54)可得

$$\begin{bmatrix}\alpha_0(t)\\ \alpha_1(t)\\ \alpha_2(t)\end{bmatrix}=\begin{bmatrix}1 & 1 & 1\\ 0 & 1 & 4\\ 1 & 2 & 4\end{bmatrix}^{-1}\begin{bmatrix}e^t\\ te^{2t}\\ e^{2t}\end{bmatrix}=\begin{bmatrix}4e^t+2te^{2t}-3e^{2t}\\ -4e^t-3te^{2t}+4e^{2t}\\ e^t+te^{2t}-e^{2t}\end{bmatrix}$$

故系统的矩阵指数函数为

$$e^{At}=\alpha_0(t)I+\alpha_1(t)A+\alpha_2(t)A^2=\begin{bmatrix}2e^t-e^{2t} & -e^t+e^{2t} & 0\\ 2(e^t-e^{2t}) & -e^t+2e^{2t} & 0\\ 0 & 0 & e^{2t}\end{bmatrix}$$

3.3　线性时变连续系统状态方程的解

严格说来，实际控制对象都是时变系统，其系统结构或参数随时间变化而变化。如电动机的温升导致电阻以及系统的数学模型变化；电子器件的老化使其特性发生变化；火箭燃料的消耗导致其质量以及运动方程的参数的变化等。但是，由于时变系统的数学模型较复杂，且不易于系统分析、优化和控制，因此，只要实际工程允许，都可将慢时变系统在一定范围内近似地作为定常系统处理。但对控制目标要求较高的高精度控制系统，则仍需作为时变系统处理。

3.3.1　线性时变连续系统齐次状态方程的解

当系统没有外部输入作用时，线性时变连续系统的状态方程为齐次状态方程，可表示为

$$\dot{x}(t)=A(t)x(t) \tag{3-55}$$

这里讨论其满足初始状态

$$x(t)\big|_{t=t_0}=x(t_0) \tag{3-56}$$

时的解。为保证方程(3-55)解的存在性和惟一性，在系统的时间定义域$[t_0,t_f]$内，$A(t)$的各元素为时间 t 的分段连续函数。

下面证明时变系统齐次状态方程(3-55)的解为

$$x(t)=\Phi(t,t_0)x(t_0) \tag{3-57}$$

式中，$\Phi(t,t_0)$为时变系统的状态转移矩阵，它定义为如下矩阵微分方程的解。

$$\begin{cases}\dot{\Phi}(t,t_0)=A(t)\Phi(t,t_0)\\ \Phi(t_0,t_0)=I\end{cases}$$

证明 对式(3-57)求导，得

$$\dot{\boldsymbol{x}}(t)=\dot{\boldsymbol{\Phi}}(t,t_0)\boldsymbol{x}(t_0)=\boldsymbol{A}(t)\boldsymbol{\Phi}(t,t_0)\boldsymbol{x}(t_0)=\boldsymbol{A}(t)\boldsymbol{x}(t)$$

且

$$\boldsymbol{x}(t_0)=\boldsymbol{\Phi}(t_0,t_0)\boldsymbol{x}(t_0)=\boldsymbol{x}(t_0)$$

说明式(3-57)满足齐次状态方程及其初始条件，所以它是齐次状态方程的解。□□□

时变系统齐次状态方程的解表示系统自由运动的特性，也代表初始状态 $\boldsymbol{x}(t_0)$的转移，其转移特性完全由状态转移矩阵 $\boldsymbol{\Phi}(t,t_0)$决定。

3.3.2 线性时变连续系统的状态转移矩阵

对于线性时变连续系统，状态转移矩阵 $\boldsymbol{\Phi}(t,t_0)$是矩阵微分方程和初始条件

$$\left.\begin{aligned}\dot{\boldsymbol{\Phi}}(t,t_0)&=\boldsymbol{A}(t)\boldsymbol{\Phi}(t,t_0)\\ \boldsymbol{\Phi}(t_0,t_0)&=\boldsymbol{I}\end{aligned}\right\}\tag{3-58}$$

的解，它是一个 $n\times n$ 维的关于时间变量 t 和 t_0的矩阵函数。

为了求得状态转移矩阵 $\boldsymbol{\Phi}(t,t_0)$的表达式，可在时间域内对式(3-58)的矩阵微分方程积分，即

$$\boldsymbol{\Phi}(t,t_0)=\boldsymbol{I}+\int_{t_0}^{t}\boldsymbol{A}(\tau_1)\boldsymbol{\Phi}(\tau_1,t_0)\mathrm{d}\tau_1\tag{3-59}$$

如果将上式中积分号内的 $\boldsymbol{\Phi}(\tau_1,t_0)$再按式(3-59)展开，则有

$$\boldsymbol{\Phi}(\tau_1,t_0)=\boldsymbol{I}+\int_{t_0}^{\tau_1}\boldsymbol{A}(\tau_2)\boldsymbol{\Phi}(\tau_2,t_0)\mathrm{d}\tau_2$$

然后按此法继续迭代下去，并将各展开式代入式(3-59)，可得

$$\begin{aligned}\boldsymbol{\Phi}(t,t_0)&=\boldsymbol{I}+\int_{t_0}^{t}\boldsymbol{A}(\tau_1)\left[\boldsymbol{I}+\int_{t_0}^{\tau_1}\boldsymbol{A}(\tau_2)\boldsymbol{\Phi}(\tau_2,t_0)\mathrm{d}\tau_2\right]\mathrm{d}\tau_1\\
&=\boldsymbol{I}+\int_{t_0}^{t}\boldsymbol{A}(\tau_1)\mathrm{d}\tau_1+\int_{t_0}^{t}\boldsymbol{A}(\tau_1)\int_{t_0}^{\tau_1}\boldsymbol{A}(\tau_2)\left[\boldsymbol{I}+\int_{t_0}^{\tau_2}\boldsymbol{A}(\tau_3)\boldsymbol{\Phi}(\tau_3,t_0)\mathrm{d}\tau_3\right]\mathrm{d}\tau_2\mathrm{d}\tau_1\\
&=\boldsymbol{I}+\int_{t_0}^{t}\boldsymbol{A}(\tau_1)\mathrm{d}\tau_1+\int_{t_0}^{t}\boldsymbol{A}(\tau_1)\int_{t_0}^{\tau_1}\boldsymbol{A}(\tau_2)\mathrm{d}\tau_2\mathrm{d}\tau_1\\
&\quad+\int_{t_0}^{t}\boldsymbol{A}(\tau_1)\int_{t_0}^{\tau_1}\boldsymbol{A}(\tau_2)\int_{t_0}^{\tau_2}\boldsymbol{A}(\tau_3)\left[\boldsymbol{I}+\int_{t_0}^{\tau_3}\boldsymbol{A}(\tau_4)\boldsymbol{\Phi}(\tau_4,t_0)\mathrm{d}\tau_4\right]\mathrm{d}\tau_3\mathrm{d}\tau_2\mathrm{d}\tau_1\\
&=\cdots\end{aligned}$$

于是，可得到一个由无穷项之和组成的状态转移矩阵 $\boldsymbol{\Phi}(t,t_0)$，即

$$\begin{aligned}\boldsymbol{\Phi}(t,t_0)=\boldsymbol{I}&+\int_{t_0}^{t}\boldsymbol{A}(\tau_1)\mathrm{d}\tau_1+\int_{t_0}^{t}\boldsymbol{A}(\tau_1)\int_{t_0}^{\tau_1}\boldsymbol{A}(\tau_2)\mathrm{d}\tau_2\mathrm{d}\tau_1\\
&+\int_{t_0}^{t}\boldsymbol{A}(\tau_1)\int_{t_0}^{\tau_1}\boldsymbol{A}(\tau_2)\int_{t_0}^{\tau_2}\boldsymbol{A}(\tau_3)\mathrm{d}\tau_3\mathrm{d}\tau_2\mathrm{d}\tau_1\\
&+\int_{t_0}^{t}\boldsymbol{A}(\tau_1)\int_{t_0}^{\tau_1}\boldsymbol{A}(\tau_2)\int_{t_0}^{\tau_2}\boldsymbol{A}(\tau_3)\int_{t_0}^{\tau_3}\boldsymbol{A}(\tau_4)\mathrm{d}\tau_4\mathrm{d}\tau_3\mathrm{d}\tau_2\mathrm{d}\tau_1+\cdots\end{aligned}\tag{3-60}$$

式(3-60)就是线性时变连续系统的状态转移矩阵的计算公式。在一般情况下，它不能写成封闭的解析形式。在实际应用此公式时，可按一定的精度要求，用数值积分计算

方法去近似计算 t_1 时刻的 $\boldsymbol{\Phi}(t_1,t_0)$ 的值。

当时变系统矩阵 $\boldsymbol{A}(t)$ 满足

$$\boldsymbol{A}(t)\int_{t_0}^{t}\boldsymbol{A}(\tau)\mathrm{d}\tau=\int_{t_0}^{t}\boldsymbol{A}(\tau)\mathrm{d}\tau\boldsymbol{A}(t) \tag{3-61}$$

时，时变系统的状态转移矩阵的解可表示为

$$\boldsymbol{\Phi}(t,t_0)=\exp\left[\int_{t_0}^{t}\boldsymbol{A}(\tau)\mathrm{d}\tau\right] \tag{3-62}$$

的指数形式。也就是说，只有 $\boldsymbol{A}(t)$ 与 $\int_{t_0}^{t}\boldsymbol{A}(\tau)\mathrm{d}\tau$ 满足矩阵乘法的可交换条件时，式(3-62)才成立。下面对这个条件给予证明。

将式(3-62)的右边展开成级数形式，有

$$\exp\left[\int_{t_0}^{t}\boldsymbol{A}(\tau)\mathrm{d}\tau\right]=\boldsymbol{I}+\int_{t_0}^{t}\boldsymbol{A}(\tau)\mathrm{d}\tau+\frac{1}{2!}\left[\int_{t_0}^{t}\boldsymbol{A}(\tau)\mathrm{d}\tau\right]^2+\cdots \tag{3-63}$$

如果式(3-63)是系统的状态转移矩阵，则它必须满足状态转移矩阵的定义式(3-58)，于是，将式(3-63)的两边对时间取导数，有

$$\frac{\mathrm{d}}{\mathrm{d}t}\exp\left[\int_{t_0}^{t}\boldsymbol{A}(\tau)\mathrm{d}\tau\right]=\boldsymbol{A}(t)+\frac{1}{2}\boldsymbol{A}(t)\int_{t_0}^{t}\boldsymbol{A}(\tau)\mathrm{d}\tau+\frac{1}{2}\int_{t_0}^{t}\boldsymbol{A}(\tau)\mathrm{d}\tau\,\boldsymbol{A}(t)+\cdots \tag{3-64}$$

根据式(3-60)，状态转移矩阵 $\boldsymbol{\Phi}(t,t_0)$ 的导数可表示为

$$\dot{\boldsymbol{\Phi}}(t,t_0)=\boldsymbol{A}(t)+\boldsymbol{A}(t)\int_{t_0}^{t}\boldsymbol{A}(\tau)\mathrm{d}\tau+\cdots \tag{3-65}$$

比较式(3-64)和式(3-65)可知，只有 $\boldsymbol{A}(t)$ 和 $\int_{t_0}^{t}\boldsymbol{A}(\tau)\mathrm{d}\tau$ 满足乘法可交换条件式(3-61)时，式(3-62)才能成立。

因此，当状态转移矩阵可以用式(3-62)表示时，线性时变连续系统齐次状态方程的解也可表示为指数形式，即

$$\dot{\boldsymbol{x}}(t)=\exp\left[\int_{t_0}^{t}\boldsymbol{A}(\tau)\mathrm{d}\tau\right]\boldsymbol{x}(t_0) \tag{3-66}$$

条件(3-61)一般较难以检验是否成立。事实上，根据条件式(3-61)，有

$$\int_{t_0}^{t}[\boldsymbol{A}(t)\boldsymbol{A}(\tau)-\boldsymbol{A}(\tau)\boldsymbol{A}(t)]\mathrm{d}\tau\equiv 0$$

上式对于任意时间变量 t 和 t_0 都成立的充要条件是：对于任意的 τ_1 和 τ_2，下式成立

$$\boldsymbol{A}(\tau_1)\boldsymbol{A}(\tau_2)=\boldsymbol{A}(\tau_2)\boldsymbol{A}(\tau_1) \tag{3-67}$$

所以，实际上可用较易于检验的条件(3-67)取代条件(3-61)，成为用时变系统的状态转移矩阵式(3-62)表示的充分必要条件。

时变系统的状态转移矩阵的性质如下。

1) $\boldsymbol{\Phi}(t,t)=\boldsymbol{I}$ (3-68)

2) 传递性

$$\boldsymbol{\Phi}(t_2,t_1)\boldsymbol{\Phi}(t_1,t_0)=\boldsymbol{\Phi}(t_2,t_0) \tag{3-69}$$

证明 由于

$$x(t_2)=\boldsymbol{\Phi}(t_2,t_0)x(t_0)$$

且 $$x(t_2)=\boldsymbol{\Phi}(t_2,t_1)x(t_1)=\boldsymbol{\Phi}(t_2,t_1)[\boldsymbol{\Phi}(t_1,t_0)x(t_0)]$$

故有 $$\boldsymbol{\Phi}(t_2,t_0)x(t_0)=\boldsymbol{\Phi}(t_2,t_1)\boldsymbol{\Phi}(t_1,t_0)x(t_0)$$

由于上式对任意初始状态 $x(t_0)$ 都成立，所以有

$$\boldsymbol{\Phi}(t_2,t_1)\boldsymbol{\Phi}(t_1,t_0)=\boldsymbol{\Phi}(t_2,t_0)$$ □□□

3）可逆性

$$\boldsymbol{\Phi}^{-1}(t,t_0)=\boldsymbol{\Phi}(t_0,t) \tag{3-70}$$

证明 由式(3-68)和式(3-69)，有

$$\boldsymbol{\Phi}(t,t_0)\boldsymbol{\Phi}(t_0,t)=\boldsymbol{\Phi}(t,t)=\boldsymbol{I}$$

故式(3-70)成立。 □□□

4）如果时变系统矩阵 $\boldsymbol{A}(t)$ 可表示为

$$\boldsymbol{A}(t)=\begin{bmatrix} a_{11}(t) & 0 & \cdots & 0 \\ 0 & a_{22}(t) & \cdots & 0 \\ \vdots & \vdots & \ddots & \vdots \\ 0 & 0 & \cdots & a_{nn}(t) \end{bmatrix}$$

其中，$a_{ii}(t)(i=1,2,\cdots,n)$ 为标量函数，则 $\boldsymbol{A}(t)$ 的状态转移矩阵 $\boldsymbol{\Phi}(t,t_0)$ 为

$$\boldsymbol{\Phi}(t,t_0)=\begin{bmatrix} \varphi_{11}(t,t_0) & 0 & \cdots & 0 \\ 0 & \varphi_{22}(t,t_0) & \cdots & 0 \\ \vdots & \vdots & \ddots & \vdots \\ 0 & 0 & \cdots & \varphi_{nn}(t,t_0) \end{bmatrix}$$

其中，$\varphi_{ii}(t,t_0)(i=1,2,\cdots,n)$ 为满足如下标量微分方程的状态转移函数：

$$\left.\begin{aligned} &\dot{\varphi}_{ii}(t,t_0)=a_{ii}(t)\varphi_{ii}(t,t_0) \qquad (i=1,2,\cdots,n) \\ &\varphi_{ii}(t_0,t_0)=1 \end{aligned}\right\} \tag{3-71}$$

即 $$\varphi_{ii}(t,t_0)=\exp\left[\int_{t_0}^{t} a_{ii}(\tau)\mathrm{d}\tau\right]$$

5）如果时变系统矩阵 $\boldsymbol{A}(t)$ 可表示为

$$\boldsymbol{A}(t)=\begin{bmatrix} \boldsymbol{A}_1(t) & 0 & \cdots & 0 \\ 0 & \boldsymbol{A}_2(t) & \cdots & 0 \\ \vdots & \vdots & \ddots & \vdots \\ 0 & 0 & \cdots & \boldsymbol{A}_l(t) \end{bmatrix}$$

其中，$\boldsymbol{A}_i(t)(i=1,2,\cdots,l)$ 为 $m_i\times m_i$ 维的分块矩阵函数，则 $\boldsymbol{A}(t)$ 的状态转移矩阵为

$$\boldsymbol{\Phi}(t,t_0)=\begin{bmatrix} \boldsymbol{\Phi}_1(t,t_0) & 0 & \cdots & 0 \\ 0 & \boldsymbol{\Phi}_2(t,t_0) & \cdots & 0 \\ \vdots & \vdots & \ddots & \vdots \\ 0 & 0 & \cdots & \boldsymbol{\Phi}_l(t,t_0) \end{bmatrix}$$

其中，$\boldsymbol{\Phi}_i(t,t_0)(i=1,2,\cdots,l)$为满足如下矩阵微分方程的状态转移矩阵：

$$\left.\begin{aligned}\dot{\boldsymbol{\Phi}}_i(t,t_0) &= \boldsymbol{A}_i(t)\boldsymbol{\Phi}_i(t,t_0)\\ \boldsymbol{\Phi}_i(t_0,t_0) &= \boldsymbol{I} \qquad (i=1,2,\cdots,l)\end{aligned}\right\} \tag{3-72}$$

上述性质4)和性质5)可直接由式(3-60)证明。

例 3-9 求如下时变系统的状态转移矩阵 $\boldsymbol{\Phi}(t,t_0)$。

$$\dot{\boldsymbol{x}} = \begin{bmatrix} 0 & \dfrac{1}{(t+1)^2} \\ 0 & 0 \end{bmatrix}\boldsymbol{x}$$

解 首先检验矩阵 $\boldsymbol{A}(t)$与$\int_{t_0}^{t}\boldsymbol{A}(\tau)\mathrm{d}\tau$是否可交换。因为

$$\boldsymbol{A}(t_1)\boldsymbol{A}(t_2) = \begin{bmatrix} 0 & \dfrac{1}{(t_1+1)^2} \\ 0 & 0 \end{bmatrix}\begin{bmatrix} 0 & \dfrac{1}{(t_2+1)^2} \\ 0 & 0 \end{bmatrix} = 0$$

$$\boldsymbol{A}(t_2)\boldsymbol{A}(t_1) = \begin{bmatrix} 0 & \dfrac{1}{(t_2+1)^2} \\ 0 & 0 \end{bmatrix}\begin{bmatrix} 0 & \dfrac{1}{(t_1+1)^2} \\ 0 & 0 \end{bmatrix} = 0$$

即

$$\boldsymbol{A}(t_1)\boldsymbol{A}(t_2) = \boldsymbol{A}(t_2)\boldsymbol{A}(t_1) = 0 \qquad (\forall\, t_1,t_2)$$

矩阵 $\boldsymbol{A}(t)$与$\int_{t_0}^{t}\boldsymbol{A}(\tau)\mathrm{d}\tau$满足可交换条件，因此可由式(3-62)计算状态转移矩阵，即

$$\boldsymbol{\Phi}(t,t_0) = \exp\left[\int_{t_0}^{t}\boldsymbol{A}(\tau)\mathrm{d}\tau\right] = \boldsymbol{I} + \int_{t_0}^{t}\begin{bmatrix} 0 & \dfrac{1}{(\tau+1)^2} \\ 0 & 0 \end{bmatrix}\mathrm{d}\tau + \frac{1}{2!}\left[\int_{t_0}^{t}\begin{bmatrix} 0 & \dfrac{1}{(\tau+1)^2} \\ 0 & 0 \end{bmatrix}\mathrm{d}\tau\right]^2 + \cdots$$

由于

$$\int_{t_0}^{t}\begin{bmatrix} 0 & \dfrac{1}{(\tau+1)^2} \\ 0 & 0 \end{bmatrix}\mathrm{d}\tau = \begin{bmatrix} 0 & \dfrac{t-t_0}{(t+1)(t_0+1)} \\ 0 & 0 \end{bmatrix}$$

而

$$\begin{bmatrix} 0 & \dfrac{t-t_0}{(t+1)(t_0+1)} \\ 0 & 0 \end{bmatrix}^k = 0 \qquad (k=2,3,\cdots)$$

于是

$$\boldsymbol{\Phi}(t,t_0) = \begin{bmatrix} 1 & \dfrac{t-t_0}{(t+1)(t_0+1)} \\ 0 & 1 \end{bmatrix}$$

3.3.3 非齐次状态方程的解

当系统具有外加输入作用时，其非齐次状态方程为

$$\left.\begin{aligned}\dot{\boldsymbol{x}}(t) &= \boldsymbol{A}(t)\boldsymbol{x}(t) + \boldsymbol{B}(t)\boldsymbol{u}(t)\\ \boldsymbol{x}(t)\big|_{t=t_0} &= \boldsymbol{x}(t_0)\end{aligned}\right\} \tag{3-73}$$

求解该齐次状态方程也就是求解由初始状态 $\boldsymbol{x}(t_0)$和输入作用$\boldsymbol{u}(t)$引起的系统状态运动轨迹。下面将证明当输入 $\boldsymbol{u}(t)$为分段连续时，状态方程(3-73)的解为

$$\boldsymbol{x}(t) = \boldsymbol{\Phi}(t,t_0)\boldsymbol{x}(t_0) + \int_{t_0}^{t}\boldsymbol{\Phi}(t,\tau)\boldsymbol{B}(\tau)\boldsymbol{u}(\tau)\mathrm{d}\tau \tag{3-74}$$

证明 先设状态方程(3-73)的解为

$$x(t)=\boldsymbol{\Phi}(t,t_0)\boldsymbol{\eta}(t) \tag{3-75}$$

显然,有

$$x(t_0)=\boldsymbol{\eta}(t_0)$$

其中,$\boldsymbol{\eta}(t)$为待定函数。

将所设的解式(3-75)代入方程(3-73)的左边,得

$$\dot{x}(t)=\dot{\boldsymbol{\Phi}}(t,t_0)\boldsymbol{\eta}(t)+\boldsymbol{\Phi}(t,t_0)\dot{\boldsymbol{\eta}}(t)=A(t)\boldsymbol{\Phi}(t,t_0)\boldsymbol{\eta}(t)+\boldsymbol{\Phi}(t,t_0)\dot{\boldsymbol{\eta}}(t)$$

将所设的解代入方程(3-73)的右边,得

$$A(t)x(t)+B(t)u(t)=A(t)\boldsymbol{\Phi}(t,t_0)\boldsymbol{\eta}(t)+B(t)u(t)$$

因此有

$$\boldsymbol{\Phi}(t,t_0)\dot{\boldsymbol{\eta}}(t)=B(t)u(t)$$

即

$$\dot{\boldsymbol{\eta}}(t)=\boldsymbol{\Phi}^{-1}(t,t_0)B(t)u(t)=\boldsymbol{\Phi}(t_0,t)B(t)u(t)$$

对上式两端积分,得

$$\boldsymbol{\eta}(t)=\boldsymbol{\eta}(t_0)+\int_{t_0}^{t}\boldsymbol{\Phi}(t_0,\tau)B(\tau)u(\tau)\mathrm{d}\tau$$

故由式(3-75),得

$$\begin{aligned}x(t)&=\boldsymbol{\Phi}(t,t_0)\boldsymbol{\eta}(t_0)+\int_{t_0}^{t}\boldsymbol{\Phi}(t,t_0)\boldsymbol{\Phi}(t_0,\tau)B(\tau)u(\tau)\mathrm{d}\tau\\&=\boldsymbol{\Phi}(t,t_0)x(t_0)+\int_{t_0}^{t}\boldsymbol{\Phi}(t,\tau)B(\tau)u(\tau)\mathrm{d}\tau\end{aligned}$$ □□□

当系统的状态空间模型中输出方程为

$$y(t)=C(t)x(t)+D(t)u(t) \tag{3-76}$$

时,系统的输出为

$$y(t)=C(t)\boldsymbol{\Phi}(t,t_0)x(t_0)+C(t)\int_{t_0}^{t}\boldsymbol{\Phi}(t,\tau)B(\tau)u(\tau)\mathrm{d}\tau+D(t)u(t) \tag{3-77}$$

与线性定常连续系统的状态方程和输出方程的解比较可知,线性时变连续系统与线性定常连续系统的解的结构和形式相同,都为系统零输入响应和零状态响应的和。线性定常连续系统的状态方程和输出方程的解可视为线性时变连续系统相应的解的一种特殊形式。在$A(t)$为时不变时,时变系统的状态转移矩阵$\boldsymbol{\Phi}(t,t_0)$即为定常系统的状态转移矩阵$\boldsymbol{\Phi}(t-t_0)$。由此可以看出引入状态转移矩阵的重要性。只有引入状态转移矩阵,时变系统和定常系统的求解公式才能建立统一的形式。

例 3-10 求如下时变系统在阶跃输入时的状态变量的值。

$$\dot{x}=\begin{bmatrix}0 & \dfrac{1}{(t+1)^2}\\ 0 & 0\end{bmatrix}x+\begin{bmatrix}0\\ t+1\end{bmatrix}u,\quad x(0)=\begin{bmatrix}1\\ 1\end{bmatrix}$$

解 由例 3-9,有

$$\boldsymbol{\Phi}(t,t_0)=\begin{bmatrix}1 & \dfrac{t-t_0}{(t+1)(t_0+1)}\\ 0 & 1\end{bmatrix}$$

由时变系统的状态方程的解式(3-74),得

$$\begin{aligned}\boldsymbol{x}(t)&=\boldsymbol{\Phi}(t,t_0)\boldsymbol{x}(0)+\int_0^t\boldsymbol{\Phi}(t,\tau)\boldsymbol{B}(\tau)\boldsymbol{u}(\tau)\mathrm{d}\tau\\&=\begin{bmatrix}1&\dfrac{t}{t+1}\\0&1\end{bmatrix}\begin{bmatrix}1\\1\end{bmatrix}+\int_0^t\begin{bmatrix}1&\dfrac{t-\tau}{(t+1)(\tau+1)}\\0&1\end{bmatrix}\begin{bmatrix}0\\\tau+1\end{bmatrix}\mathrm{d}\tau\\&=\begin{bmatrix}1+\dfrac{t}{t+1}\\1\end{bmatrix}+\int_0^t\begin{bmatrix}\dfrac{t-\tau}{t+1}\\\tau+1\end{bmatrix}\mathrm{d}\tau=\begin{bmatrix}\dfrac{t^2+4t+2}{2(t+1)}\\\dfrac{t^2+2t+2}{2}\end{bmatrix}\end{aligned}$$

3.4 线性连续系统状态空间模型的离散化

离散系统的工作状态可以分为以下两种情况。

1) 整个系统工作于单一的离散状态。对于这种系统,其状态变量、输入变量和输出变量全部是离散量,如现在的全数字化设备、计算机集成制造系统等。

2) 系统工作在连续和离散两种状态的混合状态。对于这种系统,其状态变量、输入变量和输出变量既有连续时间型的模拟量,又有离散时间型的离散量,如连续时间被控对象的采样控制系统就属于这种情况。

对于第 2 种情况的系统,其状态方程既有一阶微分方程组又有一阶差分方程组。为了能对这种系统运用离散系统的分析方法和设计方法,要求整个系统统一用离散状态方程来描述。由此,提出了连续系统的离散化问题。在计算机仿真、计算机辅助设计中利用数字计算机分析求解连续系统的状态方程,或者进行计算机控制时,都会遇到离散化问题。

图 3-3 所示的是连续系统化为离散系统的系统框图。

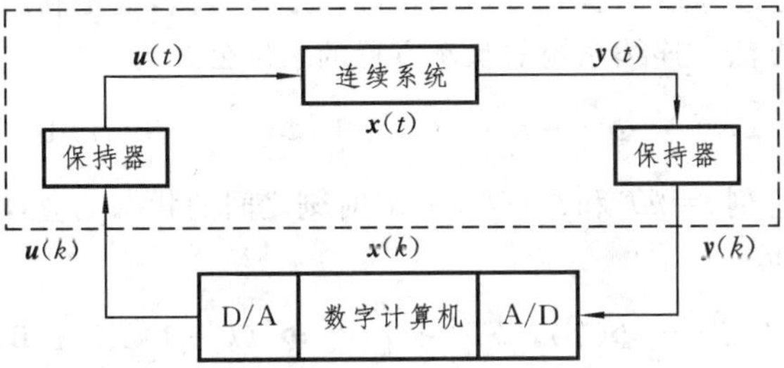

图 3-3 连续系统离散化的实现

线性连续系统的时间离散化问题的数学实质,就是在一定的采样方式和保持方式下,由系统的连续状态空间模型导出等价的离散状态空间模型,并建立起两者各系数矩阵之间的关系式。

为使连续系统的离散化过程是一个等价变换过程,必须满足如下条件和假设。

1）在离散化之后，系统在各采样时刻的状态变量、输入变量和输出变量的值保持不变。

2）保持器为零阶的，即加到系统输入端的输入信号 $\boldsymbol{u}(t)$ 在采样周期内不变，且等于前一采样时刻的瞬时值，故有

$$\boldsymbol{u}(t)=\boldsymbol{u}(kT) \qquad (kT\leqslant t<(k+1)T) \tag{3-78}$$

3）采样周期 T 的选择满足申农（Shannon）采样定理，即采样频率 $2\pi/T$ 大于 2 倍的连续信号 $\boldsymbol{x}(k)$ 的上限频率。

满足上述条件和假设，即可推导出连续系统的离散化的状态空间模型。下面分别针对线性定常连续系统和线性时变连续系统讨论离散化问题。

3.4.1 线性定常连续系统的离散化

线性定常连续系统状态空间模型的离散化，实际上是指在指定的采样周期 T 下，将连续系统的状态空间模型

$$\left.\begin{aligned}\dot{\boldsymbol{x}}&=\boldsymbol{A}\boldsymbol{x}+\boldsymbol{B}\boldsymbol{u}\\ \boldsymbol{y}&=\boldsymbol{C}\boldsymbol{x}+\boldsymbol{D}\boldsymbol{u}\end{aligned}\right\} \tag{3-79}$$

变换成离散系统的状态空间模型

$$\left.\begin{aligned}\boldsymbol{x}((k+1)T)&=\boldsymbol{G}(T)\boldsymbol{x}(kT)+\boldsymbol{H}(T)\boldsymbol{u}(kT)\\ \boldsymbol{y}(kT)&=\boldsymbol{C}(T)\boldsymbol{x}(kT)+\boldsymbol{D}(T)\boldsymbol{u}(kT)\end{aligned}\right\} \tag{3-80}$$

由于离散化主要是对描述系统动态特性的状态方程而言的，输出方程为静态的代数方程，其离散化后应保持不变，即

$$\boldsymbol{C}(T)=\boldsymbol{C},\quad \boldsymbol{D}(T)=\boldsymbol{D}$$

下面介绍精确离散化与近似离散化两种离散化方法。

1. 精确离散化方法

所谓线性定常连续系统的状态方程的精确离散化方法，就是利用状态方程的求解公式来进行离散化的方法。连续系统的状态方程的求解公式为

$$\boldsymbol{x}(t)=\boldsymbol{\Phi}(t-t_0)\boldsymbol{x}(t_0)+\int_{t_0}^{t}\boldsymbol{\Phi}(t-\tau)\boldsymbol{B}\boldsymbol{u}(\tau)\mathrm{d}\tau$$

现在只考虑在采样时刻 $t=kT$ 和 $t=(k+1)T$ 时刻之间的状态响应，即对于上式，取 $t_0=kT$，$t=(k+1)T$，于是

$$\boldsymbol{x}((k+1)T)=\boldsymbol{\Phi}(T)\boldsymbol{x}(kT)+\int_{kT}^{(k+1)T}\boldsymbol{\Phi}[(k+1)T-\tau]\boldsymbol{B}\boldsymbol{u}(\tau)\mathrm{d}\tau$$

考虑到 $\boldsymbol{u}(t)$ 在采样周期内保持不变，所以有

$$\boldsymbol{x}((k+1)T)=\boldsymbol{\Phi}(T)\boldsymbol{x}(kT)+\int_{kT}^{(k+1)T}\boldsymbol{\Phi}[(k+1)T-\tau]\mathrm{d}\tau\boldsymbol{B}\boldsymbol{u}(kT) \tag{3-81}$$

对上式作变量代换，令 $t=(k+1)T-\tau$，则式(3-81)可记为

$$\boldsymbol{x}((k+1)T)=\boldsymbol{\Phi}(T)\boldsymbol{x}(kT)+\int_{0}^{T}\boldsymbol{\Phi}(t)\mathrm{d}t\boldsymbol{B}\boldsymbol{u}(kT) \tag{3-82}$$

将上式与线性定常离散系统的状态空间模型(3-80)中的状态方程比较,可得

$$\boldsymbol{G}(T)=\boldsymbol{\Phi}(T)=\mathrm{e}^{\boldsymbol{A}T} \tag{3-83}$$

$$\boldsymbol{H}(T)=\int_0^T\boldsymbol{\Phi}(t)\mathrm{d}t\boldsymbol{B}=\int_0^T\mathrm{e}^{\boldsymbol{A}t}\mathrm{d}t\boldsymbol{B} \tag{3-84}$$

例 3-11 试用精确离散化方法写出如下连续系统在采样周期 $T=0.1\mathrm{s}$ 时的离散化系统的状态方程。

$$\dot{\boldsymbol{x}}=\begin{bmatrix}0 & 1\\0 & -2\end{bmatrix}\boldsymbol{x}+\begin{bmatrix}0\\1\end{bmatrix}\boldsymbol{u}$$

解 首先求出连续系统的状态转移矩阵

$$\boldsymbol{\Phi}(t)=\mathscr{L}^{-1}[(s\boldsymbol{I}-\boldsymbol{A})^{-1}]=\mathscr{L}^{-1}\begin{bmatrix}s & -1\\0 & s+2\end{bmatrix}^{-1}=\begin{bmatrix}1 & (1-\mathrm{e}^{-2t})/2\\0 & \mathrm{e}^{-2t}\end{bmatrix}$$

根据式(3-83)和式(3-84),有

$$\boldsymbol{G}(T)=\boldsymbol{\Phi}(T)=\begin{bmatrix}1 & (1-\mathrm{e}^{-2t})/2\\0 & \mathrm{e}^{-2t}\end{bmatrix}=\begin{bmatrix}1 & 0.091\\0 & 0.819\end{bmatrix}$$

$$\boldsymbol{H}(T)=\int_0^T\boldsymbol{\Phi}(t)\mathrm{d}t\boldsymbol{B}=\int_0^T\begin{bmatrix}1 & (1-\mathrm{e}^{-2t})/2\\0 & \mathrm{e}^{-2t}\end{bmatrix}\mathrm{d}t\begin{bmatrix}0\\1\end{bmatrix}=\frac{1}{4}\begin{bmatrix}2T-(1-\mathrm{e}^{-2T})\\2(1-\mathrm{e}^{-2T})\end{bmatrix}=\begin{bmatrix}0.005\\0.091\end{bmatrix}$$

于是该连续系统的离散化状态方程为

$$\boldsymbol{x}(k+1)=\begin{bmatrix}1 & 0.091\\0 & 0.819\end{bmatrix}\boldsymbol{x}(k)+\begin{bmatrix}0.005\\0.091\end{bmatrix}\boldsymbol{u}(k)$$

2. 近似离散化方法

所谓线性定常连续系统状态方程的近似离散化方法,是指在系统的采样周期较小,且对离散化的精度要求不高的情况下,用状态变量的差商代替微商求得近似的差分方程的方法。由于

$$\dot{\boldsymbol{x}}(kT)=\lim_{T\to 0}\frac{\boldsymbol{x}((k+1)T)-\boldsymbol{x}(kT)}{T}$$

故当采样周期较小时,有

$$\dot{\boldsymbol{x}}(kT)\approx\frac{\boldsymbol{x}((k+1)T)-\boldsymbol{x}(kT)}{T} \tag{3-85}$$

将上式代入连续系统的状态方程,有

$$\frac{\boldsymbol{x}((k+1)T)-\boldsymbol{x}(kT)}{T}\approx\boldsymbol{A}\boldsymbol{x}(kT)+\boldsymbol{B}\boldsymbol{u}(kT)$$

即

$$\boldsymbol{x}((k+1)T)\approx(\boldsymbol{I}+\boldsymbol{A}T)\boldsymbol{x}(kT)+\boldsymbol{B}T\boldsymbol{u}(kT) \tag{3-86}$$

将上式与离散系统状态空间模型式(3-80)的状态方程比较,则可得如下近似离散化的计算公式:

$$\boldsymbol{G}(T)=\boldsymbol{I}+\boldsymbol{A}T,\quad \boldsymbol{H}(T)=\boldsymbol{B}T \tag{3-87}$$

将式(3-87)与式(3-83)、(3-84)比较可知,由于 $\boldsymbol{I}+\boldsymbol{A}T$ 和 $\boldsymbol{B}T$ 分别是 $\mathrm{e}^{\boldsymbol{A}T}$ 和

$\int_0^T e^{At}\mathrm{d}t\boldsymbol{B}$ 的泰勒展开式中的一次近似，因此，近似离散化方法其实是取精确离散化方法的相应计算式的一次泰勒近似展开式。

由上述推导过程可知，采样周期 T 越小，则离散化精度越高。但考虑到实际计算时的舍入误差等因素，采样周期 T 不宜太小。

例 3-12 试用近似离散化方法写出下列连续系统在采样周期 $T=0.1\mathrm{s}$ 时的离散化系统的状态方程。

$$\dot{\boldsymbol{x}} = \begin{bmatrix} 0 & 1 \\ 0 & -2 \end{bmatrix}\boldsymbol{x} + \begin{bmatrix} 0 \\ 1 \end{bmatrix}\boldsymbol{u}$$

解 由式(3-87)，有

$$\boldsymbol{G}(T) = \boldsymbol{I} + \boldsymbol{A}T = \begin{bmatrix} 1 & T \\ 0 & 1-2T \end{bmatrix} = \begin{bmatrix} 1 & 0.1 \\ 0 & 0.8 \end{bmatrix},\quad \boldsymbol{H}(T) = \boldsymbol{B}T = \begin{bmatrix} 0 \\ 0.1 \end{bmatrix}$$

3.4.2 线性时变连续系统的离散化

线性时变连续系统状态空间模型的离散化，实际上是指在指定的采样周期 T 下，将连续系统的状态方程

$$\dot{\boldsymbol{x}}(t) = \boldsymbol{A}(t)\boldsymbol{x}(t) + \boldsymbol{B}(t)\boldsymbol{u}(t) \tag{3-88}$$

变换成线性时变离散系统的状态方程

$$\boldsymbol{x}(k+1) = \boldsymbol{G}(k)\boldsymbol{x}(k) + \boldsymbol{H}(k)\boldsymbol{u}(k) \tag{3-89}$$

线性时变连续系统的状态方程的离散化，就是利用时变系统的状态轨迹求解公式来进行离散化的。由 3.3 节可知，连续系统状态方程(3-88)的解可表示为

$$\boldsymbol{x}(t) = \boldsymbol{\Phi}(t,t_0)\boldsymbol{x}(t_0) + \int_{t_0}^{t}\boldsymbol{\Phi}(t,\tau)\boldsymbol{B}(\tau)\boldsymbol{u}(\tau)\mathrm{d}\tau$$

现在只考虑在采样时刻 $t=kT$ 到 $t=(k+1)T$ 时刻之间的状态响应，即对于上式，取 $t_0=kT$，$t=(k+1)T$，于是有

$$\boldsymbol{x}(k+1) = \boldsymbol{\Phi}[(k+1)T,kT]\boldsymbol{x}(k) + \int_{kT}^{(k+1)T}\boldsymbol{\Phi}[(k+1)T,\tau]\boldsymbol{B}(\tau)\boldsymbol{u}(\tau)\mathrm{d}\tau$$

考虑到 $\boldsymbol{u}(t)$ 在采样周期内保持不变，所以有

$$\boldsymbol{x}(k+1) = \boldsymbol{\Phi}[(k+1)T,kT]\boldsymbol{x}(k) + \int_{kT}^{(k+1)T}\boldsymbol{\Phi}[(k+1)T,\tau]\boldsymbol{B}(\tau)\mathrm{d}\tau\boldsymbol{u}(k) \tag{3-90}$$

将上式与线性时变离散系统的状态方程(3-89)比较，可得线性时变连续系统离散化各矩阵如下：

$$\boldsymbol{G}(k) = \boldsymbol{\Phi}[(k+1)T,kT] \tag{3-91}$$

$$\boldsymbol{H}(k) = \int_{kT}^{(k+1)T}\boldsymbol{\Phi}[(k+1)T,\tau]\boldsymbol{B}(\tau)\mathrm{d}\tau \tag{3-92}$$

例 3-13 试写出下列线性时变连续系统的离散化系统的状态方程。

$$\dot{x} = \begin{bmatrix} 0 & \dfrac{1}{(t+1)^2} \\ 0 & 0 \end{bmatrix} x + \begin{bmatrix} 1 \\ 1 \end{bmatrix} u$$

解 由例 3-9 可知，该系统的转移矩阵函数为

$$\boldsymbol{\Phi}(t,t_0) = \begin{bmatrix} 1 & \dfrac{t-t_0}{(t+1)(t_0+1)} \\ 0 & 1 \end{bmatrix}$$

因此，由式(3-91)及式(3-92)，分别计算

$$\boldsymbol{G}(k) = \boldsymbol{\Phi}[(k+1)T, kT] = \begin{bmatrix} 1 & \dfrac{T}{(kT+T+1)(kT+1)} \\ 0 & 1 \end{bmatrix}$$

$$\boldsymbol{H}(k) = \int_{kT}^{(k+1)T} \begin{bmatrix} 1 & \dfrac{kT+T-\tau}{(kT+T+1)(\tau+1)} \\ 0 & 1 \end{bmatrix} \begin{bmatrix} 1 \\ 1 \end{bmatrix} \mathrm{d}\tau = \int_{kT}^{(k+1)T} \begin{bmatrix} 1 + \dfrac{kT+T-\tau}{(kT+T+1)(\tau+1)} \\ 1 \end{bmatrix} \mathrm{d}\tau$$

$$= \begin{bmatrix} \dfrac{(k+1)T^2}{(k+1)T+1} - \ln \dfrac{(k+1)T+1}{kT+1} \\ T \end{bmatrix}$$

将 $\boldsymbol{G}(k)$ 及 $\boldsymbol{H}(k)$ 代入式(3-89)，求得离散化状态方程为

$$\boldsymbol{x}(k+1) = \begin{bmatrix} 1 & \dfrac{T}{(kT+T+1)(kT+1)} \\ 0 & 1 \end{bmatrix} \boldsymbol{x}(k) + \begin{bmatrix} \dfrac{(k+1)T^2}{(k+1)T+1} - \ln \dfrac{(k+1)T+1}{kT+1} \\ T \end{bmatrix} \boldsymbol{u}(k)$$

3.5 线性定常离散系统状态方程的解

线性定常离散系统的状态方程的求解有两种主要方法：递推法和 z 变换法。z 变换法只能适用于线性定常离散系统，而递推法可推广到时变系统和非线性系统。

3.5.1 线性定常离散系统状态方程的求解

1. 递推法

递推法亦称迭代法，用递推法求解线性定常离散系统的状态方程

$$\boldsymbol{x}(k+1) = \boldsymbol{Gx}(k) + \boldsymbol{Hu}(k) \tag{3-93}$$

时，只需在状态方程中依次令 $k=0,1,2,\cdots$，即有

$$\boldsymbol{x}(1) = \boldsymbol{Gx}(0) + \boldsymbol{Hu}(0)$$
$$\boldsymbol{x}(2) = \boldsymbol{Gx}(1) + \boldsymbol{Hu}(1) = \boldsymbol{G}^2\boldsymbol{x}(0) + \boldsymbol{GHu}(0) + \boldsymbol{Hu}(1)$$
$$\boldsymbol{x}(3) = \boldsymbol{Gx}(2) + \boldsymbol{Hu}(2) = \boldsymbol{G}^3\boldsymbol{x}(0) + \boldsymbol{G}^2\boldsymbol{Hu}(0) + \boldsymbol{GHu}(1) + \boldsymbol{Hu}(2)$$
$$\vdots$$

若给出初始状态 $\boldsymbol{x}(0)$，即可递推算出 $\boldsymbol{x}(1),\boldsymbol{x}(2),\boldsymbol{x}(3),\cdots$。重复以上步骤，可以得到状态方程(3-93)的递推求解公式如下：

$$\begin{aligned}x(k)&=G^k x(0)+G^{k-1}Hu(0)+\cdots+GHu(k-2)+Hu(k-1)\\&=G^k x(0)+\sum_{j=0}^{k-1}G^{k-j-1}Hu(j)\end{aligned}\tag{3-94}$$

与连续系统状态方程求解类似，对线性离散系统的状态方程求解时，亦可引入状态转移矩阵。该状态转移矩阵是下列差分方程初始条件的解

$$\left.\begin{aligned}\boldsymbol{\Phi}(k+1)&=G\boldsymbol{\Phi}(k)\\\boldsymbol{\Phi}(0)&=I\end{aligned}\right\}\tag{3-95}$$

用递推法求解，可得

$$\boldsymbol{\Phi}(k)=G^k\tag{3-96}$$

因此，可得线性定常离散系统状态方程求解式(3-94)的另一种表达式

$$x(k)=\boldsymbol{\Phi}(k)x(0)+\sum_{j=0}^{k-1}\boldsymbol{\Phi}(k-j-1)Hu(j)\qquad(k=1,2,\cdots)\tag{3-97}$$

或
$$x(k)=\boldsymbol{\Phi}(k)x(0)+\sum_{j=0}^{k-1}\boldsymbol{\Phi}(j)Hu(k-j-1)\qquad(k=1,2,\cdots)\tag{3-98}$$

将状态方程解的表达式代入如下线性定常离散系统的输出方程：

$$y(k)=Cx(k)+Du(k)\tag{3-99}$$

可得输出 $y(k)$的解为

$$y(k)=C\boldsymbol{\Phi}(k)x(0)+\sum_{j=0}^{k-1}C\boldsymbol{\Phi}(k-j-1)Hu(j)+Du(k)\tag{3-100}$$

或
$$y(k)=C\boldsymbol{\Phi}(k)x(0)+\sum_{j=0}^{k-1}C\boldsymbol{\Phi}(j)Hu(k-j-1)+Du(k)\tag{3-101}$$

对离散系统状态方程的求解式(3-97)有如下几点说明。

1）离散系统的状态响应由两部分组成，一部分为由系统的状态初值所引起的响应，与初始时刻后的输入无关，称为系统的零输入响应；另一部分是由系统在初始时刻后的输入引起的响应，与系统的初始时刻的状态值无关，称为系统的零状态响应。

2）引入状态转移矩阵概念和表达式之后，线性连续系统和线性离散系统的状态方程的求解公式在形式上一致，都由零输入响应和零状态响应叠加组成，只是相应的零状态响应在形式上略有不同，一为求积分，一为求和，但本质是一致的。

3）在由输入所引起的状态响应中，第 k 个时刻的状态只取决于此采样时刻以前的输入采样值，而与该时刻的输入采样值 $u(k)$无关。

下面给出几种特殊形式的系统矩阵 G 的状态转移矩阵。

1）对角线矩阵。当 G 为对角线矩阵

$$\boldsymbol{G}=\begin{bmatrix}\lambda_1 & 0 & \cdots & 0\\ 0 & \lambda_2 & \cdots & 0\\ \vdots & \vdots & \ddots & \vdots\\ 0 & 0 & \cdots & \lambda_n\end{bmatrix}$$

时，状态转移矩阵为

$$\boldsymbol{\Phi}(k)=\boldsymbol{G}^k=\begin{bmatrix}\lambda_1^k & 0 & \cdots & 0\\ 0 & \lambda_2^k & \cdots & 0\\ \vdots & \vdots & \ddots & \vdots\\ 0 & 0 & \cdots & \lambda_n^k\end{bmatrix} \tag{3-102}$$

2）块对角矩阵。若 $\boldsymbol{G}$ 为块对角矩阵

$$\boldsymbol{G}=\begin{bmatrix}\boldsymbol{G}_1 & 0 & \cdots & 0\\ 0 & \boldsymbol{G}_2 & \cdots & 0\\ \vdots & \vdots & \ddots & \vdots\\ 0 & 0 & \cdots & \boldsymbol{G}_l\end{bmatrix}$$

其中，$\boldsymbol{G}_i$ 为 $m_i \times m_i$ 维的分块矩阵，则其状态转移矩阵为

$$\boldsymbol{\Phi}(k)=\boldsymbol{G}^k=\begin{bmatrix}\boldsymbol{G}_1^k & 0 & \cdots & 0\\ 0 & \boldsymbol{G}_2^k & \cdots & 0\\ \vdots & \vdots & \ddots & \vdots\\ 0 & 0 & \cdots & \boldsymbol{G}_l^k\end{bmatrix} \tag{3-103}$$

3）约旦块矩阵。若 $\boldsymbol{G}_i$ 为 $m_i \times m_i$ 维约旦块

$$\boldsymbol{G}_i=\begin{bmatrix}\lambda_i & 1 & 0 & \cdots & 0\\ 0 & \lambda_i & 1 & \cdots & 0\\ \vdots & \vdots & \vdots & \ddots & \vdots\\ 0 & 0 & 0 & \cdots & 1\\ 0 & 0 & 0 & \cdots & \lambda_i\end{bmatrix}_{m_i \times m_i} \qquad (m_i \geqslant 1)$$

则分块矩阵 $\boldsymbol{G}_i$ 的矩阵幂函数为

$$\boldsymbol{G}_i^k=\begin{bmatrix}\lambda_i^k & \Omega_k^1\lambda_i^{k-1} & \cdots & \Omega_k^{m_i-1}\lambda_i^{k-m_i+1}\\ 0 & \lambda_i^k & \cdots & \Omega_k^{m_i-2}\lambda_i^{k-m_i+2}\\ \vdots & \vdots & \ddots & \vdots\\ 0 & 0 & \cdots & \lambda_i^k\end{bmatrix} \qquad (k \geqslant m_i) \tag{3-104a}$$

$$\boldsymbol{G}_i^k=\begin{bmatrix}\lambda_i^k & \Omega_k^1\lambda_i^{k-1} & \cdots & 1 & \cdots & 0\\ 0 & \lambda_i^k & \cdots & \Omega_k^1\lambda_i^{k-1} & \cdots & 0\\ \vdots & \vdots & \ddots & \vdots & \ddots & 1\\ \vdots & \vdots & \ddots & \vdots & \ddots & \vdots\\ 0 & 0 & \cdots & 0 & \cdots & \lambda_i^k\end{bmatrix} \qquad (k < m_i) \tag{3-104b}$$

式中，$\Omega_k^i=\dfrac{k!}{(k-i)!\ i!}$为二项式系数。

4）对系统矩阵 $\boldsymbol{G}$，当存在线性变换矩阵 $\boldsymbol{P}$，使得

$$\tilde{\boldsymbol{G}}=\boldsymbol{P}^{-1}\boldsymbol{G}\boldsymbol{P} \tag{3-105}$$

时，有

$$\tilde{\boldsymbol{G}}^k=\boldsymbol{P}^{-1}\boldsymbol{G}^k\boldsymbol{P},\quad \boldsymbol{G}^k=\boldsymbol{P}^{-1}\tilde{\boldsymbol{G}}^k\boldsymbol{P} \tag{3-106}$$

2. z 变换法

已知线性定常离散系统的状态方程为

$$\boldsymbol{x}(k+1)=\boldsymbol{G}\boldsymbol{x}(k)+\boldsymbol{H}\boldsymbol{u}(k) \tag{3-107}$$

对上式两边求 z 变换，可得

$$z\boldsymbol{X}(z)-z\boldsymbol{x}(0)=\boldsymbol{G}\boldsymbol{X}(z)+\boldsymbol{H}\boldsymbol{U}(z)$$

于是

$$(z\boldsymbol{I}-\boldsymbol{G})\boldsymbol{X}(z)=z\boldsymbol{x}(0)+\boldsymbol{H}\boldsymbol{U}(z)$$

用$(z\boldsymbol{I}-\boldsymbol{G})^{-1}$左乘上式的两边，有

$$\boldsymbol{X}(z)=(z\boldsymbol{I}-\boldsymbol{G})^{-1}z\boldsymbol{x}(0)+(z\boldsymbol{I}-\boldsymbol{G})^{-1}\boldsymbol{H}\boldsymbol{U}(z) \tag{3-108}$$

对上式进行 z 反变换，有

$$\boldsymbol{x}(k)=\mathscr{Z}^{-1}\{(z\boldsymbol{I}-\boldsymbol{G})^{-1}z\}\boldsymbol{x}(0)+\mathscr{Z}^{-1}\{(z\boldsymbol{I}-\boldsymbol{G})^{-1}\boldsymbol{H}\boldsymbol{U}(z)\}$$

在 z 反变换中，对标量函数存在下述性质。

1）$\mathscr{Z}^{-1}[(1-az^{-1})^{-1}]=a^k$ (3-109)

2）$\mathscr{Z}^{-1}[W_1(z)W_2(z)]=\sum\limits_{i=0}^{k}w_1(k-i)w_2(i)$ (3-110)

式中，$W_1(z)$和 $W_2(z)$分别为 $w_1(k)$和 $w_2(k)$的 z 变换。将上述公式推广到向量函数和矩阵函数，则可得

$$\boldsymbol{G}^k=\mathscr{Z}^{-1}[(\boldsymbol{I}-\boldsymbol{G}z^{-1})^{-1}]=\mathscr{Z}^{-1}[(z\boldsymbol{I}-\boldsymbol{G})^{-1}z] \tag{3-111}$$

$$\begin{aligned}\mathscr{Z}^{-1}[(z\boldsymbol{I}-\boldsymbol{G})^{-1}\boldsymbol{H}\boldsymbol{U}(z)]&=\mathscr{Z}^{-1}[(z\boldsymbol{I}-\boldsymbol{G})^{-1}z\cdot z^{-1}\boldsymbol{H}\boldsymbol{U}(z)]\\&=\sum_{j=0}^{k-1}\boldsymbol{G}^{k-j-1}\boldsymbol{H}\boldsymbol{u}(j)\end{aligned} \tag{3-112}$$

因此，离散系统的状态方程(3-109)的解为

$$\boldsymbol{x}(k)=\boldsymbol{G}^k\boldsymbol{x}(0)+\sum_{j=0}^{k-1}\boldsymbol{G}^{k-j-1}\boldsymbol{H}\boldsymbol{u}(j) \tag{3-113}$$

例 3-14 已知某系统的状态方程和状态初始值分别为

$$\boldsymbol{x}(k+1)=\begin{bmatrix}0 & 1\\ -0.16 & -1\end{bmatrix}\boldsymbol{x}(k)+\begin{bmatrix}1\\1\end{bmatrix}\boldsymbol{u}(k),\quad \boldsymbol{x}(0)=\begin{bmatrix}1\\-1\end{bmatrix}$$

试求系统状态在阶跃输入 $\boldsymbol{u}(k)=1$ 时的响应。

解 (1) 用递推法求解。分别令 $k=1,2,3,\cdots$，则由状态方程有

$$\boldsymbol{x}(1)=\begin{bmatrix}0 & 1\\ -0.16 & -1\end{bmatrix}\begin{bmatrix}1\\-1\end{bmatrix}+\begin{bmatrix}1\\1\end{bmatrix}=\begin{bmatrix}0\\1.84\end{bmatrix}$$

$$\boldsymbol{x}(2)=\begin{bmatrix}0 & 1\\ -0.16 & -1\end{bmatrix}\begin{bmatrix}0\\ 1.84\end{bmatrix}+\begin{bmatrix}1\\ 1\end{bmatrix}=\begin{bmatrix}2.84\\ -0.84\end{bmatrix}$$

$$\boldsymbol{x}(3)=\begin{bmatrix}0 & 1\\ -0.16 & -1\end{bmatrix}\begin{bmatrix}2.84\\ -0.84\end{bmatrix}+\begin{bmatrix}1\\ 1\end{bmatrix}=\begin{bmatrix}0.16\\ 1.386\end{bmatrix}$$

可继续递推下去，直到求出所需要时刻的解为止。

(2) 用 z 变换法求解。先计算 $(z\boldsymbol{I}-\boldsymbol{G})^{-1}$，有

$$|z\boldsymbol{I}-\boldsymbol{G}|=\begin{vmatrix}z & -1\\ 0.16 & z+1\end{vmatrix}=(z+0.2)(z+0.8)$$

$$(z\boldsymbol{I}-\boldsymbol{G})^{-1}=\frac{\operatorname{adj}(z\boldsymbol{I}-\boldsymbol{G})}{|z\boldsymbol{I}-\boldsymbol{G}|}=\frac{1}{(z+0.2)(z+0.8)}\begin{bmatrix}z+1 & 1\\ -0.16 & z\end{bmatrix}$$

$$=\frac{1}{3}\begin{bmatrix}\dfrac{4}{z+0.2}-\dfrac{1}{z+0.8} & \dfrac{5}{z+0.2}-\dfrac{5}{z+0.8}\\ \dfrac{-0.8}{z+0.2}+\dfrac{0.8}{z+0.8} & \dfrac{-1}{z+0.2}+\dfrac{4}{z+0.8}\end{bmatrix}$$

由式(3-111)，有

$$\boldsymbol{\Phi}(k)=\boldsymbol{G}^k=\mathscr{Z}^{-1}[(z\boldsymbol{I}-\boldsymbol{G})^{-1}]$$

$$=\frac{1}{3}\begin{bmatrix}4(-0.2)^k-(-0.8)^k & 5(-0.2)^k-5(-0.8)^k\\ -0.8(-0.2)^k+0.8(-0.8)^k & -(-0.2)^k+4(-0.8)^k\end{bmatrix}$$

又知

$$\boldsymbol{u}(k)=1,\quad \boldsymbol{U}(z)=\frac{z}{z-1}$$

因此有

$$\boldsymbol{X}(z)=(z\boldsymbol{I}-\boldsymbol{G})^{-1}[z\boldsymbol{x}(0)+\boldsymbol{H}\boldsymbol{U}(z)]=\begin{bmatrix}\dfrac{(z^2+2)z}{(z+0.2)(z+0.8)(z-1)}\\ \dfrac{(-z^2+1.84z)z}{(z+0.2)(z+0.8)(z-1)}\end{bmatrix}$$

$$=\frac{1}{18}\begin{bmatrix}\dfrac{-51z}{z+0.2}+\dfrac{44}{z+0.8}+\dfrac{25}{z-1}\\ \dfrac{10.2z}{z+0.2}+\dfrac{-35.2}{z+0.8}+\dfrac{7}{z-1}\end{bmatrix}$$

$$\boldsymbol{x}(k)=\mathscr{Z}^{-1}[\boldsymbol{X}(z)]=\frac{1}{18}\begin{bmatrix}-51(-0.2)^k+44(-0.8)^k+25\\ 10.2(-0.2)^k-35.2(-0.8)^k+7\end{bmatrix}$$

令 $k=0,1,2,3$ 分别代入上式，可得

$$\boldsymbol{x}(k)=\begin{bmatrix}1\\ -1\end{bmatrix},\quad\begin{bmatrix}0\\ 1.84\end{bmatrix},\quad\begin{bmatrix}2.84\\ -0.84\end{bmatrix},\quad\begin{bmatrix}0.16\\ 1.386\end{bmatrix}$$

3.5.2 线性时变离散系统状态方程的求解

设线性时变离散系统的状态空间模型为

$$\left.\begin{aligned}\boldsymbol{x}(k+1)&=\boldsymbol{G}(k)\boldsymbol{x}(k)+\boldsymbol{H}(k)\boldsymbol{u}(k)\\ \boldsymbol{y}(k)&=\boldsymbol{C}(k)\boldsymbol{x}(k)+\boldsymbol{D}(k)\boldsymbol{u}(k)\end{aligned}\right\}\qquad(3\text{-}114)$$

其中，初始时刻为 k_0；初始状态为 $\boldsymbol{x}(k_0)$。假定系统状态方程的解存在且惟一，则解为

$$x(k)=\Phi(k,k_0)x(k_0)+\sum_{i=k_0}^{k-1}\Phi(k,i+1)H(i)u(i) \tag{3-115}$$

式中，$\Phi(k,k_0)$为时变离散系统的状态转移矩阵，它满足如下矩阵差分方程及初始条件：

$$\left.\begin{aligned}\Phi(k+1,k_0)&=G(k)\Phi(k,k_0)\\ \Phi(k_0,k_0)&=I\end{aligned}\right\} \tag{3-116}$$

其解为

$$\Phi(k,k_0)=G(k-1)G(k-2)\cdots G(k_0)\qquad(k>k_0) \tag{3-117}$$

与定常系统类似，时变系统的状态求解公式可用迭代法证明。

证明 在状态方程(3-114)中，依次令 $k=k_0,k_0+1,k_0+2,\cdots$，从而有

$$\begin{aligned}x(k_0+1)&=G(k_0)x(k_0)+H(k_0)u(k_0)\\ x(k_0+2)&=G(k_0+1)x(k_0+1)+H(k_0+1)u(k_0+1)\\ &=G(k_0+1)G(k_0)x(k_0)+G(k_0+1)H(k_0)u(k_0)+H(k_0+1)u(k_0+1)\\ x(k_0+3)&=G(k_0+2)x(k_0+2)+H(k_0+2)u(k_0+2)\\ &=G(k_0+2)G(k_0+1)G(k_0)x(k_0)+G(k_0+2)G(k_0+1)H(k_0)u(k_0)\\ &\quad+G(k_0+2)H(k_0+1)u(k_0+1)+H(k_0+2)u(k_0+2)\\ &\ \ \vdots\end{aligned}$$

因此，有

$$\begin{aligned}x(k)&=G(k-1)G(k-2)\cdots G(k_0)x(k_0)+\sum_{i=k_0}^{k-1}G(k-1)G(k-2)\cdots G(i+1)H(i)u(i)\\ &=\Phi(k,k_0)x(k_0)+\sum_{i=k_0}^{k-1}\Phi(k,i+1)H(i)u(i)\end{aligned}$$

□□□

由式(3-115)可知，线性时变离散系统的状态方程的解也包括两项。其中，第 1 项是由初始状态激励的，为零输入响应，描述了输入向量为零时系统的自由运动。第 2 项对应初始状态为零时，由输入向量激励的响应，称为强迫运动或受控运动。

将式(3-115)代入输出方程，得到系统的输出 $y(k)$为

$$y(k)=C(k)\Phi(k,k_0)x(k_0)+C(k)\sum_{i=k_0}^{k-1}\Phi(k,i+1)H(i)u(i)+D(k)u(k) \tag{3-118}$$

可见，系统的输出响应也是由零输入响应、零状态响应和直接传输部分 3 项组成的。

3.6 Matlab 问题

本章涉及的计算问题主要有矩阵指数函数的计算、系统运动轨迹的计算(即状态空间模型的求解)以及连续系统的离散化(采样)。基于 Matlab 的基本函数和工具箱，可以进行上述系统运动分析的计算和仿真。

为更好地进行动态系统运动分析的计算和仿真，教材编著者设计了一个 Matlab 符号化和图形化的控制系统运动分析软件平台 lti_analysis。这里将涉及新的 Matlab 程序设计方法，如使用符号计算工具箱进行矩阵指数函数和运动轨迹的符号计算、使用图形

用户界面(GUI)设计控制系统仿真与实验的软件平台。

下面分别介绍基于 Matlab 的上述计算问题的程序编制和计算问题。

3.6.1 矩阵指数函数的计算

矩阵指数函数的计算问题有两类，一类是数值计算，即给定矩阵 $\boldsymbol{A}$ 和具体的时间 t 的值，计算矩阵指数 e^{At} 的值；另一类是符号计算，即在给定矩阵 $\boldsymbol{A}$ 下，计算矩阵指数函数 e^{At} 的封闭的(解析的)矩阵函数表达式。数值计算问题可由基本的 Matlab 函数完成，符号计算问题则需要用到 Matlab 的符号工具箱。

1. 矩阵 e^{At} 的数值计算

在 Matlab 中，给定矩阵 $\boldsymbol{A}$ 和时间 t 的值，计算矩阵指数 e^{At} 的值可以直接采用基本矩阵函数 expm()。Matlab 的 expm()函数采用帕德(Pade)逼近法计算矩阵指数 e^{At} 时，其精度高，数值稳定性好。expm()函数的主要调用格式为

```
Y=expm(X)
```

其中，$\boldsymbol{X}$ 为输入的需计算矩阵指数的矩阵；$\boldsymbol{Y}$ 为计算的结果。

Matlab 问题 3-1 试在 Matlab 中计算例 3-1 中矩阵 $\boldsymbol{A}$ 在 $t=0.3$s 时的矩阵指数 e^{At} 的值。

$$\boldsymbol{A}=\begin{bmatrix}0 & 1\\ -2 & -3\end{bmatrix}$$

Matlab 程序 m3-1 如下。

```
A=[0 1; -2 -3];
t=0.3;
eAt=expm(A*t)
```

Matlab 程序 m3-1 执行结果如下。

```
eAt=   0.9328   0.1920
      -0.3840   0.3568
```

Matlab 中有 3 个计算矩阵指数 e^{At} 的函数，分别是 expmdemo1()，expmdemo2()和 expmdemo3()。expmdemo1()就是 expm()，采用帕德逼近法计算矩阵指数；expmdemo2()采用 3.2.1 小节中介绍的利用泰勒级数展开法计算，精度较低；expmdemo3()采用 3.2.2 小节中介绍的利用特征值和特征向量计算对角线矩阵，进而通过对角线矩阵的矩阵指数计算原矩阵的矩阵指数。expmdemo3()的计算精度取决于特征值、特征向量、指数函数 exp()的计算精度，由于这 3 种计算有良好的计算方法，因此，expmdemo3()的计算精度最高，但 expmdemo3()只能计算矩阵的独立特征向量数等于矩阵的维数，即矩阵能变换为对角线矩阵的问题，因此，在不能判定矩阵是否能变换为对角线矩阵时，应尽量采用函数 expm()。

2. 矩阵指数函数 e^{At} 的符号计算

在 Matlab 中，对给定的矩阵 $\boldsymbol{A}$，可用符号计算工具箱的函数 expm()计算变量 t 的矩阵指数函数 e^{At} 的表达式。

在使用 Matlab 的符号计算工具箱计算时，需要定义符号变量，输入符号表达式与符号矩阵。下面介绍使用符号计算工具箱的基本操作。

1）定义(指定)符号变量的语句的格式为

```
syms t s x ...
```

该语句将符号 t,s,x,... 定义为符号变量。在该语句后，可以输入和计算符号表达式与符号矩阵。

2）符号表达式的输入可采用赋值语句的方式，如赋值语句

```
f1='sin(x)^2+cos(y)^3-3'
```

其中，定义符号表达式变量 $\boldsymbol{f}_1$ 为表达式 $\sin^2 x+\cos^3 y-3$。在 Matlab 中，符号表达式的输入采用符号串的形式，其表达式的格式与 Matlab 的数值计算的格式基本一致。

3）Matlab 中符号矩阵的输入采用函数 sym()。sym()的调用格式为

```
S=sym(A)
```

该函数的功能为将符号串 $\boldsymbol{A}$ 转换为符号矩阵，其中符号串 $\boldsymbol{A}$ 的格式与使用 Matlab 进行数值计算时矩阵的计算公式格式基本一致。如

```
f2=sym('[x^2+sqrt(1-x)   y*x; 1+z   x+z^3]')
```

函数 sym()将符号串'[x^2+sqrt(1-x)　y*x; 1+z　x+z^3]'转换为如下符号矩阵：

$$\boldsymbol{f}_2=\begin{bmatrix} \boldsymbol{x}^2+\sqrt{1-\boldsymbol{x}} & y\boldsymbol{x} \\ 1+z & \boldsymbol{x}+z^3 \end{bmatrix}$$

在给符号表达式变量和符号矩阵变量赋值后，在 Matlab 中就可以像数值计算公式那样直接采用算术运算符“+”，“-”，“*”，“/”，“^”以及 exp()，expm()等函数进行符号计算。如，前面给符号表达式变量 $\boldsymbol{f}_1$ 和符号矩阵变量 $\boldsymbol{f}_2$ 赋值后，执行 Matlab 符号计算公式

```
f3=f1*f2
```

就可进行如下符号表达式的计算。

$$\boldsymbol{f}_3=\boldsymbol{f}_1\times\boldsymbol{f}_2=(\sin^2 x+\cos^3 y-3)\begin{bmatrix} x^2+\sqrt{1-x} & yx \\ 1+z & x+z^3 \end{bmatrix}$$

用 Matlab 的符号工具箱函数 expm()可直接计算关于符号矩阵变量 $\boldsymbol{A}$ 的矩阵指数函数 $e^{\boldsymbol{A}}$。符号计算函数 expm()的调用格式为

```
expA=expm(A)
```

其中,输入矩阵 **A** 为 Matlab 的符号矩阵;输出矩阵 expA 为计算所得的 e^{A} 的 Matlab 符号矩阵。

Matlab 问题 3-2 试在 Matlab 中计算例 3-1 中矩阵 **A** 的矩阵指数函数 $e^{\boldsymbol{A}t}$。

$$\boldsymbol{A}=\begin{bmatrix}0 & 1\\ -2 & -3\end{bmatrix}$$

Matlab 程序 m3-2 如下。

```
syms t;                    % 定义符号变量 t
A=[0 1; -2 -3];
eAt=expm(A*t)              % 计算矩阵 A 对应的矩阵指数函数
```

其中,t 定义为符号变量;输入矩阵 **A** 为一般 Matlab 的数值矩阵,表达式"$A*t$"即为 Matlab 的符号矩阵。

Matlab 程序 m3-2 执行结果如下。

```
eAt=[2*exp(-t)-exp(-2*t),-exp(-2*t)+exp(-t)]
    [ 2*exp(-2*t)-2*exp(-t),-exp(-t)+2*exp(-2*t)]
```

上述计算结果与例 3-1 的计算结果完全一致。

Matlab 有着功能非常强大的符号计算功能,包括符号微分、符号积分、符号矩阵运算、符号线性方程组解、符号非线性方程组解、符号常微分方程组解等,还可以与符号计算软件 Maple 混合编程,调用 Maple 的其他符号计算功能。

3.6.2 线性定常连续系统的状态空间模型求解

Matlab 提供了非常丰富的线性定常连续系统的状态空间模型求解(即系统运动轨迹的计算)的功能,主要的函数有初始状态响应函数 initial()、阶跃响应函数 step(),以及可计算任意输入的系统响应函数 lsim(),但这里主要是计算其系统响应的数值解。对系统运动分析问题,有时需要求解系统响应的函数。为此,编著者编写了专门用于求解系统响应函数的 Matlab 符号计算函数 sym_lsim()。下面将分别介绍上述状态空间模型求解的 Matlab 程序编制和计算问题。

1. 初始状态响应函数 initial()

初始状态响应函数 initial()主要是计算状态空间模型 $\Sigma(\boldsymbol{A},\boldsymbol{B},\boldsymbol{C},\boldsymbol{D})$ 的初始状态响应,其主要调用格式为

```
initial(sys,x0,t)
[y,t,x]=initial(sys,x0,t)
```

其中,sys 为输入的状态空间模型;x_0 为给定的初始状态;t 为指定仿真计算状态响应的时间区间变量(数组),有以下 3 种格式。

t=Tintial:dt:Tfinal　表示仿真时间段为[Tintial,Tfinal],仿真时间步长为 dt

t=Tintial:Tfinal　表示仿真时间段为[Tintial,Tfinal],仿真时间步长 dt 缺省为 1

t=Tfinal　表示仿真时间段为[0,Tfinal],系统自动选择仿真时间步长 dt

若时间数组缺省(没有指定),表示系统自动选择仿真时间区间[0,Tfinal]、仿真时间步长为 dt。第 1 种调用格式的输出格式为输出响应曲线图,第 2 种调用格式的输出为数组形式的输出变量响应值 $\boldsymbol{y}$,仿真时间坐标数组 t,状态变量响应值 $\boldsymbol{x}$。

Matlab 问题 3-3 试在 Matlab 中计算例 3-1 中如下系统在[0,5s]的初始状态响应。

$$\dot{\boldsymbol{x}}=\begin{bmatrix}0 & 1\\ -2 & -3\end{bmatrix}\boldsymbol{x},\quad \boldsymbol{x}_0=\begin{bmatrix}1\\ 2\end{bmatrix}$$

Matlab 程序 m3-3 如下。

```
A=[0 1; -2 -3];
B=[]; C=[]; D=[];                    % 输入状态空间模型各矩阵,若没有相应值,可赋空矩阵
x0=[1; 2];                           % 输入初始状态
sys=ss(A,B,C,D);
[y,t,x]=initial(sys,x0,0:5);         % 求系统在[0,5s]的初始状态响应
plot(t,x)                            % 绘以时间为横坐标的状态响应曲线图
```

其中,最后一句语句"plot(t,x)"是以时间坐标数组 t 为横坐标,绘出 x 中存储的二维状态向量 $\boldsymbol{x}(t)$ 随时间变化而变化的轨迹。

Matlab 程序 m3-3 执行结果如图 3-4 所示。

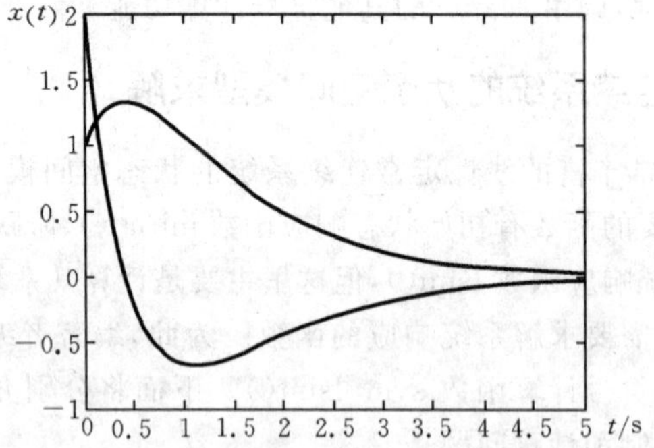

图 3-4 Matlab 问题 3-3 的状态响应曲线图

Matlab 提供的函数 initial()只能计算出状态响应的计算值,若需要计算状态响应的表达式,则需要根据前面介绍的符号工具箱,自己编程实现状态响应函数表达式的求解。

Matlab 问题 3-4 试在 Matlab 中计算 Matlab 问题 3-3 的初始状态响应表达式。

Matlab 程序 m3-4 如下。

```
A=[0 1; -2 -3];
sysm t;
```

```
x0=[1; 2];
xt=expm(A*t)*x0
```

Matlab 程序 m3-4 执行结果如下。

```
xt=-3*exp(-2*t)+4*exp(-t)
   -4*exp(-t)+6*exp(-2*t)
```

在 Matlab 程序 m3-3 中运用了绘图函数 plot()。Matlab 提供了非常强大的绘图功能,可以绘二维曲线图、三维曲面图、四维切片图以及动态图形(动画)。其中,函数 plot()是主要的二维曲线绘图函数,主要调用格式为

```
plot(Y)
plot(X,Y)
plot(X,Y,LineSpec,'PropertyName',PropertyValue)
```

第 1 种调用格式的输入 $\boldsymbol{Y}$ 为 $m\times n$ 矩阵,其输出为矩阵 $\boldsymbol{Y}$ 的每一列画一条曲线,共 n 条曲线的曲线图。该曲线图的横坐标为 1 至 m 的自然数。

对第 2 种调用格式,若 $\boldsymbol{X}$ 和 $\boldsymbol{Y}$ 为向量,则长度必须相等,输出为一条 $\boldsymbol{X}$ 为横坐标轴的曲线。若 $\boldsymbol{X}$ 为向量,$\boldsymbol{Y}$ 为矩阵,则 $\boldsymbol{X}$ 的长度等于 $\boldsymbol{Y}$ 的行数或者列数。这时输出为 $\boldsymbol{Y}$ 的列向量或者行向量对应的,以 $\boldsymbol{X}$ 为横坐标轴的一组曲线。若 $\boldsymbol{Y}$ 为向量,$\boldsymbol{X}$ 为矩阵,则 $\boldsymbol{Y}$ 的长度等于 $\boldsymbol{X}$ 的行数或者列数。这时输出为 $\boldsymbol{X}$ 的列向量或者行向量对应的,以 $\boldsymbol{Y}$ 为纵坐标轴的一组曲线。

第 3 种调用格式的 LineSpec 为指定输出曲线的线型、颜色、曲线数据点的标记符号。而'PropertyName'和 PropertyValue 则用于指定图的一些特性,如图名、坐标名、坐标刻度等。

2. 阶跃响应函数 step()

阶跃响应函数 step()可用于计算在单位阶跃输入和零初始状态(条件)下传递函数模型的输出响应,或状态空间模型的状态和输出响应,其主要调用格式为

```
step(sys,t)
[y,t]=step(sys,t)
[y,t,x]=step(sys,t)
```

其中,对第 1、2 种调用格式,sys 为传递函数模型变量或状态空间模型变量;对第 3 种方式,sys 为状态空间模型变量。t 为指定仿真计算状态响应的时间数组,其格式与初始状态响应函数 initial()一样,也可以缺省。第 1 种调用格式的输出为输出响应的图形输出,而第 2、3 种调用格式的输出为将输出响应、时间坐标数组、状态响应赋值给指定的数组变量。

阶跃响应函数 step()的使用方法与前面介绍的 initial()函数相似,这里不再赘述。

3. 任意输入的系统响应函数 lsim()

任意输入的系统响应函数 lsim()可用于计算在给定的输入信号序列(输入信号函数的采样值)下传递函数模型的输出响应,或状态空间模型的状态和输出响应,其主要调用格式为

```
lsim(sys,u,t,x0)
[y,t,x]=lsim(sys,u,t,x0)
```

其中,sys 为传递函数模型变量或状态空间模型变量;t 为时间坐标数组;u 为输入信号 $\boldsymbol{u}(t)$ 对应于时间坐标数组 t 的各时刻输入信号采样值组成的数组,是求解系统响应必须给定的;$\boldsymbol{x}_0$ 为初始状态向量。当输入的 sys 为传递函数模型时,$\boldsymbol{x}_0$ 的值不起作用,可缺省。

函数 lsim()的第 1 种调用格式的输出为将输出响应和输入信号序列绘在一起的曲线图,第 2 种调用格式的输出与前面介绍的 2 个响应函数一样。

输入变量 $\boldsymbol{u}(t)$ 的值 u 可以为用户需要的任意输入函数根据时间坐标数组 t 进行采样获得,也可以采用 Matlab 中的信号生成函数 gensig()产生。gensig()的调用格式为

```
[u,t]=gensig(type,tau)
[u,t]=gensig(type,tau,Tf,Ts)
```

其中,type 为选择信号类型的符号串变量;tau 为以秒为单位的信号周期;T_f 和 T_s 分别为产生信号的时间长度和信号的采样周期。gensig 函数可以产生的信号类型 type 为正弦信号'sin'、方波信号'square'和周期脉冲信号'pulse'。所有信号的幅值为 1。

Matlab 问题 3-5 试在 Matlab 中计算如下系统在[0,10s]内周期为 3s 的单位方波输入下的状态响应。

$$\dot{\boldsymbol{x}}=\begin{bmatrix}0 & 1\\ -2 & -3\end{bmatrix}\boldsymbol{x}+\begin{bmatrix}0\\ 1\end{bmatrix}\boldsymbol{u},\quad \boldsymbol{x}_0=\begin{bmatrix}1\\ 2\end{bmatrix}$$

Matlab 程序 m3-5 如下。

```
A=[0 1; -2 -3];
B=[0; 1]; C=[]; D=[];
x0=[1; 2];
sys=ss(A,B,C,D);
[u t]=gensig('square',3,10,0.1)  % 产生周期为 3s,时间为 10s,采样周期为 0.1s 的方波信号
[y,t,x]=lsim(sys,u,t,x0)         % 计算系统在输入序列 u 下的响应
plot(t,u,t,x);                   % 将输入与状态响应绘于一张图内
```

Matlab 程序 m3-5 执行结果如图 3-5 所示。

Matlab 提供的函数 lsim()只能计算出状态响应的计算值,若需要计算状态响应的

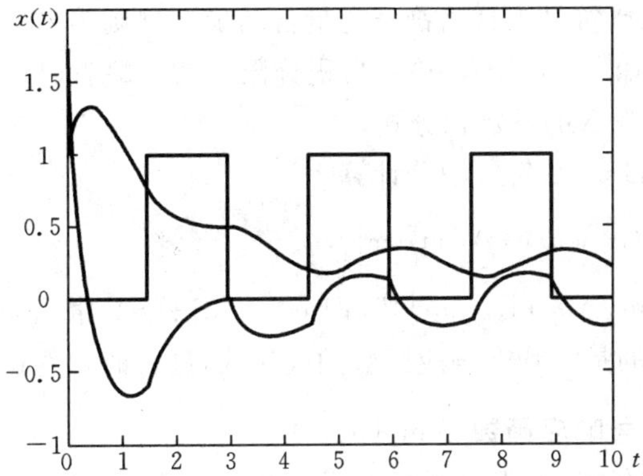

图 3-5 Matlab 问题 3-5 的状态响应曲线图

表达式则需要根据前面介绍的符号工具箱，自己编程实现状态响应函数表达式的求解。

Matlab 问题 3-6 试在 Matlab 中计算 Matlab 问题 3-5 的系统单位阶跃输入下状态响应表达式。

Matlab 程序 m3-6 如下。

```
A=[0 1; -2 -3]; B=[0; 1];
x0=[1; 2];
ut=1;                                       % 输入 ut 为单位阶跃信号
syms t tau;                                 % 指定符号变量
xt=expm(A*t)*x0+int(expm(A*(t-tau))*B*ut,tau,0,t)
                                            % 求系统的状态响应函数表达式
```

Matlab 程序 m3-6 执行结果如下。

```
xt=-5/2*exp(-2*t)+3*exp(-t)+1/2
     -3*exp(-t)+5*exp(-2*t)
```

在 Matlab 程序 m3-6 中涉及符号积分的计算函数 int()，该函数的调用格式为

```
R=int(S)
R=int(S,v)
R=int(S,a,b)
R=int(S,v,a,b)
```

其中，输入 S 为待求积分的符号表达式，v 为积分变量，a 和 b 分别为积分变量的下限和上限。符号积分函数 int()的意义为求解符号表达式 S 对应于积分变量 v 在积分区间 $[a,b]$内的积分，积分结果 R 为符号表达式。

符号积分函数 int()的积分变量 v 和积分上限 a 和下限 b 可以缺省。当 v 缺省时，则

积分变量为程序中指定的惟一符号变量，或由符号工具箱符号变量自动确定规则确定符号表达式 S 的符号变量(符号工具箱符号变量自动确定规则为:符号变量为符号 x 或与 x 最近的单文字符号，如 $y,z,w,v,\cdots$)。当积分限 a 与 b 缺省时(只能同时缺省)，则符号积分函数 int()的解为 S 的不定积分式。

在 Matlab 程序 m3-6 中，符号积分计算

```
int(expm(A * (t-tau)) * B * ut,tau,0,t)
```

的待积分函数为“expm(A * (t－tau))”，即 $e^{A(t-\tau)}$，积分变量指定为 ***tau***，积分区间为 $[0,t]$。该积分式计算的是零状态响应函数的表达式，进行的是卷积的符号计算。

4. 任意输入的符号响应函数 sym_lsim()

Matlab 提供的函数 lsim()只能计算出状态响应的数值，若需要计算状态响应的表达式，则需要根据前面介绍的符号工具箱，自己编程实现状态响应函数表达式的求解。编著者开发了专门进行任意输入下系统响应函数的符号表达式的符号计算函数 sym_lsim()，用以计算任意输入下的线性系统响应函数(该函数源程序在本教材所附的光盘中)。

sym_lsim()的主要调用格式为

```
[yt,xt]=sym_lsim(sys,x0,in_signal,a,b,amplit)
[yt,xt]=sym_lsim(sys,x0,in_signal,a,b)
[yt,xt]=sym_lsim(sys,x0,in_signal)
```

其中，sys 为系统状态空间模型；x_0、amplit、a 和 b 分别为系统的初始状态、输入信号幅值、求解的系统状态轨迹的起始时间和结束时间；in_signal 为输入信号符号串。输出项 ***yt*** 和 ***xt*** 的格式为符号表达式(矩阵)。由于采用符号工具箱计算，因此，x_0，a，b 和 amplit 可以为数值与数值变量，也可以为符号表达式或符号变量。

在 sym_lsim 中，in_signal 可以是表示系统输入函数的符号表达式或符号变量，但为方便输入常用的阶跃信号和脉冲信号，分别规定这两类输入信号的 in_signal 为' step '和' impulse '。通过 in_signal 和 amplit 这两个输入项，可以实现任意的系统输入信号设置。如，当输入信号 $u(t)=\sin(2t+0.5)+e^{-3t}$ 时，in_signal 为符号表达式

```
'sin(2 * t+0.5)+exp(-3 * t)'
```

当输入信号为 5 个单位脉冲信号时，in_signal 和 amplit 分别为

```
in_signal='impulse'; amplit=5
```

Matlab 问题 3-7 试在 Matlab 中计算如下系统在输入 $u(t)=e^{-2t}$ 下的输出响应表达式。

$$\begin{cases} \dot{\boldsymbol{x}}=\begin{bmatrix}0 & 1\\ -2 & -3\end{bmatrix}\boldsymbol{x}+\begin{bmatrix}0\\1\end{bmatrix}\boldsymbol{u}, & \boldsymbol{x}_0=\begin{bmatrix}1\\2\end{bmatrix} \\ \boldsymbol{y}=\begin{bmatrix}1 & 0\end{bmatrix}\boldsymbol{x} \end{cases}$$

Matlab 程序 m3-7 如下。

```
A=[0 1; -2 -3];
B=[0; 1]; C=[1 0]; D=0;
x0=[1; 2];
sys=ss(A,B,C,D);
syms t;                                        % 指定符号变量
yt=sym_lsim(sys,x0,'exp(-2*t)',0,t,1)  % 计算输入 exp(-2t)下系统的输出响应函数
```

Matlab 程序 m3-7 执行结果如下。

```
yt=5*exp(-t)-4*exp(-2*t)-t*exp(-2*t)
```

在 Matlab 中,计算得到符号表达式后,可以使用函数 subs()和 ezplot()很方便地求取所需要的函数值和绘出函数图形。

1) 函数 subs()。函数 subs()可用于符号表达式的函数值计算和变量代换,其主要调用格式为

```
R=subs(S,new)
R=subs(S,old,new)
```

其中,S 为要计算或代换的符号表达式(矩阵);old 为要计算或被代换的符号变量;new 为要计算的变量的值或代换的新变量。在第 1 种调用格式中没有指定需计算或代换的变量,系统自动根据符号变量自动确定规则确定符号表达式 S 的变量。

如,欲计算 Matlab 程序 m3-7 计算好的输出响应的符号表达式“yt”在 $t=0.6$ 时刻的值,只需执行

```
subs(yt,t,0.6)
```

即可得系统输出响应 $\boldsymbol{y}(t)$ 在 $t=0.6$ 时刻的值为 1.3586。

2) 函数 ezplot()。符号表达式绘图函数 ezplot()可以直接绘制符号表达式所表示的函数的二维曲线图,其主要调用格式为

```
ezplot(f,[min,max])
ezplot(f,[xmin,xmax,ymin,ymax])
```

其中,“f”为给定的符号表达式;[min,max]为需绘图曲线的自变量的区间;[xmin,xmax,ymin,ymax]为绘图曲线的二维变量的区间。当[min,max]缺省时,系统自动设置绘图区间为[-2π,2π]。

如,欲绘出 Matlab 程序 m3-7 得到的符号表达式“yt”在[0,4s]内的曲线,只需执行

```
ezplot(yt,[0,4])
```

即可得系统输出响应 $\boldsymbol{y}(t)$ 在[0,4s]内的曲线图如图 3-6 所示。

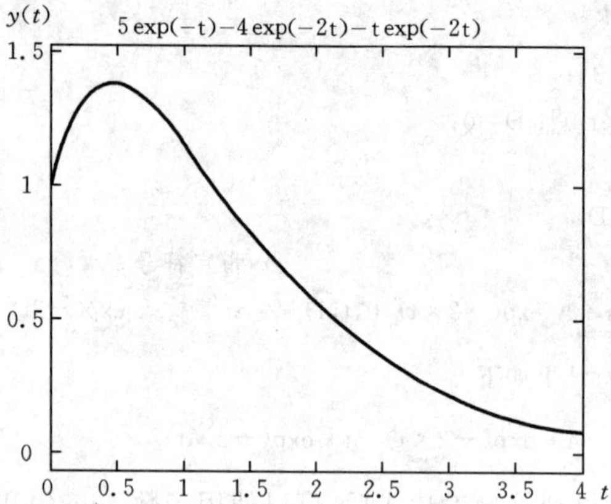

图 3-6　输出响应的符号表达式的函数图

3.6.3　连续系统的离散化

Matlab 语言提供了连续系统经采样而进行离散化的函数 c2d()。该函数的功能为将连续系统的传递函数模型和状态空间模型变换为离散系统的传递函数模型和状态空间模型，其主要调用格式为

```
sysd=c2d(sys,Ts)
sysd=c2d(sys,Ts,method)
```

其中，sys 为输入的连续系统传递函数模型或状态空间模型；sysd 为离散化所得的离散系统传递函数模型或状态空间模型；T_s 为采样周期；method 为离散化方法选择变量，它可以为'zoh'、'foh'、'tustin'或'matched'等，分别对应于基于零阶和一阶保持器的离散化法、双线性法和零极点匹配法。与 2.4.1 小节的精确离散法对应的 method 的值为'zoh'，其意义为采样系统的输入信号采样后将通过零阶保持器。

Matlab 问题 3-8　试在 Matlab 中计算例 3-11 的系统在采样周期为 0.1s 时的离散化状态方程。Matlab 程序 m3-8 如下。

```
A=[0 1; 0 -2];
B=[0; 1]; C=[]; D=[];
Ts=0.1;
sys=ss(A,B,C,D);
sys_d=c2d(sys,Ts,'zoh')
```

Matlab 程序 m3-8 执行结果如下。

```
a=        x1        x2
     x1    1   0.09063
     x2    0    0.8187
```

```
b=          u1
   x1  0.004683
   x2   0.09063
```

对近似离散法,可以根据近似离散化式(3-87)直接编程实现。

Matlab 问题 3-9 试用近似离散化方法计算 Matlab 问题 3-8 的系统的离散化状态方程。

Matlab 程序 m3-9 如下。

```
A=[0 1; 0 -2];
B=[0; 1]; C=[]; D=[];
Ts=0.1;
[n,m]=size(A);              % 查询矩阵 A 的各维的大小
A_d=eye(n)+A*Ts;            % 计算近似离散法的系统矩阵
B_d=B*Ts;                   % 计算输入矩阵
sys_d=ss(A_d,B_d,C,D,Ts)
```

Matlab 程序 m3-9 执行结果如下。

```
a=        x1   x2
   x1      1  0.1
   x2      0  0.8
b=            u1
   x1          0
   x2        0.1
```

3.6.4 线性定常离散系统的状态空间模型求解

Matlab 提供的初始状态响应函数 initial()、阶跃响应函数 step()和任意输入的系统响应函数 lsim()也同样适用于线性定常离散系统,其使用方法与用于连续系统时基本一致。下面简单介绍如何运用任意输入的系统响应函数 lsim()计算线性定常离散系统的响应。

在计算离散系统的系统响应时,函数 lsim()的主要调用格式为

```
lsim(sys,u,t,x0,type)
[yt,t,xt]=lsim(sys,u,t,x0,type)
```

其中,sys 为离散系统的传递函数模型或状态空间模型;t 为时间坐标数组;u 为时间坐标数组 t 指定时刻的输入信号序列,其采样周期需与离散系统模型 sys 的采样周期定义一致;x_0为初始状态;type 为输入信号采样保持器的选择变量,type='zoh'和'foh'分别表示为零阶和一阶采样信号保持器。若 type 缺省,Matlab 将采用高阶保持器对输入的采样信号进行光滑处理后,再进行系统响应求解。对应于 3.5.1 小节求取离散系统的状态响应方法,type 变量应为'zoh'。

Matlab 问题 3-10 试在 Matlab 中计算例 3-14 的线性离散系统在采样周期为 0.1s，系统输入为 sin(πt)时的[0，6s]的状态响应。

Matlab 程序 m3-10 如下。

```
G=[0 1; -0.16 -1];
H=[1; 1]; C=[]; D=[];
x0=[1; -1];
Ts=0.1;                                  % 定义采样周期
sys=ss(G,H,C,D,Ts);                      % 建立离散系统状态空间模型
[u,t]=gensig('sin',2,6,Ts);              % 产生周期为 2 s、时间为 6 s 的正弦信号
[y,t,x]=lsim(sys,u,t,x0,'zoh')           % 计算离散系统在给定输入下的响应
plot(t,u,t,x);                           % 将输入与状态绘于一张图内
```

Matlab 程序 m3-10 执行结果如图 3-7 所示。

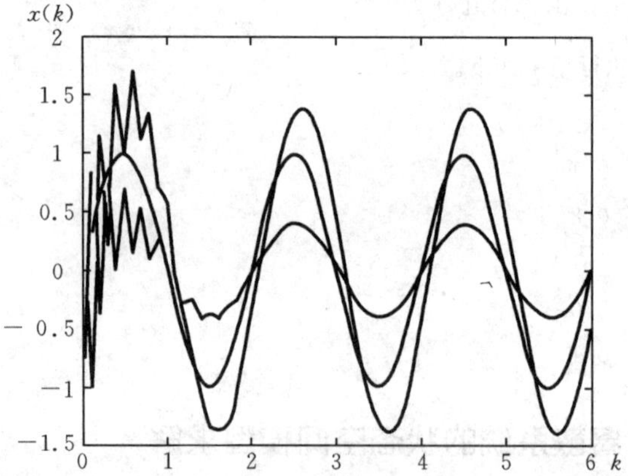

图 3-7 Matlab 问题 3-10 的状态响应曲线图

根据符号计算函数 sym_lsim()的思想和源程序，读者可自行扩展，用于求解计算任意输入的线性定常离散系统的状态响应的符号表达式。

3.6.5 线性定常系统的运动分析的符号计算和仿真平台

根据本章的主要内容和线性定常系统运动分析的需要，编著者基于 Matlab 的图形用户界面(GUI)技术，开发了一个线性定常系统运动分析的符号计算和图形仿真软件 lti_analysis(该软件源程序在教材所附的光盘中)。该软件的主要功能如下。

1）可以对连续和离散 2 种线性定常系统运动的状态、输出响应，实现符号计算和数值计算 2 种运动轨迹分析，系统可以是 SISO 的，也可以为 MIMO 的。

2）系统的输入信号可以是常用的阶跃、脉冲、正弦、方波、白噪声等，特点是可以实现任意输入信号的符号表达式输入。

3）可以实现状态和输出的运动轨迹的图形、数据以及符号表达式的输出。

4）界面友好，操作简捷，使用方便。

仿真软件 lti_analysis 的界面如图 3-8 所示。用户只要在 Matlab 中将lti_analysis. fig文件作为 GUI 文件打开并运行，或直接打开 lti_analysis. m 文件并运用，则可以根据计算与仿真的要求，在图形界面上输入仿真对象的状态空间模型、初始状态、输入信号模型（包括信号幅值、周期信号频率、白噪声信号的方差、任意输入信号的符号表达式等）、仿真参数（包括输出的变量、输出的格式、仿真时间、仿真步长和采样周期等），就可以方便地进行线性定常系统运动过程的状态、输出响应的计算与仿真，可以得到响应的符号表达式、图形或数据。

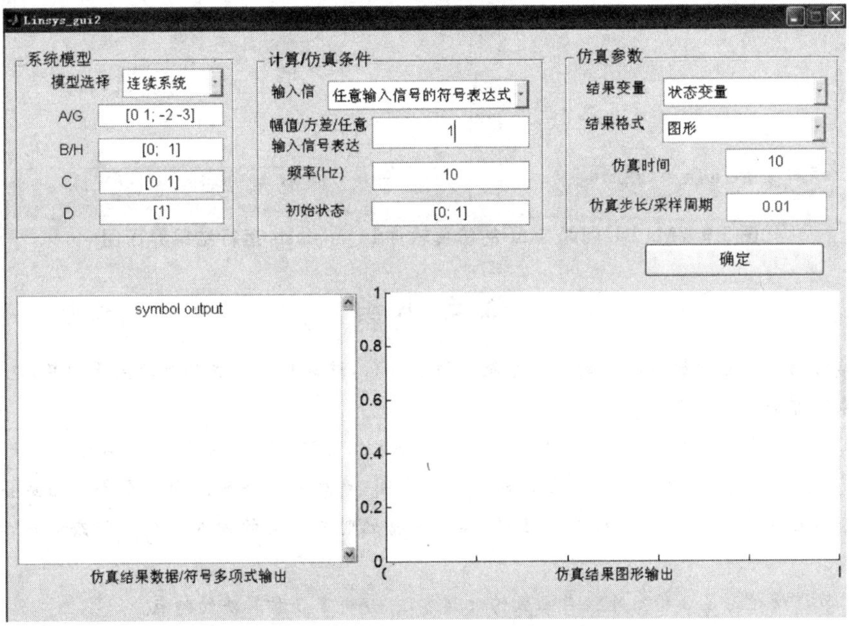

图 3-8　仿真软件 lti_analysis **的运行界面图**

Matlab 问题 3-11　试使用软件 lti_analysis 计算如下系统在输入 $u(t)=1.2e^{-t}+0.8\sin(2t)$下[0,4s]的状态响应轨迹曲线图。

$$\begin{cases}\dot{\boldsymbol{x}}=\begin{bmatrix}0 & 1 & 0\\ 0 & 0 & 1\\ -6 & -11 & -6\end{bmatrix}\boldsymbol{x}+\begin{bmatrix}0\\0\\1\end{bmatrix}\boldsymbol{u}, \quad \boldsymbol{x}(0)=\begin{bmatrix}1\\-1\\2\end{bmatrix}\\ \boldsymbol{y}=\begin{bmatrix}1 & 0 & 0\end{bmatrix}\boldsymbol{x}+\boldsymbol{u}\end{cases}$$

运行仿真软件 lti_analysis 后，按 Matlab 问题 3-11 的要求，在 GUI 界面的输入框和选择框上输入各输入项和选择项，按“确定”键，则有如图 3-9 所示的仿真界面输出（结果）。

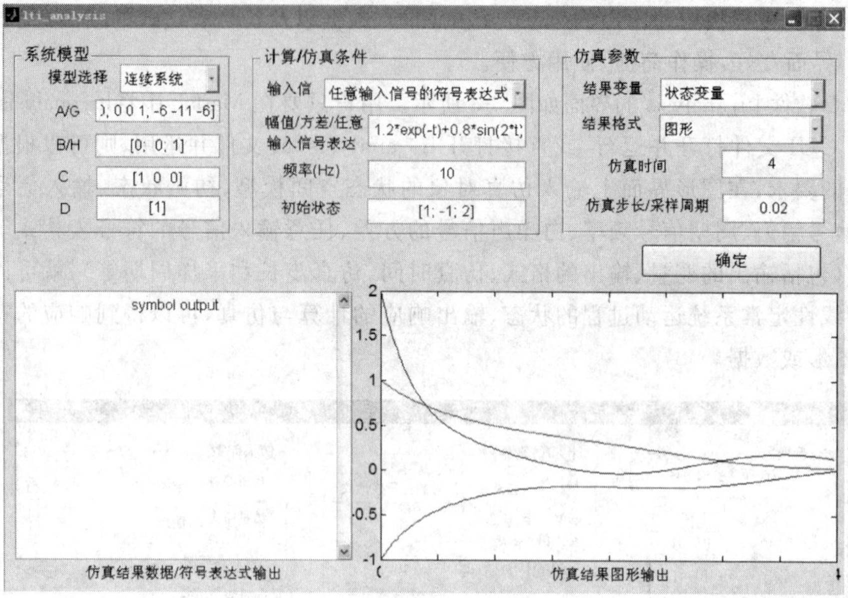

图 3-9　Matlab 问题 3-11 的仿真软件 lti_analysis 运行结果界面图

本 章 小 结

本章讨论状态空间模型描述的线性系统的运动分析，这是控制系统分析的主要问题，也是更好地进行系统综合与控制设计的前提。

3.1 节首先导出了线性定常连续系统的齐次状态方程的解，定义了矩阵指数函数以及状态转移矩阵，并基于此得到了非齐次状态方程的解。结果表明，系统的状态响应由 2 个部分组成：一是由初始状态引起的状态响应，即系统自由运动；二是由初始时刻之后的输入引起的状态响应，即系统强迫运动。

3.2 节详细讨论了 3 种矩阵指数函数的计算方法，分析了 3 种算法的特点。

3.3 节讨论了线性时变连续系统状态方程的求解。通过引入状态转移矩阵，得到了与线性定常连续系统的状态响应表达式形式上一致的线性时变连续系统的状态响应表达式。

基于线性连续系统的状态响应表达式，3.4 节讨论了线性连续系统的离散化(采样)，为进行线性连续系统的计算机控制系统设计与实现奠定了模型基础。

3.5 节讨论了线性离散系统的状态方程的求解，定义了状态转移矩阵，推导出定常和时变的线性离散系统的状态响应表达式。结果表明，离散系统的状态响应与连续系统的响应形式上具有一致性。

最后，3.6 节介绍了矩阵指数函数的计算、系统运动轨迹的计算以及连续系统的离散化(采样)等问题的基于 Matlab 语言程序编制和计算方法，并开发了用于动态系统运动分析的计算、仿真的 Matlab 符号化和图形化软件平台 lti_analysis。

习 题

3-1 试用直接计算法计算下列矩阵 $\boldsymbol{A}$ 的矩阵指数函数 $e^{\boldsymbol{A}t}$（即状态转移矩阵）。

(1) $\boldsymbol{A}=\begin{bmatrix}-1 & 0\\ 0 & 1\end{bmatrix}$　　(2) $\boldsymbol{A}=\begin{bmatrix}1 & 0 & 0\\ 0 & 0 & 1\\ 0 & -1 & 0\end{bmatrix}$

3-2 试利用矩阵指数函数的性质计算下列矩阵 $\boldsymbol{A}$ 的矩阵值函数 $e^{\boldsymbol{A}t}$。

(1) $\boldsymbol{A}=\begin{bmatrix}-2 & 1 & 0\\ 0 & -2 & 0\\ 0 & 0 & -2\end{bmatrix}$　　(2) $\boldsymbol{A}=\begin{bmatrix}0 & 0 & 0\\ 1 & 0 & 0\\ 0 & 0 & 1\end{bmatrix}$

3-3 试选择适当的方法计算下列矩阵 $\boldsymbol{A}$ 的矩阵指数函数 $e^{\boldsymbol{A}t}$。

(1) $\boldsymbol{A}=\begin{bmatrix}1 & 0 & 0\\ 0 & 1 & 1\\ 0 & 0 & 2\end{bmatrix}$　　(2) $\boldsymbol{A}=\begin{bmatrix}0 & 1\\ -ab & -(a+b)\end{bmatrix}$　$(a\neq b)$

3-4 试说明下列矩阵是否满足状态转移矩阵的条件，若满足，试求与之对应的 $\boldsymbol{A}$ 矩阵。

(1) $\boldsymbol{\Phi}(t)=\begin{bmatrix}1 & 0 & 0\\ 0 & \cos t & -\sin t\\ 0 & \sin t & \cos t\end{bmatrix}$　　(2) $\boldsymbol{\Phi}(t)=\dfrac{1}{4}\begin{bmatrix}2(e^{-t}+e^{3t}) & e^{3t}-e^{-t}\\ 4(e^{3t}-e^{-t}) & 2(e^{-t}+e^{3t})\end{bmatrix}$

3-5 试求下列齐次状态方程的解。

(1) $\begin{bmatrix}\dot{x}_1\\ \dot{x}_2\\ \dot{x}_3\end{bmatrix}=\begin{bmatrix}-1 & 0 & 0\\ 0 & -2 & 0\\ 0 & 0 & -3\end{bmatrix}\begin{bmatrix}x_1\\ x_2\\ x_3\end{bmatrix}$　　(2) $\begin{bmatrix}\dot{x}_1\\ \dot{x}_2\\ \dot{x}_3\end{bmatrix}=\begin{bmatrix}2 & 1 & 0\\ 0 & 2 & 1\\ 0 & 0 & 2\end{bmatrix}\begin{bmatrix}x_1\\ x_2\\ x_3\end{bmatrix}$

3-6 设线性定常系统的齐次状态方程为 $\dot{\boldsymbol{x}}(t)=\boldsymbol{A}\boldsymbol{x}(t)$，已知

(1) $\boldsymbol{x}(t)=\begin{bmatrix}e^{-2t}\\ -e^{-2t}\end{bmatrix}$，当 $\boldsymbol{x}(0)=\begin{bmatrix}1\\ -1\end{bmatrix}$　　(2) $\boldsymbol{x}(t)=\begin{bmatrix}2e^{-t}\\ -e^{-t}\end{bmatrix}$，当 $\boldsymbol{x}(0)=\begin{bmatrix}2\\ -1\end{bmatrix}$

试求取该系统的系统矩阵 $\boldsymbol{A}$ 及状态转移矩阵 $\boldsymbol{\Phi}(t)$。

3-7 已知线性定常系统的齐次状态方程为

$$\dot{\boldsymbol{x}}(t)=\begin{bmatrix}0 & 1\\ 2 & -1\end{bmatrix}\boldsymbol{x}(t)$$

试确定与状态 $\boldsymbol{x}(1)=[2\quad 5]^{\mathrm{T}}$ 相对应的初始状态 $\boldsymbol{x}(0)$。

3-8 已知线性定常系统的非齐次状态方程为

$$\begin{bmatrix}\dot{\boldsymbol{x}}_1\\ \dot{\boldsymbol{x}}_2\end{bmatrix}=\begin{bmatrix}0 & 1\\ -2 & -3\end{bmatrix}\begin{bmatrix}\boldsymbol{x}_1\\ \boldsymbol{x}_2\end{bmatrix}+\begin{bmatrix}2\\ 0\end{bmatrix}\boldsymbol{u},\quad \begin{bmatrix}\boldsymbol{x}_1(0)\\ \boldsymbol{x}_2(0)\end{bmatrix}=\begin{bmatrix}0\\ 1\end{bmatrix}$$

试分别求在下列输入下的状态轨迹 $\boldsymbol{x}(t)$。

(1) 阶跃信号 $\boldsymbol{u}(t)=1(t\geqslant 0)$；

(2) 负指数信号 $\boldsymbol{u}(t)=e^{-t}(t\geqslant 0)$。

3-9 试求取下列连续系统状态方程在 $T=0.1\mathrm{s}$ 的离散化方程。

(1) $\dot{\boldsymbol{x}}(t)=\begin{bmatrix}0 & 0\\ 0 & 1\end{bmatrix}\boldsymbol{x}+\begin{bmatrix}0\\ 1\end{bmatrix}\boldsymbol{u}$　　(2) $\dot{\boldsymbol{x}}(t)=\begin{bmatrix}0 & 1\\ 0 & -2\end{bmatrix}\boldsymbol{x}+\begin{bmatrix}1\\ 1\end{bmatrix}\boldsymbol{u}$

3-10 已知系统的状态方程为

$$\boldsymbol{x}(k+1)=\begin{bmatrix}0.2 & 1\\0 & 0.2\end{bmatrix}\boldsymbol{x}(k)+\begin{bmatrix}1 & 0\\0 & 1\end{bmatrix}\boldsymbol{u}(k),\quad \boldsymbol{x}(0)=\begin{bmatrix}-1\\3\end{bmatrix}$$

其中输入信号 $u_1(k)$ 和 $u_2(k)$ 分别为阶跃信号和斜坡信号在采样周期为 0.2 s 时的采样值。试求系统的状态方程的解 $\boldsymbol{x}(k)$。

3-11 设线性时变离散系统的状态方程为

$$\boldsymbol{x}(k+1)=\begin{bmatrix}1 & 1-\mathrm{e}^{-kT}\\0 & \mathrm{e}^{-kT}\end{bmatrix}\boldsymbol{x}(k)+\begin{bmatrix}1 & \mathrm{e}^{-kT}\\0 & 1-\mathrm{e}^{-kT}\end{bmatrix}\boldsymbol{u}(k),\quad \boldsymbol{x}(0)=\begin{bmatrix}0\\0\end{bmatrix}$$

试求取在 $T=0.2\mathrm{s}$ 且 $\boldsymbol{u}(k)=[0\quad 1]^{\mathrm{T}}(k\geqslant 0)$ 时，该系统状态方程的解。

4

线性系统的能控性和能观性

本章讨论线性系统的结构性分析问题。主要介绍动态系统状态空间模型分析的两个基本结构性质——状态能控性和能观性，以及这两个性质在状态空间模型的结构分解和线性变换中的应用，并引入能控规范形和能观规范形，以及实现问题与最小实现的概念。本章最后介绍控制系统的结构性分析问题基于 Matlab 的程序设计与计算。

动态系统的能控性和能观性是系统的两个基本结构特性。随着状态空间分析方法的引入，卡尔曼在 20 世纪 60 年代初首先提出和研究了能控性和能观性这两个重要的关于系统不变结构特性的概念。控制理论的发展表明，这两个概念对于控制和状态估计问题的研究，如最优控制和最佳估计问题的研究，有着极其重要的意义。系统能控性是指控制作用对被控系统的状态和输出进行控制的可能性；而能观性则反映系统直接测量输入输出量的量测值以确定系统状态的可能性。

然而，在经典控制理论中没有涉及这两个结构性问题。这是因为经典控制理论所讨论的是 SISO 系统输入输出的分析和综合问题，它的输入量和输出量之间的动态关系可以惟一地由系统传递函数所确定。因此，给定系统输入，则一定会存在惟一的系统输出与之对应。反之，对期望的输出信号，总可找到相应的输入信号，即输出量一定可以按要求进行控制，不存在能否控制的问题。而且，系统输出量一般是可以测量的，否则无从对系统进行反馈控制和考核系统所达到的性能。所以，无论是从理论上还是实践上，经典控制理论和技术一般不涉及能否控制和能否观测的问题。现代控制理论则着眼于分析、优化和控制 MIMO 系统内部特性和动态变化的状态，其状态变量向量的维数一般比输入向量的维数高，并且有时还不能测量，故存在系统内部状态能否控制和能否观测的问题。

本章先讨论线性系统的能控性与能观性，然后讨论能控能观结构分解、能控能观规范形和系统实现等问题。

4.1 线性连续系统的能控性

首先通过物理直观性来讨论状态能控性的基本含义，然后引出状态能控性的定义。这种从直观到抽象的讨论，有利于准确理解能控性的严格定义。

4.1.1 能控性的直观讨论

状态能控性反映输入 $\boldsymbol{u}(t)$ 对系统内部状态 $\boldsymbol{x}(t)$ 的控制能力。如果系统的内部状态变量 $\boldsymbol{x}(t)$ 由任意初始时刻的初始状态开始的运动都能由输入来影响，并能在有限时间内控制到系统原点，那么称系统是能控的，或者更确切地说，是状态能控的。否则，就称系统为不完全能控的。下面通过实例来说明能控性的意义。

某电桥系统的模型如图 4-1 所示。该电桥系统中，电源电压 $u(t)$ 为输入变量，并选择两电容器两端的电压为状态变量 $x_1(t)$ 和 $x_2(t)$。

由电路理论知识可知，若图 4-1 所示的电桥系统是平衡的（如 $Z_1=Z_2=Z_3=Z_4$），电容 C_2 的电压 $x_2(t)$ 是不能通过输入电压 $u(t)$ 改变的，即状态变量 $x_2(t)$ 是不能控的，则系统是不完全能控的。若图 4-1 所示的电桥系统是不平衡的，电容的电压 $x_1(t)$ 和 $x_2(t)$ 可以通过输入电压 $u(t)$ 控制，则系统是能控的。

从系统状态空间模型的角度分析图 4-1 所示的电桥系统，当电桥系统平衡时（如 $Z_1=Z_2=Z_3=Z_4=Z$），其状态方程为

$$\begin{cases} \dot{x}_1=-\dfrac{1}{ZC_1}x_1+\dfrac{1}{ZC_1}u \\ \dot{x}_2=-\dfrac{1}{ZC_2}x_2 \end{cases}$$

由该状态方程可知，状态变量 $x_2(t)$ 的值，即电桥中电容 C_2 的电压是自由衰减的，并不受输入 $u(t)$ 的控制。因此，该电压的值不能在有限时间内衰减至零，即该状态变量不能由输入变量控制到原点。具有这种特性的系统称为状态不能控的。

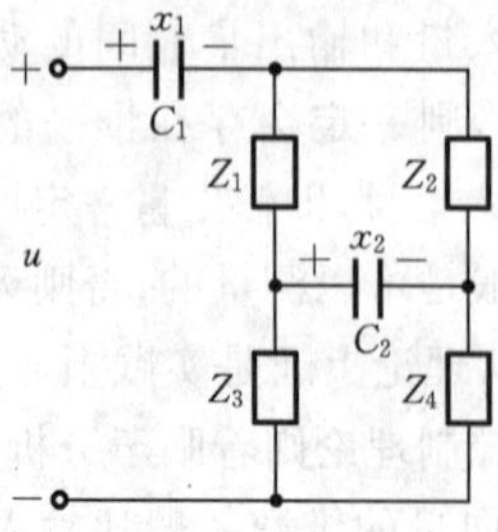

图 4-1 电桥系统

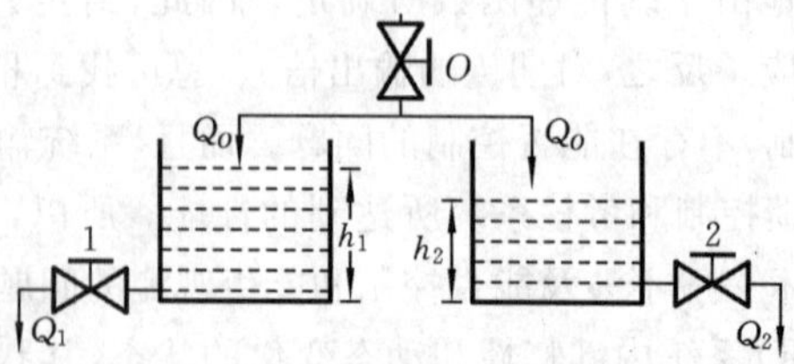

图 4-2 并联双水槽系统

某并联双水槽系统如图 4-2 所示，其截面积均为 A，它们通过阀门 O 均匀地输入等量液体，即其流量 Q_O 相同。当阀门 1 和 2 的开度不变时，设它们在平衡工作点附近阀门

阻力相等并可视为常数，记为R。图中$h_1(t)$和$h_2(t)$分别为两水槽的水面高度，$Q_1(t)$和$Q_2(t)$分别为阀门1和2的液体流量。该双水槽系统的状态能控性分析如下。

由各水槽中所盛水量的平衡关系和流量与压力(水面高度)的关系，有

$$\begin{cases} A_1\dfrac{\mathrm{d}\Delta h_1}{\mathrm{d}t} = \Delta Q_O - \Delta Q_1, \quad \Delta h_1 = R\Delta Q_1 \\ A_2\dfrac{\mathrm{d}\Delta h_2}{\mathrm{d}t} = \Delta Q_O - \Delta Q_2, \quad \Delta h_2 = R\Delta Q_2 \end{cases}$$

式中，Δ代表平衡工作点附近的变化量。选择上述方程中变量$\Delta h_1(t)$和$\Delta h_2(t)$分别为状态变量$x_1(t)$和$x_2(t)$，则有如下状态方程：

$$\begin{cases} \dot{x}_1 = -\dfrac{1}{AR}x_1 + \dfrac{1}{A}\Delta Q_O \\ \dot{x}_2 = -\dfrac{1}{AR}x_2 + \dfrac{1}{A}\Delta Q_O \end{cases}$$

解上述状态方程，可得

$$\begin{cases} x_1(t) = \exp\left(\dfrac{-t}{AR}\right)x_1 + \dfrac{1}{A}\displaystyle\int_0^t \exp\left(\dfrac{t-\tau}{AR}\right)\Delta Q_O(\tau)\mathrm{d}\tau \\ x_2(t) = \exp\left(\dfrac{-t}{AR}\right)x_2 + \dfrac{1}{A}\displaystyle\int_0^t \exp\left(\dfrac{t-\tau}{AR}\right)\Delta Q_O(\tau)\mathrm{d}\tau \end{cases}$$

由上述解可知，当初始状态$x_1(0)$和$x_2(0)$不等时，则$x_1(t)$和$x_2(t)$的状态轨迹完全不相同，即在有限时间内两条状态轨迹不相交。因此，对该系统，无论如何控制流入液体的流量$\Delta Q_O(t)$，都不能使两水槽的液面高度的变化量$\Delta h_1(t)$和$\Delta h_2(t)$在有限时间内同时为零，即该系统的液面高度不完全能任意控制。

上面用实际系统机理及相应的状态方程初步说明了能控性的基本含义，但更复杂、维数更高的系统及相应的状态方程，直接判断能控性是困难的。下面将通过给出状态能控性的严格定义，导出判定系统能控性的充分必要条件。

4.1.2 状态能控性的定义

由状态方程求解公式可知，系统状态的变化取决于系统的初始状态和初始时刻之后的输入。因此研究讨论状态能控性问题，即状态的变化与控制问题时，只需考虑系统在输入$\boldsymbol{u}(t)$的作用和状态方程的性质，与输出$\boldsymbol{y}(t)$和输出方程无关。

对线性连续系统，有如下状态能控性的定义。

定义 4-1(线性连续系统状态能控性定义)　若线性连续系统

$$\dot{\boldsymbol{x}}(t) = \boldsymbol{A}(t)\boldsymbol{x}(t) + \boldsymbol{B}(t)\boldsymbol{u}(t) \tag{4-1}$$

对初始时刻$t_0(t_0\in T, T$为系统的时间定义域)和初始状态$\boldsymbol{x}(t_0)$，存在另一有限时刻$t_1(t_1>t_0, t_1\in T)$，可以找到一个输入控制向量$\boldsymbol{u}(t)$，能在有限时间$[t_0,t_1]$内把系统从初始状态$\boldsymbol{x}(t_0)$控制到原点，即$\boldsymbol{x}(t_1)=0$，则称系统在t_0时刻的初始状态$\boldsymbol{x}(t_0)$能控；若对t_0时刻的状态空间中的所有状态都能控，则称系统在t_0时刻状态完全能控；若系统在所

有时刻状态完全能控，则称系统状态完全能控，简称为系统能控。即如果数学逻辑关系式

$$\forall t_0 \in T \quad \forall \boldsymbol{x}(t_0) \in \boldsymbol{R}^n \ \exists t_1 \in T \cap (t_1 > t_0) \quad \exists \boldsymbol{u}(t)(t \in [t_0, t_1]) \quad (\boldsymbol{x}(t_1) = 0) \tag{4-2}$$

为真，则称系统状态完全能控。

若系统存在某个状态 $\boldsymbol{x}(t_0)$ 不满足上述条件，则称系统状态不完全能控，简称为系统状态不能控。

状态能控性意味着任意初始状态通过输入作用能在有限时间内控制到坐标原点，如图 4-3 所示。

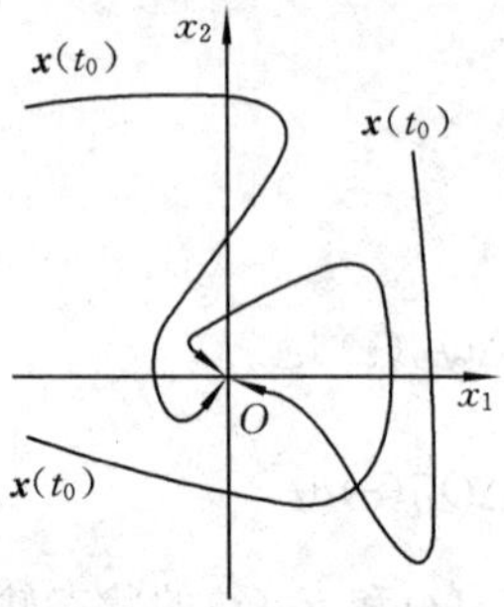

图 4-3 状态能控性示意图

对上述状态能控性的定义有如下注记。

1) 定义中的控制时间 $[t_0, t_1]$ 是系统状态由初始状态转移到原点所需的有限时间间隔。对于时变系统，控制时间的长短，即 $t_1 - t_0$ 的值与初始时刻 t_0 的有关。对于定常系统，这个能控时间与 t_0 的无关。所以，对于线性定常系统，可不必在定义中强调“在所有时刻状态完全能控”，而只需要求“某一时刻状态完全能控，则系统状态完全能控”。

2) 在定义中，对输入 $\boldsymbol{u}(t)$ 几乎没有加任何约束条件，只要保证状态方程(4-1)的解存在即可。如果系数矩阵 $\boldsymbol{A}(t)$ 和 $\boldsymbol{B}(t)$ 的每个元素和 $\boldsymbol{u}(t)$ 的每个分量都是 t 的分段连续函数，则方程(4-1)存在惟一解。$\boldsymbol{u}(t)$ 为分段连续的条件，在工程实际上是很容易得到满足的。

3) 在状态能控性定义中，对输入 $\boldsymbol{u}(t)$ 和状态 $\boldsymbol{x}(t)$ 所处的空间都没有任何约束条件。在实际工程系统中，输入变量空间和状态空间都不是无限制条件的线性空间，因此上述能控性的定义对工程实际系统还需作具体的分析。

4.1.3 线性定常连续系统的状态能控性判别

线性定常连续系统的状态能控性判据有许多不同形式，下面讨论代数判据和模态(特征值)判据。

1. 代数判据

定理 4-1 线性定常连续系统 $\Sigma(\boldsymbol{A}, \boldsymbol{B})$，即

$$\dot{\boldsymbol{x}}(t) = \boldsymbol{A}\boldsymbol{x}(t) + \boldsymbol{B}\boldsymbol{u}(t) \tag{4-3}$$

状态完全能控的充分必要条件为下述条件之一成立。

① 矩阵函数 $\mathrm{e}^{-\boldsymbol{A}t}\boldsymbol{B}$ 的各行函数线性独立，即不存在非零常数向量 $\boldsymbol{f} \in \boldsymbol{R}^n$，使得

$$\boldsymbol{f}^{\mathrm{T}} \mathrm{e}^{-\boldsymbol{A}t} \boldsymbol{B} \equiv 0$$

② 如下定义的能控性矩阵

$$Q_c = [B \quad AB \quad \cdots \quad A^{n-1}B]$$

满秩，即

$$\operatorname{rank} Q_c = \operatorname{rank}[B \quad AB \quad \cdots \quad A^{n-1}B] = n$$

证明 对于线性定常系统，由上述能控性定义的注记1)可知，其状态能控性与初始时刻的选取无关。因此，为不失一般性，可设初始时刻 t_0 为0。根据状态方程解的表达式，得方程(4-3)的解为

$$x(t) = e^{At}x(0) + \int_0^t e^{A(t-\tau)}Bu(\tau)d\tau$$

由能控性的定义有，若能控，则应存在 $t_1(t_1>0)$ 和分段连续的 $u(t)$，使得 $x(t_1)=0$，故有

$$0 = e^{At_1}x(0) + \int_0^{t_1} e^{A(t_1-\tau)}Bu(\tau)d\tau$$

即

$$-x(0) = \int_0^{t_1} e^{-A\tau}Bu(\tau)d\tau \tag{4-4}$$

因此，线性定常系统(4-3)完全能控的充分必要条件为：方程(4-4)对任意的 $x(0)$ 有输入 $u(t)$ 的解。下面将利用方程(4-4)分别证明上述判别状态能控性的两个充分必要条件。

(1) 条件①的充分性和必要性

1) 证明条件①的充分性，即证明，若矩阵函数 $e^{-At}B$ 的各行函数线性独立，则系统状态能控。

用反证法证明。设系统状态不能控，但矩阵函数 $e^{-At}B$ 的各行函数线性独立。系统不能控，即状态空间中存在不能控的状态，则意味着如下定义的状态向量的能控子空间

$$R_c = \left\{ x(0) \,\middle|\, -x(0) = \int_0^{t_1} e^{-A\tau}Bu(\tau)d\tau, \quad \forall t_1 > 0, \quad \forall u(t) \in R^r \right\} \tag{4-5}$$

比状态空间 R^n 小，属于 R^n 的一个线性子空间，其维数小于 n。对维数小于 n 的能控子空间 R_c，一定存在一个 n 维的常数向量 $f \in R^n$，且在 n 维线性空间中与 R_c 垂直(或称正交)，即

$$f^T x(0) = 0 \quad (\forall x(0) \in R_c)$$

因此，由 R_c 的定义式(4-5)，可得

$$f^T \int_0^{t_1} e^{-A\tau}Bu(\tau)d\tau = 0 \quad (\forall t_1 > 0, \ \forall u(t) \in R^r)$$

上式对于任意时间 t_1 和任意 r 维空间中的输入向量 $u(t)$ 都恒成立，则有

$$f^T e^{-At}B \equiv 0 \quad (\forall t \geqslant 0)$$

对非零向量 f，上式恒成立则意味着 $e^{-At}B$ 的各行函数线性相关。这与前面的推论产生矛盾，故原假定状态不能控，但矩阵函数 $e^{-At}B$ 的各行函数线性独立是不成立的。因此，条件①的充分性得以证明。

2）证明条件①的必要性，即证明若系统状态能控，则矩阵函数 $e^{-At}\boldsymbol{B}$ 的各行函数线性独立。用反证法证明。设矩阵函数 $e^{-At}\boldsymbol{B}$ 的各行函数线性相关，但状态能控。矩阵函数 $e^{-At}\boldsymbol{B}$ 的各行函数线性相关，即存在非零常数向量 $\boldsymbol{f}\in\boldsymbol{R}^n$，使得

$$\boldsymbol{f}^{\mathrm{T}}e^{-At}\boldsymbol{B}\equiv 0\quad(\forall t\geqslant 0)$$

因此有

$$\boldsymbol{f}^{\mathrm{T}}\int_0^{t_1}e^{-A\tau}\boldsymbol{B}\boldsymbol{u}(\tau)\mathrm{d}\tau=\int_0^{t_1}\boldsymbol{f}^{\mathrm{T}}e^{-A\tau}\boldsymbol{B}\boldsymbol{u}(\tau)\mathrm{d}\tau\equiv 0\quad(\forall t_1>0,\ \forall\boldsymbol{u}(t)\in\boldsymbol{R}^r)\tag{4-6}$$

由于系统是状态完全能控的，即能控状态充满整个 $\boldsymbol{R}^n$，因此对非零向量 $\boldsymbol{f}$，一定存在非零的能控状态 $\boldsymbol{x}(0)$，使得

$$-\boldsymbol{f}^{\mathrm{T}}\boldsymbol{x}(0)\neq 0$$

而对能控的 $\boldsymbol{x}(0)$，又一定存在适当的 t_1 和 $\boldsymbol{u}(t)$，使得下式成立：

$$-\boldsymbol{x}(0)=\int_0^{t_1}e^{-A\tau}\boldsymbol{B}\boldsymbol{u}(\tau)\mathrm{d}\tau$$

因此有

$$\boldsymbol{f}^{\mathrm{T}}\int_0^{t_1}e^{-A\tau}\boldsymbol{B}\boldsymbol{u}(\tau)\mathrm{d}\tau\neq 0\quad(\exists t_1>0,\ \exists\boldsymbol{u}(t)\in\boldsymbol{R}^r)$$

上式和式(4-6)矛盾，故原假定矩阵函数 $e^{-At}\boldsymbol{B}$ 的各行函数线性相关，但系统状态能控是不成立的。因此，条件①的必要性得以证明。

（2）条件②的充分性和必要性

下面通过证明矩阵函数 $e^{-At}\boldsymbol{B}$ 的各行函数线性相关等价于能控性矩阵 $\boldsymbol{Q}_c$ 非满秩，即

$$\mathrm{rank}\boldsymbol{Q}_c=\mathrm{rank}[\boldsymbol{B}\quad\boldsymbol{AB}\quad\cdots\quad\boldsymbol{A}^{n-1}\boldsymbol{B}]<n\tag{4-7}$$

来证明定理中的条件②。

若矩阵函数 $e^{-At}\boldsymbol{B}$ 的各行函数线性相关，则存在非零的常数向量 $\boldsymbol{f}$，使得

$$\boldsymbol{f}^{\mathrm{T}}e^{-At}\boldsymbol{B}\equiv 0\quad(\forall t)\tag{4-8}$$

由于 e^{-At} 连续并有无穷阶导数，因此，若方程(4-8)对任意时间 t 恒成立，则对该方程的两边求任意阶导数方程依然成立，即

$$\begin{cases}\boldsymbol{f}^{\mathrm{T}}e^{-At}\boldsymbol{AB}\equiv 0\\ \boldsymbol{f}^{\mathrm{T}}e^{-At}\boldsymbol{A}^2\boldsymbol{B}\equiv 0\\ \quad\vdots\\ \boldsymbol{f}^{\mathrm{T}}e^{-At}\boldsymbol{A}^{n-1}\boldsymbol{B}\equiv 0\end{cases}$$

令上式和式(4-8)的 $t=0$，则有

$$\boldsymbol{f}^{\mathrm{T}}[\boldsymbol{B}\quad\boldsymbol{AB}\quad\cdots\quad\boldsymbol{A}^{n-1}\boldsymbol{B}]=0\tag{4-9}$$

因此，若矩阵函数 $e^{-At}\boldsymbol{B}$ 的各行函数线性相关，则能控性矩阵 $\boldsymbol{Q}_c$ 非满秩，即式(4-7)成立。

若能控性矩阵 $\boldsymbol{Q}_c$ 非满秩，即式(4-7)成立，则存在非零的常数向量 $\boldsymbol{f}$ 使得式(4-9)成

立。由凯莱-哈密顿定理，有

$$e^{-\boldsymbol{A}t}=\sum_{k=0}^{n-1}\alpha_k(t)\boldsymbol{A}^k$$

因此有

$$\boldsymbol{f}^{\mathrm{T}}e^{-\boldsymbol{A}t}\boldsymbol{B}=\sum_{k=0}^{n-1}\alpha_k(t)\boldsymbol{f}^{\mathrm{T}}\boldsymbol{A}^k\boldsymbol{B}\equiv 0$$

即如果能控性矩阵 $\boldsymbol{Q}_c$ 非满秩，则矩阵函数 $e^{-\boldsymbol{A}t}\boldsymbol{B}$ 的各行函数线性相关。

综合上述过程，证明了 $e^{-\boldsymbol{A}t}\boldsymbol{B}$ 的各行函数线性相关等价于能控性矩阵 $\boldsymbol{Q}_c$ 非满秩。故由定理的条件①可知，能控性矩阵 $\boldsymbol{Q}_c$ 满秩亦为线性定常连续系统状态能控的充分必要条件。 □□□

定理 4-1 给出的是线性定常连续系统状态能控性的充分必要的两个判据，可直接用于能控性的判定。由于检验矩阵函数 $e^{-\boldsymbol{A}t}\boldsymbol{B}$ 的各行是否函数线性独立相对困难一些，因此在实际应用中通常用定理 4-1 的条件②作为检验状态能控性的充分必要条件。条件②亦被称为线性定常连续系统状态能控性的代数判据。

例 4-1 试判断如下单输入系统的状态能控性。

$$\dot{\boldsymbol{x}}=\begin{bmatrix}0 & 1 & 0\\ 0 & 0 & 1\\ -a_3 & -a_2 & -a_1\end{bmatrix}\boldsymbol{x}+\begin{bmatrix}0\\0\\1\end{bmatrix}\boldsymbol{u}$$

解 由状态能控性的代数判据有

$$\boldsymbol{b}=\begin{bmatrix}0\\0\\1\end{bmatrix},\quad \boldsymbol{Ab}=\begin{bmatrix}0\\1\\-a_1\end{bmatrix},\quad \boldsymbol{A}^2\boldsymbol{b}=\begin{bmatrix}1\\-a_1\\-a_2+a_1^2\end{bmatrix}$$

故

$$\mathrm{rank}\boldsymbol{Q}_c=\mathrm{rank}[\boldsymbol{b}\quad \boldsymbol{Ab}\quad \boldsymbol{A}^2\boldsymbol{b}]=\mathrm{rank}\begin{bmatrix}0 & 0 & 1\\ 0 & 1 & -a_1\\ 1 & -a_1 & -a_2+a_1^2\end{bmatrix}=3=n$$

因此，该系统状态完全能控。

例 4-2 试判断如下系统的状态能控性。

$$\dot{\boldsymbol{x}}=\begin{bmatrix}1 & 3 & 2\\ 0 & 2 & 0\\ 0 & 1 & 3\end{bmatrix}\boldsymbol{x}+\begin{bmatrix}2 & 1\\ 1 & 1\\ -1 & -1\end{bmatrix}\boldsymbol{u}$$

解 由状态能控性的代数判据有

$$\boldsymbol{Q}_c=[\boldsymbol{B}\quad \boldsymbol{AB}\quad \boldsymbol{A}^2\boldsymbol{B}]=\begin{bmatrix}2 & 1 & 3 & 2 & 5 & 4\\ 1 & 1 & 2 & 2 & 4 & 4\\ -1 & -1 & -2 & -2 & -4 & -4\end{bmatrix}$$

对该能控性矩阵判定秩，较简便的方法可采用对行进行初等变换。例如，将上述矩阵的第 3 行加到第 2 行中去，则可得矩阵

$$\begin{bmatrix} 2 & 1 & 3 & 2 & 5 & 4 \\ 1 & 1 & 2 & 2 & 4 & 4 \\ 0 & 0 & 0 & 0 & 0 & 0 \end{bmatrix}$$

显然其秩为2。而系统的状态变量的维数 $n=3$,所以状态不完全能控。

2. 模态判据

在给出线性定常连续系统的状态能控性模态判据之前,先证明状态能控性的性质:线性定常系统经非奇异线性变换后状态能控性保持不变。

证明 设非奇异线性变换为 $\boldsymbol{P}$,则系统 $\Sigma(\boldsymbol{A},\boldsymbol{B})$ 经非奇异线性变换 $\boldsymbol{x}=\boldsymbol{P}\tilde{\boldsymbol{x}}$ 后为 $\tilde{\Sigma}(\tilde{\boldsymbol{A}},\tilde{\boldsymbol{B}})$,并有

$$\tilde{\boldsymbol{A}} = \boldsymbol{P}^{-1}\boldsymbol{A}\boldsymbol{P}, \quad \tilde{\boldsymbol{B}} = \boldsymbol{P}^{-1}\boldsymbol{B}$$

由于

$$\begin{aligned} \operatorname{rank}[\tilde{\boldsymbol{B}} \quad \tilde{\boldsymbol{A}}\tilde{\boldsymbol{B}} \quad \cdots \quad \tilde{\boldsymbol{A}}^{n-1}\tilde{\boldsymbol{B}}] &= \operatorname{rank}[\boldsymbol{P}^{-1}\boldsymbol{B} \quad \boldsymbol{P}^{-1}\boldsymbol{A}\boldsymbol{P}\boldsymbol{P}^{-1}\boldsymbol{B} \quad \cdots \quad (\boldsymbol{P}^{-1}\boldsymbol{A}\boldsymbol{P})^{n-1}\boldsymbol{P}^{-1}\boldsymbol{B}] \\ &= \operatorname{rank}[\boldsymbol{P}^{-1}\boldsymbol{B} \quad \boldsymbol{P}^{-1}\boldsymbol{A}\boldsymbol{B} \quad \cdots \quad \boldsymbol{P}^{-1}\boldsymbol{A}^{n-1}\boldsymbol{B}] \\ &= \operatorname{rank}(\boldsymbol{P}^{-1}[\boldsymbol{B} \quad \boldsymbol{A}\boldsymbol{B} \quad \cdots \quad \boldsymbol{A}^{n-1}\boldsymbol{B}]) \\ &= \operatorname{rank}[\boldsymbol{B} \quad \boldsymbol{A}\boldsymbol{B} \quad \cdots \quad \boldsymbol{A}^{n-1}\boldsymbol{B}] \end{aligned}$$

因此,系统 $\tilde{\Sigma}(\tilde{\boldsymbol{A}},\tilde{\boldsymbol{B}})$ 的状态能控性等价于 $\Sigma(\boldsymbol{A},\boldsymbol{B})$ 的状态能控性,即非奇异线性变换不改变状态能控性。 □□□

下面讨论约旦规范形(对角线规范形视为其特例)表示的线性定常连续系统状态能控性的模态判据。

定理 4-2 对于约旦规范形的线性定常连续系统 $\Sigma(\boldsymbol{A},\boldsymbol{B})$,有

1) 若系统矩阵 $\boldsymbol{A}$ 为每个特征值都只有一个约旦块的约旦矩阵,则系统能控的充分必要条件为对应 $\boldsymbol{A}$ 的每个约旦块的 $\boldsymbol{B}$ 的分块的最后一行都不全为零;

2) 若 $\boldsymbol{A}$ 为某个特征值有多于一个约旦块的约旦矩阵,则系统能控的充分必要条件为对应于 $\boldsymbol{A}$ 的每个特征值的所有约旦块的 $\boldsymbol{B}$ 的分块的最后一行线性无关。

该定理的证明可直接由定理 4-1 而得,这里不再证明。对定理 4-2 作如下两点说明。

1) 该状态能控性的模态判据讨论的是约旦规范形。若系统的状态空间模型不为约旦规范形,可根据线性变换不改变状态能控性的性质,先将状态空间模型变换成约旦规范形,再利用定理 4-2 来判别状态能控性。

2) 利用定理 4-2,不仅可判别出状态能控性,还可进一步指出是系统的哪一模态(特征值或极点)和哪一状态不能控,有助于系统分析和反馈校正。

例 4-3 试判断如下系统的状态能控性。

(1) $\dot{x}=\begin{bmatrix}-7 & 0\\ 0 & -5\end{bmatrix}x+\begin{bmatrix}2\\ 5\end{bmatrix}u$　　(2) $\dot{x}=\left[\begin{array}{cc:c}-4 & 1 & 0\\ 0 & -4 & 0\\ \hdashline 0 & 0 & -3\end{array}\right]x+\left[\begin{array}{cc}0 & 0\\ 0 & 0\\ \hdashline 1 & 1\end{array}\right]u$

(3) $\dot{x}=\left[\begin{array}{cc:c:c}-4 & 1 & 0 & 0\\ 0 & -4 & 0 & 0\\ \hdashline 0 & 0 & -3 & 0\\ \hdashline 0 & 0 & 0 & -4\end{array}\right]x+\left[\begin{array}{cc}0 & 0\\ 0 & 1\\ \hdashline 2 & 0\\ \hdashline 2 & 1\end{array}\right]u$　　(4) $\dot{x}=\left[\begin{array}{cc:c:c}-4 & 1 & 0 & 0\\ 0 & -4 & 0 & 0\\ \hdashline 0 & 0 & -3 & 0\\ \hdashline 0 & 0 & 0 & -4\end{array}\right]x+\left[\begin{array}{c}0\\ 1\\ \hdashline 2\\ \hdashline 3\end{array}\right]u$

解　(1) 由定理 4-2 可知，$\boldsymbol{A}$ 为特征值互异的对角线矩阵（约旦矩阵的特例），且 $\boldsymbol{B}$ 中各行不全为零，故系统状态完全能控。

(2) 由于 $\boldsymbol{A}$ 为每个特征值都只有一个约旦块，但对应于特征值 -4 的约旦块的 $\boldsymbol{B}$ 的分块的最后一行全为零，故该系统的状态 x_1 和 x_2 不完全能控，则系统状态不完全能控。

(3) 由于 $\boldsymbol{A}$ 中特征值 -4 的两个约旦块所对应的 $\boldsymbol{B}$ 的分块的最后一行线性无关，且 $\boldsymbol{A}$ 中特征值 -3 的约旦块所对应的 $\boldsymbol{B}$ 的分块的最后一行不全为零，故系统状态完全能控。

(4) 由于 $\boldsymbol{A}$ 中特征值 -4 的两个约旦块所对应的 $\boldsymbol{B}$ 的分块的最后一行线性相关，故该系统的状态 x_1，x_2 和 x_4 不完全能控，则系统状态不完全能控。

由定理 4-2 的结论 2）以及例 4-3 的第 4 问可知，对单输入系统的状态能控性，有定理 4-2 的如下推论。

推论 4-1　若单输入线性定常连续系统 $\Sigma(\boldsymbol{A},\boldsymbol{B})$ 的约旦规范形的系统矩阵为某个特征值有多于一个约旦块的约旦矩阵，则该系统状态不完全能控。

定理 4-2 给出的状态能控性的模态判据在应用时需将一般的状态空间模型变换成约旦规范形，属于一种间接方法。下面给出另一种形式的状态能控性的模态判据，称为 PBH 秩判据。该判据属于一种直接法判据。

定理 4-3（PBH 秩判据）　线性定常连续系统 $\Sigma(\boldsymbol{A},\boldsymbol{B})$ 状态完全能控的充分必要条件为：对于所有的复数 λ，下式成立

$$\operatorname{rank}[\lambda\boldsymbol{I}-\boldsymbol{A}\quad \boldsymbol{B}]=n\quad(\forall\lambda\in\boldsymbol{C}^1)\tag{4-10}$$

定理 4-3 的证明可由定理 4-2 直接得到，这里从略。对于所有的复空间的 λ，直接检验定理 4-3 的条件式(4-10)较困难。可以证明，条件式(4-10)对于所有的 λ 成立等价于其对 $\boldsymbol{A}$ 的所有特征值成立。因此，应用定理 4-3 时，只需将 $\boldsymbol{A}$ 的所有特征值代入条件式(4-10)，检验其成立与否即可。

例 4-4　试判断如下系统的状态能控性。

$$\dot{x}=\begin{bmatrix}1 & 3 & 2\\ 0 & 2 & 0\\ 0 & 1 & 3\end{bmatrix}x+\begin{bmatrix}2 & 1\\ 1 & 1\\ -1 & -1\end{bmatrix}u$$

解　由方程 $|\lambda\boldsymbol{I}-\boldsymbol{A}|=0$，可解得矩阵 $\boldsymbol{A}$ 的特征值分别为 1，2 和 3。对特征值 $\lambda_1=1$，有

$$\text{rank}[\lambda_1 \boldsymbol{I}\text{-}\boldsymbol{A} \quad \boldsymbol{B}] = \text{rank}\begin{bmatrix} 0 & -3 & -2 & 2 & 1 \\ 0 & -1 & 0 & 1 & 1 \\ 0 & -1 & -2 & -1 & -1 \end{bmatrix} = 3 = n$$

对特征值$\lambda_2=2$，有

$$\text{rank}[\lambda_2 \boldsymbol{I}\text{-}\boldsymbol{A} \quad \boldsymbol{B}] = \text{rank}\begin{bmatrix} 1 & -3 & -2 & 2 & 1 \\ 0 & 0 & 0 & 1 & 1 \\ 0 & -1 & -1 & -1 & -1 \end{bmatrix} = 3 = n$$

对特征值$\lambda_3=3$，有

$$\text{rank}[\lambda_3 \boldsymbol{I}\text{-}\boldsymbol{A} \quad \boldsymbol{B}] = \text{rank}\begin{bmatrix} 2 & -3 & -2 & 2 & 1 \\ 0 & 1 & 0 & 1 & 1 \\ 0 & -1 & 0 & -1 & -1 \end{bmatrix} = 2 < n$$

由定理4-3可知，因为对应于特征值3，式(4-10)不成立，故该系统状态不完全能控，且是特征值3对应的子空间不能控。

4.1.4 线性定常连续系统的输出能控性

在分析和设计控制系统的许多情况中，系统的被控制量往往不是系统的状态变量，而是系统的输出变量。因此，有必要研究MIMO系统的输出能否控制的问题。下面先给出线性定常系统输出能控性的定义。

定义4-2 若线性定常连续系统$\Sigma(\boldsymbol{A},\boldsymbol{B},\boldsymbol{C},\boldsymbol{D})$，即

$$\left.\begin{aligned} \dot{\boldsymbol{x}} &= \boldsymbol{A}\boldsymbol{x} + \boldsymbol{B}\boldsymbol{u} \\ \boldsymbol{y} &= \boldsymbol{C}\boldsymbol{x} + \boldsymbol{D}\boldsymbol{u} \end{aligned}\right\} \tag{4-11}$$

对初始时刻t_0($t_0\in T$，T为系统的时间定义域)和任意初始输出值$\boldsymbol{y}(t_0)$，存在另一有限时刻t_1($t_1>t_0$，$t_1\in T$)，可以找到一个输入控制向量$\boldsymbol{u}(t)$，能在有限时间$[t_0,t_1]$内把系统从初始输出值$\boldsymbol{y}(t_0)$控制到原点，即$\boldsymbol{y}(t_1)=0$，则称系统输出完全能控，简称为系统输出能控。即如果数学逻辑关系式

$$\forall\, \boldsymbol{y}(t_0)\ \exists\, t_1\in T\cap(t_1>t_0)\ \exists\, \boldsymbol{u}(t)\cap(t\in[t_0,t_1])\ (\boldsymbol{y}(t_1)=0)$$

为真，则称系统输出完全能控。

若系统存在某个初始输出值$\boldsymbol{y}(t_0)$不满足上述条件，则称此系统是输出不完全能控的，简称为输出不能控。

下面给出线性定常连续系统输出能控性的代数判据。

定理4-4 线性定常连续系统$\Sigma(\boldsymbol{A},\boldsymbol{B},\boldsymbol{C},\boldsymbol{D})$输出完全能控的充分必要条件为输出能控性矩阵$[\boldsymbol{CB} \quad \boldsymbol{CAB} \quad \cdots \quad \boldsymbol{CA}^{n-1}\boldsymbol{B} \quad \boldsymbol{D}]$满秩，即

$$\text{rank}[\boldsymbol{CB} \quad \boldsymbol{CAB} \quad \cdots \quad \boldsymbol{CA}^{n-1}\boldsymbol{B} \quad \boldsymbol{D}] = m \tag{4-12}$$

式中，m为输出变量向量的维数。

定理4-4的证明可仿照定理4-1给出，这里不再证明。

例 4-5　试判断如下系统的输出能控性。

$$\begin{cases}\dot{\boldsymbol{x}}=\begin{bmatrix}0 & 0\\0 & 0\end{bmatrix}\boldsymbol{x}+\begin{bmatrix}1\\1\end{bmatrix}\boldsymbol{u}\\ \boldsymbol{y}=\begin{bmatrix}1 & 1\end{bmatrix}\boldsymbol{x}+\begin{bmatrix}0\end{bmatrix}\boldsymbol{u}\end{cases}$$

解　由系统输出能控性的代数判据有

$$\text{rank}[\boldsymbol{CB}\quad \boldsymbol{CAB}\quad \boldsymbol{D}]=\text{rank}[2\quad 0\quad 0]=1=m$$

故系统输出完全能控。

对例 4-5 中的系统，因为

$$\text{rank}[\boldsymbol{B}\quad \boldsymbol{AB}]=\text{rank}\begin{bmatrix}1 & 0\\1 & 0\end{bmatrix}=1<2$$

故系统是状态不完全能控的。因此，由例 4-5 可知，输出能控性与状态能控性是两个不同概念，它们之间没有必然的联系。

4.1.5　线性时变连续系统的状态能控性

以上讨论的状态能控性判据是针对线性定常连续系统而言的，对时变系统不成立。下面给出线性时变连续系统状态能控性的充分必要判据。

定理 4-5(格拉姆矩阵判据)　线性时变连续系统 $\Sigma(\boldsymbol{A}(t),\boldsymbol{B}(t))$，即

$$\dot{\boldsymbol{x}}(t)=\boldsymbol{A}(t)\boldsymbol{x}(t)+\boldsymbol{B}(t)\boldsymbol{u}(t)\tag{4-13}$$

在初始时刻 t_0 上状态完全能控的充分必要条件为：存在 $t_1(t_1>t_0)$，使得如下能控格拉姆(Gram)矩阵为非奇异的

$$\boldsymbol{W}_{\text{c}}(t_0,t_1)=\int_{t_0}^{t_1}\boldsymbol{\Phi}(t_0,t)\boldsymbol{B}(t)\boldsymbol{B}^{\text{T}}(t)\boldsymbol{\Phi}^{\text{T}}(t_0,t)\text{d}t$$

证明　1) 充分性证明。即证明，若存在 $t_1(t_1>t_0)$，使得能控格拉姆矩阵 $\boldsymbol{W}_{\text{c}}(t_0,t_1)$ 是非奇异的，即 $\boldsymbol{W}_{\text{c}}^{-1}(t_0,t_1)$ 存在，则系统是状态完全能控的。

若能控格拉姆矩阵 $\boldsymbol{W}_{\text{c}}(t_0,t_1)$ 是非奇异的，这样对任意的初始状态 $\boldsymbol{x}(t_0)=\boldsymbol{x}_0$，总有

$$\boldsymbol{u}(t)=-\boldsymbol{B}^{\text{T}}(t)\boldsymbol{\Phi}^{\text{T}}(t_0,t)\boldsymbol{W}_{\text{c}}^{-1}(t_0,t_1)\boldsymbol{x}_0$$

则经过有限时间 $[t_0,t_1]$ 后，可使系统状态

$$\begin{aligned}\boldsymbol{x}(t_1)&=\boldsymbol{\Phi}(t_1,t_0)\boldsymbol{x}_0+\int_{t_0}^{t_1}\boldsymbol{\Phi}(t_1,t)\boldsymbol{B}(t)\boldsymbol{u}(t)\text{d}t\\&=\boldsymbol{\Phi}(t_1,t_0)\boldsymbol{x}_0-\int_{t_0}^{t_1}\boldsymbol{\Phi}(t_1,t)\boldsymbol{B}(t)\boldsymbol{B}^{\text{T}}(t)\boldsymbol{\Phi}^{\text{T}}(t_0,t)\boldsymbol{W}_{\text{c}}^{-1}(t_0,t_1)\boldsymbol{x}_0\text{d}t\\&=\boldsymbol{\Phi}(t_1,t_0)\boldsymbol{x}_0-\boldsymbol{\Phi}(t_1,t_0)\left[\int_{t_0}^{t_1}\boldsymbol{\Phi}(t_0,t)\boldsymbol{B}(t)\boldsymbol{B}^{\text{T}}(t)\boldsymbol{\Phi}^{\text{T}}(t_0,t)\text{d}t\right]\boldsymbol{W}_{\text{c}}^{-1}(t_0,t_1)\boldsymbol{x}_0\\&=\boldsymbol{\Phi}(t_1,t_0)\boldsymbol{x}_0-\boldsymbol{\Phi}(t_1,t_0)\boldsymbol{W}_{\text{c}}(t_0,t_1)\boldsymbol{W}_{\text{c}}^{-1}(t_0,t_1)\boldsymbol{x}_0\\&=0\end{aligned}$$

上式表明，如果能控格拉姆矩阵 $\boldsymbol{W}_{\text{c}}(t_0,t_1)$ 是非奇异的，那么在有限时间区间 $[t_0,t_1]$

内，任何一个初始状态 $\boldsymbol{x}_0$ 都可以找到控制规律在有限时间内转移到状态空间的原点。于是系统的状态能控性得以证明。

2）必要性证明。即证明，若系统是状态完全能控的，则存在 $t_1(t_1>t_0)$，使得能控格拉姆矩阵 $\boldsymbol{W}_c(t_0,t_1)$ 是非奇异的。现采用反证法证明。假设对任意的 $t_1(t_1>t_0)$，能控格拉姆矩阵 $\boldsymbol{W}_c(t_0,t_1)$ 是奇异的，但系统是状态完全能控的。

对任意的 t_1，能控格拉姆矩阵 $\boldsymbol{W}_c(t_0,t_1)$ 是奇异的，则必定存在某个非零的向量 $\boldsymbol{x}_0\in\boldsymbol{R}^n$，使得

$$\boldsymbol{x}_0^{\mathrm{T}}\boldsymbol{W}_c(t_0,t_1)\boldsymbol{x}_0=0\quad(\forall t_1)$$

由此可导出

$$\begin{aligned}\boldsymbol{x}_0^{\mathrm{T}}\boldsymbol{W}_c(t_0,t_1)\boldsymbol{x}_0&=\int_{t_0}^{t_1}\boldsymbol{x}_0^{\mathrm{T}}\boldsymbol{\Phi}(t_0,t)\boldsymbol{B}(t)\boldsymbol{B}^{\mathrm{T}}(t)\boldsymbol{\Phi}^{\mathrm{T}}(t_0,t)\boldsymbol{x}_0\mathrm{d}\tau\\&=\int_{t_0}^{t_1}[\boldsymbol{B}^{\mathrm{T}}(t)\boldsymbol{\Phi}^{\mathrm{T}}(t_0,t)\boldsymbol{x}_0]^{\mathrm{T}}[\boldsymbol{B}^{\mathrm{T}}(t)\boldsymbol{\Phi}^{\mathrm{T}}(t_0,t)\boldsymbol{x}_0]\mathrm{d}\tau\\&=0\quad(\forall t_1)\end{aligned}$$

由于 $\boldsymbol{B}^{\mathrm{T}}(t)\boldsymbol{\Phi}^{\mathrm{T}}(t_0,t)\boldsymbol{x}_0$ 是 t 的有限分段连续向量函数，所以上式成立必导致

$$\boldsymbol{B}^{\mathrm{T}}(t)\boldsymbol{\Phi}^{\mathrm{T}}(t_0,t)\boldsymbol{x}_0=0\quad(\forall t\in[t_0,t_1],\ \forall t_1)\tag{4-14}$$

然而已假定系统是状态完全能控的，即对任意初始状态 $\boldsymbol{x}(t_0)\in\boldsymbol{R}^n$，都存在有限时间 t_1 和输入向量 $\boldsymbol{u}(t)$，使得

$$0=\boldsymbol{\Phi}(t_1,t_0)\boldsymbol{x}(t_0)+\int_{t_0}^{t_1}\boldsymbol{\Phi}(t_1,t)\boldsymbol{B}(t)\boldsymbol{u}(t)\mathrm{d}t\quad(\exists t_1,\ \exists\boldsymbol{u}(t)\in\boldsymbol{R}^n)$$

或

$$\boldsymbol{x}(t_0)=-\int_{t_0}^{t_1}\boldsymbol{\Phi}(t_0,t)\boldsymbol{B}(t)\boldsymbol{u}(t)\mathrm{d}t\quad(\exists t_1,\ \exists\boldsymbol{u}(t)\in\boldsymbol{R}^n)\tag{4-15}$$

即上述方程对 $\boldsymbol{u}(t)$ 有解。因此，方程式(4-15)对初始状态 $\boldsymbol{x}(t_0)=\boldsymbol{x}_0$ 一样存在输入 $\boldsymbol{u}(t)$ 的解，即存在 $\boldsymbol{u}(t)$ 满足

$$\boldsymbol{x}_0=-\int_{t_0}^{t_1}\boldsymbol{\Phi}(t_0,t)\boldsymbol{B}(t)\boldsymbol{u}(t)\mathrm{d}t\quad(\exists t_1,\ \exists\boldsymbol{u}(t)\in\boldsymbol{R}^n)$$

将上式两边左乘以 $\boldsymbol{x}_0^{\mathrm{T}}$，代入式(4-14)，可得

$$\boldsymbol{x}_0^{\mathrm{T}}\boldsymbol{x}_0=-\int_{t_0}^{t_1}\boldsymbol{x}_0^{\mathrm{T}}\boldsymbol{\Phi}(t_0,t)\boldsymbol{B}(t)\boldsymbol{u}(t)\mathrm{d}t=0\quad(\exists t_1,\ \exists\boldsymbol{u}(t)\in\boldsymbol{R}^n)$$

由于 $\boldsymbol{x}_0$ 为非零向量，故上式矛盾，即方程(4-15)不存在 $\boldsymbol{u}(t)$ 的解。因此原假定对任意 $t_1(t_1>t_0)$，能控格拉姆矩阵 $\boldsymbol{W}_c(t_0,t_1)$ 是奇异的，但系统是状态完全能控的，显然不成立。故系统是状态完全能控的，则一定存在 $t_1(t_1>t_0)$，使得能控格拉姆矩阵 $\boldsymbol{W}_c(t_0,t_1)$ 必是非奇异的。于是必要性得以证明。 □□□

在应用由定理 4-5 给出的线性时变连续系统的状态能控的判据时，需先求出时变的系统矩阵 $\boldsymbol{A}(t)$ 的状态转移矩阵 $\boldsymbol{\Phi}(t,t_0)$，再求能控格拉姆矩阵 $\boldsymbol{W}_c(t_1,t_0)$，计算量较大。而且状态转移矩阵 $\boldsymbol{\Phi}(t,t_0)$ 的计算，对一般的时变矩阵 $\boldsymbol{A}(t)$ 还无法得到以有限项表示的解析解。因此，利用定理 4-5 判定线性时变系统的状态能控性有一定困难。下面给出一

个较为实用的时变系统状态能控性判据，该判据只需利用矩阵 $\boldsymbol{A}(t)$ 和 $\boldsymbol{B}(t)$ 的信息即可。

定理 4-6(秩判据) 若对初始时刻 t_0，存在时间 $t_1(t_1>t_0)$，使得线性时变连续系统 $\Sigma(\boldsymbol{A}(t),\boldsymbol{B}(t))$ 的系统矩阵 $\boldsymbol{A}(t)$ 和输入矩阵 $\boldsymbol{B}(t)$ 中的各元素在时间区间 $[t_0,t_1]$ 内对时间 t 分别是 $(n-2)$ 和 $(n-1)$ 阶连续可导，定义

$$\left.\begin{aligned}&\boldsymbol{B}_1(t)=\boldsymbol{B}(t)\\&\boldsymbol{B}_i(t)=-\boldsymbol{A}(t)\boldsymbol{B}_{i-1}(t)+\dot{\boldsymbol{B}}_{i-1}(t)\quad(i=2,3,\cdots,n)\end{aligned}\right\}\tag{4-16}$$

再定义如下线性时变系统的能控性矩阵

$$\boldsymbol{Q}_{\mathrm{c}}(t)=[\boldsymbol{B}_1(t)\quad\boldsymbol{B}_2(t)\quad\cdots\quad\boldsymbol{B}_n(t)]\tag{4-17}$$

若能控性矩阵 $\boldsymbol{Q}_{\mathrm{c}}(t)$ 满足

$$\mathrm{rank}\boldsymbol{Q}_{\mathrm{c}}(t)=\mathrm{rank}[\boldsymbol{B}_1(t)\quad\boldsymbol{B}_2(t)\quad\cdots\quad\boldsymbol{B}_n(t)]=n$$

则称时变系统在初始时刻 t_0 上状态完全能控。

定理 4-6 的证明可见参考文献[6]，这里不再给出。值得指出的是，定理 4-6 给出的仅是系统状态能控的一个充分条件，即不满足这个定理的并不一定是不能控的。

例 4-6 试判断如下时变系统在 $t_0=0$ 的状态能控性。

$$\dot{\boldsymbol{x}}(t)=\begin{bmatrix}0&t\\0&0\end{bmatrix}\boldsymbol{x}(t)+\begin{bmatrix}0\\1\end{bmatrix}\boldsymbol{u}(t)\quad(t>0)$$

解 (1) 采用能控格拉姆矩阵判据。首先求系统的状态转移矩阵，考虑到该系统的系统矩阵 $\boldsymbol{A}(t)$ 满足

$$\boldsymbol{A}(t_1)\boldsymbol{A}(t_2)=\boldsymbol{A}(t_2)\boldsymbol{A}(t_1)$$

故状态转移矩阵 $\boldsymbol{\Phi}(0,t)$ 可写成

$$\boldsymbol{\Phi}(0,t)=I+\int_0^t\begin{bmatrix}0&-\tau\\0&0\end{bmatrix}\mathrm{d}\tau+\frac{1}{2!}\left(\int_0^t\begin{bmatrix}0&-\tau\\0&0\end{bmatrix}\mathrm{d}\tau\right)^2+\cdots=\frac{1}{2}\begin{bmatrix}2&-t^2\\0&2\end{bmatrix}$$

因此，格拉姆能控性矩阵 $\boldsymbol{W}_{\mathrm{c}}(0,t_f)$ 为

$$\begin{aligned}\boldsymbol{W}_{\mathrm{c}}(0,t_f)&=\frac{1}{4}\int_0^{t_f}\begin{bmatrix}2&-t^2\\0&2\end{bmatrix}\begin{bmatrix}0\\1\end{bmatrix}[0\quad 1]\begin{bmatrix}2&0\\-t^2&2\end{bmatrix}\mathrm{d}t\\&=\frac{1}{4}\int_0^{t_f}\begin{bmatrix}t^4&-2t^2\\-2t^2&4\end{bmatrix}\mathrm{d}t=\frac{1}{60}\begin{bmatrix}3t_f^5&-10t_f^3\\-10t_f^3&60t_f\end{bmatrix}\end{aligned}$$

由于

$$\det\boldsymbol{W}_{\mathrm{c}}(0,t_f)=\frac{1}{20}t_f^6-\frac{1}{36}t_f^6=\frac{1}{45}t_f^6$$

当 $t_f>0$ 时，$\det\boldsymbol{W}_{\mathrm{c}}(0,t_f)>0$。所以，系统在时间 $t_0=0$ 时是状态完全能控的。

(2) 由于 $\boldsymbol{A}(t)$ 和 $\boldsymbol{B}(t)$ 高阶连续可导，可采用秩判据来判定。由定理 4-6，有

$$\boldsymbol{B}_1(t)=\boldsymbol{B}(t)=\begin{bmatrix}0\\1\end{bmatrix}$$

$$\boldsymbol{B}_2(t)=-\boldsymbol{A}(t)\boldsymbol{B}_1(t)+\dot{\boldsymbol{B}}_1(t)=-\begin{bmatrix}0&t\\0&0\end{bmatrix}\begin{bmatrix}0\\1\end{bmatrix}+\begin{bmatrix}0\\0\end{bmatrix}=\begin{bmatrix}-t\\0\end{bmatrix}$$

$$\boldsymbol{Q}_{\mathrm{c}}(t)=[\boldsymbol{B}_1(t)\quad\boldsymbol{B}_2(t)]=\begin{bmatrix}0&-t\\1&0\end{bmatrix}$$

显然，只要 $t\neq 0$，就有 $\text{rank}\boldsymbol{Q}_c(t)=n=2$。所以，系统在时间 $t_0=0$ 时是状态完全能控的。

4.2 线性连续系统的能观性

首先从物理直观来讨论状态能观性的含义，然后再引出状态能观性的严格定义。

4.2.1 能观性的直观讨论

状态能观性反映从系统外部可直接或间接测量的输出 $\boldsymbol{y}(t)$ 和输入 $\boldsymbol{u}(t)$ 来确定或识别系统状态的能力。如果系统的任何内部运动状态变化都可由系统的外部输出和输入惟一地确定，那么称系统是能观的，或者更确切地说，是状态能观的。否则，就称系统为状态不完全能观的。下面通过实例说明能观性的意义。

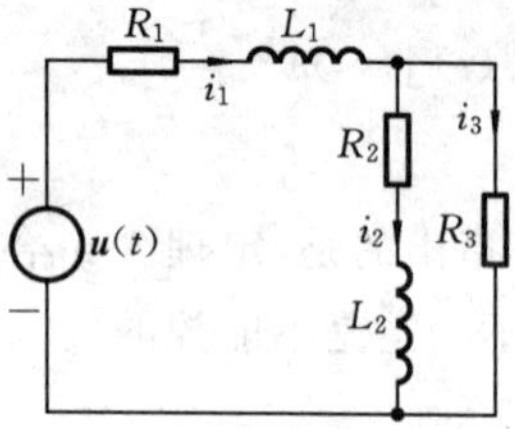

图 4-4 电网络

分析图 4-4 所示的电网络系统，讨论由输出变量 $i_3(t)$ 的值确定两电感电流（状态变量）的值的能力问题。

对该电网络模型，分别取 $\boldsymbol{u}(t)$ 为输入电压，$\boldsymbol{y}(t)=i_3(t)$ 为输出变量，两电感电流 $i_1(t)$ 和 $i_2(t)$ 分别为状态变量 $x_1(t)$ 和 $x_2(t)$，则可得如下状态方程和输出方程：

$$\begin{cases}\dot{x}_1=-\dfrac{R_1+R_3}{L_1}x_1+\dfrac{R_3}{L_1}x_2+\dfrac{1}{L_1}\boldsymbol{u}\\[2mm]\dot{x}_2=\dfrac{R_3}{L_2}x_1-\dfrac{R_2+R_3}{L_2}x_2\end{cases}$$

$$\boldsymbol{y}=x_1-x_2$$

当电路中电阻值 $R_1=R_2=R$，电感值 $L_1=L_2=L$ 时，若输入电压 $\boldsymbol{u}(t)$ 突然短路，即 $\boldsymbol{u}(t)=0$，则状态方程为

$$\begin{cases}\dot{x}_1=-\dfrac{R+R_3}{L}x_1+\dfrac{R_3}{L}x_2\\[2mm]\dot{x}_2=\dfrac{R_3}{L}x_1-\dfrac{R+R_3}{L}x_2\end{cases}$$

显然，当状态变量的初始状态为 $x_1(t_0)=x_2(t_0)$ 且为任意值时，上述状态方程的解必有 $x_1(t)=x_2(t)$，故有 $\boldsymbol{y}(t)=i_3(t)=0$，即输出变量 $\boldsymbol{y}(t)$ 恒为零。因此，由观测到的恒为零的输出变量 $\boldsymbol{y}(t)$ 不能确定状态变量 $x_1(t)$ 和 $x_2(t)$ 的值，即由输出 $i_3(t)$ 不能确定通过两个电感的电流值 $i_1(t)$ 和 $i_2(t)$。

但当电路中电阻值 $R_1\neq R_2$ 或电感值 $L_1\neq L_2$ 时，则上述由输出 $\boldsymbol{y}(t)$ 不能确定状态变量 $x_1(t)$ 和 $x_2(t)$ 的值的特性可能不成立。这种由可测量的输出变量的值能惟一确定状态变量的值的特性称为状态能观，若不能惟一确定则称为状态不能观。

考虑间歇化学反应器的由输出变量的值确定状态变量的值的能力问题。

设间歇化学反应器内进行如下常见的化学反应

$$A \xrightarrow{k_1} B \xrightarrow{k_2} C$$

式中，k_1和k_2为反应速率常数。上述化学反应式可代表一大类化工操作，通常希望中间产物B的产量尽可能大，副产品C尽可能小，因而要求防止后面的反应继续进行下去。

设上述化学反应式中的第1步反应是二级反应，第2步反应是一级反应。这样，可得如下间歇化学反应器内的物料平衡方程(状态方程)和输出方程：

$$\begin{cases}\dot{C}_1(t) = -k_1C_1^2(t)\\ \dot{C}_2(t) = k_1C_1^2(t) - k_2C_2(t)\\ \dot{C}_3(t) = k_2C_2(t)\end{cases}$$

$$y = C_2(t)$$

式中，$C_1(t)$、$C_2(t)$和$C_3(t)$分别是A、B和C的浓度。由上述物料平衡的动态方程可知，副产品C的浓度$C_3(t)$的值不仅取决于产品B的浓度$C_2(t)$，而且还取决于$C_3(t)$在初始时刻t_0的值$C_3(t_0)$。因此，若在生产过程中，能直接检测到的输出量为产品B的浓度$C_2(t)$，则副产品C的浓度$C_3(t)$的值是不可知的，即为不能观的。若选择$C_1(t)$、$C_2(t)$和$C_3(t)$为状态变量，则上述化学反应过程为状态不完全能观的。

以上实际系统及其状态方程初步说明了能观性的基本含义。但对维数更高、更复杂的系统，直接判断状态能观性是困难的。下面将通过给出系统状态能观性的严格定义，导出判定系统状态能观性的充分必要条件。

4.2.2 状态能观性的定义

对线性系统而言，状态能观性只与系统的输出$\boldsymbol{y}(t)$、系统矩阵$\boldsymbol{A}(t)$和输出矩阵$\boldsymbol{C}(t)$有关，与系统的输入$\boldsymbol{u}(t)$和输入矩阵$\boldsymbol{B}(t)$无关，即讨论状态能观性时只需考虑系统的自由运动。其理由如下：对线性定常系统$\Sigma(\boldsymbol{A},\boldsymbol{B},\boldsymbol{C})$，其状态和输出的解分别为

$$\boldsymbol{x}(t) = \boldsymbol{\Phi}(t-t_0)\boldsymbol{x}(t_0) + \int_{t_0}^{t}\boldsymbol{\Phi}(t-\tau)\boldsymbol{B}\boldsymbol{u}(\tau)\mathrm{d}\tau \tag{4-18}$$

$$\boldsymbol{y}(t) = \boldsymbol{C}\boldsymbol{\Phi}(t-t_0)\boldsymbol{x}(t_0) + \int_{t_0}^{t}\boldsymbol{C}\boldsymbol{\Phi}(t-\tau)\boldsymbol{B}\boldsymbol{u}(\tau)\mathrm{d}\tau \tag{4-19}$$

因为矩阵$\boldsymbol{A}$、$\boldsymbol{B}$和$\boldsymbol{C}$是已知的，且系统输入$\boldsymbol{u}(t)$也是已知的，故式(4-19)的右边第2项可以计算出来，也是已知项。故可以定义一个新的输出为

$$\bar{\boldsymbol{y}}(t) = \boldsymbol{y}(t) - \int_{t_0}^{t}\boldsymbol{C}\boldsymbol{\Phi}(t-\tau)\boldsymbol{B}\boldsymbol{u}(\tau)\mathrm{d}\tau = \boldsymbol{C}\boldsymbol{\Phi}(t-t_0)\boldsymbol{x}(t_0)$$

所以研究线性状态能观性问题，仅与输出$\boldsymbol{y}(t)$、系统矩阵$\boldsymbol{A}$和输出矩阵$\boldsymbol{C}$有关，与输入矩阵$\boldsymbol{B}$和输入$\boldsymbol{u}(t)$无关。也就是说，分析线性系统的能观性时，只需考虑齐次状态方程和输出方程即可。因此，有如下线性系统状态能观性的定义。

定义 4-3 对线性连续系统

$$\left.\begin{aligned}\dot{\boldsymbol{x}}(t) &= \boldsymbol{A}(t)\boldsymbol{x}(t)\\ \boldsymbol{y}(t) &= \boldsymbol{C}(t)\boldsymbol{x}(t)\end{aligned}\right\} \tag{4-20}$$

若根据在有限时间区间$[t_0,t_1]$$(t_1>t_0)$内量测到的输出$\boldsymbol{y}(t)$，能够惟一地确定系统在$t_0$时刻的初始状态$\boldsymbol{x}(t_0)$，则称系统在$t_0$时刻的初始状态$\boldsymbol{x}(t_0)$能观；若系统对$t_0$时刻的状态空间的所有初始状态都能观，则称系统在$t_0$时刻状态完全能观；若系统在所有时刻状态完全能观，则称系统状态完全能观，简称为系统能观。即如果数学逻辑关系式

$$\forall t_0\in T \quad \forall \boldsymbol{x}(t_0) \quad \exists t_1\in T\cap(t_1>t_0) \quad (t\in[t_0,t_1])\cap(\boldsymbol{y}(t)\xrightarrow{\text{惟一}}\boldsymbol{x}(t_0)) \tag{4-21}$$

为真，则称系统状态完全能观。

若系统存在某个状态$\boldsymbol{x}(t_0)$不满足上述条件，则称此系统是状态不完全能观的，简称系统为状态不完全能观。

根据状态能观性的定义，有如下注记。

1) 对于线性定常系统的状态能观性，由于系统矩阵$\boldsymbol{A}(t)$和输出矩阵$\boldsymbol{C}(t)$都为常数矩阵，与时间无关，因此不必在定义中强调“在所有时刻状态完全能观”，而为“某一时刻状态完全能观，则系统状态完全能观”。

2) 定义中的输出观测时间为$[t_0,t_1]$，并要求$t_1>t_0$。这是因为，一般系统中，输出变量$\boldsymbol{y}(t)$的维数m总是小于状态变量$\boldsymbol{x}(t)$的维数n。否则，若$m=n$且输出矩阵$\boldsymbol{C}(t)$可逆，则

$$\boldsymbol{x}(t)=\boldsymbol{C}^{-1}(t)\boldsymbol{y}(t)$$

即状态$\boldsymbol{x}(t)$的观测不需要观测时间区间，仅需要一个观测时间点即可。由于$m<n$，为了能惟一地求出n个状态变量的值，需在不同时刻多测量几次输出，即需要有一定的量测时间。

3) 把能观性定义为对初始状态的确定，是因为一旦确定初始状态，便可根据状态方程的解表达式(4-18)，由初始状态和给定输入计算出系统各时刻的状态值。

4.2.3 线性定常连续系统的状态能观性判别

线性定常连续系统的状态能观性判据有许多不同形式，下面讨论代数判据和模态判据。

1. 代数判据

定理 4-7 线性定常连续系统$\Sigma(\boldsymbol{A},\boldsymbol{C})$，即

$$\left.\begin{aligned}\dot{\boldsymbol{x}} &= \boldsymbol{A}\boldsymbol{x}\\ \boldsymbol{y} &= \boldsymbol{C}\boldsymbol{x}\end{aligned}\right\} \tag{4-22}$$

状态完全能观的充分必要条件为下述条件之一成立。

① 矩阵函数$\boldsymbol{C}\mathrm{e}^{\boldsymbol{A}t}$的各列函数线性独立，即不存在非零常数向量$\boldsymbol{f}\in\boldsymbol{R}^n$，使得

$$\boldsymbol{C}\mathrm{e}^{\boldsymbol{A}t}\boldsymbol{f}\equiv 0$$

② 如下定义的能观性矩阵：

$$Q_o=\begin{bmatrix} C \\ CA \\ \vdots \\ CA^{n-1} \end{bmatrix}$$

满秩，即

$$\mathrm{rank}Q_o=n \tag{4-23}$$

证明

1) 对于线性定常系统，由上述能观性定义的注记 1)可知，其能观性与初始时刻的选择无关。因此，不失一般性，可设初始时刻 t_0 为 0，有状态空间模型(4-22)的输出 $y(t)$ 的解为

$$y(t)=Ce^{At}x(0) \tag{4-24}$$

由能观性的定义可知，线性定常连续系统(4-22)的状态是否完全能观，等价于上述方程是否有 $x(0)$ 的惟一解问题。

证明条件①的充分性，即证明若矩阵函数 Ce^{At} 的各列函数线性独立，则系统状态能观。

用反证法证明。设系统状态不能观，但矩阵函数 Ce^{At} 的各列函数线性独立。系统不能观，则意味着存在有限时间区间 $[0,t_1]$ 内观测到的输出 $y(t)$，无法由方程(4-24)得到初始状态 $x(0)$ 的惟一解。设 $x_1(0)$ 和 $x_2(0)$ 分别是由方程(4-24)确定出的两个不同初始状态，即 $x_1(0)$ 和 $x_2(0)$ 分别满足

$$y(t)=Ce^{At}x_1(0)\quad(\forall t\geqslant 0)$$
$$y(t)=Ce^{At}x_2(0)\quad(\forall t\geqslant 0)$$

将上述两式相减，可得

$$0=Ce^{At}[x_1(0)-x_2(0)]\quad(\forall t\geqslant 0) \tag{4-25}$$

而 $x_1(0)-x_2(0)$ 为非零向量，因此式(4-25)恒成立的条件为 Ce^{At} 的各列函数线性相关。这与前面的推论产生矛盾，故原假定系统状态不能观，但矩阵函数 Ce^{At} 的各列函数线性独立是不成立的。因此，充分性得以证明。

证明条件①的必要性，即证明若系统状态能观，则矩阵函数 Ce^{At} 的各列函数线性独立。

用反证法证明。设矩阵函数 Ce^{At} 的各列函数线性相关，但系统状态能观。矩阵函数 Ce^{At} 的各列函数线性相关，即存在非零常数向量 $f\in R^n$，使得

$$Ce^{At}f\equiv 0$$

因此，若取 $x(0)=f$，则有

$$y(t)=Ce^{At}x(0)=0\quad(\forall t\geqslant 0)$$

而当 $x(0)=0$ 时，系统输出亦恒为零。因此，当系统输出恒为零时，由方程(4-24)不能确

定出初始状态 $\boldsymbol{x}(0)=\boldsymbol{f}$ 或 0，即有部分初始状态不能观。这与前面的假设矛盾，故原假定矩阵函数 $\boldsymbol{C}\mathrm{e}^{\boldsymbol{A}t}$ 的各列函数线性相关，但系统状态能观是不成立的。因此，必要性得证。

2）通过证明矩阵函数 $\boldsymbol{C}\mathrm{e}^{\boldsymbol{A}t}$ 的各列函数线性相关等价于能观性矩阵 $\boldsymbol{Q}_o$ 非满秩，即

$$\mathrm{rank}\boldsymbol{Q}_o < n \tag{4-26}$$

来证明条件②。

若矩阵函数 $\boldsymbol{C}\mathrm{e}^{\boldsymbol{A}t}$ 的各列函数线性相关，则存在非零的常数向量 $\boldsymbol{f}$，使得

$$\boldsymbol{C}\mathrm{e}^{\boldsymbol{A}t}\boldsymbol{f} \equiv 0 \tag{4-27}$$

由于 $\boldsymbol{C}\mathrm{e}^{\boldsymbol{A}t}$ 连续并有无穷阶导数，因此，若方程(4-27)对任意的时间 t 恒成立，则对该方程的两边求任意阶导数方程依然成立，即

$$\begin{cases} \boldsymbol{C}\mathrm{e}^{\boldsymbol{A}t}\boldsymbol{A}\boldsymbol{f} \equiv 0 \\ \boldsymbol{C}\mathrm{e}^{\boldsymbol{A}t}\boldsymbol{A}^2\boldsymbol{f} \equiv 0 \\ \vdots \\ \boldsymbol{C}\mathrm{e}^{\boldsymbol{A}t}\boldsymbol{A}^{n-1}\boldsymbol{f} \equiv 0 \end{cases}$$

令式(4-27)和上式中的 $t=0$，则有

$$\boldsymbol{Q}_o\boldsymbol{f} = \begin{bmatrix} \boldsymbol{C} \\ \boldsymbol{C}\boldsymbol{A} \\ \vdots \\ \boldsymbol{C}\boldsymbol{A}^{n-1} \end{bmatrix}\boldsymbol{f} = 0$$

因此，若矩阵函数 $\boldsymbol{C}\mathrm{e}^{\boldsymbol{A}t}$ 的各列函数线性相关，则能观性矩阵 $\boldsymbol{Q}_o$ 非满秩，即式(4-26)成立。

若能观性矩阵 $\boldsymbol{Q}_o$ 非满秩，即式(4-26)成立，则存在非零的常数向量 $\boldsymbol{f}$，使得

$$\begin{bmatrix} \boldsymbol{C}\boldsymbol{f} \\ \boldsymbol{C}\boldsymbol{A}\boldsymbol{f} \\ \vdots \\ \boldsymbol{C}\boldsymbol{A}^{n-1}\boldsymbol{f} \end{bmatrix} = \begin{bmatrix} \boldsymbol{C} \\ \boldsymbol{C}\boldsymbol{A} \\ \vdots \\ \boldsymbol{C}\boldsymbol{A}^{n-1} \end{bmatrix}\boldsymbol{f} = \boldsymbol{Q}_o\boldsymbol{f} = 0$$

成立。由凯莱-哈密顿定理，可将 $\mathrm{e}^{\boldsymbol{A}t}$ 表示为

$$\mathrm{e}^{\boldsymbol{A}t} = \sum_{k=0}^{n-1}\alpha_k(t)\boldsymbol{A}^k$$

因此有

$$\boldsymbol{C}\mathrm{e}^{\boldsymbol{A}t}\boldsymbol{f} = \sum_{k=0}^{n-1}\alpha_k(t)\boldsymbol{C}\boldsymbol{A}^k\boldsymbol{f} \equiv 0$$

即如果能观性矩阵 $\boldsymbol{Q}_o$ 非满秩，则矩阵函数 $\boldsymbol{C}\mathrm{e}^{\boldsymbol{A}t}$ 的各列函数线性相关。

综合上述过程，证明了 $\boldsymbol{C}\mathrm{e}^{\boldsymbol{A}t}$ 的各列函数线性相关等价于能观性矩阵 $\boldsymbol{Q}_o$ 非满秩。故由定理的条件①可知，能观性矩阵 $\boldsymbol{Q}_o$ 满秩亦为线性定常系统状态能观的充要条件。

□□□

定理 4-7 给出了线性定常连续系统状态能观性的充分必要的两个判据，可直接用于能观性的判定。由于检验矩阵函数 $\boldsymbol{C}\mathrm{e}^{\boldsymbol{A}t}$ 的各列是否函数线性独立相对困难，因此在实际应用中通常用定理 4-7 的条件②为检验系统状态能观性的充分必要条件。条件②亦称

为线性定常连续系统状态能观性的代数判据。

例 4-7 试判断如下系统的状态能观性。

$$\begin{cases}\dot{\boldsymbol{x}}=\begin{bmatrix}-4 & 5\\ 1 & 0\end{bmatrix}\boldsymbol{x}\\ \boldsymbol{y}=\begin{bmatrix}1 & -1\end{bmatrix}\boldsymbol{x}\end{cases}$$

解 由系统状态能观性的代数判据有

$$\text{rank}\boldsymbol{Q}_o=\text{rank}\begin{bmatrix}\boldsymbol{C}\\ \boldsymbol{CA}\end{bmatrix}=\text{rank}\begin{bmatrix}1 & -1\\ -5 & 5\end{bmatrix}=1$$

而系统的状态变量的维数 $n=2$,所以系统状态不完全能观。

2. 模态判据

在给出线性定常连续系统状态能观性的模态判据之前,先证明状态能观性的性质:线性定常系统经非奇异线性变换后状态能观性保持不变。

证明 设非奇异线性变换为 $\boldsymbol{P}$,所作的变换为 $\boldsymbol{x}=\boldsymbol{P}\tilde{\boldsymbol{x}}$,则系统 $\Sigma(\boldsymbol{A},\boldsymbol{C})$ 经非奇异线性变换 $\boldsymbol{x}=\boldsymbol{P}\tilde{\boldsymbol{x}}$ 后为 $\tilde{\Sigma}(\tilde{\boldsymbol{A}},\tilde{\boldsymbol{B}})$,并有

$$\tilde{\boldsymbol{A}}=\boldsymbol{P}^{-1}\boldsymbol{AP},\quad \tilde{\boldsymbol{C}}=\boldsymbol{CP}$$

由于

$$\text{rank}\begin{bmatrix}\tilde{\boldsymbol{C}}\\ \tilde{\boldsymbol{C}}\tilde{\boldsymbol{A}}\\ \vdots\\ \tilde{\boldsymbol{C}}\tilde{\boldsymbol{A}}^{n-1}\end{bmatrix}=\text{rank}\begin{bmatrix}\boldsymbol{CP}\\ \boldsymbol{CPP}^{-1}\boldsymbol{AP}\\ \vdots\\ \boldsymbol{CP}(\boldsymbol{P}^{-1}\boldsymbol{AP})^{n-1}\end{bmatrix}=\text{rank}\begin{bmatrix}\boldsymbol{CP}\\ \boldsymbol{CAP}\\ \vdots\\ \boldsymbol{CA}^{n-1}\boldsymbol{P}\end{bmatrix}$$

$$=\text{rank}\left\{\begin{bmatrix}\boldsymbol{C}\\ \boldsymbol{CA}\\ \vdots\\ \boldsymbol{CA}^{n-1}\end{bmatrix}\boldsymbol{P}\right\}=\text{rank}\begin{bmatrix}\boldsymbol{C}\\ \boldsymbol{CA}\\ \vdots\\ \boldsymbol{CA}^{n-1}\end{bmatrix}$$

即系统 $\tilde{\Sigma}(\tilde{\boldsymbol{A}},\tilde{\boldsymbol{C}})$ 的状态能观性等价于 $\Sigma(\boldsymbol{A},\boldsymbol{C})$ 的状态能观性,即非奇异线性变换不改变状态能观性。 □□□

下面讨论约旦规范形描述的线性定常连续系统的状态能观性的模态判据。

定理 4-8 对于约旦规范形的线性定常连续系统 $\Sigma(\boldsymbol{A},\boldsymbol{C})$,有

1) 若系统矩阵 $\boldsymbol{A}$ 为每个特征值都只有一个约旦块的约旦矩阵,则系统能观的充分必要条件为对应 $\boldsymbol{A}$ 的每个约旦块的 $\boldsymbol{C}$ 的分块的第一列都不全为零;

2) 若 $\boldsymbol{A}$ 为某个特征值有多于一个约旦块的约旦矩阵,则系统能观的充分必要条件为对应于 $\boldsymbol{A}$ 的每个特征值的所有约旦块的 $\boldsymbol{C}$ 的分块的第一列线性无关。

该定理的证明可直接由定理 4-7 而得,这里不再证明。对定理 4-8 作以下说明。

1) 该状态能观性的模态判据讨论的是约旦规范形。若系统的状态空间模型不为约旦规范形,则可根据非奇异线性变换不改变状态能观性的原理,先将状态空间模型变换

成约旦规范形，再利用定理 4-8 来判别状态能观性。

2）根据定理 4-8，不仅可判别系统的状态能观性，而且可进一步地指出是系统的哪一模态（特征值或极点）和哪一状态不能观，有助于进行系统分析、状态观测器的设计和反馈校正等。

例 4-8 试判断下列系统的状态能观性。

(1) $\begin{cases}\dot{\boldsymbol{x}}=\begin{bmatrix}-7 & 0\\ 0 & -5\end{bmatrix}\boldsymbol{x}\\ \boldsymbol{y}=\begin{bmatrix}3 & 0\end{bmatrix}\boldsymbol{x}\end{cases}$

(2) $\begin{cases}\dot{\boldsymbol{x}}=\left[\begin{array}{cc:c}-4 & 1 & 0\\ 0 & -4 & 0\\ \hdashline 0 & 0 & -3\end{array}\right]\boldsymbol{x}\\ \boldsymbol{y}=\left[\begin{array}{cc:c}-1 & 2 & 1\end{array}\right]\boldsymbol{x}\end{cases}$

(3) $\begin{cases}\dot{\boldsymbol{x}}=\left[\begin{array}{cc:c:c}-4 & 1 & 0 & 0\\ 0 & -4 & 0 & 0\\ \hdashline 0 & 0 & -3 & 0\\ \hdashline 0 & 0 & 0 & -4\end{array}\right]\boldsymbol{x}\\ \boldsymbol{y}=\left[\begin{array}{cc:c:c}1 & 1 & 0 & -2\\ 0 & 2 & 1 & 0\end{array}\right]\boldsymbol{x}\end{cases}$

解 (1) 由定理 4-8 可知，$\boldsymbol{A}$ 为特征值互异的对角线矩阵，但 $\boldsymbol{C}$ 中的第 2 列全为零，故该系统的状态 x_2 完全不能观，则系统状态不完全能观。

(2) 由于 $\boldsymbol{A}$ 为每个特征值都只有一个约旦块，且对应于各约旦块的 $\boldsymbol{C}$ 的分块的第 1 列都不全为零，故系统状态完全能观。

(3) 由于 $\boldsymbol{A}$ 中特征值 -4 的两个约旦块所对应的 $\boldsymbol{C}$ 的分块的第 1 列线性相关，该系统的状态 x_1、x_2 和 x_4 不完全能观，则系统状态不完全能观。

由定理 4-8 的结论 2）可知，对单输出系统的状态能观性，有定理 4-8 的如下推论。

推论 4-2 若单输出线性定常连续系统 $\Sigma(\boldsymbol{A},\boldsymbol{C})$ 的约旦规范形的系统矩阵为某个特征值有多于一个约旦块的约旦矩阵，则该系统状态不完全能观。

定理 4-8 给出的状态能观性的模态判据在应用时需将一般的状态空间模型变换成约旦规范形，属于一种间接方法。下面给出另一种形式的状态能观性的模态判据，称为 PBH 秩判据。该判据属于一种直接法判据。

定理 4-9(PBH 秩判据) 线性定常连续系统 $\Sigma(\boldsymbol{A},\boldsymbol{C})$ 状态完全能观的充分必要条件为：对于所有的 λ，有

$$\operatorname{rank}\begin{bmatrix}\lambda\boldsymbol{I}-\boldsymbol{A}\\ \boldsymbol{C}\end{bmatrix}=n \quad (\forall\lambda\in\boldsymbol{C}^1) \tag{4-28}$$

定理 4-9 可由定理 4-8 直接推出，这里不再给出证明。与定理 4-3 的应用类似，检验定理 4-9 的条件式(4-28)，仅将 $\boldsymbol{A}$ 的所有特征值代入即可。

例 4-9 试判断如下系统的状态能观性。

$$\begin{cases}\dot{\boldsymbol{x}}=\begin{bmatrix}0 & 1 & 0\\ 0 & 0 & 1\\ -6 & -11 & -6\end{bmatrix}\boldsymbol{x}\\ \boldsymbol{y}=[4\quad 5\quad 1]\boldsymbol{x}\end{cases}$$

解　由方程$|\lambda\boldsymbol{I}-\boldsymbol{A}|=0$,可解得矩阵$\boldsymbol{A}$的特征值分别为$-1,-2$和$-3$。

对特征值$\lambda_1=-1$,有

$$\text{rank}\begin{bmatrix}\lambda_1\boldsymbol{I}-\boldsymbol{A}\\ \boldsymbol{C}\end{bmatrix}=\text{rank}\begin{bmatrix}-1 & -1 & 0\\ 0 & -1 & -1\\ 6 & 11 & 5\\ 4 & 5 & 1\end{bmatrix}=2<n$$

由定理4-9知,因为对应于特征值-1,式(4-28)不成立,故该系统状态不完全能观。

4.2.4　线性时变连续系统的状态能观性

以上讨论的状态能观性的判据是针对线性定常连续系统而言的,对时变系统不成立。下面讨论线性时变连续系统的状态能观性的判据。

定理4-10　线性时变连续系统$\Sigma(\boldsymbol{A}(t),\boldsymbol{C}(t))$,即

$$\left.\begin{aligned}\dot{\boldsymbol{x}}(t)&=\boldsymbol{A}(t)\boldsymbol{x}(t)\\ \boldsymbol{y}(t)&=\boldsymbol{C}(t)\boldsymbol{x}(t)\end{aligned}\right\}\tag{4-29}$$

在初始时刻t_0上状态完全能观的充分必要条件为:存在$t_1(t_1>t_0)$,使得如下能观格拉姆矩阵为非奇异的。

$$\boldsymbol{W}_o(t_0,t_1)=\int_{t_0}^{t_1}\boldsymbol{\Phi}^{\mathrm{T}}(t_0,t)\boldsymbol{C}^{\mathrm{T}}(t)\boldsymbol{C}(t)\boldsymbol{\Phi}(t_0,t)\mathrm{d}t$$

证明　1)证明条件的充分性,即证明若存在$t_1(t_1>t_0)$,使得能观格拉姆矩阵$\boldsymbol{W}_o(t_0,t_1)$是非奇异的,即$\boldsymbol{W}_o^{-1}(t_0,t_1)$存在,则系统是状态完全能观的。

设$\boldsymbol{x}_0$为初始时刻t_0的任意给定的非零初始状态,则状态空间模型(4-29)有解为

$$\boldsymbol{x}(t)=\boldsymbol{\Phi}(t,t_0)\boldsymbol{x}_0\tag{4-30}$$

$$\boldsymbol{y}(t)=\boldsymbol{C}(t)\boldsymbol{\Phi}(t,t_0)\boldsymbol{x}_0\tag{4-31}$$

将式(4-31)两边左乘$\boldsymbol{\Phi}^{\mathrm{T}}(t_0,t)\boldsymbol{C}^{\mathrm{T}}(t)$,并在$[t_0,t_1]$区间内积分,得

$$\int_{t_0}^{t_1}\boldsymbol{\Phi}^{\mathrm{T}}(t_0,t)\boldsymbol{C}^{\mathrm{T}}(t)\boldsymbol{y}(t)\mathrm{d}\tau=\int_{t_0}^{t_1}\boldsymbol{\Phi}^{\mathrm{T}}(t_0,t)\boldsymbol{C}^{\mathrm{T}}(t)\boldsymbol{C}(t)\boldsymbol{\Phi}(t,t_0)\boldsymbol{x}_0\mathrm{d}\tau=\boldsymbol{W}_o(t_0,t_1)\boldsymbol{x}_0$$

若$\boldsymbol{W}_o^{-1}(t_0,t_1)$存在,即有

$$\boldsymbol{x}_0=\boldsymbol{W}_o^{-1}(t_0,t_1)\int_{t_0}^{t_1}\boldsymbol{\Phi}^{\mathrm{T}}(t_0,t)\boldsymbol{C}^{\mathrm{T}}(t)\boldsymbol{y}(t)\mathrm{d}\tau$$

因为系统输出$\boldsymbol{y}(t)$可测且$\boldsymbol{A}(t)$和$\boldsymbol{C}(t)$已知,故上式右边是已知的。因此,上式表明,如果存在$t_1(t_1>t_0)$,使得能观格拉姆矩阵$\boldsymbol{W}_o(t_0,t_1)$是非奇异的,那么通过在时间区间$[t_0,t_1]$内测量到的$\boldsymbol{y}(t)$可惟一地计算出系统任意的初始状态$\boldsymbol{x}_0$。于是状态能观性得以证明。

2）证明条件的必要性，即证明若系统是状态完全能观的，则一定存在 $t_1(t_1>t_0)$，使得能观格拉姆矩阵 $\boldsymbol{W}_o(t_0,t_1)$ 是非奇异的。采用反证法证明。假设不存在 $t_1(t_1>t_0)$，使得能观格拉姆矩阵 $\boldsymbol{W}_o(t_0,t_1)$ 是非奇异的，但系统是状态完全能观的。

对任意的 $t_1(t_1>t_0)$，能观格拉姆矩阵 $\boldsymbol{W}_o(t_0,t_1)$ 是奇异的，则必定存在某个非零的初始状态向量 $\boldsymbol{x}_0\in\boldsymbol{R}^n$，使得

$$\boldsymbol{x}_0^{\mathrm{T}}\boldsymbol{W}_o(t_0,t_1)\boldsymbol{x}_0=0\quad(\forall t_1>t_0)$$

即

$$\int_{t_0}^{t_1}\boldsymbol{x}_0^{\mathrm{T}}\boldsymbol{\Phi}^{\mathrm{T}}(t_0,t)\boldsymbol{C}^{\mathrm{T}}(t)\boldsymbol{C}(t)\boldsymbol{\Phi}(t,t_0)\boldsymbol{x}_0\mathrm{d}\tau=0\quad(\forall t_1>t_0)\tag{4-32}$$

因为

$$\boldsymbol{y}(t)=\boldsymbol{C}(t)\boldsymbol{\Phi}(t,t_0)\boldsymbol{x}_0$$

故可将式(4-32)记为

$$\int_{t_0}^{t_1}\boldsymbol{y}^{\mathrm{T}}(t)\boldsymbol{y}(t)\mathrm{d}t=0\quad(\forall t_1>t_0)$$

因为 $\boldsymbol{y}(t)$ 是 t 的有限分段时间连续函数，故上式成立的条件为

$$\boldsymbol{y}(t)=\boldsymbol{C}(t)\boldsymbol{\Phi}(t,t_0)\boldsymbol{x}_0=0\quad(\forall t_1>t_0,\ \forall t\in(t_0,t_1))$$

上式表明 $\boldsymbol{x}_0$ 为不能观状态，即系统为状态不完全能观。这和前面的假设条件相矛盾，故假设不成立。因此，若系统是状态完全能观的，则一定存在 $t_1(t_1>t_0)$，使得能观格拉姆矩阵 $\boldsymbol{W}_o(t_0,t_1)$ 是非奇异的。于是必要性得以证明。 □□□

在应用由定理 4-10 给出的线性时变连续系统的状态完全能观判据时，需先求出时变的系统矩阵 $\boldsymbol{A}(t)$ 的状态转移矩阵 $\boldsymbol{\Phi}(t,t_0)$，再求系统的能观格拉姆矩阵 $\boldsymbol{W}_o(t_1,t_0)$，计算困难且计算量较大。下面给出一个较为实用的时变系统状态能观性判据，该判据只需利用 $\boldsymbol{A}(t)$ 和 $\boldsymbol{C}(t)$ 的信息即可。

定理 4-11 若对初始时刻 t_0，存在时间 $t_1(t_1>t_0)$，使得线性时变连续系统 $\Sigma(\boldsymbol{A}(t),\boldsymbol{C}(t))$ 的系统矩阵 $\boldsymbol{A}(t)$ 和输出矩阵 $\boldsymbol{C}(t)$ 中的各元素在时间区间 $[t_0,t_1]$ 内对时间 t 分别是 $(n-2)$ 和 $(n-1)$ 阶连续可导，定义

$$\left.\begin{aligned}&\boldsymbol{C}_1(t)=\boldsymbol{C}(t)\\&\boldsymbol{C}_i(t)=\boldsymbol{C}_{i-1}(t)\boldsymbol{A}(t)+\dot{\boldsymbol{C}}_{i-1}(t)\quad(i=2,3,\cdots,n)\end{aligned}\right\}\tag{4-33}$$

再定义如下时变系统的能观性矩阵

$$\boldsymbol{Q}_o(t)=\begin{bmatrix}\boldsymbol{C}_1(t)\\\boldsymbol{C}_2(t)\\\vdots\\\boldsymbol{C}_n(t)\end{bmatrix}\tag{4-34}$$

若能观性矩阵 $\boldsymbol{Q}_o$ 满足

$$\mathrm{rank}\boldsymbol{Q}_o(t)=n$$

则称时变系统在初始时刻 t_0 上状态完全能观。

定理 4-11 的证明可由参考文献[6]找到，这里不再给出。值得指出的是，定理 4-11 给出的仅是一个充分条件，即不满足这个定理的并不一定是不能观的。

例 4-10 试判断如下时变系统在初始时刻 $t_0=1$ 的状态能观性。

$$\begin{cases}\dot{\boldsymbol{x}}(t)=\begin{bmatrix}t & 1 & 0\\ 0 & t & 0\\ 0 & 0 & t^2\end{bmatrix}\boldsymbol{x}(t)\\ \boldsymbol{y}(t)=\begin{bmatrix}1 & 0 & 1\end{bmatrix}\boldsymbol{x}(t)\end{cases}$$

解 由于 $\boldsymbol{A}(t)$ 与 $\boldsymbol{C}(t)$ 高阶连续可导，因此采用秩判据。由定理 4-11，有

$$\boldsymbol{C}_1(t)=\boldsymbol{C}(t)=\begin{bmatrix}1 & 0 & 1\end{bmatrix}$$

$$\boldsymbol{C}_2(t)=\boldsymbol{C}_1(t)\boldsymbol{A}(t)+\dot{\boldsymbol{C}}_1(t)=\begin{bmatrix}t & 1 & t^2\end{bmatrix}$$

$$\boldsymbol{C}_3(t)=\boldsymbol{C}_2(t)\boldsymbol{A}(t)+\dot{\boldsymbol{C}}_2(t)=\begin{bmatrix}t^2+1 & 2t & t^4+2t\end{bmatrix}$$

$$\boldsymbol{Q}_o(t)=\begin{bmatrix}\boldsymbol{C}_1(t)\\ \boldsymbol{C}_2(t)\\ \boldsymbol{C}_3(t)\end{bmatrix}=\begin{bmatrix}1 & 0 & 1\\ t & 1 & t^2\\ t^2+1 & 2t & t^4+2t\end{bmatrix}$$

容易判别 $t>1$ 时，$\operatorname{rank}\boldsymbol{Q}_o(t)\equiv 3=n$，所以系统在初始时刻 $t_0=1$ 上是状态完全能观的。

4.3 线性定常离散系统的能控性和能观性

由于线性连续系统只是线性离散系统当采样周期趋于无穷小时的无限近似，所以离散系统的状态能控性和能观性的定义，与线性连续系统的极其相似，线性定常离散系统和线性定常连续系统的能控性和能观性的判据，则在形式上基本一致。

4.3.1 线性定常离散系统的状态能控性与能达性

状态能控性讨论的是系统输入对状态空间中任意初始状态控制到坐标原点（平衡态）的能力，而状态能达性讨论的是系统输入对坐标原点（平衡态）的初始状态控制到状态空间中任意状态的能力。对线性定常连续系统来说，状态能控性与能达性虽然定义不同，两者的判据却是等价的，但对于线性定常离散系统来说，这两者无论定义还是判据都有所不同。

与线性连续系统的状态能控性问题一样，对线性离散系统的能控性与能达性问题也可只考虑系统状态方程，与输出方程和输出变量 $\boldsymbol{y}(k)$ 无关。

1. 线性定常离散系统状态能控性和能达性定义

定义 4-4（线性定常离散系统状态能控性定义） 对线性定常离散系统 $\Sigma(\boldsymbol{G},\boldsymbol{H})$，即

$$\boldsymbol{x}(k+1)=\boldsymbol{G}\boldsymbol{x}(k)+\boldsymbol{H}\boldsymbol{u}(k) \tag{4-35}$$

若对某个初始状态 $\boldsymbol{x}(0)=\boldsymbol{x}_0$，存在控制作用序列 $\{\boldsymbol{u}(0),\boldsymbol{u}(1),\cdots,\boldsymbol{u}(n-1)\}$，使系统状态在第 n 步上到达零状态，即 $\boldsymbol{x}(n)=0$，则称此系统的状态 $\boldsymbol{x}_0$ 是能控的。若系统对状态空间的所有状态都是能控的，则称系统状态完全能控，简称为系统能控。即如果数学逻辑关系式

$$\forall\, \boldsymbol{x}(0)\ \exists\, \boldsymbol{u}(k)(k\in[0,n-1])\quad (\boldsymbol{x}(n)=0)$$

为真,则称系统状态完全能控。

若系统存在某个状态 $\boldsymbol{x}_0$ 不满足上述条件,则称此系统是状态不完全能控的,简称系统为状态不能控。

在上述线性定常离散系统的状态能控性的定义中,只要求在 n 步之内寻找控制作用序列 $\{\boldsymbol{u}(0),\boldsymbol{u}(1),\cdots,\boldsymbol{u}(n-1)\}$,使得系统状态在第 n 步上到达零状态。可以证明,若离散系统在 n 步之内不存在控制作用序列使系统的状态对任意的初始状态控制到原点,则在 n 步以后也不存在控制作用序列使系统的状态在有限步之内控制到原点。故在上述定义中,只要求系统在 n 步之内寻找控制作用序列。

定义 4-5(线性定常离散系统状态能达性定义)　对线性定常离散系统 $\Sigma(\boldsymbol{G},\boldsymbol{H})$,若对某个最终状态 $\boldsymbol{x}_1$,存在控制作用序列 $\{\boldsymbol{u}(0),\boldsymbol{u}(1),\cdots,\boldsymbol{u}(n-1)\}$,使得系统状态从零状态在第 n 步上到达最终状态 $\boldsymbol{x}_1$,即 $\boldsymbol{x}(n)=\boldsymbol{x}_1$,则称此系统的状态 $\boldsymbol{x}_1$ 是能达的。若系统对状态空间中所有状态都能达,则称系统状态完全能达,简称为系统能达。即如果数学逻辑关系式

$$(\forall \boldsymbol{x}_1)(\exists \boldsymbol{u}(k)(k\in[0,n-1])\quad(\boldsymbol{x}(0)=0\cap \boldsymbol{x}(n)=\boldsymbol{x}_1)$$

为真,则称系统状态完全能达。

若系统存在某个状态 $\boldsymbol{x}_1$ 不满足上述条件,则称此系统是状态不完全能达的,简称系统为状态不能达。

从能控性与能达性两者的定义可知,在系统控制问题中,系统镇定问题多与能控性有关,而系统跟踪、伺服问题更多与能达性有关。

2. 线性定常离散系统的状态能控性判据

与线性定常连续系统不同,线性定常离散系统的状态能控性与能达性的判据两者不等价。线性定常离散系统的状态能达性与连续系统的能控性/能达性判据形式上完全一致,而状态能控性的判据则有所区别。

定理 4-12(线性定常离散系统能控性秩判据)　对线性定常离散系统 $\Sigma(\boldsymbol{G},\boldsymbol{H})$,有如下状态能控性结论。

1) 若系统矩阵 $\boldsymbol{G}$ 为非奇异矩阵,则状态完全能控的充分必要条件为如下定义的能控性矩阵 $\boldsymbol{Q}_c=[\boldsymbol{H}\quad \boldsymbol{GH}\quad \cdots\quad \boldsymbol{G}^{n-1}\boldsymbol{H}]$ 满秩,即

$$\operatorname{rank}\boldsymbol{Q}_c=n$$

2) 若系统矩阵 $\boldsymbol{G}$ 为奇异矩阵,则状态完全能控的充分必要条件为

$$\operatorname{rank}\boldsymbol{Q}_c=\operatorname{rank}[\boldsymbol{Q}_c\quad \boldsymbol{G}^n]\tag{4-36}$$

证明　由第 3 章的线性定常离散系统状态解公式,可得系统 $\Sigma(\boldsymbol{G},\boldsymbol{H})$ 的状态解为

$$\boldsymbol{x}(k)=\boldsymbol{G}^k\boldsymbol{x}(0)+\sum_{j=0}^{k-1}\boldsymbol{G}^{k-j-1}\boldsymbol{Hu}(j)\tag{4-37}$$

设在第 n 步上能使初始状态 $\boldsymbol{x}(0)$ 转移到零状态,于是式(4-37)可记为

$$0=\boldsymbol{G}^n\boldsymbol{x}(0)+\sum_{j=0}^{n-1}\boldsymbol{G}^{n-j-1}\boldsymbol{Hu}(j)$$

即　$-G^n x(0)=\sum_{j=0}^{n-1}G^{n-j-1}Hu(j)=[G^{n-1}Hu(0)+G^{n-2}Hu(1)+\cdots+Hu(n-1)]$

$$=[H\quad GH\quad\cdots\quad G^{n-1}H]\begin{bmatrix}u(n-1)\\u(n-2)\\\vdots\\u(0)\end{bmatrix}\tag{4-38}$$

这是一个非齐次线性代数方程，由线性方程解的存在性理论可知，式(4-38)存在控制向量解序列$\{u(0),u(1),\cdots,u(n-1)\}$的充分必要条件为

$$\text{rank}[H\quad GH\quad\cdots\quad G^{n-1}H]=\text{rank}[H\quad GH\quad\cdots\quad G^{n-1}H\quad G^n x(0)]\tag{4-39}$$

考虑到系统的初始状态 $x(0)$是属于 n 维状态空间的任意一个状态，因此上式等价于

$$\text{rank}[H\quad GH\quad\cdots\quad G^{n-1}H]=\text{rank}[H\quad GH\quad\cdots\quad G^{n-1}H\quad G^n]$$

由此证明系统状态完全能控的充分必要条件为系统能控性矩阵满足

$$\text{rank}Q_c=\text{rank}[Q_c\quad G^n]$$

即定理的结论 2)得到证明。

当系统矩阵 G 为非奇异，显然有

$$\text{rank}G=n$$

因此判别条件(4-39)右端为

$$\text{rank}[Q_c\quad G^n]=n$$

此时系统状态完全能控的充分必要条件为

$$\text{rank}Q_c=\text{rank}[H\quad GH\quad\cdots\quad G^{n-1}H]=n$$　□□□

例 4-11　试判断如下系统的状态能控性。

$$x(k+1)=\begin{bmatrix}0&1\\0&0\end{bmatrix}x(k)+\begin{bmatrix}1\\0\end{bmatrix}u(k)$$

解　由线性定常离散系统的能控性矩阵的定义，有

$$\text{rank}Q_c=\text{rank}[H\quad GH]=\text{rank}\begin{bmatrix}1&0\\0&0\end{bmatrix}=1$$

但　$$\text{rank}[Q_c\quad G^2]=\text{rank}[H\quad GH\quad G^2]=\begin{bmatrix}1&0&0&0\\0&0&0&0\end{bmatrix}=1$$

因此　$$\text{rank}Q_c=\text{rank}[Q_c\quad G^2]$$

由定理 4-12 的结论 2)可知，该系统状态完全能控。

例 4-12　试判断如下系统的状态能控性。

$$x(k+1)=\begin{bmatrix}1&0&0\\0&2&-2\\-1&1&0\end{bmatrix}x(k)+\begin{bmatrix}1\\2\\1\end{bmatrix}u(k)$$

解　判断一：由系统状态能控性的代数判据有

$$\text{rank}\boldsymbol{Q}_c=\text{rank}[\boldsymbol{H}\quad \boldsymbol{GH}\quad \boldsymbol{G}^2\boldsymbol{H}]=\text{rank}\begin{bmatrix}1&1&1\\2&2&2\\1&1&1\end{bmatrix}=1<n$$

但
$$\text{rank}[\boldsymbol{Q}_c\quad \boldsymbol{G}^3]=\text{rank}[\boldsymbol{H}\quad \boldsymbol{GH}\quad \boldsymbol{G}^2\boldsymbol{H}\quad \boldsymbol{G}^3]=\begin{bmatrix}1&1&1&1&0&0\\2&2&2&6&0&-4\\1&1&1&1&2&4\end{bmatrix}=3$$

因此
$$\text{rank}\boldsymbol{Q}_c\neq\text{rank}[\boldsymbol{Q}_c\quad \boldsymbol{G}^3]$$

由定理 4-12 的结论 2)可知，该系统状态不完全能控。

判断二：由于 $\boldsymbol{G}$ 为非奇异且 $\text{rank}\boldsymbol{Q}_c=1<3=n$，因此由定理 4-12 的结论 1)可知，该系统状态不完全能控。

3. 线性定常离散系统的状态能达性判据

由上述线性定常离散系统的状态能控性代数判据可知，离散系统的能控性与连续系统的能控性存在一定的差别。由系统矩阵和输入矩阵组成的能控性矩阵的秩等于状态变量的个数，对于线性定常连续系统，这是状态完全能控的充分必要条件，而对于线性定常离散系统的状态能控性则仅是一个充分条件。造成线性连续系统和线性离散系统的状态能控性判据形式上有差别的原因在于：线性连续系统的状态能控性和状态能达性是两个等价的概念，而线性离散系统的状态能控性和状态能达性则是两个不等价的概念。

定理 4-13（线性定常离散系统能达性秩判据） 对线性定常离散系统 $\Sigma(\boldsymbol{G},\boldsymbol{H})$，状态完全能达的充分必要条件为能控性矩阵 $\boldsymbol{Q}_c=[\boldsymbol{H}\quad \boldsymbol{GH}\quad \cdots\quad \boldsymbol{G}^{n-1}\boldsymbol{H}]$满秩，即

$$\text{rank}\boldsymbol{Q}_c=n$$

定理 4-14（线性定常离散系统能达性模态判据） 对约旦规范形的线性定常离散系统 $\Sigma(\boldsymbol{G},\boldsymbol{H})$，有

1) 若系统矩阵 $\boldsymbol{G}$ 为每个特征值都只有一个约旦块的约旦矩阵，则系统能达的充分必要条件为对应 $\boldsymbol{G}$ 的每个约旦块的 $\boldsymbol{H}$ 的分块的最后一行都不全为零；

2) 若 $\boldsymbol{G}$ 为某个特征值有多于一个约旦块的约旦矩阵，则系统能达的充分必要条件为对应于 $\boldsymbol{G}$ 的每个特征值的所有的约旦块的 $\boldsymbol{H}$ 的分块的最后一行线性无关。

定理 4-15（线性定常离散系统能达性 PHB 秩判据） 对线性定常离散系统 $\Sigma(\boldsymbol{G},\boldsymbol{H})$，状态完全能控的充分必要条件为：对于所有的复数 λ，有

$$\text{rank}[\lambda\boldsymbol{I}-\boldsymbol{G}\ \boldsymbol{H}]=n$$

4.3.2 线性定常离散系统的状态能观性

与线性连续系统一样，线性离散系统的状态能观性只与系统输出 $\boldsymbol{y}(t)$、系统矩阵 $\boldsymbol{G}$ 和输出矩阵 $\boldsymbol{C}$ 有关，即只需考虑齐次状态方程和输出方程即可。因此，有如下线性定常离散系统状态能观性的定义。

定义 4-6 对线性定常离散系统

$$\left.\begin{aligned} \boldsymbol{x}(k+1) &= \boldsymbol{G}\boldsymbol{x}(k) \\ \boldsymbol{y}(k) &= \boldsymbol{C}\boldsymbol{x}(k) \end{aligned}\right\} \tag{4-40}$$

若根据在 n 个采样周期内采样到的输出向量 $\boldsymbol{y}(k)$ 的序列 $\boldsymbol{y}(0),\boldsymbol{y}(1),\cdots,\boldsymbol{y}(n-1)$ 能惟一地确定系统的初始状态 $\boldsymbol{x}(0)$，则称系统的状态 $\boldsymbol{x}(0)$ 能观；若对状态空间中的所有状态都能观，则称系统状态完全能观，简称为系统能观。即如果数学逻辑关系式

$$\forall\, \boldsymbol{x}(0) \quad \boldsymbol{y}(k)(k \in [0,n-1]) \xrightarrow{\text{惟一}} \boldsymbol{x}(0) \tag{4-41}$$

为真，则称系统状态完全能观。

若系统存在某个状态 $\boldsymbol{x}(0)$ 不满足上述条件，则称此系统是状态不完全能观的，简称系统为状态不完全能观。

在线性定常离散系统的状态能观性的定义中，只要求以在 n 个采样周期内采样到的输出确定系统的状态。可以证明，如果在 n 个采样周期内测得的输出向量序列不能惟一确定系统的初始状态，则由多于 n 个采样周期测得的输出向量序列也不能惟一确定系统初始状态。

对线性定常离散系统，存在与线性定常连续系统在形式上完全一致的状态能观性的代数判据和模态判据。下面先介绍代数判据。

定理 4-16 线性定常离散系统 $\Sigma(\boldsymbol{G},\boldsymbol{C})$ 状态完全能观的充分必要条件为能观性矩阵

$$\boldsymbol{Q}_o = \begin{bmatrix} \boldsymbol{C} \\ \boldsymbol{C}\boldsymbol{G} \\ \vdots \\ \boldsymbol{C}\boldsymbol{G}^{n-1} \end{bmatrix}$$

满秩，即

$$\operatorname{rank}\boldsymbol{Q}_o = n \tag{4-42}$$

证明 由线性定常离散系统的状态空间模型求解公式，可得

$$\begin{aligned} \boldsymbol{y}(0) &= \boldsymbol{C}\boldsymbol{x}(0) \\ \boldsymbol{y}(1) &= \boldsymbol{C}\boldsymbol{x}(1) = \boldsymbol{C}\boldsymbol{G}\boldsymbol{x}(0) \\ &\vdots \\ \boldsymbol{y}(n-1) &= \boldsymbol{C}\boldsymbol{x}(n-1) = \boldsymbol{C}\boldsymbol{G}^{n-1}\boldsymbol{x}(0) \end{aligned}$$

将上述 n 个方程写成矩阵的形式，有

$$\boldsymbol{Q}_o\boldsymbol{x}(0) = \begin{bmatrix} \boldsymbol{C} \\ \boldsymbol{C}\boldsymbol{G} \\ \vdots \\ \boldsymbol{C}\boldsymbol{G}^{n-1} \end{bmatrix}\boldsymbol{x}(0) = \begin{bmatrix} \boldsymbol{y}(0) \\ \boldsymbol{y}(1) \\ \vdots \\ \boldsymbol{y}(n-1) \end{bmatrix} \tag{4-43}$$

由于输出向量 $\boldsymbol{y}(k)$ 和状态向量 $\boldsymbol{x}(k)$ 满足输出方程，故上述方程为相容方程（非矛盾方程）。因此，由线性方程的解的存在性理论可知，无论输出向量的维数是否大于 1，上述方程有 $\boldsymbol{x}(0)$ 的惟一解的充分必要条件为

$$\mathrm{rank}\boldsymbol{Q}_{\mathrm{o}} = n \tag{4-44}$$

由能观性的定义可知，式(4-44)亦为线性定常离散系统 $\Sigma(\boldsymbol{G},\boldsymbol{C})$状态完全能观的充分必要条件。于是定理 4-16 得以证明。 □□□

例 4-13 试判断如下系统的状态能观性。

$$\begin{cases} \boldsymbol{x}(k+1) = \begin{bmatrix} 2 & 0 & 3 \\ -1 & -2 & 0 \\ 0 & 1 & 2 \end{bmatrix} \boldsymbol{x}(k) \\ \boldsymbol{y}(k) = \begin{bmatrix} 1 & 0 & 0 \\ 0 & 1 & 0 \end{bmatrix} \boldsymbol{x}(k) \end{cases}$$

解 由系统状态能观性的代数判据有

$$\mathrm{rank}\boldsymbol{Q}_{\mathrm{o}} = \mathrm{rank}\begin{bmatrix} \boldsymbol{C} \\ \boldsymbol{CG} \\ \boldsymbol{CG}^2 \end{bmatrix} = \mathrm{rank}\begin{bmatrix} 1 & 0 & 0 \\ 0 & 1 & 0 \\ 2 & 0 & 3 \\ \vdots & \vdots & \vdots \end{bmatrix} = 3$$

故系统是状态完全能观的。

对线性定常离散系统的状态能观性，还有如下模态判据。

定理 4-17 对约旦规范形的线性定常离散系统 $\Sigma(\boldsymbol{G},\boldsymbol{C})$，有

1) 若系统矩阵 $\boldsymbol{G}$ 为每个特征值都只有一个约旦块的约旦矩阵，则系统能观的充分必要条件为对应 $\boldsymbol{G}$ 的每个约旦块的 $\boldsymbol{C}$ 的分块的第一列都不全为零。

2) 若 $\boldsymbol{G}$ 为某个特征值有多于一个约旦块的约旦矩阵，则系统能观的充分必要条件为对应于 $\boldsymbol{G}$ 的每个特征值的所有的约旦块的 $\boldsymbol{C}$ 的分块的第一列线性无关。

定理 4-18 线性定常离散系统 $\Sigma(\boldsymbol{G},\boldsymbol{C})$状态完全能观的充分必要条件为：对于所有的复数 λ，有

$$\mathrm{rank}\begin{bmatrix} \lambda\boldsymbol{I} - \boldsymbol{G} \\ \boldsymbol{C} \end{bmatrix} = n$$

4.3.3 离散化线性定常系统的状态能控性和能观性

离散化线性定常系统的状态能控性和能观性问题，是指线性定常连续系统经离散化(采样)后是否仍能保持其状态能控性和能观性的问题，这个问题在计算机控制中是一个十分重要的问题。在具体讨论之前，先看一个例子。

例 4-14 判断如下线性定常连续系统离散化后的状态能控性和能观性。

$$\begin{cases} \dot{\boldsymbol{x}} = \begin{bmatrix} 0 & 1 \\ -1 & 0 \end{bmatrix} \boldsymbol{x} + \begin{bmatrix} 1 \\ 0 \end{bmatrix} \boldsymbol{u} \\ \boldsymbol{y} = \begin{bmatrix} 0 & -1 \end{bmatrix} \boldsymbol{x} \end{cases}$$

解 (1) 判断原连续系统的能控性和能观性。因为

$$\operatorname{rank}[\boldsymbol{B}\quad \boldsymbol{AB}] = \operatorname{rank}\begin{bmatrix}1 & 0\\0 & -1\end{bmatrix} = 2 = n$$

$$\operatorname{rank}\begin{bmatrix}\boldsymbol{C}\\ \boldsymbol{CA}\end{bmatrix} = \operatorname{rank}\begin{bmatrix}0 & 1\\-1 & 0\end{bmatrix} = 2 = n$$

故原连续系统是状态完全能控且完全能观的。

(2) 求连续系统的离散化系统。由离散化步骤，有

$$|s\boldsymbol{I}-\boldsymbol{A}| = \begin{vmatrix}s & -1\\1 & s\end{vmatrix} = s^2+1 = (s+j)(s-j)$$

即系统的特征值为 $s_1=j, s_2=-j$，则

$$\begin{bmatrix}\alpha_0(t)\\ \alpha_1(t)\end{bmatrix} = \begin{bmatrix}1 & s_1\\1 & s_2\end{bmatrix}^{-1}\begin{bmatrix}\mathrm{e}^{s_1 t}\\ \mathrm{e}^{s_2 t}\end{bmatrix} = \begin{bmatrix}1 & j\\1 & -j\end{bmatrix}^{-1}\begin{bmatrix}\mathrm{e}^{jt}\\ \mathrm{e}^{-jt}\end{bmatrix} = \begin{bmatrix}\cos t\\ \sin t\end{bmatrix}$$

因此有

$$\mathrm{e}^{\boldsymbol{A}t} = \alpha_0(t)\boldsymbol{I} + \alpha_1(t)\boldsymbol{A} = \cos t\boldsymbol{I} + \sin t\boldsymbol{A} = \begin{bmatrix}\cos t & \sin t\\ -\sin t & \cos t\end{bmatrix}$$

$$\boldsymbol{G} = \mathrm{e}^{\boldsymbol{A}T} = \begin{bmatrix}\cos T & \sin T\\ -\sin T & \cos T\end{bmatrix}, \quad \boldsymbol{H} = \int_0^T \mathrm{e}^{\boldsymbol{A}t}\,\mathrm{d}t\boldsymbol{B} = \begin{bmatrix}\sin T\\ \cos T-1\end{bmatrix}$$

即经离散化后的系统状态空间模型为

$$\begin{cases}\boldsymbol{x}(k+1) = \begin{bmatrix}\cos T & \sin T\\ -\sin T & \cos T\end{bmatrix}\boldsymbol{x}(k) + \begin{bmatrix}\sin T\\ \cos T-1\end{bmatrix}\boldsymbol{u}(k)\\ \boldsymbol{y}(k) = [0\quad 1]\boldsymbol{x}(k)\end{cases}$$

(3) 求离散化后的系统的状态能控性和能观性。由上述离散化后系统的状态方程，有状态能控性矩阵和能观性矩阵为

$$\boldsymbol{Q}_{\mathrm{c}} = [\boldsymbol{H}\quad \boldsymbol{GH}] = \begin{bmatrix}\sin T & -\sin T + 2\cos T\sin T\\ \cos T-1 & \cos^2 T - \sin^2 T - \cos T\end{bmatrix}$$

$$\boldsymbol{Q}_{\mathrm{o}} = \begin{bmatrix}\boldsymbol{C}\\ \boldsymbol{CG}\end{bmatrix} = \begin{bmatrix}0 & 1\\ -\sin T & \cos T\end{bmatrix}$$

由于系统矩阵 $\boldsymbol{G}=\mathrm{e}^{\boldsymbol{A}T}$ 为可逆矩阵，故由定理 4-12 和定理 4-16 可知，离散化系统的状态完全能控和完全能观的充分必要条件为能控性矩阵 $\boldsymbol{Q}_{\mathrm{c}}$ 和能观性矩阵 $\boldsymbol{Q}_{\mathrm{o}}$ 均满秩。

若取 $T=k\pi(k=1,2,\cdots)$，即 $\sin T=0, \cos T=\pm 1$，则有

$$\begin{aligned}\operatorname{rank}\boldsymbol{Q}_{\mathrm{c}} &= \operatorname{rank}\begin{bmatrix}\sin k\pi & -\sin k\pi + 2\cos k\pi\sin k\pi\\ \cos k\pi - 1 & \cos^2 k\pi - \sin^2 k\pi - \cos k\pi\end{bmatrix}\\ &= \operatorname{rank}\begin{bmatrix}0 & 0\\ \pm 1 - 1 & 1 \mp 1\end{bmatrix} \leqslant 1 < 2 = n\end{aligned}$$

$$\operatorname{rank}\boldsymbol{Q}_{\mathrm{o}} = \operatorname{rank}\begin{bmatrix}0 & 1\\ -\sin k\pi & \cos k\pi\end{bmatrix} = \operatorname{rank}\begin{bmatrix}0 & 1\\ 0 & \pm 1\end{bmatrix} = 1 < 2 = n$$

因此，此时离散化系统既不完全能控又不完全能观。

若取 $T\neq k\pi(k=1,2,\cdots)$，即 $\sin T\neq 0, \cos T\neq \pm 1$，则有

$$|\boldsymbol{Q}_{\mathrm{c}}| = \begin{vmatrix}\sin T & -\sin T + 2\cos T\sin T\\ \cos T-1 & \cos^2 T - \sin^2 T - \cos T\end{vmatrix} = \sin T(-\sin^2 T - \cos^2 T - 1 + 2\cos T)$$

$$=\sin T(2\cos T-1)$$

$$|\boldsymbol{Q}_o|=\begin{vmatrix}0 & 1\\ -\sin T & \cos T\end{vmatrix}=\sin T$$

即

$$\mathrm{rank}\boldsymbol{Q}_c=2=n,\quad \mathrm{rank}\boldsymbol{Q}_o=2=n$$

则此时离散化系统状态完全能控又完全能观。

由例 4-14 可以清楚地看出，若连续系统是状态完全能控(完全能观)的，经离散化后能否保持系统的状态完全能控(完全能观)，这完全取决于系统采样周期的选择。

对离散化系统的状态能控性和能观性与原连续系统的状态能控性和能观性，以及采样周期 T 的选择的关系有如下结论。

设线性定常连续系统的状态空间模型为 $\Sigma(\boldsymbol{A},\boldsymbol{B},\boldsymbol{C})$，经离散化的状态空间模型为 $\Sigma(\boldsymbol{G},\boldsymbol{H},\boldsymbol{C})$，其中

$$\boldsymbol{G}=\mathrm{e}^{\boldsymbol{A}T},\quad \boldsymbol{H}=\int_0^T\mathrm{e}^{\boldsymbol{A}t}\,\mathrm{d}t\boldsymbol{B}$$

则连续系统和其离散化系统两者之间的状态能控性和能观性关系如下。

1) 如果连续系统是状态不完全能控(不完全能观)的，则其离散化系统必是状态不完全能控(不完全能观)的。

2) 如果连续系统是状态完全能控(完全能观)的且其特征值全部为实数，则其离散化系统必是状态完全能控(完全能观)的。

3) 如果连续系统是状态完全能控(完全能观)的且存在共轭复数特征值，则其离散化系统状态完全能控(完全能观)的充分条件为：对于所有满足 $\mathrm{Re}[\lambda_i-\lambda_j]=0$ 的 $\boldsymbol{A}$ 的特征值 λ_i 和 λ_j 应满足

$$T\neq\frac{2k\pi}{\mathrm{Im}[\lambda_i-\lambda_j]}\quad(k=\pm1,\pm2,\pm3,\cdots)\tag{4-45}$$

式中，符号 Re 和 Im 分别表示取复数的实数部分和虚数部分。

在例 4-14 中，$\boldsymbol{A}$ 的特征值为 $\lambda_1=\mathrm{j}$，$\lambda_2=-\mathrm{j}$，即满足 $\mathrm{Re}[\lambda_1-\lambda_2]=0$。所以当

$$T\neq\frac{2k\pi}{\mathrm{Im}[\lambda_i-\lambda_j]}=k\pi$$

时，离散化系统才状态完全能控和完全能观。

4.4 对偶性原理

从上面的讨论中可以看出，系统状态能控性和能观性，无论是从定义或其判据方面来看，在形式和结构上都极为相似。这种相似关系绝非偶然的巧合，而是系统内在结构上的必然联系，这种必然联系称为对偶性原理。

定义 4-7 若给定的两个线性定常连续系统 $\Sigma(\boldsymbol{A},\boldsymbol{B},\boldsymbol{C})$ 和 $\tilde{\Sigma}(\tilde{\boldsymbol{A}},\tilde{\boldsymbol{B}},\tilde{\boldsymbol{C}})$ 满足

$$\tilde{\boldsymbol{A}}=\boldsymbol{A}^{\mathrm{T}},\quad \tilde{\boldsymbol{B}}=\boldsymbol{C}^{\mathrm{T}},\quad \tilde{\boldsymbol{C}}=\boldsymbol{B}^{\mathrm{T}}\tag{4-46}$$

则称系统 $\Sigma(\boldsymbol{A},\boldsymbol{B},\boldsymbol{C})$ 和 $\tilde{\Sigma}(\tilde{\boldsymbol{A}},\tilde{\boldsymbol{B}},\tilde{\boldsymbol{C}})$ 互为对偶。

显然，若系统 $\Sigma(\boldsymbol{A},\boldsymbol{B},\boldsymbol{C})$ 是一个 r 维输入，m 维输出的 n 阶系统，则其对偶系统 $\tilde{\Sigma}(\tilde{\boldsymbol{A}},\tilde{\boldsymbol{B}},\tilde{\boldsymbol{C}})$ 是一个 m 维输入，r 维输出的 n 阶系统。对偶系统 Σ 和 $\tilde{\Sigma}$ 的方块结构图如图 4-5 所示。从图中可以看出，互为对偶的两系统意味着输入端与输出端互换；信号传递方向的相反；信号引出点和相加点的互换，对应矩阵的转置，以及时间的倒转。

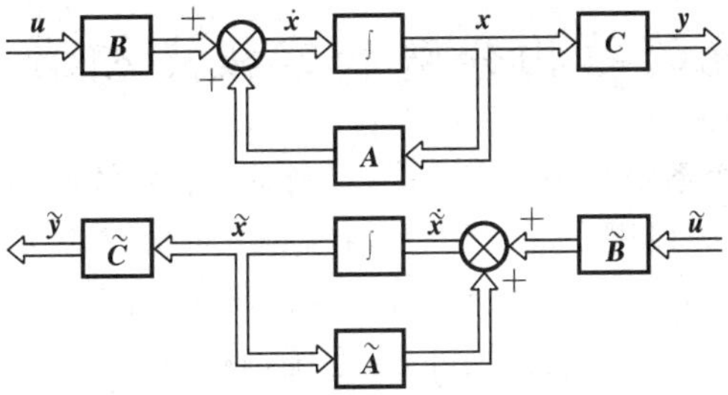

图 4-5 互为对偶系统的结构图

根据对偶关系的关系式(4-46)，可以导出互为对偶系统的传递函数阵是互为转置的，且其特征方程相同。其推证过程为：对于系统 $\tilde{\Sigma}(\tilde{\boldsymbol{A}},\tilde{\boldsymbol{B}},\tilde{\boldsymbol{C}})$，其传递函数阵为

$$\tilde{\boldsymbol{G}}(s)=\tilde{\boldsymbol{C}}(s\boldsymbol{I}-\tilde{\boldsymbol{A}})^{-1}\tilde{\boldsymbol{B}}=\boldsymbol{B}^{\mathrm{T}}(s\boldsymbol{I}-\boldsymbol{A}^{\mathrm{T}})^{-1}\boldsymbol{C}^{\mathrm{T}}=[\boldsymbol{C}(s\boldsymbol{I}-\boldsymbol{A})^{-1}\boldsymbol{B}]^{\mathrm{T}}=\boldsymbol{G}^{\mathrm{T}}(s)$$

即互为对偶系统的传递函数阵是互为转置的。由此还可以得出，互为对偶系统的特征方程是相同的，即

$$|s\boldsymbol{I}-\boldsymbol{A}|=|s\boldsymbol{I}-\tilde{\boldsymbol{A}}|$$

对于互为对偶系统的状态能控性和能观性之间的关系，有如下定理。

定理 4-19 设线性定常连续系统 $\Sigma(\boldsymbol{A},\boldsymbol{B},\boldsymbol{C})$ 和 $\tilde{\Sigma}(\tilde{\boldsymbol{A}},\tilde{\boldsymbol{B}},\tilde{\boldsymbol{C}})$ 互为对偶，则系统 Σ 的状态能控性等价于系统 $\tilde{\Sigma}$ 的状态能观性，其状态能观性等价于系统 $\tilde{\Sigma}$ 的状态能控性。

证明 对系统 $\tilde{\Sigma}$ 而言，若能观性矩阵

$$\operatorname{rank}\tilde{\boldsymbol{Q}}_{\mathrm{o}}=\operatorname{rank}\begin{bmatrix}\tilde{\boldsymbol{C}}\\ \tilde{\boldsymbol{C}}\tilde{\boldsymbol{A}}\\ \vdots\\ \tilde{\boldsymbol{C}}\tilde{\boldsymbol{A}}^{n-1}\end{bmatrix}\tag{4-47}$$

的秩为 n，则 $\tilde{\Sigma}$ 为状态完全能观。由对偶性关系的关系式(4-46)，式(4-47)又可记为

$$\operatorname{rank}\tilde{\boldsymbol{Q}}_{\mathrm{o}}=\operatorname{rank}\begin{bmatrix}\boldsymbol{B}^{\mathrm{T}}\\ \boldsymbol{B}^{\mathrm{T}}\boldsymbol{A}^{\mathrm{T}}\\ \vdots\\ \boldsymbol{B}^{\mathrm{T}}(\boldsymbol{A}^{\mathrm{T}})^{n-1}\end{bmatrix}=\operatorname{rank}[\boldsymbol{B}\quad \boldsymbol{A}\boldsymbol{B}\quad \cdots\quad \boldsymbol{A}^{n-1}\boldsymbol{B}]=\operatorname{rank}\boldsymbol{Q}_{\mathrm{c}}$$

即系统$\tilde{\Sigma}$的状态能观性等价于系统 Σ 的状态能控性。

同理可证，系统$\tilde{\Sigma}$的状态能控性等价于系统 Σ 的状态能观性。 □□□

上面讨论了线性定常连续系统的对偶性关系和对偶性原理，对于线性时变连续系统和线性时变离散系统，也存在类似的对偶性关系和对偶性原理，有兴趣的读者可参阅其他书籍和文献。

4.5 线性系统的结构分解和零极点相消

前面已论述过，一个系统状态不完全能控，则意味着系统的部分状态不能控，但也存在部分状态能控。判定系统哪一部分状态能控，哪一部分状态不能控的问题，对于控制系统的分析、设计和综合，显然是至关重要的。由前面的结论已知，系统的非奇异线性变换不改变能控性，那么是否存在变换矩阵，对系统进行线性变换后可将状态变量中完全能控和完全不能控的部分分离开来？对状态不完全能观的系统，也存在类似的区分哪些状态能观、哪些状态不能观的问题。

系统状态空间模型的状态能控性和能观性问题是系统的两个不变的结构性问题，是描述系统本质特征的问题，它们与描述系统的输入/输出特性的传递函数阵之间有何联系？下面也将讨论状态能控性和能观性与传递函数阵的关系。

4.5.1 能控性分解

对状态不完全能控的线性定常连续系统，存在如下能控性结构分解定理。

定理 4-20（能控分解定理） 若线性定常连续系统 $\Sigma(\boldsymbol{A},\boldsymbol{B},\boldsymbol{C})$状态不完全能观，其能控性矩阵的秩为

$$\text{rank}\boldsymbol{Q}_c=\text{rank}[\boldsymbol{B}\quad \boldsymbol{AB}\quad \cdots\quad \boldsymbol{A}^{n-1}\boldsymbol{B}]=n_c<n$$

则存在非奇异线性变换 $\boldsymbol{x}=\boldsymbol{P}_c\tilde{\boldsymbol{x}}$，将状态空间模型 $\Sigma(\boldsymbol{A},\boldsymbol{B},\boldsymbol{C})$变换成

$$\left.\begin{aligned}\begin{bmatrix}\dot{\tilde{\boldsymbol{x}}}_1\\ \dot{\tilde{\boldsymbol{x}}}_2\end{bmatrix}&=\begin{bmatrix}\tilde{\boldsymbol{A}}_{11} & \tilde{\boldsymbol{A}}_{12}\\ 0 & \tilde{\boldsymbol{A}}_{22}\end{bmatrix}\begin{bmatrix}\tilde{\boldsymbol{x}}_1\\ \tilde{\boldsymbol{x}}_2\end{bmatrix}+\begin{bmatrix}\tilde{\boldsymbol{B}}_1\\ 0\end{bmatrix}\boldsymbol{u}\\ \boldsymbol{y}&=[\tilde{\boldsymbol{C}}_1\ \vdots\ \tilde{\boldsymbol{C}}_2]\begin{bmatrix}\tilde{\boldsymbol{x}}_1\\ \tilde{\boldsymbol{x}}_2\end{bmatrix}\end{aligned}\right\}\tag{4-48}$$

式中，n_c维子系统$\tilde{\Sigma}_c$

$$\dot{\tilde{\boldsymbol{x}}}_1=\tilde{\boldsymbol{A}}_{11}\tilde{\boldsymbol{x}}_1+\tilde{\boldsymbol{A}}_{12}\tilde{\boldsymbol{x}}_2+\tilde{\boldsymbol{B}}_1\boldsymbol{u}\tag{4-49}$$

是状态完全能控的。而$(n-n_c)$维子系统$\tilde{\Sigma}_{nc}$

$$\dot{\tilde{\boldsymbol{x}}}_2=\tilde{\boldsymbol{A}}_{22}\tilde{\boldsymbol{x}}_2\tag{4-50}$$

是状态完全不能控的。

证明 由于系统状态完全能控，其能控性矩阵

$$Q_c=[B \quad AB \quad \cdots \quad A^{n-1}B] \tag{4-51}$$

的秩为 n_c，于是从能控性矩阵 Q_c 中总可以找到 n_c 个线性无关的列向量 $p_1,p_2,\cdots,p_{n_c}$，这 n_c 个列向量构成能控性矩阵 Q_c 列空间的一组基底（系统的能控子空间的基底），即 Q_c 中任何的列都可以由这 n_c 个线性无关的列向量 $p_1,p_2,\cdots,p_{n_c}$ 线性表示。同样，还可以在 R^n 空间找到 $(n-n_c)$ 个线性无关的列向量 $p_{n_c+1},\cdots,p_n$，并满足使如下线性变换矩阵：

$$P_c=[p_1 \quad \cdots \quad p_{n_c} \quad p_{n_c+1} \quad \cdots \quad p_n]$$

为非奇异的。将变换矩阵 P_c 选作能控分解的变换矩阵，则可以作变换 $x=P_c\tilde{x}$。

设 P_c 的逆矩阵 P_c^{-1} 可以写成

$$P_c^{-1}=\begin{bmatrix} q_1 \\ q_2 \\ \vdots \\ q_n \end{bmatrix}$$

式中，$q_1,q_2,\cdots,q_n$ 为 n 维行向量。由于 $P_c^{-1}P_c=I$，因此

$$q_ip_j=\begin{cases} 0 & (i\neq j) \\ 1 & (i=j) \end{cases} \tag{4-52}$$

由于 $p_1,p_2,\cdots,p_{n_c}$ 为从矩阵 Q_c 中挑出来的列，由 Q_c 的定义式(4-51)知 $Ap_1,Ap_2,\cdots,Ap_{n_c}$ 属于矩阵 AQ_c 中的一组列向量。根据凯莱-哈密顿定理，有

$$A^n=-\sum_{i=0}^{n-1}a_iA^{n-1-i}$$

即矩阵 AQ_c 的列都可由矩阵 Q_c 的列线性表示出来。因此，$Ap_1,Ap_2,\cdots,Ap_{n_c}$ 都可由矩阵 Q_c 的列线性表示出来，也必然可由 Q_c 列空间的基底 $p_1,p_2,\cdots,p_{n_c}$ 线性表示出来。所以，由式(4-52)，必然有

$$q_iAp_j=0 \quad (i\geqslant n_{c+1},\ j\leqslant n_c) \tag{4-53}$$

因此有

$$\tilde{A}-P_c^{-1}AP_c=\begin{bmatrix} q_1 \\ q_2 \\ \vdots \\ q_n \end{bmatrix}A[p_1 \quad p_2 \quad \cdots \quad p_n]$$

$$=\left[\begin{array}{ccc:ccc} q_1Ap_1 & \cdots & q_1Ap_{n_c} & q_1Ap_{n_c+1} & \cdots & q_1Ap_n \\ \vdots & \ddots & \vdots & \vdots & \ddots & \vdots \\ q_{n_c}Ap_1 & \cdots & q_{n_c}Ap_{n_c} & q_{n_c}Ap_{n_c+1} & \cdots & q_{n_c}Ap_n \\ \hdashline q_{n_c+1}Ap_1 & \cdots & q_{n_c+1}AP_{n_c} & q_{n_c+1}Ap_{n_c+1} & \cdots & q_{n_c+1}Ap_n \\ \vdots & \ddots & \vdots & \vdots & \ddots & \vdots \\ q_nAp_1 & \cdots & q_nAp_{n_c} & q_nAp_{n_c+1} & \cdots & q_nAp_n \end{array}\right]$$

$$
=\left[\begin{array}{ccc:ccc}
q_1Ap_1 & \cdots & q_1Ap_{n_c} & q_1Ap_{n_c+1} & \cdots & q_1Ap_n \\
\vdots & \ddots & \vdots & \vdots & \ddots & \vdots \\
q_{n_c}Ap_1 & \cdots & q_{n_c}Ap_{n_c} & q_{n_c}Ap_{n_c+1} & \cdots & q_{n_c}Ap_n \\
\hdashline
0 & \cdots & 0 & q_{n_c+1}Ap_{n_c+1} & \cdots & q_{n_c+1}Ap_n \\
\vdots & \ddots & \vdots & \vdots & \ddots & \vdots \\
0 & \cdots & 0 & q_nAp_{n_c+1} & \cdots & q_nAp_n
\end{array}\right]
$$

$$
=\left[\begin{array}{c:c}
\tilde{A}_{11} & \tilde{A}_{12} \\
\hdashline
0 & \tilde{A}_{22}
\end{array}\right]
$$

由能控性矩阵 Q_c 的定义可知，B 矩阵的列也可由 Q_c 的基底 $p_1,p_2,\cdots,p_{n_c}$ 线性表示出来。因此，仿照上述证明，亦可证明得

$$
\tilde{B}=P_c^{-1}B=\begin{bmatrix}\tilde{B}_1\\0\end{bmatrix}
$$

至此已证明，当选择非奇异变换矩阵为 P_c 时，系统可分解为如式(4-49)和式(4-50)所示的两个子系统。显然，以 $\tilde{x}_2$ 为状态变量的 $(n-n_c)$ 维子系统是状态完全不能控的。以下将证明以 $\tilde{x}_1$ 为状态变量的 n_c 维子系统 $\tilde{\Sigma}(\tilde{A}_{11},\tilde{B}_1)$ 是状态完全能控的。

由于非奇异线性变换不改变系统的状态能控性，因此线性变换后的能控性矩阵 $\tilde{Q}_c$ 的秩应等于变换前的能控性矩阵 Q_c 的秩，即为 n_c。所以有

$$
\begin{aligned}
\operatorname{rank}\tilde{Q}_c &= \operatorname{rank}[\tilde{B}\quad \tilde{A}\tilde{B}\quad \cdots\quad \tilde{A}^{n-1}\tilde{B}]=\operatorname{rank}\begin{bmatrix}\tilde{B}_1 & \tilde{A}_{11}\tilde{B}_1 & \cdots & \tilde{A}_{11}^{n-1}\tilde{B}_1\\ 0 & 0 & \cdots & 0\end{bmatrix}\\
&=\operatorname{rank}[\tilde{B}_1\quad \tilde{A}_{11}\tilde{B}_1\quad \cdots\quad \tilde{A}_{11}^{n-1}\tilde{B}_1]=n_c
\end{aligned}
$$

根据凯莱-哈密顿定理，由上式又可推得

$$
\operatorname{rank}[\tilde{B}_1\quad \tilde{A}_{11}\tilde{B}_1\quad \cdots\quad \tilde{A}_{11}^{n_c-1}\tilde{B}_1]=\operatorname{rank}[\tilde{B}_1\quad \tilde{A}_{11}\tilde{B}_1\quad \cdots\quad \tilde{A}_{11}^{n-1}\tilde{B}_1]=n_c
$$

即矩阵 $\tilde{A}_{11}$ 和 $\tilde{B}_1$ 为能控矩阵对，亦即 n_c 维子系统(4-49)是状态完全能控的。 □□□

定理 4-20 说明，对任何一个状态不完全能控的线性定常连续系统，总可通过线性变换的方法将系统分解成完全能控的子系统和完全不能控的子系统两部分，而且变换矩阵 P_c 的 n_c 个列必须为能控性矩阵 Q_c 的 n_c 个线性无关的列或它的一组基底。对于这种状态的能控性结构分解情况如图 4-6 所示。

由于线性变换不改变系统的传递函数阵，所以由变换后的系统状态空间模型(4-48)可得系统的传递函数阵为

$$
G(s)=\tilde{G}(s)=\tilde{C}(sI-\tilde{A})^{-1}\tilde{B}=[\tilde{C}_1\quad \tilde{C}_2]\left(sI-\begin{bmatrix}\tilde{A}_{11} & \tilde{A}_{12}\\ 0 & \tilde{A}_{22}\end{bmatrix}\right)^{-1}\begin{bmatrix}\tilde{B}_1\\0\end{bmatrix}
$$

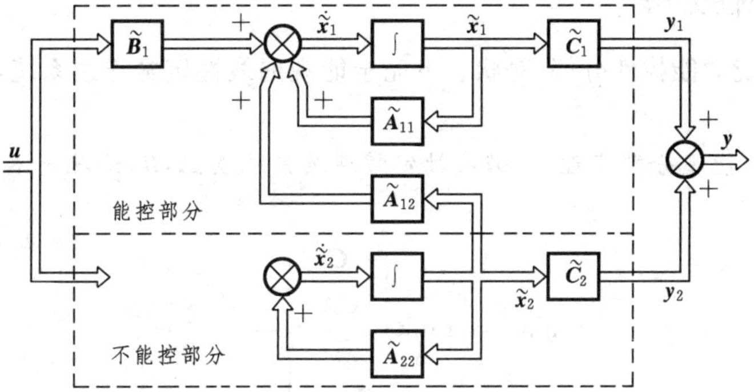

图 4-6　系统能控性结构分解结构图

$$= [\tilde{C}_1 \quad \tilde{C}_2] \begin{bmatrix} (sI - \tilde{A}_{11})^{-1} & * \\ 0 & (sI - \tilde{A}_{22})^{-1} \end{bmatrix} \begin{bmatrix} \tilde{B}_1 \\ 0 \end{bmatrix} = \tilde{C}_1 (sI - \tilde{A}_{11})^{-1} \tilde{B}_1$$

即状态不完全能控的系统的传递函数阵为能控子部分的传递函数阵，且其极点少于 n 个，即系统存在零极点相消现象。

例 4-15　试求如下系统的能控子系统。

$$\begin{cases} \dot{x} = \begin{bmatrix} 1 & 2 & -1 \\ 0 & 1 & 0 \\ 1 & -4 & 3 \end{bmatrix} x + \begin{bmatrix} 0 \\ 0 \\ 1 \end{bmatrix} u \\ y = [1 \quad -1 \quad 1] x \end{cases}$$

解　由于

$$\text{rank} Q_c = \text{rank}[B \quad AB \quad A^2 B] = \text{rank} \begin{bmatrix} 0 & -1 & -4 \\ 0 & 0 & 0 \\ 1 & 3 & 0 \end{bmatrix} = 2 < 3$$

故该系统为状态不完全能控且能控部分的状态变量的维数为 2。为分解系统，选择变换矩阵 P_c 及其逆矩阵分别为

$$P_c = \begin{bmatrix} 0 & -1 & 0 \\ 0 & 0 & 1 \\ 1 & 3 & 0 \end{bmatrix}, \quad P_c^{-1} = \begin{bmatrix} 3 & 0 & 1 \\ -1 & 0 & 0 \\ 0 & 1 & 0 \end{bmatrix}$$

式中，变换矩阵 P_c 的前两列取自能控性矩阵 Q_c，后一列是任意选择的但保证变换矩阵为非奇异的。于是有

$$\tilde{A} = P_c^{-1} A P_c = \left[\begin{array}{cc:c} 0 & -4 & 2 \\ 1 & 4 & -2 \\ \hdashline 0 & 0 & 1 \end{array}\right], \quad \tilde{B} = P_c^{-1} B = \left[\begin{array}{c} 1 \\ 0 \\ \hdashline 0 \end{array}\right], \quad \tilde{C} = C P_c = [1 \quad 2 \;\vdots\; -1]$$

则二维的能控子系统的状态方程为

$$\dot{\tilde{x}}_1 = \begin{bmatrix} 0 & -4 \\ 1 & 4 \end{bmatrix} \tilde{x}_1 + \begin{bmatrix} 2 \\ -2 \end{bmatrix} \tilde{x}_2 + \begin{bmatrix} 1 \\ 0 \end{bmatrix} u$$

4.5.2 能观性分解

类似于系统的能控性分解，对状态不完全能观的线性定常连续系统，有如下能观性结构分解定理。

定理 4-21（能观分解定理） 若线性定常连续系统 $\Sigma(\boldsymbol{A},\boldsymbol{B},\boldsymbol{C})$ 状态不完全能观，其能观性矩阵的秩为

$$\mathrm{rank}\boldsymbol{Q}_{\mathrm{o}}=\mathrm{rank}\begin{bmatrix}\boldsymbol{C}\\ \boldsymbol{CA}\\ \vdots\\ \boldsymbol{CA}^{n-1}\end{bmatrix}=n_{\mathrm{o}}<n$$

则存在非奇异线性变换 $\boldsymbol{x}=\boldsymbol{P}_{\mathrm{o}}\tilde{\boldsymbol{x}}$，将状态空间模型 $\Sigma(\boldsymbol{A},\boldsymbol{B},\boldsymbol{C})$ 变换成

$$\left.\begin{aligned}\begin{bmatrix}\dot{\tilde{\boldsymbol{x}}}_1\\ \dot{\tilde{\boldsymbol{x}}}_2\end{bmatrix}&=\begin{bmatrix}\tilde{\boldsymbol{A}}_{11} & 0\\ \tilde{\boldsymbol{A}}_{21} & \tilde{\boldsymbol{A}}_{22}\end{bmatrix}\begin{bmatrix}\tilde{\boldsymbol{x}}_1\\ \tilde{\boldsymbol{x}}_2\end{bmatrix}+\begin{bmatrix}\tilde{\boldsymbol{B}}_1\\ \tilde{\boldsymbol{B}}_2\end{bmatrix}\boldsymbol{u}\\ \boldsymbol{y}&=\begin{bmatrix}\tilde{\boldsymbol{C}}_1 & 0\end{bmatrix}\begin{bmatrix}\tilde{\boldsymbol{x}}_1\\ \tilde{\boldsymbol{x}}_2\end{bmatrix}\end{aligned}\right\}\tag{4-54}$$

式中，n_{o} 维子系统 $\tilde{\Sigma}_{\mathrm{o}}$

$$\left.\begin{aligned}\dot{\tilde{\boldsymbol{x}}}_1&=\tilde{\boldsymbol{A}}_{11}\tilde{\boldsymbol{x}}_1+\tilde{\boldsymbol{B}}_1\boldsymbol{u}\\ \boldsymbol{y}&=\tilde{\boldsymbol{C}}_1\tilde{\boldsymbol{x}}_1\end{aligned}\right\}\tag{4-55}$$

是状态完全能观的。而 $(n-n_{\mathrm{o}})$ 维子系统 $\tilde{\Sigma}_{\mathrm{no}}$

$$\dot{\tilde{\boldsymbol{x}}}_2=\tilde{\boldsymbol{A}}_{21}\tilde{\boldsymbol{x}}_1+\tilde{\boldsymbol{A}}_{22}\tilde{\boldsymbol{x}}_2+\tilde{\boldsymbol{B}}_2\boldsymbol{u}\tag{4-56}$$

是状态完全不能观的。

定理 4-21 的证明可仿照定理 4-20 的证明给出，这里从略。对于这种状态的能观性结构分解情况如图 4-7 所示。

能将状态不完全能观的线性定常连续系统进行能观分解的变换矩阵可选为

$$\boldsymbol{P}_{\mathrm{o}}^{-1}=\begin{bmatrix}\boldsymbol{q}_1\\ \boldsymbol{q}_2\\ \vdots\\ \boldsymbol{q}_n\end{bmatrix}$$

式中，前 n_{o} 个行向量 $\boldsymbol{q}_1,\boldsymbol{q}_2,\cdots,\boldsymbol{q}_{n_{\mathrm{o}}}$ 为能观性矩阵 $\boldsymbol{Q}_{\mathrm{o}}$ 的 n_{o} 个线性无关的行向量（即为系统能观子空间的基底）；$\boldsymbol{q}_{n_{\mathrm{o}}+1},\cdots,\boldsymbol{q}_n$ 为任意选择的 $(n-n_{\mathrm{o}})$ 个线性无关的行向量，但必须使变换矩阵 $\boldsymbol{P}_{\mathrm{o}}^{-1}$ 可逆。

类似于状态不完全能控系统，可以证明系统的传递函数阵为

$$\boldsymbol{G}(s)=\tilde{\boldsymbol{G}}(s)=\tilde{\boldsymbol{C}}_1(s\boldsymbol{I}-\tilde{\boldsymbol{A}}_{11})^{-1}\tilde{\boldsymbol{B}}_1$$

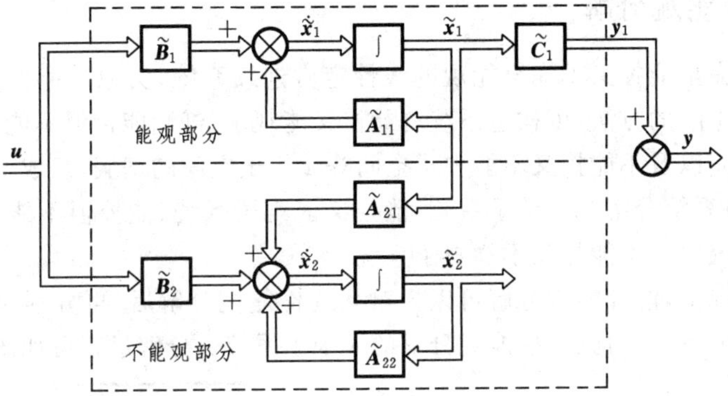

图 4-7 系统能观性结构分解结构图

即状态不完全能观的系统的传递函数阵等于其能观子部分的传递函数阵，且其极点少于 n 个，即系统存在零极点相消现象。

例 4-16 试求如下系统的能观子系统。

$$\begin{cases}\dot{\boldsymbol{x}}=\begin{bmatrix}0&0&-1\\1&0&-3\\0&1&-3\end{bmatrix}\boldsymbol{x}+\begin{bmatrix}1\\1\\0\end{bmatrix}\boldsymbol{u}\\ \boldsymbol{y}=\begin{bmatrix}0&1&-2\end{bmatrix}\boldsymbol{x}\end{cases}$$

解 由于

$$\operatorname{rank}\boldsymbol{Q}_o=\operatorname{rank}\begin{bmatrix}\boldsymbol{C}\\ \boldsymbol{CA}\\ \boldsymbol{CA}^2\end{bmatrix}=\operatorname{rank}\begin{bmatrix}0&1&-2\\1&-2&3\\-2&3&-4\end{bmatrix}=2<3=n$$

故该系统为状态不完全能观，且能观部分的状态变量的维数为 2。为分解系统，选择变换矩阵 $\boldsymbol{P}_o$ 及其逆矩阵 $\boldsymbol{P}_o^{-1}$

$$\boldsymbol{P}_o^{-1}=\begin{bmatrix}0&1&-2\\1&-2&3\\0&0&1\end{bmatrix},\quad \boldsymbol{P}_o=\begin{bmatrix}2&1&1\\1&0&2\\0&0&1\end{bmatrix}$$

式中，变换矩阵的逆矩阵 $\boldsymbol{P}_o^{-1}$ 的前两行取自能观性矩阵 $\boldsymbol{Q}_o$，后一行是任意选择的但保证变换矩阵为非奇异的。于是有

$$\tilde{\boldsymbol{A}}=\boldsymbol{P}_o^{-1}\boldsymbol{A}\boldsymbol{P}_o=\left[\begin{array}{cc:c}0&1&0\\-1&-2&0\\ \hdashline 1&0&-1\end{array}\right],\quad \tilde{\boldsymbol{B}}=\boldsymbol{P}_o^{-1}\boldsymbol{B}=\left[\begin{array}{c}1\\-1\\ \hdashline 0\end{array}\right],\quad \tilde{\boldsymbol{C}}=\boldsymbol{C}\boldsymbol{P}_o=\left[\begin{array}{cc:c}1&0&0\end{array}\right]$$

则能观子系统的状态方程为

$$\begin{cases}\dot{\tilde{\boldsymbol{x}}}_1=\begin{bmatrix}0&1\\-1&-2\end{bmatrix}\tilde{\boldsymbol{x}}_1+\begin{bmatrix}1\\-1\end{bmatrix}\boldsymbol{u}\\ \boldsymbol{y}_1=\begin{bmatrix}1&0\end{bmatrix}\tilde{\boldsymbol{x}}_1\end{cases}$$

4.5.3 能控能观分解

对状态不完全能控又不完全能观的线性定常连续系统，类似于能控性/能观性分解过程构造变换矩阵的方法，可构造系统的能控又能观子空间、能控但不能观子空间、不能控但能观子空间以及不能控又不能观子空间等 4 个子空间的基底，组成变换矩阵对系统作线性变换，将系统分解为 4 个子系统：能控又能观子系统、能控但不能观子系统、不能控但能观子系统以及不能控又不能观子系统。

在一般情况下，能控能观分解可以先对系统作能控分解后，再分别对能控和不能控子系统作能观分解，可得到能控能观分解的 4 个子系统。分解过程可如图 4-8 所示。

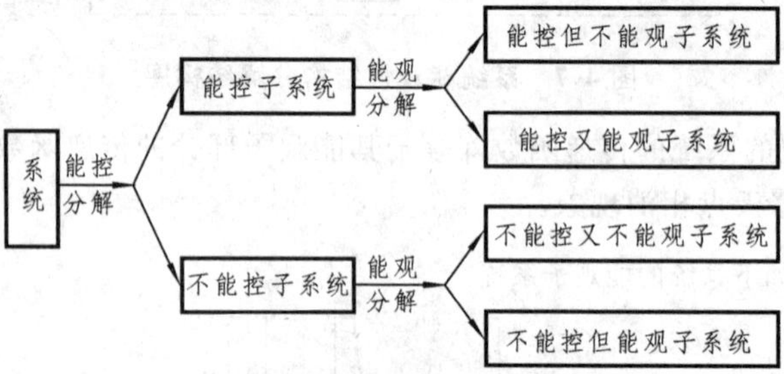

图 4-8 能控能观分解过程

与上述分解过程对应，也可先进行能观分解，后进行能控分解，同样也可以将系统分解为 4 个子系统。其分解结果与先能控分解后能观分解的结果完全等价。

因此，关于系统能控能观结构分解有如下定理。

定理 4-22(能控能观分解定理) 若线性定常连续系统 $\Sigma(\boldsymbol{A},\boldsymbol{B},\boldsymbol{C})$ 状态不完全能控又不完全能观，则一定存在非奇异变换，使得变换后的状态空间模型为

$$\left.\begin{aligned}\dot{\tilde{\boldsymbol{x}}} &= \tilde{\boldsymbol{A}}\,\tilde{\boldsymbol{x}} + \tilde{\boldsymbol{B}}\boldsymbol{u} \\ \boldsymbol{y} &= \tilde{\boldsymbol{C}}\,\tilde{\boldsymbol{x}}\end{aligned}\right\} \tag{4-57}$$

式中，
$$\tilde{\boldsymbol{A}} = \begin{bmatrix} \tilde{\boldsymbol{A}}_{11} & \tilde{\boldsymbol{A}}_{12} & \tilde{\boldsymbol{A}}_{13} & \tilde{\boldsymbol{A}}_{14} \\ 0 & \tilde{\boldsymbol{A}}_{22} & 0 & \tilde{\boldsymbol{A}}_{24} \\ 0 & 0 & \tilde{\boldsymbol{A}}_{33} & \tilde{\boldsymbol{A}}_{34} \\ 0 & 0 & 0 & \tilde{\boldsymbol{A}}_{44} \end{bmatrix}, \quad \tilde{\boldsymbol{B}} = \begin{bmatrix} \tilde{\boldsymbol{B}}_1 \\ \tilde{\boldsymbol{B}}_2 \\ 0 \\ 0 \end{bmatrix}, \quad \tilde{\boldsymbol{C}} = [0 \quad \tilde{\boldsymbol{C}}_2 \quad 0 \quad \tilde{\boldsymbol{C}}_4]$$

即系统可分解成如下 4 个子系统。

1) 能控但不能观子系统 $\tilde{\Sigma}_{c,no}$

$$\dot{\tilde{\boldsymbol{x}}}_1 = \tilde{\boldsymbol{A}}_{11}\,\tilde{\boldsymbol{x}}_1 + \tilde{\boldsymbol{A}}_{12}\,\tilde{\boldsymbol{x}}_2 + \tilde{\boldsymbol{A}}_{13}\,\tilde{\boldsymbol{x}}_3 + \tilde{\boldsymbol{A}}_{14}\,\tilde{\boldsymbol{x}}_4 + \tilde{\boldsymbol{B}}_1\boldsymbol{u}$$

2) 能控又能观子系统 $\tilde{\Sigma}_{c,o}$

$$\begin{cases}\dot{\tilde{\boldsymbol{x}}}_2=\tilde{\boldsymbol{A}}_{22}\tilde{\boldsymbol{x}}_2+\tilde{\boldsymbol{A}}_{24}\tilde{\boldsymbol{x}}_4+\tilde{\boldsymbol{B}}_2\boldsymbol{u}\\ \boldsymbol{y}_2=\tilde{\boldsymbol{C}}_2\tilde{\boldsymbol{x}}_2\end{cases}$$

3）不能控又不能观子系统$\tilde{\Sigma}_{\mathrm{nc,no}}$

$$\dot{\tilde{\boldsymbol{x}}}_3=\tilde{\boldsymbol{A}}_{33}\tilde{\boldsymbol{x}}_3+\tilde{\boldsymbol{A}}_{34}\tilde{\boldsymbol{x}}_4$$

4）不能控但能观子系统$\tilde{\Sigma}_{\mathrm{nc,o}}$

$$\begin{cases}\dot{\tilde{\boldsymbol{x}}}_4=\tilde{\boldsymbol{A}}_{44}\tilde{\boldsymbol{x}}_4\\ \boldsymbol{y}_4=\tilde{\boldsymbol{C}}_4\tilde{\boldsymbol{x}}_4\end{cases}$$

定理4-22可直接由能控分解定理(定理4-20)和能观分解定理(定理4-21)证明。

一般直接确定能控能观分解的变换阵$\boldsymbol{P}_{\mathrm{co}}$比较困难，一般情况下，可采取如图4-8所示的通过逐次能控、能观分解过程中的变换阵确定。因此，能控能观分解的变换阵$\boldsymbol{P}_{\mathrm{co}}$为

$$\boldsymbol{P}_{\mathrm{co}}=\boldsymbol{P}_{\mathrm{c}}\begin{bmatrix}\boldsymbol{P}_{\mathrm{c,o}} & 0\\ 0 & \boldsymbol{I}\end{bmatrix}\begin{bmatrix}\boldsymbol{I} & 0\\ 0 & \boldsymbol{P}_{\mathrm{nc,o}}\end{bmatrix}=\boldsymbol{P}_{\mathrm{c}}\begin{bmatrix}\boldsymbol{P}_{\mathrm{c,o}} & 0\\ 0 & \boldsymbol{P}_{\mathrm{nc,o}}\end{bmatrix}$$

式中，$\boldsymbol{P}_{\mathrm{c}}$为先进行的能控分解的变换阵；$\boldsymbol{P}_{\mathrm{c,o}}$和$\boldsymbol{P}_{\mathrm{nc,o}}$分别为对能控分解所得的能控与不能控子系统进行的能观分解的变换阵。类似地，能控能观分解的变换阵$\boldsymbol{P}_{\mathrm{co}}$也可为

$$\boldsymbol{P}_{\mathrm{co}}=\boldsymbol{P}_{\mathrm{o}}\begin{bmatrix}\boldsymbol{P}_{\mathrm{o,c}} & 0\\ 0 & \boldsymbol{I}\end{bmatrix}\begin{bmatrix}\boldsymbol{I} & 0\\ 0 & \boldsymbol{P}_{\mathrm{no,c}}\end{bmatrix}=\boldsymbol{P}_{\mathrm{o}}\begin{bmatrix}\boldsymbol{P}_{\mathrm{o,c}} & 0\\ 0 & \boldsymbol{P}_{\mathrm{no,c}}\end{bmatrix}$$

式中，$\boldsymbol{P}_{\mathrm{o}}$为先进行的能观分解的变换阵；$\boldsymbol{P}_{\mathrm{o,c}}$和$\boldsymbol{P}_{\mathrm{no,c}}$分别为对能观分解所得的能观子系统和不能观子系统进行的能控分解的变换阵。

例4-17 已知例4-16中系统是状态不完全能控和不完全能观的，试将该系统按能控性和能观性进行结构分解。

解 (1) 先对系统进行能控分解。按照能控分解方法，可构造能控分解矩阵为

$$\boldsymbol{P}_{\mathrm{c}}=\begin{bmatrix}1 & 0 & 0\\ 1 & 1 & 0\\ 0 & 1 & 1\end{bmatrix}$$

经变换后，系统按能控性分解为

$$\begin{cases}\begin{bmatrix}\dot{\tilde{\boldsymbol{x}}}_{\mathrm{c}}\\ \dot{\tilde{\boldsymbol{x}}}_{\bar{\mathrm{c}}}\end{bmatrix}=\begin{bmatrix}0 & -1 & -1\\ 1 & -2 & -2\\ 0 & 0 & -1\end{bmatrix}\begin{bmatrix}\tilde{\boldsymbol{x}}_{\mathrm{c}}\\ \tilde{\boldsymbol{x}}_{\bar{\mathrm{c}}}\end{bmatrix}+\begin{bmatrix}1\\ 0\\ 0\end{bmatrix}\boldsymbol{u}\\ \boldsymbol{y}=[1\quad -1\ \vdots\ -2]\begin{bmatrix}\tilde{\boldsymbol{x}}_{\mathrm{c}}\\ \tilde{\boldsymbol{x}}_{\bar{\mathrm{c}}}\end{bmatrix}\end{cases}$$

由上式可见，不能控子空间$\tilde{\boldsymbol{x}}_{\bar{\mathrm{c}}}$仅一维且能观，故无需再进行分解，为系统分解所得的不能控但能观的子系统。

(2) 将能控子系统Σ_{c}按能观性进行分解。

$$\begin{cases}\dot{\tilde{\boldsymbol{x}}}_{\mathrm{c}}=\begin{bmatrix}0 & -1\\ 1 & -2\end{bmatrix}\tilde{\boldsymbol{x}}_{\mathrm{c}}+\begin{bmatrix}-1\\ -2\end{bmatrix}\tilde{\boldsymbol{x}}_{\bar{\mathrm{c}}}+\begin{bmatrix}1\\ 0\end{bmatrix}\boldsymbol{u}\\ \boldsymbol{y}_1=[1\quad -1]\tilde{\boldsymbol{x}}_{\mathrm{c}}\end{cases}$$

按照能观分解方法，可构造能观分解矩阵 $\boldsymbol{P}_{c,o}$ 及其逆矩阵 $\boldsymbol{P}_{c,o}^{-1}$ 为

$$\boldsymbol{P}_{c,o}=\begin{bmatrix}1&1\\0&1\end{bmatrix},\quad \boldsymbol{P}_{c,o}^{-1}=\begin{bmatrix}1&-1\\0&1\end{bmatrix}$$

则可将能控子系统 Σ_c 按能观性分解为

$$\begin{cases}\begin{bmatrix}\dot{\tilde{\boldsymbol{x}}}_{co}\\\dot{\tilde{\boldsymbol{x}}}_{c\bar{o}}\end{bmatrix}=\begin{bmatrix}-1&0\\1&-1\end{bmatrix}\begin{bmatrix}\tilde{\boldsymbol{x}}_{co}\\\tilde{\boldsymbol{x}}_{c\bar{o}}\end{bmatrix}+\begin{bmatrix}1\\-2\end{bmatrix}\tilde{\boldsymbol{x}}_{\bar{c}}+\begin{bmatrix}1\\0\end{bmatrix}\boldsymbol{u}\\ \boldsymbol{y}_1=\begin{bmatrix}1&0\end{bmatrix}\begin{bmatrix}\tilde{\boldsymbol{x}}_{co}\\\tilde{\boldsymbol{x}}_{c\bar{o}}\end{bmatrix}\end{cases}$$

(3) 综合以上两次变换结果，系统按能控和能观分解为表达式

$$\begin{cases}\dot{\tilde{\boldsymbol{x}}}=\begin{bmatrix}-1&0&1\\1&-1&-2\\0&0&-1\end{bmatrix}\tilde{\boldsymbol{x}}+\begin{bmatrix}1\\0\\0\end{bmatrix}\boldsymbol{u}\\ \boldsymbol{y}=\begin{bmatrix}1&0&-2\end{bmatrix}\tilde{\boldsymbol{x}}\end{cases}$$

式中，状态空间分解为 $\tilde{x}=[\tilde{\boldsymbol{x}}_{co}\quad \tilde{\boldsymbol{x}}_{c\bar{o}}\quad \tilde{\boldsymbol{x}}_{\bar{c}o}]$ 所示的 3 个子空间：能控又能观子系统，能控但不能观子系统，不能控但能观子系统。相应的变换矩阵为

$$\boldsymbol{P}_{co}=\boldsymbol{P}_c\begin{bmatrix}\boldsymbol{P}_{c,o}&0\\0&\boldsymbol{I}\end{bmatrix}=\begin{bmatrix}1&0&0\\1&1&0\\0&1&1\end{bmatrix}\begin{bmatrix}1&1&0\\0&1&0\\0&0&1\end{bmatrix}=\begin{bmatrix}1&1&0\\1&2&0\\0&1&1\end{bmatrix}$$

由于线性变换不改变系统的传递函数阵，所以由变换后的系统状态空间模型(4-57)可得如下传递函数阵

$$\begin{aligned}\boldsymbol{G}(s)&=\tilde{\boldsymbol{G}}(s)=\tilde{\boldsymbol{C}}(s\boldsymbol{I}-\tilde{\boldsymbol{A}})^{-1}\tilde{\boldsymbol{B}}\\
&=\begin{bmatrix}0&\tilde{\boldsymbol{C}}_2&0&\tilde{\boldsymbol{C}}_4\end{bmatrix}\left(s\boldsymbol{I}-\begin{bmatrix}\tilde{\boldsymbol{A}}_{11}&\tilde{\boldsymbol{A}}_{12}&\tilde{\boldsymbol{A}}_{13}&\tilde{\boldsymbol{A}}_{14}\\0&\tilde{\boldsymbol{A}}_{22}&0&\tilde{\boldsymbol{A}}_{24}\\0&0&\tilde{\boldsymbol{A}}_{33}&\tilde{\boldsymbol{A}}_{34}\\0&0&0&\tilde{\boldsymbol{A}}_{44}\end{bmatrix}\right)^{-1}\begin{bmatrix}\tilde{\boldsymbol{B}}_1\\\tilde{\boldsymbol{B}}_2\\0\\0\end{bmatrix}\\
&=\begin{bmatrix}0&\tilde{\boldsymbol{C}}_2&0&\tilde{\boldsymbol{C}}_4\end{bmatrix}\begin{bmatrix}(s\boldsymbol{I}-\tilde{\boldsymbol{A}}_{11})^{-1}&*&*&*\\0&(s\boldsymbol{I}-\tilde{\boldsymbol{A}}_{22})^{-1}&*&*\\0&0&(s\boldsymbol{I}-\tilde{\boldsymbol{A}}_{33})^{-1}&*\\0&0&0&(s\boldsymbol{I}-\tilde{\boldsymbol{A}}_{44})^{-1}\end{bmatrix}\begin{bmatrix}\tilde{\boldsymbol{B}}_1\\\tilde{\boldsymbol{B}}_2\\0\\0\end{bmatrix}\\
&=\tilde{\boldsymbol{C}}_2(s\boldsymbol{I}-\tilde{\boldsymbol{A}}_{22})^{-1}\tilde{\boldsymbol{B}}_2\end{aligned}$$

即状态不完全能控能观系统的传递函数阵为既能控又能观子部分的传递函数阵，且其极点少于 n 个，即系统存在零极点相消现象。

4.5.4 系统传递函数中的零极点相消定理

由上述系统的 3 种结构分解可知，对状态不完全能控或不完全能观的系统，由分解后所得的系统状态空间模型的传递函数阵的极点少于状态变量的个数 n，即系统的传递函数阵中存在零极点相消现象。下面的定理就描述了状态空间模型的状态能控性和能观性与其传递函数的关系。

定理 4-23 SISO 线性定常连续系统状态空间模型的传递函数中，没有零极点相消的充分必要条件为，该表达式的状态既完全能控又完全能观。

证明 由于线性变换不改变能控性和能观性，亦不改变传递函数，而且每个状态空间模型都可变换成约旦规范形(对角线规范形为其特例)，因此，为不失一般性，下面仅对约旦规范形完成证明过程。

对于约旦规范形，系统各矩阵可以表示为

$$A=\begin{bmatrix} \boldsymbol{J}_1 & 0 & \cdots & 0 \\ 0 & \boldsymbol{J}_2 & \cdots & 0 \\ \vdots & \vdots & \ddots & \vdots \\ 0 & 0 & \cdots & \boldsymbol{J}_l \end{bmatrix},\quad \boldsymbol{B}=\begin{bmatrix} \boldsymbol{B}_1 \\ \boldsymbol{B}_2 \\ \vdots \\ \boldsymbol{B}_l \end{bmatrix},\quad \boldsymbol{C}=[\boldsymbol{C}_1 \quad \boldsymbol{C}_2 \quad \cdots \quad \boldsymbol{C}_l]$$

式中，$\boldsymbol{J}_i(i=1,2,\cdots,l)$为特征值 λ_i 的 $m_i\times m_i(\sum_{i=1}^{l} m_i=n)$ 约旦块，且

$$\boldsymbol{J}_i=\begin{bmatrix} \lambda_i & 1 & \cdots & 0 \\ 0 & \lambda_i & \cdots & 0 \\ \vdots & \vdots & \ddots & \vdots \\ 0 & 0 & \cdots & \lambda_i \end{bmatrix}_{m_i\times m_i},\quad \boldsymbol{B}_i=\begin{bmatrix} b_{i1} \\ b_{i2} \\ \vdots \\ b_{i,m_i} \end{bmatrix},\quad \boldsymbol{C}_i=[c_{i,1} \quad c_{i,2} \quad \cdots \quad c_{i,m_i}]$$

则系统的传递函数为

$$\begin{aligned} \boldsymbol{G}(s)&=\boldsymbol{C}(s\boldsymbol{I}-\boldsymbol{A})^{-1}\boldsymbol{B}=[\boldsymbol{C}_1 \quad \cdots \quad \boldsymbol{C}_l]\left(s\boldsymbol{I}-\begin{bmatrix} \boldsymbol{J}_1 & \cdots & 0 \\ \vdots & \ddots & \vdots \\ 0 & \cdots & \boldsymbol{J}_l \end{bmatrix}\right)^{-1}\begin{bmatrix} \boldsymbol{B}_1 \\ \vdots \\ \boldsymbol{B}_l \end{bmatrix} \\ &=\sum_{i=1}^{l}\boldsymbol{C}_i(s\boldsymbol{I}-\boldsymbol{J}_i)^{-1}\boldsymbol{B}_i \\ &=\sum_{i=1}^{l}[c_{i,1} \quad c_{i,2} \quad \cdots \quad c_{i,m_i}]\left(s\boldsymbol{I}-\begin{bmatrix} \lambda_i & 1 & \cdots & 0 \\ 0 & \lambda_i & \cdots & 0 \\ \vdots & \vdots & \ddots & \vdots \\ 0 & 0 & \cdots & \lambda_i \end{bmatrix}\right)^{-1}\begin{bmatrix} b_{i1} \\ b_{i2} \\ \vdots \\ b_{i,m_i} \end{bmatrix} \\ &=\sum_{i=1}^{l}\left[\frac{b_{i,m_i}c_{i,1}}{(s-\lambda_i)^{m_i}}+\Delta_{m_i-1}\left(\frac{1}{(s-\lambda_i)}\right)\right] \end{aligned} \tag{4-58}$$

式中，$\Delta_{m_i-1}\left(\frac{1}{(s-\lambda_i)}\right)$表示传递函数中因子$\frac{1}{(s-\lambda_i)}$的幂次低于 m_i 次的项的和。

下面分两种情况来讨论。

1）当约旦规范形中每个特征值仅有一个约旦块时，式(4-58)中$\boldsymbol{G}(s)$的表达式的l个特征值λ_i互异，即传递函数$\boldsymbol{G}(s)$中不存在零极点相消现象。由式(4-58)可知，若传递函数$\boldsymbol{G}(s)$中不存在零极点相消现象，则

$$b_{i,m_i}c_{i,1} \neq 0 \quad (i=1,2,\cdots,l)$$

即

$$b_{i,m_i} \neq 0 \quad 和 \quad c_{i,1} \neq 0 \quad (i=1,2,\cdots,l) \tag{4-59}$$

由于b_{i,m_i}和$c_{i,1}$分别是SISO系统$\Sigma(\boldsymbol{A},\boldsymbol{B},\boldsymbol{C})$中$\boldsymbol{A}$的约旦块所对应的$\boldsymbol{B}$分块的最后一行和$\boldsymbol{C}$分块的第一列的元素，因此由线性定常连续系统能控能观性的模态判据知，条件(4-59)亦是每个特征值仅有一个约旦块时的状态完全能控和完全能观的充分必要条件。故已证明，每个特征值仅有一个约旦块的SISO约旦规范形的传递函数中，没有零极点相消的充分必要条件为该表达式既能控又能观。

2）当约旦规范形中某个特征值有多于一个约旦块时，为不失一般性，设特征值λ_1和λ_2相同且$m_1 \geqslant m_2$，则式(4-58)可表示为

$$\begin{aligned}
\boldsymbol{G}(s) &= \frac{b_{1,m_1}c_{1,1}}{(s-\lambda_1)^{m_1}} + \Delta_{m_1-1}\left(\frac{1}{s-\lambda_1}\right) + \frac{b_{2,m_2}c_{2,1}}{(s-\lambda_1)^{m_2}} \\
&\quad + \Delta_{m_2-1}\left(\frac{1}{s-\lambda_1}\right) + \sum_{i=3}^{l}\left[\frac{b_{i,m_i}c_{i,1}}{(s-\lambda_i)^{m_i}} + \Delta_{m_i-1}\left(\frac{1}{s-\lambda_i}\right)\right] \\
&= \frac{\bar{a}_1}{(s-\lambda_1)^{m_1}} + \bar{\Delta}_{m_1-1}\left(\frac{1}{s-\lambda_1}\right) + \sum_{i=3}^{l}\left[\frac{b_{i,m_i}c_{i,1}}{(s-\lambda_i)^{m_i}} + \Delta_{m_i-1}\left(\frac{1}{s-\lambda_i}\right)\right]
\end{aligned}$$

即矩阵$\boldsymbol{A}$的特征值λ_1的重数为m_1+m_2，但在传递函数中极点λ_1的重数至多为m_1，即传递函数中存在λ_1的零极点相消现象。由SISO线性定常连续系统的状态能控(能观)模态判据的推论4-1(推论4-2)可知，某个特征值有多于一个约旦块的SISO约旦规范形一定是状态不完全能控(不完全能观)的，即证明对某个特征值有多于一个约旦块的SISO约旦规范形的传递函数中必定有零极点相消，而且该表达式既不能控又不能观。□□□

这里特别需要指出的是，对于MIMO系统，系统是状态完全能控又能观的，只是相应的传递函数中无零极点相消现象的一个必要条件，而不是充分条件。也就是说，若系统状态不完全能控或不完全能观，则相应的传递函数中一定存在零极点相消现象。

例 4-18 试判别下列系统的传递函数中是否有零极点相消现象。

$$\begin{cases}
\dot{\boldsymbol{x}} = \begin{bmatrix} 3 & 1 \\ 2 & 2 \end{bmatrix}\boldsymbol{x} + \begin{bmatrix} 1 \\ 1 \end{bmatrix}\boldsymbol{u} \\
\boldsymbol{y} = \begin{bmatrix} 1 & 0 \end{bmatrix}\boldsymbol{x}
\end{cases}$$

解 系统的能控性矩阵

$$\begin{bmatrix} \boldsymbol{B} & \boldsymbol{AB} \end{bmatrix} = \begin{bmatrix} 1 & 4 \\ 1 & 4 \end{bmatrix}$$

其秩为1，则系统是状态不完全能控的。所以，由定理4-23知，系统的传递函数中必存在零极点相消现象。容易验证，系统的传递函数为

$$\boldsymbol{G}(s)=\boldsymbol{C}(s\boldsymbol{I}-\boldsymbol{A})^{-1}\boldsymbol{B}=\begin{bmatrix}1 & 0\end{bmatrix}\begin{bmatrix}s-3 & -1\\ -2 & s-2\end{bmatrix}^{-1}\begin{bmatrix}1\\ 1\end{bmatrix}=\frac{1}{s-4}$$

系统的传递函数降了1阶,即系统对消了一个极点和零点。

4.6 能控规范形和能观规范形

由于状态变量选择的非惟一性,状态空间模型也不是惟一的。若在状态空间的一组特定基底下,状态空间模型具有某种特定形式,则称这种形式的状态空间模型为规范形。约旦规范形(对角线规范形)就是以系统的特征向量为其状态空间基底导出的规范形。从前面讨论中可以看出,一旦把系统的状态空间模型通过线性变换化成约旦规范形,对于状态转移矩阵 $\boldsymbol{\Phi}(t)$ 以及状态能控性和能观性的分析都是十分方便的。下面讨论,通过线性变换将SISO系统的状态空间模型变换成便于系统状态反馈设计的能控规范形和能简化系统状态观测器设计的能观规范形。

4.6.1 能控规范形

设SISO系统的状态空间模型为

$$\begin{cases}\dot{\boldsymbol{x}}=\boldsymbol{A}\boldsymbol{x}+\boldsymbol{B}u\\ y=\boldsymbol{C}\boldsymbol{x}\end{cases}\tag{4-60}$$

若系统矩阵 $\boldsymbol{A}$ 和输入矩阵 $\boldsymbol{B}$ 分别为

$$\boldsymbol{A}=\begin{bmatrix}0 & 0 & \cdots & 0 & -a_n\\ 1 & 0 & \cdots & 0 & -a_{n-1}\\ 0 & 1 & \cdots & 0 & -a_{n-2}\\ \vdots & \vdots & \ddots & \vdots & \vdots\\ 0 & 0 & 0 & 1 & -a_1\end{bmatrix},\quad \boldsymbol{B}=\begin{bmatrix}1\\ 0\\ \vdots\\ 0\\ 0\end{bmatrix}\tag{4-61}$$

则称该状态空间模型为能控规范Ⅰ形;若系统矩阵 $\boldsymbol{A}$ 和输入矩阵 $\boldsymbol{B}$ 分别为

$$\boldsymbol{A}=\begin{bmatrix}0 & 1 & 0 & \cdots & 0\\ 0 & 0 & 1 & \cdots & 0\\ \vdots & \vdots & \vdots & \ddots & \vdots\\ 0 & 0 & 0 & \cdots & 1\\ -a_n & -a_{n-1} & -a_{n-2} & \cdots & -a_1\end{bmatrix},\quad \boldsymbol{B}-\begin{bmatrix}0\\ 0\\ \vdots\\ 0\\ 1\end{bmatrix}\tag{4-62}$$

则称该状态空间模型为能控规范Ⅱ形。

上述能控规范Ⅰ形和Ⅱ形的系统矩阵 $\boldsymbol{A}$ 分别为前面讨论过的友矩阵的转置和友矩阵。下面讨论能控规范形一定状态完全能控,和对状态能控的状态空间模型存在非奇异线性变换将其变换成能控规范形两个问题。

由状态能控的代数判据,对能控规范Ⅰ形和Ⅱ形,能控性矩阵为

$$\text{Ⅰ 形}: \boldsymbol{Q}_c = [\boldsymbol{B} \quad \boldsymbol{AB} \quad \cdots \quad \boldsymbol{A}^{n-1}\boldsymbol{B}] = \begin{bmatrix} 1 & 0 & \cdots & 0 \\ 0 & 1 & \cdots & 0 \\ \vdots & \vdots & \ddots & \vdots \\ 0 & 0 & \cdots & 1 \end{bmatrix}$$

$$\text{Ⅱ 形}: \boldsymbol{Q}_c = [\boldsymbol{B} \quad \boldsymbol{AB} \quad \cdots \quad \boldsymbol{A}^{n-1}\boldsymbol{B}] = \begin{bmatrix} 0 & 0 & \cdots & 1 \\ \vdots & \vdots & \iddots & \vdots \\ 0 & 1 & \cdots & * \\ 1 & * & \cdots & * \end{bmatrix}$$

即能控性矩阵的秩都为 n。故能控规范Ⅰ形与Ⅱ形必定是状态完全能控的。

由于非奇异线性变换不改变系统的能控性，而能控规范形一定状态完全能控，因此，只有状态完全能控的系统才能变换成能控规范形。对此，有如下对能控状态空间模型变换成能控规范Ⅰ形和Ⅱ形的定理。

定理 4-24 对状态完全能控的线性定常连续系统 $\Sigma(\boldsymbol{A},\boldsymbol{B})$ 引入变换矩阵 $\boldsymbol{T}_{c1}$

$$\boldsymbol{T}_{c1} = \boldsymbol{Q}_c = [\boldsymbol{B} \quad \boldsymbol{AB} \quad \cdots \quad \boldsymbol{A}^{n-1}\boldsymbol{B}] \tag{4-63}$$

那么线性变换 $\boldsymbol{x}=\boldsymbol{T}_{c1}\tilde{\boldsymbol{x}}$ 可将状态方程 $\Sigma(\boldsymbol{A},\boldsymbol{B})$ 变换成能控规范Ⅰ形

$$\dot{\tilde{\boldsymbol{x}}} = \tilde{\boldsymbol{A}}\tilde{\boldsymbol{x}} + \tilde{\boldsymbol{B}}\boldsymbol{u} \tag{4-64}$$

式中，系统矩阵 $\tilde{\boldsymbol{A}}$ 和输入矩阵 $\tilde{\boldsymbol{B}}$ 如式(4-61)所示。

证明 若取变换矩阵 $\boldsymbol{T}_{c1}=\boldsymbol{Q}_c$，则由

$$\boldsymbol{T}_{c1}^{-1}\boldsymbol{T}_{c1} = \boldsymbol{T}_{c1}^{-1}[\boldsymbol{B} \quad \boldsymbol{AB} \quad \cdots \quad \boldsymbol{A}^{n-1}\boldsymbol{B}] = \boldsymbol{I}$$

有

$$\begin{cases} \boldsymbol{T}_{c1}^{-1}\boldsymbol{B} = [1 \quad 0 \quad \cdots \quad 0]^{\mathrm{T}} \\ \boldsymbol{T}_{c1}^{-1}\boldsymbol{A}^{i-1}\boldsymbol{B} = [0 \quad \cdots \quad 0 \quad 1_{\text{第}i\text{列}} \quad 0 \quad \cdots \quad 0]^{\mathrm{T}} \quad (i=2,3,\cdots,n) \end{cases}$$

因此，由系统线性变换和凯莱-哈密顿定理有

$$\begin{aligned} \tilde{\boldsymbol{A}} &= \boldsymbol{T}_{c1}^{-1}\boldsymbol{A}\boldsymbol{T}_{c1} = \boldsymbol{T}_{c1}^{-1}[\boldsymbol{AB} \quad \boldsymbol{A}^2\boldsymbol{B} \quad \cdots \quad \boldsymbol{A}^n\boldsymbol{B}] \\ &= \boldsymbol{T}_{c1}^{-1}\Big[\boldsymbol{AB} \quad \boldsymbol{A}^2\boldsymbol{B} \quad \cdots \quad -\sum_{i=0}^{n-1} a_{n-i}\boldsymbol{A}^i\boldsymbol{B}\Big] \\ &= \begin{bmatrix} 0 & 0 & \cdots & 0 & -a_n \\ 1 & 0 & \cdots & 0 & -a_{n-1} \\ 0 & 1 & \cdots & 0 & -a_{n-2} \\ \vdots & \vdots & \ddots & \vdots & \vdots \\ 0 & 0 & 0 & 1 & -a_1 \end{bmatrix} \end{aligned}$$

$$\tilde{\boldsymbol{B}} = \boldsymbol{T}_{c1}^{-1}\boldsymbol{B} = [1 \quad 0 \quad \cdots \quad 0]^{\mathrm{T}}$$

即证明了变换矩阵 $\boldsymbol{T}_{c1}=\boldsymbol{Q}_c$ 可将能控状态空间模型变换成能控规范Ⅰ形。 □□□

定理 4-25 对状态完全能控的线性定常连续系统 $\Sigma(\boldsymbol{A},\boldsymbol{B})$ 引入变换矩阵 $\boldsymbol{T}_{c2}$ 满足

$$T_{c2}^{-1}=\begin{bmatrix} T_1 \\ T_1 A \\ \vdots \\ T_1 A^{n-1} \end{bmatrix} \tag{4-65}$$

式中，
$$T_1=[0 \ \cdots \ 0 \ 1][B \ \ AB \ \ \cdots \ \ A^{n-1}B]^{-1} \tag{4-66}$$

那么线性变换 $x=T_{c2}\tilde{x}$ 可将状态方程 $\Sigma(A,B)$ 变换成能控规范Ⅱ形为

$$\dot{\tilde{x}}=\tilde{A}\tilde{x}+\tilde{B}u \tag{4-67}$$

式中，系统矩阵 $\tilde{A}$ 和输入矩阵 $\tilde{B}$ 如式(4-62)所示。

证明　设变换矩阵 T_{c2} 的逆矩阵

$$T_{c2}^{-1}=\begin{bmatrix} T_1 \\ T_2 \\ \vdots \\ T_n \end{bmatrix}$$

则由变换式 $\tilde{A}=T_{c2}^{-1}AT_{c2}$，可得

$$\tilde{A}T_{c2}^{-1}=T_{c2}^{-1}A$$

代入 $\tilde{A}$ 和 T_{c2}^{-1}，则有

$$\begin{bmatrix} 0 & 1 & \cdots & 0 \\ \vdots & \vdots & \ddots & \vdots \\ 0 & 0 & \cdots & 1 \\ -a_n & -a_{n-1} & \cdots & -a_1 \end{bmatrix}\begin{bmatrix} T_1 \\ T_2 \\ \vdots \\ T_n \end{bmatrix}=\begin{bmatrix} T_1 \\ T_2 \\ \vdots \\ T_n \end{bmatrix}A$$

即
$$\begin{bmatrix} T_2 \\ \vdots \\ T_n \\ * \end{bmatrix}=\begin{bmatrix} T_1 A \\ \vdots \\ T_{n-1}A \\ T_n A \end{bmatrix}$$

因此有
$$T_i=T_1A^{i-1} \quad (i=2,3,\cdots,n)$$

即
$$T_{c2}^{-1}=\begin{bmatrix} T_1 \\ T_1 A \\ \vdots \\ T_1 A^{n-1} \end{bmatrix}$$

又因为
$$\tilde{B}=T_{c2}^{-1}B=\begin{bmatrix} T_1 B \\ T_1 AB \\ \vdots \\ T_1 A^{n-1}B \end{bmatrix}$$

将上式等号两边转置，并代入能控规范Ⅱ形的输入矩阵 $\tilde{B}$，考虑到对 SISO 系统 T_1A^iB 为

标量，则有

$$[0 \ \cdots \ 0 \ 1] = \tilde{\boldsymbol{B}}^{\mathrm{T}} = [\boldsymbol{T}_1\boldsymbol{B} \ \ \boldsymbol{T}_1\boldsymbol{A}\boldsymbol{B} \ \ \cdots \ \ \boldsymbol{T}_1\boldsymbol{A}^{n-1}\boldsymbol{B}] = \boldsymbol{T}_1[\boldsymbol{B} \ \ \boldsymbol{A}\boldsymbol{B} \ \ \cdots \ \ \boldsymbol{A}^{n-1}\boldsymbol{B}]$$

即

$$\boldsymbol{T}_1 = [0 \ \cdots \ 0 \ 1][\boldsymbol{B} \ \ \boldsymbol{A}\boldsymbol{B} \ \ \cdots \ \ \boldsymbol{A}^{n-1}\boldsymbol{B}]^{-1}$$

□□□

例 4-19 试求如下系统状态方程的能控规范Ⅰ形和Ⅱ形。

$$\begin{cases} \dot{\boldsymbol{x}} = \begin{bmatrix} 1 & 0 \\ -1 & 2 \end{bmatrix}\boldsymbol{x} + \begin{bmatrix} -1 \\ 1 \end{bmatrix}\boldsymbol{u} \\ \boldsymbol{y} = [0 \ \ 1]\boldsymbol{x} \end{cases}$$

解 系统的能控性矩阵

$$\boldsymbol{Q}_{\mathrm{c}} = [\boldsymbol{B} \ \ \boldsymbol{A}\boldsymbol{B}] = \begin{bmatrix} -1 & -1 \\ 1 & 3 \end{bmatrix}$$

是非奇异矩阵，即该系统为状态完全能控，因此可以将其变换成能控规范形。

(1) 求能控规范Ⅰ形。根据定理 4-24，系统变换矩阵可取为

$$\boldsymbol{T}_{\mathrm{c1}} = \boldsymbol{Q}_{\mathrm{c}} = \begin{bmatrix} -1 & -1 \\ 1 & 3 \end{bmatrix}, \quad \boldsymbol{T}_{\mathrm{c1}}^{-1} = \frac{1}{2}\begin{bmatrix} -3 & -1 \\ 1 & 1 \end{bmatrix}$$

因此，经变换 $\boldsymbol{x}=\boldsymbol{T}_{\mathrm{c1}}\tilde{\boldsymbol{x}}$ 后所得的能控规范形的状态方程为

$$\begin{cases} \dot{\tilde{\boldsymbol{x}}} = \boldsymbol{T}_{\mathrm{c1}}^{-1}\boldsymbol{A}\boldsymbol{T}_{\mathrm{c1}}\tilde{\boldsymbol{x}} + \boldsymbol{T}_{\mathrm{c1}}^{-1}\boldsymbol{B}\boldsymbol{u} = \begin{bmatrix} 0 & -2 \\ 1 & 3 \end{bmatrix}\tilde{\boldsymbol{x}} + \begin{bmatrix} 1 \\ 0 \end{bmatrix}\boldsymbol{u} \\ \boldsymbol{y} = \boldsymbol{C}\boldsymbol{T}_{\mathrm{c1}}\tilde{\boldsymbol{x}} = [1 \ \ 3]\tilde{\boldsymbol{x}} \end{cases}$$

(2) 求能控规范Ⅱ形。先求变换矩阵。根据定理 4-25，有

$$\boldsymbol{T}_1 = [0 \ \ 1][\boldsymbol{B} \ \ \boldsymbol{A}\boldsymbol{B}]^{-1} = [0 \ \ 1]\begin{bmatrix} -1 & -1 \\ 1 & 3 \end{bmatrix}^{-1} = \begin{bmatrix} \frac{1}{2} & \frac{1}{2} \end{bmatrix}$$

则变换矩阵为

$$\boldsymbol{T}_{\mathrm{c2}}^{-1} = \begin{bmatrix} \boldsymbol{T}_1 \\ \boldsymbol{T}_1\boldsymbol{A} \end{bmatrix} = \frac{1}{2}\begin{bmatrix} 1 & 1 \\ 0 & 2 \end{bmatrix}, \quad \boldsymbol{T}_{\mathrm{c2}} = \begin{bmatrix} 2 & -1 \\ 0 & 1 \end{bmatrix}$$

因此，经变换 $\boldsymbol{x}=\boldsymbol{T}_{\mathrm{c2}}\tilde{\boldsymbol{x}}$ 后所得的能控规范形的状态方程为

$$\begin{cases} \dot{\tilde{\boldsymbol{x}}} = \boldsymbol{T}_{\mathrm{c2}}^{-1}\boldsymbol{A}\boldsymbol{T}_{\mathrm{c2}}\tilde{\boldsymbol{x}} + \boldsymbol{T}_{\mathrm{c2}}^{-1}\boldsymbol{B}\boldsymbol{u} = \begin{bmatrix} 0 & 1 \\ -2 & 3 \end{bmatrix}\tilde{\boldsymbol{x}} + \begin{bmatrix} 0 \\ 1 \end{bmatrix}\boldsymbol{u} \\ \boldsymbol{y} = \boldsymbol{C}\boldsymbol{T}_{\mathrm{c2}}\tilde{\boldsymbol{x}} = [0 \ \ 1]\tilde{\boldsymbol{x}} \end{cases}$$

4.6.2 能观规范形

对应于能控规范形，若 SISO 线性定常连续系统 $\Sigma(\boldsymbol{A},\boldsymbol{B},\boldsymbol{C})$ 的矩阵 $\boldsymbol{A}$ 和输出矩阵 $\boldsymbol{C}$ 分别为

$$A=\begin{bmatrix}0 & 1 & 0 & \cdots & 0\\ 0 & 0 & 1 & \cdots & 0\\ \vdots & \vdots & \vdots & \ddots & \vdots\\ 0 & 0 & 0 & \cdots & 1\\ -a_n & -a_{n-1} & -a_{n-2} & \cdots & -a_1\end{bmatrix},\quad C=\begin{bmatrix}1 & 0 & \cdots & 0 & 0\end{bmatrix} \tag{4-68}$$

则称该状态空间模型为能观规范Ⅰ形。若系统矩阵 A 和输出矩阵 C 分别为

$$A=\begin{bmatrix}0 & 0 & \cdots & 0 & -a_n\\ 1 & 0 & \cdots & 0 & -a_{n-1}\\ 0 & 1 & \cdots & 0 & -a_{n-2}\\ \vdots & \vdots & \ddots & \vdots & \vdots\\ 0 & 0 & 0 & 1 & -a_1\end{bmatrix},\quad C=\begin{bmatrix}0 & 0 & \cdots & 0 & 1\end{bmatrix} \tag{4-69}$$

则称该状态空间模型为能观规范Ⅱ形。

由上述定义可知，能观规范形与能控规范形是互为对偶的，即能观规范Ⅰ形与能控规范Ⅰ形互为对偶，而能观规范Ⅱ形与能控规范Ⅱ形互为对偶。由对偶性原理可知，能控规范形是状态完全能控的，则其对偶系统能观规范形是状态完全能观的。

由于非奇异线性变换不改变能观性，而能观规范形一定状态完全能观，因此，只有状态完全能观的系统才能变换成能观规范形。对此，有如下变换定理。

定理 4-26 对状态完全能观的线性定常连续系统 $\Sigma(A,B,C)$ 引入变换矩阵 T_{o1}，满足

$$T_{o1}^{-1}=Q_o=\begin{bmatrix}C\\ CA\\ \vdots\\ CA^{n-1}\end{bmatrix} \tag{4-70}$$

那么线性变换 $x=T_{o1}\tilde{x}$ 可将状态空间模型 $\Sigma(A,B,C)$ 变换成如下能观规范Ⅰ形

$$\left.\begin{aligned}\dot{\tilde{x}}&=\tilde{A}\tilde{x}+\tilde{B}u\\ y&=\tilde{C}\tilde{x}\end{aligned}\right\} \tag{4-71}$$

式中，系统矩阵 $\tilde{A}$ 和输出矩阵 $\tilde{C}$ 如式(4-68)所示。

定理 4-27 对状态完全能观的线性定常连续系统 $\Sigma(A,B,C)$ 引入变换矩阵 T_{o2}，满足

$$T_{o2}=\begin{bmatrix}R_1 & AR_1 & \cdots & A^{n-1}R_1\end{bmatrix} \tag{4-72}$$

式中，

$$R_1=Q_o^{-1}\begin{bmatrix}0\\ 0\\ \vdots\\ 1\end{bmatrix}=\begin{bmatrix}C\\ CA\\ \vdots\\ CA^{n-1}\end{bmatrix}^{-1}\begin{bmatrix}0\\ 0\\ \vdots\\ 1\end{bmatrix}$$

那么线性变换 $x=T_{o2}\tilde{x}$ 可将状态空间模型 $\Sigma(A,B,C)$ 变换成能观规范Ⅱ形

$$\left.\begin{aligned}\dot{\tilde{x}} &= \tilde{A}\tilde{x} + \tilde{B}u \\ y &= \tilde{C}\tilde{x}\end{aligned}\right\} \tag{4-73}$$

式中，系统矩阵$\tilde{A}$和输出矩阵$\tilde{C}$如式(4-69)所示。

由于能观规范形与能控规范形互为对偶，因此，能观规范形变换定理 4-26 与定理 4-27 的证明可由能控规范形变换定理 4-24 与定理 4-25 的证明直接给出，这里从略。

例 4-20 试求如下系统状态方程的能观规范Ⅰ形与Ⅱ形。

$$\begin{cases}\dot{x} = \begin{bmatrix}1 & -1 \\ 0 & 2\end{bmatrix}x \\ y = \begin{bmatrix}-1 & -1/2\end{bmatrix}x\end{cases}$$

解 因为系统的能观性矩阵

$$Q_o = \begin{bmatrix}C \\ CA\end{bmatrix} = \frac{1}{2}\begin{bmatrix}-2 & -1 \\ -2 & 0\end{bmatrix}$$

是非奇异矩阵，即该系统为状态完全能观，则可以将其变换成能观规范形。

(1) 求能观规范Ⅰ形。根据定理 4-26，系统变换矩阵可取为

$$T_{o1}^{-1} = Q_o = \frac{1}{2}\begin{bmatrix}-2 & -1 \\ -2 & 0\end{bmatrix}, \quad T_{o1} = \begin{bmatrix}0 & -1 \\ -2 & 2\end{bmatrix}$$

因此，经变换 $x = T_{o1}\tilde{x}$后所得的能控规范形的状态方程为

$$\begin{cases}\dot{\tilde{x}} = T_{o1}^{-1}AT_{o1}\tilde{x} = \begin{bmatrix}0 & 1 \\ -2 & 3\end{bmatrix}\tilde{x} \\ y = CT_{o1}\tilde{x} = \begin{bmatrix}1 & 0\end{bmatrix}\tilde{x}\end{cases}$$

(2) 求能观规范Ⅱ形。先根据定理 4-27 求变换矩阵，有

$$R_1 = \begin{bmatrix}C \\ CA\end{bmatrix}^{-1}\begin{bmatrix}0 \\ 1\end{bmatrix} = \frac{1}{2}\begin{bmatrix}-2 & -1 \\ -2 & 0\end{bmatrix}^{-1}\begin{bmatrix}0 \\ 1\end{bmatrix} = \begin{bmatrix}-1 \\ 2\end{bmatrix}$$

则变换矩阵

$$T_{o2} = \begin{bmatrix}R_1 & AR_1\end{bmatrix} = \begin{bmatrix}-1 & -3 \\ 2 & 4\end{bmatrix}, \quad T_{o2}^{-1} = \frac{1}{2}\begin{bmatrix}4 & 3 \\ -2 & -1\end{bmatrix}$$

因此，经变换 $x = T_{o2}\tilde{x}$后所得的能观规范形的状态空间模型为

$$\begin{cases}\dot{\tilde{x}} = T_{o2}^{-1}AT_{o2}\tilde{x} = \begin{bmatrix}0 & -2 \\ 1 & 3\end{bmatrix}\tilde{x} \\ y = CT_{o2}\tilde{x} = \begin{bmatrix}0 & 1\end{bmatrix}\tilde{x}\end{cases}$$

4.6.3 MIMO 系统的能控能观规范形

MIMO 线性定常连续系统的能控规范形和能观规范形，相比于 SISO 系统，无论是规范形形式还是构造方法都要复杂一些。本节从基本性和实用性出发，仅讨论应用较广的旺纳姆(Wonham)能控规范Ⅱ形和龙伯格(Luenberger)能控规范Ⅱ形。

1. 旺纳姆能控规范Ⅱ形

(1) 旺纳姆能控规范Ⅱ形定义

定义 4-9 对完全能控的 MIMO 线性定常连续系统

$$\left.\begin{aligned}\dot{\boldsymbol{x}} &= \boldsymbol{A}\boldsymbol{x}+\boldsymbol{B}\boldsymbol{u}\\ \boldsymbol{y} &= \boldsymbol{C}\boldsymbol{x}\end{aligned}\right\}\tag{4-74}$$

式中,$\boldsymbol{A}$ 为 $n\times n$ 维系统矩阵,$\boldsymbol{B}$ 为 $n\times r$ 维输入矩阵,$\boldsymbol{C}$ 为 $m\times n$ 维输出矩阵。基于线性非奇异变换 $\boldsymbol{x}=\boldsymbol{T}_{\mathrm{W}}\tilde{\boldsymbol{x}}$,可导出系统的旺纳姆能控规范Ⅱ形 $\Sigma_{c\mathrm{W}}$ 为

$$\left.\begin{aligned}\dot{\tilde{\boldsymbol{x}}} &= \tilde{\boldsymbol{A}}_{\mathrm{W}}\tilde{\boldsymbol{x}}+\tilde{\boldsymbol{B}}_{\mathrm{W}}\boldsymbol{u}\\ \boldsymbol{y} &= \tilde{\boldsymbol{C}}_{\mathrm{W}}\tilde{\boldsymbol{x}}\end{aligned}\right\}\tag{4-75}$$

式中,
$$\tilde{\boldsymbol{A}}_{\mathrm{W}}=\boldsymbol{T}_{\mathrm{W}}^{-1}\boldsymbol{A}\boldsymbol{T}_{\mathrm{W}}=\begin{bmatrix}\tilde{\boldsymbol{A}}_{11} & & & \\ \tilde{\boldsymbol{A}}_{21} & \tilde{\boldsymbol{A}}_{22} & & \\ \vdots & \vdots & \ddots & \\ \tilde{\boldsymbol{A}}_{l1} & \tilde{\boldsymbol{A}}_{l2} & \cdots & \tilde{\boldsymbol{A}}_{ll}\end{bmatrix},\quad \tilde{\boldsymbol{B}}_{\mathrm{W}}=\boldsymbol{T}_{\mathrm{W}}^{-1}\boldsymbol{B}=\begin{bmatrix}\tilde{\boldsymbol{B}}_{1}\\ \tilde{\boldsymbol{B}}_{2}\\ \vdots\\ \tilde{\boldsymbol{B}}_{l}\end{bmatrix}$$

$$\tilde{\boldsymbol{A}}_{ii}=\left[\begin{array}{c:ccc}0 & 1 & & \\ \vdots & & \ddots & \\ 0 & & & 1\\ \hdashline * & * & \cdots & *\end{array}\right]_{\mu_i\times\mu_i},\quad \tilde{\boldsymbol{A}}_{ij}=\begin{bmatrix}0 & \cdots & 0\\ \vdots & & \vdots\\ 0 & \cdots & 0\\ * & \cdots & *\end{bmatrix}_{\mu_i\times\mu_j}$$

$$(i=1,2,\cdots,l;\quad j=i+1,\cdots,l)$$

$$\tilde{\boldsymbol{B}}_{i}=\left[\begin{array}{ccccc:ccc}0 & \cdots & 0 & \cdots & 0 & * & \cdots & *\\ \vdots & & \vdots & & \vdots & \vdots & & \vdots\\ 0 & \cdots & 0 & \cdots & 0 & * & \cdots & *\\ 0 & \cdots & \underbrace{1}_{\text{第}i\text{列}} & \cdots & 0 & \underbrace{* \quad \cdots \quad *}_{r-l\text{列}} & & \end{array}\right]_{\mu_i\times r}\quad (i=1,2,\cdots,l)$$

其中 * 表示可为任意值。

类似于 SISO 能控规范形,可以证明旺纳姆能控规范Ⅱ形肯定能控,而且任何状态完全能控的 MIMO 状态空间模型肯定可以变换成旺纳姆能控规范Ⅱ形。

(2) 变换矩阵 $\boldsymbol{T}_{\mathrm{W}}$ 的确定

类似于 SISO 的能控规范Ⅱ形,旺纳姆能控规范Ⅱ形的变换矩阵也可从能控性矩阵 $\boldsymbol{Q}_c$ 构造。

首先,通过列向搜索找出系统能控性矩阵 $\boldsymbol{Q}_c=[\boldsymbol{B}\ \vdots\ \boldsymbol{A}\boldsymbol{B}\ \vdots\ \cdots\ \vdots\ \boldsymbol{A}^{n-1}\boldsymbol{B}]$ 中 n 个线性无关列向量。为此,表 $\boldsymbol{B}=[\boldsymbol{b}_1,\boldsymbol{b}_2,\cdots,\boldsymbol{b}_r]$,将 $\boldsymbol{Q}_c$ 的所有 nr 个列向量排列成如下形式

$$\boldsymbol{b}_1,\boldsymbol{A}\boldsymbol{b}_1,\cdots,\boldsymbol{A}^{n-1}\boldsymbol{b}_1;\boldsymbol{b}_2,\boldsymbol{A}\boldsymbol{b}_2,\cdots,\boldsymbol{A}^{n-1}\boldsymbol{b}_2;\cdots;\boldsymbol{b}_r,\boldsymbol{A}\boldsymbol{b}_r,\cdots,\boldsymbol{A}^{n-1}\boldsymbol{b}_r$$

从左到右搜索每一个列向量,检验该向量与其左边所有保留下来的线性无关列向量是否线性相关。若相关则将该向量从队列中剔出,否则保留。如此,一直搜索到找到 n 个线

性无关列向量为止。最后将源自Q_c的n个线性无关列向量构成矩阵

$$\begin{aligned}\boldsymbol{S}&=[\boldsymbol{b}_1,\boldsymbol{A}\boldsymbol{b}_1,\cdots,\boldsymbol{A}^{v_1-1}\boldsymbol{b}_1;\boldsymbol{b}_2,\boldsymbol{A}\boldsymbol{b}_2,\cdots,\boldsymbol{A}^{v_2-1}\boldsymbol{b}_2;\cdots;\boldsymbol{b}_l,\boldsymbol{A}\boldsymbol{b}_l,\cdots,\boldsymbol{A}^{v_l-1}\boldsymbol{b}_l]\\&=[\boldsymbol{S}_1\quad \boldsymbol{S}_2\quad \cdots\quad \boldsymbol{S}_l]\end{aligned}\tag{4-76}$$

式中，$v_1+v_2+\cdots+v_l=n$，$\boldsymbol{S}_i=[\boldsymbol{b}_i,\boldsymbol{A}\boldsymbol{b}_i,\cdots,\boldsymbol{A}^{v_i-1}\boldsymbol{b}_i]$，$i=1,2,\cdots,l$。因此，有

$$\boldsymbol{S}^{-1}=\begin{bmatrix}\boldsymbol{R}_1\\\boldsymbol{R}_2\\\vdots\\\boldsymbol{R}_l\end{bmatrix},\quad \boldsymbol{R}_i=\begin{bmatrix}\boldsymbol{e}_{i,1}\\\boldsymbol{e}_{i,2}\\\vdots\\\boldsymbol{e}_{i,v_i}\end{bmatrix}\quad (i=1,2,\cdots,l)\tag{4-77}$$

式中，$\boldsymbol{e}_{i,j}$为行向量。基于此，变换矩阵$\boldsymbol{T}_{\mathrm{W}}$可取为

$$\boldsymbol{T}_{\mathrm{W}}^{-1}=\begin{bmatrix}\boldsymbol{T}_1\\\boldsymbol{T}_2\\\vdots\\\boldsymbol{T}_l\end{bmatrix},\quad \boldsymbol{T}_i=\begin{bmatrix}\boldsymbol{e}_{i,v_i}\\\boldsymbol{e}_{i,v_i}\boldsymbol{A}\\\vdots\\\boldsymbol{e}_{i,v_i}\boldsymbol{A}^{v_i-1}\end{bmatrix}\quad (i=1,2,\cdots,l)\tag{4-78}$$

则可将完全能控的状态空间模型变换成旺纳姆能控规范Ⅱ形。具体推证过程与SISO能控规范Ⅱ形的推证过程类似，故略去。

例 4-21 试求如下线性定常连续系统的旺纳姆能控规范Ⅱ形。

$$\dot{\boldsymbol{x}}=\begin{bmatrix}-1&-4&-2\\0&6&-1\\1&7&-1\end{bmatrix}\boldsymbol{x}+\begin{bmatrix}2&0\\0&0\\1&1\end{bmatrix}\boldsymbol{u}$$

解 由能控性判别矩阵

$$\boldsymbol{Q}_c=[\boldsymbol{B}\ \vdots\ \boldsymbol{A}\boldsymbol{B}\ \vdots\ \boldsymbol{A}^2\boldsymbol{B}]=\begin{bmatrix}2&0&-4&-2&6&8\\0&0&-1&-1&-7&-5\\1&1&1&-1&-12&-8\end{bmatrix}$$

的秩等于3知，该系统状态完全能控，因此该系统可以变换成旺纳姆能控规范Ⅱ形。

首先，按列向探索方法，找到3个线性无关列$\boldsymbol{b}_1$，$\boldsymbol{A}\boldsymbol{b}_1$和$\boldsymbol{A}^2\boldsymbol{b}_1$。因此，变换矩阵$\boldsymbol{S}$及其逆矩阵为

$$\boldsymbol{S}=[\boldsymbol{b}_1\quad \boldsymbol{A}\boldsymbol{b}_1\quad \boldsymbol{A}^2\boldsymbol{b}_1]=\begin{bmatrix}2&-4&6\\0&-1&-7\\1&1&-12\end{bmatrix},\quad \boldsymbol{S}^{-1}=\begin{bmatrix}\boldsymbol{e}_{1,1}\\\boldsymbol{e}_{1,2}\\\boldsymbol{e}_{1,3}\end{bmatrix}=\frac{1}{72}\begin{bmatrix}19&-42&34\\-7&-30&14\\1&-6&-2\end{bmatrix}$$

故变换矩阵为

$$\boldsymbol{T}_{\mathrm{W}}^{-1}=\begin{bmatrix}\boldsymbol{e}_{1,3}\\\boldsymbol{e}_{1,3}\boldsymbol{A}\\\boldsymbol{e}_{1,3}\boldsymbol{A}^2\end{bmatrix}=\frac{1}{72}\begin{bmatrix}1&-6&-2\\-3&-54&6\\9&-270&54\end{bmatrix},\quad \boldsymbol{T}_{\mathrm{W}}=\begin{bmatrix}18&-12&2\\-3&-1&0\\-18&-3&1\end{bmatrix}$$

即可求得旺纳姆能控规范Ⅱ形的系统矩阵和输入矩阵

$$\widetilde{\boldsymbol{A}}_{\mathrm{W}}=\boldsymbol{T}_{\mathrm{W}}^{-1}\boldsymbol{A}\boldsymbol{T}_{\mathrm{W}}=\begin{bmatrix}0&1&0\\0&0&1\\15&2&4\end{bmatrix},\quad \widetilde{\boldsymbol{B}}_{\mathrm{W}}=\boldsymbol{T}_{\mathrm{W}}^{-1}\boldsymbol{B}=\begin{bmatrix}0&-1/36\\0&1/12\\1&3/4\end{bmatrix}$$

考虑到能控性和能观性之间的对偶关系，利用对偶性原理，可由旺纳姆能控规范形的结论直接导出旺纳姆能观规范形的对应结论。具体过程略。

2. 龙伯格能控规范Ⅱ形

(1) 龙伯格能控规范Ⅱ形定义

定义 4-10 对完全能控的 MIMO 线性定常连续系统 $\Sigma(\boldsymbol{A},\boldsymbol{B},\boldsymbol{C})$，基于线性非奇异变换 $\boldsymbol{x}=\boldsymbol{T}\tilde{\boldsymbol{x}}$，可导出系统的龙伯格能控规范Ⅱ形

$$\begin{cases}\dot{\tilde{\boldsymbol{x}}}=\tilde{\boldsymbol{A}}_{\mathrm{L}}\tilde{\boldsymbol{x}}+\tilde{\boldsymbol{B}}_{\mathrm{L}}\boldsymbol{u}\\ \boldsymbol{y}=\tilde{\boldsymbol{C}}_{\mathrm{L}}\tilde{\boldsymbol{x}}\end{cases}\tag{4-79}$$

式中，

$$\tilde{\boldsymbol{A}}_{\mathrm{L}}=\begin{bmatrix}\tilde{\boldsymbol{A}}_{11} & \tilde{\boldsymbol{A}}_{12} & \cdots & \tilde{\boldsymbol{A}}_{1l}\\ \tilde{\boldsymbol{A}}_{21} & \tilde{\boldsymbol{A}}_{22} & \cdots & \tilde{\boldsymbol{A}}_{2l}\\ \vdots & \vdots & \ddots & \vdots\\ \tilde{\boldsymbol{A}}_{l1} & \tilde{\boldsymbol{A}}_{l2} & \cdots & \tilde{\boldsymbol{A}}_{ll}\end{bmatrix},\quad \tilde{\boldsymbol{B}}_{\mathrm{L}}=\begin{bmatrix}\tilde{\boldsymbol{B}}_{1}\\ \tilde{\boldsymbol{B}}_{2}\\ \vdots\\ \tilde{\boldsymbol{B}}_{l}\end{bmatrix}$$

$$\tilde{\boldsymbol{A}}_{ii}=\begin{bmatrix}0 & 1 & & \\ \vdots & & \ddots & \\ 0 & & & 1\\ \hline * & * & \cdots & *\end{bmatrix}_{\mu_i\times\mu_i},\quad \tilde{\boldsymbol{A}}_{ij}=\begin{bmatrix}0 & \cdots & 0\\ \vdots & & \vdots\\ 0 & \cdots & 0\\ * & \cdots & *\end{bmatrix}_{\mu_i\times\mu_j}$$

$$(i,j=1,2,\cdots,l;\ i\neq j)$$

$$\tilde{\boldsymbol{B}}_{i}=\begin{bmatrix}0 & \cdots & 0 & \cdots & 0 & * & \cdots & *\\ \vdots & & \vdots & & \vdots & \vdots & & \vdots\\ 0 & \cdots & 0 & \cdots & 0 & * & \cdots & *\\ 0 & \cdots & \underbrace{1}_{\text{第}i\text{列}} & \cdots & 0 & \underbrace{* & \cdots & *}_{r-l\text{列}}\end{bmatrix}_{\mu_i\times r}\quad (i=1,2,\cdots,l)$$

类似于 SISO 能控规范形，可以证明龙伯格能控规范Ⅱ形肯定能控，而且任何状态完全能控的 MIMO 状态空间模型肯定可以变换成龙伯格能控规范Ⅱ形。

(2) 变换矩阵 $\boldsymbol{T}_{\mathrm{L}}$ 的确定

类似于旺纳姆能控规范Ⅱ形，龙伯格能控规范Ⅱ形的变换矩阵也可从能控性矩阵 $\boldsymbol{Q}_{\mathrm{c}}$ 的列来构造，方法如下。

首先，通过行向搜索法找出系统能控性矩阵 $\boldsymbol{Q}_{\mathrm{c}}=[\boldsymbol{B}\ \vdots\ \boldsymbol{AB}\ \vdots\ \cdots\ \vdots\ \boldsymbol{A}^{n-1}\boldsymbol{B}]$ 中 n 个线性无关列向量。为此，$\boldsymbol{B}=[\boldsymbol{b}_1,\boldsymbol{b}_2,\cdots,\boldsymbol{b}_r]$，将 $\boldsymbol{Q}_{\mathrm{c}}$ 的所有 nr 个列向量排列成如下形式

$$\boldsymbol{b}_1,\boldsymbol{b}_2,\cdots,\boldsymbol{b}_r;\boldsymbol{Ab}_1,\boldsymbol{Ab}_2,\cdots,\boldsymbol{Ab}_r;\boldsymbol{A}^{n-1}\boldsymbol{b}_1,\boldsymbol{A}^{n-1}\boldsymbol{b}_2,\cdots,\boldsymbol{A}^{n-1}\boldsymbol{b}_r$$

从左到右搜索每一个列向量，检验该向量与其左边所有保留下来的线性无关列向量是否线性相关。若相关则将该向量从队列中剔出，否则保留。如此，一直搜索到找到 n 个线性无关的列向量为止。最后可得源自 $\boldsymbol{Q}_{\mathrm{c}}$ 的 n 个线性无关列向量，再重新排列成矩阵

$$\begin{aligned}\boldsymbol{S}&=[\boldsymbol{b}_1,\boldsymbol{Ab}_1,\cdots,\boldsymbol{A}^{\mu_1-1}\boldsymbol{b}_1;\boldsymbol{b}_2,\boldsymbol{Ab}_2,\cdots,\boldsymbol{A}^{\mu_2-1}\boldsymbol{b}_2;\cdots;b_l,\boldsymbol{A}b_l,\cdots,\boldsymbol{A}^{\mu_l-1}\boldsymbol{b}_l]\\&=[\boldsymbol{S}_1\quad \boldsymbol{S}_2\quad \cdots\quad \boldsymbol{S}_l]\end{aligned}\tag{4-80}$$

式中，$\mu_1+\mu_2+\cdots+\mu_l=n$（$\{\mu_1,\mu_2,\cdots,\mu_l\}$也称为能控性指数集）；$\boldsymbol{S}_i=[\boldsymbol{b}_i,\boldsymbol{A}\boldsymbol{b}_i,\cdots,\boldsymbol{A}^{\mu_i-1}\boldsymbol{b}_i]$，$i=1,2,\cdots,l$。则有

$$\boldsymbol{S}^{-1}=\begin{bmatrix}\boldsymbol{R}_1\\ \boldsymbol{R}_2\\ \vdots\\ \boldsymbol{R}_l\end{bmatrix},\quad \boldsymbol{R}_i=\begin{bmatrix}\boldsymbol{e}_{i,1}\\ \boldsymbol{e}_{i,2}\\ \vdots\\ \boldsymbol{e}_{i,\mu_i}\end{bmatrix}\quad (i=1,2,\cdots,l)$$

式中，$\boldsymbol{e}_{i,j}$为行向量。因此，变换矩阵$\boldsymbol{T}_{\mathrm{L}}$可取为

$$\boldsymbol{T}_{\mathrm{L}}^{-1}=\begin{bmatrix}\boldsymbol{T}_1\\ \boldsymbol{T}_2\\ \vdots\\ \boldsymbol{T}_l\end{bmatrix},\quad \boldsymbol{T}_i=\begin{bmatrix}\boldsymbol{e}_{i,\mu_i}\\ \boldsymbol{e}_{i,\mu_i}\boldsymbol{A}\\ \vdots\\ \boldsymbol{e}_{i,\mu_i}\boldsymbol{A}^{\mu_i-1}\end{bmatrix}\quad (i=1,2,\cdots,l)\tag{4-81}$$

因此，在线性变换$\boldsymbol{x}=\boldsymbol{T}_{\mathrm{L}}\tilde{\boldsymbol{x}}$下，可将完全能控的状态空间模型变换成龙伯格能控规范Ⅱ形。具体推证过程与SISO能控规范Ⅱ形的推证过程类似，故略去。

例 4-22 试求例 4-21 的线性定常连续系统的龙伯格能控规范Ⅱ形。

解 由能控性判别矩阵

$$\boldsymbol{Q}_{\mathrm{c}}=[\boldsymbol{B}\ \vdots\ \boldsymbol{A}\boldsymbol{B}\ \vdots\ \boldsymbol{A}^2\boldsymbol{B}]=\begin{bmatrix}2&0&-4&-2&6&8\\0&0&-1&-1&-7&-5\\1&1&1&-1&-12&-8\end{bmatrix}$$

的秩等于3知，该系统状态完全能控，因此该系统可以变换成龙伯格能控规范Ⅱ形。

首先，按行向探索方案，找出的3个线性无关列：$\boldsymbol{b}_1$，$\boldsymbol{A}\boldsymbol{b}_1$和$\boldsymbol{b}_2$，能控指数$\mu_1=2$，$\mu_2=1$。因此，非奇异矩阵$\boldsymbol{S}$及其逆矩阵为

$$\boldsymbol{S}=[\boldsymbol{b}_1\quad \boldsymbol{A}\boldsymbol{b}_2\quad \boldsymbol{A}\boldsymbol{b}_3]=\begin{bmatrix}2&-4&0\\0&-1&0\\1&1&1\end{bmatrix},\quad \boldsymbol{S}^{-1}=\begin{bmatrix}\boldsymbol{e}_{1,1}\\ \boldsymbol{e}_{1,2}\\ \boldsymbol{e}_{2,1}\end{bmatrix}=\begin{bmatrix}0.5&-2&0\\0&-1&0\\-0.5&3&1\end{bmatrix}$$

进而，变换矩阵$\boldsymbol{T}_{\mathrm{L}}$可取为

$$\boldsymbol{T}_{\mathrm{L}}^{-1}=\begin{bmatrix}\boldsymbol{e}_{1,2}\\ \boldsymbol{e}_{1,2}\boldsymbol{A}\\ \boldsymbol{e}_{2,1}\end{bmatrix}=\begin{bmatrix}0&-1&0\\0&-6&1\\-0.5&3&1\end{bmatrix},\quad \boldsymbol{T}_{\mathrm{L}}=\begin{bmatrix}-18&2&-2\\-1&0&0\\-6&1&0\end{bmatrix}$$

即可求得龙伯格能控规范Ⅱ形的系统矩阵和输入矩阵

$$\tilde{\boldsymbol{A}}_{\mathrm{L}}=\boldsymbol{T}_{\mathrm{L}}^{-1}\boldsymbol{A}\boldsymbol{T}_{\mathrm{L}}=\begin{bmatrix}0&1&0\\-19&7&-2\\-36&0&-3\end{bmatrix},\quad \tilde{\boldsymbol{B}}_{\mathrm{L}}=\boldsymbol{T}_{\mathrm{L}}^{-1}\boldsymbol{B}=\begin{bmatrix}0&0\\1&1\\0&1\end{bmatrix}$$

考虑到能控性和能观性之间的对偶关系，利用对偶性原理，可由龙伯格能控规范形的结论直接导出龙伯格能观规范形的对应结论。具体过程略。

4.7 实现问题

由于状态空间分析方法是现代控制理论的基础，因此，如何建立状态空间模型这一

现代控制理论的主要数学模型，是分析和综合系统时首先要解决的问题。在第2章已讨论了如何将传统的控制领域所应用的数学模型，如高阶微分方程和传递函数等，变换成状态空间模型。由系统的传递函数建立状态空间模型这类问题称为系统实现问题，而求得的状态空间模型称为相应传递函数的一个实现。下面，将首先介绍实现问题的定义和基本特性，然后再介绍能控/能观规范形实现方法，即由系统传递函数建立状态空间模型的方法。由于高阶线性定常微分方程与传递函数具有一定的等价性，所以系统实现方法也可同样应用于由高阶线性定常微分方程建立状态空间模型。

4.7.1 基本概念

首先讨论系统实现的定义。

定义 4-11 对给定的真有理实矩阵函数 $\boldsymbol{G}(s)$，如果能找到相应的线性定常连续系统的状态空间模型 $\Sigma(\boldsymbol{A},\boldsymbol{B},\boldsymbol{C},\boldsymbol{D})$，并满足

$$\boldsymbol{G}(s)=\boldsymbol{C}(s\boldsymbol{I}-\boldsymbol{A})^{-1}\boldsymbol{B}+\boldsymbol{D} \tag{4-82}$$

则称该状态空间模型为 $\boldsymbol{G}(s)$ 的一个实现。

上述系统实现定义中，要求传递函数阵 $\boldsymbol{G}(s)$ 为真有理实矩阵函数是指，$\boldsymbol{G}(s)$ 的每一个元素的分子分母都为实系数多项式，且分子的阶次小于或等于分母的阶次。

下面讨论系统实现的基本特性。

1) 对任意给定的有理实矩阵函数 $\boldsymbol{G}(s)$，只要满足物理上可实现的条件，即 $\boldsymbol{G}(s)$ 为真有理实矩阵函数(每个元素的分子多项式的阶次小于或等于分母多项式的阶次)，则一定可以找到其实现，这就是实现的存在性问题。

2) 实现的实质是寻找一个其传递函数为所给定传递函数阵 $\boldsymbol{G}(s)$ 的状态空间模型。从系统传递函数阵出发，一般可以构造出无数个状态空间的实现，即实现具有非惟一性。

3) 在 $\boldsymbol{G}(s)$ 的系统实现 $\Sigma(\boldsymbol{A},\boldsymbol{B},\boldsymbol{C},\boldsymbol{D})$ 中，直联矩阵 $\boldsymbol{D}$ 为

$$\boldsymbol{D}=\lim_{s\to\infty}\boldsymbol{G}(s) \tag{4-83}$$

因此，当 $\boldsymbol{G}(s)$ 为严格真有理实矩阵函数，即其每个元素的分子多项式的阶次比分母的低时，则 $\boldsymbol{D}=0$，而相应的实现为 $\Sigma(\boldsymbol{A},\boldsymbol{B},\boldsymbol{C})$。当 $\boldsymbol{G}(s)$ 为非严格真有理实矩阵函数时，可由式(4-83)计算 $\boldsymbol{D}$，再由传递函数矩阵 $\boldsymbol{G}(s)-\boldsymbol{D}$ 求相应的实现 $\Sigma(\boldsymbol{A},\boldsymbol{B},\boldsymbol{C})$，从而得到的实现为 $\Sigma(\boldsymbol{A},\boldsymbol{B},\boldsymbol{C},\boldsymbol{D})$。

4.7.2 能控规范形实现和能观规范形实现

能控规范形实现和能观规范形实现是指由传递函数阵 $\boldsymbol{G}(s)$ 建立的状态空间模型分别为在4.6节中讲述的能控规范形和能观规范形。以下先讨论SISO系统的能控规范形和能观规范形实现，再讨论MIMO系统的相应的实现问题。

1. SISO 系统的能控规范形实现

若系统的传递函数 $G(s)$ 为

$$G(s)=\frac{b_1 s^{n-1}+\cdots+b_n}{s^n+a_1 s^{n-1}+\cdots+a_n} \tag{4-84}$$

式中，a_i和$b_i(i=1,2,\cdots,n)$为实系数，则其能控规范Ⅰ形实现的各矩阵分别为

$$A=\begin{bmatrix}0 & 0 & \cdots & 0 & -a_n\\ 1 & 0 & \cdots & 0 & -a_{n-1}\\ 0 & 1 & \cdots & 0 & -a_{n-2}\\ \vdots & \vdots & \ddots & \vdots & \vdots\\ 0 & 0 & \cdots & 1 & -a_1\end{bmatrix},\quad B=\begin{bmatrix}1\\0\\ \vdots\\0\\0\end{bmatrix}$$

$$C=[\beta_1\quad \beta_2\quad \cdots\quad \beta_{n-1}\quad \beta_n],\quad D=[0]$$

式中，β_i如式(2-17)所示。能控规范Ⅱ形实现的各矩阵分别为

$$A=\begin{bmatrix}0 & 1 & 0 & \cdots & 0\\ 0 & 0 & 1 & \cdots & 0\\ \vdots & \vdots & \vdots & \ddots & \vdots\\ 0 & 0 & 0 & \cdots & 1\\ -a_n & -a_{n-1} & -a_{n-2} & \cdots & -a_1\end{bmatrix},\quad B=\begin{bmatrix}0\\0\\ \vdots\\0\\1\end{bmatrix}$$

$$C=[b_n\quad b_{n-1}\quad b_{n-2}\quad \cdots\quad b_1],\quad D=[0]$$

证明 由β_i的计算式(2-17)，能控规范Ⅰ形的传递函数为

$$C(sI-A)^{-1}B=[\beta_1\quad \beta_2\quad \cdots\quad \beta_n]\begin{bmatrix}s & 0 & \cdots & 0 & a_n\\ -1 & s & \cdots & 0 & a_{n-1}\\ 0 & -1 & \cdots & 0 & a_{n-2}\\ \vdots & \vdots & \ddots & \vdots & \vdots\\ 0 & 0 & 0 & -1 & s+a_1\end{bmatrix}^{-1}\begin{bmatrix}1\\0\\ \vdots\\0\\0\end{bmatrix}$$

$$=\frac{[\beta_1\quad \beta_2\quad \cdots\quad \beta_n]}{s^n+a_1 s^{n-1}+\cdots+a_n}\begin{bmatrix}s^{n-1}+a_1 s^{n-2}+\cdots+a_{n-1} & \cdots & * & *\\ s^{n-2}+a_1 s^{n-3}+\cdots+a_{n-2} & \cdots & * & *\\ \vdots & \ddots & \vdots & \vdots\\ 1 & \cdots & * & *\end{bmatrix}\begin{bmatrix}1\\0\\ \vdots\\0\end{bmatrix}$$

$$=\frac{[\beta_1\quad \beta_2\quad \cdots\quad \beta_n]}{s^n+a_1 s^{n-1}+\cdots+a_n}\begin{bmatrix}s^{n-1}+a_1 s^{n-2}+\cdots+a_{n-1}\\ s^{n-2}+a_1 s^{n-3}+\cdots+a_{n-2}\\ \vdots\\ 1\end{bmatrix}$$

$$=\frac{b_1 s^{n-1}+\cdots+b_n}{s^n+a_1 s^{n-1}+\cdots+a_n}=G(s)$$

同样可以证明，能控规范Ⅱ形的传递函数为$G(s)$。因此，证明了上述能控规范Ⅰ形和Ⅱ形都为$G(s)$的一个实现，即能控规范Ⅰ形和Ⅱ形实现。 □□□

例 4-23 求如下 SISO 系统的能控规范形实现。

$$\bar{G}(s)=\frac{2s^3+14s^2+26s+17}{s^3+6s^2+11s+6}$$

解 对非严格真传递函数 $\bar{G}(s)$ 进行长除法运算有

$$\bar{G}(s)=\frac{2s^2+4s+5}{s^3+6s^2+11s+6}+2$$

上式的常数部分的实现为直联矩阵 D,严格真传递函数部分的实现为 $\Sigma(A,B,C)$。因此,由式(2-17)有

$$\beta_1=b_1=2$$
$$\beta_2=b_2-a_1\beta_1=-8$$
$$\beta_3=b_3-a_1\beta_2-a_2\beta_1=31$$

则其能控规范Ⅰ形实现为

$$\begin{cases}\dot{x}=\begin{bmatrix}0&0&-6\\1&0&-11\\0&1&-6\end{bmatrix}x+\begin{bmatrix}1\\0\\0\end{bmatrix}u\\ y=\begin{bmatrix}2&-8&31\end{bmatrix}x+2u\end{cases}$$

其能控规范Ⅱ形实现为

$$\begin{cases}\dot{x}=\begin{bmatrix}0&1&0\\0&0&1\\-6&-11&-6\end{bmatrix}x+\begin{bmatrix}0\\0\\1\end{bmatrix}u\\ y=\begin{bmatrix}5&4&2\end{bmatrix}x+2u\end{cases}$$

2. SISO 系统的能观规范形实现

若系统的传递函数 $G(s)$ 为严格真有理实矩阵函数,如式(4-84)所示,则其能观规范Ⅰ形实现的各矩阵分别为

$$A=\begin{bmatrix}0&1&0&\cdots&0\\0&0&1&\cdots&0\\\vdots&\vdots&\vdots&\ddots&\vdots\\0&0&0&\cdots&1\\-a_n&-a_{n-1}&-a_{n-2}&\cdots&-a_1\end{bmatrix},\quad B=\begin{bmatrix}\beta_1\\\beta_2\\\vdots\\\beta_{n-1}\\\beta_n\end{bmatrix},\quad C=\begin{bmatrix}1&0&\cdots&0&0\end{bmatrix}$$

式中,β_i 如式(2-17)所示。能观规范Ⅱ形实现的各矩阵分别为

$$A=\begin{bmatrix}0&0&\cdots&0&-a_n\\1&0&\cdots&0&-a_{n-1}\\0&1&\cdots&0&-a_{n-2}\\\vdots&\vdots&\ddots&\vdots&\vdots\\0&0&0&1&-a_1\end{bmatrix},\quad B=\begin{bmatrix}b_n\\b_{n-1}\\b_{n-2}\\\vdots\\b_1\end{bmatrix},\quad C=\begin{bmatrix}0&0&\cdots&0&1\end{bmatrix}$$

上述结论的证明可参照能控规范形实现中类似的证明给出,这里不再赘述。

例 4-23 中的 $G(s)$ 的能观规范Ⅰ形实现为

$$\begin{cases}\dot{\boldsymbol{x}}=\begin{bmatrix}0&1&0\\0&0&1\\-6&-11&-6\end{bmatrix}\boldsymbol{x}+\begin{bmatrix}2\\-8\\31\end{bmatrix}\boldsymbol{u}\\ \boldsymbol{y}=[1\quad 0\quad 0]\boldsymbol{x}+2\boldsymbol{u}\end{cases}$$

能观规范Ⅱ形实现为

$$\begin{cases}\dot{\boldsymbol{x}}=\begin{bmatrix}0&0&-6\\1&0&-11\\0&1&-6\end{bmatrix}\boldsymbol{x}+\begin{bmatrix}5\\4\\2\end{bmatrix}\boldsymbol{u}\\ \boldsymbol{y}=[0\quad 0\quad 1]\boldsymbol{x}+2\boldsymbol{u}\end{cases}$$

3. MIMO 系统的能控规范形和能观规范形实现

对于 MIMO 系统的传递函数阵，亦有类似于 SISO 系统传递函数的能控规范形实现和能观规范形实现。

设给定的 MIMO 系统的传递函数阵为如下 $m\times r$ 维的严格真有理实矩阵函数

$$\boldsymbol{G}(s)=\frac{\boldsymbol{B}(s)}{\boldsymbol{A}(s)}=\frac{\boldsymbol{B}_1 s^{n-1}+\cdots+\boldsymbol{B}_n}{s^n+a_1 s^{n-1}+\cdots+a_n} \tag{4-85}$$

式中，$\boldsymbol{B}(s)$为 $m\times r$ 维的 s 的实多项式矩阵；$\boldsymbol{A}(s)$为 n 阶标量多项式。

上述传递函数阵的 MIMO 能控规范Ⅱ形实现的各矩阵分别为

$$\boldsymbol{A}=\begin{bmatrix}0&\boldsymbol{I}&0&\cdots&0\\0&0&\boldsymbol{I}&\cdots&0\\\vdots&\vdots&\vdots&\ddots&\vdots\\0&0&0&\cdots&1\\-a_n\boldsymbol{I}&-a_{n-1}\boldsymbol{I}&-a_{n-2}\boldsymbol{I}&\cdots&-a_1\boldsymbol{I}\end{bmatrix},\quad \boldsymbol{B}=\begin{bmatrix}0\\0\\\vdots\\0\\\boldsymbol{I}\end{bmatrix}$$

$$\boldsymbol{C}=[\boldsymbol{B}_n\quad \boldsymbol{B}_{n-1}\quad \boldsymbol{B}_{n-2}\quad \cdots\quad \boldsymbol{B}_1],\quad \boldsymbol{D}=[0]$$

矩阵 $\boldsymbol{A},\boldsymbol{B},\boldsymbol{C}$ 和 $\boldsymbol{D}$ 的维数分别为$(rn)\times(rn)$，$(rn)\times r$，$m\times(rn)$和 $m\times r$。而 MIMO 能观规范Ⅱ形实现的各矩阵分别为

$$\boldsymbol{A}=\begin{bmatrix}0&0&\cdots&0&-a_n\boldsymbol{I}\\\boldsymbol{I}&0&\cdots&0&-a_{n-1}\boldsymbol{I}\\0&\boldsymbol{I}&\cdots&0&-a_{n-2}\boldsymbol{I}\\\vdots&\vdots&\ddots&\vdots&\vdots\\0&0&0&\boldsymbol{I}&-a_1\boldsymbol{I}\end{bmatrix},\quad \boldsymbol{B}=\begin{bmatrix}\boldsymbol{B}_n\\\boldsymbol{B}_{n-1}\\\boldsymbol{B}_{n-2}\\\vdots\\\boldsymbol{B}_1\end{bmatrix},$$

$$\boldsymbol{C}=[0\quad 0\quad \cdots\quad 0\quad \boldsymbol{I}],\quad \boldsymbol{D}=[0]$$

矩阵 $\boldsymbol{A},\boldsymbol{B},\boldsymbol{C}$ 和 $\boldsymbol{D}$ 的维数分别为$(mn)\times(mn)$，$(mn)\times r$，$m\times(mn)$和 $m\times r$。

上述 MIMO 系统的能控规范形和能观规范形的实现可仿照 SISO 系统相应结论的证明给出，这里不再赘复。

由上述结论可知，对同一传递函数阵的实现，其阶次还可以不同，能控规范形实现为

rn 维的，能观规范形实现为 mn 维。

4.7.3 最小实现

由 MIMO 系统的能控规范形实现和能观规范形实现可知，由于状态变量的选择不同，对应于一个传递函数阵 $\boldsymbol{G}(s)$ 的实现不仅具有非惟一性，而且状态空间模型实现的维数还可能不同。对于实现问题，一般情况下，总是希望实现的阶次越低越好。在同一传递函数阵的所有实现中，总会存在一个状态变量的个数最小的实现，即系统的阶次最低的实现，将阶次最低的实现称为系统的最小实现。讨论最小实现是非常具有现实意义的。从工程角度看，系统的最小实现反映了在保持系统性能的前提下，系统具有最简单的结构，此时的工程应用最简单，成本最低。

下面给出并证明最小实现的判别准则。

定理 4-28 系统 $\Sigma(\boldsymbol{A},\boldsymbol{B},\boldsymbol{C})$ 是给定传递函数阵 $\boldsymbol{G}(s)$ 的最小实现的充分必要条件为系统状态完全能控且完全能观。

证明 (1) 充分性证明。采用反证法。设系统 $\Sigma(\boldsymbol{A},\boldsymbol{B},\boldsymbol{C})$ 是给定传递函数阵 $\boldsymbol{G}(s)$ 的一个阶数为 n 的实现而非最小实现，但系统是状态完全能控且完全能观的。此时，$\boldsymbol{G}(s)$ 必存在另一个实现 $\tilde{\Sigma}(\tilde{\boldsymbol{A}},\tilde{\boldsymbol{B}},\tilde{\boldsymbol{C}})$，其阶数 $\tilde{n}<n$。

由于系统 $\Sigma(\boldsymbol{A},\boldsymbol{B},\boldsymbol{C})$ 和 $\tilde{\Sigma}(\tilde{\boldsymbol{A}},\tilde{\boldsymbol{B}},\tilde{\boldsymbol{C}})$ 都是 $\boldsymbol{G}(s)$ 的实现，则对任意的输入 $\boldsymbol{u}(t)$，系统应有同样的输出 $\boldsymbol{y}(t)$，即

$$\boldsymbol{y}(t)=\int_0^t \boldsymbol{C}\mathrm{e}^{\boldsymbol{A}(t-\tau)}\boldsymbol{B}\boldsymbol{u}(\tau)\mathrm{d}\tau=\int_0^t \tilde{\boldsymbol{C}}\mathrm{e}^{\tilde{\boldsymbol{A}}(t-\tau)}\tilde{\boldsymbol{B}}\boldsymbol{u}(\tau)\mathrm{d}\tau \quad (\forall t\geqslant 0)$$

因考虑到时间 t 和输入 $\boldsymbol{u}(t)$ 的任意性，故从上式可以导出

$$\boldsymbol{C}\mathrm{e}^{\boldsymbol{A}t}\boldsymbol{B}=\tilde{\boldsymbol{C}}\mathrm{e}^{\tilde{\boldsymbol{A}}t}\tilde{\boldsymbol{B}} \quad (\forall t\geqslant 0)$$

对上式两边连续求导，可得

$$\boldsymbol{C}\boldsymbol{A}\mathrm{e}^{\boldsymbol{A}t}\boldsymbol{B}=\tilde{\boldsymbol{C}}\tilde{\boldsymbol{A}}\mathrm{e}^{\tilde{\boldsymbol{A}}t}\tilde{\boldsymbol{B}} \quad (\forall t\geqslant 0)$$

$$\boldsymbol{C}\boldsymbol{A}^2\mathrm{e}^{\boldsymbol{A}t}\boldsymbol{B}=\tilde{\boldsymbol{C}}\tilde{\boldsymbol{A}}^2\mathrm{e}^{\tilde{\boldsymbol{A}}t}\tilde{\boldsymbol{B}} \quad (\forall t\geqslant 0)$$

$$\vdots$$

当 $t=0$ 时，则得
$$\boldsymbol{C}\boldsymbol{A}^i\boldsymbol{B}=\tilde{\boldsymbol{C}}\tilde{\boldsymbol{A}}^i\tilde{\boldsymbol{B}} \quad (i\geqslant 0)$$

因此，将 $\boldsymbol{C}\boldsymbol{A}^i\boldsymbol{B}$ 和对应的 $\tilde{\boldsymbol{C}}\tilde{\boldsymbol{A}}^i\tilde{\boldsymbol{B}}$ 按顺序排列，则有

$$\begin{bmatrix} \boldsymbol{CB} & \boldsymbol{CAB} & \cdots & \boldsymbol{CA}^{n-1}\boldsymbol{B} \\ \boldsymbol{CAB} & \boldsymbol{CA}^2\boldsymbol{B} & \cdots & \boldsymbol{CA}^n\boldsymbol{B} \\ \vdots & \vdots & \ddots & \vdots \\ \boldsymbol{CA}^{n-1}\boldsymbol{B} & \boldsymbol{CA}^n\boldsymbol{B} & \cdots & \boldsymbol{CA}^{2n-2}\boldsymbol{B} \end{bmatrix}=\begin{bmatrix} \tilde{\boldsymbol{C}}\tilde{\boldsymbol{B}} & \tilde{\boldsymbol{C}}\tilde{\boldsymbol{A}}\tilde{\boldsymbol{B}} & \cdots & \tilde{\boldsymbol{C}}\tilde{\boldsymbol{A}}^{n-1}\tilde{\boldsymbol{B}} \\ \tilde{\boldsymbol{C}}\tilde{\boldsymbol{A}}\tilde{\boldsymbol{B}} & \tilde{\boldsymbol{C}}\tilde{\boldsymbol{A}}^2\tilde{\boldsymbol{B}} & \cdots & \tilde{\boldsymbol{C}}\tilde{\boldsymbol{A}}^n\tilde{\boldsymbol{B}} \\ \vdots & \vdots & \ddots & \vdots \\ \tilde{\boldsymbol{C}}\tilde{\boldsymbol{A}}^{n-1}\tilde{\boldsymbol{B}} & \tilde{\boldsymbol{C}}\tilde{\boldsymbol{A}}^n\tilde{\boldsymbol{B}} & \cdots & \tilde{\boldsymbol{C}}\tilde{\boldsymbol{A}}^{2n-2}\tilde{\boldsymbol{B}} \end{bmatrix}$$

即
$$\begin{bmatrix} C \\ CA \\ \vdots \\ CA^{n-1} \end{bmatrix} [B \quad AB \quad \cdots \quad A^{n-1}B] = \begin{bmatrix} \tilde{C} \\ \tilde{C}\tilde{A} \\ \vdots \\ \tilde{C}\tilde{A}^{n-1} \end{bmatrix} [\tilde{B} \quad \tilde{A}\tilde{B} \quad \cdots \quad \tilde{A}^{n-1}\tilde{B}]$$

因已经假设系统 $\Sigma(\boldsymbol{A},\boldsymbol{B},\boldsymbol{C})$ 是状态能控又能观的，所以上式等号左边矩阵的秩为 n，而等号右边的矩阵的秩最大也仅为等号右边两个矩阵的行数和列数的最小值，即为 $\tilde{n}$，并有 $n \leqslant \tilde{n}$。所以，与前面的假设矛盾。故系统是状态能控又能观的，则一定是最小实现。

(2) 必要性证明。亦采用反证法。设 n 阶系统 $\Sigma(\boldsymbol{A},\boldsymbol{B},\boldsymbol{C})$ 是状态不完全能控或不完全能观的，但为 $\boldsymbol{G}(s)$ 的最小实现。系统是状态不完全能控或不完全能观的，根据能控能观分解定理 4-22，则一定可以进行能控能观分解，所得的既能控又能观部分的维数一定小于 n，即小于系统 Σ 的维数。由结构分解的性质可知，系统 Σ 的传递函数 $\boldsymbol{G}(s)$ 等于其能控又能观的部分的传递函数。因此，系统 Σ 的能控能观部分亦是 $\boldsymbol{G}(s)$ 的一个实现，该实现的维数小于系统 Σ 的维数。这与前面假设系统 Σ 是最小实现相矛盾。故系统是最小实现，则一定是状态完全能控且完全能观的。 □□□

根据上述判断系统最小实现的准则，可得构造线性定常系统最小实现方法。

1) 对给定的传递函数阵 $\boldsymbol{G}(s)$，先找出一种实现 $\Sigma(\boldsymbol{A},\boldsymbol{B},\boldsymbol{C})$，如用较方便的能控规范形或能观规范形实现。为降低系统实现的阶数，减少计算量，一般当输入变量比输出变量多，即 $r>m$ 时，采用能观规范形实现为宜；反之，当输出变量比输入变量多，即 $r<m$ 时，采用能控规范形实现为宜。

2) 对所得的系统实现进行能控能观结构分解，所得的能控又能观的子系统则是 $\boldsymbol{G}(s)$ 的最小实现。若对能控规范形进行能观分解，对能观规范形进行能控分解，即可求得系统的最小实现。不管采用何种方法，最后求得的最小实现应具有相同维数。

例 4-24 试求如下传递函数阵的最小实现。

$$\boldsymbol{W}(s) = \begin{bmatrix} \dfrac{1}{(s+1)(s+2)} & \dfrac{1}{(s+2)(s+3)} \end{bmatrix}$$

解 $\boldsymbol{W}(s)$ 是严格真有理函数阵，直接将它写成按 s 降幂排列的标准格式

$$\boldsymbol{W}(s) = \begin{bmatrix} \dfrac{(s+3)}{(s+1)(s+2)(s+3)} & \dfrac{(s+1)}{(s+1)(s+2)(s+3)} \end{bmatrix} = \frac{[1 \quad 1]s + [3 \quad 1]}{s^3+6s^2+11s+6}$$

对照式(4-85)，知

$$m=1,\ r=2$$
$$a_1=6,\ a_2=11,\ a_3=6$$
$$\boldsymbol{B}_1=[0 \quad 0],\ \boldsymbol{B}_2=[1 \quad 1],\ \boldsymbol{B}_3=[3 \quad 1]$$

(1) 采用能控规范Ⅱ形求取最小实现。

$$\boldsymbol{A}_c = \begin{bmatrix} 0 & \boldsymbol{I} & 0 \\ 0 & 0 & \boldsymbol{I} \\ -a_3\boldsymbol{I} & -a_2\boldsymbol{I} & -a_1\boldsymbol{I} \end{bmatrix}_{(nr)\times(nr)} = \begin{bmatrix} 0 & \boldsymbol{I} & 0 \\ 0 & 0 & \boldsymbol{I} \\ -6\boldsymbol{I} & -11\boldsymbol{I} & -6\boldsymbol{I} \end{bmatrix}_{6\times6}, \quad \boldsymbol{B}_c = \begin{bmatrix} 0 \\ 0 \\ \boldsymbol{I} \end{bmatrix}_{6\times2}$$

$$\boldsymbol{C}_c = [\boldsymbol{B}_3 \quad \boldsymbol{B}_2 \quad \boldsymbol{B}_1]_{1\times 6} = [3 \quad 1 \quad 1 \quad 1 \quad 0 \quad 0]$$

由于

$$\text{rank}\boldsymbol{Q}_o = \text{rank}\begin{bmatrix} \boldsymbol{C}_c \\ \boldsymbol{A}_c\boldsymbol{C}_c \\ \vdots \\ \boldsymbol{A}_c^{mr-1}\boldsymbol{C}_c \end{bmatrix} = 3 < 6$$

能控规范Ⅱ形的实现 $\Sigma(\boldsymbol{A}_c, \boldsymbol{B}_c, \boldsymbol{C}_c)$ 是不能观的，即其为能控但不能观，不为最小实现，需进行能观性分解求取最小实现。

按照4.5节能观性分解方法，对能控规范Ⅱ形实现 $\Sigma(\boldsymbol{A}_c, \boldsymbol{B}_c, \boldsymbol{C}_c)$ 进行能观分解后得到的能观子系统，即最小实现为

$$\boldsymbol{A}_{co} = \begin{bmatrix} 0 & 1 & 0 \\ 0 & 0 & 1 \\ -6 & -11 & -6 \end{bmatrix}, \quad \boldsymbol{B}_{co} = \begin{bmatrix} 0 & 0 \\ 1 & 1 \\ -3 & -5 \end{bmatrix}, \quad \boldsymbol{C}_{co} = [1 \quad 0 \quad 0]$$

(2) 采用能观规范Ⅱ形求取最小实现。

$$\boldsymbol{A}_o = \begin{bmatrix} 0 & 0 & -a_3\boldsymbol{I} \\ \boldsymbol{I} & 0 & -a_2\boldsymbol{I} \\ 0 & \boldsymbol{I} & -a_1\boldsymbol{I} \end{bmatrix}_{(nm)\times(nm)} = \begin{bmatrix} 0 & 0 & -6 \\ 1 & 0 & -11 \\ 0 & 1 & -6 \end{bmatrix}, \quad \boldsymbol{B}_o = \begin{bmatrix} \boldsymbol{B}_3 \\ \boldsymbol{B}_2 \\ \boldsymbol{B}_1 \end{bmatrix}_{(nm)\times r} = \begin{bmatrix} 3 & 1 \\ 1 & 1 \\ 0 & 0 \end{bmatrix}$$

$$\boldsymbol{C}_o = [0 \quad 0 \quad \boldsymbol{I}]_{m\times(nm)} = [0 \quad 0 \quad 1]$$

由于

$$\text{rank}\boldsymbol{Q}_c = \text{rank}[\boldsymbol{B}_o \quad \boldsymbol{A}_o\boldsymbol{B}_o \quad \boldsymbol{A}_o^2\boldsymbol{B}_o] = \text{rank}\begin{bmatrix} 3 & 1 & 0 & 1 & -6 & -6 \\ 1 & 1 & 3 & 1 & -11 & -11 \\ 0 & 0 & 1 & 1 & -3 & -5 \end{bmatrix} = 3$$

能观规范Ⅱ形的实现 $\Sigma(\boldsymbol{A}_o, \boldsymbol{B}_o, \boldsymbol{C}_o)$ 是能控的，即其为能控能观实现，为最小实现。

可以验证上述求得的两个实现均为所给定的 $\boldsymbol{W}(s)$ 的最小实现，并两者等价。

4.8 Matlab 问题

本章涉及的计算问题主要有状态能控性/能观性判定、系统能控能观分解、能控/能观规范形变换以及能控/能观规范形实现。下面分别介绍基于 Matlab 的上述问题的程序编制和计算。

4.8.1 状态能控性与能观性判定

状态能控性与能观性是线性系统的重要结构性质，描述了系统的本质特征，是系统分析和设计的主要考量因素。Matlab 提供了用于状态能控性/能观性判定的能控性矩阵函数 ctrb()、能观性矩阵函数 obsv() 和能控性/能观性格拉姆矩阵函数 gram()，通过对这些函数计算所得的矩阵求秩，就可以很方便地判定系统的状态能控性/能观性。用户也可以根据能控性/能观性的各种判据，自己编制程序和函数来判定这两个系统的结

构性质。

1. 状态能控性判定

无论是连续还是离散的线性定常系统，采用代数判据判定状态能控性都需要计算能控性矩阵。Matlab 提供的函数 ctrb()可根据给定的系统模型，计算能控性矩阵

$$Q_c=[B\quad AB\quad \cdots\quad A^{n-1}B]$$

能控性矩阵函数 ctrb()的主要调用格式为

```
Qc = ctrb(A,B)
Qc = ctrb(sys)
```

其中，第 1 种输入格式为直接给定系统矩阵 A 和输入矩阵 B，第 2 种格式为给定状态空间模型 sys。输出矩阵 Q_c 为计算所得的能控性矩阵。

基于能控性矩阵函数 ctrb()及能控性矩阵 Q_c 的秩的计算，就可以进行线性定常连续系统的状态能控性的代数判据判定。

Matlab 问题 4-1 试在 Matlab 中判定例 4-2 的系统的状态能控性。

Matlab 程序 m4-1 如下。

```
A=[1 3 2; 0 2 0; 0 1 3];
B=[2 1; 1 1; -1 -1];
sys=ss(A,B,[],[]);                 % 建立状态空间模型
Judge_contr(sys);                  % 调用函数判定状态能控性
```

Matlab 程序 m4-1 中的函数 Judge_contr()通过调用能控性矩阵函数 ctrb()和计算矩阵秩函数 rank()，完成能控性代数判据的判定。函数 Judge_contr()的源程序为

```
function Judge_contr(sys)          % 定义函数 Judge_contr()
Qc=ctrb(sys);                      % 计算系统的能控性矩阵
n=size(sys.a);                     % 求系统矩阵的各维的大小
if rank(Qc)==n(1)                  % 判定能控性矩阵的秩是否等于状态变量的个数，
    disp('The system is controlled')   即是否能控
else
    disp('The system is not controlled')
end
```

Matlab 程序 m4-1 执行结果如下。

```
The system is not controlled       % 系统状态不能控
```

在上述程序和函数中，使用了 2 个 Matlab 基本矩阵函数 rank()和 size()，其定义和使用方法如下。

1）计算矩阵秩的函数 rank()。求矩阵秩的函数 rank()的调用格式为

```
k = rank(A)
```

```
k = rank(A,tol)
```

其中,输入 **A** 为矩阵,输出 k 为矩阵 **A** 的秩。虽然 Matlab 求矩阵秩采用了数值特性良好的计算奇异值的方法,但考虑到计算机浮点计算过程产生的数值计算误差可能使得判定秩有偏差,第 2 种调用格式可以给定判定矩阵奇异值的容许误差,而对第 1 种格式系统将自动设定一个容许误差 tol。

2) 计算数组各维大小的函数 size()。函数 size()在 Matlab 编程中非常有用,它可以在各个调用函数中随时求取所处理的数组的各维数的大小,而没有必要将数组的维数大小作为变量(参量)参与函数调用,所设计的程序简洁、易读易懂。函数 size()的主要调用格式为

```
d = size(X)
m = size(X,dim)
[d1,d2,d3,...,dn] = size(X)
```

其中,输出 d 为数组 $\boldsymbol{X}$ 的各维的大小组成的一维数组;m 为数组 $\boldsymbol{X}$ 的第 dim 维的大小;$d_1,d_2,d_3,\cdots,d_n$为数组 $\boldsymbol{X}$ 的各维的大小。如,d=size([1 2 3; 4 5 6])的输出为数组 d=[2 3],而[m,n] =size([1 2 3; 4 5 6])的输出则是 m 和 n 分别为 2 和 3。

由 4.3.1 小节的定理 4-12 可知,线性定常离散系统 $\Sigma(\boldsymbol{G},\boldsymbol{H})$状态能控的充分必要条件为

$$\mathrm{rank}\boldsymbol{Q}_{\mathrm{c}}=\mathrm{rank}[\boldsymbol{Q}_{\mathrm{c}}\quad \boldsymbol{G}^{n}]$$

因此,判定线性定常离散系统状态能控性的代数判据也需计算能控性矩阵

$$\boldsymbol{Q}_{\mathrm{c}}=[\boldsymbol{H}\quad \boldsymbol{GH}\quad \cdots\quad \boldsymbol{G}^{n-1}\boldsymbol{H}]$$

与连续系统类似,能控性矩阵函数 ctrb()可以判定线性定常离散系统状态能控性。

Matlab 问题 4-2 试在 Matlab 中判定例 4-12 的系统的状态能控性。

Matlab 程序 m4-2 如下。

```
G=[1 0 0; 0 2 -2; -1  1 0];
H=[1; 2;  1];
n=size(G,1);                    % 求系统矩阵的行数
Qc=ctrb(G,H);                   % 计算系统的能控性矩阵
if rank(Qc)==rank([Qc G^n])     % 判定能控性矩阵 Qc 的秩是否等于[Qc G^n]的秩,
    disp('The system is controlled')  即离散系统是否能控
else
    disp('The system is not controlled')
end
```

Matlab 程序 m4-2 执行结果如下。

```
The system is not controlled    % 系统状态不能控
```

2. 状态能观性判定

无论对连续还是离散的线性定常系统，采用代数判据判定状态能观性需要计算定义的能观性矩阵

$$\boldsymbol{Q}_o=\begin{bmatrix}\boldsymbol{C}\\ \boldsymbol{CA}\\ \vdots\\ \boldsymbol{CA}^{n-1}\end{bmatrix} \quad 和 \quad \boldsymbol{Q}_o=\begin{bmatrix}\boldsymbol{C}\\ \boldsymbol{CG}\\ \vdots\\ \boldsymbol{CG}^{n-1}\end{bmatrix}$$

并要求能观性矩阵 $\boldsymbol{Q}_o$的秩等于状态空间维数。Matlab 提供的函数 obsv()可根据给定的系统模型计算能观性矩阵。

能观性矩阵函数 obsv()的主要调用格式为

```
Qo = obsv(A,C)
Qo = obsv(sys)
```

其中，第 1 种调用格式为直接输入系统矩阵 $\boldsymbol{A}$ 和输出矩阵 $\boldsymbol{C}$；第 2 种格式为输入状态空间模型 sys；输出矩阵 $\boldsymbol{Q}_o$为计算所得的能观性矩阵。

基于能观性矩阵函数 obsv()及能观性矩阵 $\boldsymbol{Q}_o$秩的计算，就可以进行连续和离散线性定常系统的状态能观性的代数判据判定。

Matlab 问题 4-3 试在 Matlab 中判定例 4-13 的系统的状态能观性。

Matlab 程序 m4-3 如下。

```
A=[2 0 3; -1 -2 0; 0 1 2];
C=[1 0 0; 0 1 0];
sys=ss(A,[],C,[]);                 % 建立状态空间模型
Judge_obsv(sys);                   % 调用函数 Judge_obsv()判定状态能观性
```

其中函数 Judge_obsv()的源程序为

```
function Judge_obsv(sys)           % 函数 Judge_obsv()定义
Qo=obsv(sys);                      % 计算系统的能观性矩阵
n=size(sys.a);                     % 求系统矩阵的各维的大小
if rank(Qo)==n(1)                  % 判定能观性矩阵的秩是否等于状态变量的个数,
    disp('The system is observability')  即是否能观
else
    disp('The system is not observability')
end
```

Matlab 程序 m4-3 执行结果如下。

```
The system is observability        % 系统状态能观
```

4.8.2 线性系统的能控能观分解

4.5 节介绍的线性定常系统的能控能观分解，让我们清楚地了解哪些动态系统子空间(子系统)状态完全能控，哪些完全不能控；哪些动态系统子空间状态完全能观，哪些完全不能观。在设计与综合控制系统时，能更好地、有针对性地进行设计与综合。

Matlab 提供了用于状态能控性分解的函数 ctrbf()和状态能观性分解的函数 obsvf()。基于这 2 个函数，用户可以通过逐步分解，求得系统的能控能观分解。

1. 能控性分解函数 ctrbf()

能控性分解函数 ctrbf()的主要调用格式为

```
[A_c,B_c,C_c,Tc] = ctrbf(A,B,C)
[A_c,B_c,C_c,Tc] = ctrbf(A,B,C,tol)
```

其中，输入格式 $\boldsymbol{A}$,$\boldsymbol{B}$ 和 $\boldsymbol{C}$ 为需要进行能控性分解的状态空间模型的各矩阵，tol 为计算容许误差；输出的 $\boldsymbol{A}$_c,$\boldsymbol{B}$_c 和 $\boldsymbol{C}$_c 为能控性分解之后的状态空间模型的各矩阵；$\boldsymbol{T}_c$为变换矩阵，系统进行的状态变换为$\tilde{\boldsymbol{x}}=\boldsymbol{T}_c\boldsymbol{x}$。

经函数 ctrbf()进行能控性分解后，系统的状态空间模型为

$$\boldsymbol{A}\_c=\left[\begin{array}{c:c}\boldsymbol{A}_{nc} & 0 \\ \hdashline \boldsymbol{A}_{21} & \boldsymbol{A}_c\end{array}\right],\quad \boldsymbol{B}\_c=\left[\begin{array}{c}0 \\ \hdashline \boldsymbol{B}_c\end{array}\right],\quad \boldsymbol{C}\_c=[\boldsymbol{C}_{nc}\quad \boldsymbol{C}_c]$$

Matlab 问题 4-4 试在 Matlab 中对例 4-15 的系统进行能控性分解。

Matlab 程序 m4-4 如下。

```
A=[1 2 -1; 0 1 0; 1 -4 3];
B=[0; 0; 1]; C=[1 -1 1];
[Ac,Bc,Cc,Tc] = ctrbf(A,B,C)
```

Matlab 程序 m4-4 执行结果如下。

```
Ac =     1     0     0
        -2     1    -1
         4     1     3
Bc =     0
         0
        -1
Cc =    -1    -1    -1
Tc =     0     1     0
        -1     0     0
         0     0    -1
```

由于变换矩阵不惟一且状态变量向量中变量排列的次序不同，所得到的能控性分解

模型也不惟一。函数 ctrbf()的能控性分解变换矩阵和状态变量的排列与 4.5.1 小节的能控性分解定理 4-20 的有所不同,因此得到的能控性分解后的状态空间模型也有所不同,但本质是一致的。

与 4.5.1 小节内容相对应,编著者开发了一个能控性分解函数 ctrbf2(),可用于求取定理 4-20 的能控分解(该函数源程序在本教材所附的光盘中),其主要调用格式为

```
[A_c,B_c,C_c,Tc,nc] = ctrbf2(A,B,C)
[A_c,B_c,C_c,Tc,nc] = ctrbf2(A,B,C,tol)
```

其中,输出 n_c 为能控子系统的维数,其他输入输出格式与 Matlab 函数 ctrbf()一致。读者可以使用该函数方便地将系统按能控性进行结构分解,这里不再赘述。

2. 能观性分解函数 obsvf()

能观性分解函数 obsvf()的主要调用格式为

```
[A_o,B_o,C_o,To] = obsvf(A,B,C)
[A_o,B_o,C_o,To] = obsvf(A,B,C,tol)
```

其中,输入格式与能控性分解函数 ctrbf()一致;输出的 $\boldsymbol{A}$_o,$\boldsymbol{B}$_o 和 $\boldsymbol{C}$_o 为能观性分解之后的状态空间模型的各矩阵;$\boldsymbol{T}_o$ 为变换矩阵,系统进行的状态变换为 $\tilde{x}=\boldsymbol{T}_o\boldsymbol{x}$。

经函数 obsvf()按能观性分解后,系统的状态空间模型为

$$\boldsymbol{A}\_o=\left[\begin{array}{c:c}\boldsymbol{A}_{no} & \boldsymbol{A}_{12}\\ \hdashline 0 & \boldsymbol{A}_o\end{array}\right],\quad \boldsymbol{B}\_o=\left[\begin{array}{c}\boldsymbol{B}_{no}\\ \hdashline \boldsymbol{B}_o\end{array}\right],\quad \boldsymbol{C}\_o=[0\quad \boldsymbol{C}_o]$$

与能控性分解函数 ctrbf()的使用方法完全一致,读者可非常方便地使用该函数进行系统的能观性分解。这里不再赘述。

同样地,由于变换矩阵不惟一且状态变量向量中变量排列的次序不同,所得到的能观性分解模型也不惟一。函数 obsvf()得到的能观性分解状态空间模型与 4.5.2 小节的能观性分解定理 4-21 的有所不同,但本质是一致的。

与 4.5.2 小节内容相对应,编著者开发了一个能观性分解函数 obsvf2()可用于求取定理 4-21 的能观性分解(该函数源程序在本教材所附的光盘中),其主要调用格式为

```
[A_o,B_o,C_o,To,no] = obsvf2(A,B,C)
[A_o,B_o,C_o,To,no] = obsvf2(A,B,C,tol)
```

其中,输出 n_o 为能观子系统的维数,其他输入输出与 Matlab 函数 obsvf()一致。

Matlab 问题 4-5 试在 Matlab 中对例 4-16 的系统进行能观性分解。

Matlab 程序 m4-5 如下。

```
A=[0 0 -1; 1 0 -3; 0 1 -3];
B=[1; 1; 0]; C=[0 1 -2];
[Ao,Bo,Co,To] = obsvf2(A,B,C)
```

Matlab 程序 m4-5 执行结果如下。

```
Ao =          0     1.0000         0
        -1.0000    -2.0000    0.0000
        10.0000     5.0000   -1.0000
Bo =    1
       -1
        5
Co =   1    0    0
To =   0    1   -2
       1   -2    3
       5    0    0
```

3. 能控能观分解函数 ctrb_obsvf()

Matlab 没有提供直接进行系统能控能观分解的函数，编著者根据 4.5.3 小节介绍的能控能观分解方法，开发了直接进行能控能观分解的函数 ctrb_obsvf()（函数源程序在本教材所附的光盘中）。

能控能观分解函数 ctrb_obsvf()的主要调用格式为

```
[Aco,Bco,Cco,Tco,nco] = ctrb_obsvf(A,B,C)
[Aco,Bco,Cco,Tco,nco] = ctrb_obsvf(A,B,C,tol)
```

其中，输入格式与能控性分解函数 ctrbf()和能观性分解函数 obsvf()一致；输出的 $\boldsymbol{A}_{co}$，$\boldsymbol{B}_{co}$和 $\boldsymbol{C}_{co}$为能控能观分解之后的状态空间模型的各矩阵；$\boldsymbol{T}_{co}$为变换矩阵，系统进行的状态变换为$\tilde{\boldsymbol{x}}=\boldsymbol{T}_{co}\boldsymbol{x}$，$n_{co}$为分解后 4 个子系统的维数组成的数组。在这里，变换后状态变量的排列与 4.5.3 小节定理 4-22 一致，为能控但不能观、能控又能观、不能控也不能观以及不能控但能观，n_{co}中各元素即为按照状态变量排列顺序的 4 个子系统的维数。

Matlab 问题 4-6 试在 Matlab 中对例 4-17 的系统进行能控能观分解。

Matlab 程序 m4-6 如下。

```
A=[0 0 -1; 1 0 -3; 0 1 -3];
B=[1; 1; 0]; C=[0 1 -2];
[Aco,Bco,Cco,Tco] = ctrb_obsvf(A,B,C)
```

Matlab 程序 m4-6 执行结果如下。

```
Aco =-1     1   -2
      0    -1    1
      0     0   -1
Bco =  0
       1
```

```
            0
Cco =       0     1   -2
```

该系统经能控能观分解后，得到 3 个一维子系统，分别为能控但不能观、能控又能观、不能控但能观。

4.8.3 能控规范形和能观规范形

4.6 节介绍的线性定常系统的能控规范形和能观规范形，使得系统分析、设计与综合等问题得以简化，更加有助于理解和问题求解。建立系统的能控规范形和能观规范形是系统分析、设计与综合问题中的重要问题。

Matlab 中提供的建立系统规范形的函数 canon()只能用于建立对角线规范形和 SISO系统的能控规范Ⅰ形，没有提供建立其他规范形的可直接调用的函数。编著者根据建立规范形的方法，开发了相应的建立能控规范形的函数 ctr_canon()和建立能观规范形的函数 obsv_canon()(函数源程序在本教材所附的光盘中)。

1. 能控规范形

能控规范形的函数 ctr_canon()可以处理 SISO 和 MIMO 系统的能控规范形的建立问题，包括 4.5.1 小节和 4.5.3 小节介绍的能控规范Ⅰ形和Ⅱ形、旺纳姆能控规范Ⅱ形和龙伯格能控规范Ⅱ形等 4 种常用的能控规范形。

函数 ctr_canon()的主要调用格式为

```
[sys_ctr,Tc]=ctr_canon(sys, 'type')
```

其中，sys 为需变换的系统的状态空间模型；sys_ctr 为变换所得的状态空间模型；$\boldsymbol{T}_c$为对系统 sys 所作的变换$\bar{x}=\boldsymbol{T}_c\boldsymbol{x}$ 的变换矩阵；'type'为所求的能控规范形的类型。对应于能控规范Ⅰ形和Ⅱ形、旺纳姆能控规范Ⅱ形和龙伯格能控规范Ⅱ形 4 种模型，符号串'type'分别为'1st'、'2nd'、'Wonham'和'Luenb'。

Matlab 问题 4-7 试在 Matlab 中求解如下 SISO 系统的能控规范Ⅰ形和Ⅱ形。

$$\dot{\boldsymbol{x}}=\begin{bmatrix}1 & 0\\ -1 & 2\end{bmatrix}\boldsymbol{x}+\begin{bmatrix}-1\\ 1\end{bmatrix}\boldsymbol{u}$$

$$\boldsymbol{y}=\begin{bmatrix}0 & 1\end{bmatrix}\boldsymbol{x}$$

Matlab 程序 m4-7 如下。

```
A=[1 0; -1 2];
B=[-1; 1]; C=[0 1];  D=0;
sys=ss(A,B,C,D);
sys_ctr = ctr_canon(sys,'1st')
sys_ctr = ctr_canon(sys,'2nd')
```

Matlab 程序 m4-7 执行结果如下。

能控规范Ⅰ形

```
a =          x1      x2
       x1     0      -2
       x2     1       3
b =          u1
       x1     1
       x2     0
c =          x1      x2
       y1     1       3
d =          u1
       y1     0
```

能控规范Ⅱ形

```
a =          x1      x2
       x1     0       1
       x2    -2       3
b =          u1
       x1     0
       x2     1
c =          x1      x2
       y1     0       1
d =          u1
       y1     0
```

Matlab 问题 4-8 试在 Matlab 中求解例 4-21 的 MIMO 系统的旺纳姆能控规范Ⅱ形。

Matlab 程序 m4-8 如下。

```
A=[-1 -4 -2; 0 6 -1; 1 7 -1];
B=[2 0; 0 0; 1 1]; C=[];  D=[];
sys=ss(A,B,C,D);
sys_ctr = ctr_canon(sys,'Wonham')
```

Matlab 程序 m4-8 执行结果如下。

```
a =          x1      x2      x3
       x1     0       1       0
       x2     0       0       1
       x3    15       2       4
b =          u1              u2
       x1     0         -0.0278
       x2     0          0.0833
       x3     1            0.75
```

2. 能观规范形

能观规范形的函数 obsv_canon()可以处理 SISO 和 MIMO 系统的能观规范形的建立问题,包括 4.5.2 小节介绍的能观规范Ⅰ形和能观规范Ⅱ形 2 种常用的能观规范形。

函数 obsv_canon()的主要调用格式为

```
[sys_obsv,To]=obsv_canon(sys,'type')
```

其中,sys 为需变换的系统的状态空间模型;sys_obsv 为变换所得的状态空间模型;$\boldsymbol{T}_o$为对系统 sys 所作的变换$\tilde{\boldsymbol{x}}=\boldsymbol{T}_o\boldsymbol{x}$ 的变换矩阵;'type'为所求的能观规范形的类型。对应于能观规范Ⅰ形和能观规范Ⅱ形 2 种模型,符号串'type'分别为'1st'和'2nd'。

Matlab 问题 4-9 试在 Matlab 中求解的如下 SISO 系统的能观规范Ⅰ形。

$$\begin{cases} \dot{x} = \begin{bmatrix} 1 & -1 \\ 0 & 2 \end{bmatrix} x \\ y = [-1 \quad -1/2] x \end{cases}$$

Matlab 程序 m4-9 如下。

```
A=[1 -1; 0 2];
B=[]; C=[-1 -1/2];  D=[];
sys=ss(A,B,C,D);
sys_obsv = obsv_canon(sys,'1st')
```

Matlab 程序 m4-9 执行结果如下。

```
a =        x1    x2
     x1    0     1
     x2   -2     3
b =[]
c =        x1    x2
     y1    1     0
d =[]
```

4.8.4 系统实现

4.6 节介绍的系统实现问题，讨论的是由传递函数阵如何求系统的状态空间模型实现以及最小实现问题，所实现的状态空间模型主要包括能控规范 I/Ⅱ形、能观规范 I/Ⅱ形。

Matlab 中提供的建立状态空间模型的系统实现函数 ss()和 canon()只能用于建立对角线规范形和 SISO 系统的能控规范 I 形，没有提供建立其他规范形的可直接调用的函数。编著者根据系统实现的方法，开发了相应的建立 SISO 与 MIMO 系统的能控规范形的函数 ctr_canon 和建立能观规范形的函数 obsv_canon()。

1. 能控规范形

由传递函数阵求能控规范形实现的函数 ctr_canon()与 4.8.3 小节介绍的建立能控规范形的函数 ctr_canon()为一个函数，但输入的格式不同。通过该函数，用户可以方便地求解 SISO 和 MIMO 系统的传递函数矩阵的能控规范 I / Ⅱ 形 2 种实现。

应用于系统实现问题时，函数 ctr_canon()的主要调用格式为

```
[sys_ctr]=ctr_canon(sys,'type')
```

其中，sys 为系统传递函数阵模型；sys_ctr 为所求得的能控规范形实现；'type'为所求的能控规范形的类型。对应于能控规范 Ⅰ / Ⅱ 形 2 种模型，符号串'type'分别为'1st'和'2nd'。

Matlab 问题 4-10 试在 Matlab 中求解例 4-23 的系统的能控规范Ⅰ形实现。

Matlab 程序 m4-10 如下。

```
num=[2 14 26 17];
den=[1 6 11 6];
sys=tf(num,den);
sys_ctr = ctr_canon(sys,'1st')
```

Matlab 程序 m4-10 执行结果如下。

```
a =        x1    x2    x3
     x1    0     0     -6
     x2    1     0     -11
     x3    0     1     -6
b =        u1
     x1    1
     x2    0
     x3    0
c =        x1    x2    x3
     y1    2     -8    31
d =        u1
     y1    2
```

2. 能观规范形

由传递函数阵求系统能观规范形实现的函数 obsv_canon()与 4.8.3 小节介绍的建立能观规范形的函数 obsv_canon()为一个函数，但输入的格式不同。通过该函数，用户可以方便地求解 SISO 和 MIMO 系统的传递函数矩阵的能观规范Ⅰ/Ⅱ形 2 种实现。

应用于系统实现问题时，函数 obsv_canon()的主要调用格式为

```
[sys_obsv]=obsv_canon(sys,'type')
```

其中，sys 为系统传递函数阵模型；sys_obsv 为所求得的能观规范形实现；'type'为所求的能观规范形的类型。对应于能观规范Ⅰ/Ⅱ形 2 种模型，符号串'type'分别为'1st'和'2nd'。

Matlab 问题 4-11 试在 Matlab 中求解 Matlab 问题 4-10 的系统的能观规范Ⅱ形。

Matlab 程序 m4-11 如下。

```
num=[2 14 26 17];
den=[1 6 11 6];
sys=tf(num,den);
sys_obsv  = obsv_canon(sys,'2nd')
```

Matlab 程序 m4-11 执行结果如下。

```
a =          x1    x2    x3
      x1      0     0    -6
      x2      1     0   -11
      x3      0     1    -6
b =          u1
      x1      5
      x2      4
      x3      2
c =          x1    x2    x3
      y1      0     0     1
d =          u1
      y1      2
```

3. 最小实现

系统的状态空间最小实现是指传递函数阵实现中维数最小的实现，其实现的充分必要条件为状态能控且能观。最小实现代表了系统最简单、最经济的结构，给系统分析与综合带来低成本、高效率。

系统实现主要有求状态空间模型的最小实现和传递函数阵的最小实现。下面分别介绍如何运用 Matlab 求解这 2 个问题。

(1) 状态空间模型的最小实现

求状态空间模型的最小实现的方法是对其进行能控能观分解，所求得的能控能观子系统即为其最小实现。Matlab 提供了可以直接对系统的状态空间模型求最小实现的函数 minreal()。

函数 minreal()的主要调用格式为

```
[min_sys,T] = minreal(sys)
```

其中，输入 sys 为给定的状态空间模型；min_sys 为求得的最小实现状态空间模型；T 为求最小实现进行的模型变换的变换矩阵。

(2) MIMO 传递函数阵的最小实现

求 MIMO 传递函数阵的最小实现的方法为先任求 MIMO 传递函数阵，再对其进行能控能观分解，求得能控能观子系统即为最小实现。

Matlab 没有提供可以直接对传递函数阵求最小实现的函数。根据 4.7.3 小节求最小实现的思想，编著者开发了一个求取 MIMO 系统传递函数阵的最小实现的函数 min_tf2ss()。

函数 min_tf2ss()的源程序如下。

```
function min_sys = min_tf2ss(sys_tf)      % 定义函数 min_tf2ss()
```

```
r=size(sys_tf.num,2);                       % 求系统输入变量个数
m=size(sys_tf.num,1);                       % 求系统输出变量个数
if r<=m                                     % 若输入变量数少于输出变量数，则求能控
  sys=ctr_canon(sys_tf,'2nd');                规范Ⅱ形实现,进行能观分解
[A,B,C,T,n]=obsvf2(sys.a, sys.b, sys.c);
else                                        % 否则,求能观规范Ⅱ形实现,进行能控分解
  sys=obsv_canon(sys_tf,'2nd');
  [A,B,C,T,n]=ctrbf2(sys.a, sys.b, sys.c);
end
  min_sys=ss(A(1:n,1:n),B(1:n,:),C(:,1:n),sys.d)
                                            % 分解所得的能控能观子系统即为最小实现
end
```

函数 min_tf2ss()的调用格式为

```
min_sys= min_tf2ss(sys_tf)
```

其中,输入 sys_tf 为给定的传递函数模型;min_sys 为求得的最小实现状态空间模型。

Matlab 问题 4-12 试在 Matlab 中例 4-24 的如下系统的最小实现。

$$W(s)=\begin{bmatrix}\dfrac{1}{(s+1)(s+2)} & \dfrac{1}{(s+2)(s+3)}\end{bmatrix}$$

Matlab 程序 m4-12 如下。

```
num={[1] [1]};
den={[1 3 2]  [1 5 6]};
sys=tf(num,den);
min_sys = min_tf2ss  (sys)
```

Matlab 程序 m4-12 执行结果如下。

```
a =        x1    x2    x3
     x1     0     0    -6
     x2     1     0   -11
     x3     0     1    -6
b =        u1    u2
     x1     3     1
     x2     1     1
     x3     0     0
c =        x1    x2    x3
     y1     0     0     1
d =        u1
     y1     0
```

本章小结

本章讨论线性系统的两个重要的结构性质——状态能控性与能观性的分析问题。能控性与能观性描述了系统的本质特征，是系统分析中主要考量的性质，也是控制系统设计综合时主要的依据。

4.1至4.3节定义了线性连续系统与线性离散系统的状态能控性与能观性，并作了直观意义的解释，证明了能控性与能观性的代数判据和模态判据。这为进行系统的结构分析、状态反馈系统与状态观测器的设计打下基础。

4.4节介绍了线性定常系统的对偶性定义和原理。能控性与能观性的对偶性深刻揭示了系统的结构本质，并为简化系统分析与设计综合过程提供了依据。

4.5节讨论了系统的能控能观分解，揭示了系统结构和状态空间的可分解性，使得在系统分析与设计综合时能抓住问题的本质，做到有的放矢。本节还讨论了传递函数零极点相消与状态能控能观性的关系，为传递函数与状态空间模型之间架起了一座桥。

4.6节引入了多个能控与能观规范形。规范形的引入，使得我们能够更好地抓住系统的本质特征，更便捷地进行系统分析以及在状态反馈控制、观测器等方面的设计综合。

4.7节讨论系统实现问题，即由传递函数阵建立状态空间模型问题，是状态空间分析的基础。本节的最小实现定义及判据，深刻地揭示了线性系统的最简单、最经济结构。

最后，4.8节介绍了状态能控性/能观性判定、系统能控能观分解、能控/能观规范形变换以及能控/能观规范形实现等问题基于Matlab语言的程序编制和计算方法。

习　题

4-1 判定如下系统的状态能控性和输出能控性。

(1) $\begin{cases} \dot{\boldsymbol{x}}=\begin{bmatrix} 1 & 0 \\ -1 & 2 \end{bmatrix}\boldsymbol{x}+\begin{bmatrix} 1 \\ 0 \end{bmatrix}\boldsymbol{u} \\ \boldsymbol{y}=\begin{bmatrix} 0 & 1 \end{bmatrix}\boldsymbol{x} \end{cases}$

(2) $\begin{cases} \dot{\boldsymbol{x}}=\begin{bmatrix} -3 & 1 & 0 \\ 0 & -3 & 0 \\ 0 & 0 & -1 \end{bmatrix}\boldsymbol{x}+\begin{bmatrix} 1 & -1 \\ 0 & 0 \\ 2 & 0 \end{bmatrix}\boldsymbol{u} \\ \boldsymbol{y}=\begin{bmatrix} 1 & 0 & 1 \\ -1 & 1 & 0 \end{bmatrix}\boldsymbol{x} \end{cases}$

(3) $\begin{cases} \dot{\boldsymbol{x}}=\begin{bmatrix} \lambda & 0 & 0 \\ 0 & \lambda & 1 \\ 0 & 0 & \lambda \end{bmatrix}\boldsymbol{x}+\begin{bmatrix} a \\ b \\ c \end{bmatrix}\boldsymbol{u} \\ \boldsymbol{y}=\begin{bmatrix} 1 & 0 & 0 \end{bmatrix}\boldsymbol{x} \end{cases}$

4-2 判定如下系统的状态能观性。

(1) $\begin{cases} \dot{\boldsymbol{x}}=\begin{bmatrix} 2 & -1 \\ -2 & 4 \end{bmatrix}\boldsymbol{x} \\ \boldsymbol{y}=\begin{bmatrix} 1 & 1 \end{bmatrix}\boldsymbol{x} \end{cases}$

(2) $\begin{cases} \dot{\boldsymbol{x}}=\begin{bmatrix} 0 & 1 & 0 \\ 0 & 0 & 1 \\ -2 & -4 & -3 \end{bmatrix}\boldsymbol{x} \\ \boldsymbol{y}=\begin{bmatrix} 1 & 4 & 2 \end{bmatrix}\boldsymbol{x} \end{cases}$

(3) $\begin{cases}\dot{\boldsymbol{x}}=\begin{bmatrix}-2 & 1 & 0\\ 0 & -2 & 0\\ 0 & 0 & -3\end{bmatrix}\boldsymbol{x}\\ \boldsymbol{y}=\begin{bmatrix}1 & 0 & 2\\ 2 & 0 & 4\end{bmatrix}\boldsymbol{x}\end{cases}$

4-3 确定使下列系统为状态完全能控和状态完全能观的待定常数 α_i、β_i。

(1) $\begin{cases}\dot{\boldsymbol{x}}=\begin{bmatrix}\alpha_1 & 1\\ 0 & \alpha_2\end{bmatrix}\boldsymbol{x}+\begin{bmatrix}1\\ 1\end{bmatrix}\boldsymbol{u}\\ \boldsymbol{y}=[1 \quad -1]\boldsymbol{x}\end{cases}$ (2) $\begin{cases}\dot{\boldsymbol{x}}=\begin{bmatrix}0 & 0 & 2\\ 1 & 0 & -3\\ 0 & 1 & -4\end{bmatrix}\boldsymbol{x}+\begin{bmatrix}1\\ \beta_1\\ \beta_2\end{bmatrix}\boldsymbol{u}\\ \boldsymbol{y}=[0 \quad 0 \quad \beta_3]\boldsymbol{x}\end{cases}$

4-4 设连续被控系统的状态方程为

$$\dot{\boldsymbol{x}}=\begin{bmatrix}0 & 1\\ -4 & 0\end{bmatrix}\boldsymbol{x}+\begin{bmatrix}0\\ 1\end{bmatrix}\boldsymbol{u}$$

为了保持该连续系统的离散化系统的状态能控性，试确定采样周期 T 的选择。

4-5 试将下列系统按能控性进行结构分解。

(1) $\begin{cases}\boldsymbol{A}=\begin{bmatrix}1 & 2 & -1\\ 0 & 1 & 0\\ 0 & -4 & 3\end{bmatrix}, \quad \boldsymbol{B}=\begin{bmatrix}0\\ 1\\ 2\end{bmatrix}\\ \boldsymbol{C}=[1 \quad -1 \quad 1]\end{cases}$ (2) $\begin{cases}\boldsymbol{A}=\begin{bmatrix}-2 & 2 & -1\\ 0 & -2 & 0\\ 1 & -4 & 0\end{bmatrix}, \quad \boldsymbol{B}=\begin{bmatrix}0\\ 0\\ 1\end{bmatrix}\\ \boldsymbol{C}=[1 \quad -1 \quad 1]\end{cases}$

4-6 试将下列系统按能观性进行结构分解。

(1) $\begin{cases}\boldsymbol{A}=\begin{bmatrix}1 & 2 & -1\\ 0 & 1 & 0\\ 1 & -4 & 3\end{bmatrix}, \quad \boldsymbol{B}=\begin{bmatrix}0\\ 0\\ 1\end{bmatrix}\\ \boldsymbol{C}=[1 \quad -1 \quad 1]\end{cases}$ (2) $\begin{cases}\boldsymbol{A}=\begin{bmatrix}-2 & 2 & -1\\ 0 & -2 & 0\\ 1 & -4 & 0\end{bmatrix}, \quad \boldsymbol{B}=\begin{bmatrix}0\\ 0\\ 1\end{bmatrix}\\ \boldsymbol{C}=[1 \quad -1 \quad 1]\end{cases}$

4-7 试指出下述系统的能控能观分解后的各子系统(特征值 λ_1、λ_2 和 λ_3 互异)。

$$\begin{cases}\dot{\boldsymbol{x}}=\begin{bmatrix}\lambda_1 & 1 & 0 & 0 & 0\\ 0 & \lambda_1 & 0 & 0 & 0\\ 0 & 0 & \lambda_2 & 0 & 0\\ 0 & 0 & 0 & \lambda_3 & 1\\ 0 & 0 & 0 & 0 & \lambda_3\end{bmatrix}\boldsymbol{x}+\begin{bmatrix}0\\ 1\\ 1\\ 1\\ 0\end{bmatrix}\boldsymbol{u}\\ \boldsymbol{y}=[0 \quad 1 \quad 1 \quad 1 \quad 0]\boldsymbol{x}\end{cases}$$

4-8 试将下列系统按能控性和能观性进行结构分解。

$$\boldsymbol{A}=\begin{bmatrix}1 & 0 & 0\\ 2 & 2 & 3\\ -2 & 0 & 1\end{bmatrix}, \quad \boldsymbol{B}=\begin{bmatrix}1\\ -2\\ 2\end{bmatrix}, \quad \boldsymbol{C}=[1 \quad 0 \quad 0]$$

4-9 已知能控系统的状态方程 $\boldsymbol{A}$,$\boldsymbol{B}$ 阵为

$$\boldsymbol{A}=\begin{bmatrix}1 & -2\\ 3 & 4\end{bmatrix}, \quad \boldsymbol{B}=\begin{bmatrix}1\\ 1\end{bmatrix}$$

试将该状态方程变换为能控规范形。

4-10 已知能观系统的 $\boldsymbol{A},\boldsymbol{B},\boldsymbol{C}$ 阵为

$$\boldsymbol{A}=\begin{bmatrix}1 & -1\\ 1 & 1\end{bmatrix},\quad \boldsymbol{B}=\begin{bmatrix}2\\ 1\end{bmatrix},\quad \boldsymbol{C}=\begin{bmatrix}-1 & 1\end{bmatrix}$$

试将该状态空间模型变换为能观规范形。

4-11 线性系统的传递函数为

$$\frac{\boldsymbol{y}(s)}{\boldsymbol{u}(\boldsymbol{x})}=\frac{s+a}{s^3+10s^2+27s+18}$$

(1) a 取何值时，使系统 3 阶的状态空间实现或为不能控，或为不能观；

(2) 在上述 a 的取值下，求使系统为能控但不能观的 3 阶状态空间模型。

4-12 求下列传递函数阵的最小实现。

(1) $\boldsymbol{W}(s)=\begin{bmatrix}\dfrac{1}{s+1} & \dfrac{1}{s+1}\\ \dfrac{1}{s+1} & \dfrac{1}{s+1}\end{bmatrix}$ (2) $\boldsymbol{W}(s)=\begin{bmatrix}\dfrac{1}{s} & \dfrac{1}{s^2}\\ \dfrac{1}{s^2} & \dfrac{1}{s^3}\end{bmatrix}$

5 李雅普诺夫稳定性分析

本章讨论李雅普诺夫稳定性分析。主要介绍李雅普诺夫稳定性的定义以及分析系统状态稳定性的李雅普诺夫理论和方法；着重讨论李雅普诺夫第二法及其在线性系统和 3 类非线性系统的应用、李雅普诺夫函数的构造、李雅普诺夫代数(或微分)方程的求解等；最后介绍李雅普诺夫稳定性问题基于 Matlab 的计算与程序设计。

一个自动控制系统要能正常工作，必须首先是一个稳定的系统，即当系统受到外界干扰时它的平衡被破坏，但在外界干扰去掉以后，它仍有能力自动地恢复在平衡态下继续工作，系统的这种性能称为稳定性。例如，电压自动调解系统中保持电机电压为恒定的能力、电机自动调速系统中保持电机转速为一定的能力以及火箭飞行中保持航向为一定的能力等。具有稳定性的系统称为稳定系统，不具有稳定性的系统称为不稳定系统。

也可以说，系统的稳定性就是系统在受到外界干扰后，系统状态变量或输出变量的偏差量(被调量偏离平衡位置的数值)过渡过程的收敛性，用数学方法表示就是

$$\lim_{t \to \infty} |\Delta x(t)| \leqslant \varepsilon$$

式中，$\Delta x(t)$为系统被调量偏离其平衡位置的变化量，ε为任意小的规定量。如果系统在受到外扰后偏差量越来越大，显然它不可能是一个稳定系统。

在经典控制理论中，借助于常微分方程稳定性理论，产生了许多线性定常系统的稳定性判据，如劳斯-胡尔维茨判据和奈奎斯特判据等，都给出了既实用又方便的稳定性判别及设计方法。但这些稳定性判据仅限于讨论 SISO 线性定常系统输入、输出间动态关系，讨论的是有界输入、有界输出(BIBO)稳定性，未研究系统的内部状态变化的稳定性。再则，对于非线性或时变系统，虽然通过一些系统转化方法，上述稳定判据尚能在某些特定系统和范围内应用，但是难以胜任一般系统。现代控制系统的结构比较复杂，大都存在非线性或时变因素，即使是系统结构本身，往往也需要根据性能指标的要求而加以改变，才能适应新的情况，保证系统的正常或最佳运行状态。在解决这类复杂系统的稳定

性问题时，最通常的方法是基于李雅普诺夫第二法而得到的一些稳定性理论。

早在1892年，俄国学者李雅普诺夫就发表了题为“运动稳定性一般问题”的著名文献，建立了关于运动稳定性研究的一般理论。李雅普诺夫把分析系统稳定性的方法归纳为两类，分别称为李雅普诺夫第一法和李雅普诺夫第二法。

李雅普诺夫第一法(亦称为间接法)是解描述系统动力学的微分方程式，然后根据解的性质来判断系统的稳定性的方法。对于线性定常系统，主要是根据系统的极点分布来判断系统的稳定性，即为经典控制理论的稳定性判别方法。对于非线性系统，在平衡态的邻域内，可以用线性化的微分方程式近似描述系统的非线性动力学，并根据线性化系统特征方程式的根(极点)的分布判定该非线性系统在工作点附近是否稳定。

李雅普诺夫第二法(亦称为直接法)的特点是不必求系统的微分方程式或系统特征值，而是通过定义一个叫作李雅普诺夫函数的标量函数，直接分析、判断系统的稳定性，而且给出的稳定信息是非近似的。李雅普诺夫稳定性理论不仅可用来分析线性定常系统，还可用来研究时变系统、非线性系统，甚至离散系统、离散事件动态系统、逻辑动力学系统等复杂动力学系统的稳定性，这正是其优势所在。

可是在相当长的一段时间里，李雅普诺夫第二法并没有引起控制系统稳定性研究人员的重视，这是因为当时讨论系统输入、输出间关系的经典控制理论占据绝对地位。随着状态空间分析法引入动态系统研究，李雅普诺夫第二法又重新引起人们的注意，成为近40年来研究系统稳定性的最主要方法，并得到了进一步发展。

本章将详细介绍李雅普诺夫稳定性的定义，李雅普诺夫第一法和第二法的理论及应用。

5.1 李雅普诺夫稳定性的定义

由经典控制理论可知，线性系统的输出稳定性取决于其特征方程的根，与初始条件和状态空间分布没有关系。对于稳定的线性系统，由于只存在惟一的孤立平衡态，可以笼统地讨论线性系统在整个状态空间的稳定性。非线性系统的稳定性是相对系统状态空间的各个平衡态而言的，很难笼统地讨论非线性系统在整个状态空间的稳定性。对于非线性系统，其不同的平衡态有着不同的稳定性，稳定性具有局部性。为此，在讨论李雅普诺夫稳定性的定义之前，先介绍系统的平衡态的定义。

5.1.1 平衡态

设系统的状态方程为

$$\dot{\boldsymbol{x}} = \boldsymbol{f}(\boldsymbol{x}, t) \tag{5-1}$$

式中，$\boldsymbol{x}$为n维状态变量，$\boldsymbol{f}(\boldsymbol{x},t)$为$n$维的关于状态变量向量$\boldsymbol{x}$和时间$t$的非线性向量函数。系统的平衡态有如下定义。

定义 5-1 动态系统(5-1)的平衡态是使

$$\boldsymbol{f}(\boldsymbol{x},t) \equiv 0 \quad (\forall t) \tag{5-2}$$

的状态，并用 $\boldsymbol{x}_e$ 来表示。

显然，对于线性定常系统

$$\dot{\boldsymbol{x}} = \boldsymbol{A}\boldsymbol{x} \tag{5-3}$$

的平衡态 $\boldsymbol{x}_e$ 是满足

$$\boldsymbol{A}\boldsymbol{x}_e = 0$$

的解。当矩阵 $\boldsymbol{A}$ 为非奇异时，线性系统(5-3)只有一个孤立的平衡态 $\boldsymbol{x}_e=0$；而当 $\boldsymbol{A}$ 为奇异时，则存在无限多个平衡态，且这些平衡态为非孤立平衡态，构成状态空间中的一个子空间。

对于非线性系统，通常可有一个或几个孤立平衡态，它们分别对应于式(5-2)的常值解。例如对于非线性系统

$$\begin{cases} \dot{x}_1 = -x_1 \\ \dot{x}_2 = x_1 + x_2 - x_2^3 \end{cases}$$

其平衡态为代数方程组

$$\begin{cases} -x_1 = 0 \\ x_1 + x_2 - x_2^3 = 0 \end{cases}$$

的解，即下述状态空间中的 3 个状态为其孤立平衡态。

$$\boldsymbol{x}_{e,1} = \begin{bmatrix} 0 \\ 0 \end{bmatrix}, \quad \boldsymbol{x}_{e,2} = \begin{bmatrix} 0 \\ 1 \end{bmatrix}, \quad \boldsymbol{x}_{e,3} = \begin{bmatrix} 0 \\ -1 \end{bmatrix}$$

对于孤立平衡态，总是可以通过坐标变换将其变换到状态空间的原点。因此，为了不失一般性又便于分析，常把平衡态取为状态空间的原点。由于非线性系统的李雅普诺夫稳定性具有局部性特点，因此在讨论稳定性时，通常还要确定平衡态的稳定邻域(区域)。

5.1.2 李雅普诺夫意义下的稳定性

在叙述李雅普诺夫稳定性的定义之前，先引入几个数学名词和符号。

1) 范数。范数在数学上定义为度量 n 维空间的点之间的距离。对 n 维空间中任意两点 $\boldsymbol{x}_1$ 和 $\boldsymbol{x}_2$，它们之间距离的范数记为 $\| \boldsymbol{x}_1 \quad \boldsymbol{x}_2 \|$。由于所需要度量的空间和度量的意义不同，因此相应有各种范数的定义。在工程中常用的是 2-范数，即欧几里德(Euclid)范数，其定义式为

$$\| \boldsymbol{x}_1 - \boldsymbol{x}_2 \| = \sqrt{\sum_{i=1}^{n} (x_{1,i} - x_{2,i})^2}$$

其中，$x_{1,i}$ 和 $x_{2,i}$ 分别为向量 $\boldsymbol{x}_1$ 和 $\boldsymbol{x}_2$ 的各分量。

2) 球域。以 n 维空间中的点 $\boldsymbol{x}_0$ 为中心，以范数度量意义下的长度 δ 为半径的各点所组成空间称为球域，记为 $S(\boldsymbol{x}_0,\delta)$，即 $S(\boldsymbol{x}_0,\delta)$ 包含满足 $\| \boldsymbol{x} - \boldsymbol{x}_0 \| \leqslant \delta$ 的 n 维空间中

的各点 $\boldsymbol{x}$。

基于上述数学定义和符号，有如下李雅普诺夫意义下稳定性的定义。

定义 5-2 若状态方程(5-1)描述的系统对于任意给定的实数 $\varepsilon>0$ 和任意给定的初始时刻 t_0，都对应存在一个实数 $\delta(\varepsilon,t_0)>0$，使得对于从任意位于平衡态 $\boldsymbol{x}_e$ 的球域 $S(\boldsymbol{x}_e,\delta)$ 的初始状态 $\boldsymbol{x}_0$ 出发的状态方程的解 $\boldsymbol{x}$ 都位于球域 $S(\boldsymbol{x}_e,\varepsilon)$ 内，则称系统的平衡态 $\boldsymbol{x}_e$ 是李雅普诺夫意义下稳定的，即逻辑关系式

$$(\forall\varepsilon>0)(\forall t_0)(\exists\delta>0)(\forall\boldsymbol{x}_0\in S(\boldsymbol{x}_e,\delta))(\forall t\geqslant t_0)\ [\boldsymbol{x}(t)\in S(\boldsymbol{x}_e,\varepsilon)]$$

为真，则 $\boldsymbol{x}_e$ 是李雅普诺夫意义下稳定的。若实数 $\delta(\varepsilon,t_0)$ 与初始时刻 t_0 无关，即逻辑关系式

$$(\forall\varepsilon>0)(\exists\delta>0)(\forall t_0)(\forall\boldsymbol{x}_0\in S(\boldsymbol{x}_e,\delta))(\forall t\geqslant t_0)\ [\boldsymbol{x}(t)\in S(\boldsymbol{x}_e,\varepsilon)]$$

为真，则称系统稳定的平衡态 $\boldsymbol{x}_e$ 是李雅普诺夫意义下一致稳定的。

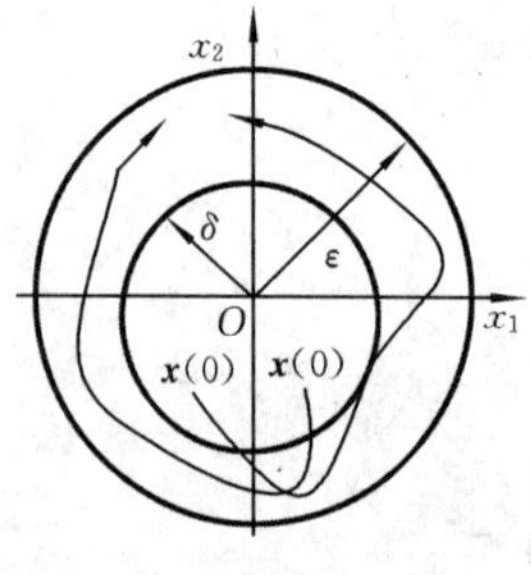

图 5-1 李雅普诺夫稳定性示意图

对于时变系统，一般实数 δ 与 ε 和初始时刻 t_0 有关，其稳定性是稳定的，但是非一致稳定的。对于定常系统来说，上述定义中的实数 $\delta(\varepsilon,t_0)$ 与初始时刻 t_0 必定无关，故其稳定性与一致稳定性等价。

上述定义说明，对应于平衡态 $\boldsymbol{x}_e$ 的每一个球域 $S(\boldsymbol{x}_e,\varepsilon)$，一定存在一个有限的球域 $S(\boldsymbol{x}_e,\delta)$，使得 t_0 时刻从 $S(\boldsymbol{x}_e,\delta)$ 出发的系统状态轨线总不离开 $S(\boldsymbol{x}_e,\varepsilon)$，则系统在初始时刻 t_0 的平衡态 $\boldsymbol{x}_e$ 为在李雅普诺夫意义下稳定的。以二维状态空间为例，上述定义的几何解释和状态轨线变化如图 5-1 所示。

5.1.3 渐近稳定性

上述稳定性定义只强调了系统在稳定平衡态附近的解总是在该平衡态附近的某个有限的球域内，并未强调系统的最终状态稳定于何处。下面给出更符合实际需要，强调系统最终状态稳定性的李雅普诺夫意义下的渐近稳定性定义。

定义 5-3 若状态方程(5-1)所描述的系统在初始时刻 t_0 的平衡态 $\boldsymbol{x}_e$ 是李雅普诺夫意义下稳定的，且系统状态最终趋近于系统的平衡态 $\boldsymbol{x}_e$，即

$$\lim_{t\to\infty}\boldsymbol{x}(t)=\boldsymbol{x}_e$$

则称系统的平衡态 $\boldsymbol{x}_e$ 是李雅普诺夫意义下渐近稳定的。若实数 $\delta(\varepsilon,t_0)$ 与初始时刻 t_0 无关，则称系统的平衡态 $\boldsymbol{x}_e$ 是李雅普诺夫意义下一致渐近稳定的。

对于定常系统来说，上述定义中的实数 $\delta(\varepsilon,t_0)$ 可与初始时刻 t_0 无关，故其渐近稳定性与一致渐近稳定性等价；但对于时变系统来说，这两者的意义很可能不同。

渐近稳定性在二维空间中的几何解释如图 5-2 所示，该图表示状态 $\boldsymbol{x}(t)$ 的轨迹随时

间变化的收敛过程。比较图 5-1 与图 5-2,能清楚地说明渐近稳定和稳定的意义。

从工程意义来说,渐近稳定性比经典控制理论中的稳定性更为重要。由于渐近稳定性是个平衡态附近的局部性概念,只确定渐近稳定性,并不意味着整个系统能稳定地运行。

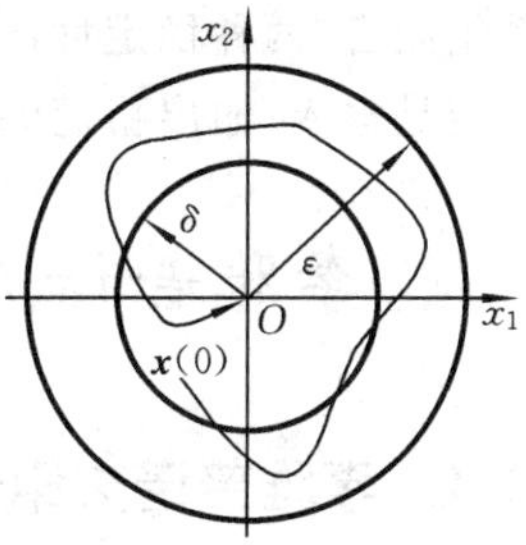

图 5-2 渐近稳定性几何解释示意图

5.1.4 大范围渐近稳定性

对于 n 维状态空间的所有状态,如果由这些状态出发的状态轨线都具有渐近稳定性,那么平衡态 $\boldsymbol{x}_e$ 称为李雅普诺夫意义下大范围渐近稳定的。换句话说,若状态方程(5-1)在任意初始状态下的解,在 t 无限增长时都趋于平衡态,则该平衡态称为大范围渐近稳定的。

显然,大范围渐近稳定性的充分必要条件为系统在整个状态空间只有一个平衡态且其为渐近稳定的。对于线性定常系统,如果其平衡态是渐近稳定的,则一定是大范围渐近稳定的。对于非线性系统则不然,渐近稳定性是一个局部性的概念,而非全局性的概念。

5.1.5 不稳定性

定义 5-4 若状态方程(5-1)所描述的系统在初始时刻 t_0,对于某个给定的实数 $\varepsilon>0$ 和任意一个实数 $\delta>0$,总存在一个位于平衡态 $\boldsymbol{x}_e$ 的球域 $S(\boldsymbol{x}_e,\delta)$ 的初始状态 $\boldsymbol{x}_0$,使得从初始状态 $\boldsymbol{x}_0$ 出发的状态方程的解 $\boldsymbol{x}$ 将脱离球域 $S(\boldsymbol{x}_e,\varepsilon)$,则称系统的平衡态 $\boldsymbol{x}_e$ 是李雅普诺夫意义下不稳定的,即逻辑关系式

$$(\exists\varepsilon>0)(\exists t_0)(\forall\delta>0)(\exists\boldsymbol{x}_0\in S(\boldsymbol{x}_e,\delta))$$

$$(\exists t\geqslant t_0)[\boldsymbol{x}(t)\notin S(\boldsymbol{x}_e,\varepsilon)]$$

为真,则系统的平衡态 $\boldsymbol{x}_e$ 是李雅普诺夫意义下不稳定的。

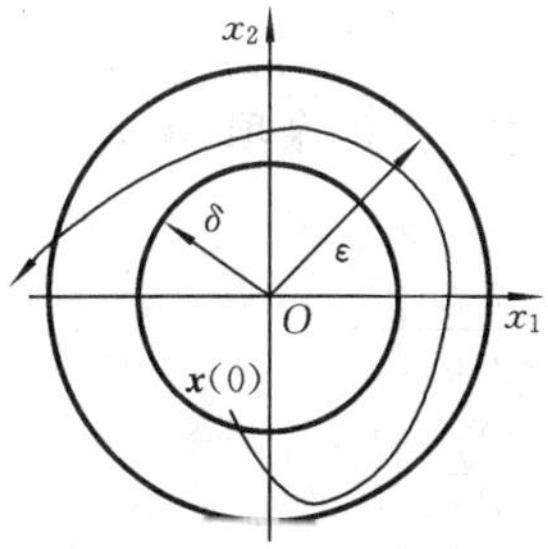

图 5-3 李雅普诺夫意义下不稳定性的几何解释示意图

李雅普诺夫意义下不稳定性的几何解释如图 5-3 所示。该图表示状态轨迹随时间变化的发散过程。比较图 5-1 与图 5-3 能清楚地说明稳定和不稳定的意义。

5.1.6 平衡态稳定性与输入/输出稳定性的关系

在经典控制理论中定义的稳定性是指输入/输出稳定性,即给定有界输入,产生的输出亦有界。而李雅普诺夫稳定性讨论的是系统状态在平衡态邻域的稳定性问题。就一

般系统而言，两种稳定性没有必然的联系。对于线性定常系统，若该系统是渐近稳定的，则一定是输入/输出稳定的，且其输出在输入信号为零后亦将趋于零；反之，则不尽然。

5.2 李雅普诺夫稳定性的基本定理

5.2.1 李雅普诺夫第一法

李雅普诺夫第一法又称为间接法，它是通过研究动态系统的一次近似数学模型的稳定性来分析非线性系统平衡态稳定性的方法。

李雅普诺夫第一法为：① 对于非线性不很严重的系统，可先将其非线性状态方程在平衡态附近进行线性化，即在平衡态对其求一次泰勒展开式，得到线性化方程。

② 对于线性定常系统或经过线性化处理的非线性系统，解出线性状态方程组或线性化状态方程组的特征值，然后根据全部特征值的情况来判定原非线性系统在零输入情况下的稳定性。

下面讨论李雅普诺夫第一法的结论及其在判定平衡态稳定性中的应用。

设所讨论的非线性动态系统的状态方程为

$$\dot{\boldsymbol{x}} = \boldsymbol{f}(\boldsymbol{x}) \tag{5-4}$$

式中，$\boldsymbol{f}(\boldsymbol{x})$为与状态向量 $\boldsymbol{x}$ 同维的关于 $\boldsymbol{x}$ 的非线性向量函数，其各元素对 $\boldsymbol{x}$ 有连续的偏导数。将非线性向量函数 $\boldsymbol{f}(\boldsymbol{x})$在平衡态 $\boldsymbol{x}_e$附近展开成泰勒展开式进行线性化，即有

$$\begin{aligned}\dot{\boldsymbol{x}} &= \boldsymbol{f}(\boldsymbol{x}_e) + \left.\frac{\partial \boldsymbol{f}(\boldsymbol{x})}{\partial \boldsymbol{x}^{\mathrm{T}}}\right|_{\boldsymbol{x}=\boldsymbol{x}_e}(\boldsymbol{x}-\boldsymbol{x}_e) + R(\boldsymbol{x}-\boldsymbol{x}_e) \\ &= \boldsymbol{A}(\boldsymbol{x}-\boldsymbol{x}_e) + R(\boldsymbol{x}-\boldsymbol{x}_e)_{\boldsymbol{x}=\boldsymbol{x}_e}\end{aligned} \tag{5-5}$$

式中，$R(\boldsymbol{x}-\boldsymbol{x}_e)$为泰勒展开式中包含 $\boldsymbol{x}-\boldsymbol{x}_e$的二次以及二次以上的余项，$\boldsymbol{A}$ 为 $n\times n$ 维的向量函数 $\boldsymbol{f}(\boldsymbol{x})$与 $\boldsymbol{x}$ 间的雅可比(Jacobi)矩阵

$$\boldsymbol{A} = \left.\frac{\partial \boldsymbol{f}(\boldsymbol{x})}{\partial \boldsymbol{x}^{\mathrm{T}}}\right|_{\boldsymbol{x}=\boldsymbol{x}_e} = \begin{bmatrix} \dfrac{\partial f_1}{\partial x_1} & \dfrac{\partial f_1}{\partial x_2} & \cdots & \dfrac{\partial f_1}{\partial x_n} \\ \dfrac{\partial f_2}{\partial x_1} & \dfrac{\partial f_2}{\partial x_2} & \cdots & \dfrac{\partial f_2}{\partial x_n} \\ \vdots & \vdots & \ddots & \vdots \\ \dfrac{\partial f_n}{\partial x_1} & \dfrac{\partial f_n}{\partial x_2} & \cdots & \dfrac{\partial f_n}{\partial x_n} \end{bmatrix}_{\boldsymbol{x}=\boldsymbol{x}_e}$$

$\boldsymbol{A}(\boldsymbol{x}-\boldsymbol{x}_e)$代表原非线性状态方程(5-4)的一次近似式，如果用该一次近似式来表示原非线性方程的近似动态方程，即可得线性化的状态方程为

$$\dot{\boldsymbol{x}} = \boldsymbol{A}(\boldsymbol{x}-\boldsymbol{x}_e) \tag{5-6}$$

由于对状态方程(5-6)总可以通过 n 维状态空间的坐标平移，将平衡态 $\boldsymbol{x}_e$移到原点，因此，状态方程(5-6)又可转换成原点为平衡态的线性状态方程

$$\dot{\boldsymbol{x}} = \boldsymbol{A}\boldsymbol{x} \tag{5-7}$$

通过上述线性化步骤，将讨论非线性系统(5-4)的平衡态 $\boldsymbol{x}_e$的稳定性转换到讨论线性系统(5-7)的稳定性，这就是李雅普诺夫第一法的基本思想，其结论如下。

1) 若线性化系统的状态方程(5-7)的系统矩阵 $\boldsymbol{A}$ 的所有特征值都具有负实部，则原非线性系统(5-4)的平衡态 $\boldsymbol{x}_e$总是渐近稳定的，而且系统的稳定性与高阶项 $R(\boldsymbol{x})$无关。

2) 若线性化系统的系统矩阵 $\boldsymbol{A}$ 的特征值中至少有一个具有正实部，则原非线性系统的平衡态总是不稳定的，而且该平衡态的稳定性与高阶项 $R(\boldsymbol{x})$无关。

3) 若线性化系统的系统矩阵 $\boldsymbol{A}$ 存在实部为零的特征值，其余特征值都具有负实部，则原非线性系统的平衡态的稳定性由高阶项 $R(\boldsymbol{x})$决定。

由上述结论可知，李雅普诺夫第一法与经典控制理论中的稳定性判据的思路一致，需求解线性化状态方程或线性状态方程的特征值。值得指出的区别是，经典控制理论讨论输出稳定性问题，而李雅普诺夫方法讨论状态空间平衡态的稳定性问题。

例 5-1　某装置的动力学特性用常微分方程组描述为

$$\begin{bmatrix} \dot{x}_1 \\ \dot{x}_2 \end{bmatrix} = \begin{bmatrix} x_2 \\ K_1(x_1^2-1)x_2 - K_2x_1 \end{bmatrix} \quad (K_1, K_2 > 0)$$

试确定系统在原点处的稳定性。

解　(1) 由状态方程知，原点为该系统的平衡态。将系统在原点处线性化，则系统矩阵为

$$\boldsymbol{A} = \left.\frac{\partial \boldsymbol{f}(\boldsymbol{x})}{\partial \boldsymbol{x}^{\mathrm{T}}}\right|_{\boldsymbol{x}=\boldsymbol{x}_e} = \begin{bmatrix} 0 & 1 \\ -K_2 & -K_1 \end{bmatrix}$$

因此，系统的特征方程为

$$|\lambda \boldsymbol{I} - \boldsymbol{A}| = \lambda^2 + K_1\lambda + K_2 = 0$$

(2) 由李雅普诺夫第一法知，该非线性系统的原点为渐近稳定的充分条件为

$$K_1 > 0, \quad K_2 > 0$$

5.2.2　李雅普诺夫第二法

由于李雅普诺夫第一法需要求解线性化后系统的特征值，因此该方法也仅能适用于弱非线性定常系统，不能推广至时变系统，对强非线性系统的稳定性判定则无能为力。下面讨论对所有动态系统的状态方程的稳定性分析都适用的李雅普诺夫第二法。

李雅普诺夫第二法又称为直接法，它是在用能量观点分析稳定性的基础上建立起来的。若系统平衡态渐近稳定，则系统经激励后，其储存的能量将随着时间的推移而衰减，当趋于平衡态时，其能量达到最小值。反之，若系统平衡态不稳定，则系统将不断地从外界吸收能量，其储存的能量将越来越大。基于这样的观点，只要找出一个能合理描述动态系统的 n 维状态的某种形式能量的正性函数，通过考察该函数随时间推移是否衰减，就可判断系统的稳定性。

在给出李雅普诺夫稳定性定理之前，先介绍一些数学预备知识。

1. 数学预备知识

(1) 实函数的正定性

实函数正定性问题亦称为函数定号性问题，它是函数的一个基本性质，主要讨论函数的值在坐标原点邻域的什么条件下恒为正，什么条件下恒为负。下面先给出 n 维向量 $\boldsymbol{x}$ 的标量实函数 $V(\boldsymbol{x})$ 的正定性定义。

定义 5-5 设 $\boldsymbol{x}\in\boldsymbol{R}^n$，$\Omega$ 是 $\boldsymbol{R}^n$ 中包含原点的一个区域，若实函数 $V(\boldsymbol{x})$ 对任意 n 维非零向量 $\boldsymbol{x}\in\Omega$ 都有 $V(\boldsymbol{x})>0$；当且仅当 $\boldsymbol{x}=0$ 时，才有 $V(\boldsymbol{x})=0$，则称函数 $V(\boldsymbol{x})$ 为区域 Ω 上的正定函数。

从上述定义可知，所谓正定函数，即指除零点外恒为正值的标量函数。由此，还可相应地定义负定、非负定(或称为半正定、正半定)、非正定(半负定、负半定)和不定函数。

定义 5-6 设 $\boldsymbol{x}\in\boldsymbol{R}^n$，$\Omega$ 是 $\boldsymbol{R}^n$ 中包含原点的一个区域，若实函数 $V(\boldsymbol{x})$ 对任意 n 维非零向量 $\boldsymbol{x}\in\Omega$，都有 $V(\boldsymbol{x})<0$；当且仅当 $\boldsymbol{x}=0$ 时，才有 $V(\boldsymbol{x})=0$，则称函数 $V(\boldsymbol{x})$ 为区域 Ω 上的负定函数。

若对任意 n 维非零向量 $\boldsymbol{x}\in\Omega$，都有 $V(\boldsymbol{x})\geqslant 0$，且 $V(0)=0$，则称函数 $V(\boldsymbol{x})$ 为区域 Ω 上的非负定函数。

若对任意 n 维非零向量 $\boldsymbol{x}\in\Omega$，都有 $V(\boldsymbol{x})\leqslant 0$，且 $V(0)=0$，则称函数 $V(\boldsymbol{x})$ 为区域 Ω 上的非正定函数。

若无论取多么小的原点的某个邻域，$V(\boldsymbol{x})$ 可为正值也可为负值，则称函数 $V(\boldsymbol{x})$ 为不定函数。

函数的定号性在控制理论中应用非常广泛。下面是几个由变量 x_1 和 x_2 组成的二维线性空间的正定函数、负定函数等的例子。

正定函数：$x_1^2+2x_2^2$，$(x_1-2x_2)^2+x_2^2$；

负定函数：$-x_1^2-2x_2^2$，$-(x_1+2x_2)^2-5x_1^2$；

非负定函数：$2x_2^2$，$(x_1-2x_2)^2$；

非正定函数：$-3x_1^2$，$-(x_1+2x_2)^2$；

不定函数：$-3x_1^2+2x_2^2$，$(x_1-2x_2)^2-(x_1+2x_2)^2$。

函数的定号性是一个相对概念，与其函数定义域有关。例如，函数 $2x_2^2$ 对 x_1 与 x_2 组成的二维空间为非负定的，但对于一维空间 x_2 则为正定的。

上面定义了时不变函数 $V(\boldsymbol{x})$ 的定号性，相应地可以定义标量时变函数 $V(\boldsymbol{x},t)$ 的定号性。

定义 5-7 设 $\boldsymbol{x}\in\boldsymbol{R}^n$，$\Omega$ 是 $\boldsymbol{R}^n$ 中包含原点的一个封闭有限区域，实函数 $V(\boldsymbol{x},t)$ 是定义在 $[t_0,\infty)\times\Omega$ 上的一个标量函数且 $V(0,t)=0$，标量连续函数 $\alpha(\|\boldsymbol{x}\|)$ 和 $\beta(\|\boldsymbol{x}\|)$ 为非减(函数值单调增加)的且满足

$$\alpha(0)=\beta(0)=0$$

1) 如果对任意 $t\geqslant t_0$ 和 $\boldsymbol{x}\neq 0$，$V(\boldsymbol{x},t)$ 为有界正定的，即 $0<\alpha(\|\boldsymbol{x}\|)\leqslant V(\boldsymbol{x},t)\leqslant$

$\beta(\|\boldsymbol{x}\|)$，称函数 $V(\boldsymbol{x},t)$ 为 $[t_0,\infty)\times\Omega$ 上的（时变）正定函数。

2) 如果对任意 $t\geqslant t_0$ 和 $\boldsymbol{x}\neq 0$，$V(\boldsymbol{x},t)$ 分别为有界负定，即 $0>-\alpha(\|\boldsymbol{x}\|)\geqslant V(\boldsymbol{x},t)\geqslant -\beta(\|\boldsymbol{x}\|)$；有界非负定，即 $0\leqslant V(\boldsymbol{x},t)\leqslant\beta(\|\boldsymbol{x}\|)$；有界非正定，即 $0\geqslant V(\boldsymbol{x},t)\geqslant -\beta(\|\boldsymbol{x}\|)$，分别称函数 $V(\boldsymbol{x},t)$ 为 $[t_0,\infty)\times\Omega$ 上的（时变）负定函数、非负定函数和非正定函数。

3) 如果存在 $t\geqslant t_0$，无论取多么小的原点的某个邻域，$V(\boldsymbol{x},t)$ 可为正值也可为负值，则称函数 $V(\boldsymbol{x},t)$ 为不定函数。

(2) 二次型函数和对称矩阵的正定性

二次型函数是一类特殊形式的函数。设 $V(\boldsymbol{x})$ 为关于 n 维变量向量 $\boldsymbol{x}$ 的实二次型函数，则其可以表示为

$$\begin{aligned}V(\boldsymbol{x}) &= a_{11}x_1^2+a_{12}x_1x_2+\cdots+a_{1n}x_1x_n+a_{22}x_2^2+\cdots+a_{2n}x_2x_n+\cdots+a_{nn}x_n^2\\ &=\sum_{i=1}^{n}\sum_{j\geqslant i}^{n}a_{ij}x_ix_j \qquad (5\text{-}8)\end{aligned}$$

式中，$a_{ij}(i=1,2,\cdots,n;j=i,\cdots,n)$ 为实常数。由线性代数知识可知，实二次型函数 $V(\boldsymbol{x})$ 又可表示为

$$V(\boldsymbol{x}) = \boldsymbol{x}^{\mathrm{T}}\boldsymbol{P}\boldsymbol{x} \qquad (5\text{-}9)$$

式中，矩阵 $\boldsymbol{P}$ 称为二次型函数 $V(\boldsymbol{x})$ 的权矩阵，为 $n\times n$ 维实对称矩阵

$$\boldsymbol{P}=\begin{bmatrix} a_{11} & a_{12}/2 & \cdots & a_{1n}/2\\ a_{12}/2 & a_{22} & \cdots & a_{2n}/2\\ \vdots & \vdots & \ddots & \vdots\\ a_{1n}/2 & a_{2n}/2 & \cdots & a_{nn}\end{bmatrix}$$

二次型函数与一般函数一样，具有正定、负定等定号性概念。由式(5-9)可知，二次型函数 $V(\boldsymbol{x})$ 和它的权矩阵 $\boldsymbol{P}$ 是一一对应的。因此，由二次型函数的正定性同样可定义对称矩阵 $\boldsymbol{P}$ 的正定性。

定义 5-8 设对称矩阵 $\boldsymbol{P}$ 为二次型函数 $V(\boldsymbol{x})$ 的权矩阵，当 $V(\boldsymbol{x})$ 分别为正定、负定、非负定、非正定与不定时，则称对称矩阵 $\boldsymbol{P}$ 相应为正定、负定、非负定、非正定与不定。

因此，由上述定义就可将判别二次型函数的正定性转换成为判别对称矩阵的正定性。对称矩阵 $\boldsymbol{P}$ 为正定、负定、非负定与非正定时，并可分别记为

$$\boldsymbol{P}>0,\quad \boldsymbol{P}<0,\quad \boldsymbol{P}\geqslant 0,\quad \boldsymbol{P}\leqslant 0$$

(3) 矩阵正定性的判别方法

判别矩阵的正定性（定号性）的方法主要有基于塞尔维斯特定理判别法、矩阵特征值判别法和合同变换法。

定理 5-1（塞尔维斯特定理） 实对称矩阵 $\boldsymbol{P}$ 为正定的充分必要条件是 $\boldsymbol{P}$ 的各阶顺序主子式均大于零，即

$$\Delta_1=p_{11}>0,\quad \Delta_2=\begin{vmatrix} p_{11} & p_{12}\\ p_{21} & p_{22}\end{vmatrix}>0$$

$$\Delta_3=\begin{vmatrix} p_{11} & p_{12} & p_{13} \\ p_{21} & p_{22} & p_{23} \\ p_{31} & p_{32} & p_{33} \end{vmatrix}>0,\quad \cdots,\quad \Delta_n=|\boldsymbol{P}|>0 \tag{5-10}$$

式中，p_{ij} 为实对称矩阵 $\boldsymbol{P}$ 的第 i 行第 j 列元素。实对称矩阵 $\boldsymbol{P}$ 为负定的充分必要条件是 $\boldsymbol{P}$ 的各阶顺序主子式满足

$$\Delta_i\begin{cases} >0, & i\text{ 为偶数} \\ <0, & i\text{ 为奇数} \end{cases}\quad (i=1,2,\cdots,n) \tag{5-11}$$

定理 5-2 实对称矩阵 $\boldsymbol{P}$ 为正定、负定、非负定与非正定的充分必要条件是 $\boldsymbol{P}$ 的所有特征值分别大于零、小于零、大于等于零与小于等于零；实对称矩阵 $\boldsymbol{P}$ 为不定的充分必要条件是 $\boldsymbol{P}$ 的特征值有正有负。

定理 5-3 实对称矩阵 $\boldsymbol{P}$ 必定可经合同变换化成对角线矩阵 $\tilde{\boldsymbol{P}}$，则 $\boldsymbol{P}$ 为正定、负定、非负定与非正定的充分必要条件是 $\tilde{\boldsymbol{P}}$ 的所有对角线元素分别大于零、小于零、大于等于零与小于等于零；$\boldsymbol{P}$ 为不定的充分必要条件是 $\tilde{\boldsymbol{P}}$ 的对角线元素有正有负。

定理 5-3 中的合同变换是指对实对称矩阵的同样序号的行和列同时作同样的初等变换。

上述三种判别实对称矩阵 $\boldsymbol{P}$ 的定号性的方法各有千秋。但总的说来，基于塞尔维斯特定理的方法计算量较大，若将该方法推广到判别非负定性和非正定性，计算量将成指数性地增加；特征值判别法则要求求解高阶特征方程以获得特征值，计算较复杂，计算量也较大；合同变换法仅需进行初等矩阵变换，相对来说计算简单，便于应用。

例 5-2 试用合同变换法判别下列实对称矩阵 $\boldsymbol{P}$ 的定号性。

$$\boldsymbol{P}=\begin{bmatrix} 1 & -1 & -1 \\ -1 & 3 & 2 \\ -1 & 2 & 5 \end{bmatrix}$$

解 对实对称矩阵 $\boldsymbol{P}$ 作合同变换如下。

$$\boldsymbol{P}=\begin{bmatrix} 1 & -1 & -1 \\ -1 & 3 & 2 \\ -1 & 2 & 5 \end{bmatrix}\xrightarrow[\text{列}:(2)+(1)\to(2)]{\text{行}:(2)+(1)\to(2)}\begin{bmatrix} 1 & 0 & -1 \\ 0 & 2 & 1 \\ -1 & 1 & 5 \end{bmatrix}$$

$$\xrightarrow[\text{列}:(3)+(1)\to(3)]{\text{行}:(3)+(1)\to(3)}\begin{bmatrix} 1 & 0 & 0 \\ 0 & 2 & 1 \\ 0 & 1 & 4 \end{bmatrix}\xrightarrow[\text{列}:(3)-(2)/2\to(3)]{\text{行}:(3)-(2)/2\to(3)}\begin{bmatrix} 1 & 0 & 0 \\ 0 & 2 & 0 \\ 0 & 0 & 7/2 \end{bmatrix}$$

因此，由定理 5-3 知，矩阵 $\boldsymbol{P}$ 为正定矩阵。

2. 李雅普诺夫第二法的直观意义

从平衡态的定义可知，平衡态是系统静止（导数为零，即运动变化的趋势为零）的状态。从能量的观点来说，静止就不需要能量，即运动变化所需的能量为零。通过分析状态变化所反映的能量变化关系可以分析出状态的演变，可以分析出平衡态是否稳定。下

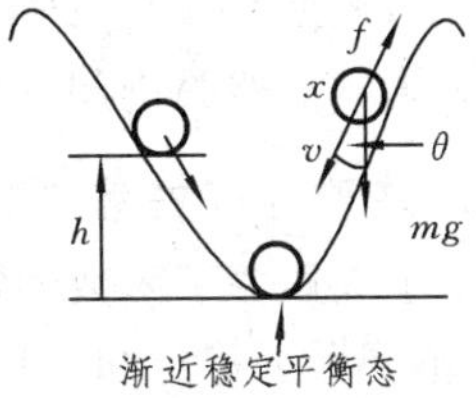

图 5-4 渐近稳定平衡态示意图

面通过一刚体运动的能量变化来介绍李雅普诺夫稳定性定理的直观意义。

考虑如图 5-4 所示动力学系统的平衡态稳定性问题。从直观意义上分析，由于物体运动克服摩擦力需要消耗一定的能量，因此在图示的平衡态的一定邻域内，物体运动时的能量不断减少，直至为极小值并稳定在平衡态。下面根据物理学知识，分析该物理系统的能量变化规律。

对该平衡态的邻域，可定义其能量(动能＋势能)函数为

$$V=\frac{1}{2}mv^2+mgh=\frac{1}{2}m\dot{x}^2+mg(x\cos\theta)>0$$

其中，x 为位移，$\dot{x}$ 为速度，选两者为状态变量。

在图中所示状态，$v=-\dot{x}$，由牛顿第二定律可知，其运动满足如下方程

$$m(-\ddot{x})=mg\cos\theta-fmg\sin\theta=mg(\cos\theta-f\sin\theta)$$

其中，f 为摩擦阻尼系数。因此，能量的变化趋势(导数)为

$$\dot{V}=m\dot{x}\ddot{x}+mg\dot{x}\cos\theta=-mg\dot{x}(\cos\theta-f\sin\theta)+mg\dot{x}\cos\theta=(mgf\sin\theta)\dot{x}$$

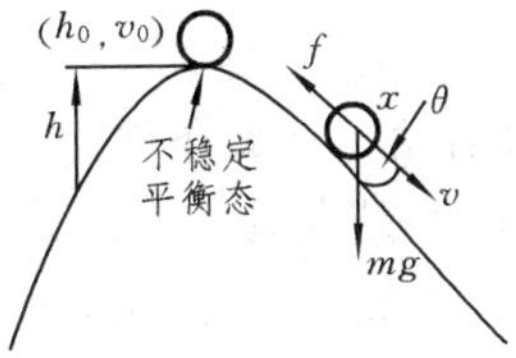

图 5-5 不稳定平衡态示意图

当 θ 取值为[0,90°]时，由于 v 的方向与 x 相反，$\dot{x}$ 为负，因此上式恒小于零，即为渐近稳定的平衡态，其正定的能量函数的导数(变化趋势)为负，两者异号。对小球向上运动时亦可作同样分析，并有类似结论。

再考虑如图 5-5 所示的动力学系统，其平衡态在一定范围内为不稳定的平衡态。对该平衡态的邻域，可定义其能量(动能＋势能)函数为

$$\begin{aligned}V&=\frac{1}{2}mv^2-\frac{1}{2}mv_0^2+mg(h-h_0)\\&=\frac{1}{2}m\dot{x}^2-\frac{1}{2}mv_0^2+mg(-x\cos\theta)<0\end{aligned}$$

其中，h_0 和 v_0 分别为物体从平衡态开始向下运动的初始高度和初始速度。

由牛顿第二定律可知，其运动满足方程

$$m\ddot{x}=mg\cos\theta-fmg\sin\theta=mg(\cos\theta-f\sin\theta)$$

因此，能量的变化趋势(导数)为

$$\dot{V}=m\dot{x}\ddot{x}-mg\dot{x}\cos\theta=mg\dot{x}(\cos\theta-f\sin\theta)-mg\dot{x}\cos\theta=-(mgf\sin\theta)\dot{x}$$

当 θ 取值为[0,90°]时，由于 $\dot{x}$ 为正，因此上式恒小于零，即为不稳定的平衡态，其负定的能量函数的导数(变化趋势)为负，两者同号。

但是，由于系统的复杂性和多样性，往往不能直观地找到一个能量函数来描述系统的能量关系，于是李雅普诺夫定义一个正定的标量函数 $V(x)$，作为虚构的广义能量函

数，然后，根据 $\dot{V}(x)=\mathrm{d}V(x)/\mathrm{d}t$ 的符号特征来判别系统的稳定性。由此可见，应用李雅普诺夫第二法的关键问题便可归结为寻找李雅普诺夫 $V(x)$的问题。

3. 李雅普诺夫第二法的几个定理

基于上述关于函数的定号性的定义，讨论李雅普诺夫第二法关于系统稳定、渐近稳定、大范围渐近稳定和不稳定的几个定理。

定理 5-4 设系统的状态方程为

$$\dot{\boldsymbol{x}}=\boldsymbol{f}(\boldsymbol{x},t) \tag{5-12}$$

式中，$\boldsymbol{x}_e=0$ 为其平衡态。若在状态空间原点某邻域 Ω 内存在一个有连续一阶偏导数的正定函数 $V(\boldsymbol{x},t)$，满足：

1）若$\dot{V}(\boldsymbol{x},t)$为负定的，则该系统在原点处的平衡态是一致渐近稳定的；

2）更进一步，若 $V(\boldsymbol{x},t)$的定义域 Ω 为 $\boldsymbol{R}^n$，随着 $\|\boldsymbol{x}\|\to\infty$，有 $V(\boldsymbol{x},t)\to\infty$，那么该系统在原点处的平衡态是大范围一致渐近稳定的。

李雅普诺夫定理 5-4 是判别系统稳定性的一个重要方法和结论。它不仅适用于线性系统，也适用于非线性系统；既适用于定常系统，也适用于时变系统。因此，李雅普诺夫第二法是判别系统稳定性的具有普遍性的方法。李雅普诺夫稳定性理论对控制理论中其他分支理论的发展也起着重要的作用，是进行现代系统分析和设计的基础工具。

对李雅普诺夫稳定性定理 5-4 的使用有如下说明。

1）此定理只给出了判别一致渐近稳定的充分条件，而没有给出必要条件。也就是说，若找到满足上述条件的一个李雅普诺夫函数，则该平衡态是一致渐近稳定。反之，若一时找不到这样的李雅普诺夫函数，并不意味着就不是渐近稳定的。此时，或者继续寻找满足条件的李雅普诺夫函数，或者利用后续的定理与结论来判别其渐近稳定性。

2）对于渐近稳定的平衡态，满足条件的李雅普诺夫函数总是存在的，但并不惟一。

3）对于定常系统 $\dot{\boldsymbol{x}}=\boldsymbol{f}(\boldsymbol{x})$，其李雅普诺夫函数可取为时不变正定函数 $V(\boldsymbol{x})$。

4）对于非线性系统，虽然具体的李雅普诺夫函数可证明所讨论的系统在平衡态的邻域内是渐近稳定的，但并不意味着在其他的区域系统是否渐近稳定；对于线性系统，如果存在着渐近稳定的平衡态，则它必是大范围渐近稳定的。

5）李雅普诺夫第二法的结论并没有指明寻找李雅普诺夫函数的方法。寻找李雅普诺夫函数的方法将根据具体的系统和状态方程而具体分析。

对于二阶系统，容易给出上述定理的直观几何解释。李雅普诺夫函数 $V(\boldsymbol{x},t)$相当于定义为表征某种系统的广义能量的一种正定函数。令 $V(\boldsymbol{x},t)$为不同的常数，则相当于在 n 维状态空间定义了一簇以原点为中心、形状相似的同心超球面。李雅普诺夫函数的导数$\dot{V}(\boldsymbol{x},t)$则表征了系统的广义能量函数的变化速率。若$\dot{V}(\boldsymbol{x},t)$为负定，则表示正定函数 $V(\boldsymbol{x},t)$的值随时间变化而变小，是衰减变化的。同时，$\dot{V}(\boldsymbol{x},t)$为负定也表示系统状态将从现在所处的该封闭超球面簇中超球面向原点方向（向内）运动，最后逐渐趋向原点。图 5-6 给出了一个二维系统，当 $V(\boldsymbol{x},t)=\sqrt{x_1^2+x_2^2}$时的 x_1-x_2 相平面图。

例 5-3 试确定如下状态方程描述的系统的平衡态稳定性。

$$\begin{cases} \dot{x}_1 = x_2 - x_1(x_1^2 + x_2^2) \\ \dot{x}_2 = -x_1 - x_2(x_1^2 + x_2^2) \end{cases}$$

解 显然，原点是给定系统的惟一平衡态，如果选择正定函数 $V(\boldsymbol{x}) = x_1^2 + x_2^2$ 为李雅普诺夫函数，那么沿任意轨迹 $\boldsymbol{x}(t)$，$V(\boldsymbol{x})$ 对时间的全导数

$$\dot{V}(\boldsymbol{x}) = 2x_1\dot{x}_1 + 2x_2\dot{x}_2 = -2(x_1^2 + x_2^2)^2 < 0$$

是负定函数。此外，当 $\|\boldsymbol{x}\| = \sqrt{x_1^2 + x_2^2} \to \infty$ 时，必有 $V(\boldsymbol{x}) \to \infty$。因此，由定理 5-4 知，在原点处的平衡态是大范围一致渐近稳定的。

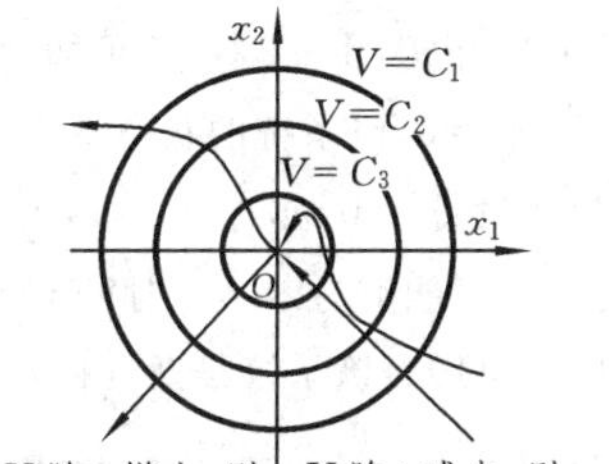

图 5-6 李雅普诺夫函数变化与稳定性

例 5-4 试确定如下状态方程描述的系统的平衡态稳定性。

$$\begin{cases} \dot{x}_1 = x_2 \\ \dot{x}_2 = -x_1 - x_2 \end{cases}$$

解 显然，原点是给定系统的惟一平衡态。现在，如果选择正定函数 $V(\boldsymbol{x}) = x_1^2 + x_2^2$ 为李雅普诺夫函数，则有

$$\dot{V}(\boldsymbol{x}) = 2x_1\dot{x}_1 + 2x_2\dot{x}_2 = -2x_2^2 \leqslant 0$$

由于 $\dot{V}(\boldsymbol{x})$ 是非正定函数，故由定理 5-4 可知，根据所选的李雅普诺夫函数无法判别系统是否渐近稳定或稳定。但这并不意味着该系统就并不渐近稳定。

定理 5-4 中严格要求选择的李雅普诺夫函数为正定函数，其导数为负定函数。这给该定理的应用，特别是寻找适宜的李雅普诺夫函数带来一定困难。下面给出一个定理对定理 5-4 作一补充，以减弱判别条件。

定理 5-5 设 $\boldsymbol{x}_e = 0$ 为系统 $\dot{\boldsymbol{x}} = \boldsymbol{f}(\boldsymbol{x}, t)$ 的一个平衡态。若在状态空间原点某邻域 Ω 内存在一个有连续一阶偏导数的正定函数 $V(\boldsymbol{x}, t)$，满足：

1) 若 $\dot{V}(\boldsymbol{x}, t)$ 为非正定的，则该系统在原点处的平衡态是一致稳定的；

2) 更进一步，若 $V(\boldsymbol{x}, t)$ 的定义域 Ω 为 $\boldsymbol{R}^n$，对任意的 t_0 和任意的 $\boldsymbol{x}_0 \neq 0$，$\dot{V}(\boldsymbol{x}, t)$ 在 $t > t_0$ 时沿着其状态轨迹解 $\boldsymbol{x}(t)$ 不恒为零，那么该系统在原点处的平衡态是一致渐近稳定的，否则将仅是一致稳定而非一致渐近稳定。

此时，随着 $\|\boldsymbol{x}\| \to \infty$，有 $\dot{V}(\boldsymbol{x}, t) \to \infty$，则该原点处的平衡态是大范围一致渐近稳定的。

定理 5-5 不仅可用于判别系统的稳定性，而且可作为定理 5-4 的补充，用于判别系统的渐近稳定性。

例 5-5 试确定例 5-4 的系统的平衡态稳定性。

解 前面已经定义系统的李雅普诺夫函数。该函数及其导数分别为

$$V(\boldsymbol{x}) = x_1^2 + x_2^2, \dot{V}(\boldsymbol{x}) = -2x_2^2 \leqslant 0$$

由于$\dot{V}(\boldsymbol{x})$非正定，由定理 5-5 可知，系统为一致稳定的。下面进一步分析$\dot{V}(\boldsymbol{x})$是否恒为零。

当$\dot{V}(\boldsymbol{x})=0$，但系统的状态不在原点时，相应地有 $x_1\neq 0, x_2=0$。由状态方程 $\dot{x}_2=-x_1-x_2$ 可知，即使此时 $x_2=0$，亦有 $\dot{x}_2=x_1\neq 0$，因此 x_2 必定越过零继续变化，不可能恒为零，相应地$\dot{V}(\boldsymbol{x})$除原点外亦不可能恒为零。此时$\dot{V}(\boldsymbol{x})$小于零，从而使得 $V(\boldsymbol{x})$继续减少至系统状态处于原点。因此，由定理 5-5 可知，该系统是渐近稳定的，并且是大范围一致渐近稳定的。

在例 5-5 中，选取李雅普诺夫函数为

$$V(\boldsymbol{x},t)=\frac{1}{2}[(x_1+x_2)^2+2x_1^2+x_2^2]$$

则$\dot{V}(\boldsymbol{x},t)=-(x_1^2+x_2^2)$是负定的，系统在原点处的平衡状态是渐近稳定的。

例 5-6 试确定如下状态方程描述的系统的平衡态稳定性。

$$\begin{cases}\dot{x}_1=kx_2\\ \dot{x}_2=-x_1\end{cases}\quad (k>0)$$

解 显然，原点是系统的惟一平衡态。若选择李雅普诺夫函数为 $V(\boldsymbol{x})=x_1^2+kx_2^2$，则

$$\dot{V}(\boldsymbol{x})=2x_1\dot{x}_1+2x_2\dot{x}_2=2kx_1x_2-2kx_1x_2\equiv 0$$

由于$\dot{V}(\boldsymbol{x})$非正定，由定理 5-5 可知，系统为一致稳定的。但由于$\dot{V}(\boldsymbol{x})$对任意的 $\boldsymbol{x}\neq 0$ 恒为零，因此由定理 5-5 可知，该系统是稳定的，但非渐近稳定的。

定理 5-6 设 $\boldsymbol{x}_e=0$ 为系统 $\dot{\boldsymbol{x}}=\boldsymbol{f}(\boldsymbol{x},t)$的一个平衡态。若在状态空间原点某邻域 Ω 内存在一个有连续一阶偏导数的正定函数 $V(\boldsymbol{x},t)$，满足：

1) 若$\dot{V}(\boldsymbol{x},t)$为正定的，则该系统在原点处的平衡态是不稳定的；

2) 若$\dot{V}(\boldsymbol{x},t)$为非负定的，且对任意的 t_0 和任意的 $\boldsymbol{x}_0\neq 0$，$\dot{V}(\boldsymbol{x},t)$在 $t>t_0$ 时沿着其状态轨迹解 $\boldsymbol{x}(t)$不恒为零，那么该系统在原点处的平衡态亦是不稳定的。

例 5-7 试确定如下状态方程描述的系统的平衡态稳定性。

$$\begin{cases}\dot{x}_1=x_2\\ \dot{x}_2=-x_1+x_2\end{cases}$$

解 显然，原点是系统的惟一平衡态。若选择李雅普诺夫函数为 $V(\boldsymbol{x})=x_1^2+kx_2^2$，则

$$\dot{V}(\boldsymbol{x})=2x_1\dot{x}_1+2x_2\dot{x}_2=2x_2^2\geqslant 0$$

由于$\dot{V}(\boldsymbol{x})$是非负定函数，但其只在 $x_1=x_2=0$ 时才恒为零，在其他状态不恒为零，因此，由定理 5-6 可知，系统为不稳定的。

例 5-8 设时变系统的状态方程为

$$\begin{cases}\dot{x}_1=x_1\sin^2 t+x_2\mathrm{e}^t\\ \dot{x}_2=x_1\mathrm{e}^t+x_2\cos^2 t\end{cases}$$

试判断系统在坐标原点处平衡状态的稳定性。

解 定义李雅普诺夫函数为 $V(\boldsymbol{x},t)=2\mathrm{e}^{-t}x_1x_2$，显然，在 x_1-x_2 平面的第一、三象限内，有 $V(\boldsymbol{x},t)$是正定的。在此区域内取 $V(\boldsymbol{x},t)$的全导数为

$$\dot{V}(\boldsymbol{x},t)=2\mathrm{e}^{-t}(x_1\dot{x}_2+x_2\dot{x}_1)=2\mathrm{e}^{-t}x_1x_2+2(x_1^2+x_2^2)-2\mathrm{e}^{-t}x_1x_2=2(x_1^2+x_2^2)$$

所以在 x_1-x_2 平面的第一、三象限内 $V(\boldsymbol{x},t)>0$，有$\dot{V}(\boldsymbol{x},t)>0$。由此，根据定理 5-6 可知，系统在坐标原点处的平衡状态是不稳定的。

5.3　线性系统的稳定性分析

由上节知，李雅普诺夫第二法是分析动态系统的稳定性的有效方法，但具体运用时将涉及如何选取适宜的李雅普诺夫函数来分析系统的稳定性。由于各种系统的复杂性，在应用李雅普诺夫第二法时，难以建立统一的定义李雅普诺夫函数的方法。目前的处理方法是，针对各种系统的不同分类和特性，分别寻找建立李雅普诺夫函数的方法。本节将讨论对线性系统，包括线性定常系统和线性时变系统，如何利用李雅普诺夫第二法及如何选取李雅普诺夫函数来分析该线性系统的稳定性。

5.3.1　线性定常连续系统的稳定性分析

设线性定常连续系统的状态方程为

$$\dot{\boldsymbol{x}}=\boldsymbol{A}\boldsymbol{x} \tag{5-13}$$

这样的线性系统具有如下特点。

1）当系统矩阵 $\boldsymbol{A}$ 为非奇异时，系统有且仅有一个平衡态 $\boldsymbol{x}_e=0$，即为状态空间原点。

2）若该系统在平衡态 $\boldsymbol{x}_e=0$ 的某个邻域上是渐近稳定的，则一定是大范围渐近稳定的。

3）对于该线性系统，其李雅普诺夫函数一定可以选取为二次型函数的形式。

第三条特点可由如下定理说明。

定理 5-7　线性定常连续系统(5-13)的平衡态 $\boldsymbol{x}_e=0$ 为渐近稳定的充分必要条件为：对任意给定的一个正定矩阵 $\boldsymbol{Q}$，都存在一个正定矩阵 $\boldsymbol{P}$ 为矩阵方程

$$\boldsymbol{P}\boldsymbol{A}+\boldsymbol{A}^{\mathrm{T}}\boldsymbol{P}=-\boldsymbol{Q} \tag{5-14}$$

的解，并且正定函数 $V(\boldsymbol{x})=\boldsymbol{x}^{\mathrm{T}}\boldsymbol{P}\boldsymbol{x}$ 即为系统的一个李雅普诺夫函数。

证明　1）充分性证明，即证明对任意的正定矩阵 $\boldsymbol{Q}$，若存在正定矩阵 $\boldsymbol{P}$ 满足方程(5-14)，则平衡态 $\boldsymbol{x}_e=0$ 是渐近稳定的。

已知满足矩阵方程(5-14)的正定矩阵 $\boldsymbol{P}$ 存在，故令 $V(\boldsymbol{x})=\boldsymbol{x}^{\mathrm{T}}\boldsymbol{P}\boldsymbol{x}$。由于 $V(\boldsymbol{x})$ 为正定函数，而且 $V(\boldsymbol{x})$ 沿轨线对时间 t 的全导数为

$$\begin{aligned}\dot{V}(\boldsymbol{x})&=\frac{\mathrm{d}}{\mathrm{d}t}(\boldsymbol{x}^{\mathrm{T}}\boldsymbol{P}\boldsymbol{x})=\dot{\boldsymbol{x}}^{\mathrm{T}}\boldsymbol{P}\boldsymbol{x}+\boldsymbol{x}^{\mathrm{T}}\boldsymbol{P}\dot{\boldsymbol{x}}=(\boldsymbol{A}\boldsymbol{x})^{\mathrm{T}}\boldsymbol{P}\boldsymbol{x}+\boldsymbol{x}^{\mathrm{T}}\boldsymbol{P}(\boldsymbol{A}\boldsymbol{x})\\&=\boldsymbol{x}^{\mathrm{T}}(\boldsymbol{A}^{\mathrm{T}}\boldsymbol{P}+\boldsymbol{P}\boldsymbol{A})\boldsymbol{x}=-\boldsymbol{x}^{\mathrm{T}}\boldsymbol{Q}\boldsymbol{x}\end{aligned}$$

而 $\boldsymbol{Q}$ 为正定矩阵，故$\dot{V}(\boldsymbol{x})$为负定函数。根据定理 5-4，即证明了系统的平衡态 $\boldsymbol{x}_e=0$ 是渐近稳定的，于是充分性得以证明。

2）必要性证明，即证明若系统在 $\boldsymbol{x}_e=0$ 处是渐近稳定的，则对任意给定的正定矩阵 $\boldsymbol{Q}$，必存在正定矩阵 $\boldsymbol{P}$ 满足矩阵方程(5-14)。对任意给定的正定矩阵 $\boldsymbol{Q}$，令

$$\boldsymbol{P}=\int_0^{\infty} \mathrm{e}^{\boldsymbol{A}^{\mathrm{T}}t}\boldsymbol{Q}\mathrm{e}^{\boldsymbol{A}t}\mathrm{d}t \tag{5-15}$$

由矩阵指数函数 $\mathrm{e}^{\boldsymbol{A}t}$ 的定义和性质知，上述被积矩阵函数的各元素一定是具有 $t^k\mathrm{e}^{\lambda t}$ 形式的诸项之和，其中 λ 是 $\boldsymbol{A}$ 的特征值。因为系统是渐近稳定的，则矩阵 $\boldsymbol{A}$ 的所有特征值 λ 的实部一定小于零，因此上述积分一定存在，即 $\boldsymbol{P}$ 为有限对称矩阵。又由于 $\boldsymbol{Q}$ 为正定矩阵，则由方程(5-15)可知，$\boldsymbol{P}$ 一定为有限的正定矩阵。

将矩阵 $\boldsymbol{P}$ 的表达式(5-15)代入矩阵方程(5-14)可得

$$\begin{aligned}\boldsymbol{PA}+\boldsymbol{A}^{\mathrm{T}}\boldsymbol{P}&=\int_0^{\infty}\mathrm{e}^{\boldsymbol{A}^{\mathrm{T}}t}\boldsymbol{Q}\mathrm{e}^{\boldsymbol{A}t}\mathrm{d}t\boldsymbol{A}+\boldsymbol{A}^{\mathrm{T}}\int_0^{\infty}\mathrm{e}^{\boldsymbol{A}^{\mathrm{T}}t}\boldsymbol{Q}\mathrm{e}^{\boldsymbol{A}t}\mathrm{d}t\\&=\int_0^{\infty}\frac{\mathrm{d}}{\mathrm{d}t}\mathrm{e}^{\boldsymbol{A}^{\mathrm{T}}t}\boldsymbol{Q}\mathrm{e}^{\boldsymbol{A}t}\mathrm{d}t=\mathrm{e}^{\boldsymbol{A}^{\mathrm{T}}t}\boldsymbol{Q}\mathrm{e}^{\boldsymbol{A}t}\Big|_0^{\infty}=-\boldsymbol{Q}\end{aligned}$$

因此，必要性得以证明。 □□□

上述定理给出了一个判别线性定常连续系统渐近稳定性的简便方法，该方法不需寻找李雅普诺夫函数，只需解一个矩阵方程即可。该矩阵方程又称为李雅普诺夫代数方程。

由上述定理，可得如下关于正定矩阵 $\boldsymbol{P}$ 是矩阵方程(5-14)的惟一解的推论。

推论 5-1 如果线性定常系统(5-13)在平衡态 $\boldsymbol{x}_e=0$ 是渐近稳定的，那么对给定的任意正定矩阵 $\boldsymbol{Q}$，下述李雅普诺夫代数方程存在惟一的正定矩阵解 $\boldsymbol{P}$。

$$\boldsymbol{PA}+\boldsymbol{A}^{\mathrm{T}}\boldsymbol{P}=-\boldsymbol{Q}$$

证明 用反证法证明。设李雅普诺夫代数方程有两个正定矩阵解 $\boldsymbol{P}_1$ 和 $\boldsymbol{P}_2$，将 $\boldsymbol{P}_1$ 和 $\boldsymbol{P}_2$ 代入该方程后有

$$\boldsymbol{P}_1\boldsymbol{A}+\boldsymbol{A}^{\mathrm{T}}\boldsymbol{P}_1=-\boldsymbol{Q},\quad \boldsymbol{P}_2\boldsymbol{A}+\boldsymbol{A}^{\mathrm{T}}\boldsymbol{P}_2=-\boldsymbol{Q}$$

两式相减，可得

$$(\boldsymbol{P}_1-\boldsymbol{P}_2)\boldsymbol{A}+\boldsymbol{A}^{\mathrm{T}}(\boldsymbol{P}_1-\boldsymbol{P}_2)=0$$

因此有 $0=\mathrm{e}^{\boldsymbol{A}^{\mathrm{T}}t}[(\boldsymbol{P}_1-\boldsymbol{P}_2)\boldsymbol{A}+\boldsymbol{A}^{\mathrm{T}}(\boldsymbol{P}_1-\boldsymbol{P}_2)]\mathrm{e}^{\boldsymbol{A}t}=[\mathrm{e}^{\boldsymbol{A}^{\mathrm{T}}t}(\boldsymbol{P}_1-\boldsymbol{P}_2)\mathrm{e}^{\boldsymbol{A}t}]'$

所以，对任意的 t，均有

$$\mathrm{e}^{\boldsymbol{A}^{\mathrm{T}}t}(\boldsymbol{P}_1-\boldsymbol{P}_2)\mathrm{e}^{\boldsymbol{A}t}=\text{常数}$$

令 $t=0$ 和 $t=T(\neq 0)$，则有

$$\boldsymbol{P}_1-\boldsymbol{P}_2=\mathrm{e}^{\boldsymbol{A}^{\mathrm{T}}T}(\boldsymbol{P}_1-\boldsymbol{P}_2)\mathrm{e}^{\boldsymbol{A}T}=\text{常数}$$

由定理 5-7 可知，当 $\boldsymbol{P}_1$ 和 $\boldsymbol{P}_2$ 为满足李雅普诺夫方程的正定矩阵时，系统为渐近稳定的，故系统矩阵 $\boldsymbol{A}$ 为渐近稳定的矩阵，矩阵指数函数 $\mathrm{e}^{\boldsymbol{A}T}$ 将随着 $T\to\infty$ 而趋于零矩阵，即

$$\boldsymbol{P}_1-\boldsymbol{P}_2=0\quad \text{或}\quad \boldsymbol{P}_1=\boldsymbol{P}_2$$ □□□

在应用上述基本定理和推论时，还应注意下面几点。

1）根据定理 5-5，如果对于某个非负定矩阵 $\boldsymbol{Q}$，$\dot{V}(\boldsymbol{x})=-\boldsymbol{x}^{\mathrm{T}}\boldsymbol{Q}\boldsymbol{x}$ 沿任意一条状态轨线

不恒为零，那么，系统在原点渐近稳定的条件为：存在正定矩阵 $\boldsymbol{P}$ 满足李雅普诺夫代数方程(5-14)。

2）只要 $\boldsymbol{Q}$ 矩阵选成正定的或根据上述情况选为非负定的，那么最终的判定结果与 $\boldsymbol{Q}$ 的不同选择无关。因此，运用此方法判定系统的渐近稳定性时，最方便的是选取 $\boldsymbol{Q}$ 为单位矩阵，即 $\boldsymbol{Q}=\boldsymbol{I}$。相应地，上述李雅普诺夫代数方程(5-14)可改为

$$\boldsymbol{PA}+\boldsymbol{A}^{\mathrm{T}}\boldsymbol{P}=-\boldsymbol{I} \tag{5-16}$$

例 5-9　试确定如下状态方程描述的系统的平衡态稳定性。

$$\begin{bmatrix}\dot{x}_1\\ \dot{x}_2\end{bmatrix}=\begin{bmatrix}0 & 1\\ -1 & -1\end{bmatrix}\begin{bmatrix}x_1\\ x_2\end{bmatrix}$$

解　设选取的李雅普诺夫函数 $V(\boldsymbol{x})=\boldsymbol{x}^{\mathrm{T}}\boldsymbol{Px}$，其中 $\boldsymbol{P}$ 为对称矩阵

$$\boldsymbol{P}=\begin{bmatrix}p_{11} & p_{12}\\ p_{12} & p_{22}\end{bmatrix}$$

将 $\boldsymbol{P}$ 代入李雅普诺夫方程，可得

$$\begin{bmatrix}p_{11} & p_{12}\\ p_{12} & p_{22}\end{bmatrix}\begin{bmatrix}0 & 1\\ -1 & -1\end{bmatrix}+\begin{bmatrix}0 & -1\\ 1 & -1\end{bmatrix}\begin{bmatrix}p_{11} & p_{12}\\ p_{12} & p_{22}\end{bmatrix}=-\begin{bmatrix}1 & 0\\ 0 & 1\end{bmatrix}$$

展开后得

$$\begin{bmatrix}-2p_{12} & p_{11}-p_{12}-p_{22}\\ p_{11}-p_{12}-p_{22} & 2p_{12}-2p_{22}\end{bmatrix}=-\begin{bmatrix}1 & 0\\ 0 & 1\end{bmatrix}$$

因此，得联立方程组

$$\begin{cases}-2p_{12}=-1\\ p_{11}-p_{12}-p_{22}=0\\ 2p_{12}-2p_{22}=-1\end{cases}$$

解出 p_{11}、p_{12} 和 p_{22}，得

$$P=\begin{bmatrix}p_{11} & p_{12}\\ p_{12} & p_{22}\end{bmatrix}=\frac{1}{2}\begin{bmatrix}3 & 1\\ 1 & 2\end{bmatrix}$$

为了验证对称矩阵 $\boldsymbol{P}$ 的正定性，用合同变换法检验如下

$$\boldsymbol{P}=\frac{1}{2}\begin{bmatrix}3 & 1\\ 1 & 2\end{bmatrix}\xRightarrow[\text{列：}(2)-(1)/3\to(2)]{\text{行：}(2)-(1)/3\to(2)}\frac{1}{6}\begin{bmatrix}9 & 0\\ 0 & 5\end{bmatrix}$$

由于变换后的对角线矩阵的对角线元素都大于零，故矩阵 $\boldsymbol{P}$ 为正定的。因此，系统为大范围渐近稳定。此时，系统的李雅普诺夫函数和它沿状态轨线对时间 t 的全导数分别为

$$V(\boldsymbol{x})=\boldsymbol{x}^{\mathrm{T}}\boldsymbol{Px}=\frac{1}{2}\boldsymbol{x}^{\mathrm{T}}\begin{bmatrix}3 & 1\\ 1 & 2\end{bmatrix}\boldsymbol{x}>0,\quad \dot{V}(\boldsymbol{x})=-\boldsymbol{x}^{\mathrm{T}}\boldsymbol{Qx}=\boldsymbol{x}^{\mathrm{T}}\begin{bmatrix}-1 & 0\\ 0 & -1\end{bmatrix}\boldsymbol{x}<0$$

例 5-10　控制系统方块图如图 5-7 所示。要求系统渐近稳定，试确定增益 k 的取值范围。

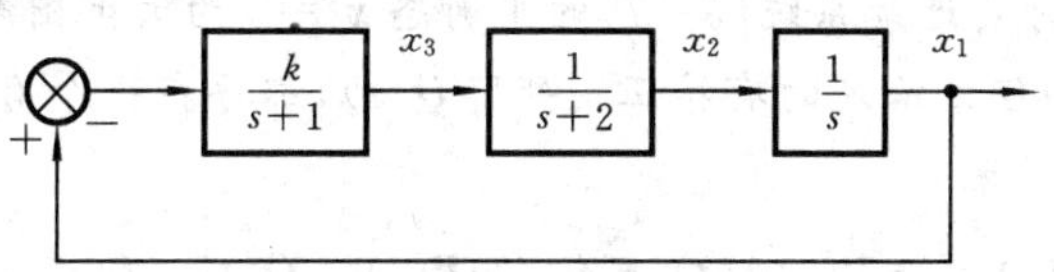

图 5-7　控制系统方块图

解 由图可写出系统的状态方程为

$$\begin{bmatrix}\dot{x}_1\\ \dot{x}_2\\ \dot{x}_3\end{bmatrix}=\begin{bmatrix}0 & 1 & 0\\ 0 & -2 & 1\\ -k & 0 & -1\end{bmatrix}\begin{bmatrix}x_1\\ x_2\\ x_3\end{bmatrix}$$

不难看出,原点为系统的平衡状态。选取 $\boldsymbol{Q}$ 为非负定实对称矩阵

$$\boldsymbol{Q}=\begin{bmatrix}0 & 0 & 0\\ 0 & 0 & 0\\ 0 & 0 & 1\end{bmatrix}$$

由于 $-\boldsymbol{x}^{\mathrm{T}}\boldsymbol{Q}\boldsymbol{x}=-x_3^2$ 为非正定,且只在原点处才恒为零,其他非零状态轨迹不恒为零。因此,对上述非负定的 $\boldsymbol{Q}$,李雅普诺夫代数方程(5-14)和相应结论依然成立。

设 $\boldsymbol{P}$ 为实对称矩阵并代入李雅普诺夫方程,可得

$$\begin{bmatrix}0 & 0 & -k\\ 1 & -2 & 0\\ 0 & 1 & -1\end{bmatrix}\begin{bmatrix}p_{11} & p_{12} & p_{13}\\ p_{12} & p_{22} & p_{23}\\ p_{13} & p_{23} & p_{33}\end{bmatrix}+\begin{bmatrix}p_{11} & p_{12} & p_{13}\\ p_{12} & p_{22} & p_{23}\\ p_{13} & p_{23} & p_{33}\end{bmatrix}\begin{bmatrix}0 & 1 & 0\\ 0 & -2 & 1\\ -k & 0 & -1\end{bmatrix}=\begin{bmatrix}0 & 0 & 0\\ 0 & 0 & 0\\ 0 & 0 & -1\end{bmatrix}$$

求得

$$\boldsymbol{P}=\frac{1}{2(6-k)}\begin{bmatrix}k^2+12k & 6k & 0\\ 6k & 3k & k\\ 0 & k & 6\end{bmatrix}$$

为使原点处的平衡状态是大范围渐近稳定的,矩阵 $\boldsymbol{P}$ 须为正定。采用合同变换法,有

$$\begin{bmatrix}k^2+12k & 6k & 0\\ 6k & 3k & k\\ 0 & k & 6\end{bmatrix}\xrightarrow[\text{列}:(1)-(2)\times 2\to(1)]{\text{行}:(1)-(2)\times 2\to(1)}\begin{bmatrix}k^2 & 0 & 0\\ 0 & 3k & k\\ 0 & k & 6\end{bmatrix}\xrightarrow[\text{列}:(3)-(2)/3\to(3)]{\text{行}:(3)-(2)/3\to(3)}\begin{bmatrix}k^2 & 0 & 0\\ 0 & 3k & 0\\ 0 & 0 & 6-k/3\end{bmatrix}$$

从而得到 $\boldsymbol{P}$ 为正定矩阵的条件

$$12-2k>0,\quad 3k>0,\quad 6-k/3>0$$

即

$$0<k<6$$

由上例可知,选择 $\boldsymbol{Q}$ 为某些非负定矩阵,也可以判断系统稳定性,益处是可使数学运算得到简化。

5.3.2 线性时变连续系统的稳定性分析

设线性时变连续系统的状态方程为

$$\dot{\boldsymbol{x}}(t)=\boldsymbol{A}(t)\boldsymbol{x}(t),\quad \boldsymbol{x}_{\mathrm{e}}=0 \tag{5-17}$$

有判定线性时变连续系统李雅普诺夫意义下渐近稳定性的定理如下。

定理 5-8 线性时变连续系统(5-17)的平衡态 $\boldsymbol{x}_{\mathrm{e}}=0$ 为大范围渐近稳定的充分必要条件为:对有限的 t 和任意给定的有界正定矩阵 $\boldsymbol{Q}(t)$,都存在一个有界正定矩阵 $\boldsymbol{P}(t)$ 为李雅普诺夫矩阵微分方程

$$\begin{cases}\dot{\boldsymbol{P}}(t)=-\boldsymbol{P}(t)\boldsymbol{A}(t)-\boldsymbol{A}^{\mathrm{T}}(t)\boldsymbol{P}(t)-\boldsymbol{Q}(t) & (t\leqslant t_f)\\ \boldsymbol{P}(t)\mid_{t=t_f}=\boldsymbol{P}(t_f)>0\end{cases} \tag{5-18}$$

的解，并且正定函数 $V(\boldsymbol{x},t)=\boldsymbol{x}^{\mathrm{T}}(t)\boldsymbol{P}(t)\boldsymbol{x}(t)$ 即为系统的一个李雅普诺夫函数。

证明　1）充分性证明，即证明对任意的正定矩阵 $\boldsymbol{Q}(t)$，若存在正定矩阵 $\boldsymbol{P}(t)$ 满足李雅普诺夫微分方程(5-18)，则平衡态 $\boldsymbol{x}_e=0$ 是渐近稳定的。

已知满足矩阵微分方程(5-18)的正定矩阵 $\boldsymbol{P}(t)$ 和 $\boldsymbol{Q}(t)$ 存在，令 $V(\boldsymbol{x},t)=\boldsymbol{x}^{\mathrm{T}}(t)\boldsymbol{P}(t)\boldsymbol{x}(t)$，由于 $V(\boldsymbol{x},t)$ 为正定函数，而且其沿状态轨线对时间 t 的全导数为

$$
\begin{aligned}
\dot{V}(\boldsymbol{x},t) &= \frac{\mathrm{d}}{\mathrm{d}t}\boldsymbol{x}^{\mathrm{T}}(t)\boldsymbol{P}(t)\boldsymbol{x}(t) = \dot{\boldsymbol{x}}^{\mathrm{T}}(t)\boldsymbol{P}(t)\boldsymbol{x}(t)+\boldsymbol{x}^{\mathrm{T}}(t)\dot{\boldsymbol{P}}(t)\boldsymbol{x}(t)+\boldsymbol{x}^{\mathrm{T}}(t)\boldsymbol{P}(t)\dot{\boldsymbol{x}}(t)\\
&= [\boldsymbol{A}(t)\boldsymbol{x}(t)]^{\mathrm{T}}\boldsymbol{P}(t)\boldsymbol{x}(t)+\boldsymbol{x}^{\mathrm{T}}(t)\dot{\boldsymbol{P}}(t)\boldsymbol{x}(t)+\boldsymbol{x}^{\mathrm{T}}(t)\boldsymbol{P}(t)[\boldsymbol{A}(t)\boldsymbol{x}(t)]\\
&= \boldsymbol{x}^{\mathrm{T}}(t)[\boldsymbol{A}^{\mathrm{T}}(t)\boldsymbol{P}(t)+\dot{\boldsymbol{P}}(t)+\boldsymbol{P}(t)\boldsymbol{A}(t)]\boldsymbol{x}(t) = -\boldsymbol{x}^{\mathrm{T}}(t)\boldsymbol{Q}(t)\boldsymbol{x}(t)
\end{aligned}
$$

而 $\boldsymbol{Q}(t)$ 为正定矩阵，则 $\dot{V}(\boldsymbol{x},t)$ 为负定函数。由定理 5-4，即证明了系统的平衡态 $\boldsymbol{x}_e=0$ 是大范围渐近稳定的。于是，定理的充分性得以证明。

2）必要性证明，即证明若系统在 $\boldsymbol{x}_e=0$ 处是渐近稳定的，则对给定的正定矩阵 $\boldsymbol{Q}(t)$，必存在正定矩阵 $\boldsymbol{P}(t)$ 满足李雅普诺夫矩阵微分方程(5-18)。

李雅普诺夫矩阵微分方程是黎卡提(Ricatti)矩阵微分方程的一种特殊情况。由黎卡提矩阵微分方程的解的理论可知(见参考文献[43])，当矩阵 $\boldsymbol{A}(t)$ 为渐近稳定矩阵，即系统(5-17)是渐近稳定的，则李雅普诺夫微分方程(5-18)的惟一解为

$$
\boldsymbol{P}(t) = \boldsymbol{\Phi}^{\mathrm{T}}(t_f,t)\boldsymbol{P}(t_f)\boldsymbol{\Phi}(t_f,t)+\int_t^{t_f}\boldsymbol{\Phi}^{\mathrm{T}}(\tau,t)\boldsymbol{Q}(\tau)\boldsymbol{\Phi}(\tau,t)\mathrm{d}\tau \tag{5-19}
$$

式中，$\boldsymbol{\Phi}(t,t_f)$ 为如下齐次矩阵微分方程的解：

$$
\begin{cases}
\dot{\boldsymbol{\Phi}}(t,t_f) = \boldsymbol{A}(t)\boldsymbol{\Phi}(t,t_f)\\
\boldsymbol{\Phi}(t_f,t_f) = \boldsymbol{I}
\end{cases}
$$

由式(5-19)可知，当 $t<t_f$ 且 $\boldsymbol{P}(t_f)>0$ 时，则有 $\boldsymbol{P}(t)>0$，因此定理的必要性得以证明。　□□□

在实际应用上述定理判别线性时变连续系统的渐近稳定性时，可令 $\boldsymbol{Q}(t)=\boldsymbol{I}$，则相应的李雅普诺夫矩阵微分方程为

$$
\begin{cases}
\dot{\boldsymbol{P}}(t) = -\boldsymbol{P}(t)\boldsymbol{A}(t)-\boldsymbol{A}^{\mathrm{T}}(t)\boldsymbol{P}(t)-\boldsymbol{I} \quad (t\leqslant t_f)\\
\boldsymbol{P}(t)\big|_{t=t_f} = \boldsymbol{P}(t_f)>0
\end{cases}
$$

其解为

$$
\boldsymbol{P}(t) = \boldsymbol{\Phi}^{\mathrm{T}}(t_f,t)\boldsymbol{P}(t_f)\boldsymbol{\Phi}(t_f,t)+\int_t^{t_f}\boldsymbol{\Phi}^{\mathrm{T}}(\tau,t)\boldsymbol{\Phi}(\tau,t)\mathrm{d}\tau
$$

5.3.3　线性离散系统的稳定性分析

在 5.1 节和 5.2 节中讨论的是连续系统的李雅普诺夫稳定性的定义和判据，其稳定性定义可延伸至离散系统，但稳定性判据则有较大差别。

下面先给出一般离散系统的渐近稳定性的判据。

定理 5-9　设系统的状态方程为

$$
\boldsymbol{x}(k+1) = \boldsymbol{f}[\boldsymbol{x}(k),k] \tag{5-20}
$$

式中，$x_e=0$ 为其平衡态。如果存在一个连续的标量函数 $V[x(k),k]$ 且正定，则有：

1) 若 $V[x(k),k]$ 的差分 $\Delta V[x(k),k]=V[x(k+1),k+1]-V[x(k),k]$ 为负定的，则该系统在原点处的平衡态是一致渐近稳定的；

2) 若 $\Delta V[x(k),k]$ 为非正定的，则该系统在原点处的平衡态是一致稳定的；进而，若 $\Delta V[x(k),k]$ 对任意初始状态的解序列 $x(k)$、$\Delta V[x(k),k]$ 不恒为零，那么该系统在原点处的平衡态是一致渐近稳定的；

3) 更进一步，随着 $\|x(k)\|\to\infty$，有 $V[x(k),k]\to\infty$，那么该系统在原点处的一致渐近稳定平衡态是大范围一致渐近稳定的。

上述定理讨论的是一般离散系统的渐近稳定性的充分判据。类似于线性定常连续系统，对线性定常离散系统，有如下简单实用的渐近稳定判据。

定理 5-10 设系统的状态方程为

$$x(k+1)=Gx(k) \tag{5-21}$$

式中，$x_e=0$ 为其平衡态。其平衡态为渐近稳定的充分必要条件为：对任意给定的一个正定矩阵 Q，都存在一个正定矩阵 P 为李雅普诺夫矩阵代数方程

$$G^{\mathrm{T}}PG-P=-Q \tag{5-22}$$

的解，并且正定函数 $V[x(k)]=x^{\mathrm{T}}(k)Px(k)$ 即为系统的一个李雅普诺夫函数。

证明 1) 充分性证明，即证明对任意的正定矩阵 Q，若存在正定矩阵 P 满足方程(5-22)，则平衡态 $x_e=0$ 是渐近稳定的。

已知满足矩阵方程(5-22)的正定矩阵 P 存在，故令 $V[x(k)]=x^{\mathrm{T}}(k)Px(k)$。由于 $V[x(k)]$ 为正定函数，而且 $V[x(k)]$ 的差分

$$\begin{aligned}\Delta V[x(k),k] &= V[x(k+1),k+1]-V[x(k),k]=x^{\mathrm{T}}(k+1)Px(k+1)-x^{\mathrm{T}}(k)Px(k)\\ &=[Gx(k)]^{\mathrm{T}}PGx(k)-x^{\mathrm{T}}(k)Px(k)=x^{\mathrm{T}}(k)(G^{\mathrm{T}}PG-P)x(k)\\ &=-x^{\mathrm{T}}(k)Qx(k)\end{aligned}$$

而 Q 为正定矩阵，则 $\Delta V[x(k)]$ 为负定函数。根据定理 5-9 证明了系统的平衡态 $x_e=0$ 是渐近稳定的。

2) 必要性证明，即证明若系统在 $x_e=0$ 处是渐近稳定的，则对正定矩阵 Q，必存在正定矩阵 P 满足矩阵方程(5-22)。令

$$P=\sum_{k=0}^{\infty}(G^k)^{\mathrm{T}}QG^k \tag{5-23}$$

当系统(5-21)渐近稳定，即系统矩阵 G 的模小于 1 时，式(5-23)定义的 P 为有限值，而且当 Q 为正定矩阵时，P 亦为正定矩阵。

将矩阵 P 的表达式(5-23)代入矩阵方程(5-22)可得

$$\begin{aligned}G^{\mathrm{T}}PG-P &= \sum_{k=0}^{\infty}(G^{k+1})^{\mathrm{T}}QG^{k+1}-\sum_{k=0}^{\infty}(G^k)^{\mathrm{T}}QG^k\\ &=\sum_{k=1}^{\infty}(G^k)^{\mathrm{T}}QG^k-\sum_{k=0}^{\infty}(G^k)^{\mathrm{T}}QG^k=-Q\end{aligned}$$

□□□

因此，必要性得以证明。

与连续系统类似，有如下讨论。

1）如果对于某个非负定矩阵 $\boldsymbol{Q}$，$\Delta V[\boldsymbol{x}(k),k]=-\boldsymbol{x}^{\mathrm{T}}(k)\boldsymbol{Q}\boldsymbol{x}(k)$ 沿任意一条状态轨线不恒为零，那么，系统在原点渐近稳定的条件为：存在正定矩阵 $\boldsymbol{P}$ 满足李雅普诺夫代数方程(5-22)。

2）可令正定矩阵 $\boldsymbol{Q}=\boldsymbol{I}$，则判定线性定常离散系统的渐近稳定性只需解如下李雅普诺夫矩阵代数方程即可：

$$\boldsymbol{G}^{\mathrm{T}}\boldsymbol{P}\boldsymbol{G}-\boldsymbol{P}=-\boldsymbol{I} \tag{5-24}$$

例 5-11 设离散系统的状态方程为

$$\boldsymbol{x}(k+1)=\begin{bmatrix}\lambda_1 & 0\\0 & \lambda_2\end{bmatrix}\boldsymbol{x}(k)$$

试确定系统在平衡点处是大范围内渐近稳定的条件。

解 由式(5-24)得李雅普诺夫代数方程为

$$\begin{bmatrix}\lambda_1 & 0\\0 & \lambda_2\end{bmatrix}\begin{bmatrix}p_{11} & p_{12}\\p_{12} & p_{22}\end{bmatrix}\begin{bmatrix}\lambda_1 & 0\\0 & \lambda_2\end{bmatrix}-\begin{bmatrix}p_{11} & p_{12}\\p_{12} & p_{22}\end{bmatrix}=-\begin{bmatrix}1 & 0\\0 & 1\end{bmatrix}$$

展开后得联立方程组为

$$\begin{cases}p_{11}(\lambda_1^2-1)=-1\\p_{12}(\lambda_1\lambda_2-1)=0\\p_{22}(\lambda_2^2-1)=-1\end{cases}$$

根据塞尔维斯特准则，要使 $\boldsymbol{P}$ 为正定，必须满足

$$p_{11}>0,\quad p_{22}>0,\quad p_{11}p_{22}-p_{12}^2>0$$

因此，有

$$|\lambda_1|<1,\quad |\lambda_2|<1$$

即只有当传递函数的极点位于单位圆内时，系统在平衡点处才是大范围内渐近稳定的。

例 5-12 试确定如下状态方程描述的离散系统的平衡态稳定性。

$$\begin{bmatrix}x_1(k+1)\\x_2(k+1)\end{bmatrix}=\begin{bmatrix}0 & 1\\-0.5 & -1\end{bmatrix}\begin{bmatrix}x_1(k)\\x_2(k)\end{bmatrix}$$

解 由式(5-24)得李雅普诺夫代数方程为

$$\begin{bmatrix}0 & -0.5\\1 & -1\end{bmatrix}\begin{bmatrix}p_{11} & p_{12}\\p_{12} & p_{22}\end{bmatrix}\begin{bmatrix}0 & 1\\-0.5 & -1\end{bmatrix}-\begin{bmatrix}p_{11} & p_{12}\\p_{12} & p_{22}\end{bmatrix}=-\begin{bmatrix}1 & 0\\0 & 1\end{bmatrix}$$

展开后得联立方程组为

$$\begin{cases}0.25p_{12}-p_{11}=-1\\0.5p_{22}-1.5p_{12}=0\\p_{11}-2p_{12}=-1\end{cases}$$

联立求解上述方程，解出 p_{11}、p_{12} 和 p_{22}，得

$$\boldsymbol{P}=\begin{bmatrix}p_{11} & p_{12}\\p_{12} & p_{22}\end{bmatrix}=\frac{1}{5}\begin{bmatrix}11 & 8\\8 & 24\end{bmatrix}$$

为了验证对称矩阵 $\boldsymbol{P}$ 的正定性，用合同变换法检验如下：

$$\boldsymbol{P}=\frac{1}{5}\begin{bmatrix}11 & 8\\8 & 24\end{bmatrix}\xRightarrow[\text{列}:11(2)-8(1)\to(2)]{\text{行}:11(2)-8(1)\to(2)}\frac{1}{5}\begin{bmatrix}11 & 0\\0 & 200\end{bmatrix}$$

由上式可知，矩阵 $\boldsymbol{P}$ 为正定的，因此，系统为大范围渐近稳定的。

5.4 非线性系统的李雅普诺夫稳定性分析

在线性系统中，如果平衡态是渐近稳定的，则系统的平衡态是惟一的，且系统在状态空间是大范围渐近稳定的。对非线性系统则不然。非线性系统可能存在多个局部渐近稳定的平衡态（吸引子），同时还存在不稳定的平衡态（孤立子），稳定性的情况讨论远比线性系统来得复杂。

与线性系统稳定性分析相比，由于非线性系统的多样性和复杂性，所以非线性系统稳定性分析要复杂得多。对于非线性系统，李雅普诺夫第二法只给出了充分条件，并没有给出建立李雅普诺夫函数的一般方法。许多情况下，往往因为找不到满足定理的李雅普诺夫函数，而不能对系统平衡态的稳定性作出判断，这样促使人们从两种途径去研究非线性稳定性。即通过特殊函数来构造李雅普诺夫函数的克拉索夫斯基（N. N. Красовский）法（也称为雅克比矩阵法）、变量梯度法（也称为舒尔茨-吉布生法），以及针对特殊非线性系统进行线性近似处理的阿依捷尔曼（M. A. Айзерман）法（也称为线性近似法）、鲁立叶法等。

5.4.1 克拉索夫斯基法

设非线性定常连续系统的状态方程为

$$\dot{\boldsymbol{x}}(t)=\boldsymbol{f}(\boldsymbol{x}) \tag{5-25}$$

对该系统有如下假设：

1）所讨论的平衡态 $\boldsymbol{x}_e=0$；

2）$\boldsymbol{f}(\boldsymbol{x})$ 对状态变量 $\boldsymbol{x}$ 是连续可微的，即存在雅可比矩阵 $\boldsymbol{J}(\boldsymbol{x})=\partial\boldsymbol{f}(\boldsymbol{x})/\partial\boldsymbol{x}^{\mathrm{T}}$。

对上述非线性系统，有如下判别渐近稳定性的克拉索夫斯基定理。

定理 5-11 非线性定常连续系统(5-25)的平衡态 $\boldsymbol{x}_e=0$ 为渐近稳定的充分条件为

$$\hat{\boldsymbol{J}}(\boldsymbol{x})=\boldsymbol{J}(\boldsymbol{x})+\boldsymbol{J}^{\mathrm{T}}(\boldsymbol{x}) \tag{5-26}$$

为负定的矩阵函数，且

$$V(\boldsymbol{x})=\dot{\boldsymbol{x}}^{\mathrm{T}}\dot{\boldsymbol{x}}=\boldsymbol{f}^{\mathrm{T}}(\boldsymbol{x})\boldsymbol{f}(\boldsymbol{x}) \tag{5-27}$$

为该系统的一个李雅普诺夫函数。更进一步，当 $\|\boldsymbol{x}\|\to\infty$ 时，有 $\|\boldsymbol{f}(\boldsymbol{x})\|\to\infty$，则该平衡态是大范围渐近稳定的。

证明 当系统(5-25)的李雅普诺夫函数为 $V(\boldsymbol{x})=\dot{\boldsymbol{x}}^{\mathrm{T}}\dot{\boldsymbol{x}}=\boldsymbol{f}^{\mathrm{T}}(\boldsymbol{x})\boldsymbol{f}(\boldsymbol{x})$，则其导数为

$$\begin{aligned}\dot{V}(\boldsymbol{x})&=\frac{\mathrm{d}}{\mathrm{d}t}\boldsymbol{f}^{\mathrm{T}}(\boldsymbol{x})\boldsymbol{f}(\boldsymbol{x})=\left[\frac{\partial\boldsymbol{f}(\boldsymbol{x})}{\partial\boldsymbol{x}^{\mathrm{T}}}\dot{\boldsymbol{x}}\right]^{\mathrm{T}}\boldsymbol{f}(\boldsymbol{x})+\boldsymbol{f}^{\mathrm{T}}(\boldsymbol{x})\left[\frac{\partial\boldsymbol{f}(\boldsymbol{x})}{\partial\boldsymbol{x}^{\mathrm{T}}}\dot{\boldsymbol{x}}\right]\\&=\boldsymbol{f}^{\mathrm{T}}(\boldsymbol{x})\boldsymbol{J}^{\mathrm{T}}(\boldsymbol{x})\boldsymbol{f}(\boldsymbol{x})+\boldsymbol{f}^{\mathrm{T}}(\boldsymbol{x})\boldsymbol{J}(\boldsymbol{x})\boldsymbol{f}(\boldsymbol{x})=\boldsymbol{f}^{\mathrm{T}}(\boldsymbol{x})\hat{\boldsymbol{J}}(\boldsymbol{x})\boldsymbol{f}(\boldsymbol{x})\end{aligned}$$

由于 $V(\boldsymbol{x})=\boldsymbol{f}^{\mathrm{T}}(\boldsymbol{x})\boldsymbol{f}(\boldsymbol{x})$ 为系统的一个李雅普诺夫函数，即 $\boldsymbol{f}^{\mathrm{T}}(\boldsymbol{x})\boldsymbol{f}(\boldsymbol{x})$ 正定。因此，若 $\hat{\boldsymbol{J}}(\boldsymbol{x})$ 负定，则 $\dot{V}(\boldsymbol{x},t)=\boldsymbol{f}^{\mathrm{T}}(\boldsymbol{x})\hat{\boldsymbol{J}}(\boldsymbol{x})\boldsymbol{f}(\boldsymbol{x})$ 必为负定。所以，由定理 5-4 知，该非线性系

统的平衡态 $\boldsymbol{x}_e=0$ 是渐近稳定的。 □□□

在应用克拉索夫斯基定理时，还应注意下面几点。

1）克拉索夫斯基定理只是渐近稳定的一个充分条件，不是必要条件。如对于渐近稳定的线性定常连续系统

$$\begin{bmatrix}\dot{x}_1\\ \dot{x}_2\end{bmatrix}=\begin{bmatrix}0 & 1\\ -2 & -7\end{bmatrix}\begin{bmatrix}x_1\\ x_2\end{bmatrix}$$

由于
$$\hat{\boldsymbol{J}}(\boldsymbol{x})=\boldsymbol{J}(\boldsymbol{x})+\boldsymbol{J}^{\mathrm{T}}(\boldsymbol{x})=\begin{bmatrix}0 & -1\\ -1 & -14\end{bmatrix}$$

不是负定矩阵，故由克拉索夫斯基定理判别不出该系统为渐近稳定的。可见，该定理仅是一个充分条件判别定理。

2）由克拉索夫斯基定理可知，系统的平衡态 $\boldsymbol{x}_e=0$ 是渐近稳定的条件是 $\boldsymbol{J}(\boldsymbol{x})+\boldsymbol{J}^{\mathrm{T}}(\boldsymbol{x})$ 为负定矩阵函数。由负定矩阵的性质知，此时雅可比矩阵 $\boldsymbol{J}(\boldsymbol{x})$ 的对角线元素恒取负值，因此向量函数 $\boldsymbol{f}(\boldsymbol{x})$ 的第 i 个分量必须包含变量 x_i，否则，就不能应用克拉索夫斯基定理判别该系统的渐近稳定性。

3）将克拉索夫斯基定理推广到线性定常连续系统可知：对称矩阵 $\boldsymbol{A}+\boldsymbol{A}^{\mathrm{T}}$ 负定，则系统 $\dot{\boldsymbol{x}}=\boldsymbol{A}\boldsymbol{x}$ 的原点是大范围渐近稳定的。

例 5-13 试确定如下非线性系统的平衡态的稳定性。

$$\dot{\boldsymbol{x}}=\boldsymbol{f}(\boldsymbol{x})=\begin{bmatrix}-3x_1+x_2\\ x_1-x_2-x_2^3\end{bmatrix}$$

解 由于 $\boldsymbol{f}(\boldsymbol{x})$ 连续可导且

$$\boldsymbol{f}^{\mathrm{T}}(\boldsymbol{x})\boldsymbol{f}(\boldsymbol{x})=(-3x_1+x_2)^2+(x_1-x_2-x_2^3)^2>0$$

可取作李雅普诺夫函数，因此，有

$$\boldsymbol{J}(\boldsymbol{x})=\frac{\partial \boldsymbol{f}(\boldsymbol{x})}{\partial \boldsymbol{x}^{\mathrm{T}}}=\begin{bmatrix}-3 & 1\\ 1 & -1-3x_2^2\end{bmatrix}$$

$$\hat{\boldsymbol{J}}(\boldsymbol{x})=\boldsymbol{J}(\boldsymbol{x})+\boldsymbol{J}^{\mathrm{T}}(\boldsymbol{x})=\begin{bmatrix}-6 & 2\\ 2 & -2-6x_2^2\end{bmatrix}$$

由塞尔维斯特准则有

$$\Delta_1=-6<0,\quad \Delta_2=\begin{vmatrix}-6 & 2\\ 2 & -2-6x_2^2\end{vmatrix}=36x_2^2+8>0$$

故矩阵函数 $\hat{\boldsymbol{J}}(\boldsymbol{x})$ 负定，所以由克拉索夫斯基定理可知，平衡态 $\boldsymbol{x}_e=0$ 是渐近稳定的。

5.4.2 变量梯度法

由舒尔茨和吉布生在 1962 年提出的变量梯度法，为构造李雅普诺夫函数提供了一种比较实用的方法。

设非线性连续系统的状态方程为

$$\dot{\boldsymbol{x}}(t)=\boldsymbol{f}(\boldsymbol{x},t) \tag{5-28}$$

且所讨论的平衡态为原点，即 $\boldsymbol{x}_e=0$。

设所找到的非线性系统(5-28)的判定平衡态 $\boldsymbol{x}_e=0$ 是渐近稳定的李雅普诺夫函数为 $V(\boldsymbol{x})$，它是 $\boldsymbol{x}$ 的显函数，而不是时间 t 的显函数，则 $V(\boldsymbol{x})$ 的单值梯度 grad$V$ 存在。梯度 grad$V$ 是如下定义的 n 维向量：

$$\mathrm{grad}V(\boldsymbol{x}) \overset{\Delta}{=} \frac{\mathrm{d}V}{\mathrm{d}\boldsymbol{x}} = \begin{bmatrix} \frac{\partial V}{\partial x_1} & \cdots & \frac{\partial V}{\partial x_n} \end{bmatrix}^{\mathrm{T}} = [\nabla V_1 \quad \cdots \quad \nabla V_n]^{\mathrm{T}}$$

舒尔茨和吉布生建议，先假设 grad$V$ 具有某种形式，并由此求出符合要求的 $V(\boldsymbol{x})$ 和 $\dot{V}(\boldsymbol{x})$。由

$$\dot{V}(\boldsymbol{x}) = \frac{\partial V}{\partial x_1}\dot{x}_1 + \cdots + \frac{\partial V}{\partial x_n}\dot{x}_n = (\mathrm{grad}V)^{\mathrm{T}}\dot{\boldsymbol{x}}$$

可知，$V(\boldsymbol{x})$可由 grad$V$ 的线积分求取，即

$$V(\boldsymbol{x}) = \int_0^{\boldsymbol{x}} (\mathrm{grad}V)^{\mathrm{T}}\mathrm{d}\boldsymbol{x} = \int_0^{\boldsymbol{x}} \sum_{i=1}^{n} \nabla V_i \mathrm{d}x_i \tag{5-29}$$

式中，积分上限 $\boldsymbol{x}$ 是状态空间的一点$(x_1,x_2,\cdots,x_n)$。由场论知识可知，若梯度 grad$V$ 的 n 维旋度等于零，即 rot(grad$V$)＝0，则 V 可视为保守场，且式(5-29)所示的线积分与路径无关。而rot(grad$V$)＝0 的充分必要条件是：grad$V$ 的雅可比矩阵

$$\frac{\partial}{\partial \boldsymbol{x}^{\mathrm{T}}}\mathrm{grad}V(\boldsymbol{x}) = \begin{bmatrix} \frac{\partial \nabla V_1}{\partial x_1} & \frac{\partial \nabla V_1}{\partial x_2} & \cdots & \frac{\partial \nabla V_1}{\partial x_n} \\ \frac{\partial \nabla V_2}{\partial x_1} & \frac{\partial \nabla V_2}{\partial x_2} & \cdots & \frac{\partial \nabla V_2}{\partial x_n} \\ \vdots & \vdots & \ddots & \vdots \\ \frac{\partial \nabla V_n}{\partial x_1} & \frac{\partial \nabla V_n}{\partial x_2} & \cdots & \frac{\partial \nabla V_n}{\partial x_n} \end{bmatrix}$$

是对称矩阵，即

$$\frac{\partial \nabla V_i}{\partial x_j} = \frac{\partial \nabla V_j}{\partial x_i} \quad (\forall\, i,j = 1,2,\cdots,n) \tag{5-30}$$

当上述条件满足时，式(5-29)的积分路径可以任意选择，故可以选择一条简单的路径，即依各个坐标轴 x_i 的方向积分

$$V(\boldsymbol{x}) = \int_0^{x_1} \nabla V_1 |_{(x_1,0,\cdots,0)} \mathrm{d}x_1 + \int_0^{x_2} \nabla V_2 |_{(x_1,x_2,0,\cdots,0)} \mathrm{d}x_2 + \cdots + \int_0^{x_n} \nabla V_n |_{(x_1,x_2,\cdots,x_n)} \mathrm{d}x_n \tag{5-31}$$

按变量梯度法构造李雅普诺夫函数方法的步骤如下。

1）将李雅普诺夫函数 $V(\boldsymbol{x})$的梯度假设为

$$\mathrm{grad}V = \begin{bmatrix} a_{11}x_1 + a_{12}x_2 + \cdots + a_{1n}x_n \\ a_{21}x_1 + a_{22}x_2 + \cdots + a_{2n}x_n \\ \vdots \\ a_{n1}x_1 + a_{n2}x_2 + \cdots + a_{nn}x_n \end{bmatrix}$$

其中，$a_{ij}(i,j=1,2,\cdots,n)$为待定系数，它们可以是常数，也可以是 t 的函数或 $x_1,x_2,\cdots,x_n$的函数。通常将 a_{ij} 选择为常数或 t 的函数。

2）由$\dot{V}(\boldsymbol{x})=(\text{grad}V)^{\mathrm{T}}\dot{\boldsymbol{x}}$，定义$\dot{V}(\boldsymbol{x})$，由平衡态渐近稳定时$\dot{V}(\boldsymbol{x})$为负定的条件，可以决定部分待定参数 a_{ij}。

3）由限制条件

$$\frac{\partial \nabla V_i}{\partial x_j}=\frac{\partial \nabla V_j}{\partial x_i}\quad (\forall\, i,j=1,2,\cdots,n)$$

决定其余待定参数 a_{ij}。

4）按式(5-31)求线积分，获得 $V(\boldsymbol{x})$。验证 $V(\boldsymbol{x})$的正定性，若不正定则需要重新选择待定参数 a_{ij}，直至 $V(\boldsymbol{x})$正定为止。

5）确定平衡态 $\boldsymbol{x}_{\mathrm{e}}=0$ 渐近稳定的范围。

由上述构造过程可知，变量梯度法只是建立非线性系统的李雅普诺夫函数的充分性方法。用这种方法没有找到适宜的李雅普诺夫函数，并不意味着平衡态就不是渐近稳定的。

例 5-14 试确定如下非线性系统的平衡态的稳定性。

$$\begin{cases}\dot{x}_1=x_2\\ \dot{x}_2=-x_2-x_1^3\end{cases}$$

解 显然 $\boldsymbol{x}_{\mathrm{e}}=0$ 是系统的平衡态，可设李雅普诺夫函数 $V(\boldsymbol{x})$的梯度为

$$\text{grad}V=\begin{bmatrix}\nabla V_1\\ \nabla V_2\end{bmatrix}=\begin{bmatrix}a_{11}x_1+a_{12}x_2\\ a_{21}x_1+a_{22}x_2\end{bmatrix}$$

由 grad$V$ 可得如下 $V(\boldsymbol{x})$的导数

$$\begin{aligned}\dot{V}(\boldsymbol{x})&=(\text{grad}V)^{\mathrm{T}}\dot{\boldsymbol{x}}=[a_{11}x_1+a_{12}x_2\quad a_{21}x_1+a_{22}x_2]\begin{bmatrix}x_2\\ -x_2-x_1^3\end{bmatrix}\\ &=x_1x_2(a_{11}-a_{21}-a_{22}x_1^2)+x_2^2(a_{12}-a_{22})-a_{21}x_1^4\end{aligned}$$

当

$$\begin{cases}a_{11}-a_{21}-a_{22}x_1^2=0\\ a_{12}-a_{22}<0\\ a_{21}>0\end{cases}$$

时，$\dot{V}(\boldsymbol{x})$为负定。即上述 a_{ij} 所满足的条件是$\dot{V}(\boldsymbol{x})$负定的一个充分条件。

由限制条件(5-30)，并设 a_{12} 和 a_{21} 为常数，有

$$\frac{\partial \nabla V_1}{\partial x_2}=a_{12}=\frac{\partial \nabla V_2}{\partial x_1}-a_{21}$$

综上所述，有

$$\begin{cases}0<a_{12}=a_{21}<a_{22}\\ a_{11}-a_{21}-a_{22}x_1^2=0\end{cases}$$

计算线积分式(5-31)，得

$$\begin{aligned}V(\boldsymbol{x})&=\int_0^{x_1}\nabla V_1|_{(x_1,0)}\mathrm{d}x_1+\int_0^{x_2}\nabla V_2|_{(x_1,x_2)}\mathrm{d}x_2=\int_0^{x_1}a_{11}x_1\mathrm{d}x_1+\int_0^{x_2}(a_{21}x_1+a_{22}x_2)\mathrm{d}x_2\\ &=\int_0^{x_1}(a_{21}+a_{22}x_1^2)x_1\mathrm{d}x_1+\int_0^{x_2}(a_{21}x_1+a_{22}x_2)\mathrm{d}x_2\end{aligned}$$

$$=\frac{a_{21}}{2}x_1^2+\frac{a_{22}}{4}x_1^4+a_{21}x_1x_2+\frac{a_{22}}{2}x_2^2$$

$$=\frac{a_{22}}{4}x_1^4+\frac{a_{12}}{2}\boldsymbol{x}^{\mathrm{T}}\begin{bmatrix}1 & 1\\ 1 & \dfrac{a_{22}}{a_{12}}\end{bmatrix}\boldsymbol{x}$$

由于 $0<a_{12}<a_{22}$，故 $V(\boldsymbol{x})$ 是正定的。因此，该系统原点是渐近稳定的。

当 $\|\boldsymbol{x}\|\to\infty$ 时，有 $V(\boldsymbol{x})\to\infty$，所以该系统原点是系统大范围渐近稳定的。

5.4.3 阿依捷尔曼法

假设系统中出现的非线性关系为如图 5-8 所示的静态非线性关系，即它是一个单值的非线性函数，且满足

$$\begin{cases} f_i(0)=0 \\ k_{i,1}<\dfrac{f_i(x_i)}{x_i}<k_{i,2} \quad (x_i\neq 0)\end{cases} \tag{5-32}$$

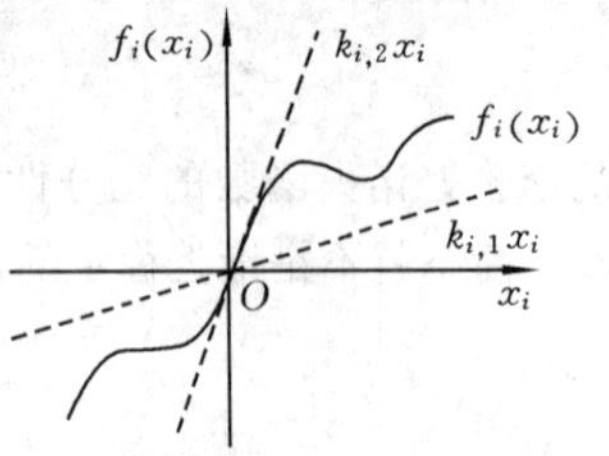

图 5-8 一类静态非线性特性

上述非线性函数 $f_i(x_i)$ 为通过坐标原点，且介于直线 $k_{i,1}x_i$ 和 $k_{i,2}x_i$ 之间的任意形状的曲线函数，因此具有一定的代表性，可用来描述一大类非线性系统。

考虑具有上述非线性函数关系的如下非线性系统的状态方程：

$$\dot{\boldsymbol{x}}=\boldsymbol{A}\boldsymbol{x}+\boldsymbol{B}\boldsymbol{f}(\boldsymbol{x}) \tag{5-33}$$

式中，$\boldsymbol{x}$ 为 n 维状态变量向量；$\boldsymbol{A}$ 和 $\boldsymbol{B}$ 为适宜维数的常数矩阵；$\boldsymbol{f}(\boldsymbol{x})=[f_1(x_1)\quad f_2(x_2)\quad\cdots\quad f_n(x_n)]^{\mathrm{T}}$ 为 n 维关于状态向量 $\boldsymbol{x}$ 的向量函数。由式(5-32)和式(5-33)可知，原点 $\boldsymbol{x}=0$ 是状态空间的平衡态。

对于上述系统的李雅普诺夫稳定性分析，阿依捷尔曼法的思想是先用线性关系 $\beta_i x_i$ 取代非线性关系 $f_i(x_i)$，即令 $\beta_i x_i=f_i(x_i)$。因而对于由式(5-33)描述的系统，其线性化后的系统同样可以建立正定的李雅普诺夫函数，并判定渐近稳定性。若线性化后的系统是渐近稳定的，则由使李雅普诺夫函数的导数为负定的渐近稳定的充分条件来确定原系统在 $k_{i,1}<f_i(x_i)/x_i<k_{i,2}x_i$ 内是否渐近稳定的。

因此，应用阿依捷尔曼法判定非线性系统渐近稳定性的步骤如下。

1）系统中的非线性函数 $f_i(x_i)$ 用线性关系 $\beta_i x_i$ 代替。

2）对线性化后的系统，找出其相应的判定渐近稳定的二次型李雅普诺夫函数，即 $V(\boldsymbol{x})=\boldsymbol{x}^{\mathrm{T}}\boldsymbol{P}\boldsymbol{x}$，其中矩阵 $\boldsymbol{P}$ 为正定的，并满足

$$\boldsymbol{P}\boldsymbol{A}+\boldsymbol{A}^{\mathrm{T}}\boldsymbol{P}=-\boldsymbol{Q}\quad(\boldsymbol{Q}>0)$$

同时，有 $\dot{V}(\boldsymbol{x})=-\boldsymbol{x}^{\mathrm{T}}\boldsymbol{Q}\boldsymbol{x}$。

3）将求取的 $V(\boldsymbol{x})$ 作为非线性系统的李雅普诺夫函数，再求出它对时间的全导数，即将非线性状态方程(5-33)代入，得到非线性系统的 $\dot{V}(\boldsymbol{x})$。最后根据 $\dot{V}(\boldsymbol{x})$ 应是负定的

系统渐近稳定的充分条件，确定非线性关系(5-32)渐近稳定时的 $k_{i,1}$ 和 $k_{i,2}$ 的取值范围。

阿依捷尔曼法判定非线性系统渐近稳定性只是一个充分性的方法。当非线性系统(5-33)渐近稳定时，非线性关系中的 $k_{i,1}$ 和 $k_{i,2}$ 的实际取值范围可能要比用阿依捷尔曼法确定的大。而且，对线性化系统得到的李雅普诺夫函数不同，则与其相应的 $k_{i,1}$ 和 $k_{i,2}$ 的取值范围也不同。

例 5-15 设非线性控制系统如图 5-9 所示，试用阿依捷尔曼法判定该系统在给定输入 $r(t)=0$ 时的渐近稳定性。

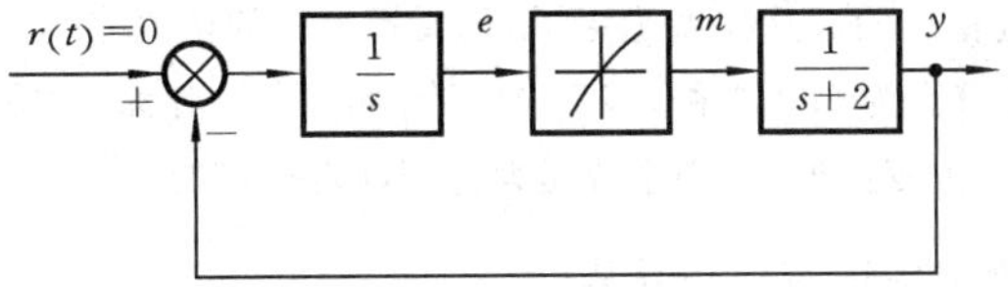

图 5-9 例 5-15 的非线性控制系统

解 图 5-9 所示的非线性控制系统在给定输入 $r(t)=0$ 时，系统的状态方程为

$$\begin{cases} \ddot{e}+2\dot{e}+m=0 \\ m=f(e) \end{cases}$$

式中，$f(e)$ 为单值非线性函数。如果选择状态变量 $x_1=e, x_2=\dot{e}$，则系统的状态方程为

$$\begin{cases} \dot{x}_1=x_2 \\ \dot{x}_2=-2x_2-f(x_1) \end{cases}$$

(1) 设非线性环节的输入输出特性如图 5-10 所示，那么它可以用一条直线近似，即 $f(x_1)\approx 2x_1$，于是线性化状态方程为

$$\begin{cases} \dot{x}_1=x_2 \\ \dot{x}_2=-2x_2-2x_1 \end{cases}$$

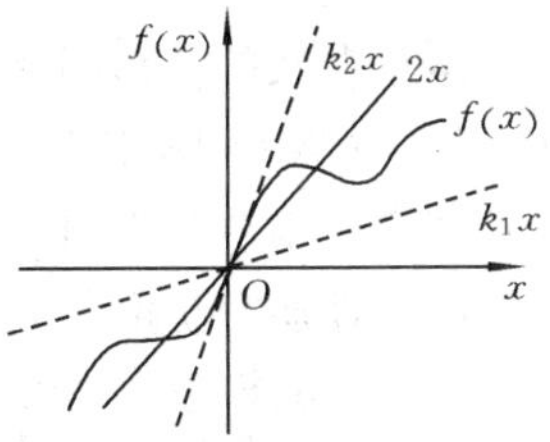

图 5-10 非线性环节的输入/输出特性

(2) 由李雅普诺夫代数方程 $\boldsymbol{PA}+\boldsymbol{A}^{\mathrm{T}}\boldsymbol{P}=-\boldsymbol{I}$ 解出

$$\boldsymbol{P}=\frac{1}{8}\begin{bmatrix}10 & 2\\ 2 & 3\end{bmatrix}>0$$

故线性化系统是渐近稳定的。

(3) 取原非线性系统的李雅普诺夫函数 $V(\boldsymbol{x})=\boldsymbol{x}^{\mathrm{T}}\boldsymbol{Px}$，则有

$$\begin{aligned}\dot{V}(\boldsymbol{x})&=\dot{\boldsymbol{x}}^{\mathrm{T}}\boldsymbol{Px}+\boldsymbol{x}^{\mathrm{T}}\boldsymbol{P}\dot{\boldsymbol{x}}=\frac{1}{4}(10x_1\dot{x}_1+2x_2\dot{x}_1+2x_1\dot{x}_2+3x_2\dot{x}_2)\\ &=\frac{1}{4}\{10x_1x_2+2x_2^2+(2x_1+3x_2)[-2x_2-f(x_1)]\}\\ &=\frac{1}{4}\{6x_1x_2-4x_2^2-(2x_1+3x_2)f(x_1)\}\\ &=-\frac{1}{4}\left\{\frac{2f(x_1)}{x_1}x_1^2+\left[\frac{3f(x_1)}{x_1}-6\right]x_1x_2+4x_2^2\right\}\\ &=-\frac{1}{8}\boldsymbol{x}^{\mathrm{T}}\begin{bmatrix}\dfrac{4f(x_1)}{x_1} & \dfrac{3f(x_1)}{x_1}-6\\ \dfrac{3f(x_1)}{x_1}-6 & 8\end{bmatrix}\boldsymbol{x}\end{aligned}$$

根据塞尔维斯特准则可知，当

$$\frac{4f(x_1)}{x_1}>0\text{ 且 }\begin{vmatrix}\dfrac{4f(x_1)}{x_1} & \dfrac{3f(x_1)}{x_1}-6\\ \dfrac{3f(x_1)}{x_1}-6 & 8\end{vmatrix}>0$$

时，$\dot{V}(\boldsymbol{x})$负定，从而求得在

$$0.573<\frac{f(x_1)}{x_1}=\frac{f(e)}{e}<6.983$$

时，该非线性系统是渐近稳定的。这样就确定了，只要系统中的单值非线性特性的允许变化范围为图 5-10 所示的两条斜率分别为 6.983 和 0.573 的直线所夹成的对称于原点的两个扇形区，只要非线性环节的曲线在此允许范围内变化，则系统是大范围渐近稳定的。

由上可见，阿依捷尔曼法有以下优点。

1）与克拉索夫斯基法在平衡态附近用泰勒级数展开法不同，此法是在大范围内线性近似，因此可以用来判定系统在大范围内的稳定性，而不受平衡态邻域的限制。

2）在此法中可选择通常的二次型函数作为非线性系统的李雅普诺夫函数。

3）此法中的非线性环节的线性近似直线可以用解析法求得，亦可以用实验数据得到。

5.5 Matlab 问题

本章涉及的计算问题为线性定常连续系统和线性定常离散系统的李雅普诺夫稳定性分析，主要为对称矩阵的定号性（正定性）判定、连续和离散的李雅普诺夫矩阵代数方程求解等。本节除将讨论上述问题基于 Matlab 的问题求解外，还将介绍进行线性定常系统结构性质分析的仿真平台软件 lti_struct_analysis，以及该软件平台在系统实现、模型变换、状态能控性/能观性分析、能控/能观分解、能控/能观规范形以及李雅普诺夫稳定性分析等系统结构性问题中的应用。

5.5.1 对称矩阵的定号性（正定性）的判定

判别对称矩阵的定号性（正定性）的方法主要有塞尔维斯特定理判别法、矩阵特征值判别法和合同变换法。塞尔维斯特定理判别法主要用于判别正定和负定，难以判别非正定、非负定和不定；特征值判别法的计算量大且计算复杂，其计算精度和数值特性有局限性；而合同变换法计算简单，稍加改进可成为一个良好的判别矩阵定号性的数值算法。

编著者采用求解线性方程组的主元消元法的思想，编制了基于合同变换法的矩阵定号性（正定性）的判定函数 posit_def()。通过该函数可以方便地判定对称矩阵的定号性。

函数 posit_def()的源程序为

```
function sym_P=posit_def(P)          % 定义函数 posit_def()的输入/输出格式
```

```
[m,n]=size(P);                          % 取 P 矩阵的维数大小 n
if n>1                                  % 若 n>1,则对矩阵 P 进行合同变换
    for i=1:n-1                         % 对各行与各列的非对角线元素进行主元消元法
        for j=i:n
            dia_v(j)=abs(P(j,j));       % 取矩阵未消元部分的对角线元素的绝对值
        end
        [mindv,imin]=max(dia_v(i:n));% 求对角线元素绝对值的最大值及所在行号
        imin=imin+i-1;
        if mindv>0                      % 将对角线元素绝对值最大值所在的行和列与
            if imin > i                   当前行列交换
                a=P(imin,:);            % 行交换
                P(imin,:)=P(i,:);  P(i,:)=a;
                b=P(:,imin);            % 列交换
                P(:,imin)=P(:,i);  P(:,i)=b;
            end
            for j=i+1:n                 % 对当前行列的非对角线元素进行消元
                x=P(i,j)/P(i,i);
                P(:,j)=P(:,j)-P(:,i) * x;
                P(j,:)=P(j,:)-P(i,:) * x;
            end
        end
    end
end
for i=1:n                               % 取所有对角线元素
    dia_vect(i)=P(i,i);
end
mindv=min(dia_v);  maxdv=max(dia_v); % 计算对角线元素的最大值与最小值
if mindv>0                              % 若最小值>0,则矩阵正定
    sym_P='positive';
elseif mindv>=0
    sym_P='nonnegat';                   % 若最小值≥0,则矩阵非负定
elseif maxdv<0
    sym_P='negative';                   % 若最大值<0,则矩阵负定
elseif maxdv<=0
    sym_P='nonposit';                   % 若最大值≤0,则矩阵非正定
else
    sym_P='undifini';                   % 否则为不定
end
```

判定矩阵正定性的函数 posit_def()的主要调用格式为

```
sym_P=posit_def(P)
```

其中,输入矩阵 $\boldsymbol{P}$ 须为对称矩阵,输出 sym_P 为描述矩阵 $\boldsymbol{P}$ 的符号串。输出 sym_P 为

'positive'，'nonnegat'，'negative'，'nonposit'和'undifini'分别表示输入矩阵 $\boldsymbol{P}$ 为正定、非负定(半正定)、负定、非正定(半负定)与不定。

Matlab 问题 5-1 试在 Matlab 中判定例 5-2 的实对称矩阵是否正定。

Matlab 程序 m5-1 如下。

```
P=[1 -1 -1; -1 3 2; -1 2 -5];
result_state=posit_def(P);              % 采用合同变换法判定矩阵定号性
switch  result_state(1:5)               % 运用开关语句,分类显示矩阵正定否的判定结果
    case 'posit'
        disp('The matrix is a positive definite matrix.')
    otherwise
        disp('The matrix is not a positive definite matrix.')
end
```

Matlab 程序 m5-1 执行结果如下。

```
The matrix is not a positive definite matrix.
```

在函数 posit_def()和 Matlab 程序 m5-1 的源程序中，使用了基本矩阵函数 abs()、max()和 min()，以及开关语句 switch-case，下面分别予以介绍。

1) 求实数绝对值和复数模的函数 abs()。函数 abs()可以对实数求其绝对值，对复数则求其模，其调用格式为

Y=abs(X)

其中，输入 $\boldsymbol{X}$ 可以为 1 个数，也可为 Matlab 的数组；输出 $\boldsymbol{Y}$ 为输入数组 $\boldsymbol{X}$ 的各元素的绝对值或模。如，在 Matlab 命令窗口中若输入

abs([1+2i -1; -3 -4+i])

则系统输出

```
ans =2.2361    1.0000
     3.0000    4.1231
```

2) 求数组的最大值和最小值函数 max()和 min()。函数 max()和 min()可以对数组求最大值或最小值，以及该极值在数组中的位置。若计算的数组各元素为复数，则为求复数模的最大值或最小值。

函数 max()的主要调用格式为

[C,I]=max(A)

D=max(A,B)

对第 1 种调用格式，若输入 $\boldsymbol{A}$ 为向量，输出的 $\boldsymbol{C}$ 为向量 $\boldsymbol{A}$ 的各元素中最大值，输出 $\boldsymbol{I}$ 为该最大值在向量中的位置；若 $\boldsymbol{A}$ 为矩阵，则 $\boldsymbol{C}$ 为矩阵 $\boldsymbol{A}$ 的各列的各元素中最大值，输出 $\boldsymbol{I}$ 为这些最大值在各列的位置，这里输出 $\boldsymbol{C}$ 和 $\boldsymbol{I}$ 均为一维数组。如执行语句

[C,I]=max([1 -2 3; -4 5 -6]);

后,$\boldsymbol{C}$和$\boldsymbol{I}$分别为[1 5 3]和[1 2 1]。

第2种调用格式的输入$\boldsymbol{A}$和$\boldsymbol{B}$须为维数相同的矩阵或向量,输出$\boldsymbol{D}$为$\boldsymbol{A}$和$\boldsymbol{B}$两矩阵同样位置的元素的最大值组成的矩阵。如执行语句

```
C=max([1 -2 3; -4 5 -6],[-1 2 -3; 4 -5 6]);
```

后,$\boldsymbol{C}$为如下矩阵

$$\begin{bmatrix} 1 & 2 & 3 \\ 4 & 5 & 6 \end{bmatrix}$$

函数 min()的调用格式与函数 max()完全一致,但其求的是矩阵或向量各元素的最小值。

3) 开关语句 switch-case。开关语句 switch-case 的作用为基于表达式的计算值,作多项分支计算,相当于多个分支语句 if-then 的作用。开关语句 switch-case 的使用格式为

```
switch switch_expr
  case case_expr
    语句,…,语句
  case {case_expr1,case_expr2,case_expr3,…}
    语句,…,语句
  …
  otherwise
    语句,…,语句
end
```

其中,switch_expr 为用于多分支选择的选择表达式,case_expr,case_expr1,…为各分支的选项表达式。当选择表达式 switch_expr 的计算值等于各选项表达式 case_expr 的计算值时,则程序转移到该选项表达式后面的 Matlab 语句;若 switch_expr 的计算值不等于各 case_expr 的计算值,则计算 otherwise 后面的 Matlab 语句。使用开关语句 switch-case 可以使得程序简洁,易读易懂。如 Matlab 程序 m5-1 中的 switch-case 语句计算选择表达式 result_state(1:5),即符号串 result_state 的前 5 个字符是否为' posit '。若是,则认为该矩阵是正定的;否则不是正定的。

5.5.2 线性定常连续系统的李雅普诺夫稳定性

Matlab 提供了求解连续李雅普诺夫矩阵代数方程的函数 lyap()。基于此函数求解李雅普诺夫方程得出对称矩阵解后,通过判定该解矩阵的正定性来判定线性定常连续系统的李雅普诺夫稳定性。

函数 lyap()的主要调用格式为

```
P=lyap(A,Q)
```

其中,矩阵$\boldsymbol{A}$和$\boldsymbol{Q}$分别为连续时间李雅普诺夫矩阵代数方程

$$\boldsymbol{PA}+\boldsymbol{A}^{\mathrm{T}}\boldsymbol{P}=-\boldsymbol{Q}$$

的已知矩阵,即输入条件;而 **P** 为该矩阵代数方程的对称矩阵解。在求得对称矩阵 **P** 后,通过判定 **P** 是否正定,可以判定系统的李雅普诺夫稳定性。

Matlab 问题 5-2 试在 Matlab 中判定如下系统的李雅普诺夫稳定性。

$$\begin{bmatrix}\dot{x}_1\\ \dot{x}_2\end{bmatrix}=\begin{bmatrix}0 & 1\\ -1 & -1\end{bmatrix}\begin{bmatrix}x_1\\ x_2\end{bmatrix}$$

下面分别基于矩阵特征值和合同变换两种方法判定李雅普诺夫方程的解的正定性,再来判定线性系统的渐近稳定性。

Matlab 程序 m5-2 如下。

```
A=[0 1; -1 -1];
Q=eye(size(A,1));                    % 取 Q 矩阵为与 A 矩阵同维的单位矩阵
P=lyap(A,Q);                         % 解李雅普诺夫代数方程,得对称矩阵解 P
P_eig=eig(P);                        % 求 P 的所有特征值
if min(P_eig)>0                      % 若对称矩阵 P 的所有特征值大于 0,则矩
                                       阵 P 正定,即系统为李雅普诺夫稳定的
    disp('The system is Lypunov stable. ')
else                                 % 否则为不稳定
    disp('The system is not Lypunov stable. ')
end
result_state=posit_def(P);           % 用合同变换法判别矩阵 P 的正定性
switch  result_state(1:8)            % 若矩阵 P 正定,则系统为李雅普诺夫稳定的
    case 'positiv'
        disp('The system is Lypunov stable. ')
    otherwise                        % 否则为不稳定
        disp('The system is not Lypunov stable. ')
end
```

Matlab 程序 m5-2 执行结果如下。

```
The system is Lypunov stable.
The system is Lypunov stable.
```

两种判别方法均表明所判定的系统为李雅普诺夫稳定的。

5.5.3 线性定常离散系统的李雅普诺夫稳定性

与连续系统一样,Matlab 提供了求解离散时间李雅普诺夫矩阵代数方程的函数 dlyap()。基于此函数求解李雅普诺夫方程所得的解矩阵及 5.5.1 小节介绍的判定矩阵正定性函数 posit_def(),用户可以方便地判定线性定常离散系统的李雅普诺夫稳定性。

与连续时间李雅普诺夫矩阵代数方程函数 lyap()的调用格式类似,函数 dlyap()的主要调用格式为

$$P=dlyap(G,Q)$$

其中,矩阵 **G** 和 **Q** 分别为需求解的离散时间李雅普诺夫矩阵代数方程

$$G^{\mathrm{T}}PG-P=-Q$$

的已知矩阵，即输入条件；而 P 为该矩阵代数方程的对称矩阵解。

Matlab 问题 5-3 试在 Matlab 中判定如下系统的李雅普诺夫稳定性。

$$\begin{bmatrix} x_1(k+1) \\ x_2(k+1) \end{bmatrix} = \begin{bmatrix} 0 & 1 \\ -0.5 & -1 \end{bmatrix} \begin{bmatrix} x_1(k) \\ x_2(k) \end{bmatrix}$$

Matlab 程序 m5-3 如下。

```
G=[0 1; -0.5 -1];
Q=eye(size(G,1));
P=dlyap(G,Q);
result_state=posit_def(P);
switch  result_state(1:5)
    case 'posit'
        disp('The system is Lypunov stable.')
    otherwise
        disp('The system is not Lypunov stable.')
end
```

Matlab 程序 m5-3 执行结果如下。

```
The system is Lypunov stable
```

表明所判定的系统为李雅普诺夫稳定的。

5.5.4 线性定常系统的状态空间模型的结构性分析仿真平台

根据线性定常系统的状态空间模型的建立及结构性分析的有关内容，为更好地进行相关问题的计算与仿真，编著者基于 Matlab 的图形用户界面(GUI)技术开发了一个线性定常系统状态空间模型的建立及结构性分析的图形仿真软件 lti_struct_analysis。该软件的主要功能如下。

1) 提供可以解决线性定常连续系统和线性定常离散系统的结构性分析问题的软件平台，涉及的结构性分析问题有：状态能控性/能观性分析、李雅普诺夫稳定性分析、能控/能观分解、状态空间模型建立与系统实现问题(包括常用的最小实现和约旦规范形实现、能控规范Ⅰ/Ⅱ形和能观规范Ⅰ/Ⅱ形)、状态空间模型变换与状态空间模型规范形(包括常用的约旦规范形、能控规范Ⅰ/Ⅱ形、能观规范Ⅰ/Ⅱ形、旺纳姆/龙伯格能控规范Ⅱ形)和传递函数阵计算。

2) 仿真对象可以是 SISO 的，也可为 MIMO 的。

3) 界面友好，操作简便，使用方便。

仿真软件 lti_struct_analysis 的运行界面如图 5-11 所示。用户只要在 Matlab 中将 lti_struct_analysis. fig 文件作为 GUI 文件打开并运行，就可以根据计算与仿真的要求，在图形界面上输入仿真对象状态空间模型的各矩阵或传递函数模型的分子与分母多项式、仿真参数(包括仿真任务选择、结构分解时的分解类型选择、系统实现和模型变换的规范形选择等),就可以方便地进行线性定常系统的模型建立和结构性分析的计算与仿真了。

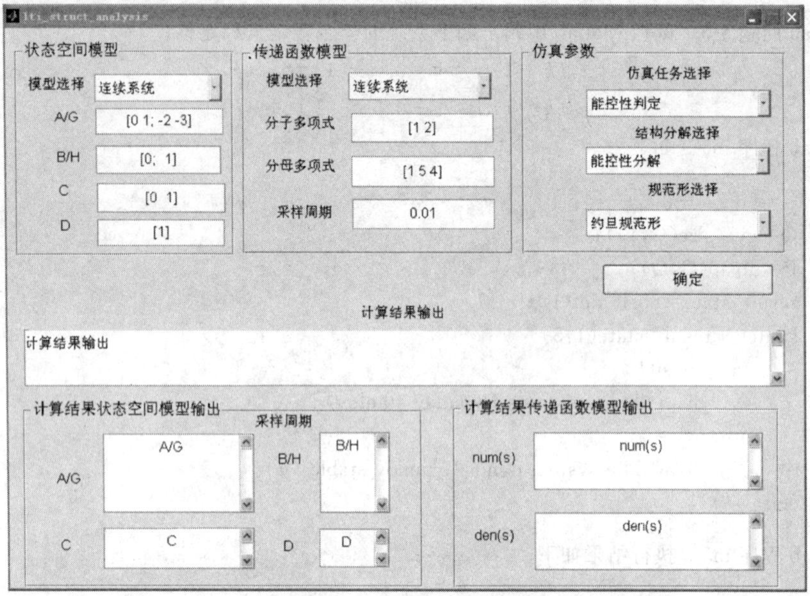

图 5-11 仿真软件 lti_struct_analysis **的运行界面图**

Matlab 问题 5-4 试使用软件 lti_struct_analysis 建立如下系统的能控规范Ⅱ形并分析李雅普诺夫稳定性。

$$\begin{cases} \dot{\boldsymbol{x}} = \begin{bmatrix} 1 & 0 \\ -1 & 2 \end{bmatrix}\boldsymbol{x} + \begin{bmatrix} -1 \\ 1 \end{bmatrix}\boldsymbol{u} \\ \boldsymbol{y} = \begin{bmatrix} 0 & 1 \end{bmatrix}\boldsymbol{x} \end{cases}$$

解 运行仿真软件 lti_struct_analysis 后,按 Matlab 问题 5-4 的要求,在 GUI 界面上的输入框内输入状态空间模型的各矩阵后,进行如下操作。

1) 在选择框上选择"仿真任务选择"为"系统变换","规范形选择"为"能控规范Ⅱ形",单击"确定"键,则有如图 5-12 所示的仿真界面输出(运行结果界面),其中变换结果在"计算结果状态空间模型输出"的各输出框内。

2) 在选择框上选择"仿真任务选择"为"李雅普诺夫稳定性判定",单击"确定"键,则有如图 5-13 所示的仿真界面输出(部分截图),其中稳定性结果在"计算结果输出"的输出框内。

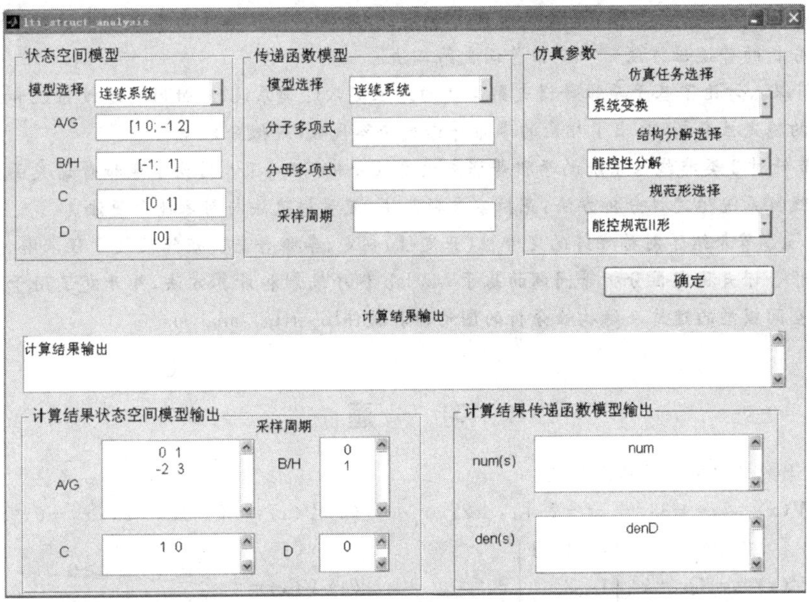

图 5-12 Matlab 问题 5-4 的能控规范Ⅱ形变换的运行结果界面图

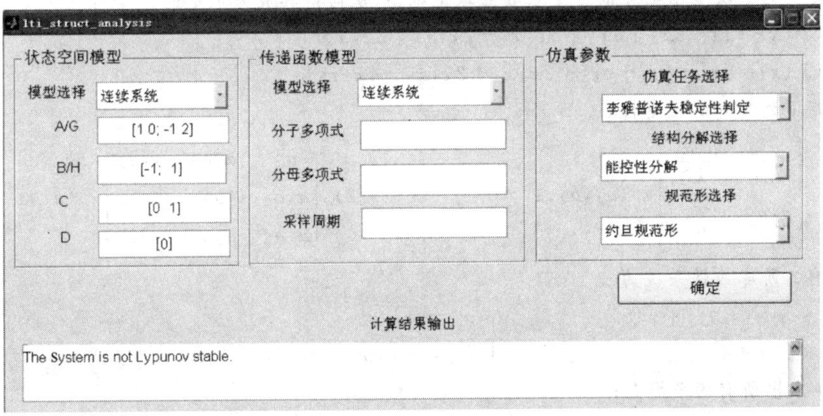

图 5-13 Matlab 问题 5-4 的李雅普诺夫稳定性分析的运行结果界面图

本章小结

稳定性问题是控制系统分析和设计的主要问题，也是系统综合的主要目标。本章讨论动力学系统的李雅普诺夫稳定性分析。它深刻描述了动力学系统内部运动状态的变化规律，是具有普适性的稳定性方法。

5.1 节给出了动力学系统的平衡态定义、稳定性的局部性概念，讨论了李雅普诺夫稳定、渐近稳定、不稳定等稳定性概念的定义。

5.2 节讨论了基于非线性系统的线性化以及线性定常系统输入、输出稳定性判据的李雅普诺夫第一法，从能量变化观点讨论了平衡态邻域的稳定性，着重讨论了基于李雅普诺夫函数的动力学系统稳定性分析的普适性方法——李雅普诺夫第二法。

5.3 节深入讨论了基于李雅普诺夫第二法的线性定常连续系统、线性时变连续系统和线性定常离散系统的稳定性分析，导出了相应的李雅普诺夫矩阵代数(或微分)方程。

5.4 节针对 3 类非线性系统的李雅普诺夫稳定性分析问题，深入讨论了李雅普诺夫函数的构造及 3 种非线性系统稳定性分析方法：克拉索夫斯基法、变量梯度法与阿依捷尔曼法。

最后，5.5 节介绍了对称矩阵的定号性(正定性)判定、李雅普诺夫矩阵代数方程求解、线性定常系统的李雅普诺夫稳定性分析等问题的基于 Matlab 程序编制和计算方法，并开发了用于线性定常系统状态空间模型的建立及结构性分析的图形仿真软件lti_struct_analysis。

习　题

5-1 判定下列二次型函数的定号性。

(1) $V(\boldsymbol{x})=2x_1^2+3x_2^2+x_3^2-2x_1x_2+2x_1x_3$　　(2) $V(\boldsymbol{x})=x_1^2+2x_3^2-2x_1x_3+6x_2x_3$

(3) $V(\boldsymbol{x})=\boldsymbol{x}^{\mathrm{T}}\boldsymbol{Q}\boldsymbol{x}=\boldsymbol{x}^{\mathrm{T}}\begin{bmatrix}1&1&1\\1&2&0\\1&0&2\end{bmatrix}\boldsymbol{x}$　　(4) $V(\boldsymbol{x})=\begin{cases}x_1^2+x_2 & x_2\geqslant 0\\ x_1^2+x_2^4 & x_2<0\end{cases}$

5-2 确定下列二次型函数中的待定系数的取值范围，从而使其成为正定的。

(1) $V(\boldsymbol{x})=x_1^2+2x_2^2+ax_3^2+2x_1x_2-2x_1x_3+2x_2x_3$

(2) $V(\boldsymbol{x})=ax_1^2+bx_2^2+cx_3^2+2x_1x_2+2x_1x_3-4x_2x_3$

5-3 判定下列矩阵的正定性。

(1) $\begin{bmatrix}\dfrac{a_1^2}{2\lambda_1}&\dfrac{a_1a_2}{\lambda_1}\\ \dfrac{a_1a_2}{\lambda_1}&a_2^2\end{bmatrix}$　$(a_1,a_2,\lambda_1\neq 0)$　　(2) $\begin{bmatrix}a_1^2&a_1a_2&a_1a_3\\a_1a_2&a_2^2&a_2a_3\\a_1a_3&a_2a_3&a_3^2\end{bmatrix}$　$(a_1,a_2,a_3\neq 0)$

5-4 设有二阶非线性系统为

$$\begin{cases}\dot{x}_1=x_2\\ \dot{x}_2=-\sin x_1-x_2\end{cases}$$

(1) 求出所有的平衡态；

(2) 求出各平衡态处的线性化状态方程，并用李雅普诺夫第一法判断是否为渐近稳定。

5-5 设系统的运动方程式为

$$\ddot{y}+(1-|y|)\dot{y}+y=0$$

试确定其渐近稳定的条件。

5-6 试选择适当的李雅普诺夫函数，并利用该函数判定下列非线性系统的稳定性。

(1) $\begin{cases}\dot{x}_1=x_2\\ \dot{x}_2=-x_1-x_1^2x_2\end{cases}$　　(2) $\begin{cases}\dot{x}_1=x_2\\ \dot{x}_2=-\sin x_1-x_2\end{cases}$

(3) $\begin{cases}\dot{x}_1=x_2\\ \dot{x}_2=-a(1+x_2)^2x_2-x_1\quad(a>0)\end{cases}$

5-7 设系统的状态方程为

$$\begin{cases}\dot{x}_1 = x_2 + ax_1(x_1^2 + x_2^2)\\ \dot{x}_2 = -x_1 - ax_2(x_1^2 + x_2^2)\end{cases}$$

试求其 V 函数，并在 $a>0$，$a<0$ 和 $a=0$ 时，分析平衡点处的系统稳定性。

5-8　用李雅普诺夫方法判定下列线性定常系统的稳定性。

(1) $\dot{\boldsymbol{x}} = \begin{bmatrix} 2 & 6 \\ -1 & -5 \end{bmatrix}\boldsymbol{x}$　　(2) $\dot{\boldsymbol{x}} = \begin{bmatrix} 0 & 1 \\ -6 & -5 \end{bmatrix}\boldsymbol{x}$

5-9　线性时变系统的状态方程为

$$\begin{cases}\dot{x}_1 = \dfrac{1}{t}x_1 + x_2\\ \dot{x}_2 = -tx_1 - \dfrac{1}{2}x_2\end{cases}$$

分析系统在平衡点处的稳定性如何？并求 V 函数。

5-10　用李雅普诺夫方法判定下列线性定常离散系统的稳定性。

(1) $\boldsymbol{x}(k+1) = \begin{bmatrix} 0 & 1 \\ -0.16 & -1 \end{bmatrix}\boldsymbol{x}(k)$　　(2) $\boldsymbol{x}(k+1) = \begin{bmatrix} 1 & 4 & 0 \\ -3 & -2 & -3 \\ 2 & 0 & 0 \end{bmatrix}\boldsymbol{x}(k)$

(3) $\boldsymbol{x}(k+1) = \begin{bmatrix} 0 & 1 & 0 \\ 0 & 0 & 1 \\ 0 & \dfrac{k}{2} & 0 \end{bmatrix}\boldsymbol{x}(k)\quad (k>0)$

5-11　用克拉索夫斯基法判别下述非线性系统的稳定性。

$$\begin{cases}\dot{x}_1 = -x_1 - x_2 - x_1^3\\ \dot{x}_2 = x_1 - x_2 - x_2^3\end{cases}$$

5-12　用克拉索夫斯基法确定下述系统为大范围渐近稳定时，参数 a 和 b 的取值范围。

$$\begin{cases}\dot{x}_1 = ax_1 + x_2\\ \dot{x}_2 = x_1 - x_2 + bx_2^5\end{cases}$$

5-13　用变量梯度法构成下述非线性系统的李雅普诺夫函数，并判别稳定性。

$$\begin{cases}\dot{x}_1 = -x_1 + 2x_1^5 x_2\\ \dot{x}_2 = -x_2\end{cases}$$

5-14　用阿依捷尔曼法判别结构如题图 5-14 所示的非线性系统的稳定性。

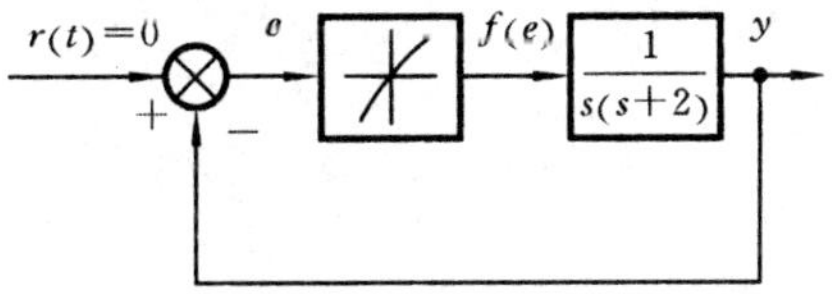

题图 5-14

6 线性系统综合

本章讨论线性系统的系统综合问题。主要介绍状态空间分析方法在系统控制与综合中的应用，如状态反馈与极点配置、系统镇定、系统解耦、状态观测器，以及带观测器的状态反馈闭环系统；最后介绍线性系统的系统综合问题求解及闭环控制系统的运动仿真问题的基于 Matlab 的程序设计与仿真计算。

系统综合是系统分析的逆问题。系统分析问题即是在已知系统结构和参数，以及确定好系统的外部输入(系统激励)等条件下，对系统运动进行定性分析(如能控性、能观性、稳定性等)和定量运动规律分析(如系统运动轨迹、系统的性能品质指标等)的探讨。而系统综合问题是已知系统的结构和参数，以及所期望的系统运动形式或关于系统运动动态过程和目标的某些特征，确定需要施加于系统的外部输入的大小或规律的问题。一般情况下，控制理论和控制系统设计的追求目标是解析反馈控制作用规律(反馈控制律)。对复杂的动力学被控系统，在解析反馈控制规律难以求解的情形下，需要求系统的数值反馈控制规律或外部输入函数的数值解序列(开环控制输入)。

系统综合首先需要确定关于系统运动形式，或关于系统运动动态过程和目标的某些特征的性能指标函数，然后据此确定控制规律。综合问题的性能指标函数可分为优化型和非优化型性能指标，两者差别在于：优化型性能指标是一类极值型指标，综合的目的是使该性能指标函数取极小(极大)；而非优化型性能指标是一类由不等式及等式约束的性能指标凸空间，一般只要求解的控制规律对应的性能指标到达该凸空间即可。对优化型性能指标，需要函数优化理论和泛函理论求解控制规律；而对非优化型性能指标，一般存在解析方法求解控制规律，如极点配置方法。

对于非优化型性能指标，按照对闭环系统期望的运动形式从不同的角度去规定性能，可以有多种提法和形式。常用的非优化型性能指标提法有以下几种。

1) 以系统渐近稳定作为性能指标，相应的综合问题为镇定问题。

2）以一组期望的闭环系统极点位置或极点凸约束区域（空间）为性能指标，相应的综合问题为极点配置问题。对线性定常系统，系统的稳定性和各种性能的品质指标（如过渡过程的快速性、超调量、周期性等），在很大程度上是由闭环系统的极点位置决定的。因此，在进行系统设计时，设法使闭环系统的极点位于 s 平面上的一组合理的、具有所期望的性能品质指标的期望极点上，可以有效地改善系统的性能品质指标。

3）对一个 MIMO 系统通过反馈控制实现一个输入只控制一个输出的系统综合问题称为系统解耦问题。系统解耦对于高维复杂系统尤为重要。

4）以使系统的输出 $\boldsymbol{y}(t)$ 无静差地跟踪一个外部信号 $\boldsymbol{y}_0(t)$ 作为性能指标，相应的综合问题称为跟踪问题。

优化型性能指标一般定义为关于状态 $\boldsymbol{x}(t)$ 和输入 $\boldsymbol{u}(t)$ 的积分型性能指标函数或关于末态 $\boldsymbol{x}(t_f)$ 的末值型性能指标函数。而综合的任务，就是要确定使性能指标函数取极值的控制规律，即最优控制律。相应的性能指标函数值则称为最优性能。

系统综合问题，无论是对优化型还是非优化型性能指标函数，首先存在两个主要问题。

一个是控制的存在性问题，即所谓可综合条件、控制规律存在条件。显然，只有对可综合的问题，控制命题才成立，才有必要去求解控制规律。对不可综合的问题，可以考虑修正性能指标函数，或改变被控系统的机理、结构或参数，以使系统可综合条件成立。

另一个是如何求解控制规律问题，即构造求解控制律的解析求解方法或计算机数值算法。利用这些算法，对满足可综合条件的系统，可确定控制规律，如确定相应的状态反馈或输出反馈矩阵。以现代技术的观点，这些方法应能方便地使用计算机实现，其相应的数值计算方法具有较好的数值稳定性，即在计算过程中可能出现的计算误差是否被不断放大、传播，还是被抑制在一个小的范围，其影响逐渐减弱。

在综合问题中，不仅存在可综合问题和算法求解问题，还存在控制系统在工程实现中出现的一些理论问题。

1）状态获取问题。对状态反馈控制系统，要实现已求解的状态反馈规律，需要获取被控系统的状态信息，以构成反馈。但对许多实际系统，所考虑的状态变量是描述系统内部信息的一组变量，可能并不完全能直接测量或以经济的方式测量。这就需要基于状态观测理论，根据系统模型，利用直接测量到的输入输出信息来构造或重构状态变量信息。相应的理论问题称为状态重构问题，即观测器问题。

2）建模误差和参数摄动问题。对系统综合问题，首先需建立一个描述系统动力学特性的数学模型。并且，系统分析与综合都是建立在模型基础上的。正如在第 2 章引言中指出的，系统模型是理想与现实，精确描述与简化描述的折中，任何模型都会有建模误差。此外，由于系统本身的复杂性及其所处环境的复杂性，系统的动力学特性会产生缓慢变化。这种变化在一定程度上可视为系统模型的参数摄动。这样，基于理想模型综合得到的控制器，运用于实际系统中所构成的闭环控制系统，对这些建模误差和参数摄动是否具有良好的抗干扰性（不敏感性），是否使系统保持稳定，是否使系统达到或接近预期的性能指标成为控制系统实现的关键问题。该问题称为系统鲁棒性问题。基于提高系统鲁棒性的控制综合方法也称为鲁棒控制方法。

本章将就这些系统综合的主要问题,如极点配置、镇定、解耦与观测器问题,基于状态反馈理论作细致讨论。

6.1 状态反馈与输出反馈

控制理论最基本的任务是,对给定的被控系统设计能满足所期望的性能指标的闭环控制系统,即寻找反馈控制律。在经典控制理论中,一般只考虑由系统的输出变量构成反馈律,即输出反馈问题。在现代控制理论中,所采用的模型是状态空间模型,其状态变量可完全描述系统内部状态动态特性。由于由状态变量得到的关于系统动静态的信息比输出变量提供的信息更丰富、更全面,因此,用状态变量构成的反馈控制律与用输出变量反馈构成的反馈控制律相比,设计的反馈律有更大的可选择范围,且闭环控制系统能达到更佳的性能。

本节首先讨论线性定常连续系统的状态反馈和输出反馈的概念、反馈闭环系统的描述,然后讨论反馈闭环系统的状态能控性与能观性。对线性定常离散系统的状态反馈和输出反馈问题,则可类似于线性定常连续系统,有相应的反馈系统描述和性质。

6.1.1 状态反馈的描述式

对线性定常连续被控系统 $\Sigma(\boldsymbol{A},\boldsymbol{B},\boldsymbol{C})$,若取状态变量来构成反馈律,则所得到的闭环控制系统称为状态反馈系统,系统结构如图 6-1 所示。开环系统状态空间模型和状态反馈律可分别记为

$$\left.\begin{aligned}\dot{\boldsymbol{x}} &= \boldsymbol{A}\boldsymbol{x}+\boldsymbol{B}\boldsymbol{u}\\ \boldsymbol{y} &= \boldsymbol{C}\boldsymbol{x}\end{aligned}\right\} \tag{6-1}$$

$$\boldsymbol{u} = -\boldsymbol{K}\boldsymbol{x}+\boldsymbol{v} \tag{6-2}$$

式中,$\boldsymbol{K}$ 为 $r\times n$ 维的实矩阵,称为状态反馈矩阵;$\boldsymbol{v}$ 为与开环被控系统 $\Sigma(\boldsymbol{A},\boldsymbol{B},\boldsymbol{C})$ 输入 $\boldsymbol{u}$ 同维的 r 维的伺服输入向量。

将状态反馈律(6-2)代入开环系统状态空间模型(6-1),可得描述状态反馈闭环控制系统的状态空间模型为

$$\left.\begin{aligned}\dot{\boldsymbol{x}} &= (\boldsymbol{A}-\boldsymbol{B}\boldsymbol{K})\boldsymbol{x}+\boldsymbol{B}\boldsymbol{v}\\ \boldsymbol{y} &= \boldsymbol{C}\boldsymbol{x}\end{aligned}\right\} \tag{6-3}$$

因此,可求得状态反馈闭环系统的传递函数阵为

$$\boldsymbol{G}_K(s) = \boldsymbol{C}(s\boldsymbol{I}-\boldsymbol{A}+\boldsymbol{B}\boldsymbol{K})^{-1}\boldsymbol{B}$$

习惯上,状态反馈闭环系统可简记为 $\Sigma_K(\boldsymbol{A}-\boldsymbol{B}\boldsymbol{K},\boldsymbol{B},\boldsymbol{C})$。

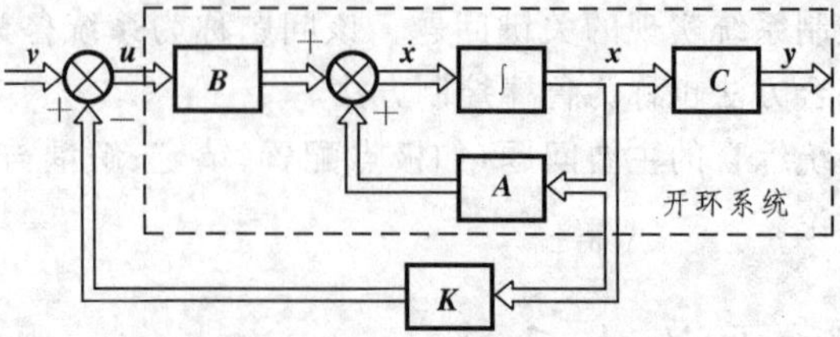

图 6-1　状态反馈系统的结构图

6.1.2　输出反馈的描述式

输出反馈采用系统的输出变量构成反馈律，系统的结构如图 6-2 所示，开环系统状态空间模型为 $\Sigma(\boldsymbol{A},\boldsymbol{B},\boldsymbol{C})$，输出反馈律可表示为

$$\boldsymbol{u}=-\boldsymbol{H}\boldsymbol{y}+\boldsymbol{v} \tag{6-4}$$

式中，$\boldsymbol{H}$ 为 $r\times m$ 维的实矩阵，称为输出反馈矩阵。

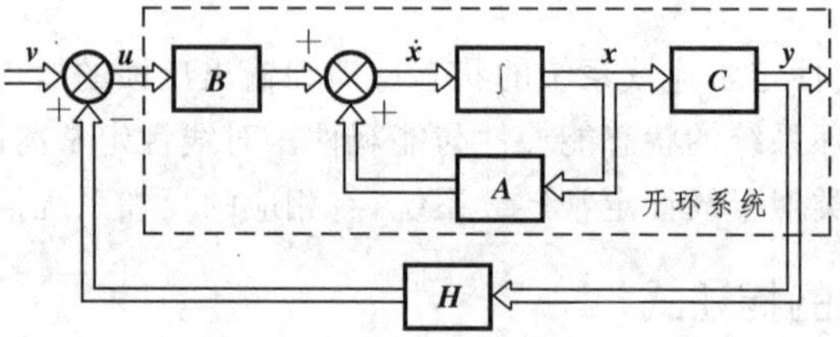

图 6-2　输出反馈系统的结构图

将输出反馈律(6-4)代入开环系统状态空间模型 $\Sigma(\boldsymbol{A},\boldsymbol{B},\boldsymbol{C})$，可得描述输出反馈闭环控制系统的状态空间模型为

$$\begin{cases}\dot{\boldsymbol{x}}=(\boldsymbol{A}-\boldsymbol{B}\boldsymbol{H}\boldsymbol{C})\boldsymbol{x}+\boldsymbol{B}\boldsymbol{v}\\ \boldsymbol{y}=\boldsymbol{C}\boldsymbol{x}\end{cases} \tag{6-5}$$

其相应的传递函数阵为

$$\boldsymbol{G}_H(s)=\boldsymbol{C}(s\boldsymbol{I}-\boldsymbol{A}+\boldsymbol{B}\boldsymbol{H}\boldsymbol{C})^{-1}\boldsymbol{B}$$

习惯上，输出反馈闭环系统可简记为 $\Sigma_H(\boldsymbol{A}-\boldsymbol{B}\boldsymbol{H}\boldsymbol{C},\boldsymbol{B},\boldsymbol{C})$。

由式(6-3)和式(6-5)可知，输出反馈其实可以视为当 $\boldsymbol{K}=\boldsymbol{H}\boldsymbol{C}$ 时的状态反馈。因此，在进行系统分析时，输出反馈可看作状态反馈的一种特例。反之，则不然。由此也可知，状态反馈可以达到比输出反馈更好的控制品质、更佳的性能。

6.1.3　闭环系统的状态能控性和能观性

对于由状态反馈和输出反馈构成的闭环反馈控制系统，其状态能控性和能观性是进行反馈律设计和闭环系统分析时需要关注的问题。

1. 闭环系统的状态能控性

由定理3-3，被控系统 $\Sigma(\boldsymbol{A},\boldsymbol{B},\boldsymbol{C})$ 采用状态反馈后的闭环系统 $\Sigma_K(\boldsymbol{A}-\boldsymbol{BK},\boldsymbol{B},\boldsymbol{C})$ 的能控性可由条件

$$\mathrm{rank}[\lambda\boldsymbol{I}-\boldsymbol{A}+\boldsymbol{BK}\ \ \boldsymbol{B}]=n \quad (\forall\lambda) \tag{6-6}$$

来判定，而

$$\mathrm{rank}[\lambda\boldsymbol{I}-\boldsymbol{A}+\boldsymbol{BK}\ \ \boldsymbol{B}]=\mathrm{rank}\left\{[\lambda\boldsymbol{I}-\boldsymbol{A}\ \boldsymbol{B}]\begin{bmatrix}\boldsymbol{I} & 0\\ \boldsymbol{K} & \boldsymbol{I}\end{bmatrix}\right\}=\mathrm{rank}[\lambda\boldsymbol{I}-\boldsymbol{A}\ \ \boldsymbol{B}] \tag{6-7}$$

即闭环系统能控性矩阵的秩等于开环系统能控性矩阵的秩，表明两者状态能控性等价，状态反馈不改变系统的状态能控性。

由于输出反馈可以视为状态反馈的特例，故输出反馈亦不改变系统的状态能控性。

2. 闭环系统的状态能观性

对被控系统 $\Sigma(\boldsymbol{A},\boldsymbol{B},\boldsymbol{C})$ 采用输出反馈构成闭环系统 $\Sigma_H(\boldsymbol{A}-\boldsymbol{BHC},\boldsymbol{B},\boldsymbol{C})$ 后，状态能观性不变，即输出反馈不改变状态能观性。对该结论可证明如下。

证明 根据对偶性原理，采用输出反馈构成的闭环系统 $\Sigma_H(\boldsymbol{A}-\boldsymbol{BHC},\boldsymbol{B},\boldsymbol{C})$ 的状态能观性等价于其对偶系统 $\Sigma_{H^{\mathrm{T}}}(\boldsymbol{A}^{\mathrm{T}}-\boldsymbol{C}^{\mathrm{T}}\boldsymbol{H}^{\mathrm{T}}\boldsymbol{B}^{\mathrm{T}},\boldsymbol{C}^{\mathrm{T}},\boldsymbol{B}^{\mathrm{T}})$ 的状态能控性；而该对偶系统可视为由系统 $\Sigma(\boldsymbol{A}^{\mathrm{T}},C^{\mathrm{T}},\boldsymbol{B}^{\mathrm{T}})$ 经输出反馈阵为 $\boldsymbol{H}^{\mathrm{T}}$ 构成的闭环反馈系统；由于输出反馈不改变系统的能控性，因此闭环系统 $\Sigma_H(\boldsymbol{A}-\boldsymbol{BHC},\boldsymbol{B},\boldsymbol{C})$ 的状态能观性等价于系统 $\Sigma(\boldsymbol{A}^{\mathrm{T}},\boldsymbol{C}^{\mathrm{T}},\boldsymbol{B}^{\mathrm{T}})$ 的状态能控性；又由对偶性原理有，系统 $\Sigma(\boldsymbol{A}^{\mathrm{T}},\boldsymbol{C}^{\mathrm{T}},\boldsymbol{B}^{\mathrm{T}})$ 的状态能控性等价于其对偶系统 $\Sigma(\boldsymbol{A},\boldsymbol{B},\boldsymbol{C})$ 的状态能观性，即可得，闭环系统 $\Sigma_H(\boldsymbol{A}-\boldsymbol{BHC},\boldsymbol{B},\boldsymbol{C})$ 的状态能观性等价于系统 $\Sigma(\boldsymbol{A},\boldsymbol{B},\boldsymbol{C})$ 的状态能观性。故输出反馈不改变状态能观性。 □□□

对于采用状态反馈构成的闭环系统 $\Sigma_K(\boldsymbol{A}-\boldsymbol{BK},\boldsymbol{B},\boldsymbol{C})$，状态反馈可能改变状态能观性。该结论可先由下例说明，在后述的极点配置部分再详细讨论。

例 6-1 设线性定常系统的状态空间模型为

$$\begin{cases}\dot{\boldsymbol{x}}=\begin{bmatrix}1 & 2\\ 3 & 1\end{bmatrix}\boldsymbol{x}+\begin{bmatrix}0\\ 1\end{bmatrix}\boldsymbol{u}\\ \boldsymbol{y}=[1\quad 2]\boldsymbol{x}\end{cases}$$

并设状态反馈阵 $\boldsymbol{K}=[3\ 1]$ 和输出反馈 $\boldsymbol{H}=2$。试分析该系统的状态反馈闭环系统和输出反馈闭环系统的状态能控性和状态能观性。

解 (1) 因为开环系统的能控性矩阵和能观性矩阵的秩分别为

$$\mathrm{rank}[\boldsymbol{B}\quad \boldsymbol{AB}]=\mathrm{rank}\begin{bmatrix}0 & 2\\ 1 & 1\end{bmatrix}=2=n,\quad \mathrm{rank}\begin{bmatrix}\boldsymbol{C}\\ \boldsymbol{CA}\end{bmatrix}=\mathrm{rank}\begin{bmatrix}1 & 2\\ 7 & 4\end{bmatrix}=2=n$$

所以开环系统为状态能控又能观的。

(2) 经状态反馈 $\boldsymbol{u}=-\boldsymbol{Kx}+\boldsymbol{v}$ 后的闭环系统的状态方程为

$$\dot{\boldsymbol{x}}=(\boldsymbol{A}-\boldsymbol{BK})\boldsymbol{x}+\boldsymbol{Bv}=\begin{bmatrix}1 & 2\\ 0 & 0\end{bmatrix}\boldsymbol{x}+\begin{bmatrix}0\\ 1\end{bmatrix}\boldsymbol{v}$$

其能控性矩阵和能观性矩阵的秩分别为

$$\operatorname{rank}[\boldsymbol{B} \quad (\boldsymbol{A}-\boldsymbol{BK})\boldsymbol{B}] = \operatorname{rank}\begin{bmatrix}0 & 2\\1 & 0\end{bmatrix} = 2 = n$$

$$\operatorname{rank}\begin{bmatrix}\boldsymbol{C}\\ \boldsymbol{C}(\boldsymbol{A}-\boldsymbol{BK})\end{bmatrix} = \operatorname{rank}\begin{bmatrix}1 & 2\\1 & 2\end{bmatrix} = 1 < n$$

所以状态反馈闭环系统是状态能控但不能观的，即状态反馈不能保持系统的状态能观性。

(3) 经输出反馈 $\boldsymbol{u}=-\boldsymbol{Hy}+\boldsymbol{v}$ 后的闭环系统的状态方程为

$$\dot{\boldsymbol{x}} = (\boldsymbol{A}-\boldsymbol{BHC})\boldsymbol{x}+\boldsymbol{Bv} = \begin{bmatrix}1 & 2\\1 & -3\end{bmatrix}\boldsymbol{x}+\begin{bmatrix}0\\1\end{bmatrix}\boldsymbol{v}$$

其能控性矩阵和能观性矩阵的秩分别为

$$\operatorname{rank}[\boldsymbol{B} \quad (\boldsymbol{A}-\boldsymbol{BHC})\boldsymbol{B}] = \operatorname{rank}\begin{bmatrix}0 & 2\\1 & -3\end{bmatrix} = 2 = n$$

$$\operatorname{rank}\begin{bmatrix}\boldsymbol{C}\\ \boldsymbol{C}(\boldsymbol{A}-\boldsymbol{BHC})\end{bmatrix} = \operatorname{rank}\begin{bmatrix}1 & 2\\3 & -4\end{bmatrix} = 2 = n$$

所以输出反馈闭环系统为状态能控又能观的。

6.2 反馈控制与极点配置

本节讨论如何利用状态反馈与输出反馈进行线性定常连续系统的极点配置，即如何使反馈闭环控制系统具有所指定的闭环极点。对线性定常离散系统的状态反馈设计问题，有完全平行的结论和方法。

对线性定常系统，系统的稳定性和各种性能的品质指标，在很大程度上是由闭环系统的极点位置决定的。因此在进行系统设计时，设法使闭环系统的极点位于期望极点上，可以有效地改善系统的性能品质指标。这种控制系统设计方法称为极点配置。在经典控制理论的系统综合中，无论采用频率域法还是根轨迹法，都是想通过改变系统极点的位置改善性能品质指标，本质上均属于极点配置方法。本节所介绍的状态反馈极点配置问题，则是讨论如何通过状态反馈阵 $\boldsymbol{K}$ 的选择，使得状态反馈闭环系统的极点恰好处于预先选择的一组期望极点上。

由于线性定常系统的特征多项式为实系数多项式，因此考虑到问题的可解性，对期望极点的选择应注意下列问题。

1) 对于 n 阶系统，可以而且必须给出 n 个期望极点 s_i^* $(i=1,2,\cdots,n)$；

2) 期望极点必须是实数或成对出现的共轭复数；

3) 期望极点必须体现对闭环系统的性能品质指标等的要求。

基于指定的期望极点，线性定常连续系统的状态反馈极点配置问题可描述为：给定线性定常连续系统

$$\dot{\boldsymbol{x}} = \boldsymbol{Ax}+\boldsymbol{Bu} \tag{6-8}$$

确定反馈控制律

$$\boldsymbol{u}=-\boldsymbol{Kx}+\boldsymbol{v} \tag{6-9}$$

使得状态反馈闭环系统的极点配置在指定的 n 个期望的闭环极点 s_i^* $(i=1,2,\cdots,n)$上，即

$$\lambda_i(\boldsymbol{A}-\boldsymbol{BK})=s_i^* \quad (i=1,2,\cdots,n)$$

6.2.1 状态反馈极点配置定理

在进行极点配置时，存在解的存在性问题，即被控系统和所选择的期望极点满足哪些条件，才是可以进行极点配置的问题。下面的极点配置定理就回答了该问题。

定理 6-1 对线性定常系统 $\Sigma(\boldsymbol{A},\boldsymbol{B})$利用线性状态反馈阵 $\boldsymbol{K}$，能使状态反馈闭环系统 $\Sigma_K(\boldsymbol{A}-\boldsymbol{BK},\boldsymbol{B})$的极点任意配置的充分必要条件为被控系统 $\Sigma(\boldsymbol{A},\boldsymbol{B})$状态完全能控。

证明 1) 充分性证明，即证明若被控系统 $\Sigma(\boldsymbol{A},\boldsymbol{B})$是状态完全能控的，则状态反馈闭环系统 $\Sigma_K(\boldsymbol{A}-\boldsymbol{BK},\boldsymbol{B})$必能任意配置极点。

由于系统非奇异的线性变换和状态反馈都不改变系统的能控性，而开环被控系统 $\Sigma(\boldsymbol{A},\boldsymbol{B})$是状态完全能控的，因此一定存在非奇异变换能将其变换成能控规范形。不失一般性，在此仅对能控规范Ⅱ形证明充分性。

下面仅对 SISO 系统进行充分性证明，对 MIMO 系统可完全类似于 SISO 系统的情况完成证明过程。

设 SISO 被控系统 $\Sigma(\boldsymbol{A},\boldsymbol{B})$为能控规范Ⅱ形，则其各矩阵分别为

$$\boldsymbol{A}=\begin{bmatrix}0 & 1 & 0 & \cdots & 0\\ 0 & 0 & 1 & \cdots & 0\\ \vdots & \vdots & \vdots & \ddots & \vdots\\ 0 & 0 & 0 & \cdots & 1\\ -a_n & -a_{n-1} & -a_{n-2} & \cdots & -a_1\end{bmatrix},\quad \boldsymbol{B}=\begin{bmatrix}0\\0\\ \vdots\\0\\1\end{bmatrix}$$

$$\boldsymbol{C}=\begin{bmatrix}b_n & b_{n-1} & b_{n-2} & \cdots & b_1\end{bmatrix}$$

且其传递函数为

$$\boldsymbol{G}(s)=\frac{b_1s^{n-1}+\cdots+b_n}{s^n+a_1s^{n-1}+\cdots+a_n}$$

若 SISO 被控系统 $\Sigma(\boldsymbol{A},\boldsymbol{B})$的状态反馈阵 $\boldsymbol{K}$ 为

$$\boldsymbol{K}=\begin{bmatrix}k_1 & k_2 & \cdots & k_n\end{bmatrix}$$

则状态反馈闭环系统 $\Sigma_K(\boldsymbol{A}-\boldsymbol{BK},\boldsymbol{B})$的系统矩阵$(\boldsymbol{A}-\boldsymbol{BK})$为

$$\boldsymbol{A}-\boldsymbol{BK}=\begin{bmatrix}0 & 1 & 0 & \cdots & 0\\ 0 & 0 & 1 & \cdots & 0\\ \vdots & \vdots & \vdots & \ddots & \vdots\\ 0 & 0 & 0 & \cdots & 1\\ -a_n-k_1 & -a_{n-1}-k_2 & -a_{n-2}-k_3 & \cdots & -a_1-k_n\end{bmatrix}$$

相应的状态反馈闭环控制系统的传递函数和特征多项式分别为

$$G_K(s)=\frac{b_1 s^{n-1}+\cdots+b_n}{s^n+(a_1+k_n)s^{n-1}+\cdots+(a_n+k_1)} \tag{6-10}$$

$$f_K(s)=s^n+(a_1+k_n)s^{n-1}+\cdots+(a_n+k_1)$$

如果期望的闭环极点为 $s_i^*(i=1,2,\cdots,n)$，则所确定的期望闭环特征多项式为

$$f^*(s)=(s-s_1^*)(s-s_2^*)\cdots(s-s_n^*)=s^n+a_1^* s^{n-1}+\cdots+a_n^*$$

那么，只需令 $f_K(s)=f^*(s)$，即取

$$a_1+k_n=a_1^*,a_2+k_{n-1}=a_2^*,\cdots,a_n+k_1=a_n^*$$

则可将状态反馈闭环系统 $\Sigma_K(\boldsymbol{A}-\boldsymbol{BK},\boldsymbol{B})$ 的极点配置在特征多项式 $f(s)$ 所规定的极点上，即证明了充分性。同时，还可得到相应的能控规范Ⅱ形下的状态反馈阵为

$$\boldsymbol{K}=[k_1 \quad k_2 \quad \cdots \quad k_n]$$

其中
$$k_i=a_{n-i+1}^*-a_{n-i+1} \quad (i=1,2,\cdots,n)$$

2）必要性证明，即证明若被控系统 $\Sigma(\boldsymbol{A},\boldsymbol{B})$ 可进行任意极点配置，则该系统是状态完全能控的。

采用反证法。假设系统是状态不完全能控的，但可以进行任意的极点配置。被控系统 $\Sigma(\boldsymbol{A},\boldsymbol{B})$ 是状态不完全能控的，则根据能控性分解定理，一定存在非奇异的线性变换 $\boldsymbol{x}=\boldsymbol{P}_c\tilde{\boldsymbol{x}}$，对其进行能控分解，可得到状态空间模型为

$$\begin{bmatrix}\dot{\tilde{\boldsymbol{x}}}_1\\ \dot{\tilde{\boldsymbol{x}}}_2\end{bmatrix}=\begin{bmatrix}\tilde{\boldsymbol{A}}_{11} & \tilde{\boldsymbol{A}}_{12}\\ 0 & \tilde{\boldsymbol{A}}_{22}\end{bmatrix}\begin{bmatrix}\tilde{\boldsymbol{x}}_1\\ \tilde{\boldsymbol{x}}_2\end{bmatrix}+\begin{bmatrix}\tilde{\boldsymbol{B}}_1\\ 0\end{bmatrix}\boldsymbol{u}$$

式中，状态变量 $\tilde{\boldsymbol{x}}_1$ 是完全能控的；状态变量 $\tilde{\boldsymbol{x}}_2$ 是完全不能控的。

对状态反馈闭环系统 $\Sigma_K(\boldsymbol{A}-\boldsymbol{BK},\boldsymbol{B})$ 作同样的非奇异线性变换 $\boldsymbol{x}=\boldsymbol{P}_c\tilde{\boldsymbol{x}}$，有

$$\begin{bmatrix}\dot{\tilde{\boldsymbol{x}}}_1\\ \dot{\tilde{\boldsymbol{x}}}_2\end{bmatrix}=\begin{bmatrix}\tilde{\boldsymbol{A}}_{11}-\tilde{\boldsymbol{B}}_1\tilde{\boldsymbol{K}}_1 & \tilde{\boldsymbol{A}}_{12}-\tilde{\boldsymbol{B}}_1\tilde{\boldsymbol{K}}_2\\ 0 & \tilde{\boldsymbol{A}}_{22}\end{bmatrix}\begin{bmatrix}\tilde{\boldsymbol{x}}_1\\ \tilde{\boldsymbol{x}}_2\end{bmatrix}+\begin{bmatrix}\tilde{\boldsymbol{B}}_1\\ 0\end{bmatrix}\boldsymbol{v}$$

式中，$[\tilde{\boldsymbol{K}}_1 \quad \tilde{\boldsymbol{K}}_2]=\boldsymbol{KP}_c$。

由上式可知，状态完全不能控子系统的系统矩阵 $\tilde{\boldsymbol{A}}_{22}$ 的特征值是不能通过反馈矩阵 $\boldsymbol{K}$ 来改变的，即该部分的极点不能配置。虽然状态完全能控子系统的系统矩阵 $\tilde{\boldsymbol{A}}_{11}$ 的特征值可以任意配置，但其特征值个数少于整个系统的系统矩阵 $\tilde{\boldsymbol{A}}$ 的特征值个数。因此，系统 $\tilde{\Sigma}(\tilde{\boldsymbol{A}},\tilde{\boldsymbol{B}})$ 的所有极点并不是都能任意配置的。由于非奇异的线性变换不改变系统的特征值（极点），因此系统 $\Sigma(\boldsymbol{A},\boldsymbol{B})$ 的所有极点并不是都能任意配置的。这与前面的假设是矛盾的，于是证明了被控系统 $\Sigma(\boldsymbol{A},\boldsymbol{B})$ 可任意极点配置，则该系统是状态完全能控的。故必要性得以证明。 □□□

式(6-10)表明，状态反馈虽然可以改变系统的极点，但不能改变系统的零点。当被控系统状态完全能控时，其极点可以进行任意配置。因此，当状态反馈闭环系统极点恰好配置与开环的零点重合时，则闭环系统的传递函数中将存在零极点相消现象。根据零

极点相消定理可知，闭环系统或状态不能控或不能观。由于状态反馈闭环系统保持其开环系统状态完全能控的特性，故该闭环系统只能是状态不能观的。这说明了状态反馈可能改变系统的状态能观性。从以上说明亦可得知，若 SISO 系统没有零点，则状态反馈不改变系统的状态能观性。

6.2.2 SISO 系统状态反馈极点配置方法

上述定理及其证明不仅说明了被控系统能进行任意极点配置的充分必要条件，而且给出了求取 SISO 系统极点配置问题中反馈矩阵 $\boldsymbol{K}$ 的一种方法。

1）由定理 6-1 的充分性证明可知，对于 SISO 线性定常连续系统的极点配置问题，若其状态空间模型为能控规范Ⅱ形，则相应反馈矩阵为

$$\boldsymbol{K}=[k_1 \quad k_2 \quad \cdots \quad k_n]=[a_n^*-a_n \quad a_{n-1}^*-a_{n-1} \quad \cdots \quad a_1^*-a_1]$$

其中，a_i 和 a_i^* $(i=1,2,\cdots,n)$ 分别为开环系统和所期望的闭环系统的特征多项式的系数。

2）若 SISO 被控系统的状态空间模型不为能控规范Ⅱ形，则由求能控规范Ⅱ形的方法，利用线性变换 $\boldsymbol{x}=\boldsymbol{T}_{c2}\tilde{\boldsymbol{x}}$，将系统 $\Sigma(\boldsymbol{A},\boldsymbol{B})$ 变换成能控规范Ⅱ形 $\tilde{\Sigma}(\tilde{\boldsymbol{A}},\tilde{\boldsymbol{B}})$，即有

$$\tilde{\boldsymbol{A}}=\boldsymbol{T}_{c2}^{-1}\boldsymbol{A}\boldsymbol{T}_{c2}, \quad \tilde{\boldsymbol{B}}=\boldsymbol{T}_{c2}^{-1}\boldsymbol{B}$$

对能控规范Ⅱ形 $\tilde{\Sigma}(\tilde{\boldsymbol{A}},\tilde{\boldsymbol{B}})$ 进行极点配置，求得相应的状态反馈阵为

$$\tilde{\boldsymbol{K}}=[a_n^*-a_n \quad a_{n-1}^*-a_{n-1} \quad \cdots \quad a_1^*-a_1]$$

因此，原系统 $\Sigma(\boldsymbol{A},\boldsymbol{B})$ 的相应状态反馈阵 $\boldsymbol{K}$ 为

$$\boldsymbol{K}=\tilde{\boldsymbol{K}}\boldsymbol{T}_{c2}^{-1}$$

下面通过两个例子说明计算状态反馈阵 $\boldsymbol{K}$ 的方法。

例 6-2 设线性定常系统的状态方程为

$$\dot{\boldsymbol{x}}=\begin{bmatrix}-1 & -2\\ -1 & 3\end{bmatrix}\boldsymbol{x}+\begin{bmatrix}2\\ 1\end{bmatrix}\boldsymbol{u}$$

求状态反馈阵 $\boldsymbol{K}$ 使闭环系统的极点为 $-1\pm \mathrm{j}2$。

解 1）判断系统的能控性。开环系统的能控性矩阵为

$$[\boldsymbol{B} \quad \boldsymbol{AB}]=\begin{bmatrix}2 & -4\\ 1 & 1\end{bmatrix}$$

则开环系统为状态能控，可以进行任意极点配置。

2）求能控规范Ⅱ形。

$$\boldsymbol{T}_1=[0 \quad 1][\boldsymbol{B} \quad \boldsymbol{AB}]^{-1}=[-1/6 \quad 1/3], \quad \boldsymbol{T}_{c2}^{-1}=\begin{bmatrix}\boldsymbol{T}_1\\ \boldsymbol{T}_1\boldsymbol{A}\end{bmatrix}=\frac{1}{6}\begin{bmatrix}-1 & 2\\ -1 & 8\end{bmatrix}$$

$$\tilde{\boldsymbol{A}}=\boldsymbol{T}_{c2}^{-1}\boldsymbol{A}\boldsymbol{T}_{c2}=\begin{bmatrix}0 & 1\\ 5 & 2\end{bmatrix}, \quad \tilde{\boldsymbol{B}}=\boldsymbol{T}_{c2}^{-1}\boldsymbol{B}=\begin{bmatrix}0\\ 1\end{bmatrix}$$

因此系统开环特征多项式 $f(s)=s^2-2s-5$，而由期望的闭环极点 $-1\pm \mathrm{j}2$ 所确定的期望的闭环特征多项式 $f(s)=s^2+2s+5$，得系统的状态反馈阵 $\boldsymbol{K}$ 为

$$\boldsymbol{K}=\tilde{\boldsymbol{K}}\boldsymbol{T}_{c2}^{-1}=[a_2^*-a_2 \quad a_1^*-a_1]\boldsymbol{T}_{c2}^{-1}$$

$$=[5-(-5) \quad 2-(-2)]\times\frac{1}{6}\begin{bmatrix}-1 & 2\\ -1 & 8\end{bmatrix}=\begin{bmatrix}-\frac{7}{3} & \frac{26}{3}\end{bmatrix}$$

则在反馈律 $\boldsymbol{u}=-\boldsymbol{Kx}+\boldsymbol{v}$ 下的闭环系统的状态方程为

$$\dot{\boldsymbol{x}}=\frac{1}{3}\begin{bmatrix}11 & -58\\ 4 & -17\end{bmatrix}\boldsymbol{x}+\begin{bmatrix}2\\ 1\end{bmatrix}\boldsymbol{u}$$

通过验算可知，该闭环系统的极点为 $-1\pm j2$，达到设计要求。

例 6-3 已知系统的传递函数为

$$\boldsymbol{G}(s)=\frac{10}{s(s+1)(s+2)}$$

试选择一种状态空间实现并求状态反馈阵 $\boldsymbol{K}$，使闭环系统的极点配置在 -2 和 $-1\pm j$ 上。

解 (1) 要实现系统的极点任意配置，则系统实现需状态完全能控。因此，选择能控规范Ⅱ形来建立被控系统的传递函数的状态空间模型，故有

$$\begin{cases}\dot{\boldsymbol{x}}=\begin{bmatrix}0 & 1 & 0\\ 0 & 0 & 1\\ 0 & -2 & -3\end{bmatrix}\boldsymbol{x}+\begin{bmatrix}0\\ 0\\ 1\end{bmatrix}\boldsymbol{u}\\ \boldsymbol{y}=[10 \quad 0 \quad 0]\boldsymbol{x}\end{cases}$$

(2) 系统的开环特征多项式 $f(s)$ 和由期望的闭环极点所确定的闭环特征多项式 $f^*(s)$ 分别为

$$f(s)=s^3+3s^2+2s, \quad f^*(s)=s^3+4s^2+6s+4$$

则相应的反馈矩阵 $\boldsymbol{K}$ 为

$$\boldsymbol{K}=[a_3^*-a_3 \quad a_2^*-a_2 \quad a_1^*-a_1]=[4 \quad 4 \quad 1]$$

因此，在反馈律 $\boldsymbol{u}=-\boldsymbol{Kx}+\boldsymbol{v}$ 下的闭环系统的状态空间模型为

$$\begin{cases}\dot{\boldsymbol{x}}=\begin{bmatrix}0 & 1 & 0\\ 0 & 0 & 1\\ -4 & -6 & -4\end{bmatrix}\boldsymbol{x}+\begin{bmatrix}0\\ 0\\ 1\end{bmatrix}\boldsymbol{u}\\ \boldsymbol{y}=[10 \quad 0 \quad 0]\boldsymbol{x}\end{cases}$$

在例 6-3 中，由给定的传递函数通过状态反馈进行极点配置时需先求系统实现，即需选择状态变量和建立状态空间模型。这里就存在一个所选择的状态变量是否可以直接测量、直接作反馈量的问题。由于状态变量是描述系统的内部动态运动和特性的，因此对实际控制系统，它有时是不能直接测量的，更有甚者是一种抽象的数学变量，不存在实际的物理量与之直接对应。若状态变量不能直接测量，则在状态反馈中需要引入所谓的状态观测器来估计系统的状态变量的值，用此估计值来构成状态反馈律。

6.2.3 MIMO 系统状态反馈极点配置方法

MIMO 线性定常连续系统极点配置问题可描述为：对给定的状态完全能控的 MIMO被控系统 $\Sigma(\boldsymbol{A},\boldsymbol{B})$ 和一组所期望的闭环极点 s_i^* $(i=1,2,\cdots,n)$，要确定 $r\times n$ 的反馈

矩阵 $\boldsymbol{K}$,使成立

$$\lambda_i(\boldsymbol{A}-\boldsymbol{BK}) = s_i^* \ (i=1,2,\cdots,n)$$

对 SISO 系统,由极点配置方法求得的状态反馈阵 $\boldsymbol{K}$ 是惟一的,而由 MIMO 系统的极点配置所求得的状态反馈阵 $\boldsymbol{K}$ 不惟一。这也导致了求取 MIMO 系统极点配置问题的状态反馈矩阵的方法多样性。

MIMO 系统极点配置方法主要有:化为单输入系统的极点配置方法、基于 MIMO 能控规范形的极点配置方法和鲁棒特征结构配置的极点配置方法等。

1. 化为单输入系统的极点配置方法

对能控的多输入系统,若能先通过状态反馈化为单输入系统,则可以利用前面介绍的 SISO 系统的极点配置方法,求解 MIMO 系统的极点配置问题的状态反馈矩阵。为此,有如下 MIMO 系统极点配置矩阵求解步骤。

1) 判断系统矩阵 $\boldsymbol{A}$ 是否为循环矩阵(即每个特征值仅有一个约旦块或其几何重数等于 1)。若否,则先选取一个 $r\times n$ 维的反馈矩阵 $\boldsymbol{K}_1$,使 $\boldsymbol{A}-\boldsymbol{BK}_1$ 为循环矩阵,并令 $\overline{\boldsymbol{A}}=\boldsymbol{A}-\boldsymbol{BK}_1$;若是,则直接令 $\overline{\boldsymbol{A}}=\boldsymbol{A}$。

2) 对循环矩阵 $\overline{\boldsymbol{A}}$,适当选取 r 维实列向量 $\boldsymbol{p}$,令 $\boldsymbol{b}=\boldsymbol{Bp}$ 且 $\Sigma(\overline{\boldsymbol{A}},\boldsymbol{b})$ 为能控的。

3) 对于等价的单输入系统 $\Sigma(\overline{\boldsymbol{A}},\boldsymbol{b})$ 的极点配置问题,利用单输入极点配置方法,求出状态反馈矩阵 $\boldsymbol{K}_2$,使 $\overline{\boldsymbol{A}}-\boldsymbol{BK}_2$ 极点配置在期望的闭环极点 $s_i^*\,(i=1,2,\cdots,n)$。

4) 当 $\boldsymbol{A}$ 为循环矩阵时,MIMO 系统的极点配置反馈矩阵 $\boldsymbol{K}=\boldsymbol{pK}_2$;当 $\boldsymbol{A}$ 不为循环矩阵时,MIMO 系统的极点配置反馈矩阵 $\boldsymbol{K}=\boldsymbol{pK}_2+\boldsymbol{K}_1$。

在上述算法中,对单输入系统,若 $\boldsymbol{A}$ 不为循环矩阵(其某个特征值对应约旦块多于一个),则根据推论 3-1,系统直接转化成的单输入系统不能控,不能进行极点配置。因此,需要判断系统矩阵 $\boldsymbol{A}$ 是否为循环矩阵。

例 6-4 设线性定常系统的状态方程为

$$\dot{\boldsymbol{x}} = \begin{bmatrix}1 & 1 & 0\\0 & 1 & 0\\0 & 0 & 1\end{bmatrix}\boldsymbol{x} + \begin{bmatrix}0 & 1\\1 & 0\\1 & 1\end{bmatrix}\boldsymbol{u}$$

求状态反馈阵 $\boldsymbol{K}$ 使闭环系统的极点为 $-2,-1\pm \mathrm{j}2$。

解 (1) 判断系统的能控性。由于被控系统状态空间模型恰为约旦规范形,由定理 3-2 可知,该开环系统为状态能控,可以进行任意极点配置。

(2) 由于系统矩阵 $\boldsymbol{A}$ 不为循环矩阵,需求取 $r\times n$ 维的反馈矩阵 $\boldsymbol{K}_1$,使 $\overline{\boldsymbol{A}}=\boldsymbol{A}-\boldsymbol{BK}_1$ 为循环矩阵。试选反馈矩阵 $\boldsymbol{K}_1$ 为

$$\boldsymbol{K}_1 = \begin{bmatrix}0 & 0 & 0\\0 & 0 & -1\end{bmatrix}$$

可以验证
$$\overline{\boldsymbol{A}}=\boldsymbol{A}-\boldsymbol{B}\boldsymbol{K}_1=\begin{bmatrix}1 & 1 & 1\\ 0 & 1 & 0\\ 0 & 0 & 2\end{bmatrix}$$
为循环矩阵。

(3) 对循环矩阵$\overline{\boldsymbol{A}}$，选取 r 维实列向量 $\boldsymbol{p}=[1\quad 1]^{\mathrm{T}}$，可以验证
$$\Sigma(\overline{\boldsymbol{A}},\boldsymbol{b})=\Sigma(\overline{\boldsymbol{A}},\boldsymbol{B}\boldsymbol{p})=\Sigma\left(\begin{bmatrix}1 & 1 & 1\\ 0 & 1 & 0\\ 0 & 0 & 2\end{bmatrix},\begin{bmatrix}1\\ 1\\ 2\end{bmatrix}\right)$$
为能控的。

(4) 对于等价的能控的单输入系统 $\Sigma(\overline{\boldsymbol{A}},\boldsymbol{b})$的极点配置问题，利用单输入极点配置方法，求出将闭环极点配置在-2，$-1\pm \mathrm{j}2$ 的状态反馈矩阵 $\boldsymbol{K}_2$为
$$\boldsymbol{K}_2=[-24\quad -68\quad 50]$$
计算过程为
$$\boldsymbol{T}_1=[0\quad 0\quad 1][\boldsymbol{B}\quad \boldsymbol{A}\boldsymbol{B}\quad \boldsymbol{A}^2\boldsymbol{B}]^{-1}=[-1\quad -2\quad 3/2]$$
$$\boldsymbol{T}_{c2}^{-1}=\begin{bmatrix}\boldsymbol{T}_1\\ \boldsymbol{T}_1\boldsymbol{A}\\ \boldsymbol{T}_1\boldsymbol{A}^2\end{bmatrix}=\frac{1}{2}\begin{bmatrix}-2 & -4 & 3\\ -2 & -6 & 4\\ -2 & -8 & 6\end{bmatrix}$$
因此，系统开环特征多项式 $f(s)=|s\boldsymbol{I}-\boldsymbol{A}|=s^3-4s^2+5s-2$，而由期望的闭环极点$-2$，$-1\pm\mathrm{j}2$ 所确定的期望的闭环特征多项式 $f(s)=s^3+4s^2+9s+10$，则得系统的状态反馈阵 $\boldsymbol{K}_2$为
$$\boldsymbol{K}_2=\widetilde{\boldsymbol{K}}\boldsymbol{T}_{c2}^{-1}=[a_3^*-a_3\quad a_2^*-a_2\quad a_1^*-a_1]\boldsymbol{T}_{c2}^{-1}$$
$$=[10-(-2)\quad 9-5\quad 4-(-4)]\times\frac{1}{2}\begin{bmatrix}-2 & -4 & 3\\ -2 & -6 & 4\\ -2 & -8 & 6\end{bmatrix}=[-24\quad -68\quad 50]$$

(5) 对 MIMO 系统的极点配置反馈矩阵为
$$\boldsymbol{K}=\boldsymbol{p}\boldsymbol{K}_2+\boldsymbol{K}_1=\begin{bmatrix}1\\ 1\end{bmatrix}[-24\quad -68\quad 50]+\begin{bmatrix}0 & 0 & 0\\ 0 & 0 & -1\end{bmatrix}=\begin{bmatrix}-24 & -68 & 50\\ -24 & -68 & 49\end{bmatrix}$$
则在反馈律 $\boldsymbol{u}=-\boldsymbol{K}\boldsymbol{x}+\boldsymbol{v}$ 下的闭环系统的状态方程为
$$\dot{\boldsymbol{x}}=\begin{bmatrix}25 & 69 & -49\\ 24 & 69 & -50\\ 48 & -136 & -98\end{bmatrix}\boldsymbol{x}+\begin{bmatrix}0 & 1\\ 1 & 0\\ 1 & 1\end{bmatrix}\boldsymbol{v}$$
通过验算可知，该闭环系统的极点为-2，$-1\pm\mathrm{j}2$，达到设计要求。

2. 基于 MIMO 能控规范形的极点配置方法

类似于前面介绍的 SISO 系统的极点配置方法，对能控的 MIMO 系统，也可以通过线性变换将其变换成旺纳姆/龙伯格能控规范Ⅱ形，再进行相应的极点配置。这种基于能控规范形的极点配置方法，计算简便，易于求解。

(1) 基于旺纳姆能控规范Ⅱ形的设计

结合一个有 3 个输入变量、5 个状态变量的 MIMO 系统的极点配置问题，介绍基于

旺纳姆能控规范Ⅱ形的极点配置算法。

1）先将能控的 MIMO 系统 $\Sigma(\boldsymbol{A},\boldsymbol{B})$化为旺纳姆能控规范Ⅱ形。为不失一般性，设变换矩阵为 $\boldsymbol{T}_{\mathrm{W}}$，变换成的旺纳姆能控规范Ⅱ形的系统矩阵和输入矩阵分别为

$$\tilde{\boldsymbol{A}}_{\mathrm{W}}=\boldsymbol{T}_{\mathrm{W}}^{-1}\boldsymbol{A}\boldsymbol{T}_{\mathrm{W}}=\left[\begin{array}{ccc:cc} 0 & 1 & 0 & 0 & 0 \\ 0 & 0 & 1 & 0 & 0 \\ -\alpha_{13} & -\alpha_{12} & -\alpha_{11} & 0 & 0 \\ \hdashline 0 & 0 & 0 & 0 & 1 \\ \beta_{21} & \beta_{22} & \beta_{23} & -\alpha_{22} & -\alpha_{21} \end{array}\right],\quad \tilde{\boldsymbol{B}}_{\mathrm{W}}=\boldsymbol{T}_{\mathrm{W}}^{-1}\boldsymbol{B}=\begin{bmatrix} 0 & 0 & * \\ 0 & 0 & * \\ 1 & 0 & * \\ 0 & 0 & * \\ 0 & 1 & * \end{bmatrix}$$

2）对给定的期望闭环极点 $s_i^*\ (i=1,2,\cdots,n)$，按$\tilde{\boldsymbol{A}}_{\mathrm{W}}$ 的对角线的维数，相应地计算得

$$\boldsymbol{f}_1^*(s)=(s-s_1^*)(s-s_2^*)(s-s_3^*)=s^3+\alpha_{11}^*s^2+\alpha_{12}^*s+\alpha_{13}^*$$

$$\boldsymbol{f}_2^*(s)=(s-s_4^*)(s-s_5^*)=s^2+\alpha_{21}^*s+\alpha_{22}^*$$

3）取旺纳姆能控规范Ⅱ形下的反馈矩阵$\tilde{\boldsymbol{K}}_{\mathrm{W}}$ 为

$$\tilde{\boldsymbol{K}}_{\mathrm{W}}=\left[\begin{array}{ccc:cc} \alpha_{13}^*-\alpha_{13} & \alpha_{12}^*-\alpha_{12} & \alpha_{11}^*-\alpha_{11} & 0 & 0 \\ \hdashline 0 & 0 & 0 & \alpha_{22}^*-\alpha_{22} & \alpha_{21}^*-\alpha_{21} \\ \hdashline 0 & 0 & 0 & 0 & 0 \end{array}\right]$$

将$\tilde{\boldsymbol{K}}_{\mathrm{W}}$ 代入旺纳姆能控规范Ⅱ形验算，可得

$$\tilde{\boldsymbol{A}}_{\mathrm{W}}-\tilde{\boldsymbol{B}}_{\mathrm{W}}\tilde{\boldsymbol{K}}_{\mathrm{W}}=\left[\begin{array}{ccc:cc} 0 & 1 & 0 & 0 & 0 \\ 0 & 0 & 1 & 0 & 0 \\ -\alpha_{13}^* & -\alpha_{12}^* & -\alpha_{11}^* & 0 & 0 \\ \hdashline 0 & 0 & 0 & 0 & 1 \\ \beta_{21} & \beta_{22} & \beta_{23} & -\alpha_{22}^* & -\alpha_{21}^* \end{array}\right]$$

显然符合极点配置要求。

4）原系统 $\Sigma(\boldsymbol{A},\boldsymbol{B})$的反馈矩阵为 $\boldsymbol{K}=\tilde{\boldsymbol{K}}_{\mathrm{W}}\boldsymbol{T}_{\mathrm{W}}^{-1}$。

（2）基于龙伯格能控规范Ⅱ形的设计

结合一个有 3 个输入变量、6 个状态变量的 MIMO 系统的极点配置问题求解，介绍基于龙伯格能控规范Ⅱ形的极点配置算法。

1）先将能控的 MIMO 系统 $\Sigma(\boldsymbol{A},\boldsymbol{B})$化为龙伯格能控规范Ⅱ形变换。为不失一般性，设变换矩阵为 $\boldsymbol{T}_{\mathrm{L}}$，所变换成的龙伯格能控规范Ⅱ形的系统矩阵和输入矩阵分别为

$$\tilde{\boldsymbol{A}}_{\mathrm{L}}=\boldsymbol{T}_{\mathrm{L}}^{-1}\boldsymbol{A}\boldsymbol{T}_{\mathrm{L}}=\left[\begin{array}{ccc:cc:c} 0 & 1 & 0 & 0 & 0 & 0 \\ 0 & 0 & 1 & 0 & 0 & 0 \\ -\alpha_{13} & -\alpha_{12} & -\alpha_{11} & \beta_{14} & \beta_{15} & \beta_{16} \\ \hdashline 0 & 0 & 0 & 0 & 1 & 0 \\ \beta_{21} & \beta_{22} & \beta_{23} & -\alpha_{22} & -\alpha_{21} & \beta_{26} \\ \hdashline \beta_{31} & \beta_{32} & \beta_{33} & \beta_{34} & \beta_{35} & -\alpha_{31} \end{array}\right]$$

$$\tilde{\boldsymbol{B}}_L = \boldsymbol{T}_L^{-1}\boldsymbol{B} = \left[\begin{array}{c|c|c} 0 & 0 & 0 \\ 0 & 0 & 0 \\ 1 & \gamma_{12} & \gamma_{13} \\ \hline & 0 & 0 \\ & 1 & \gamma_{23} \\ \hline & & 1 \end{array}\right]$$

2) 对给定的期望闭环极点 $s_i^*(i=1,2,\cdots,n)$，按$\tilde{\boldsymbol{A}}_L$ 的对角线的维数，相应地计算得

$$\left.\begin{aligned} f_1^*(s) &= (s-s_1^*)(s-s_2^*)(s-s_3^*) = s^3+\alpha_{11}^*s^2+\alpha_{12}^*s+\alpha_{13}^* \\ f_2^*(s) &= (s-s_4^*)(s-s_5^*) = s^2+\alpha_{21}^*s+\alpha_{22}^* \\ f_3^*(s) &= (s-s_6^*) = s+\alpha_{31}^* \end{aligned}\right\} \tag{6-11}$$

3) 对龙伯格能控规范Ⅱ形，一定存在状态反馈阵$\tilde{\boldsymbol{K}}_L$ 使得闭环反馈矩阵为

$$\tilde{\boldsymbol{A}}_L - \tilde{\boldsymbol{B}}_L\tilde{\boldsymbol{K}}_L = \left[\begin{array}{ccc|cc|c} 0 & 1 & 0 & & & \\ 0 & 0 & 1 & & & \\ -\alpha_{13}^* & -\alpha_{12}^* & -\alpha_{11}^* & & & \\ \hline & & & 0 & 1 & \\ & & & -\alpha_{22}^* & -\alpha_{21}^* & \\ \hline & & & & & -\alpha_{31}^* \end{array}\right] \tag{6-12}$$

式中，α_{ij}^* 为期望闭环特征多项式(6-11)的系数。因此，将开环的$\tilde{\boldsymbol{A}}_L$ 和$\tilde{\boldsymbol{B}}_L$ 代入代数方程(6-12)，由该方程的第 3,5,6 行(即每个分块的最后一行)可得关于状态反馈阵$\tilde{\boldsymbol{K}}_L$ 的方程

$$\begin{bmatrix} 1 & \gamma_{12} & \gamma_{13} \\ & 1 & \gamma_{23} \\ & & 1 \end{bmatrix}\tilde{\boldsymbol{K}}_L = \left[\begin{array}{ccc|cc|c} \alpha_{13}^*-\alpha_{13} & \alpha_{12}^*-\alpha_{12} & \alpha_{11}^*-\alpha_{11} & \beta_{14} & \beta_{15} & \beta_{16} \\ \hline \beta_{21} & \beta_{22} & \beta_{23} & \alpha_{22}^*-\alpha_{22} & \alpha_{21}^*-\alpha_{21} & \beta_{26} \\ \hline \beta_{31} & \beta_{32} & \beta_{33} & \beta_{34} & \beta_{35} & \alpha_{31}^*-\alpha_{31} \end{array}\right]$$

由代数方程论知识可知，上述代数方程组有惟一解。由于该方程为下三角代数方程组，可以快捷地求解出状态反馈矩阵$\tilde{\boldsymbol{K}}_L$。

4) 原系统 $\Sigma(\boldsymbol{A},\boldsymbol{B})$的反馈矩阵为

$$\boldsymbol{K} = \tilde{\boldsymbol{K}}_L\boldsymbol{T}_L^{-1}$$

例 6-5 试将线性连续定常系统

$$\dot{\boldsymbol{x}} = \left[\begin{array}{ccc|cc} 0 & 1 & 0 & 0 & 0 \\ 0 & 0 & 1 & 0 & 0 \\ 3 & 1 & 0 & 1 & 2 \\ \hline 0 & 0 & 0 & 0 & 1 \\ 4 & 3 & 1 & -1 & -4 \end{array}\right]\boldsymbol{x} + \left[\begin{array}{c|c} 0 & 0 \\ 0 & 0 \\ 1 & 1 \\ \hline 0 & 0 \\ 0 & 1 \end{array}\right]\boldsymbol{u}$$

的闭环极点配置在-1，$-2\pm j$ 和$-1\pm j2$ 上。

解 (1) 采用旺纳姆能控规范Ⅱ形求解。

1) 按照求解旺纳姆能控规范Ⅱ形的算法步骤求得旺纳姆能控规范Ⅱ形为

$$\dot{\tilde{x}} = \begin{bmatrix} 0 & 1 & 0 & 0 & 0 \\ 0 & 0 & 1 & 0 & 0 \\ 0 & 0 & 0 & 1 & 0 \\ 0 & 0 & 0 & 0 & 1 \\ 7 & 24 & 14 & 2 & -4 \end{bmatrix} \tilde{x} + \begin{bmatrix} 0 & 1/22 \\ 0 & 3/22 \\ 0 & -13/22 \\ 0 & 49/22 \\ 1 & -161/22 \end{bmatrix} \boldsymbol{u}$$

其中变换矩阵为

$$\boldsymbol{T}_W = \begin{bmatrix} 1 & 4 & 1 & 0 & 0 \\ 0 & 1 & 4 & 1 & 0 \\ 0 & 0 & 1 & 4 & 1 \\ 4 & 3 & 1 & 0 & 0 \\ 0 & 4 & 3 & 1 & 0 \end{bmatrix}$$

2) 对给定的期望闭环极点 s_i^* $(i=1,2,\cdots,n)$,按$\widetilde{\boldsymbol{A}}_W$ 的对角线的维数,相应地计算得

$$f_1^*(s) = \prod_{i=1}^{5}(s - s_i^*) = s^5 + 7s^4 + 24s^3 + 48s^2 + 55s + 25$$

3) 取旺纳姆能控规范Ⅱ形下的反馈矩阵为

$$\widetilde{\boldsymbol{K}}_W = \begin{bmatrix} 32 & 79 & 62 & 26 & 3 \\ 0 & 0 & 0 & 0 & 0 \end{bmatrix}$$

则闭环系统的系统矩阵为

$$\widetilde{\boldsymbol{A}}_W - \widetilde{\boldsymbol{B}}_W \widetilde{\boldsymbol{K}}_W = \begin{bmatrix} 0 & 1 & 0 & 0 & 0 \\ 0 & 0 & 1 & 0 & 0 \\ 0 & 0 & 0 & 1 & 0 \\ 0 & 0 & 0 & 0 & 1 \\ -25 & -55 & -48 & -24 & -7 \end{bmatrix}$$

4) 原系统 $\Sigma(\boldsymbol{A},\boldsymbol{B})$的反馈矩阵和闭环系统矩阵分别为

$$\boldsymbol{K} = \widetilde{\boldsymbol{K}}_W \boldsymbol{T}_W^{-1} = \frac{1}{22}\begin{bmatrix} 104 & 120 & 66 & 150 & 188 \\ 0 & 0 & 0 & 0 & 0 \end{bmatrix}$$

$$\boldsymbol{A} - \boldsymbol{B}\boldsymbol{K} = \begin{bmatrix} 0 & 1 & 0 & 0 & 0 \\ 0 & 0 & 1 & 0 & 0 \\ -38/22 & -98/22 & -3 & -128/22 & -144/22 \\ 0 & 0 & 0 & 0 & 1 \\ 4 & 3 & 1 & -1 & -4 \end{bmatrix}$$

(2) 采用龙伯格能控规范Ⅱ形求解。

1) 按照求解龙伯格能控规范Ⅱ形的算法步骤求得龙伯格能控规范Ⅱ形为

$$\dot{\tilde{x}} = \left[\begin{array}{ccc|cc} 0 & 1 & 0 & 0 & 0 \\ 0 & 0 & 1 & 0 & 0 \\ 4 & 3 & 0 & 1 & 2 \\ \hline 0 & 0 & 0 & 0 & 1 \\ 3 & -1 & 0 & -1 & -4 \end{array}\right] \tilde{x} + \left[\begin{array}{c|c} 0 & 0 \\ 0 & 0 \\ 1 & 1 \\ \hline 0 & 0 \\ 0 & 1 \end{array}\right] \boldsymbol{u}$$

其中变换矩阵

$$\boldsymbol{T}_{\mathrm{L}}=\begin{bmatrix}1&0&0&0&0\\0&1&0&0&0\\0&0&1&0&0\\1&0&0&1&0\\0&1&0&0&1\end{bmatrix}$$

2）对给定的期望闭环极点 $s_i^*\ (i=1,2,\cdots,n)$，按$\widetilde{\boldsymbol{A}}_{\mathrm{L}}$ 的对角线的维数，相应地计算得

$$f_1^*(s)=(s+1)(s+2-\mathrm{j})(s+2+\mathrm{j})=s^3+5s^2+9s+5$$

$$f_2^*(s)=(s+1-2\mathrm{j})(s+1+2\mathrm{j})=s^2+2s+5$$

3）期望的闭环系统矩阵为

$$\widetilde{\boldsymbol{A}}_{\mathrm{L}}-\widetilde{\boldsymbol{B}}_{\mathrm{L}}\widetilde{\boldsymbol{K}}_{\mathrm{L}}=\left[\begin{array}{ccc:cc}0&1&0&&\\0&0&1&&\\-5&-9&-5&&\\ \hdashline &&&0&1\\&&&-5&-2\end{array}\right]$$

因此状态反馈阵$\widetilde{\boldsymbol{K}}$满足的方程为

$$\begin{bmatrix}1&\gamma_{12}\\&1\end{bmatrix}\widetilde{\boldsymbol{K}}_{\mathrm{L}}=\left[\begin{array}{c:cccc}\alpha_{13}^*-\alpha_{13}&\alpha_{12}^*-\alpha_{12}&\alpha_{11}^*-\alpha_{11}&\beta_{14}&\beta_{15}\\\beta_{21}&\beta_{22}&\beta_{23}&\alpha_{22}^*-\alpha_{22}&\alpha_{21}^*-\alpha_{21}\end{array}\right]$$

即

$$\begin{bmatrix}1&1\\0&1\end{bmatrix}\widetilde{\boldsymbol{K}}_{\mathrm{L}}=\begin{bmatrix}9&12&5&1&2\\3&-1&0&4&-2\end{bmatrix}$$

因此可以解得

$$\widetilde{\boldsymbol{K}}_{\mathrm{L}}=\begin{bmatrix}6&13&5&-3&4\\3&-1&0&4&-2\end{bmatrix}$$

4）原系统 $\Sigma(\boldsymbol{A},\boldsymbol{B})$的反馈矩阵和闭环系统矩阵分别为

$$\boldsymbol{K}=\widetilde{\boldsymbol{K}}_{\mathrm{L}}\boldsymbol{T}_{\mathrm{L}}^{-1}=\begin{bmatrix}9&9&5&-3&4\\-1&1&0&4&-2\end{bmatrix}$$

$$\boldsymbol{A}-\boldsymbol{B}\boldsymbol{K}=\left[\begin{array}{ccc:cc}0&1&0&0&0\\0&0&1&0&0\\-5&-9&-5&0&0\\ \hdashline 0&0&0&0&1\\5&2&1&-5&-2\end{array}\right]$$

6.2.4 输出反馈极点配置

由于输出变量空间可视为状态变量空间的子空间，因此输出反馈也称为部分状态反馈。由于输出反馈包含的信息较状态反馈包含的信息少，因此输出反馈的控制与镇定能力必然比状态反馈弱。

线性定常连续系统的输出反馈极点配置问题可描述为：给定线性定常连续系统

$$\left.\begin{aligned}\dot{\boldsymbol{x}} &= \boldsymbol{A}\boldsymbol{x} + \boldsymbol{B}\boldsymbol{u} \\ \boldsymbol{y} &= \boldsymbol{C}\boldsymbol{x}\end{aligned}\right\} \tag{6-13}$$

确定输出反馈控制律

$$\boldsymbol{u} = -\boldsymbol{H}\boldsymbol{x} + \boldsymbol{v} \tag{6-14}$$

使得输出反馈闭环系统的极点配置在指定的 $p(p\leqslant n)$ 个期望的闭环极点 $s_i^*(i=1,2,\cdots,p)$上，即

$$\lambda_i(\boldsymbol{A}-\boldsymbol{BHC}) = s_i^*(i=1,2,\cdots,p)$$

下面，先通过一个输出反馈闭环系统的极点变化，考察输出反馈能否像状态反馈那样对能控系统进行极点配置，然后给出相关结论。

考察能控能观的系统

$$\begin{cases}\dot{\boldsymbol{x}} = \begin{bmatrix}0 & 1\\0 & 0\end{bmatrix}\boldsymbol{x} + \begin{bmatrix}0\\1\end{bmatrix}\boldsymbol{u} \\ \boldsymbol{y} = \begin{bmatrix}1 & 0\end{bmatrix}\boldsymbol{x}\end{cases}$$

它在输出反馈 $u=-hy$ 下的闭环系统为

$$\begin{cases}\dot{\boldsymbol{x}} = \begin{bmatrix}0 & 1\\-h & 0\end{bmatrix}\boldsymbol{x} + \begin{bmatrix}0\\1\end{bmatrix}\boldsymbol{u} \\ \boldsymbol{y} = \begin{bmatrix}1 & 0\end{bmatrix}\boldsymbol{x}\end{cases}$$

其闭环特征多项式为 s^2+h。从而当 h 的值变化时，闭环系统的极点从 2 重的开环极点 $s=0$配置到 $s=\pm\sqrt{-h}$或 $s=\pm\mathrm{j}\sqrt{h}$，而不能任意配置。

上例说明，输出反馈对能控能观系统可以改变极点位置，但不能进行任意的极点配置。因此，对某些系统，采取输出反馈可能不能配置闭环系统的所有极点，使闭环系统稳定或具有所期望的闭环极点。因此，欲使闭环系统稳定或具有所期望的闭环极点，要尽可能采取状态反馈控制或动态输出反馈控制(动态补偿器)。

关于输出反馈可以任意配置极点数目 p 的问题，有如下定理(证明略)。

定理 6-2 对能控能观的线性定常系统 $\Sigma(\boldsymbol{A},\boldsymbol{B},\boldsymbol{C})$，可采用静态输出反馈进行“几乎”任意接近地配置 $p=\min\{n,m+r-1\}$ 个极点。

定理 6-2 中的 n,m,r 分别为状态空间、输出空间和输入空间的维数，“几乎”任意接近地配置极点的意义为可以任意地接近于指定的期望极点位置，但并不意味着能确定配置在指定的期望极点位置上。

例如，对上例的输出反馈问题，由于 $\min\{n,m+r-1\}=1$，则该系统可以通过输出反馈“几乎”任意接近地配置的极点数为 1。如期望的闭环极点为-1 与-2，则输出反馈矩阵可以取 $k=-1$ 或-4，则可以将一个极点配置在-1 或-2，但另一个闭环极点不能配置。再如期望的闭环极点为$-1\pm\mathrm{j}2$，则输出反馈矩阵可以取 $k=1$，可以将一个极点配置在与期望极点$-1\pm\mathrm{j}2$ 最接近的-1 上，但未能配置在期望的$-1\pm\mathrm{j}2$ 上。

6.3 系统镇定

受控系统通过状态反馈(或者输出反馈),使得闭环系统渐近稳定,这样的问题称为镇定问题。通过反馈控制能达到渐近稳定的系统是可镇定的。镇定只要求闭环极点位于复平面的左半开平面之内。镇定问题的重要性主要体现在以下3个方面:

1) 稳定性往往是控制系统能够正常工作的必要条件,是对控制系统的最基本的要求;

2) 许多实际的控制系统是以渐近稳定作为最终设计目标的;

3) 稳定性往往还是确保控制系统具有其他性能的条件,如渐近跟踪控制问题等。

镇定问题是系统极点配置问题的一种特殊情况,它只要求把闭环极点配置在 s 平面的左侧,而并不要求将极点严格地配置在期望的极点上。为了使系统稳定,只需将那些不稳定因子,即具有非负实部的极点,配置到 s 平面的左半开平面即可。因此,通过状态(输出)反馈矩阵 $\boldsymbol{K}$ 使系统的特征值得到相应配置,把系统的特征值(即 $\boldsymbol{A}-\boldsymbol{BK}$ 的特征值)配置在 s 平面的左半开平面就可以实现系统镇定。

6.3.1 状态反馈镇定

线性定常连续系统状态反馈镇定问题可以描述为:对于给定的线性定常连续系统 $\Sigma(\boldsymbol{A},\boldsymbol{B},\boldsymbol{C})$,找到一个状态反馈控制律

$$\boldsymbol{u}=-\boldsymbol{Kx}+\boldsymbol{v} \tag{6-15}$$

使得闭环系统状态方程

$$\dot{\boldsymbol{x}}=(\boldsymbol{A}-\boldsymbol{BK})\boldsymbol{x}+\boldsymbol{Bv} \tag{6-16}$$

是镇定的,其中 $\boldsymbol{K}$ 为状态反馈矩阵,$\boldsymbol{v}$ 为参考输入。

对是否可经状态反馈进行系统镇定问题,有如下定理。

定理 6-3 状态完全能控的系统 $\Sigma(\boldsymbol{A},\boldsymbol{B},\boldsymbol{C})$ 可经状态反馈矩阵 $\boldsymbol{K}$ 镇定。

证明 根据状态反馈极点配置定理 6-1,对状态完全能控的系统,可以进行任意极点配置。因此,也就肯定可以通过状态反馈矩阵 $\boldsymbol{K}$ 将系统的闭环极点配置在 s 平面的左半开平面之内,即闭环系统是镇定的。故证明完全能控的系统,必定是可镇定的。

□□□

定理 6-4 若系统 $\Sigma(\boldsymbol{A},\boldsymbol{B},\boldsymbol{C})$ 是不完全能控的,则线性状态反馈使系统镇定的充要条件是系统的完全不能控部分是渐近稳定的,即系统 $\Sigma(\boldsymbol{A},\boldsymbol{B},\boldsymbol{C})$ 不稳定的极点只分布在系统的能控部分。

证明 1) 若系统 $\Sigma(\boldsymbol{A},\boldsymbol{B},\boldsymbol{C})$ 不完全能控,可以通过线性变换将其按能控性分解为

$$\tilde{\boldsymbol{A}}=\boldsymbol{P}_c^{-1}\boldsymbol{A}\boldsymbol{P}_c=\begin{bmatrix}\tilde{\boldsymbol{A}}_{11} & \tilde{\boldsymbol{A}}_{12}\\ 0 & \tilde{\boldsymbol{A}}_{22}\end{bmatrix},\quad \tilde{\boldsymbol{B}}=\boldsymbol{P}_c^{-1}\boldsymbol{B}=\begin{bmatrix}\tilde{\boldsymbol{B}}_1\\ 0\end{bmatrix},\quad \tilde{\boldsymbol{C}}=\boldsymbol{C}\boldsymbol{P}_c=[\tilde{\boldsymbol{C}}_1 \quad \tilde{\boldsymbol{C}}_2] \tag{6-17}$$

式中，$\tilde{\Sigma}_c(\tilde{\boldsymbol{A}}_{11},\tilde{\boldsymbol{B}}_1,\tilde{\boldsymbol{C}}_1)$为完全能控子系统；$\tilde{\Sigma}_{nc}(\tilde{\boldsymbol{A}}_{22},0,\tilde{\boldsymbol{C}}_2)$为完全不能控子系统。

2）由于线性变换不改变系统的特征值，故有

$$|s\boldsymbol{I}-\boldsymbol{A}|=|s\boldsymbol{I}-\tilde{\boldsymbol{A}}|=\begin{vmatrix} s\boldsymbol{I}_1-\tilde{\boldsymbol{A}}_{11} & -\tilde{\boldsymbol{A}}_{12} \\ 0 & s\boldsymbol{I}_2-\tilde{\boldsymbol{A}}_{22} \end{vmatrix}=|s\boldsymbol{I}_1-\tilde{\boldsymbol{A}}_{11}|\cdot|s\boldsymbol{I}_2-\tilde{\boldsymbol{A}}_{22}| \tag{6-18}$$

3）由于原系统$\Sigma(\boldsymbol{A},\boldsymbol{B},\boldsymbol{C})$与结构分解后的系统$\tilde{\Sigma}(\tilde{\boldsymbol{A}},\tilde{\boldsymbol{B}},\tilde{\boldsymbol{C}})$在稳定性和能控性上等价，假设$\boldsymbol{K}$为系统$\Sigma$的任意状态反馈矩阵，对$\tilde{\Sigma}$引入状态反馈阵$\tilde{\boldsymbol{K}}=\boldsymbol{K}\boldsymbol{P}_c=[\tilde{\boldsymbol{K}}_1 \quad \tilde{\boldsymbol{K}}_2]$，可得闭环系统的系统矩阵为

$$\tilde{\boldsymbol{A}}-\tilde{\boldsymbol{B}}\tilde{\boldsymbol{K}}=\begin{bmatrix} \tilde{\boldsymbol{A}}_{11} & \tilde{\boldsymbol{A}}_{12} \\ 0 & \tilde{\boldsymbol{A}}_{22} \end{bmatrix}-\begin{bmatrix} \tilde{\boldsymbol{B}}_1 \\ 0 \end{bmatrix}[\tilde{\boldsymbol{K}}_1 \quad \tilde{\boldsymbol{K}}_2]=\begin{bmatrix} \tilde{\boldsymbol{A}}_{11}-\tilde{\boldsymbol{B}}_1\tilde{\boldsymbol{K}}_1 & \tilde{\boldsymbol{A}}_{12}-\tilde{\boldsymbol{B}}_1\tilde{\boldsymbol{K}}_2 \\ 0 & \tilde{\boldsymbol{A}}_{22} \end{bmatrix} \tag{6-19}$$

进而可得闭环系统特征多项式为

$$|s\boldsymbol{I}-(\tilde{\boldsymbol{A}}-\tilde{\boldsymbol{B}}\tilde{\boldsymbol{K}})|=|s\boldsymbol{I}_1-(\tilde{\boldsymbol{A}}_{11}-\tilde{\boldsymbol{B}}_1\tilde{\boldsymbol{K}}_1)|\cdot|s\boldsymbol{I}_2-\tilde{\boldsymbol{A}}_{22}| \tag{6-20}$$

比较式(6-18)与式(6-20)，可以发现：引入状态反馈阵$\tilde{\boldsymbol{K}}=[\tilde{\boldsymbol{K}}_1 \quad \tilde{\boldsymbol{K}}_2]$后，只能通过选择$\tilde{\boldsymbol{K}}_1$来使得$(\tilde{\boldsymbol{A}}_{11}-\tilde{\boldsymbol{B}}_1\tilde{\boldsymbol{K}}_1)$的特征值具有负实部，从而使$\tilde{\Sigma}_c$能控子系统渐近稳定。但$\tilde{\boldsymbol{K}}$的选择并不能影响不能控子系统$\tilde{\Sigma}_{nc}$的特征值分布。因此，当且仅当$\tilde{\Sigma}_{nc}$渐近稳定时($\tilde{\boldsymbol{A}}_{22}$的特征值均具有负实部)，整个系统$\Sigma$是状态反馈能镇定的。从而得证。 □□□

基于线性系统能控结构分解方法和状态反馈极点配置方法，可得到如下状态反馈镇定算法步骤。

1）将可镇定的系统$\Sigma(\boldsymbol{A},\boldsymbol{B},\boldsymbol{C})$进行能控性分解，获得变换矩阵$\boldsymbol{P}_c$，并可得到

$$\tilde{\boldsymbol{A}}=\boldsymbol{P}_c^{-1}\boldsymbol{A}\boldsymbol{P}_c=\begin{bmatrix} \tilde{\boldsymbol{A}}_{11} & \tilde{\boldsymbol{A}}_{12} \\ 0 & \tilde{\boldsymbol{A}}_{22} \end{bmatrix}, \quad \tilde{\boldsymbol{B}}=\boldsymbol{P}_c^{-1}\boldsymbol{B}=\begin{bmatrix} \tilde{\boldsymbol{B}}_1 \\ 0 \end{bmatrix}$$

其中，$\tilde{\Sigma}_c(\tilde{\boldsymbol{A}}_{11},\tilde{\boldsymbol{B}}_1,\tilde{\boldsymbol{C}}_1)$为完全能控部分，$\tilde{\Sigma}(\tilde{\boldsymbol{A}}_{22},0,\tilde{\boldsymbol{C}}_2)$为完全不能控部分但渐近稳定。

2）利用极点配置算法求取状态反馈矩阵$\tilde{\boldsymbol{K}}_1$，使得$\tilde{\boldsymbol{A}}_{11}-\tilde{\boldsymbol{B}}_1\tilde{\boldsymbol{K}}_1$具有一组稳定特征值。

3）计算原系统$\Sigma(\boldsymbol{A},\boldsymbol{B},\boldsymbol{C})$可镇定的状态反馈矩阵$\boldsymbol{K}=[\tilde{\boldsymbol{K}}_1 \quad 0]\boldsymbol{P}_c^{-1}$。

例 6-6 给定线性定常系统

$$\dot{\boldsymbol{x}}=\begin{bmatrix} 0 & 1 & 2 \\ 0 & 1 & 0 \\ 1 & 1 & 1 \end{bmatrix}\boldsymbol{x}+\begin{bmatrix} 0 & 1 \\ 1 & 0 \\ 0 & 1 \end{bmatrix}\boldsymbol{u}$$

试设计状态反馈矩阵$\boldsymbol{K}$，使系统镇定。

解 (1) 对系统进行能控性分解

$$\text{rank}[\boldsymbol{B}\quad \boldsymbol{AB}]=\text{rank}\begin{bmatrix}0&1&1&2\\1&0&1&0\\0&1&1&2\end{bmatrix}=2<n=3$$

表明系统不完全能控，取能控性分解变换矩阵 $\boldsymbol{P}_{\text{c}}$ 为

$$\boldsymbol{P}_{\text{c}}=\begin{bmatrix}0&1&1\\1&0&0\\0&1&0\end{bmatrix},\quad \boldsymbol{P}_{\text{c}}^{-1}=\begin{bmatrix}0&1&0\\0&0&1\\1&0&-1\end{bmatrix}$$

于是可得
$$\widetilde{\boldsymbol{A}}=\boldsymbol{P}_{\text{c}}^{-1}\boldsymbol{A}\boldsymbol{P}_{\text{c}}=\begin{bmatrix}1&0&0\\1&2&1\\0&0&-1\end{bmatrix},\quad \widetilde{\boldsymbol{B}}=\boldsymbol{P}_{\text{c}}^{-1}\boldsymbol{B}=\begin{bmatrix}1&0\\0&1\\0&0\end{bmatrix}$$

原系统的能控性分解为

$$\begin{bmatrix}\dot{\widetilde{\boldsymbol{x}}}_1\\\dot{\widetilde{\boldsymbol{x}}}_2\end{bmatrix}=\begin{bmatrix}1&0&0\\1&2&1\\0&0&-1\end{bmatrix}\begin{bmatrix}\widetilde{\boldsymbol{x}}_1\\\widetilde{\boldsymbol{x}}\end{bmatrix}+\begin{bmatrix}1&0\\0&1\\0&0\end{bmatrix}\boldsymbol{u}$$

由于该系统的不能控部分只有一个具有负实部的极点－1，因此不能控子系统是稳定的，系统是可镇定的。

(2) 对能控部分进行极点配置。由上可知，系统的能控部分为

$$\widetilde{\boldsymbol{A}}_{11}=\begin{bmatrix}1&0\\1&2\end{bmatrix},\quad \widetilde{\boldsymbol{B}}_1=\begin{bmatrix}1&0\\0&1\end{bmatrix}$$

设 $\boldsymbol{A}^*$ 为具有期望特征值的闭环系统矩阵，且 $\boldsymbol{A}^*=\widetilde{\boldsymbol{A}}_{11}-\widetilde{\boldsymbol{B}}_1\widetilde{\boldsymbol{K}}_1$，本例中设期望的闭环极点取为－3和－2，因此有

$$\boldsymbol{A}^*=\widetilde{\boldsymbol{A}}_{11}-\widetilde{\boldsymbol{B}}_1\widetilde{\boldsymbol{K}}_1=\begin{bmatrix}1&0\\1&2\end{bmatrix}-\begin{bmatrix}1&0\\0&1\end{bmatrix}\begin{bmatrix}k_{11}&k_{12}\\k_{21}&k_{22}\end{bmatrix}=\begin{bmatrix}1-k_{11}&-k_{12}\\1-k_{21}&2-k_{22}\end{bmatrix}$$

显然，当反馈阵 $\widetilde{\boldsymbol{K}}_1$ 为

$$\widetilde{\boldsymbol{K}}_1=\begin{bmatrix}k_{11}&k_{12}\\k_{21}&k_{22}\end{bmatrix}=\begin{bmatrix}4&0\\1&4\end{bmatrix}$$

时，闭环系统矩阵 $\boldsymbol{A}^*$ 为

$$\boldsymbol{A}^*=\begin{bmatrix}-3&0\\0&-2\end{bmatrix}$$

(3) 求取原系统的状态反馈镇定矩阵 $\boldsymbol{K}$

$$\boldsymbol{K}=[\widetilde{\boldsymbol{K}}_1\quad 0]\boldsymbol{P}_{\text{c}}^{-1}=\begin{bmatrix}4&0&0\\1&4&0\end{bmatrix}\begin{bmatrix}0&1&0\\0&0&1\\1&0&-1\end{bmatrix}=\begin{bmatrix}0&4&0\\0&1&4\end{bmatrix}$$

经检验，状态反馈后得到的如下闭环系统矩阵为镇定的。

$$\boldsymbol{A}-\boldsymbol{BK}=\begin{bmatrix}0&0&-2\\0&-3&-1\\1&0&-3\end{bmatrix}$$

6.3.2 输出反馈镇定

线性定常连续系统输出反馈镇定问题可以描述为：对于给定的线性定常连续系统 $\Sigma(\boldsymbol{A},\boldsymbol{B},\boldsymbol{C})$，找到一个输出反馈控制律

$$\boldsymbol{u}=-\boldsymbol{H}\boldsymbol{y}+\boldsymbol{v} \tag{6-21}$$

式中，$\boldsymbol{H}$ 为输出反馈矩阵，$\boldsymbol{v}$ 为参考输入。引入输出反馈矩阵 $\boldsymbol{H}$ 后，闭环系统状态方程为

$$\dot{\boldsymbol{x}}=(\boldsymbol{A}-\boldsymbol{B}\boldsymbol{K})\boldsymbol{x}+\boldsymbol{B}\boldsymbol{v}$$

对是否可经输出反馈进行系统镇定问题，有如下定理。

定理 6-5 系统 $\Sigma(\boldsymbol{A},\boldsymbol{B},\boldsymbol{C})$ 通过输出反馈能镇定的充要条件是：系统 Σ 结构分解中的能控且能观部分是能输出反馈极点配置的，其余部分是渐近稳定的。

证明 对 $\Sigma(\boldsymbol{A},\boldsymbol{B},\boldsymbol{C})$ 进行能控能观性结构分解，可得

$$\tilde{\boldsymbol{A}}=\begin{bmatrix}\tilde{\boldsymbol{A}}_{11} & \tilde{\boldsymbol{A}}_{12} & \tilde{\boldsymbol{A}}_{13} & \tilde{\boldsymbol{A}}_{14}\\ 0 & \tilde{\boldsymbol{A}}_{22} & 0 & \tilde{\boldsymbol{A}}_{24}\\ 0 & 0 & \tilde{\boldsymbol{A}}_{33} & \tilde{\boldsymbol{A}}_{34}\\ 0 & 0 & 0 & \tilde{\boldsymbol{A}}_{44}\end{bmatrix},\quad \tilde{\boldsymbol{B}}=\begin{bmatrix}\tilde{\boldsymbol{B}}_1\\ \tilde{\boldsymbol{B}}_2\\ 0\\ 0\end{bmatrix},\quad \tilde{\boldsymbol{C}}=[0\quad \tilde{\boldsymbol{C}}_2\quad 0\quad \tilde{\boldsymbol{C}}_4]$$

由于输出反馈可以视为状态反馈的一种 $\boldsymbol{K}=\boldsymbol{H}\boldsymbol{C}$ 时的特例，且原系统 $\Sigma(\boldsymbol{A},\boldsymbol{B},\boldsymbol{C})$ 与结构分解后的系统 $\tilde{\Sigma}(\tilde{\boldsymbol{A}},\tilde{\boldsymbol{B}},\tilde{\boldsymbol{C}})$ 在能观性和能控性上等价，同定理 6-4 证明过程，对系统 $\tilde{\Sigma}(\tilde{\boldsymbol{A}},\tilde{\boldsymbol{B}},\tilde{\boldsymbol{C}})$ 引入输出反馈矩阵 $\tilde{\boldsymbol{H}}$，可得闭环系统的系统矩阵

$$\tilde{\boldsymbol{A}}-\tilde{\boldsymbol{B}}\tilde{\boldsymbol{H}}\tilde{\boldsymbol{C}}=\begin{bmatrix}\tilde{\boldsymbol{A}}_{11} & \tilde{\boldsymbol{A}}_{12} & \tilde{\boldsymbol{A}}_{13} & \tilde{\boldsymbol{A}}_{14}\\ 0 & \tilde{\boldsymbol{A}}_{22} & 0 & \tilde{\boldsymbol{A}}_{24}\\ 0 & 0 & \tilde{\boldsymbol{A}}_{33} & \tilde{\boldsymbol{A}}_{34}\\ 0 & 0 & 0 & \tilde{\boldsymbol{A}}_{44}\end{bmatrix}-\begin{bmatrix}\tilde{\boldsymbol{B}}_1\\ \tilde{\boldsymbol{B}}_2\\ 0\\ 0\end{bmatrix}\tilde{\boldsymbol{H}}[0\quad \tilde{\boldsymbol{C}}_2\quad 0\quad \tilde{\boldsymbol{C}}_4]$$

$$=\begin{bmatrix}\tilde{\boldsymbol{A}}_{11} & \tilde{\boldsymbol{A}}_{12}-\tilde{\boldsymbol{B}}_1\tilde{\boldsymbol{H}}\tilde{\boldsymbol{C}}_2 & \tilde{\boldsymbol{A}}_{13} & \tilde{\boldsymbol{A}}_{14}-\tilde{\boldsymbol{B}}_1\tilde{\boldsymbol{H}}\tilde{\boldsymbol{C}}_4\\ 0 & \tilde{\boldsymbol{A}}_{22}-\tilde{\boldsymbol{B}}_2\tilde{\boldsymbol{H}}\tilde{\boldsymbol{C}}_2 & 0 & \tilde{\boldsymbol{A}}_{24}-\tilde{\boldsymbol{B}}_2\tilde{\boldsymbol{H}}\tilde{\boldsymbol{C}}_4\\ 0 & 0 & \tilde{\boldsymbol{A}}_{33} & \tilde{\boldsymbol{A}}_{34}\\ 0 & 0 & 0 & \tilde{\boldsymbol{A}}_{44}\end{bmatrix}$$

相应的闭环系统特征多项式为

$$|s\boldsymbol{I}-(\tilde{\boldsymbol{A}}-\tilde{\boldsymbol{B}}\tilde{\boldsymbol{H}}\tilde{\boldsymbol{C}})|=|s\boldsymbol{I}-\tilde{\boldsymbol{A}}_{11}|\cdot|s\boldsymbol{I}-(\tilde{\boldsymbol{A}}_{22}-\tilde{\boldsymbol{B}}_2\tilde{\boldsymbol{H}}\tilde{\boldsymbol{C}}_2)|\cdot|s\boldsymbol{I}-\tilde{\boldsymbol{A}}_{33}|\cdot|s\boldsymbol{I}-\tilde{\boldsymbol{A}}_{44}| \tag{6-22}$$

由能控能观性分解知，当且仅当 $\tilde{\boldsymbol{A}}_{11}$、$(\tilde{\boldsymbol{A}}_{22}-\tilde{\boldsymbol{B}}_2\tilde{\boldsymbol{H}}\tilde{\boldsymbol{C}}_2)$、$\tilde{\boldsymbol{A}}_{33}$、$\tilde{\boldsymbol{A}}_{44}$ 的特征值均具有负实部时，闭环系统才能渐近稳定。因此，系统 $\Sigma(\boldsymbol{A},\boldsymbol{B},\boldsymbol{C})$ 通过输出反馈能镇定的充要条件，是

系统 Σ 结构分解中的能控且能观部分 $\Sigma(\tilde{\boldsymbol{A}}_{22},\tilde{\boldsymbol{B}}_2,\tilde{\boldsymbol{C}}_2)$ 是能输出反馈极点配置的，其余部分是渐近稳定的。□□□

由定理 6-5 可知，能输出反馈镇定，一定可以状态反馈镇定。但反之则不尽然，能状态反馈镇定的，并不一定能输出反馈镇定。

例 6-7 考虑线性定常系统 $\Sigma(\boldsymbol{A},\boldsymbol{B},\boldsymbol{C})$，其中

$$\boldsymbol{A}=\begin{bmatrix}0&0&5\\1&0&-1\\0&1&-3\end{bmatrix},\quad \boldsymbol{B}=\begin{bmatrix}-2&0\\1&-2\\0&1\end{bmatrix},\quad \boldsymbol{C}=[0\quad 0\quad 1]$$

分析通过输出反馈的系统能镇定性。

解 由系统的能控能观判据知，该系统是能控且能观的。因此，系统通过输出反馈能镇定的条件是整个系统都应是能镇定的。首先，求系统的特征多项式为

$$f(s)=|s\boldsymbol{I}-\boldsymbol{A}|=s^3+3s^2+s-5$$

由劳斯判据可知，开环系统不稳定。

设输出反馈矩阵为 $\boldsymbol{H}=[h_1\quad h_2]^{\mathrm{T}}$，则闭环系统的系统矩阵为

$$\boldsymbol{A}-\boldsymbol{BHC}=\begin{bmatrix}0&0&5\\1&0&-1\\0&1&-3\end{bmatrix}-\begin{bmatrix}-2&0\\1&-2\\0&1\end{bmatrix}\begin{bmatrix}h_1\\h_2\end{bmatrix}[0\quad 0\quad 1]=\begin{bmatrix}0&0&5+2h_1\\1&0&-h_1+2h_2-1\\0&1&-h_2-3\end{bmatrix}$$

相应的闭环系统特征多项式为

$$f_{\boldsymbol{H}}(s)=|s\boldsymbol{I}-(\boldsymbol{A}-\boldsymbol{BHC})|=s^3+(3+h_2)s^2+(1+h_1-2h_2)s+(-2h_1-5)$$

由劳斯判据，可以得出特征方程根均具有负实部(能够镇定)的 h_1 及 h_2 取值范围为

$$h_1<-5/2,\quad h_2>-3,\quad h_1-2h_2>-1$$

在本例中，若取 $h_1=-3,h_2=-2$，则闭环系统特征多项式化为

$$f_{\boldsymbol{H}}(s)=s^3+s^2+2s+1$$

其特征根为 -0.57 和 $-0.22\pm \mathrm{j}1.3$。因此，原系统经过输出反馈 $\boldsymbol{H}=[-3\quad -2]^{\mathrm{T}}$ 能够镇定。

6.4 系统解耦

耦合是被控系统普遍存在的一种现象。在一个 MIMO 系统中，每一个输入都受多个输出的影响，每个输出受多个输入的控制，一个控制量的变化必然会波及其他量的变化，这种现象称为耦合。所谓解耦，就是消除系统间耦合关联作用。如果一个输入量只受一个输出量影响，即一个输出仅受一个输入控制，这样的系统称为无耦合系统。在许多工程问题中，特别是过程控制中，解耦控制有着重要的意义。目前许多航天、发电、化工等领域的控制系统难以投入运行，不少是由于耦合造成的，因此解耦问题的研究十分重要。

若一个 m 维输入 $\boldsymbol{u}$ 和一个 m 维输出 $\boldsymbol{y}$ 的动力学系统，其传递函数矩阵是一个对角线有理多项式矩阵

$$W(s)=\begin{bmatrix} W_{11}(s) & & & 0 \\ & W_{22}(s) & & \\ & & \ddots & \\ 0 & & & W_{mm}(s) \end{bmatrix} \tag{6-23}$$

则称该多变量系统是解耦的。

实现解耦有两种方法：补偿器解耦和状态反馈解耦。前者方法简单，但将使系统维数增加；后者虽然不增加系统的维数，但利用它实现解耦的条件比补偿器解耦相对苛刻。

6.4.1 补偿器解耦

图 6-3 所示的为前馈补偿器串联解耦方框图。图 6-3 中，$G_p(s)$为原系统的传递函数阵，$G_c(s)$为补偿的传递函数矩阵，即解耦控制器。

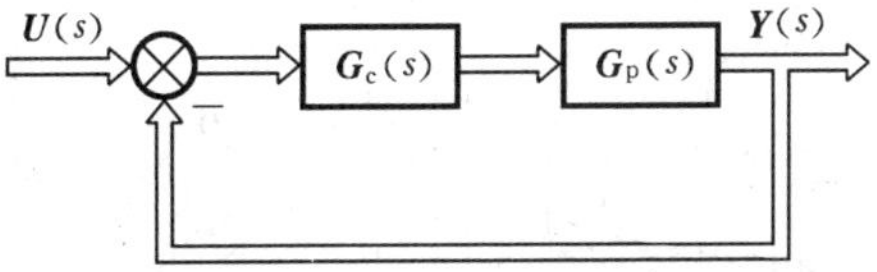

图 6-3 串联解耦方框图

根据串联组合系统的传递函数公式可知，串联补偿器后前向通路的传递函数为

$$G(s)=G_p(s)G_c(s)$$

其中，反馈回路的传递矩阵为 $H(s)=I$，那么系统的闭环传递函数为

$$W(s)=[I+G_p(s)G_c(s)]^{-1}G_p(s)G_c(s) \tag{6-24}$$

用$[I+G_p(s)G_c(s)]$左乘式(6-24)，得

$$[I+G_p(s)G_c(s)]W(s)=G_p(s)G_c(s) \tag{6-25}$$

即

$$G_p(s)G_c(s)[I-W(s)]=W(s) \tag{6-26}$$

再用 $G_p^{-1}(s)$左乘、$[I-W(s)]^{-1}$右乘式(6-26)，得

$$G_c(s)=G_p^{-1}(s)W(s)[I-W(s)]^{-1} \tag{6-27}$$

为实现系统解耦，要求 $W(s)$为对角线矩阵。因此，$[I-W(s)]$也为对角线矩阵。推出$G_p(s)G_c(s)$也需为对角线矩阵。即为实现结构如图 6-3 所示的解耦系统，应取合适补偿器 $G_c(s)$，使 $G_p(s)G_c(s)$是非奇异对角线矩阵。

例 6-8 已知系统如图 6-4 所示，试设计一补偿器 $G_c(s)$，使闭环系统的传递函数矩阵如下。

$$W(s)=\begin{bmatrix} \frac{1}{s+1} & 0 \\ 0 & \frac{1}{5s+1} \end{bmatrix}$$

解 由图 6-4 可求得被控对象部分的传递函数矩阵为

$$G_p(s)=\begin{bmatrix} \frac{1}{2s+1} & 0 \\ 1 & \frac{1}{s+1} \end{bmatrix}$$

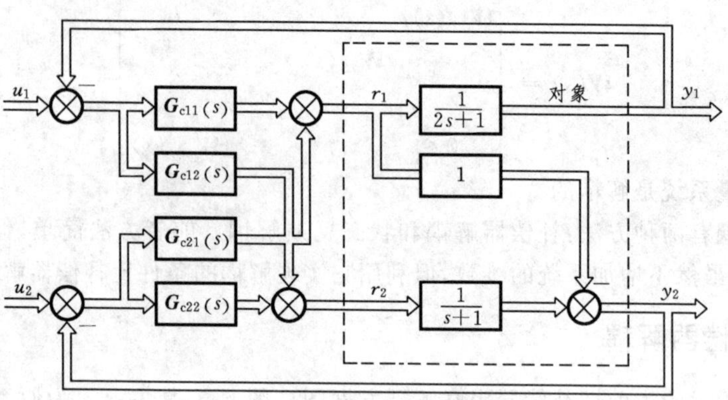

图 6-4 串联解耦及补偿器方框图

根据式(6-27)，可知

$$G_p(s)G_c(s)=\begin{bmatrix}\dfrac{1}{s+1} & 0\\ 0 & \dfrac{1}{5s+1}\end{bmatrix}\begin{bmatrix}\dfrac{s}{s+1} & 0\\ 0 & \dfrac{5s}{5s+1}\end{bmatrix}^{-1}=\begin{bmatrix}\dfrac{1}{s} & 0\\ 0 & \dfrac{1}{5s}\end{bmatrix}$$

利用式 $G_c(s)=G_p^{-1}(s)W(s)[I-W(s)]^{-1}$ 可得补偿器的传递函数矩阵

$$G_c(s)=\begin{bmatrix}\dfrac{1}{2s+1} & 0\\ 1 & \dfrac{1}{s+1}\end{bmatrix}^{-1}\begin{bmatrix}\dfrac{1}{s} & 0\\ 0 & \dfrac{1}{5s}\end{bmatrix}=\begin{bmatrix}\dfrac{2s+1}{s} & 0\\ \dfrac{-(s+1)(2s+1)}{s} & \dfrac{s+1}{5s}\end{bmatrix}$$

基于所求解的补偿器 $G_c(s)$，可实现如图 6-3 所示的解耦控制系统。

例 6-8 求得的解耦补偿器 $G_c(s)$ 的传递函数阵的某个元素出现分子多项式阶次高于分母多项式阶次，会带来该解耦控制器工程上物理实现的困难，一般工程上只能做到近似实现。

6.4.2 状态反馈解耦

所谓状态反馈解耦，即通过对系统设计状态反馈律，构造状态反馈闭环控制系统，使闭环系统的输入输出间实现解耦。状态反馈解耦问题的模型描述为

对给定的被控系统的状态空间模型为

$$\left.\begin{aligned}\dot{x}&=Ax+Bu\\ y&=Cx\end{aligned}\right\}\tag{6-28}$$

式中，u、y 为 m 维向量，x 为 n 维向量，A 为 $n\times n$ 矩阵，B 为 $n\times m$ 矩阵，C 为 $m\times n$ 矩阵。对上述系统，构造状态反馈控制律为

$$u=-Kx+Hv\tag{6-29}$$

使得闭环系统的输入输出实现完全解耦。式中，K 是一个 $m\times n$ 的非奇异的反馈矩阵，H 是一个 $m\times m$ 的实常数非奇异矩阵，v 是 m 维的外部输入向量。

通常将 v 作为系统的输入，y 作为系统输出时，求使该系统解耦的 K 和 H 的问题称

为状态反馈解耦问题。用状态反馈实现解耦的系统如图 6-5 所示。

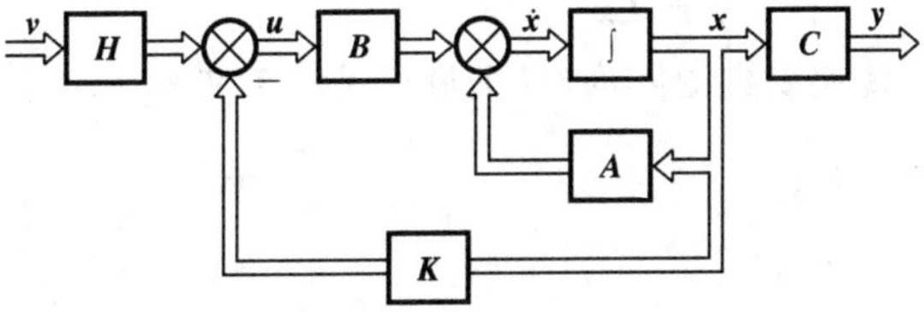

图 6-5 用状态反馈实现解耦的系统

将状态反馈解耦控制律(6-29)作用在状态空间模型(6-28)上,可得如下闭环控制系统状态空间模型

$$\left.\begin{aligned}\dot{\boldsymbol{x}} &= (\boldsymbol{A}-\boldsymbol{BK})\boldsymbol{x}+\boldsymbol{BHu}\\ \boldsymbol{y} &= \boldsymbol{Cx}\end{aligned}\right\} \tag{6-30}$$

状态反馈解耦问题的目标是如何设计选取矩阵 $\boldsymbol{K}$ 与 $\boldsymbol{H}$,从而使闭环系统(6-30)是解耦的。对于该解耦控制问题,有如下完全状态反馈解耦控制律存在的条件及其证明。

对被控系统(6-28)和状态反馈解耦控制律(6-29),解耦系统(6-30)实现输入输出间完全解耦的充分必要条件为如下定义的矩阵 $\boldsymbol{E}$ 是非奇异矩阵。

$$\boldsymbol{E}=\begin{bmatrix}\boldsymbol{C}_1\boldsymbol{A}^{l_1}\boldsymbol{B}\\ \boldsymbol{C}_2\boldsymbol{A}^{l_2}\boldsymbol{B}\\ \vdots\\ \boldsymbol{C}_m\boldsymbol{A}^{l_m}\boldsymbol{B}\end{bmatrix} \tag{6-31}$$

式中,$\boldsymbol{C}_i(i=1,2,\cdots,m)$是系统输出矩阵 $\boldsymbol{C}$ 中第 i 行向量,$l_i(i=1,2,\cdots,m)$是从 0 到$n-1$之间的某一正整数,且 l_i应该满足不等式$\boldsymbol{C}_i\boldsymbol{A}^j\boldsymbol{B}\neq 0(i=0,1,\cdots,m)$的一个最小 j,即l_i的定义为

$$l_i=\begin{cases} j & \boldsymbol{C}_i\boldsymbol{A}^k\boldsymbol{B}=0,\ k=0,1,\cdots,j-1,\boldsymbol{C}_i\boldsymbol{A}^j\boldsymbol{B}\neq 0\\ n-1 & \boldsymbol{C}_i\boldsymbol{A}^k\boldsymbol{B}=0,\ k=0,1,\cdots,n-1\end{cases}$$

证明 根据上述定义的 l_i,定义

$$\boldsymbol{F}=\begin{bmatrix}\boldsymbol{C}_1\boldsymbol{A}^{l_1+1}\\ \boldsymbol{C}_2\boldsymbol{A}^{l_2+1}\\ \vdots\\ \boldsymbol{C}_m\boldsymbol{A}^{l_m+1}\end{bmatrix} \tag{6-32}$$

若选取反馈矩阵 $\boldsymbol{K}$ 和前馈矩阵 $\boldsymbol{H}$ 为

$$\boldsymbol{K}=\boldsymbol{E}^{-1}\boldsymbol{F}=\boldsymbol{E}^{-1}\begin{bmatrix}\boldsymbol{C}_1\boldsymbol{A}^{l_1+1}\\ \boldsymbol{C}_2\boldsymbol{A}^{l_2+1}\\ \vdots\\ \boldsymbol{C}_m\boldsymbol{A}^{l_m+1}\end{bmatrix},\quad \boldsymbol{H}=\boldsymbol{E}^{-1} \tag{6-33}$$

至此,把所得的 $\boldsymbol{K}$、$\boldsymbol{H}$ 代入闭环系统状态空间模型(6-30),得

$$\begin{cases} \dot{\boldsymbol{x}} = (\boldsymbol{A} - \boldsymbol{B}\boldsymbol{E}^{-1}\boldsymbol{F})\boldsymbol{x} + \boldsymbol{B}\boldsymbol{E}^{-1}\boldsymbol{u} \\ \boldsymbol{y} = \boldsymbol{C}\boldsymbol{x} \end{cases}$$

则可以证明系统闭环传递函数矩阵为(详细过程见参考文献[47])

$$\boldsymbol{W}(s) = \boldsymbol{C}(s\boldsymbol{I} - \boldsymbol{A} + \boldsymbol{B}\boldsymbol{E}^{-1}\boldsymbol{F})^{-1}\boldsymbol{B}\boldsymbol{E}^{-1} = \begin{bmatrix} \frac{1}{s^{l_1+1}} & & & 0 \\ & \frac{1}{s^{l_2+1}} & & \\ & & \ddots & \\ 0 & & & \frac{1}{s^{l_m+1}} \end{bmatrix} \tag{6-34}$$

□□□

可以看出 $\boldsymbol{W}(s)$ 是对角线矩阵,所以闭环系统是一个完全解耦系统。另外,传递函数对角元素均是积分环节,故称这样的系统为积分型解耦系统。

下面通过例子来说明状态反馈实现解耦计算过程。

例 6-9 设系统的状态空间模型为

$$\begin{cases} \dot{\boldsymbol{x}} = \begin{bmatrix} 0 & 0 & 0 \\ 0 & 0 & 1 \\ -1 & -2 & -3 \end{bmatrix}\boldsymbol{x} + \begin{bmatrix} 1 & 0 \\ 0 & 0 \\ 0 & 1 \end{bmatrix}\boldsymbol{u} \\ \boldsymbol{y} = \begin{bmatrix} 1 & 1 & 0 \\ 0 & 0 & 1 \end{bmatrix}\boldsymbol{x} \end{cases}$$

试用状态反馈把系统变成积分型解耦系统。

解 给定系统的传递函数矩阵为

$$\boldsymbol{G}(s) = \boldsymbol{C}(s\boldsymbol{I} - \boldsymbol{A})^{-1}\boldsymbol{B} = \begin{bmatrix} \frac{s^2+3s+1}{s(s+1)(s+2)} & \frac{1}{(s+1)(s+2)} \\ \frac{1}{(s+1)(s+2)} & \frac{s}{(s+1)(s+2)} \end{bmatrix}$$

因此,系统存在耦合现象。系统的状态如图 6-6 所示。

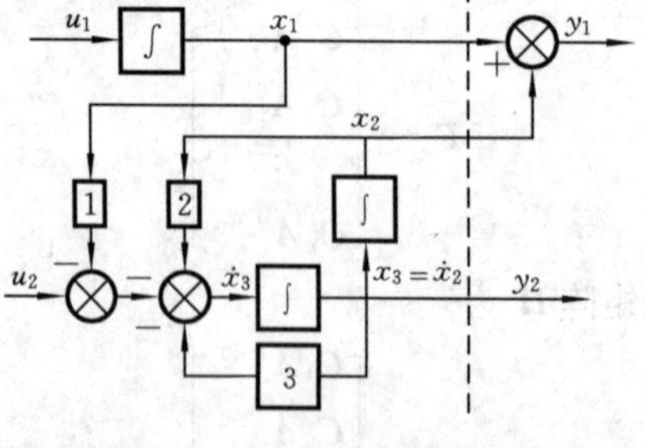

图 6-6 开环系统方框图

由 $$\boldsymbol{C}_1\boldsymbol{B} = [1 \quad 0], \quad \boldsymbol{C}_2\boldsymbol{B} = [0 \quad 1]$$

知 $$l_1 = l_2 = 0$$

此时有

$$E = \begin{bmatrix} C_1 A^{l_1} B \\ C_2 A^{l_2} B \end{bmatrix} = \begin{bmatrix} C_1 B \\ C_2 B \end{bmatrix} = \begin{bmatrix} 1 & 0 \\ 0 & 1 \end{bmatrix}$$

$$F = \begin{bmatrix} C_1 A^{l_1+1} \\ C_2 A^{l_2+1} \end{bmatrix} = \begin{bmatrix} C_1 A \\ C_2 A \end{bmatrix} = \begin{bmatrix} 0 & 0 & 1 \\ -1 & -2 & -3 \end{bmatrix}$$

由于 E 是非奇异阵，所以系统可以解耦。因此，状态反馈解耦矩阵为

$$K = E^{-1}F = \begin{bmatrix} 0 & 0 & 1 \\ -1 & -2 & -3 \end{bmatrix}, \quad H = E^{-1} = \begin{bmatrix} 1 & 0 \\ 0 & 1 \end{bmatrix}$$

此时闭环系统状态方程和输出方程为

$$\dot{x}(t) = \begin{bmatrix} 0 & 0 & -1 \\ 0 & 0 & 1 \\ 0 & 0 & 0 \end{bmatrix} x(t) + \begin{bmatrix} 1 & 0 \\ 0 & 0 \\ 0 & 1 \end{bmatrix} v(t)$$

$$y(t) = \begin{bmatrix} 1 & 1 & 0 \\ 0 & 0 & 1 \end{bmatrix} x(t)$$

其传递函数矩阵为

$$W(s) = C(sI - A + BK)^{-1}BH = \begin{bmatrix} 1 & 1 & 0 \\ 0 & 0 & 1 \end{bmatrix} \begin{bmatrix} s & 0 & 1 \\ 0 & s & -1 \\ 0 & 0 & s \end{bmatrix}^{-1} \begin{bmatrix} 1 & 0 \\ 0 & 0 \\ 0 & 1 \end{bmatrix} = \begin{bmatrix} \frac{1}{s} & 0 \\ 0 & \frac{1}{s} \end{bmatrix}$$

则系统变成两个互相无耦合的子系统，如图 6-7 所示。

另一方面，从式(6-34)可以看出，积分型解耦系统的闭环极点全是零，显然系统是不稳定的，所以这种解耦方法不令人满意。不过，可以对完全解耦的每个 SISO 子系统单独设计一个状态反馈律，将每个解耦的子系统的极点配置到所需要的位置上去。

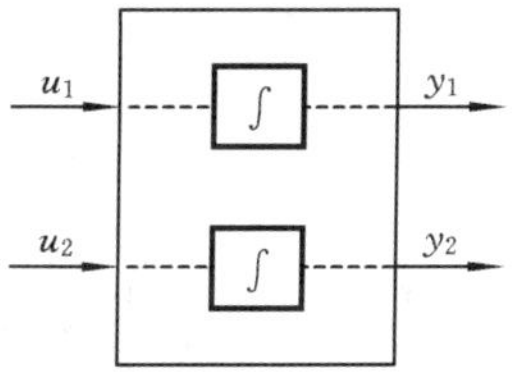

图 6-7 解耦后的系统框图

6.5 状态观测器

前面已指出，对状态完全能控的线性定常系统，可以通过线性状态反馈进行任意极点配置，使闭环系统具有所期望的极点及性能品质指标。但是，由于描述内部运动特性的状态变量有时并不能直接测量，有时甚至并没有实际物理量与之直接相对应而成为一种抽象的数学变量。在这些情况下，以状态变量作为反馈变量构成状态反馈系统带来了具体工程实现上的困难。为此，人们提出了状态变量的重构或观测估计问题，即设法另外构造一个可以在物理上实现的系统，它以原系统的输入量和输出量作为输入量，而它的状态变量的值能渐近逼近原系统的状态变量的值，或者某种线性组合，则这种渐近逼近的状态变量的值即为原系统的状态变量的估计值，并可用于状态反馈闭环系统中代替原状态变量作为反馈量构成状态反馈律。这种重构或估计系统状态变量值的装置称为

状态观测器，它可以是由电子、电气等装置构成的物理系统，亦可以是由计算机和计算模型及软件实现的软系统。

本节所讨论的状态观测器只考虑无噪声干扰下的设计问题，即所有测量值都准确无误，且原系统内部无噪声干扰。对于系统存在噪声干扰时的状态观测问题，则可以用卡尔曼滤波器理论来分析讨论。

6.5.1 全维状态观测器及其设计方法

1. 开环状态观测器

设线性定常连续系统的状态空间模型为 $\Sigma(\boldsymbol{A},\boldsymbol{B},\boldsymbol{C})$，系统的系统矩阵 $\boldsymbol{A}$、输入矩阵 $\boldsymbol{B}$ 和输出矩阵 $\boldsymbol{C}$ 都已知，系统的输入 $\boldsymbol{u}(t)$ 和输出 $\boldsymbol{y}(t)$ 是可测量得到的。如果系统的状态变量 $\boldsymbol{x}(t)$ 不能够完全直接测量到，一个直观的想法是利用仿真技术构造一个与被控系统有同样动力学性质（即有同样的系数矩阵 $\boldsymbol{A}$，$\boldsymbol{B}$ 和 $\boldsymbol{C}$）的如下系统来重构被控系统的状态变量

$$\left.\begin{aligned}\dot{\hat{\boldsymbol{x}}} &= \boldsymbol{A}\hat{\boldsymbol{x}} + \boldsymbol{B}\boldsymbol{u} \\ \hat{\boldsymbol{y}} &= \boldsymbol{C}\hat{\boldsymbol{x}}\end{aligned}\right\} \tag{6-35}$$

式中，$\hat{\boldsymbol{x}}(t)$ 为被控系统状态变量 $\boldsymbol{x}(t)$ 的估计值。

该状态估计系统(6-35)称为开环状态观测器，简记为 $\hat{\Sigma}(\boldsymbol{A},\boldsymbol{B},\boldsymbol{C})$，其结构如图 6-8 所示。

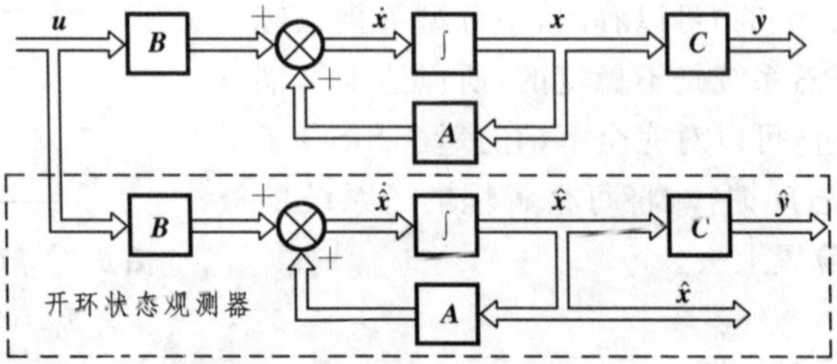

图 6-8 开环状态观测器的结构图

比较系统 $\Sigma(\boldsymbol{A},\boldsymbol{B},\boldsymbol{C})$ 和 $\hat{\Sigma}(\boldsymbol{A},\boldsymbol{B},\boldsymbol{C})$ 的状态变量值，有

$$\dot{\boldsymbol{x}} - \dot{\hat{\boldsymbol{x}}} = \boldsymbol{A}(\boldsymbol{x} - \hat{\boldsymbol{x}})$$

则状态估计误差 $\boldsymbol{x}(t) - \hat{\boldsymbol{x}}(t)$ 的解为

$$\boldsymbol{x}(t) - \hat{\boldsymbol{x}}(t) = \mathrm{e}^{\boldsymbol{A}t}[\boldsymbol{x}(0) - \hat{\boldsymbol{x}}(0)]$$

显然，当 $\hat{\boldsymbol{x}}(0)=\boldsymbol{x}(0)$ 时，则有 $\hat{\boldsymbol{x}}(t)=\boldsymbol{x}(t)$，即估计值与真实值完全相等。但是，在一般情况下是很难做到这一点的。这是因为：一是有些系统难以得到被控系统的初始状态的值 $\boldsymbol{x}(0)$，即不能保证 $\hat{\boldsymbol{x}}(0)$ 等于 $\boldsymbol{x}(0)$；二是若存在矩阵 $\boldsymbol{A}$ 的某个特征值位于 s 平面的右半闭平面上，即其实部大于等于零，则矩阵指数函数 $\mathrm{e}^{\boldsymbol{A}t}$ 中包含不能随时间 $t\to\infty$ 而趋于零的元素，此时若 $\hat{\boldsymbol{x}}(0)\neq\boldsymbol{x}(0)$ 或出现对被控系统状态变量 $\boldsymbol{x}(t)$ 或观测器状态变量

$\hat{x}(t)$的扰动，将导致状态估计误差 $x(t)-\hat{x}(t)$不趋于零而趋于无穷或产生等幅振荡。所以，上述状态观测器(6-35)的应用范围受到较大的限制。

仔细分析便会发现，上述观测器只利用了被控系统的输入信息 $u(t)$，而未利用输出信息 $y(t)$。相当于处于开环状态，未利用输出 $y(t)$的观测误差对状态观测值进行校正。也就是说，由观测器(6-35)得到的 $\hat{x}(t)$只是 $x(t)$的一种开环估计值。为了和下面所讨论的状态观测器区分开来，通常把观测器(6-35)称为开环状态观测器。

2. 渐近状态观测器

前面讨论的开环状态观测器，未利用被控系统的可直接测量到的输出变量来修正状态估计值，所得到的估计值不佳，其状态估计误差 $x(t)-\hat{x}(t)$将会因为矩阵 A 具有在 s 平面右半闭平面的特征值，导致不趋于零而趋于无穷或产生等幅振荡。可以预见，若利用输出变量对状态估计值进行修正，即反馈校正，则状态估计效果将有本质性的改善。

下面将讨论该类状态观测器系统的特性及设计方法。

如果对任意系统矩阵 A 都能设计出相应的状态观测系统 $\hat{\Sigma}$，对于任意的被控系统的初始状态都能满足

$$\lim_{t\to\infty} x(t)-\hat{x}(t)=0$$

即经过一段时间后，状态估计值可以渐近逼近被估计系统的状态，则称该类状态估计系统为渐近状态观测器。

根据上述利用输出变量对状态估计值进行修正的思想和状态估计误差须渐近趋于零的状态观测器的条件，可得如下状态观测器

$$\left.\begin{aligned}\dot{\hat{x}}&=A\hat{x}+Bu+G(y-\hat{y})\\ \hat{y}&=C\hat{x}\end{aligned}\right\}\tag{6-36}$$

式中，G 为状态观测器的反馈矩阵。

状态观测器(6-36)亦称为全维状态观测器，简称为状态观测器，其结构如图 6-9 所示。

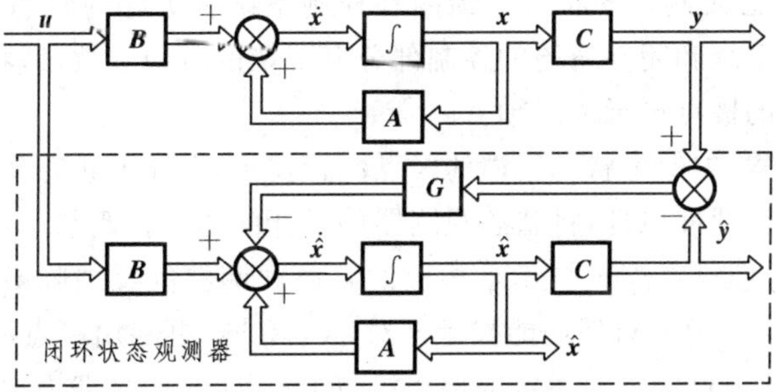

图 6-9 渐近状态观测器的结构图

下面分析状态估计误差是否能趋于零。先定义状态估计误差为

$$\bar{x} = x - \hat{x}$$

则有
$$\begin{aligned}\dot{\bar{x}} &= \dot{x} - \dot{\hat{x}} = A(x - \hat{x}) - G(y - \hat{y}) = A(x - \hat{x}) - GC(x - \hat{x}) \\ &= (A - GC)(x - \hat{x}) = (A - GC)\bar{x}\end{aligned} \tag{6-37}$$

式中,$(A-GC)$称为状态观测器的系统矩阵。

根据状态估计误差方程(6-37),被控系统 $\Sigma(A,B,C)$的状态观测器(6-36),亦可简记为 $\hat{\Sigma}(A-GC,B,C)$。误差方程(6-37)的解为

$$\bar{x}(t) = e^{(A-GC)t}\bar{x}(0) = e^{(A-GC)t}[x(0) - \hat{x}(0)] \tag{6-38}$$

显然,当选择状态观测器的系统矩阵$(A-GC)$的所有特征值位于 s 平面的左半开平面,即具有负实部,则无论 $\hat{x}(0)$是否等于 $x(0)$,状态估计误差$\bar{x}(t)$将随时间 $t\to\infty$而衰减至零,观测器为渐近稳定的。因此,状态观测器的设计问题归结为求反馈矩阵 G,使$(A-GC)$的所有特征值具有负实部及所期望的衰减速度,即状态观测器的极点是否可任意配置问题。

状态观测器的极点可以任意配置,即通过矩阵 G 任意配置 $A-GC$ 的特征值的充分必要条件为矩阵对(A,C)为能观的。

证明 由于 $A-GC$ 的特征值与 $A^{\mathrm{T}}-C^{\mathrm{T}}G^{\mathrm{T}}$的特征值完全相同,则 $A-GC$ 的特征值可由 G 任意配置等价于 $A^{\mathrm{T}}-C^{\mathrm{T}}G^{\mathrm{T}}$的特征值可由 G^{T}任意配置,即等价于系统 $\Sigma(A^{\mathrm{T}},C^{\mathrm{T}})$可通过状态反馈阵 G^{T}进行任意极点配置。而 $\Sigma(A^{\mathrm{T}},C^{\mathrm{T}})$的极点可任意配置的充分必要条件为矩阵对$(A^{\mathrm{T}},C^{\mathrm{T}})$能控,由对偶性原理知,矩阵对$(A,C)$能观。因此,$A-GC$ 的特征值可任意配置的充分必要条件为矩阵对(A,C)能观。可见,只要被控系统是状态完全能观的,则一定存在可任意极点配置的渐近状态观测器。 □□□

与状态反馈的极点配置问题类似,对状态观测器的极点配置问题,对期望的极点的选择应注意下列问题。

1) 对于 n 阶系统,可以而且必须给出 n 个期望的极点。

2) 期望的极点必须是实数或成对出现的共轭复数。

3) 为使基于状态观测器的状态反馈闭环控制系统有更好的暂态过渡过程,状态观测部分应比原被控系统和闭环系统的控制部分有更快的时间常数,即状态观测部分的极点应当比其他部分的极点更远离虚轴。

由上述分析过程,类似于状态反馈的极点配置技术,有如下状态观测器的设计方法。

方法一 利用对偶性原理,将状态观测器的设计问题转化成状态反馈的极点配置问题,然后利用状态反馈极点配置技术求相应的状态观测器的反馈阵 G。其具体方法是,将能观矩阵对(A,C)转换成对偶的能控矩阵对$(A^{\mathrm{T}},C^{\mathrm{T}})$,再利用极点配置求状态反馈阵 G^{T},使 $A^{\mathrm{T}}-C^{\mathrm{T}}G^{\mathrm{T}}$的极点配置在指定的期望极点上。相应地,$G$ 即为被控系统$\Sigma(A,B,C)$的状态观测器 $\hat{\Sigma}(A-GC,B,C)$的反馈矩阵。

方法二 通过非奇异线性变换 $x=T_{o2}\tilde{x}$,将状态完全能观的被控系统 $\Sigma(A,C)$变换

成能观规范Ⅱ形$\widetilde{\Sigma}(\widetilde{A},\widetilde{C})$，即有

$$\widetilde{A}=T_{o2}^{-1}AT_{o2}=\begin{bmatrix}0&0&\cdots&0&-a_n\\1&0&\cdots&0&-a_{n-1}\\0&1&\cdots&0&-a_{n-2}\\\vdots&\vdots&\ddots&\vdots&\vdots\\0&0&0&1&-a_1\end{bmatrix},\quad \widetilde{C}=CT_{o2}=[0\quad 0\quad\cdots\quad 0\quad 1]$$

对能观规范Ⅱ形$\widetilde{\Sigma}(\widetilde{A},\widetilde{C})$进行极点配置，求得相应的能观规范Ⅱ形的观测器的反馈阵$\widetilde{G}$为

$$\widetilde{G}=[a_n^*-a_n\quad a_{n-1}^*-a_{n-1}\quad\cdots\quad a_1^*-a_1]^{\mathrm{T}}\tag{6-39}$$

式中，a_i^* 和 $a_i(i=1,2,\cdots,n)$分别为期望的状态观测器的极点所决定的特征多项式的系数和原被控系统的特征多项式的系数。因此，原系统 $\Sigma(A,B,C)$的相应状态观测器的反馈阵 G 为

$$G=T_{o2}\widetilde{G}\tag{6-40}$$

上述结论的证明与定理 6-1 的充分性的证明类似，这里不再赘述。

例 6-10 设线性定常系统的状态空间模型为

$$\begin{cases}\dot{x}=\begin{bmatrix}1&0&0\\3&-1&1\\0&2&0\end{bmatrix}x+\begin{bmatrix}2\\1\\1\end{bmatrix}u\\ y=[0\quad 0\quad 1]x\end{cases}$$

试设计一个状态观测器，使其极点配置为$-3,-4,-5$。

解 (1) 用方法一求解。利用对偶性方法，求得原系统的对偶系统为

$$\widetilde{\Sigma}(\widetilde{A},\widetilde{B},\widetilde{C})=\Sigma\left(\begin{bmatrix}1&3&0\\0&-1&2\\0&1&0\end{bmatrix},\quad\begin{bmatrix}0\\0\\1\end{bmatrix},\quad[2\quad 1\quad 1]\right)$$

将该能控状态空间模型化为能控规范Ⅱ形的变换矩阵为

$$T_{c2}^{-1}=\begin{bmatrix}T_1\\T_1\widetilde{A}\\T_1\widetilde{A}^2\end{bmatrix}=\frac{1}{6}\begin{bmatrix}1&0&0\\1&3&0\\1&0&6\end{bmatrix}$$

其中 $$T_1=[0\quad 0\quad 1][\widetilde{B}\quad\widetilde{A}\widetilde{B}\quad\widetilde{A}^2\widetilde{B}]^{-1}=\begin{bmatrix}\frac{1}{6}&0&0\end{bmatrix}$$

由于被控系统的特征多项式和期望极点的特征多项式分别为

$$f(s)=|sI-A|=s^3-3s+2$$

$$f^*(s)=(s+3)(s+4)(s+5)=s^3+12s^2+47s+60$$

则对偶系统的状态反馈阵 K 为

$$K=\widetilde{K}T_{c2}^{-1}=[a_3^*-a_3\quad a_2^*-a_2\quad a_1^*-a_1]T_{c2}^{-1}$$

$$=[58\quad 50\quad 12]\times\frac{1}{6}\begin{bmatrix}1&0&0\\1&3&0\\1&0&6\end{bmatrix}=[20\quad 25\quad 12]$$

即所求状态观测器的反馈阵

$$G = K^{\mathrm{T}} = [20 \quad 25 \quad 12]^{\mathrm{T}}$$

则相应状态观测器为

$$\begin{cases} \dot{\hat{x}} = \begin{bmatrix} 1 & 0 & 0 \\ 3 & -1 & 1 \\ 0 & 2 & 0 \end{bmatrix} \hat{x} + \begin{bmatrix} 2 \\ 1 \\ 1 \end{bmatrix} u + \begin{bmatrix} 20 \\ 25 \\ 12 \end{bmatrix} (y - \hat{y}) \\ \hat{y} = [0 \quad 0 \quad 1] \hat{x} \end{cases}$$

(2) 用方法二求解。将原系统转化成能观规范Ⅱ形，其变换矩阵 T_{o2} 为

$$T_{o2} = [R_1 \quad AR_1 \quad A^2R_1] = \frac{1}{6}\begin{bmatrix} 1 & 1 & 1 \\ 0 & 3 & 0 \\ 0 & 0 & 6 \end{bmatrix}$$

其中

$$R_1 = \begin{bmatrix} C \\ CA \\ CA^2 \end{bmatrix}^{-1} \begin{bmatrix} 0 \\ 0 \\ 1 \end{bmatrix} = \begin{bmatrix} 0 & 0 & 1 \\ 0 & 2 & 0 \\ 6 & -2 & 2 \end{bmatrix}^{-1} \begin{bmatrix} 0 \\ 0 \\ 1 \end{bmatrix} = \begin{bmatrix} 1/6 \\ 0 \\ 0 \end{bmatrix}$$

因此能观规范Ⅱ形的状态观测器的反馈矩阵为

$$\tilde{G} = [a_3^* - a_3 \quad a_2^* - a_2 \quad a_1^* - a_1]^{\mathrm{T}} = [58 \quad 50 \quad 12]^{\mathrm{T}}$$

则原被控系统的状态观测器的反馈矩阵 G 为

$$G = T_{o2}\tilde{G} = \frac{1}{6}\begin{bmatrix} 1 & 1 & 1 \\ 0 & 3 & 0 \\ 0 & 0 & 6 \end{bmatrix}\begin{bmatrix} 58 \\ 50 \\ 12 \end{bmatrix} = \begin{bmatrix} 20 \\ 25 \\ 12 \end{bmatrix}$$

可见，用方法二求得的 G 矩阵与方法一求得的完全相同。

6.5.2 降维状态观测器

用上述方法设计的状态观测器是 n 阶的，即 n 维状态变量全部由观测器获得，所以该观测器又可称为全维状态观测器。由输出方程可知，其实状态变量的部分信息可直接由输出变量的测量值提供，如在特殊形式的输出方程

$$y = [0 \quad I]\begin{bmatrix} x_1 \\ x_2 \end{bmatrix} \tag{6-41}$$

中，状态变量向量 x_2 即为输出变量 y，故该系统只要仅对 x_1 设计状态观测器即可，对 x_2 就没有必要再设计状态观测器。因此，所设计的状态观测器的维数就少于状态变量的维数 n。该类状态观测器称为降维状态观测器。

由线性代数知识可知，任何输出方程，只要输出矩阵 C 满秩(行满秩)，总可以找到非奇异的线性变换将输出方程变换成(6-41)所示的输出方程。变换方法为：对任何输出矩阵为满秩矩阵的状态空间模型，经过对状态变量的重新排列顺序，都可变换成如下形式的状态空间模型：

$$\left.\begin{aligned}\begin{bmatrix}\dot{\boldsymbol{x}}_1\\ \dot{\boldsymbol{x}}_2\end{bmatrix}&=\begin{bmatrix}\boldsymbol{A}_{11} & \boldsymbol{A}_{12}\\ \boldsymbol{A}_{21} & \boldsymbol{A}_{22}\end{bmatrix}\begin{bmatrix}\boldsymbol{x}_1\\ \boldsymbol{x}_2\end{bmatrix}+\begin{bmatrix}\boldsymbol{B}_1\\ \boldsymbol{B}_2\end{bmatrix}\boldsymbol{u}\\ \boldsymbol{y}&=[\boldsymbol{C}_1\quad \boldsymbol{C}_2]\begin{bmatrix}\boldsymbol{x}_1\\ \boldsymbol{x}_2\end{bmatrix}\end{aligned}\right\}\tag{6-42}$$

式中，矩阵 $\boldsymbol{C}_2$ 为 $m\times m$ 维的可逆方阵；状态变量向量 $\boldsymbol{x}_1$ 和 $\boldsymbol{x}_2$ 分别为 $n-m$ 维和 m 维的。

当选取变换矩阵 $\boldsymbol{P}$ 为

$$\boldsymbol{P}=\begin{bmatrix}\boldsymbol{I} & 0\\ -\boldsymbol{C}_2^{-1}\boldsymbol{C}_1 & \boldsymbol{C}_2^{-1}\end{bmatrix}\tag{6-43}$$

时，在状态变换 $\boldsymbol{x}=\boldsymbol{P}\tilde{\boldsymbol{x}}$ 下，状态空间模型(6-42)可变换为

$$\left.\begin{aligned}\begin{bmatrix}\dot{\tilde{\boldsymbol{x}}}_1\\ \dot{\tilde{\boldsymbol{x}}}_2\end{bmatrix}&=\begin{bmatrix}\tilde{\boldsymbol{A}}_{11} & \tilde{\boldsymbol{A}}_{12}\\ \tilde{\boldsymbol{A}}_{21} & \tilde{\boldsymbol{A}}_{22}\end{bmatrix}\begin{bmatrix}\tilde{\boldsymbol{x}}_1\\ \tilde{\boldsymbol{x}}_2\end{bmatrix}+\begin{bmatrix}\tilde{\boldsymbol{B}}_1\\ \tilde{\boldsymbol{B}}_2\end{bmatrix}\boldsymbol{u}\\ \boldsymbol{y}&=[0\quad \boldsymbol{I}]\begin{bmatrix}\tilde{\boldsymbol{x}}_1\\ \tilde{\boldsymbol{x}}_2\end{bmatrix}\end{aligned}\right\}\tag{6-44}$$

对状态空间模型(6-44)，状态变量 $\tilde{\boldsymbol{x}}_2(t)$ 即为输出变量 $\boldsymbol{y}(t)$，因此只需对状态变量 $\tilde{\boldsymbol{x}}_1(t)$ 设计降维状态观测器即可。在求得状态变量 $\tilde{\boldsymbol{x}}_1(t)$ 的状态估计值后，作上述线性变换的逆变换，即可求得原状态变量 $\boldsymbol{x}(t)$ 的估计值。

下面介绍系统(6-44)的降维状态观测器的设计方法。

由式(6-44)，得状态变量 $\tilde{\boldsymbol{x}}_1$ 所满足的状态方程为

$$\dot{\tilde{\boldsymbol{x}}}_1=\tilde{\boldsymbol{A}}_{11}\tilde{\boldsymbol{x}}_1+\tilde{\boldsymbol{A}}_{12}\tilde{\boldsymbol{x}}_2+\tilde{\boldsymbol{B}}_1\boldsymbol{u}=\tilde{\boldsymbol{A}}_{11}\tilde{\boldsymbol{x}}_1+\tilde{\boldsymbol{A}}_{12}\boldsymbol{y}+\tilde{\boldsymbol{B}}_1\boldsymbol{u}\tag{6-45}$$

仿照前面介绍的全维状态观测器的设计方法，构造状态变量 $\tilde{\boldsymbol{x}}_1$ 的全维状态观测器

$$\left.\begin{aligned}\dot{\boldsymbol{z}}&=\boldsymbol{F}\boldsymbol{z}+\boldsymbol{G}\boldsymbol{y}+\boldsymbol{H}\boldsymbol{u}\\ \hat{\boldsymbol{x}}_1&=\boldsymbol{z}+\boldsymbol{L}\boldsymbol{y}\end{aligned}\right\}\tag{6-46}$$

式中，$\boldsymbol{z}$ 是降维状态观测器的 $n-m$ 维状态变量；$\hat{\boldsymbol{x}}_1$ 是降维状态观测器的输出变量，即系统(6-44)的状态变量 $\tilde{\boldsymbol{x}}_1$ 的估计值；矩阵 $\boldsymbol{F},\boldsymbol{G},\boldsymbol{H}$ 和 $\boldsymbol{L}$ 为适宜维数的待定常数矩阵。

降维状态观测器的结构如图 6-10 所示。

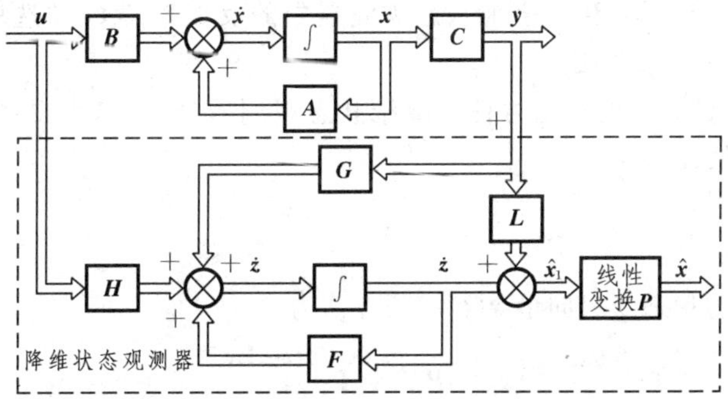

图 6-10　降维状态观测器的结构图

下面讨论如何选取降维状态观测器(6-46)的各矩阵,才能使得

$$\lim_{t\to\infty} \tilde{\boldsymbol{x}}_1 - \hat{\boldsymbol{x}}_1 = 0$$

由式(6-46)有
$$\dot{\hat{\boldsymbol{x}}}_1 = \dot{\boldsymbol{z}} + \boldsymbol{L}\dot{\boldsymbol{y}} = \boldsymbol{F}\boldsymbol{z} + \boldsymbol{G}\boldsymbol{y} + \boldsymbol{H}\boldsymbol{u} + \boldsymbol{L}\dot{\boldsymbol{y}} \tag{6-47}$$
和
$$\boldsymbol{z} = \hat{\boldsymbol{x}}_1 - \boldsymbol{L}\boldsymbol{y} \tag{6-48}$$
将式(6-48)及 $\boldsymbol{y}=\tilde{\boldsymbol{x}}_2$ 代入式(6-47),可得

$$\begin{aligned}\dot{\hat{\boldsymbol{x}}}_1 &= \boldsymbol{F}(\hat{\boldsymbol{x}}_1 - \boldsymbol{L}\boldsymbol{y}) + \boldsymbol{G}\tilde{\boldsymbol{x}}_2 + \boldsymbol{H}\boldsymbol{u} + \boldsymbol{L}\dot{\tilde{\boldsymbol{x}}}_2 \\ &= \boldsymbol{F}(\hat{\boldsymbol{x}}_1 - \boldsymbol{L}\tilde{\boldsymbol{x}}_2) + \boldsymbol{G}\tilde{\boldsymbol{x}}_2 + \boldsymbol{H}\boldsymbol{u} + \boldsymbol{L}\dot{\tilde{\boldsymbol{x}}}_2\end{aligned} \tag{6-49}$$

将状态空间模型(6-44)中$\tilde{\boldsymbol{x}}_2$所满足的状态方程代入式(6-49),可得

$$\begin{aligned}\dot{\hat{\boldsymbol{x}}}_1 &= \boldsymbol{F}(\hat{\boldsymbol{x}}_1 - \boldsymbol{L}\tilde{\boldsymbol{x}}_2) + \boldsymbol{G}\tilde{\boldsymbol{x}}_2 + \boldsymbol{H}\boldsymbol{u} + \boldsymbol{L}(\tilde{\boldsymbol{A}}_{21}\tilde{\boldsymbol{x}}_1 + \tilde{\boldsymbol{A}}_{22}\tilde{\boldsymbol{x}}_2 + \tilde{\boldsymbol{B}}_2\boldsymbol{u}) \\ &= \boldsymbol{F}\hat{\boldsymbol{x}}_1 + \boldsymbol{L}\tilde{\boldsymbol{A}}_{21}\tilde{\boldsymbol{x}}_1 + (\boldsymbol{G} + \boldsymbol{L}\tilde{\boldsymbol{A}}_{22} - \boldsymbol{F}\boldsymbol{L})\tilde{\boldsymbol{x}}_2 + (\boldsymbol{H} + \boldsymbol{L}\tilde{\boldsymbol{B}}_2)\boldsymbol{u}\end{aligned} \tag{6-50}$$

将式(6-45)减去式(6-50),可得状态估计误差$\tilde{\boldsymbol{x}}_1 - \hat{\boldsymbol{x}}_1$所满足的动态方程

$$\begin{aligned}\dot{\tilde{\boldsymbol{x}}}_1 - \dot{\hat{\boldsymbol{x}}}_1 &= \tilde{\boldsymbol{A}}_{11}\tilde{\boldsymbol{x}}_1 + \tilde{\boldsymbol{A}}_{12}\tilde{\boldsymbol{x}}_2 + \tilde{\boldsymbol{B}}_1\boldsymbol{u} - \boldsymbol{F}\hat{\boldsymbol{x}}_1 - \boldsymbol{L}\tilde{\boldsymbol{A}}_{21}\tilde{\boldsymbol{x}}_1 - (\boldsymbol{G} + \boldsymbol{L}\tilde{\boldsymbol{A}}_{22} - \boldsymbol{F}\boldsymbol{L})\tilde{\boldsymbol{x}}_2 - (\boldsymbol{H} + \boldsymbol{L}\tilde{\boldsymbol{B}}_2)\boldsymbol{u} \\ &= (\tilde{\boldsymbol{A}}_{11} - \boldsymbol{L}\tilde{\boldsymbol{A}}_{21})\tilde{\boldsymbol{x}}_1 - \boldsymbol{F}\hat{\boldsymbol{x}}_1 + (\tilde{\boldsymbol{A}}_{12} - \boldsymbol{G} - \boldsymbol{L}\tilde{\boldsymbol{A}}_{22} + \boldsymbol{F}\boldsymbol{L})\tilde{\boldsymbol{x}}_2 + (\tilde{\boldsymbol{B}}_1 - \boldsymbol{H} - \boldsymbol{L}\tilde{\boldsymbol{B}}_2)\boldsymbol{u}\end{aligned} \tag{6-51}$$

若取
$$\boldsymbol{F} = \tilde{\boldsymbol{A}}_{11} - \boldsymbol{L}\tilde{\boldsymbol{A}}_{21} \tag{6-52}$$
$$\boldsymbol{G} = \tilde{\boldsymbol{A}}_{12} - \boldsymbol{L}\tilde{\boldsymbol{A}}_{22} + \boldsymbol{F}\boldsymbol{L} \tag{6-53}$$
$$\boldsymbol{H} = \tilde{\boldsymbol{B}}_1 - \boldsymbol{L}\tilde{\boldsymbol{B}}_2 \tag{6-54}$$
则状态观测误差$\tilde{\boldsymbol{x}}_1 - \hat{\boldsymbol{x}}_1$所满足的状态方程(6-51)可记为

$$\dot{\tilde{\boldsymbol{x}}}_1 - \dot{\hat{\boldsymbol{x}}}_1 = \boldsymbol{F}(\tilde{\boldsymbol{x}}_1 - \hat{\boldsymbol{x}}_1) \tag{6-55}$$

由式(6-55)可知,使 $\hat{\boldsymbol{x}}_1(t)$渐近逼近$\tilde{\boldsymbol{x}}_1(t)$的充分必要条件为矩阵 $\boldsymbol{F}$ 的全部特征值都具有负实部。由式(6-52)可知,类似于全维状态观测器,当矩阵对$(\tilde{\boldsymbol{A}}_{11},\tilde{\boldsymbol{A}}_{21})$状态完全能观时,通过矩阵 $\boldsymbol{L}$ 的选择可任意配置矩阵 $\boldsymbol{F}$ 的特征值,即能使 $\boldsymbol{F}$ 的特征值都具有负实部。因此矩阵 $\boldsymbol{L}$ 的选择方法与全维状态观测器中的反馈矩阵 $\boldsymbol{G}$ 的选取方法完全一致,亦有相应的方法一和方法二。

因此,由系统(6-44)的输出方程和降维状态观测器(6-46),可得系统(6-44)的状态变量向量$\tilde{\boldsymbol{x}}(t)$的估计值为

$$\hat{\tilde{\boldsymbol{x}}} = \begin{bmatrix} \boldsymbol{z} + \boldsymbol{L}\boldsymbol{y} \\ \boldsymbol{y} \end{bmatrix}$$

则原系统(6-42)的状态变量向量 $\boldsymbol{x}(t)$的估计值为

$$\hat{\boldsymbol{x}} = \boldsymbol{P}\hat{\tilde{\boldsymbol{x}}} = \boldsymbol{P}\begin{bmatrix} \boldsymbol{z} + \boldsymbol{L}\boldsymbol{y} \\ \boldsymbol{y} \end{bmatrix}$$

于是所设计的原系统的降维状态观测器为

$$\left.\begin{aligned} \dot{z} &= Fz + Gy + Hu \\ \hat{x} &= P\begin{bmatrix} z + Ly \\ y \end{bmatrix} \end{aligned}\right\} \tag{6-56}$$

例 6-11 设线性定常系统的状态空间模型为

$$\begin{cases} \dot{x} = \begin{bmatrix} 4 & 4 & 4 \\ -11 & -12 & -12 \\ 13 & 14 & 13 \end{bmatrix} x + \begin{bmatrix} -1 \\ -1 \\ 0 \end{bmatrix} u \\ y = [1 \quad 1 \quad 1] x \end{cases}$$

试设计一个降维状态观测器，使其极点配置为-3，-4。

解 (1) 将系统作结构分解。由于 $\operatorname{rank} C=1$，且 C 阵的最后一个元素不为零，所以不必再重新排列状态变量，只要按虚线所示方式将系统分解即可。按式(6-43)构造变换矩阵 P 和逆矩阵 P^{-1} 为

$$P = \begin{bmatrix} I & 0 \\ -C_2^{-1}C_1 & C_2^{-1} \end{bmatrix} = \begin{bmatrix} 1 & 0 & 0 \\ 0 & 1 & 0 \\ -1 & -1 & 1 \end{bmatrix}, \quad P^{-1} = \begin{bmatrix} 1 & 0 & 0 \\ 0 & 1 & 0 \\ 1 & 1 & 1 \end{bmatrix}$$

(2) 计算 $\tilde{A}$、$\tilde{B}$ 和 $\tilde{C}$

$$\tilde{A} = P^{-1}AP = \begin{bmatrix} 0 & 0 & 4 \\ 1 & 0 & -12 \\ 1 & 1 & 5 \end{bmatrix}, \quad \tilde{B} = P^{-1}B = \begin{bmatrix} 1 \\ -1 \\ 0 \end{bmatrix}, \quad C = CP = [0 \quad 0 \quad 1]$$

(3) 由式(6-46)可知，降维状态观测器的特征多项式为

$$f(s) = |sI - F| = |sI - (\tilde{A}_{11} - L\tilde{A}_{21})| = \left| sI - \begin{bmatrix} 0 & 0 \\ 1 & 0 \end{bmatrix} + \begin{bmatrix} L_1 \\ L_2 \end{bmatrix} [1 \quad 1] \right|$$

$$= \begin{vmatrix} s + L_1 & L_1 \\ L_2 - 1 & s + L_2 \end{vmatrix} = s^2 + (L_1 + L_2)s + L_1$$

(4) 由给定的期望特征值得期望的特征多项式为

$$f^*(s) = (s+3)(s+4) = s^2 + 7s + 12$$

令 $f(s) = f^*(s)$，则可得

$$L = \begin{bmatrix} L_1 \\ L_2 \end{bmatrix} = \begin{bmatrix} 12 \\ -5 \end{bmatrix}$$

(5) 由式(6-52)～(6-54)，可得降维状态观测器(6-46)的各矩阵为

$$F = \tilde{A}_{11} - L\tilde{A}_{21} = \begin{bmatrix} 0 & 0 \\ 1 & 0 \end{bmatrix} - \begin{bmatrix} 12 \\ -5 \end{bmatrix} [1 \quad 1] = \begin{bmatrix} -12 & -12 \\ 6 & 5 \end{bmatrix}$$

$$G = \tilde{A}_{12} - L\tilde{A}_{22} + FL = \begin{bmatrix} 4 \\ -12 \end{bmatrix} - \begin{bmatrix} 12 \\ -5 \end{bmatrix} \times 5 + \begin{bmatrix} -12 & -12 \\ 6 & 5 \end{bmatrix} \begin{bmatrix} 12 \\ -5 \end{bmatrix} = \begin{bmatrix} -140 \\ 60 \end{bmatrix}$$

$$H = \tilde{B}_1 - L\tilde{B}_2 = \begin{bmatrix} 1 \\ -1 \end{bmatrix} - \begin{bmatrix} 12 \\ -5 \end{bmatrix} \times 0 = \begin{bmatrix} 1 \\ -1 \end{bmatrix}$$

于是所得的降维状态观测器为

$$\begin{cases} \dot{z} = Fz + Gy + Hu = \begin{bmatrix} -12 & -12 \\ 6 & 5 \end{bmatrix} z + \begin{bmatrix} -140 \\ 60 \end{bmatrix} y + \begin{bmatrix} 1 \\ -1 \end{bmatrix} u \\ \hat{\tilde{x}} = \begin{bmatrix} z + Ly \\ y \end{bmatrix} = \begin{bmatrix} 1 & 0 \\ 0 & 1 \\ 0 & 0 \end{bmatrix} z + \begin{bmatrix} 12 \\ -5 \\ 1 \end{bmatrix} y \end{cases}$$

则原系统的状态变量向量 x 的估计值为

$$\hat{x} = P\tilde{x} = \begin{bmatrix} 1 & 0 \\ 0 & 1 \\ -1 & -1 \end{bmatrix} z + \begin{bmatrix} 12 \\ -5 \\ -6 \end{bmatrix} y$$

6.6 带状态观测器的闭环控制系统

状态观测器解决了状态变量不能直接测量的系统状态估计问题，它为用状态反馈实现系统闭环控制奠定了基础。但状态观测器对状态反馈闭环控制系统的稳定性和其他性能品质指标的影响如何，则是一个需要仔细分析的问题。本节主要研究利用状态观测器实现的状态反馈闭环控制系统的特性，以及它和直接采用状态变量为反馈量时的异同。

下面先导出带状态观测器的状态反馈闭环控制系统的状态空间模型，并以此进行该闭环系统的特性分析。

设系统 $\Sigma(A,B,C)$ 为状态完全能控且完全能观，则该系统可通过状态反馈进行任意极点配置，以及能建立全维状态观测器并对其进行任意极点配置。若系统 $\Sigma(A,B,C)$ 的状态变量不能直接测量，则可由状态观测器提供的状态变量的估计值来构成状态反馈律。即对线性定常连续系统 $\Sigma(A,B,C)$，其全维状态观测器为

$$\left.\begin{aligned} \dot{\hat{x}} &= A\hat{x} + Bu + G(y - \hat{y}) \\ \hat{y} &= C\hat{x} \end{aligned}\right\} \tag{6-57}$$

闭环控制系统的状态反馈律为

$$u = -K\hat{x} + v \tag{6-58}$$

上述带全维状态观测器的状态反馈闭环控制系统的结构如图 6-11 所示。

定义状态观测误差 $\tilde{x} = x - \hat{x}$，则有

$$\begin{aligned} \dot{\tilde{x}} &= \dot{x} - \dot{\hat{x}} = A(x - \hat{x}) - G(y - \hat{y}) = A(x - \hat{x}) - GC(x - \hat{x}) \\ &= (A - GC)(x - \hat{x}) = (A - GC)\tilde{x} \end{aligned} \tag{6-59}$$

另外，系统的状态方程又可记为

$$\begin{aligned} \dot{x} &= Ax + B(-K\hat{x} + v) = (A - BK)x + BK(x - \hat{x}) + Bv \\ &= (A - BK)x + BK\tilde{x} + Bv \end{aligned} \tag{6-60}$$

因此，带全维状态观测器的状态反馈闭环控制系统的状态空间模型为

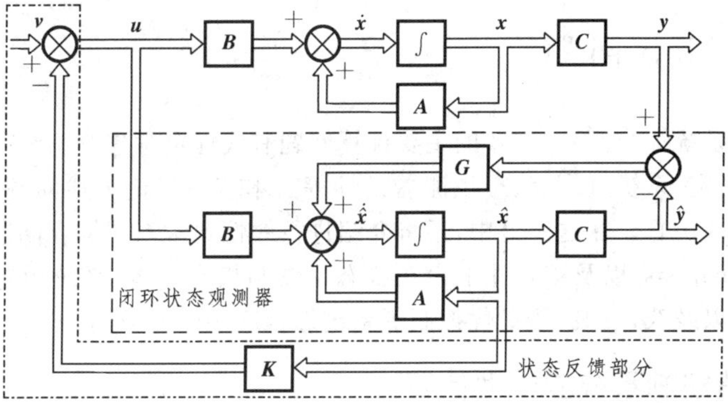

图 6-11 带状态观测器的状态反馈闭环控制系统结构图

$$\left.\begin{aligned} \begin{bmatrix} \dot{x} \\ \dot{\tilde{x}} \end{bmatrix} &= \begin{bmatrix} A-BK & BK \\ 0 & A-GC \end{bmatrix} \begin{bmatrix} x \\ \tilde{x} \end{bmatrix} + \begin{bmatrix} B \\ 0 \end{bmatrix} v \\ y &= \begin{bmatrix} C & 0 \end{bmatrix} \begin{bmatrix} x \\ \tilde{x} \end{bmatrix} \end{aligned}\right\} \tag{6-61}$$

由上述带全维状态观测器的闭环控制系统的状态空间模型,可得该闭环系统的如下特性。

1) 分离特性。由状态空间模型(6-61)的状态方程可知,整个闭环系统的特征值为矩阵块($A-BK$)的特征值和矩阵块($A-GC$)的特征值所组成,即由状态反馈部分的特征值和状态观测器部分的特征值所组成。这两部分的特征值可单独设计,互不影响,这种特性称为状态反馈控制与状态观测器的分离特性。一般在工程上,为保证较好的控制精度、快速性和超调量等动态指标,状态观测器部分($A-GC$)的特征值的实部应远小于状态反馈部分($A-BK$)的特征值的实部,即更远离虚轴。

2) 传递函数的不变性。由状态空间模型(6-61),可得带观测器的闭环系统的传递函数阵为

$$G_{K,G}(s) = \begin{bmatrix} C & 0 \end{bmatrix} \left(sI - \begin{bmatrix} A-BK & BK \\ 0 & A-GC \end{bmatrix} \right)^{-1} \begin{bmatrix} B \\ 0 \end{bmatrix} = C(sI - A + BK)^{-1} B$$

因此,带观测器的闭环系统的传递函数阵等于采用状态变量作反馈量的闭环系统的传递函数阵,即状态观测器不改变闭环系统的传递函数阵,即不改变闭环系统的输入输出特性。

3) 状态观测误差不能控。由状态空间模型(6-61)可知,状态观测误差$\tilde{x}(t)$是不能控的,即不能由外部输入去影响它。只要矩阵($A-GC$)的特征值具有负实部,则 $\hat{x}(t)$不管输入信号如何,一定按矩阵($A-GC$)所确定的衰减速度衰减至零。

上面讨论的是带全维状态观测器的状态反馈闭环系统的特性,对带降维状态观测器的状态反馈闭环系统亦存在相同的特性,这里从略。

6.7 Matlab 问题

本章讨论系统综合问题，涉及的主要计算问题有线性定常连续系统的状态反馈与极点配置、系统镇定、系统解耦、状态规测器设计等。本节将讨论上述问题基于 Matlab 的问题求解和系统仿真。在这一节中，还将介绍进行线性定常系统综合问题的仿真平台软件 lti_synth_analysis，以及该软件平台在状态反馈与极点配置、系统镇定、系统解耦、状态规测器设计以及线性二次型最优控制等系统综合问题中的应用。

6.7.1 反馈控制系统的模型计算

基于 Matlab 提供的建立状态空间模型函数 ss()和建立传递函数模型函数 tf()，可以实现反馈控制系统的模型计算。编著者为此设计了反馈系统模型计算函数 fdb_model()。该函数可以实现状态反馈和输出反馈的闭环系统状态空间模型和传递函数模型计算。

反馈系统模型计算函数 fdb_model()的源程序为

```
function  csys= fdb_model(sys,K,H,type1,type2)
error(nargchk(3,5,nargin));              % 检查输入项的数目是否有误
if  nargin==4                            % 若输入项数为 4,则 type2 缺省为'ss'
    type2='ss';
elseif  nargin==3                        % 若输入项数为 3,则 type1 和 type2 分别
    type1='state'; type2='ss';             缺省为'state'和'ss'
end
switch type1(1:3)                        % 反馈模型计算的选择语句
    case'sta'                            % 计算状态反馈的系统模型
        A=sys.a-sys.b*K;  B=sys.b*H;
        if size(sys.c,1) == 0
            C=sys.c-sys.d*K;     D=sys.d*H;
        else
            C=sys.c;     D=sys.d;
        end
    case'out'                            %计算输出反馈的系统模型
        D1= inv(eye(size(sys.c,1))+sys.d*K);
        C=D1*sys.c;     D=D1*sys.d*H;
        A=sys.a-sys.b*K*C;
        B=sys.b*H-sys.b*K*D;
end
switch type2(1:2)
    case'ss'                             % 反馈模型输出的选择语句
        csys=ss(A,B,C,D);                % 输出为状态空间模型
    case'tf'
```

```
        sta_sys_c=ss(A,B,C,D);          % 输出为传递函数模型
        csys=tf(sta_sys_c);
    end
```

反馈系统模型计算函数 fdb_model()用于计算反馈控制律

$$状态反馈律:\boldsymbol{u}=-\boldsymbol{Kx}+\boldsymbol{Hv}$$

$$输出反馈律:\boldsymbol{u}=-\boldsymbol{Ky}+\boldsymbol{Hv}$$

下的闭环系统模型。基于反馈系统模型函数 fdb_model (),可方便地求解闭环控制系统的状态空间模型和传递函数模型。函数 fdb_model()的调用格式为

clsys = fdb_model(sys,K,H,type1,type2)

其中,sys 为状态空间模型;**K** 为反馈矩阵;**H** 为前馈矩阵。若 type1 为字符串'state',则 **K** 为状态反馈矩阵;type1 为字符串'output',则 **K** 为输出反馈矩阵。type2 为字符串'ss',则表示输出模型 clsys 为状态空间模型;若 type2 为字符串'tf',则输出模型 clsys 为传递函数模型矩阵。输入项 type2 和 type1 可以按从右到左顺序分别缺省为'ss'和'state'。

Matlab 问题 6-1 试在 Matlab 中计算例 6-1 的系统在状态反馈矩阵 **K**=[3 1]下的状态反馈闭环系统的传递函数模型。

Matlab 程序 m6-1 如下。

```
A=[1 2; 3 1];  B=[0; 1];  C=[1 2];  D=0;   % 赋值开环系统各矩阵
K=[3; 1]; H= eye(size(B,2))                % 赋值反馈与前馈矩阵
sys=ss(A,B,C,D);                           % 建立开环状态空间模型
tfsys_cl = fdb_model(sys,K,H,'state','tf') % 计算反馈闭环系统传递函数模型
```

Matlab 程序 m6-1 执行结果如下。

```
2 s
————
s^2 - s
```

函数 fdb_model()的源程序运用了 3 个新的 Matlab 的语句和函数,分别为计算函数调用输入项项数函数 nargin()、检查函数调用输入项项数范围函数 nargchk()和错误报告函数 error()。

(1) 函数 nargin()和 nargchk()

前面介绍的 Matlab 函数(M 文件)大多允许在调用时有不同的输入格式和输出格式,允许部分输入输出项缺省,使得一个函数可以实现多个相同或相似功能。这种具有多重功能函数的程序设计方法称为函数重载。Matlab 的函数重载主要是通过检查函数调用时输入输出的项数以及各输入输出项的数据结构类型来实现的。为此,Matlab 提供了查询函数调用时输入输出项数、检查该项数是否合法以及输入输出项类型的函数。

函数 nargin()用于 Matlab 的函数(M 文件)体中,查询它所在函数当前被调用时实际输入项的项数,其主要调用格式为

$$n = \text{nargin}$$

其中,返回的数值 n 即为函数 nargin()所在函数体内当前被调用时的实际输入项的项数。

函数 nargchk()的用途是在函数体内检查函数当前被调用的实际输入项是否符合指定的范围,其主要调用格式为

```
msgstr = nargchk(minargs, maxargs, numargs)
msgstr = nargchk(minargs, maxargs, numargs, 'string')
```

其中,minargs 和 maxargs 为所在函数被调用的输入项项数的合法最小值和最大值;numargs为求得的输入项项数,可以直接为函数 nargin(返回的值为输入项项数)。对第 1 种调用格式,当输入项项数小于最小值 minargs 或大于最大值 maxargs 时,输出msgstr 分别为符号串'Not enough input arguments.'或'Too many input arguments.'。对第 2 种调用格式,当输入项项数超过范围时,输出 msgstr 为输入指定的符号串'string'。

如在函数 fdb_model()的调用中,若输入项 type1 和 type2 不缺省,nargin 给出的值为 5;若输入项 type1 和 type2 从右到左顺序缺省,则 nargin 给出的值分别为 4 和 3,此时程序通过判断 nargin 给出的值,自动将 type1 和 type2 分别设定为缺省值'ss'和'state'。

类似检查函数调用输入项的函数 nargin()和 nargchk(),Matlab 还设计了检查函数调用输出项的函数 nargout()和 nargchkout(),其调用格式分别与函数 nargin()和 nargchk()一致。通过查询函数实际调用时输入输出项数,再辅以判别输入输出项的数据结构类型,就可以通过编程实现函数重载功能。

(2) 函数 error()

函数 error()的功能为错误报告并强行中止程序执行,返回到键盘控制,其主要调用格式为

```
error('message')
```

其中,输入的'message'为需要报告的错误报告信息。在编程中,合理地使用函数error()可以避免程序执行时陷入错误中并报告错误信息。在程序调试时,可以根据函数 error()报告的错误信息调试程序,提高程序调试效率。

6.7.2 状态反馈极点配置

极点配置是一种重要的反馈控制系统设计方法。状态反馈极点配置问题主要为 SISO系统极点配置、MIMO 系统的基于旺纳姆或龙伯格能控规范Ⅱ形的极点配置等。

Matlab 提供了单输入系统状态反馈极点配置函数 acker()和多输入系统状态反馈极点配置函数 place(),若需进行其他极点配置方法,则需要用户自己编程设计相应的函数。对 MIMO 系统的基于旺纳姆或龙伯格能控规范Ⅱ形的极点配置,编著者编制了专门函数求解相应的状态反馈矩阵。

1. 单输入系统状态反馈极点配置

单输入系统状态反馈极点配置函数 acker()的调用格式为

K = acker(A,b,p)

其中,输入的 $\boldsymbol{A}$ 和 $\boldsymbol{b}$ 分别为单输入系统的系统矩阵和输入矩阵;p 为给定的期望闭环极点所组成的一维数组;输出 $\boldsymbol{K}$ 为求得的状态反馈矩阵。

由于单输入系统状态反馈极点配置问题的反馈矩阵 $\boldsymbol{K}$ 的解具有惟一性,因此函数 acker()求得的反馈矩阵与 6.2 节介绍的求解结果完全一致。Matlab 在求得反馈矩阵后,就可以构造反馈系统,进行反馈系统的仿真与分析了。

Matlab 问题 6-2 试在 Matlab 中计算例 6-2 的系统在期望的闭环极点为 $-1\pm j2$ 时的状态反馈矩阵,计算闭环系统的初始状态响应并绘出响应曲线。

Matlab 程序 m6-2 如下。

```
A=[-1 -2; -1 3];   b=[2; 1];        % 赋值开环系统的系统矩阵和输入矩阵
x0=[2; -3];                         % 赋值系统的初始状态
p=[-1+2j -1-2j];                    % 赋值期望的闭环极点
K=acker(A,b,p);                     % 计算基于极点配置的状态反馈矩阵
A_c=A-b*k;                          % 计算闭环系统的系统矩阵
sys=ss(A_c,b,[],[]);                % 建立闭环系统的状态方程
[y,t,x] = initial(sys,x0);          % 求解状态反馈闭环系统的初始状态响应
plot(t,x);                          % 绘制状态轨线图
```

Matlab 程序 m6-2 执行结果如下。

K =   -2.3333   8.6667

输出的闭环系统初始状态响应曲线如图 6-12 所示。

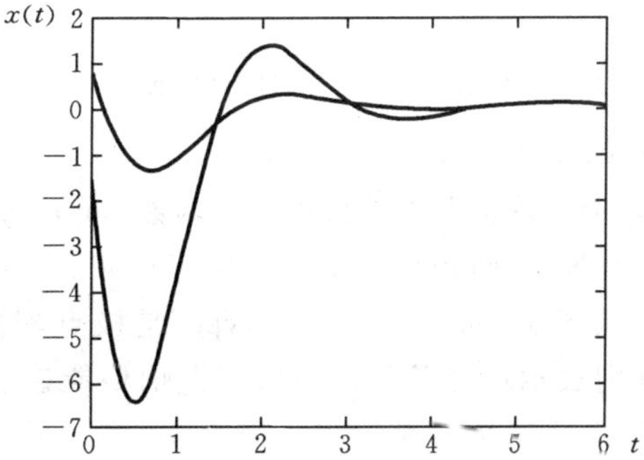

图 6-12 Matlab 问题 6-2 的闭环系统初始状态响应曲线

2. 多输入系统状态反馈极点配置

由于多输入系统极点配置问题求得的状态反馈矩阵解可能不惟一,因此根据不同的设计要求与目的,存在多种多输入系统极点配置方法,如化为单输入系统的极点配置、基于旺纳姆或龙伯格能控规范Ⅱ形的极点配置,以及鲁棒特征结构配置的极点配置等。Matlab 的函数 place()提供了一种使闭环特征值对系统矩阵 $\boldsymbol{A}$ 和输入矩阵 $\boldsymbol{B}$ 的扰动的敏感性最小的鲁棒特征结构极点配置方法。编著者根据 6.2.3 小节的内容,编制了能控

规范形极点配置函数 canon_place()，可以实现基于旺纳姆或龙伯格能控规范Ⅱ形的极点配置。

(1) 鲁棒特征结构极点配置函数 place()

鲁棒特征结构极点配置函数 place()的调用格式为

K = place(A,B,p)

其中，输入的 $\boldsymbol{A}$ 和 $\boldsymbol{B}$ 分别为多输入系统的系统矩阵和输入矩阵；p 为给定的期望闭环极点所组成的一维数组；输出 $\boldsymbol{K}$ 为求得的状态反馈矩阵。

Matlab 问题 6-3 试在 Matlab 中计算例 6-4 的系统在期望的闭环极点为－2 和－1±j2时的状态反馈矩阵，并检验计算闭环系统特征值。

Matlab 程序 m6-3 如下。

```
A=[1 1 0; 0 1 0; 0 0 1];
B=[0 1; 1 0; 1 1];
p=[-2 -1+j2 -1-j2];
K = place(A,B,p)              % 求解基于鲁棒极点配置的状态反馈矩阵
ceig=eig(A-B*K )              % 检验计算闭环系统的特征值
```

Matlab 程序 m6-3 执行结果如下。

```
K = 7.9891     12.0007     -8.0117
   -2.4738     -5.4889      5.4849
ceig =   -1.0000 + 2.0000i
         -1.0000 - 2.0000i
         -2.0000
```

计算结果表明闭环系统的极点准确配置在期望的极点位置上。

(2) 能控规范形极点配置函数 canon_place()

基于旺纳姆和龙伯格能控规范Ⅱ形的极点配置函数 canon_place()的调用格式为

K = canon_place(A,B,p,'type')

其中，输入的 $\boldsymbol{A}$、$\boldsymbol{B}$ 和 p 与函数 place()一致；'type'是极点配置方法选择，它可以为'Wonham'或'Luenb'，分别表示选择基于旺纳姆或龙伯格能控规范Ⅱ形的极点配置方法。

Matlab 问题 6-4 试在 Matlab 中用基于旺纳姆能控规范Ⅱ形的极点配置方法，计算例 6-5 的系统在期望的闭环极点为－1，－2±j，－1±j2 时的状态反馈矩阵。

Matlab 程序 m6-4 如下。

```
A=[0 1 0 0 0; 0 0 1 0 0; 3 1 0 1 2;
   0 0 0 0 1; 4 3 1 -1 -4];
B=[0 0; 0 0; 1 1; 0 0; 0 1];
p=[-1 -2+j -2-j -1+j2 -1-j2];
K = canon_place(A,B,p,'Wonham')       % 求解基于旺纳姆能控规范Ⅱ形的极点配置
                                        状态反馈矩阵
```

```
ceig=eig(A-B*K)                     % 检验计算闭环系统的特征值
```

Matlab 程序 m6-4 执行结果如下。

```
K = 4.7273     5.4545     3.0000     6.8182     4.0000
         0          0          0          0          0
ceig =-1.0000
      -1.0000 + 2.0000i
      -1.0000 - 2.0000i
      -2.0000 + 1.0000i
      -2.0000 + 1.0000i
```

上述计算结果表明闭环系统极点配置在期望极点位置上。

6.7.3 系统镇定

所谓系统镇定是指是否存在反馈使得闭环反馈系统是稳定的。对于状态反馈控制，系统镇定要求状态完全不能控部分是稳定的，对能控部分进行反馈镇定，即配置其极点在 s 平面的左半开平面。Matlab 没有直接提供镇定系统设计的函数，用户可用基于能控性分解函数 ctrbf()、ctrbf2()，以及极点配置函数 acker()、place()、canon_place()，编制相应程序实现镇定系统设计。编著者根据 6.3 节的内容，编制了系统镇定函数 stable_sys()实现镇定系统设计。

系统镇定函数 stable_sys()的调用格式为

K=stable_sys(A,B,p,type)

其中，输入 $\boldsymbol{A}$、$\boldsymbol{B}$、p 和输出 $\boldsymbol{K}$ 的格式与极点配置函数 place()一致，type 为对能控部分极点配置方法的选择输入。type 可为'robust'、'Wonham'和'Luenb'分别对应鲁棒极点配置方法、基于旺纳姆或龙伯格能控规范Ⅱ形的极点配置方法。若 type 缺省则自动选择为'robust'。

Matlab 问题 6-5 试在 Matlab 中计算例 6-6 的系统的状态反馈镇定，其中能控部分的极点配置在-2 和-3 上。

Matlab 程序 m6-5 如下。

```
A=[0 1 2; 0 1 0; 1 1 1];  B=[0 1; 1 0; 0 1];
p=[-3 -2];
K = stable_sys(A,B,p,'robust')
closed_eig=eig(A-B*K)
```

Matlab 程序 m6-5 执行结果如下。

```
K =    0     4     0
       0     1     4
closed_eig = -1
             -2
             -3
```

其中,闭环极点−1为系统不能控部分的极点。

6.7.4 系统解耦

系统解耦是设计MIMO控制系统的有效手段,它可以对耦合现象严重的系统通过解耦技术,将其变换为输入输出一一对应的多个SISO系统,从而简化控制系统的设计。Matlab没有提供直接用于解耦设计的函数,用户需要根据解耦设计方法设计相关的程序和函数。

编著者根据6.4.2小节介绍的解耦设计方法,设计了用于状态反馈解耦的Matlab函数decoup()。通过该函数可以便利地求解状态反馈解耦律

$$\boldsymbol{u}=-\boldsymbol{K}\boldsymbol{x}+\boldsymbol{H}\boldsymbol{v}$$

中的反馈矩阵 $\boldsymbol{K}$ 和前馈矩阵 $\boldsymbol{H}$。该函数的调用格式为

[K,H]=decoup(A,B,C,tol)

其中,输入的 $\boldsymbol{A}$、$\boldsymbol{B}$ 和 $\boldsymbol{C}$ 为状态空间模型的各矩阵,tol为容许的计算误差,可以缺省。输出的 $\boldsymbol{K}$ 和 $\boldsymbol{H}$ 即为所求取的状态反馈解耦律的反馈矩阵和前馈矩阵。

Matlab问题6-6 试在Matlab中计算例6-9的系统的状态反馈解耦律。

Matlab程序m6-6如下。

```
A=[0 0 0; 0 0 1; -1 -2 -3];  B=[1 0; 0 0; 0 1];
C=[1 1 0; 0 0 1];
[K,H] = decoup(A,B,C)       % 求解状态反馈律
dc_ss=ss(A-B*K,B*H,C,zeros(size(C,1),size(B,2)));
                            % 计算解耦后的状态空间模型、
dc_tf=tf(dc_ss)               传递函数模型
```

Matlab程序m6-6执行结果如下。

```
K =  0      0      1
    -1     -2     -3
H =  1      0
     0      1
Transfer function from input 1 to output...
     1
#1: ---
     s
#2: 0
Transfer function from input 2 to output...
#1: 0
     1
#2: ---
     s
```

计算结果表明解耦函数decoup()正确地求解出状态反馈解耦控制律。

6.7.5 状态观测器

状态观测器是实现状态反馈控制系统的关键环节。Matlab没有提供直接设计状态

观测器的函数。由于状态观测与状态反馈是互为对偶的，因此可以通过对偶原理，利用状态反馈极点配置函数实现全维状态观测器的设计。对降维状态观测器的设计，则需要用户自己设计相应的程序和函数。

1. 全维状态观测器设计

基于前面介绍的状态反馈极点配置函数 acker()、place()和 canon_place()，通过对偶原理，可以实现全维状态观测器的设计。对于状态观测器的运动轨迹分析(即状态观测器的状态响应、状态观测值的求解)问题，Matlab 没有提供相应的函数。编著者设计了一个用于状态观测器仿真的函数 obsv_lsim()，可以方便地进行状态观测值的求解。

状态观测器仿真函数 obsv_lsim()的源程序为

```
function [yt,eyt,t,xt,ext]=obsv_lsim(sys,G,u,t,x0,ex0)
                                        % 定义函数的调用格式
n=size(sys.a,1);                        % 取状态变量维数
[yt,t,xt] = lsim(sys,u,t,x0);           % 仿真被控系统,求取其状态和输出响应
obsv_u=sys.b*u'+G*yt';                  % 将 Gy+Bu 作为观测器的输入
obsv_sys=ss(sys.a-G*sys.c,eye(n),sys.c,sys.d);
                                        % 建立观测器的仿真模型
[eyt,t,ext] = lsim(obsv_sys,obsv_u,t,ex0);
                                        % 仿真观测器,求取状态观测值
```

函数 obsv_lsim()的调用格式为

[yt,eyt,t,xt,ext]=obsv_lsim(sys,G,u,t,x0,ex0)

其中，输入格式的 sys 为被控对象模型，$\boldsymbol{G}$ 为状态观测器增益矩阵，x_0 和 ex_0 分别为被控对象和状态观测器的初始状态，$\boldsymbol{u}$ 和 t 分别为被控系统的输入信号采样序列和时间数组；输出格式的 $\boldsymbol{y}t$ 和 $\boldsymbol{x}t$ 为被控对象的输出响应和状态响应，eyt 和 ext 分别为状态观测器的输出和状态的估计值。下面通过求解实例介绍状态观测器的设计及仿真。

Matlab 问题 6-7 试在 Matlab 中计算例 6-10 的系统的全维状态观测器并仿真系统和状态观测器的运行，其中期望的观测器极点为−3，−4，−5。

Matlab 程序 m6-7 如下。

```
A=[1 0 0; 3 -1 1; 0 2 0];  B=[2; 1; 1];
C=[0 0 1]; D=0;
x0=[1, -1, 2];  ex0=[-1, 1, -2];
p=[-3 -4 -5];                          % 赋值观测器的期望极点
K = acker(A',C',p);   G=K'             % 利用对偶原理,基于极点配置函数
                                         acker()计算观测器反馈矩阵 G
sys=ss(A,B,C,D);
[u,t] = gensig('square',3,3,0.01)      % 产生仿真的方波输入信号
[y,ey,t,x,ex]=obsv_lsim(sys,G,u,t,x0,ex0);  % 对被控对象和观测器进行仿真
plot(t,x-ex);                          % 绘制观测误差曲线图
```

Matlab 程序 m6-7 执行结果如下。

```
G =  20
     25
     12
```

输出的状态观测器状态观测误差 $\boldsymbol{x}(t)-\hat{\boldsymbol{x}}(t)$ 的曲线图如图 6-13 所示。

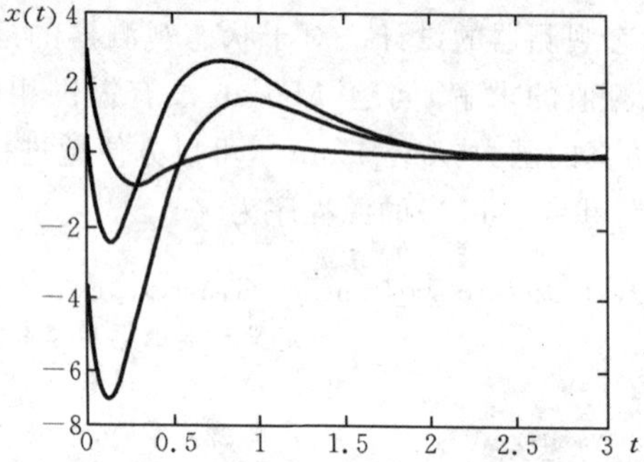

图 6-13　Matlab 问题 6-7 的状态观测误差 $\boldsymbol{x}(t)-\hat{\boldsymbol{x}}(t)$

2. 降维状态观测器设计

降维状态观测器使得观测器的维数降低，可节约状态观测的成本，是设计观测器的主要方法。Matlab 没有提供降维观测器的求解函数，用户需要根据 6.5.2 小节介绍的设计方法，自己设计相应的降维观测器设计函数。编著者设计了降维观测器设计函数 rdobsv()和降维观测器仿真函数 rdobsv_lsim()，可以非常方便地对降维观测器进行设计与仿真。

(1) 降维观测器设计函数 rdobsv()

降维观测器设计函数 rdobsv()设计的降维观测器为

$$\begin{cases} \dot{\boldsymbol{z}} = \boldsymbol{F}\boldsymbol{z} + \boldsymbol{G}\boldsymbol{y} + \boldsymbol{H}\boldsymbol{u} \\ \hat{\boldsymbol{x}}_1 = \boldsymbol{z} + \boldsymbol{L}\boldsymbol{y} \end{cases}$$

其调用格式为

[F,G,H,L,P]=rdobsv(sys,p,tol)

其中，输入项 sys，p 和 tol 分别为系统状态空间模型、期望的观测器极点和容许的计算误差，输出项的 $\boldsymbol{F}$,$\boldsymbol{G}$,$\boldsymbol{H}$ 和 $\boldsymbol{L}$ 为降维观测器的各矩阵，$\boldsymbol{P}$ 是降维设计时用于变换系统的变换矩阵。所求得的状态变量 $\boldsymbol{x}$ 的观测值为

$$\hat{\boldsymbol{x}} = \boldsymbol{P}\begin{bmatrix} \boldsymbol{z} + \boldsymbol{L}\boldsymbol{y} \\ \boldsymbol{y} \end{bmatrix}$$

(2) 降维观测器仿真函数 rdobsv_lsim()

降维观测器仿真函数 rdobsv_lsim()可以对被控系统和降维观测器进行仿真，获得被控系统的状态响应、输出响应以及该状态响应、输出响应的观测值，其调用格式为

[yt,eyt,t,xt,ext]=rdobsv_lsim(sys,F,G,H,L,P,u,t,x0,z0)

其中,输入项 sys,$\boldsymbol{u}$,t 和 x_0 的意义与函数 obsv_lsim 一致;z_0 为降维观测器的初始状态;$\boldsymbol{F}$,$\boldsymbol{G}$,$\boldsymbol{H}$,$\boldsymbol{L}$ 和 $\boldsymbol{P}$ 为降维观测器的各矩阵,意义与函数 rdobsv()一致。

基于降维观测器设计函数 rdobsv()和仿真函数 rdobsv_lsim(),就可以进行降维观测器设计与仿真了。

Matlab 问题 6-8　试在 Matlab 中计算例 6-11 的系统的降维状态观测器并仿真系统和状态观测器的运行,其中期望的观测器极点为−3 和−4。

Matlab 程序 m6-8 如下。

```
A=[4 4 4; -11 -12 -12; 13 14 13];
B=[-1; -1; 0];   C=[1 1 1];   D=0;
x0=[1; -1; 2];   z0=[-1; 1];         % 赋值被控系统和降维观测器的初始状态
p=[-3 -4];                           % 赋值观测器的期望极点
sys=ss(A,B,C,D);
[F,G,H,L,P] = rdobsv(sys,p);         % 设计降维观测器
[u,t] = gensig('square',3,3,0.01);   % 产生仿真的方波输入信号
[y,ey,t,x,ex]=rdobsv_lsim(sys,F,G,H,L,P,u,t,x0,z0);
                                     % 对被控对象和观测器进行仿真
plot(t,x-ex);                        % 绘制观测误差曲线图
```

Matlab 程序 m6-8 执行结果如图 6-14 所示状态观测误差 $\boldsymbol{x}(t)-\hat{\boldsymbol{x}}(t)$。

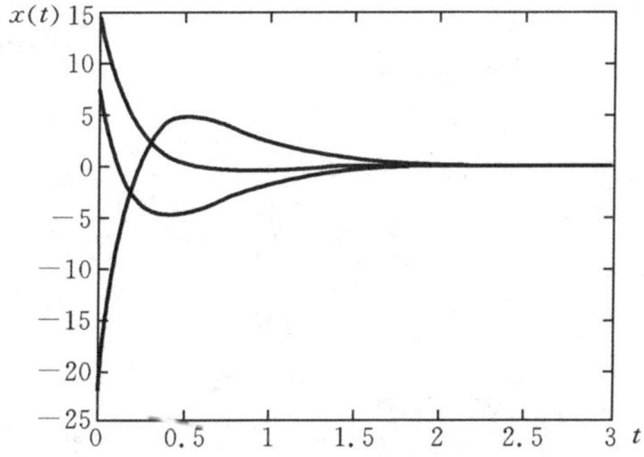

图 6-14　Matlab 问题 6-8 的状态观测误差 $\boldsymbol{x}(t)-\hat{\boldsymbol{x}}(t)$

6.7.6　线性定常系统的系统综合仿真平台

根据本章的线性定常系统系统综合的有关内容,为更好地进行相关问题的计算与仿真,编著者基于 Matlab 的图形用户界面(GUI)技术开发了一个线性定常系统系统综合的图形仿真软件 lti_synthesis。该软件的主要功能如下。

1) 提供可以对线性定常连续系统和线性定常离散系统的系统综合的软件平台,涉及的系统综合问题有:状态反馈/输出反馈闭环系统的状态空间/传递函数模型的计算与运动仿真;状态反馈极点配置系统设计与运动仿真;状态反馈镇定系统设计与运动仿真;

状态反馈解耦系统设计与运动仿真;全维/降维状态观测器的设计与运动仿真;带状态观测器的状态反馈闭环系统的设计与运动仿真;线性最优二次型控制的设计与运动仿真(见第 7 章 7.5 节)。

2) 仿真对象可以是 SISO 的,也可为 MIMO 的。

3) 在运动仿真时系统的输入信号可以是常用的阶跃、脉冲、正弦、方波、白噪声等,富于特色的是可以实现任意输入信号的符号表达式输入。

4) 可以实现状态、输出和状态观测器的状态观测与观测误差的运动轨迹的图形、数据及符号表达式的输出,闭环系统模型、状态观测器模型以及控制律的输出。

5) 界面友好,操作简单,使用方便。

仿真软件 lti_synthesis 的界面如图 6-15 所示。用户只要在 Matlab 中将 lti_synthesis. fig 文件作为 GUI 文件打开并运行,根据计算与仿真的要求,在图形界面上输入仿真对象状态空间模型的各矩阵、控制目标(如状态/输出反馈律、期望的控制系统的闭环极点、观测器的极点以及线性最优二次型目标函数的权矩阵 $\boldsymbol{Q}$ 与 $\boldsymbol{R}$)、仿真参数(包括仿真任务选择、仿真输出的目标结果、结果的格式等),就可以非常方便地进行线性定常系统系统综合的设计计算与运动仿真了。

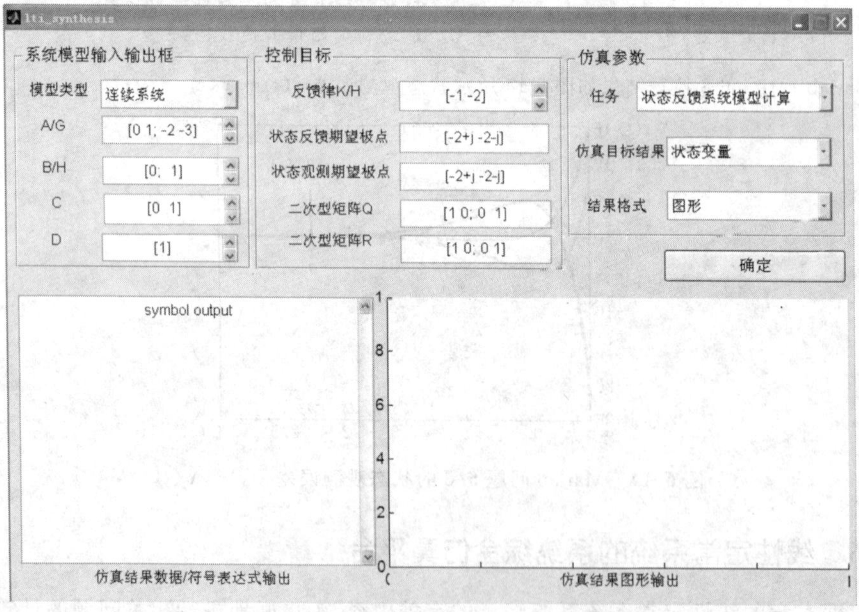

图 6-15 仿真软件 lti_systhesis 的运行界面图

在选择极点配置、系统镇定和观测器设计时,系统将自动弹出极点配置方法输入对话框,供选择不同的极点配置方法,其界面如图 6-16 所示。在选择对控制系统和观测器进行运动仿真时,系统将弹出计算/仿真条件对话框,供输入系统的输入信号及仿真时间长度和仿真计算步长,其界面如图 6-17 所示。

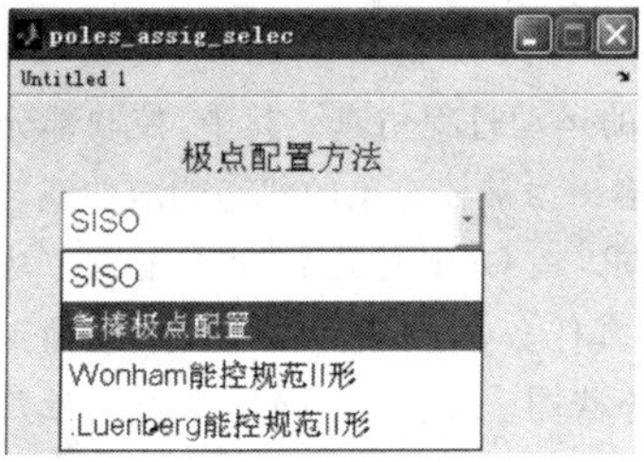

图 6-16 极点配置方法输入界面

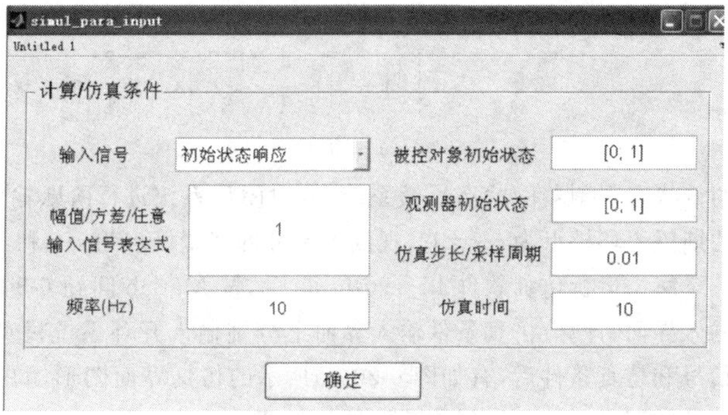

图 6-17 仿真参数输入界面

设计计算结束后，若用户选择输出闭环系统状态空间模型/传递函数模型、状态观测器模型以及控制律，则系统将自动弹出相应的输出界面。图 6-18 和图 6-19 所示分别是系统状态空间模型和状态观测器模型的输出界面。

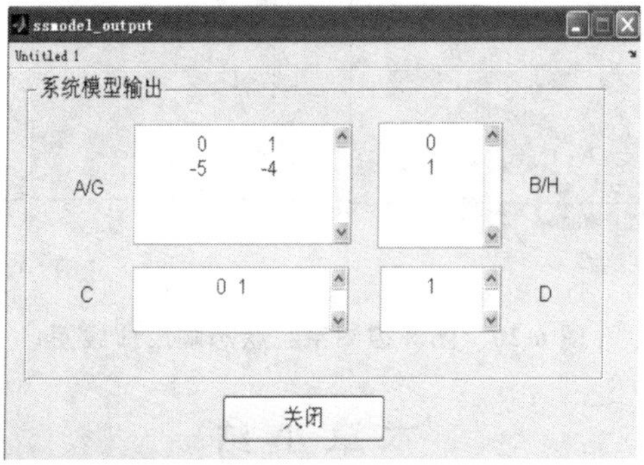

图 6-18 系统状态空间模型输出界面

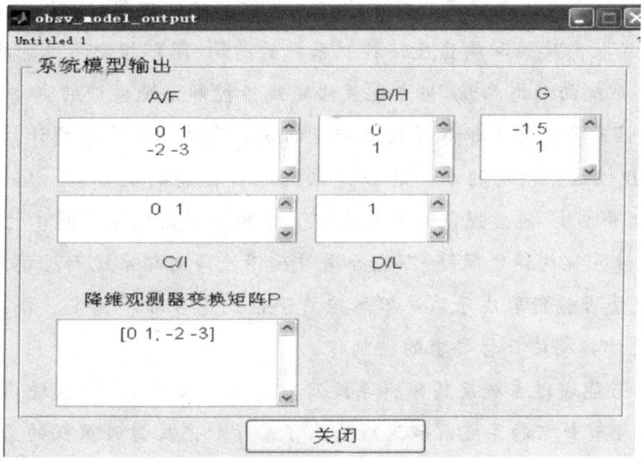

图 6-19 状态观测器的输出界面

Matlab 问题 6-9　试使用软件 lti_synthesis 设计线性连续系统

$$\begin{cases} \dot{\boldsymbol{x}} = \begin{bmatrix} -1 & -2 \\ -1 & 3 \end{bmatrix}\boldsymbol{x} + \begin{bmatrix} 2 \\ 1 \end{bmatrix}\boldsymbol{u}, \quad \boldsymbol{x}_0 = \begin{bmatrix} 2 \\ -3 \end{bmatrix} \\ \boldsymbol{y} = \begin{bmatrix} 1 & 0 \end{bmatrix}\boldsymbol{x} \end{cases}$$

的带状态观测器的状态反馈系统，并对闭环系统进行阶跃输入下的运动过程仿真。其中，控制部分的期望闭环极点为 $-1\pm j2$，观测器部分的期望极点为 -2 和 -3，输出为被控对象的状态响应曲线。

解　运行仿真软件 lti_synthesis 后，按 Matlab 问题 6-9 的要求，在 GUI 主界面、极点配置方法输入界面、计算/仿真条件输入界面上分别输入开环系统模型、仿真任务、极点配置方法、系统输入信号和仿真条件后，有如图 6-20(a)所示的仿真界面图形输出部分截图。图 6-20(b)所示为不带观测器的同样状态反馈规律下的控制结果。比较两图，可以看出状态观测器对控制系统的初始暂态过程有一定影响，随时间推移，只要状态观测器是稳定的，则其对控制结果的影响将越来越小。

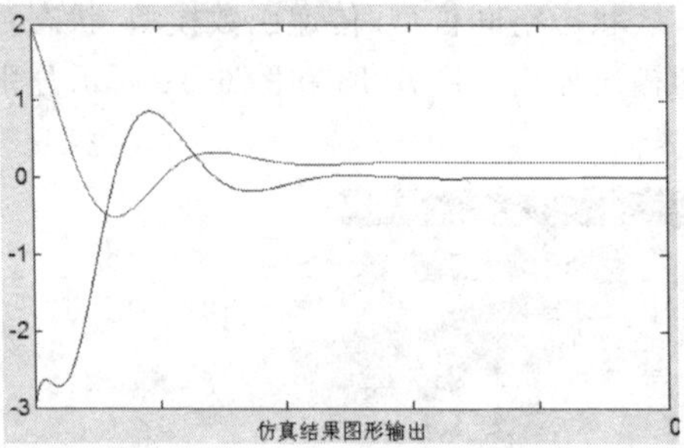

(a) 带观测器

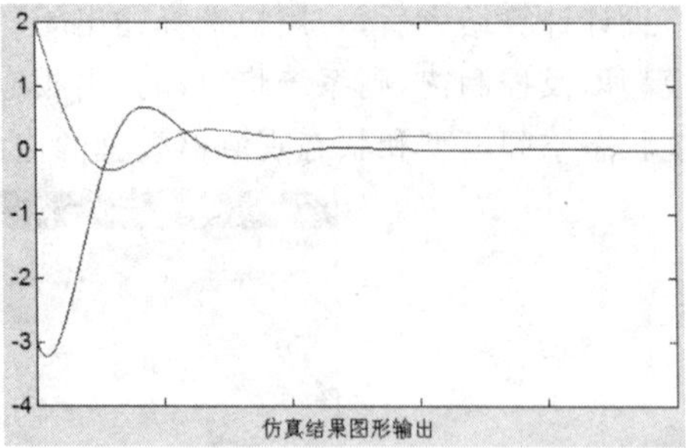

(b) 不带观测器

图 6-20　闭环控制系统状态响应曲线图

本章小结

系统综合问题是指控制器及控制系统的设计与实现问题。本章讨论基于状态空间模型的线性系统综合问题，是前面介绍的状态空间分析方法在系统综合中的应用。

6.1 节首先讨论了状态反馈和输出反馈控制系统的结构、闭环控制系统的模型描述与能控能观性。由于极点反映了系统的动态品质，极点配置法是线性控制系统设计的主要方法。

6.2 节讨论了线性定常连续系统基于极点配置的状态反馈控制律的设计，首先证明了极点配置定理，揭示了状态能控性这一系统的本质特征是系统能否控制的试金石。然后分别讨论了 SISO、MIMO 系统的极点配置方法，能控规范形在极点配置中的应用简化了控制律的求解。

6.3 节讨论了线性系统的镇定问题，即能否通过反馈使得闭环系统渐近稳定问题。提出的系统镇定定理揭示了系统能否镇定取决于系统不能控的子系统是否渐近稳定。镇定系统的设计实质上是对能控的子系统设计其满足目标要求的控制律。

对 MIMO 系统，若能通过系统反馈使得系统可以转化为多个 SISO 系统，则大大简化系统分析和系统综合设计。6.4 节介绍的系统解耦定理给出了基于状态反馈可解耦的条件，由此获得状态反馈解耦律的设计方法。

由于系统的状态可能不能直接测量，因此欲构成状态反馈律，需先设计状态观测器，实时获得系统状态的观测值以构成状态反馈律。6.5 节介绍了全维和降维状态观测器的设计方法，该方法揭示了状态能观性在观测器是否存在问题上的决定性作用。

6.6 节分析了带状态观测器的状态反馈闭环系统的渐进性能、闭环模型以及能控/能观性，揭示了状态观测与状态反馈设计上的可分离特性、观测误差的不能控性、系统渐近性能与观测器无关等闭环控制系统的重要特性。

最后，6.7 节介绍了上述系统综合问题基于 Matlab 的问题求解和系统仿真，以及用于线性定常系统综合问题的仿真平台软件 lti_synth_analysis 的应用。

习　题

6-1　对线性系统

$$\begin{cases} \dot{\boldsymbol{x}} = \boldsymbol{A}\boldsymbol{x} + \boldsymbol{B}\boldsymbol{u} \\ \boldsymbol{y} = \boldsymbol{C}\boldsymbol{x} + \boldsymbol{D}\boldsymbol{u} \end{cases}$$

作状态反馈 $\boldsymbol{u} = -\boldsymbol{K}\boldsymbol{x} + \boldsymbol{v}$，试推导出闭环系统的状态空间模型和传递函数。

6-2　对线性系统

$$\begin{cases} \dot{\boldsymbol{x}} = \boldsymbol{A}\boldsymbol{x} + \boldsymbol{B}\boldsymbol{u} \\ \boldsymbol{y} = \boldsymbol{C}\boldsymbol{x} + \boldsymbol{D}\boldsymbol{u} \end{cases}$$

作输出反馈 $\boldsymbol{u} = -\boldsymbol{H}\boldsymbol{y} + \boldsymbol{v}$，试推导出闭环系统的状态空间模型和传递函数。

6-3　给定被控系统的状态方程为

$$\dot{\boldsymbol{x}} = \begin{bmatrix} 1 & 2 \\ 3 & 1 \end{bmatrix}\boldsymbol{x} + \begin{bmatrix} 1 \\ 0 \end{bmatrix}\boldsymbol{u}$$

试确定一个状态反馈矩阵 $\boldsymbol{K}$，使闭环系统的极点配置在 $-2\pm \mathrm{j}$ 处。

6-4　给定被控系统的状态方程为

$$\dot{\boldsymbol{x}} = \begin{bmatrix} 2 & 1 & 0 & 0 \\ 0 & 2 & 0 & 0 \\ 0 & 0 & -2 & 0 \\ 0 & 0 & 0 & -2 \end{bmatrix}\boldsymbol{x} + \begin{bmatrix} 0 \\ 1 \\ 1 \\ 1 \end{bmatrix}\boldsymbol{u}$$

问能否确定一个状态反馈矩阵 $\boldsymbol{K}$，使闭环系统的极点分别配置在下列位置：

(1) $s_1=-2,\ s_2=-2,\ s_3=-2,\ s_4=-2$

(2) $s_1=-3,\ s_2=-3,\ s_3=-3,\ s_4=-2$

(3) $s_1=-3,\ s_2=-3,\ s_3=-3,\ s_4=-3$

6-5　判断下列系统是否能镇定。若能镇定，试设计一个状态反馈使系统成为稳定的。

(1) $\dot{\boldsymbol{x}} = \begin{bmatrix} -1 & 0 & 0 \\ 0 & 0 & 1 \\ 0 & 1 & 3 \end{bmatrix}\boldsymbol{x} + \begin{bmatrix} 0 \\ 0 \\ 1 \end{bmatrix}\boldsymbol{u}$　　(2) $\dot{\boldsymbol{x}} = \begin{bmatrix} 1 & 0 & -1 \\ 0 & -2 & 0 \\ -1 & 0 & 2 \end{bmatrix}\boldsymbol{x} + \begin{bmatrix} 0 \\ 0 \\ 1 \end{bmatrix}\boldsymbol{u}$

6-6　已知系统状态空间模型的各矩阵为

$$\boldsymbol{A} = \begin{bmatrix} 0 & 1 & 0 \\ 0 & 0 & -1 \\ -1 & 0 & 0 \end{bmatrix},\quad \boldsymbol{B} = \begin{bmatrix} 0 \\ 1 \\ 0 \end{bmatrix},\quad \boldsymbol{C} = \begin{bmatrix} 1 & 0 & 0 \\ 0 & 0 & 1 \end{bmatrix}$$

试判断该系统的输出反馈可镇定性。

6-7　已知待解耦的传递函数矩阵为

$$G_p(s)=\begin{bmatrix}\dfrac{1}{s} & -\dfrac{1}{s+1}\\ \dfrac{s-1}{s(s+1)} & \dfrac{1}{s+1}\end{bmatrix}$$

试作一前馈补偿器 $G_c(s)$ 使系统解耦，且其传递函数阵为

$$G(s)=\begin{bmatrix}\dfrac{1}{(s+1)^2} & 0\\ 0 & \dfrac{1}{(s+1)(s+2)}\end{bmatrix}$$

6-8　已知状态空间模型的各矩阵为

$$A=\begin{bmatrix}-2 & 1 & 0\\ 0 & -2 & 0\\ 0 & 0 & 4\end{bmatrix},\quad B=\begin{bmatrix}0 & 0\\ 0 & 1\\ 1 & 0\end{bmatrix},\quad C=\begin{bmatrix}0 & 0 & 1\\ 1 & 0 & 0\end{bmatrix}$$

试判断该系统能否实现状态反馈解耦。若能，求其积分型解耦系统。

6-9　给定被控系统的状态空间模型为

$$\begin{cases}\dot{x}=\begin{bmatrix}-1 & -2 & -2\\ 0 & -1 & 1\\ 1 & 0 & -1\end{bmatrix}x+\begin{bmatrix}2\\ 0\\ 1\end{bmatrix}u\\ y=\begin{bmatrix}1 & 1 & 0\end{bmatrix}x\end{cases}$$

试确定一个状态观测器，要求将其极点配置在－2，－2 和－3 处。

6-10　给定被控系统的状态空间模型为

$$\begin{cases}\dot{x}=\begin{bmatrix}1 & 2 & 0\\ 3 & -1 & 1\\ 0 & 2 & 0\end{bmatrix}x+\begin{bmatrix}2\\ 1\\ 1\end{bmatrix}u\\ y=\begin{bmatrix}0 & 0 & 1\end{bmatrix}x\end{cases}$$

试设计一个降维状态观测器，要求将观测器的极点配置在－3 和－5 处。

6-11　给定被控系统的状态空间模型为

$$\begin{cases}\dot{x}=\begin{bmatrix}0 & 1 & 0\\ 0 & 0 & 1\\ -2 & -4 & -3\end{bmatrix}x+\begin{bmatrix}0\\ 0\\ 1\end{bmatrix}u\\ y=\begin{bmatrix}1 & 4 & 2\end{bmatrix}x\end{cases}$$

该系统的状态不能直接测量，试设计一个带状态观测器的状态反馈系统，要求将其状态观测部分的极点配置在－5，－7 和－8 处，状态反馈部分的极点配置在－1，－2 和－3 处。

7

最优控制原理

本章讨论最优控制问题初步，目的是使读者掌握求解最优控制问题的主要理论和方法，对一些常见的最优控制问题能够进行有效的分析和求解。主要内容包括泛函基础、变分法和极大值原理、线性二次型最优控制问题，以及离散系统的最优控制问题。本章最后介绍线性系统的线性二次型最优控制系统的基于 Matlab 的设计、计算与运动仿真问题的程序设计与仿真计算。

7.1　最优控制概述

从 20 世纪 50 年代末迅速发展起来的现代控制理论中，最优控制是其中一个主要内容，亦是目前较活跃的一个分支。最优控制问题是从大量的实际问题中提炼出来的，它的发展与航空、航天、航海的制导、导航和控制技术密不可分。下面先通过几个应用实例引出最优控制问题，然后讨论最优控制问题的描述及数学表达。

7.1.1　最优控制问题的提出

考虑下面几个实际最优控制问题的例子。

1）飞船的月球软着陆问题。

飞船靠其发动机产生一个与月球的重力方向相反的推力 f，以控制飞船实现软着陆，即落到月球时的速度为零。问题要求选择发动机推力程序 $f(t)$，使飞船携带的燃料最少或着陆时间最短（最速升降问题）。

设飞船的质量为 m，高度和垂直速度分别为 h 和 v，月球的重力加速度可视为常数 g，飞船的自身质量及所携带的燃料分别为 M 和 F。若飞船于某一初始时刻 $t=0$ 起开始进入着陆过程，由牛顿第二定理和物料（燃料）平衡关系可知，飞船的运动方

程为

$$\begin{cases} \dot{h} = v \\ \dot{v} = \dfrac{f}{m} - g \\ \dot{m} = -kf \quad (k > 0) \end{cases}$$

要求控制飞船从初始状态

$$h(0) = h_0,\ v(0) = v_0,\quad m(0) = M + F$$

出发，在某一末态时刻 t_f 实现软着陆，即

$$h(t_f) = 0,\quad v(t_f) = 0$$

控制过程中，推力 $f(t)$ 不能超过发动机所能提供的最大推力 $f_{\max}$，即

$$-f_{\max} \leqslant f(t) \leqslant f_{\max}$$

满足上述约束条件，使飞船实现软着陆的推力程序 $f(t)$ 并非一种，其中消耗燃料最少的称为燃料控制问题，着陆时间最短的称为最速升降问题或时间最优控制问题。这两个问题可归结为分别求

$$J_1 = m(t_f)$$

$$J_2 = t_f$$

为最小的数学问题。

2）间歇化学反应器的最大产量控制问题。

设间歇化学反应器内进行如下常见的化学反应

$$A \xrightarrow{k_1(T)} B \xrightarrow{k_2(T)} C$$

其中，$k_1(T)$ 和 $k_2(T)$ 为反应速率常数，并与温度 T 满足如下关系

$$k_1(T) = A_{i0}\exp\left(-\frac{E_i}{RT}\right) \quad (i = 1,2)$$

化学反应式可代表一大类化工操作，通常希望中间产物 B 的产量尽可能大，因而要求防止后面的反应继续进行下去。

为更清楚地讨论上述产量最大的控制问题，设化学反应式的第一步反应是二级反应，第二步反应是一级反应。这样，可得如下间歇化学反应器内的物料平衡方程

$$\dot{C}_1(t) = -k_1(T)C_1^2(t) \quad (C_1(t_0) = 1.0)$$

$$\dot{C}_2(t) = k_1(T)C_1^2(t) - k_2(T)C_2(t) \quad (C_2(t_0) = 0)$$

其中，$C_1(t)$ 和 $C_2(t)$ 分别是物质 A 和 B 的浓度。将反应速率常数 $k_1(T)$ 和 $k_2(T)$ 代入上式，则有

$$\begin{cases} \dot{C}_1(t) = -A_{10}\exp\left(-\dfrac{E_1}{RT}\right)C_1^2(t) \quad (C_1(t_0) = 1.0) \\ \dot{C}_2(t) = A_{10}\exp\left(-\dfrac{E_1}{RT}\right)C_1^2(t) - A_{20}\exp\left(-\dfrac{E_2}{RT}\right)C_2(t) \quad (C_2(t_0) = 1.0) \end{cases}$$

设反应时间区间 $[t_0, t_f]$，反应器内温度 $T(t)$ 满足

$$T_* \leqslant T(t) \leqslant T^* \quad (t_0 \leqslant t \leqslant t_f)$$

该问题的目标是确定反应器内温度 $T(t)$ 应该如何变化，才能使在时刻 t_f 时 B 物质的产量 $C_2(t_f)$ 为最大，即归结到在约束条件下，求

$$J = C_2(t_f)$$

最大的数学问题。

3）连续搅拌槽的温度控制问题。

设有一盛液体的连续搅拌槽，如图 7-1 所示。槽内开始装有 0℃ 的液体，现需将其温度经 1 h 后升高到 40℃。为此在入口处以常速流入温度为 $u(t)$ 的液体，经槽内不停转动的搅拌器使槽内液体温度均衡上升。在出口处，设流出的液体保持槽内液面恒定，其温度与槽内液体一致。试寻找 $u(t)$ 的变化规律，使槽中液体的温度经 1 h 后上升到 40℃，并要求所散失的热量最少。

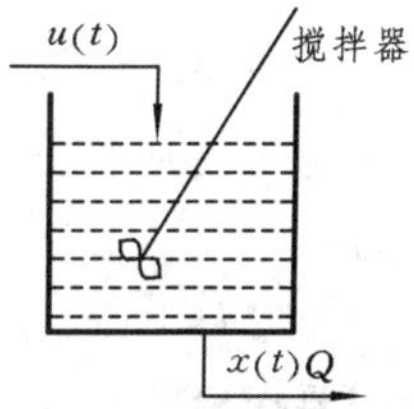

图 7-1 连续搅拌槽示意图

因假定槽内液体温度均衡，设为 $x(t)$。由题设条件可知，$x(t)$ 的边界条件为

$$x(0) = 0℃, x(1) = 40℃$$

由热力学知识可知，槽内的液体温度的变化率与温差 $[u(t) - x(t)]$ 成正比，即

$$\dot{x}_1(t) = k_1[u(t) - x(t)], \quad x(0) = 0, x(1) = 40℃$$

其中，k_1 为比例系数。我们的目标是确定流入的液体的温度 $u(t)$ 如何变化，使得散失的热量最少，即归结为在约束条件下，求函数

$$J = \int_0^1 [k_2 x^2(t) + k_3 u^2(t)] dt$$

最小的数学问题。

7.1.2 最优控制问题的描述

从前面的应用实例可以看出，最优控制问题可以抽象成共同的数学问题描述，这将给最优控制理论的研究带来方便。所谓最优控制问题的描述，就是将通常的最优控制问题抽象成一个统一描述的数学问题，并用数学语言严格地表述出来。

1. 被控系统的数学模型

前面讨论的飞船控制系统和搅拌槽温控系统都是非线性系统，所建立的描述该最优控制问题的数学模型都为状态空间模型。因此，对一般被控系统的最优控制问题，其数学模型可以用如下非线性时变系统的状态空间模型来描述

$$\begin{cases} \dot{\boldsymbol{x}} = \boldsymbol{f}(\boldsymbol{x}, \boldsymbol{u}, t) \\ \boldsymbol{y} = \boldsymbol{g}(\boldsymbol{x}, \boldsymbol{u}, t) \end{cases} \tag{7-1}$$

式中，$\boldsymbol{x}$ 为 n 维状态向量；$\boldsymbol{u}$ 为 r 维输入向量；$\boldsymbol{y}$ 为 m 维输出向量；$\boldsymbol{f}(\boldsymbol{x}, \boldsymbol{u}, t)$ 和 $\boldsymbol{g}(\boldsymbol{x}, \boldsymbol{u}, t)$ 分别为 n 维和 m 维关于状态向量 $\boldsymbol{x}$、输入向量 $\boldsymbol{u}$ 和时间 t 的非线性函数向量。

对许多实际被控系统，在一定精度范围内，其最优控制问题中的数学模型也可以分别采用线性定常系统、线性时变系统和非线性定常系统的状态空间模型来描述。

2. 目标集

动态系统(7-1)在控制 $\boldsymbol{u}(t)$的作用下总要发生从一个状态到另一个状态的转移，这种转移可以理解为状态空间的一个点或系统状态的运动。在最优控制问题中，系统运动的初始状态(称初态)通常是已知的，即 $\boldsymbol{x}(t_0)=\boldsymbol{x}_0$为已知，而所要达到的最终状态(称末态)是控制所要求达到的目标。因问题而异，末态可以是状态空间的一个点，更为一般的情况是末态要落在事先规定的范围内，如要求末态满足如下约束条件

$$\boldsymbol{g}_1[\boldsymbol{x}(t_f),t_f]=0, \quad \boldsymbol{g}_2[\boldsymbol{x}(t_f),t_f]\leqslant 0 \tag{7-2}$$

式中，$\boldsymbol{g}_1[\boldsymbol{x}(t_f),t_f]$和 $\boldsymbol{g}_2[\boldsymbol{x}(t_f),t_f]$为关于末态时刻 t_f和末态状态 $\boldsymbol{x}(t_f)$的非线性向量函数。

式(7-2)概括了对末态的一般要求。实际上，末态约束条件(7-2)规定了状态空间的一个时变的或时不变的集合，此种满足末态约束的状态集合称为目标集，记为 M，并可表示为

$$M=\{\boldsymbol{x}(t_f):\boldsymbol{x}(t_f)\in\boldsymbol{R}^n,\boldsymbol{g}_1[\boldsymbol{x}(t_f),t_f]=0,\boldsymbol{g}_2[\boldsymbol{x}(t_f),t_f]\leqslant 0\} \tag{7-3}$$

需要指出的是，有些最优控制问题并没有对末态加以约束，则该问题的目标集为整个状态空间 $\boldsymbol{R}^n$，但此时并不意味着对末态没有要求，系统还可以通过下面要介绍的性能指标等约束末态。

至于末态时刻 t_f，它可以事先规定，也可以由对末态的约束条件(7-2)和性能指标等约束。

3. 容许控制

输入向量 $\boldsymbol{u}(t)$的各个分量 $u_i(t)$往往是具有不同的物理属性和意义的控制量，在实际系统中，大多数控制量受客观条件的限制，只能在一定范围内取值。如飞船控制系统中控制量有大小范围的限制；又如在控制量为开关量的控制系统中，输入仅能取有限的几个值，如-1，$+1$。

由控制量约束条件所规定的点集称为控制域，并记为 U。凡在闭区间$[t_0,t_f]$上有定义，且在控制域 U 内取值的每一个控制函数 $\boldsymbol{u}(t)$称为容许控制，并记为 $\boldsymbol{u}(t)\in U$。

通常假定容许控制 $\boldsymbol{u}(t)$是一个有界连续函数或者是分段连续函数。

4. 性能指标

从前面的应用实例可以看出，最优控制问题最后归结到从所有容许控制中找出一种效果最好的控制律，这就需要一个能衡量控制效果好坏或评价控制品质优劣的性能指标函数。例如，飞船控制系统要求所携带的燃料最少或到达末态的时间最短；而连续搅拌槽控制系统的性能指标为一个带函数积分的指标，需求其最小。由于各种最优控制问题所要解决的主要矛盾不同，设计者的着眼点不同，因此归结出的性能指标也是不同的。

一般形式的性能指标为

$$J = S[\boldsymbol{x}(t_f), t_f] + \int_{t_0}^{t_f} L[\boldsymbol{x}(t), \boldsymbol{u}(t), t]\mathrm{d}t \tag{7-4}$$

式中，右边第 1 项称为末态性能指标，体现了对末态的要求；第 2 项称为积分性能指标，体现了对系统状态变化过程中的状态 $\boldsymbol{x}(t)$ 和 $\boldsymbol{u}(t)$ 的要求。在通常情况下，可将各种不同的性能指标视为一般形式的性能指标的一种特例。如飞船控制系统的性能指标可以视为当

$$S[\boldsymbol{x}(t_f), t_f] = m(t_f), \quad L(\boldsymbol{x}, \boldsymbol{u}, t) = 0$$

时性能指标(7-4)的一个特例。

性能指标函数又称为指标泛函、目标函数、代价函数和评价函数等。

5. 最优控制问题的描述

总结上述最优控制问题的数学模型、目标集、容许控制以及性能指标，则最优控制问题的描述可叙述为：已知被控系统的状态方程及给定的初态为

$$\dot{\boldsymbol{x}}(t) = \boldsymbol{f}[\boldsymbol{x}(t), \boldsymbol{u}(t), t], \quad \boldsymbol{x}(t_0) = \boldsymbol{x}_0 \tag{7-5}$$

规定的末态目标集为

$$M = \{\boldsymbol{x}(t_f) : \boldsymbol{x}(t_f) \in \boldsymbol{R}^n,\ \boldsymbol{g}_1[\boldsymbol{x}(t_f), t_f] = 0,\ \boldsymbol{g}_2[\boldsymbol{x}(t_f), t_f] \leqslant 0\} \tag{7-6}$$

求一容许控制 $\boldsymbol{u}(t) \in U, t \in [t_0, t_f]$，使系统(7-5)由给定的初态 $\boldsymbol{x}_0$ 出发，在 $t_f > t_0$ 时刻转移到目标集 M，并使如下性能指标为最小

$$J = S[\boldsymbol{x}(t_f), t_f] + \int_{t_0}^{t_f} L[\boldsymbol{x}(t), \boldsymbol{u}(t), t]\mathrm{d}t \tag{7-7}$$

值得注意的是，所谓的"最优性"，是指系统(7-5)相对于性能指标函数(7-7)意义下的最优性。不同的性能指标函数，最优控制结果是不相同的。

7.1.3 最优控制发展简史

20 世纪 50 年代，随着现代化生产的发展，特别是空间技术的发展，被控系统日趋复杂，对自动控制提出的要求愈来愈高。于是，那种建立在传递函数、频率特性基础上的经典控制理论，日益暴露出它的局限性。主要表现在：首先，它只适用于集中参数的 SISO 线性定常系统，且只适应于以解决伺服系统稳定性为主要目标的设计问题，难以适应综合性能指标设计控制系统的要求。再者，在应用经典控制理论设计时，需要凭经验试凑及大量手工计算，难以用来解决复杂问题。现代化生产的发展使系统所要求的品质指标，如时间、成本或综合性能指标，取极值直至最优的控制方法成为控制理论与工程应用的关键问题。

现代控制理论能处理的问题的范围很广。原则上，它可以用来处理时变系统、非线性系统、MIMO 系统以及分布参数系统的问题。用它来处理随机系统和离散系统问题同样是很方便的。最优控制理论是现代控制理论的重要组成部分，同样，它能处理的控制问题的范围也非常广泛。

早在20世纪50年代初期，就发表了用工程观点研究最短时间控制问题的文章，为最优控制理论的发展提供了第一批实际模型。由于最优控制问题的严格数学表述形式的建立，更因为空间技术的迫切需要，从而引起了一大批数学家的注意。人们发现，最优控制问题从本质上来说是一个变分学问题。然而，经典变分学只能解决其容许控制为开集约束的最优控制问题，而更多的实际系统的容许控制属于闭集，这就要求人们建立求解最优控制问题的新途径。在种种新方法中，有两种方法最富有成效。一种是前苏联著名数学家庞特里亚金提出的“极大值原理”；另一种是美国数学家贝尔曼的“动态规划”。庞特里亚金等人首先把“极大值原理”作为一种猜想提出来，随后提供了严格证明，并于1958年在爱丁堡召开的国际数学会议上首次宣读。“动态规划”是贝尔曼在20世纪50年代研究多阶段离散决策优化问题时逐步创立的，其核心思想为“最优性原理”。之后，他发展了变分学中的哈密顿-雅可比(Hamilton-Jacobi)理论，构成了最优控制问题的动态规划法。

50多年来，最优控制理论的研究，无论在深度和广度上，都有较大的发展，诸如分布参数系统的最优控制、随机系统的最优控制、大系统的最优控制和微分对策等。随着人们认识世界的不断深入，又提出了一系列有待解决的新课题。可以毫不夸张地说，最优控制理论仍然是控制理论中的一个极其活跃的研究领域。

7.2 变分法

本节在讨论变分法之前，先简单讨论多元函数的极值问题，然后引出泛函的极值问题。

7.2.1 多元函数的极值问题

多元函数极值问题可分为无约束条件极值问题和有约束条件极值问题。下面分别讨论。

1. 无约束条件的多元函数极值

无约束条件的多元函数的极值问题讨论的是：假定多元函数 $f(x_1,x_2,\cdots,x_n)$ 对其所有自变量都连续，且具有连续的一阶和二阶偏导数。将所有自变量 $x_1,x_2,\cdots,x_n$ 记为向量 $\boldsymbol{x}$ 的形式，则问题为求 $\boldsymbol{x}$，使 $\boldsymbol{x}=\boldsymbol{x}^*$ 时，$f(\boldsymbol{x})$ 达到极小值。该问题可记为

$$\min_{\boldsymbol{x}} f(\boldsymbol{x}) \tag{7-8}$$

函数极小的定义是一个相对概念，并不是在函数的定义域上的一个绝对概念，其基本定义可表述如下。

定义 7-1 若存在一个 $\varepsilon>0$，由 $\|\boldsymbol{x}-\boldsymbol{x}^*\|\leqslant\varepsilon$ 所规定的 $\boldsymbol{x}^*$ 的邻域内总有 $y(\boldsymbol{x}^*)\leqslant y(\boldsymbol{x})$，则称点 $\boldsymbol{x}^*$ 是函数 $y(\boldsymbol{x})$ 的一个相对极小点，简称为极小点。

由数学分析知识可知，无约束条件时的多元函数极小值问题的解 $\boldsymbol{x}^*$ 满足如下必要

条件

$$\left.\frac{\mathrm{d}f(\boldsymbol{x})}{\mathrm{d}\boldsymbol{x}}\right|_{\boldsymbol{x}=\boldsymbol{x}^*}=0,\quad \left.\frac{\mathrm{d}^2f(\boldsymbol{x})}{\mathrm{d}\boldsymbol{x}\mathrm{d}\boldsymbol{x}^{\mathrm{T}}}\right|_{\boldsymbol{x}=\boldsymbol{x}^*}\geqslant 0 \tag{7-9}$$

如果函数 $f(\boldsymbol{x})$对 $\boldsymbol{x}$ 的二阶导数矩阵在 $\boldsymbol{x}^*$ 为正定矩阵，则上述多元函数极小值问题的必要条件亦为充分条件，即

$$\left.\frac{\mathrm{d}f(\boldsymbol{x})}{\mathrm{d}\boldsymbol{x}}\right|_{\boldsymbol{x}=\boldsymbol{x}^*}=0,\quad \left.\frac{\mathrm{d}^2f(\boldsymbol{x})}{\mathrm{d}\boldsymbol{x}\mathrm{d}\boldsymbol{x}^{\mathrm{T}}}\right|_{\boldsymbol{x}=\boldsymbol{x}^*}>0 \tag{7-10}$$

是 $\boldsymbol{x}^*$ 为极值问题(7-8)的解的一个充分条件。

2. 有等式约束条件的多元函数极值

有等式约束条件的多元函数极值问题可描述为

$$\min_{\boldsymbol{x}} f(\boldsymbol{x}) \tag{7-11}$$

$$\text{s.t.}\quad \boldsymbol{g}(\boldsymbol{x})=0 \tag{7-12}$$

式中，$\boldsymbol{g}(\boldsymbol{x})$为 p 维的向量变量 $\boldsymbol{x}$ 的向量函数，并假定其连续可微；式(7-12)即为等式约束条件。

拉格朗日乘子法是解决有等式约束条件的函数极值问题的有效方法，其求解基本方法如下。

1) 先引入拉格朗日乘子 $\boldsymbol{\lambda}=[\lambda_1\quad \lambda_2\quad \cdots\quad \lambda_p]^{\mathrm{T}}$，定义如下拉格朗日函数

$$L(\boldsymbol{x},\boldsymbol{\lambda})=f(\boldsymbol{x})+\lambda^{\mathrm{T}}\boldsymbol{g}(\boldsymbol{x}) \tag{7-13}$$

2) 极值问题(7-11)的解 $\boldsymbol{x}^*$ 满足如下必要条件

$$\left.\begin{aligned}&\frac{\partial L(\boldsymbol{x}^*,\boldsymbol{\lambda})}{\partial \boldsymbol{x}}=0,\quad \boldsymbol{g}(\boldsymbol{x}^*)=0\\&\frac{\partial^2 L(\boldsymbol{x}^*,\boldsymbol{\lambda})}{\partial \boldsymbol{x}\partial \boldsymbol{x}^{\mathrm{T}}}\geqslant 0\end{aligned}\right\} \tag{7-14}$$

若函数 $L(\boldsymbol{x})$对 $\boldsymbol{x}$ 的二阶偏导数矩阵在 $\boldsymbol{x}^*$ 为正定矩阵，则该必要条件亦为充分条件，即

$$\left.\begin{aligned}&\frac{\partial L(\boldsymbol{x}^*,\boldsymbol{\lambda})}{\partial \boldsymbol{x}}=0,\quad \boldsymbol{g}(\boldsymbol{x}^*)=0\\&\frac{\partial^2 L(\boldsymbol{x}^*,\boldsymbol{\lambda})}{\partial \boldsymbol{x}\partial \boldsymbol{x}^{\mathrm{T}}}>0\end{aligned}\right\} \tag{7-15}$$

是 $\boldsymbol{x}^*$ 为极值问题(7-11)的解的一个充分条件。

例 7-1 求给定关于 n 维变量向量 $\boldsymbol{x}$ 的二次型标量函数

$$f(\boldsymbol{x})=\boldsymbol{x}^{\mathrm{T}}\boldsymbol{A}\boldsymbol{x}+\boldsymbol{b}^{\mathrm{T}}\boldsymbol{x}+c$$

在约束条件 $\boldsymbol{H}\boldsymbol{x}=\boldsymbol{e}$ 下的极小值。其中，$\boldsymbol{e}$ 为 m 维常数向量；$\boldsymbol{A}$，$\boldsymbol{H}$ 和 $\boldsymbol{b}$ 分别为适宜维数的常数矩阵和向量；c 为常数。

解 先定义如下拉格朗日函数

$$L(\boldsymbol{x},\boldsymbol{\lambda})=\boldsymbol{x}^{\mathrm{T}}\boldsymbol{A}\boldsymbol{x}+\boldsymbol{b}^{\mathrm{T}}\boldsymbol{x}+c+\boldsymbol{\lambda}^{\mathrm{T}}(\boldsymbol{H}\boldsymbol{x}-\boldsymbol{e})$$

其中，$\boldsymbol{\lambda}$ 为 m 维拉格朗日乘子向量，那么

$$\frac{\partial L}{\partial \boldsymbol{x}} = (\boldsymbol{A}+\boldsymbol{A}^{\mathrm{T}})\boldsymbol{x}+\boldsymbol{b}+\boldsymbol{H}^{\mathrm{T}}\boldsymbol{\lambda} = 0$$

当$(\boldsymbol{A}+\boldsymbol{A}^{\mathrm{T}})$可逆时

$$\boldsymbol{x} = -(\boldsymbol{A}+\boldsymbol{A}^{\mathrm{T}})^{-1}(\boldsymbol{b}+\boldsymbol{H}^{\mathrm{T}}\boldsymbol{\lambda}) \tag{1}$$

由约束条件，有

$$-\boldsymbol{H}(\boldsymbol{A}+\boldsymbol{A}^{\mathrm{T}})^{-1}(\boldsymbol{b}+\boldsymbol{H}^{\mathrm{T}}\boldsymbol{\lambda}) = \boldsymbol{e}$$

即
$$\boldsymbol{\lambda} = -[\boldsymbol{H}(\boldsymbol{A}+\boldsymbol{A}^{\mathrm{T}})^{-1}\boldsymbol{H}^{\mathrm{T}}]^{-1}[\boldsymbol{H}(\boldsymbol{A}+\boldsymbol{A}^{\mathrm{T}})^{-1}\boldsymbol{b}+\boldsymbol{e}]$$

将上述$\boldsymbol{\lambda}$的表达式代入式(1)，可得

$$\boldsymbol{x} = -(\boldsymbol{A}+\boldsymbol{A}^{\mathrm{T}})^{-1}\boldsymbol{b}+(\boldsymbol{A}+\boldsymbol{A}^{\mathrm{T}})^{-1}\boldsymbol{H}^{\mathrm{T}}[\boldsymbol{H}(\boldsymbol{A}+\boldsymbol{A}^{\mathrm{T}})^{-1}\boldsymbol{H}^{\mathrm{T}}]^{-1}[\boldsymbol{H}(\boldsymbol{A}+\boldsymbol{A}^{\mathrm{T}})^{-1}\boldsymbol{b}+\boldsymbol{e}]$$

当矩阵$\boldsymbol{H}$为行满秩矩阵时，矩阵$\boldsymbol{H}(\boldsymbol{A}+\boldsymbol{A}^{\mathrm{T}})^{-1}\boldsymbol{H}^{\mathrm{T}}$是可逆的，此时上述解成立。

由极值问题的充分条件(7-15)可知，当

$$\frac{\partial^2 L(\boldsymbol{x}^*,\boldsymbol{\lambda})}{\partial \boldsymbol{x}\partial \boldsymbol{x}^{\mathrm{T}}} = \boldsymbol{A}+\boldsymbol{A}^{\mathrm{T}} > 0$$

时，上述极值为极小值。

3. 有不等式约束条件的多元函数极值

在不等式约束下的多元函数的极值问题可描述为

$$\min_{\boldsymbol{x}} f(\boldsymbol{x}) \tag{7-16}$$

$$\text{s. t.} \quad \boldsymbol{g}(\boldsymbol{x}) \leqslant 0 \tag{7-17}$$

式中，$\boldsymbol{g}(\boldsymbol{x})$为$p$维的向量变量$\boldsymbol{x}$的向量函数，并假定其连续可微；式(7-17)即为不等式约束，符号“$\leqslant$”的意思为函数向量$\boldsymbol{g}(\boldsymbol{x})$中每个元素“小于等于0”。

具有不等式约束条件的函数极值问题的求解比等式约束条件的函数极值问题复杂。受前面讨论的引入拉格朗日乘子的启发，求解不等式约束的函数极值问题也引入了乘子的概念，其求解基本方法可由如下库恩-塔哈克(Kuhn-Tucker)定理给出。

定理 7-1(库恩-塔哈克定理)　对不等式(7-17)约束的极值函数问题(7-16)，必存在p个不同时为零的数$\lambda_1,\lambda_2,\cdots,\lambda_p$，满足

1) $\boldsymbol{\lambda}^{\mathrm{T}}\boldsymbol{g}(\boldsymbol{x}^*)=0 \quad (\lambda_i \geqslant 0; i=1,2,\cdots,p)$

2) $\dfrac{\partial L(\boldsymbol{x}^*,\boldsymbol{\lambda})}{\partial \boldsymbol{x}} = \dfrac{\mathrm{d}f(\boldsymbol{x}^*)}{\mathrm{d}\boldsymbol{x}} + \sum_{i=1}^{p}\lambda_i \dfrac{\mathrm{d}g_i(\boldsymbol{x}^*)}{\mathrm{d}\boldsymbol{x}} = 0$

3) $g_i(\boldsymbol{x}^*) \leqslant 0 \quad (i=1,2,\cdots,p)$

其中，$\boldsymbol{\lambda}=[\lambda_1 \quad \lambda_2 \quad \cdots \quad \lambda_p]^{\mathrm{T}}$为库恩-塔哈克乘子向量；$L(\boldsymbol{x},\boldsymbol{\lambda})$为如下库恩-塔哈克函数

$$L(\boldsymbol{x},\boldsymbol{\lambda}) = f(\boldsymbol{x}) + \boldsymbol{\lambda}^{\mathrm{T}}\boldsymbol{g}(\boldsymbol{x}) \tag{7-18}$$

例 7-2　求如下极值问题的解

$$\min_{x,y} f(x,y) = x^2 - 2y^2$$

$$\text{s. t.} \quad \begin{cases} y+2 \leqslant 0 \\ y^2+x-5 \leqslant 0 \end{cases}$$

解　先定义库恩-塔哈克函数如下：

$$L(x,y,\lambda_1,\lambda_2)=x^2-2y^2+\lambda_1(y+2)+\lambda_2(y^2+x-5)$$

根据库恩-塔哈克定理，极小值的必要条件如下：

$$\frac{\partial L}{\partial x}=2x+\lambda_2=0,\quad \frac{\partial L}{\partial y}=-4y+\lambda_1+2\lambda_2 y=0$$

$$\lambda_1(y+2)=0\quad(\lambda_1\geqslant 0)$$

$$\lambda_2(y^2+x-5)=0\quad(\lambda_2\geqslant 0)$$

$$y+2\leqslant 0,\quad y^2+x-5\leqslant 0$$

现在依次考虑下述 3 种可能情况。

(1) $\lambda_1=\lambda_2=0$，即在两个不等式约束的边界之内求解。此时，则由

$$\frac{\partial L}{\partial x}=2x=0,\quad \frac{\partial L}{\partial y}=-4y=0$$

解得 $x=y=0$。由于该问题的第一个不等式约束条件不满足，因此，不是极小解。

(2) $\lambda_1=0,\lambda_2\neq 0$。因此，有

$$\begin{cases}2x+\lambda_2=0\\-4y+2\lambda_2 y=0\\y^2+x-5=0\end{cases}$$

解得

$$\begin{cases}x=5\\y=0\\\lambda_2=-10\end{cases},\quad \begin{cases}x=-1\\y=\sqrt{6}\\\lambda_2=2\end{cases},\quad \begin{cases}x=-1\\y=-\sqrt{6}\\\lambda_2=2\end{cases}$$

上述第 1 个解中 $\lambda_2<0$，故不是极小值解；第 2 个解中 $y+2>0$ 不满足问题的约束条件，故不为该问题的极小值解；只有第 3 个解满足库恩-塔哈克定理的所有条件，因此是该问题的极小值解。

(3) 类似前面的求解过程，可知在 $\lambda_1\neq 0,\lambda_2=0$ 及 $\lambda_1\neq 0,\lambda_2\neq 0$ 两种情况下，该问题无解。

综上所述，该极值问题的解为

$$x=-1,\quad y=-\sqrt{6}$$

7.2.2 泛函

变分法是研究泛函极值问题的一种经典方法，从 17 世纪末开始逐渐发展成为一门独立的数学分支。它在力学、光学、电磁学等方面有着极为广泛应用。下面先讨论泛函的基本概念。

泛函是函数概念的一种扩充。函数表示从数到数的对应关系，如 $y(x)=2x^2-x+1$ 规定了自变量 x 和因变量 y 之间的对应关系，是数 x 到数 y 的一种映射。而泛函则表示函数 y 到数 J 的一种映射关系，见下面的例子。

最短弧长问题。如图 7-2 所示，设 $y(x)$ 是连接点 (x_1,y_1) 到 (x_2,y_2) 的一条曲线。若 $y(x)$ 是连续可微的，则 A,B 两点的区间 $y(x)$ 的弧长为

$$S[y(x)]=\int_{x_1}^{x_2}\sqrt{1+\dot{y}^2(x)}\,\mathrm{d}x$$

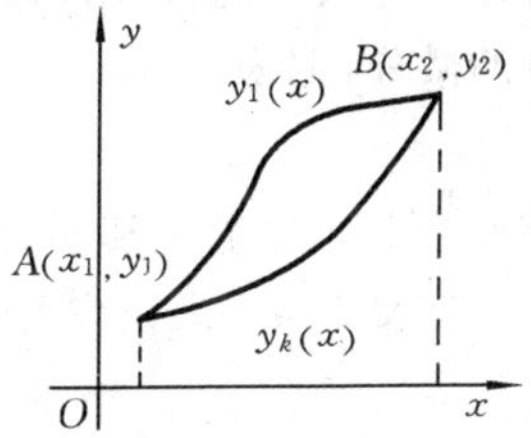

图 7-2 最短弧长问题

显然，上述弧长的积分式对于任意给定的连续可微的函数 $y(x)$ 都存在对应的一个积分值，即存在函数 $y(x)$ 到数 $S[(y(x)]$ 的一种映射关系。因此，有下面泛函的定义。

定义 7-2　对于某一类函数集合中的每一个函数 $y(x)$，都存在一个确定的数 J 与之对应，那么就称 J 为依赖于函数 $y(x)$ 的泛函，记为

$$J = J[y(x)]$$

或简记为 J。相应地，自变量函数 $y(x)$ 称为宗量。

从上述定义可知，泛函规定了数 J 与函数 $y(x)$ 的对应关系，可理解为"函数的函数"。需要强调的是，上述定义中的宗量 $y(x)$ 是某一特定函数的整体，而不是对应于某一自变量 x 的函数值 $y(x)$。为强调泛函的宗量是函数的整体，有时将泛函表示为 $J=J[y(\cdot)]$。

在泛函的定义中，强调泛函的宗量 $y(x)$ 属于某一类函数。由泛函的定义所确定的宗量属于的函数类称为容许函数类或容许函数空间。如最短弧长问题中泛函 $S[y(x)]$ 的容许函数类为通过 A，B 两点的连续可微或分段连续可微的函数。

线性泛函是研究泛函极值问题的基础，下面先给出线性泛函的定义。

定义 7-3　泛函 $J[y(x)]$ 如果满足下列叠加性和齐次性两个条件

$$J[y_1(x) + y_2(x)] = J[y_1(x)] + J[y_2(x)] \tag{7-19}$$

$$J[cy(x)] = cJ[y(x)] \tag{7-20}$$

式中，$y_1(x)$ 和 $y_2(x)$ 为任意的两个函数；c 为任意常数。此时，称 $J[y(x)]$ 为线性泛函。线性泛函具有可叠加性和齐次性。

泛函的极值则是在容许函数类中求得使泛函达到极值的函数。如在最短弧长问题中，就是从函数序列 $y_1(x),\cdots,y_k(x),\cdots$ 中求得一个使 $S[y(x)]$ 最短的函数 $y^*(x)$。在不考虑约束的条件下，连接 A，B 两点的 $y^*(x)$ 是一条连接 A，B 两点的直线。

为导出泛函的极值条件，还需要定义宗量和泛函的变分。为此，不妨回顾一下函数微分的定义。

若函数 $y=f(x)$ 具有连续的导数，则它的增量可以表示如下

$$\Delta y = f(x + \Delta x) - f(x) = \dot{f}(x)\Delta x + r(x, \Delta x)$$

上式右边第 1 项是 Δx 的线性函数，第 2 项是 Δx 的高阶无穷小量。因此，当 Δx 充分小时，第 1 项起主要作用，它与 Δy 很接近。所以，第 1 项为函数增量的线性主部，亦称为函数的微分，记为

$$\mathrm{d}y = \dot{f}(x)\mathrm{d}x$$

类似于上述变量 x 和函数 $y(x)$ 的微分的定义，泛函宗量和泛函的变分的定义如下。

定义 7-4　泛函宗量的变分是指同一函数类中两函数之差，记为

$$\delta y(x) \overset{\Delta}{=} y(s) - y_0(x)$$

显然，宗量的变分 $\delta y(x)$ 也是独立的自变量 x 的函数。

定义 7-5　若连续泛函 $J[y(x)]$ 的增量可以表示为

$$\Delta J[y(x)] = J[y(x)+\delta y(x)] - J[y(x)] = L[y(x),\delta y(x)] + r[y(x),\delta y(x)] \tag{7-21}$$

式中，右边第1项为 $\delta y(x)$ 的线性连续泛函，第2项为关于 $\delta y(x)$ 的高阶无穷小。那么，将第1项称为泛函 $J[y(x)]$ 的变分，并记为

$$\delta J = L[y(x),\delta y(x)] \tag{7-22}$$

如同函数的微分是函数的增量的线性主部一样，泛函的变分是泛函的增量的线性主部，所以，泛函的变分也可以称为泛函的微分，此时称泛函是可微的。

引理 7-1 泛函 $J[y(x)]$ 的变分

$$\delta J = \frac{\partial}{\partial\alpha} J[y(x)+\alpha\delta y(x)]\Big|_{\alpha=0} \tag{7-23}$$

证明 可微泛函的增量可以写作

$$\Delta J[y(x)] = J[y(x)+\alpha\delta y(x)] - J[y(x)] = L[y(x),\alpha\delta y(x)] + r[y(x),\alpha\delta y(x)]$$

由于 $L[y(x),\alpha\delta y(x)]$ 是关于 $\delta y(x)$ 的线性连续泛函，且 $r[y(x),\alpha\delta y(x)]$ 为 $\alpha\delta y(x)$ 的高阶无穷小，因此有

$$L[y(x),\alpha\delta y(x)] = \alpha L[y(x),\delta y(x)]$$

$$\lim_{\alpha\to 0}\frac{r[y(x),\alpha\delta y(x)]}{\alpha} = \lim_{\alpha\to 0}\frac{r[y(x),\alpha\delta y(x)]}{\alpha\delta y(x)}\delta y(x) = 0$$

故

$$\begin{aligned}\frac{\partial}{\partial\alpha} J[y(x)+\delta\alpha y(x)]\Big|_{\alpha=0} &= \lim_{\alpha\to 0}\frac{J[y(x)+\alpha\delta y(x)]-J[y(x)]}{\alpha}\\ &= \lim_{\alpha\to 0}\frac{L[y(x),\alpha\delta y(x)]+r[y(x),\alpha\delta y(x)]}{\alpha}\\ &= \lim_{\alpha\to 0} L[y(x),\alpha\delta y(x)] = \delta J\end{aligned}$$

□□□

依此引理，可将求泛函的变分化为求函数的微分，因此可以利用函数的微分法则，方便地计算泛函的变分。

例 7-3 求如下泛函的变分。

$$J = \int_0^1 y^2(x)\mathrm{d}x$$

解

$$\begin{aligned}\delta J &= \frac{\partial}{\partial\alpha} J[y+\alpha\delta y]\Big|_{\alpha=0} = \frac{\partial}{\partial\alpha}\int_0^1 (y+\alpha\delta y)^2\mathrm{d}x\Big|_{\alpha=0}\\ &= \int_0^1 \frac{\partial}{\partial\alpha}(y+\alpha\delta y)^2\Big|_{\alpha=0}\mathrm{d}x = \int_0^1 2y(x)\delta y(x)\mathrm{d}x\end{aligned}$$

由上述例子可以看出，根据引理7-1，计算泛函的变分如同计算函数的微分一样简单。

基于上述泛函变分的定义和计算方法，有如下泛函 $J[y(x)]$ 的极小值定理。

定理 7-2 若可微泛函在 $y_0(x)$ 上达到极小(极大)值，则在 $y=y_0(x)$ 上有

$$\delta J = 0$$

证明 对于任意给定的 δy，$J[y_0+\alpha\delta y]$ 是实变量 α 的函数。根据定理的假设可知，

变量 α 的函数 $J[y_0+\alpha\delta y]$ 在 $\alpha=0$ 上达到极值。由函数极值的必要条件，有

$$\frac{\partial}{\partial\alpha}J[y+\alpha\delta y]\bigg|_{\alpha=0}=0$$

由引理 7-1 可知，上式的左边等于泛函 $J[y(x)]$ 的变分，即 δJ。因此，考虑到变分 δy 的任意性，从而定理得证。 □□□

泛函的变分实际上就是关于其宗量变分 $\delta y(x)$ 的线性连续泛函，因此，在实际求解过程中，可以通过求泛函对其所有宗量的一阶偏微分得到泛函的变分。泛函 $J[y_1(x), y_2(x),\cdots,y_m(x)]$ 的变分为

$$\delta J=\frac{\partial J}{\partial y_1(x)}\delta y_1(x)+\frac{\partial J}{\partial y_2(x)}\delta y_2(x)+\cdots+\frac{\partial J}{\partial y_m(x)}\delta y_m(x) \tag{7-24}$$

在本书后面的部分，将经常使用(7-24)这样的变分结果。

利用(7-24)重新计算例 7-3，可以得到相同的结论。

7.2.3 欧拉方程

从容许函数类中求某一函数 $x(t)$，使积分型泛函

$$J=\int_{t_0}^{t_f}F[t,x(t),\dot{x}(t)]\mathrm{d}t \tag{7-25}$$

取极小的变分问题，通常称为拉格朗日问题。它是古典变分学中 3 个基本问题之一。前面讨论的最短弧长问题即属于拉格朗日问题。此外，3 个变分基本问题还有麦耶尔(Mayer)问题和波尔扎(Bolza)问题。

所谓麦耶尔问题，是指使末值型泛函

$$J=\psi[x(t_f),t_f] \tag{7-26}$$

取极小的变分问题。波尔扎问题是指使复合型泛函

$$J=S[x(t_f),t]+\int_{t_0}^{t_f}L[t,x(t),\dot{x}(t)]\mathrm{d}t \tag{7-27}$$

取极小的变分问题。

容易看出，拉格朗日问题和麦耶尔问题可以看成波尔扎问题的一种特例，波尔扎问题是最一般形式的变分问题。可以证明，上述 3 个问题可以互相转换。比如，若令

$$F=\dot{S}+L$$

假定初值 $S[x(t_0),t_0]$ 恒定不变，则波尔扎问题就可以化为一个等价的拉格朗日问题。若引进一个新的变量 $x_0(t)$。使

$$\dot{x}_0(t)=L[t,x(t),\dot{x}(t)],\quad x_0(t_0)=0$$

令
$$\psi[x(t_f),t_f]=S[x(t_f),t_f]+x_0(t_f)$$

则又可把波尔扎问题化为一个等价的麦耶尔问题。

某些实际的变分问题，其原始形式可能不属于这 3 个基本变分问题中的一个，但都可经数学变换将其化为 3 个基本变分问题之一。因此，研究 3 个基本变分问题的任何一

个都具有普遍意义。

在讨论拉格朗日极值问题的必要条件之前，首先介绍变分法的基本预备定理。

1. 变分法的基本预备定理

定理 7-3 如果函数 $F(t)$ 在区间 $[t_0,t_f]$ 上是连续的，而且对于只满足某些一般条件的任意选定的函数 $\eta(t)$（如 $\eta(t)$ 为一阶或若干阶可微函数，在 $[t_0,t_f]$ 上的端点处 $\eta(t_0)=\eta(t_f)=0$，并且 $|\eta(t)|<\varepsilon$，或 $|\eta(t)|<\varepsilon$ 且 $|\dot{\eta}(t)|<\varepsilon$），有

$$\int_{t_0}^{t_f} F(t)\eta(t)\mathrm{d}t = 0 \tag{7-28}$$

则有

$$F(t)\equiv 0,\quad t\in[t_0,t_f]$$

证明 由于函数 $\eta(t)$ 是任意选定的，因此，可以取

$$\eta(t) = W(t)F(t)$$

其中，$W(t)$ 是任一满足条件

$$W(t) = \begin{cases} 0 & (t = t_0 \text{和} t = t_f) \\ c^2(t) & (t_0 < t < t_f) \end{cases}$$

的函数，其中 $c(t)$ 为某个任意函数，它在区间 $[t_0,t_f]$ 上各点的函数值及其导数值可选得任意小。因此，这样的 $\eta(t)$ 满足定理所要求的一切条件。将函数 $\eta(t)$ 代入式(7-28)，得

$$\int_{t_0}^{t_f} F^2(t)W(t)\mathrm{d}t = 0$$

上述积分式中的被积函数 $F^2(t)W(t)$ 是非负的。因此，上述积分式成立的充要条件为被积函数 $F^2(t)W(t)$ 恒等于零，而 $W(t)$ 是满足某些简单条件的任意函数。因此，要上式成立，必有

$$F(t)\equiv 0\quad (t\in[t_0,t_f])$$ □□□

上述定理可推广至多函数问题，即有如下推论。

推论 7-1 若函数 $F_i(t)(i=1,2,\cdots,n)$ 在区间 $[t_0,t_f]$ 上是连续的，而且对于只满足基本预备定理要求的任意选定的、互相独立的函数 $\eta_i(t)(i=1,2,\cdots,n)$，有

$$\int_{t_0}^{t_f} \sum_{i=1}^{n} F_i(t)\eta_i(t)\mathrm{d}t = 0 \tag{7-29}$$

则有

$$F_i(t)\equiv 0\quad (t\in[t_0,t_f];i=1,2,\cdots,n)$$

2. 欧拉方程

下面将从拉格朗日泛函极值问题着手，导出泛函极值的必要条件——欧拉方程，或欧拉-拉格朗日(Euler-Lagrange)方程。

考虑如下积分型的拉格朗日泛函极值问题：

$$J = \int_{t_0}^{t_f} F[t,x(t),\dot{x}(t)]\mathrm{d}t \tag{7-30}$$

式中，$x(t)$ 至少是 t 的二次可微函数，$F[t,x(t),\dot{x}(t)]$ 是变量 t，$x(t)$ 和 $\dot{x}(t)$ 的连续函数，并且有二阶连续偏导数。曲线 $x(t)$ 的端点时间 t_0 和 t_f 是固定的，且满足如下边界条件

$$x(t_0)=x_0,\quad x(t_f)=x_f \tag{7-31}$$

该问题中，$t_0,t_f,x(t)$和$\dot{x}(t)$为泛函J的宗量，t为积分变量。求该泛函极值问题，须先求该泛函的一阶变分δJ。δJ是泛函J对其所有宗量的一阶变分，为

$$\begin{aligned}\delta J&=\frac{\partial J}{\partial t_0}\delta t_0+\frac{\partial J}{\partial t_f}\delta t_f+\frac{\partial J}{\partial x(t)}\delta x(t)+\frac{\partial J}{\partial \dot{x}(t)}\delta \dot{x}(t)\\&=F[t,x(t),\dot{x}(t)]\delta t\Big|_{t_0}^{t_f}+\int_{t_0}^{t_f}[F_x\delta x(t)+F_{\dot{x}}\delta\dot{x}(t)]\mathrm{d}t\end{aligned}$$

其中 $$F_x=\frac{\partial F[t,x(t),\dot{x}(t)]}{\partial x(t)},\quad F_{\dot{x}}=\frac{\partial F[t,x(t),\dot{x}(t)]}{\partial \dot{x}(t)}$$

由于$t_0,t_f,x(t_0),x(t_f)$固定，所以有$\delta t_0=0,\delta t_f=0,\delta x(t_0)=0,\delta x(t_f)=0$，因此

$$\begin{aligned}\delta J&=\int_{t_0}^{t_f}[F_x\delta x(t)+F_{\dot{x}}\delta\dot{x}(t)]\mathrm{d}t=F_{\dot{x}}\delta x(t)\Big|_{t_0}^{t_f}+\int_{t_0}^{t_f}\left[F_x-\frac{\mathrm{d}}{\mathrm{d}t}F_{\dot{x}}\right]\delta x(t)\mathrm{d}t\\&=\int_{t_0}^{t_f}\left[F_x-\frac{\mathrm{d}}{\mathrm{d}t}F_{\dot{x}}\right]\delta x(t)\mathrm{d}t\end{aligned}$$

泛函J取极值的条件是$\delta J=0$。由定理7-3可知，当$\delta J=0$时，得极值条件

$$F_x[t,x(t),\dot{x}(t)]-\frac{\mathrm{d}}{\mathrm{d}t}F_{\dot{x}}[t,x(t),\dot{x}(t)]=0 \tag{7-32}$$

或简记为 $$F_x-\frac{\mathrm{d}}{\mathrm{d}t}F_{\dot{x}}=0 \tag{7-33}$$

将式(7-33)左边的第2项展开，可得

$$F_x-F_{\dot{x}t}-\dot{x}F_{\dot{x}x}-\ddot{x}F_{\dot{x}\dot{x}}=0 \tag{7-34}$$

式(7-32)、(7-33)或式(7-34)通常均可以称为欧拉方程(或欧拉-拉格朗日方程)。由式(7-34)可以看出，当$F_{\dot{x}\dot{x}}\neq0$时，欧拉方程是二阶常微分方程。

欧拉方程的积分曲线$x=x(t,C_1,C_2)$称为极值曲线。只有在极值曲线上泛函(7-30)才可能达到极小(极大)值。

对于所讨论的两个端点固定的情况，正好可以用两个边界条件(7-31)将积分常数C_1和C_2确定出来。

当函数$F[t,x(t),\dot{x}(t)]$不显含自变量t时，欧拉方程(7-34)可表示为

$$F_x-\dot{x}F_{\dot{x}x}-\ddot{x}F_{\dot{x}\dot{x}}=0$$

由于有 $$\frac{\mathrm{d}}{\mathrm{d}t}(F-\dot{x}F_{\dot{x}})=\dot{x}(F_x-\dot{x}F_{\dot{x}x}-\ddot{x}F_{\dot{x}\dot{x}})=0$$

所以，有 $$F-\dot{x}F_{\dot{x}}=C_1 \tag{7-35}$$

式中，C_1为积分常数。因此，当函数$F[t,x(t),\dot{x}(t)]$不显含t时，解欧拉方程(7-33)可等价于解一阶常微分方程(7-35)。

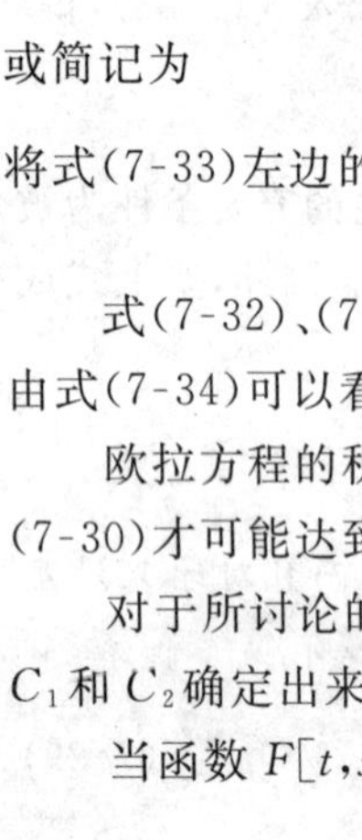

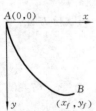

图 7-3 最速降线

例 7-4(最速降线问题) 如图7-3所示，假定不计摩擦力和阻力，确定质点在重力作用下，从A点以最短时间滑到B点的轨线。

解 由于这是一个能量守恒系统，因而总能量不变

$$\frac{1}{2}m\left(\frac{\mathrm{d}s}{\mathrm{d}t}\right)^2-mgy=0$$

其中 m,s 和 g 分别为质点的质量、线速度和所受到的重力加速度。由上式可得

$$\frac{\mathrm{d}s}{\mathrm{d}t}=\sqrt{2gy}$$

因此,质点从 A 到 B 的时间为

$$J[y(x)]=\int_{x_0}^{x_f}F(x,y,\dot{y})\mathrm{d}x=\int_{x_0}^{x_f}\frac{\sqrt{1+\dot{y}^2}}{\sqrt{2gy}}\mathrm{d}x$$

即最速降线问题为拉格朗日泛函极值问题。在该泛函问题中,自变量为 x,宗量为 $y(x)$。由于泛函的被积函数 F 不显含自变量 x,则解欧拉方程等价于解微分方程(7-35)。将 F 代入方程(7-35),有

$$\frac{\sqrt{1+\dot{y}^2}}{\sqrt{2gy}}-\dot{y}\frac{\dot{y}}{\sqrt{2gy(1+\dot{y}^2)}}=C_1$$

整理可得

$$y(1+\dot{y}^2)=C_2$$

其中 $C_2=\dfrac{1}{2gC_1^2}$。引入参变量 ξ,令 $\dot{y}=\mathrm{ctan}\xi$,于是上式可表示为

$$y=\frac{C_2}{1+\mathrm{ctan}^2\xi}=C_2\sin^2\xi=\frac{C_2}{2}(1-\cos2\xi)$$

又由

$$\mathrm{d}x=\frac{\mathrm{d}y}{\dot{y}}=\frac{2C_2\cos\xi\sin\xi}{\mathrm{ctan}\xi}\mathrm{d}\xi=2C_2\sin^2\xi\mathrm{d}\xi=C_2(1-\cos2\xi)\mathrm{d}\xi$$

积分得

$$x=C_2\left(\xi-\frac{\sin2\xi}{2}\right)+C_3=\frac{C_2}{2}(2\xi-\sin2\xi)+C_3$$

由边界条件 $y(0)=0$,可得该泛函问题的极值曲线解

$$x=\frac{C_2}{2}(2\xi-\sin2\xi),\quad y=\frac{C_2}{2}(1-\cos2\xi)$$

这是圆滚线的参数方程,式中 $C_2/2$ 为滚动圆半径。常数 C_2 可由另一边界条件 $y(x_f)=y_f$ 来确定。

7.2.4 横截条件

前面研究拉格朗日问题时,曾假设两个端点给定且固定不变,$x(t_0)=x_0$,$x(t_f)=x_f$。实际上这就是求解欧拉方程所必需的边界条件。许多实际问题的端点是未知的,如前述的月球软着陆问题和最速升降问题的末态时刻都是未知的,它本身就是该泛函极值问题的一个变量。那么,当端点可变时,泛函的极值必要条件如何?

为使问题简单,又不失一般性,假定容许函数的始端$(t_0,x(t_0))$给定,末端$(t_f,x(t_f))$可变,并假定沿曲线$c(t_f)$变化,如图 7-4 所示。对这类始端固定、末端可变的泛函极值问题的描述如下。

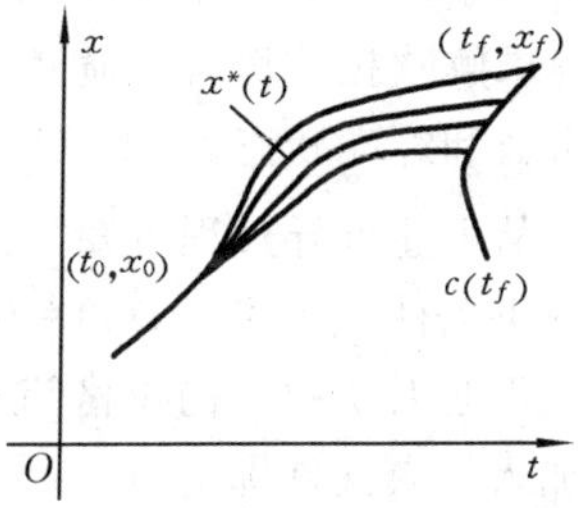

图 7-4 末态约束曲线示意图

寻找一条连续可微的极值曲线,使性能指标泛函

$$J=\int_{t_0}^{t_f}F[t,x(t),\dot{x}(t)]\mathrm{d}t \tag{7-36}$$

达到极值。该极值曲线的边界条件为

$$x(t_0)=x_0,\quad x(t_f)=c(t_f) \tag{7-37}$$

对该泛函极值问题，设 $x^*(t)$ 是一条满足始端固定且末端可变条件的极值曲线。那么对于与 $x^*(t)$ 有同样边界点的更窄的函数类来说，$x^*(t)$ 也必然能使泛函(7-36)达到极值。因此，$x^*(t)$ 必能满足端点固定时的泛函极值必要条件。也就是说，$x^*(t)$ 应当满足欧拉方程

$$F_x-\frac{\mathrm{d}}{\mathrm{d}t}F_{\dot{x}}=0 \tag{7-38}$$

在这里，由于末端 $(t_f,x(t_f))$ 可变，因此，由边界条件(7-37)不能确定欧拉方程(7-38)的通解中的两个积分常数。

下面将对端点可变的泛函极值问题导出其极值解的必要条件。

在该泛函极值问题中，$t_0,t_f,x(t),\dot{x}(t)$ 为泛函 J 的宗量。t 为积分变量。为了求该泛函极值问题，引入拉格朗日乘子 $\lambda(t_f)$，并重新定义泛函 $\hat{J}$ 为

$$\hat{J}=\lambda(t_f)[x(t_f)-c(t_f)]+\int_{t_0}^{t_f}F[t,x(t),\dot{x}(t)]\mathrm{d}t \tag{7-39}$$

则泛函 $\hat{J}$ 对其所有宗量的一阶变分 $\delta\hat{J}$ 为

$$\begin{aligned}\delta\hat{J}&=\frac{\partial\hat{J}}{\partial t_0}\delta t_0+\frac{\partial\hat{J}}{\partial t_f}\delta t_f+\frac{\partial\hat{J}}{\partial x(t)}\delta x(t)+\frac{\partial\hat{J}}{\partial\dot{x}(t)}\delta\dot{x}(t)+\frac{\partial\hat{J}}{\partial\lambda(t_f)}\delta\lambda(t_f)\\&=\lambda(t_f)\delta x(t_f)+\lambda(t_f)[\dot{x}(t_f)-\dot{c}(t_f)]\delta t_f+F[t,x(t),\dot{x}(t)]\delta t\,\Big|_{t_0}^{t_f}\\&\quad+\int_{t_0}^{t_f}[F_x\delta x(t)+F_{\dot{x}}\delta\dot{x}(t)]\mathrm{d}t+[x(t_f)-c(t_f)]\delta\lambda(t_f)\end{aligned}$$

其中，符号 F_x 与 $F_{\dot{x}}$ 的意义如前所述。由于 $t_0,x(t_0)$ 固定，所以有 $\delta t_0=0,\delta x(t_0)=0$，因此

$$\begin{aligned}\delta\hat{J}=&\{F+\lambda(t)[\dot{x}(t)-\dot{c}(t)]\}\big|_{t_f}\delta t_f+[\lambda(t)+F_{\dot{x}}]\big|_{t_f}\delta x(t_f)+\int_{t_0}^{t_f}\Big[F_x-\frac{\mathrm{d}}{\mathrm{d}t}F_{\dot{x}}\Big]\delta x\,\mathrm{d}t\\&+[x(t_f)-c(t_f)]\delta\lambda(t_f)\end{aligned}$$

泛函 $\hat{J}$ 取极值时的条件是 $\delta\hat{J}=0$。由定理 7-3 可知，当 $\delta\hat{J}=0$ 时，欧拉方程(7-38)仍然成立，且有横截条件

$$\left.\begin{aligned}&\{F+\lambda(t)[\dot{x}(t)-\dot{c}(t)]\}\big|_{t_f}=0\\&[\lambda(t)+F_{\dot{x}}]\big|_{t_f}=0\end{aligned}\right\}\Rightarrow\{F-F_{\dot{x}}[\dot{x}(t)-\dot{c}(t)]\}\big|_{t_f}=0 \tag{7-40}$$

和边界条件 $x(t_f)=c(t_f)$。

求解欧拉方程需要横截条件(7-40)和(7-37)，由此可以求得欧拉方程的通解中的积分常数和终端状态 t_f 和 $x(t_f)$。

从上述推导过程可知，实际上由泛函 $\hat{J}$ 对其乘子宗量 $\lambda(t_f)$ 的变分所导出的方程恰为约束条件 $x(t_f)-c(t_f)=0$。鉴于这个原因，在求解具有约束条件的泛函极值问题时，一般不必对所引入的拉格朗日乘子宗量 $\lambda(t)$ 和 $\lambda(t_f)$ 进行变分，在求解极值解的时候，直接加入约束条件即可。

例 7-5 求 $y-x$ 平面上固定点(0,1)至直线 $c(x_f)=2-x_f$ 的最短弧长曲线。

解 由前述最短弧长问题可知，该最短弧长曲线问题的泛函为

$$J[y(x)]=\int_0^{x_f}\sqrt{1+\dot{y}^2(x)}\,\mathrm{d}x$$

其中自变量为 x，宗量为 $y(x)$。由欧拉方程，有

$$\frac{\mathrm{d}}{\mathrm{d}x}\frac{\dot{y}}{\sqrt{1+\dot{y}^2(x)}}=0$$

即

$$\frac{\dot{y}}{\sqrt{1+\dot{y}^2(x)}}=C_1$$

解得

$$\dot{y}=\pm\frac{C_1}{\sqrt{1-C_1^2}}=C_2$$

所以

$$y=C_2x+C_3$$

其中，C_1、C_2 和 C_3 为积分常数。由边界条件 $y(0)=1$，可得

$$y=C_2x+1$$

常数 C_2 可由横截条件(7-40)确定，即

$$[F_{\dot{x}}(\dot{c}-\dot{x})+F]|_{t=t_f^*}=(-1-C_2)\frac{C_2}{\sqrt{1+C_2^2}}+\sqrt{1+C_2^2}=0 \tag{1}$$

由此解得 $C_2=1$。因此最短弧长曲线为

$$y=x+1$$

由末端条件 $c(x_f)=2-x_f$ 可进一步确定出末端点为(1/2,3/2)。

当式(1)中包含终端变量 t_f 时，必须联立约束条件 $x(t_f)=c(t_f)$ 求解式(1)，可以确定积分常数及终端状态 t_f 和 $x(t_f)$。

7.2.5 欧拉方程和横截条件的向量形式

前面讨论的变分问题仅涉及一个宗量函数的泛函。下面，把一个宗量函数的泛函极值问题推广到多个宗量函数的泛函极值问题。

为统一讨论多个宗量函数的泛函极值问题的欧拉方程和横截条件的推导，设极值曲线的始端固定，末端可变。因此，多个宗量函数的泛函极值问题可表示如下。

寻找一条连续可微的极值曲线 $\boldsymbol{x}^*(t)$，使性能泛函

$$J=\int_{t_0}^{t_f}F[t,\boldsymbol{x}(t),\dot{\boldsymbol{x}}(t)]\mathrm{d}t \tag{7-41}$$

达到极值。该极值曲线的边界条件为

$$\boldsymbol{x}(t_0)=\boldsymbol{x}_0,\quad \boldsymbol{x}(t_f)=\boldsymbol{c}(t_f)=[c_1(t_f)\quad c_2(t_f)\quad\cdots\quad c_n(t_f)]^{\mathrm{T}} \tag{7-42}$$

式中，$\boldsymbol{x}(t)=[x_1(t)\quad x_2(t)\quad\cdots\quad x_n(t)]^{\mathrm{T}}$ 为 n 维宗量向量函数。

对该泛函的极值问题，t_0、t_f，$\boldsymbol{x}(t)$、$\dot{\boldsymbol{x}}(t)$ 为泛函 J 的宗量，t 为积分变量。为了求该泛函极值问题，引入 n 维乘子向量 $\boldsymbol{\lambda}(t_f)$，并重新定义泛函 $\hat{J}$ 为

$$\hat{J}=\boldsymbol{\lambda}^{\mathrm{T}}(t_f)[\boldsymbol{x}(t_f)-\boldsymbol{c}(t_f)]+\int_{t_0}^{t_f}F[t,\boldsymbol{x}(t),\dot{\boldsymbol{x}}(t)]\mathrm{d}t \tag{7-43}$$

且约定标量泛函(或函数)对 n 维向量宗量(或变量)的一阶(偏)微分为同维向量，则泛函

$\hat{J}$ 对其所有宗量的一阶变分 $\delta\hat{J}$ 为

$$\begin{aligned}\delta\hat{J} &= \frac{\partial\hat{J}}{\partial t_0}\delta t_0+\frac{\partial\hat{J}}{\partial t_f}\delta t_f+\frac{\partial\hat{J}}{\partial\boldsymbol{x}(t)}\delta\boldsymbol{x}(t)+\frac{\partial\hat{J}}{\partial\dot{\boldsymbol{x}}(t)}\delta\dot{\boldsymbol{x}}(t)\\ &= \boldsymbol{\lambda}^{\mathrm{T}}(t_f)\delta\boldsymbol{x}(t_f)+\boldsymbol{\lambda}^{\mathrm{T}}(t_f)[\dot{\boldsymbol{x}}(t_f)-\dot{c}(t_f)]\delta t_f\\ &\quad +F[t,\boldsymbol{x}(t),\dot{\boldsymbol{x}}(t)]\delta t\Big|_{t_0}^{t_f}+\int_{t_0}^{t_f}[F_{\boldsymbol{x}}^{\mathrm{T}}\delta\boldsymbol{x}(t)+F_{\dot{\boldsymbol{x}}}^{\mathrm{T}}\delta\dot{\boldsymbol{x}}(t)]\mathrm{d}t\end{aligned}$$

其中 $F_{\boldsymbol{x}}=\dfrac{\partial F[t,\boldsymbol{x}(t),\dot{\boldsymbol{x}}(t)]}{\partial\boldsymbol{x}(t)}$， $F_{\dot{\boldsymbol{x}}}=\dfrac{\partial F[t,\boldsymbol{x}(t),\dot{\boldsymbol{x}}(t)]}{\partial\dot{\boldsymbol{x}}(t)}$

由于 $t_0,\boldsymbol{x}(t_0)$ 固定，所以有 $\delta t_0=0,\delta\boldsymbol{x}(t_0)=0$，因此

$$\delta\hat{J}=\{F+\boldsymbol{\lambda}^{\mathrm{T}}(t)[\dot{\boldsymbol{x}}(t)-\dot{c}(t)]\}\big|_{t_f}\delta t_f+[\boldsymbol{\lambda}(t)+F_{\dot{\boldsymbol{x}}}]^{\mathrm{T}}\big|_{t_f}\delta\boldsymbol{x}(t_f)+\int_{t_0}^{t_f}(F_{\boldsymbol{x}}-\frac{\mathrm{d}}{\mathrm{d}t}F_{\dot{\boldsymbol{x}}})^{\mathrm{T}}\delta\boldsymbol{x}\,\mathrm{d}t$$

泛函 $\hat{J}$ 取极值时的条件是 $\delta\hat{J}=0$。由定理 7-3 可知，当 $\delta\hat{J}=0$ 时，欧拉方程

$$F_{\boldsymbol{x}}-\frac{\mathrm{d}}{\mathrm{d}t}F_{\dot{\boldsymbol{x}}}=0 \tag{7-44}$$

仍然成立。式(7-44)是欧拉方程(7-38)的向量形式，且有横截条件的向量形式

$$\left.\begin{aligned}&\{F+\boldsymbol{\lambda}^{\mathrm{T}}(t)[\dot{\boldsymbol{x}}(t)-\dot{\boldsymbol{c}}(t)]\}\big|_{t_f}=0\\ &[\boldsymbol{\lambda}(t)+F_{\dot{\boldsymbol{x}}}]\big|_{t_f}=0\end{aligned}\right\}\Rightarrow\{F-F_{\dot{\boldsymbol{x}}}^{\mathrm{T}}[\dot{\boldsymbol{x}}(t)-\dot{\boldsymbol{c}}(t)]\}\big|_{t_f}=0 \tag{7-45}$$

求解欧拉方程(7-44)需要横截条件(7-45)以及式(7-42)，由此可以求得欧拉方程的通解中的积分常数和终端状态 t_f 和 $\boldsymbol{x}(t_f)$。相对于标量形式下的极值问题，求解向量形式下带终端约束的极值问题，需要求解 n 维方程组。

7.3 变分法在最优控制中的应用

7.1.2 小节所定义的动态系统的最优控制问题是一类有状态方程(微分方程)约束、目标集的等式或不等式约束，以及容许控制的开集或闭集性约束的泛函极值问题。本节将基于泛函极值问题的欧拉方程和横截条件，讨论最优控制中的泛函极值问题求解。

7.3.1 具有等式约束条件下的变分问题

具有等式约束条件下，多个宗量函数的泛函极值问题可表示如下。

等式约束变分问题 寻找一条连续可微的极值曲线，使性能泛函

$$J=\int_{t_0}^{t_f}F[t,\boldsymbol{x}(t),\dot{\boldsymbol{x}}(t)]\mathrm{d}t \tag{7-46}$$

达到极值，极值曲线 $\boldsymbol{x}(t)$ 满足微分方程形式的等式约束

$$\boldsymbol{\psi}[t,\boldsymbol{x}(t),\dot{\boldsymbol{x}}(t)]=0 \tag{7-47}$$

式中，$\boldsymbol{\psi}[t,\boldsymbol{x}(t),\dot{\boldsymbol{x}}(t)]$ 为 m 维($m\leqslant n$)关于 $t,\boldsymbol{x}$ 和 $\dot{\boldsymbol{x}}$ 的非线性向量函数。

这里，极值曲线 $\boldsymbol{x}(t)$ 除满足边界条件和古典变分学中规定的连续可微条件外，还需满足等式约束条件(7-47)。由于动态系统的状态方程可归为等式约束(7-47)，因此等式

约束变分问题是研究最优控制的基础。

定理 7-4（等式约束变分定理） 如果 n 维向量函数 $\boldsymbol{x}(t)$ 能使等式约束变分问题取极值，那么，必存在待定的 m 维拉格朗日乘子向量函数 $\boldsymbol{\lambda}(t)$，使泛函

$$J_1=\int_{t_0}^{t_f}H[t,\boldsymbol{x}(t),\dot{\boldsymbol{x}}(t),\boldsymbol{\lambda}(t)]\mathrm{d}t \tag{7-48}$$

达到无条件极值，即极值曲线 $\boldsymbol{x}(t)$ 是泛函(7-48)所满足的欧拉方程

$$\frac{\partial H}{\partial \boldsymbol{x}}-\frac{\mathrm{d}}{\mathrm{d}t}\frac{\partial H}{\partial \dot{\boldsymbol{x}}}=0 \tag{7-49}$$

和等式约束条件(7-47)的解，其中

$$H[t,\boldsymbol{x}(t),\dot{\boldsymbol{x}}(t),\boldsymbol{\lambda}(t)]=F[t,\boldsymbol{x}(t),\dot{\boldsymbol{x}}(t)]+\boldsymbol{\lambda}^{\mathrm{T}}(t)\boldsymbol{\psi}[t,\boldsymbol{x}(t),\dot{\boldsymbol{x}}(t)] \tag{7-50}$$

引进拉格朗日乘子可以将泛函的条件极值问题化为一个无条件的极值问题，基于前面的变分法原理可以证明等式约束变分定理，这里略。

引入该定理的作用，仅仅是表明泛函(7-46)在等式约束条件(7-47)下的极值曲线 $\boldsymbol{x}(t)$，同时使得泛函(7-46)和(7-48)达到无条件极值。在后面还要详细讲解具有约束条件下求解极值问题的泛函变分问题。

欧拉方程(7-49)和约束条件(7-47)共有 $n+m$ 个方程，恰好可以解出 $n+m$ 个未知函数 $\boldsymbol{x}(t)$ 和 $\boldsymbol{\lambda}(t)$。通过边界条件确定 $\boldsymbol{x}(t)$ 和 $\boldsymbol{\lambda}(t)$ 中的积分常数。随着终端条件的不同，边界条件也不同。在 7.2.4 小节和 7.2.5 小节所讨论的横截条件就能解决这个问题。

例 7-6 火箭在自由空间里的运动作用可用下列微分方程描述

$$\ddot{\theta}(t)=u(t)$$

其中，$u(t)$ 为推力；$\theta(t)$ 为角位移。令 $x_1(t)=\theta(t)$，$x_2(t)=\dot{\theta}(t)$，可建立状态方程如下

$$\begin{cases}\dot{x}_1=x_2\\ \dot{x}_2=u\end{cases}$$

试求控制函数 $u(t)$，使系统从初始状态

$$x_1(0)=\theta(0)=1,\quad x_2(0)=\dot{\theta}(0)=1$$

经过 $t=2$ s 转移到状态空间原点，即

$$x_1(2)=\theta(2)=0,\quad x_2(2)=\dot{\theta}(2)=0$$

且使如下性能指标取极小。

$$J=\frac{1}{2}\int_0^2 u^2(t)\mathrm{d}t$$

解 该问题属于终端固定的极值问题。选择向量拉格朗日乘子函数 $\boldsymbol{\lambda}(t)=[\lambda_1(t)\quad\lambda_2(t)]^{\mathrm{T}}$，由定理 7-4，利用拉格朗日乘子法可得如下辅助泛函指标

$$J_1=\int_{t_0}^{t_f}H[t,\boldsymbol{x}(t),\dot{\boldsymbol{x}}(t),u(t),\boldsymbol{\lambda}(t)]\mathrm{d}t$$

其中
$$H(t,\boldsymbol{x},\dot{\boldsymbol{x}},u,\boldsymbol{\lambda})=\frac{1}{2}u^2+\lambda_1(x_2-\dot{x}_1)+\lambda_2(u-\dot{x}_2)$$

式中，状态变量 $\boldsymbol{x}(t)$、控制函数 $u(t)$ 和向量拉格朗日乘子函数 $\boldsymbol{\lambda}(t)$ 都为该泛函的宗量。在一般形式中没有宗量 $u(t)$，实际上，可以把 $u(t)$ 和 $\boldsymbol{x}(t)$ 一样来处理，比如，在本例中可以定义 $u(t)=x_3(t)$。那么，它们必须满足如下欧拉方程

$$\frac{\partial H}{\partial x_1}-\frac{\mathrm{d}}{\mathrm{d}t}\frac{\partial H}{\partial \dot{x}_1}=0\rightarrow \dot{\lambda}_1(t)=0$$

$$\frac{\partial H}{\partial x_2}-\frac{\mathrm{d}}{\mathrm{d}t}\frac{\partial H}{\partial \dot{x}_2}=0\rightarrow \dot{\lambda}_2(t)=-\lambda_1(t)$$

$$\frac{\partial H}{\partial u}-\frac{\mathrm{d}}{\mathrm{d}t}\frac{\partial H}{\partial \dot{u}}=0\rightarrow u(t)=-\lambda_2(t)$$

$$\frac{\partial H}{\partial \lambda_1}-\frac{\mathrm{d}}{\mathrm{d}t}\frac{\partial H}{\partial \dot{\lambda}_1}=0\rightarrow \dot{x}_1(t)=x_2(t)$$

$$\frac{\partial H}{\partial \lambda_2}-\frac{\mathrm{d}}{\mathrm{d}t}\frac{\partial H}{\partial \dot{\lambda}_2}=0\rightarrow \dot{x}_2(t)=u(t)$$

联立求解上述欧拉方程，可得

$$\lambda_1(t)=C_1,\quad \lambda_2(t)=-\int\lambda_1(t)\mathrm{d}t=-C_1t+C_2$$

$$u(t)=C_1t-C_2$$

$$x_2(t)=\int u(t)\mathrm{d}t=\frac{1}{2}C_1t^2-C_2t+C_3$$

$$x_1(t)=\int x_2(t)\mathrm{d}t=\frac{1}{6}C_1t^2-\frac{1}{2}C_2t+C_3t+C_4$$

利用边界条件可解得

$$C_1=3,\quad C_2=-\frac{7}{2},\quad C_3=1,\quad C_4=1$$

因此，最优控制函数和状态的最优轨线

$$u^*(t)=3t-\frac{7}{2}$$

$$\theta^*(t)=x_1^*(t)=\frac{1}{2}t^3-\frac{7}{4}t^2+t+1$$

$$\dot{\theta}^*(t)=x_2^*(t)=\frac{3}{2}t^2-\frac{7}{2}t+t$$

7.3.2 末态时刻 t_f 固定、末态 $\boldsymbol{x}(t_f)$ 无约束的最优控制问题

这一节着重讨论末态不受约束的最优控制问题。所谓末态不受约束，是指末态 $\boldsymbol{x}(t_f)$ 可在 $\boldsymbol{R}^n$ 空间中取任何值，即目标集为整个状态空间。因此，该问题可描述如下。

末态无约束最优控制问题 求一容许控制 $\boldsymbol{u}(t)\in U, t\in[t_0,t_f]$，在末态时刻 t_f 固定，状态 $\boldsymbol{x}(t_f)$ 无约束，初始状态 $\boldsymbol{x}(t_0)=\boldsymbol{x}_0$ 以及被控系统

$$\dot{\boldsymbol{x}}(t)=\boldsymbol{f}[\boldsymbol{x}(t),\boldsymbol{u}(t),t] \tag{7-51}$$

等约束条件下，使复合型性能泛函指标

$$J[\boldsymbol{u}(\cdot)]=S[\boldsymbol{x}(t_f),t_f]+\int_{t_0}^{t_f}L[t,\boldsymbol{x}(t),\boldsymbol{u}(t)]\mathrm{d}t \tag{7-52}$$

达到最小值。

对该最优控制问题，若将动态系统的状态方程(7-51)改写成等式约束条件

$$\boldsymbol{f}[\boldsymbol{x}(t),\boldsymbol{u}(t),t]-\dot{\boldsymbol{x}}(t)=0 \tag{7-53}$$

则可根据定理 7-4 求解该泛函极值问题，两问题只是边界条件不同而已。

引入拉格朗日乘子向量函数 $\boldsymbol{\lambda}(t)$，将等式约束条件(7-53)和原有的性能指标泛函结合成一个新的泛函

$$J_1[\boldsymbol{u}(\cdot)]=S[\boldsymbol{x}(t_f),t_f]+\int_{t_0}^{t_f}\{L[\boldsymbol{x}(t),\boldsymbol{u}(t),t]+\boldsymbol{\lambda}^{\mathrm{T}}(t)\{\boldsymbol{f}[\boldsymbol{x}(t),\boldsymbol{u}(t),t]-\dot{\boldsymbol{x}}(t)\}\}\mathrm{d}t \tag{7-54}$$

泛函 J_1 的极值问题与原泛函 J 的极值问题等价。为方便起见，定义一标量函数如下

$$H[\boldsymbol{x}(t),\boldsymbol{u}(t),\boldsymbol{\lambda}(t),t]=L[\boldsymbol{x}(t),\boldsymbol{u}(t),t]+\boldsymbol{\lambda}^{\mathrm{T}}(t)\boldsymbol{f}[\boldsymbol{x}(t),\boldsymbol{u}(t),t]$$

该标量函数 H 称为哈密顿(Hamilton)函数。因此，泛函(7-54)可记为

$$\begin{aligned}J_1[\boldsymbol{u}(\cdot)]&=S[\boldsymbol{x}(t_f),t_f]+\int_{t_0}^{t_f}\{H[\boldsymbol{x}(t),\boldsymbol{u}(t),\boldsymbol{\lambda}(t),t]-\boldsymbol{\lambda}^{\mathrm{T}}(t)\dot{\boldsymbol{x}}(t)\}\mathrm{d}t\\&=S[\boldsymbol{x}(t_f),t_f]+\boldsymbol{\lambda}^{\mathrm{T}}(t_0)\boldsymbol{x}(t_0)-\boldsymbol{\lambda}^{\mathrm{T}}(t_f)\boldsymbol{x}(t_f)\\&\quad+\int_{t_0}^{t_f}\{H[\boldsymbol{x}(t),\boldsymbol{u}(t),\boldsymbol{\lambda}(t),t]+\dot{\boldsymbol{\lambda}}^{\mathrm{T}}(t)\boldsymbol{x}(t)\}\mathrm{d}t\end{aligned} \tag{7-55}$$

求泛函 J_1 的极值问题，可以直接用欧拉方程(7-49)来求得极值条件，并且通过边界条件确定由极值条件得到方程解的积分常数，如例 7-6 中，边界条件为系统起点和终点状态。后面将会给出不同情况下的边界条件。当然在确定泛函 J_1 的极值条件时，不是一定要利用欧拉方程(7-49)来求解，可以根据实际情况进行必要的简化。

就泛函 J_1 而言，其宗量有 t_0，t_f，$\boldsymbol{x}(t)$，$\dot{\boldsymbol{x}}(t)$ 以及 $\boldsymbol{u}(t)$ 和 $\boldsymbol{\lambda}(t)$。前面已经指出，不必对宗量 $\lambda(t)$ 变分，因为对 $\boldsymbol{\lambda}(t)$ 的变分结果就是约束条件(7-51)。考虑到初始状态(t_0，$\boldsymbol{x}(t_0)$)，末态时刻 t_f 固定以及 $\boldsymbol{x}(t_f)$ 自由，泛函 J_1 对其所有的可变宗量的一阶变分为

$$\delta J_1=\left(\frac{\partial S}{\partial \boldsymbol{x}}-\boldsymbol{\lambda}\right)^{\mathrm{T}}\delta\boldsymbol{x}\bigg|_{t=t_f}+\int_{t_0}^{t_f}\left[\left(\frac{\partial H}{\partial \boldsymbol{x}}+\dot{\boldsymbol{\lambda}}\right)^{\mathrm{T}}\delta\boldsymbol{x}+\left(\frac{\partial H}{\partial \boldsymbol{u}}\right)^{\mathrm{T}}\delta\boldsymbol{u}\right]\mathrm{d}t \tag{7-56}$$

当选择 $\boldsymbol{\lambda}(t)$ 满足

$$\dot{\boldsymbol{\lambda}}=-\frac{\partial H}{\partial \boldsymbol{x}} \tag{7-57}$$

$$\boldsymbol{\lambda}(t_f)=\frac{\partial S[\boldsymbol{x}(t_f),t_f]}{\partial \boldsymbol{x}(t_f)} \tag{7-58}$$

时，可惟一确定拉格朗日乘子函数 $\boldsymbol{\lambda}(t)$。于是，式(7-56)可变为

$$\delta J_1=\int_{t_0}^{t_f}\left(\frac{\partial H}{\partial \boldsymbol{u}}\right)^{\mathrm{T}}\delta\boldsymbol{u}\,\mathrm{d}t \tag{7-59}$$

根据泛函极值的必要条件 $\delta J_1=0$，考虑到变分 $\delta\boldsymbol{u}(t)$ 的任意性，由变分学的基本预备定理可得

$$\frac{\partial H}{\partial \boldsymbol{u}}=0 \tag{7-60}$$

联立方程(7-57)、(7-58)、(7-60)以及动态系统的状态方程(7-51)和初始状态条件 $\boldsymbol{x}(t_0)=\boldsymbol{x}_0$，可解得最优控制函数 $\boldsymbol{u}^*(t)$、最优状态轨线 $\boldsymbol{x}^*(t)$ 和适当的拉格朗日乘子函数 $\boldsymbol{\lambda}(t)$。上述结果可归纳成如下定理。

定理 7-5(末态无约束最优控制定理) 末态无约束最优控制问题的最优控制函数 $\boldsymbol{u}^*(t)$、最优状态轨线 $\boldsymbol{x}^*(t)$ 和适当选择的拉格朗日乘子函数 $\boldsymbol{\lambda}(t)$ 须满足如下条件。

1) 规范方程

$$\dot{\boldsymbol{x}}(t)=\frac{\partial H}{\partial \boldsymbol{\lambda}}=\boldsymbol{f}[\boldsymbol{x}(t),\boldsymbol{u}(t),t] \tag{7-61}$$

$$\dot{\boldsymbol{\lambda}}(t)=-\frac{\partial H}{\partial \boldsymbol{x}}=-\frac{\partial L}{\partial \boldsymbol{x}}-\frac{\partial \boldsymbol{f}^{\mathrm{T}}}{\partial \boldsymbol{x}}\boldsymbol{\lambda} \tag{7-62}$$

2) 边界条件

$$\boldsymbol{x}(t_0)=\boldsymbol{x}_0,\quad \boldsymbol{\lambda}(t_f)=\frac{\partial S[\boldsymbol{x}(t_f),t_f]}{\partial \boldsymbol{x}(t_f)} \tag{7-63}$$

3) 极值条件

$$\frac{\partial H}{\partial \boldsymbol{u}}=0 \tag{7-64}$$

在末态无约束最优控制定理的结论中，由微分方程(7-61)和(7-62)，以及边界条件(7-63)可惟一确定出最优状态轨线 $\boldsymbol{x}^*(t)$ 和适当选择的拉格朗日乘子函数 $\boldsymbol{\lambda}(t)$。微分方程(7-61)和(7-62)通常被称为规范方程，其中方程(7-62)又称为协态方程或共轭方程，相应地，拉格朗日乘子函数 $\boldsymbol{\lambda}(t)$ 又称为协态变量或共轭变量。

极值条件(7-64)是一代数方程，由它联立规范方程的解可求得具体的最优控制函数 $\boldsymbol{u}^*(t)$ 和最优状态轨线 $\boldsymbol{x}^*(t)$。

下面讨论哈密顿函数的一个重要性质。哈密顿函数对时间 t 的全导数为

$$\frac{\mathrm{d}H}{\mathrm{d}t}=\frac{\partial H}{\partial \boldsymbol{x}^{\mathrm{T}}}\dot{\boldsymbol{x}}+\frac{\partial H}{\partial \boldsymbol{\lambda}^{\mathrm{T}}}\dot{\boldsymbol{\lambda}}+\frac{\partial H}{\partial \boldsymbol{u}^{\mathrm{T}}}\dot{\boldsymbol{u}}+\frac{\partial H}{\partial t} \tag{7-65}$$

考虑到规范方程，则有

$$\frac{\partial H}{\partial \boldsymbol{x}^{\mathrm{T}}}\dot{\boldsymbol{x}}+\frac{\partial H}{\partial \boldsymbol{\lambda}^{\mathrm{T}}}\dot{\boldsymbol{\lambda}}=\frac{\partial H}{\partial \boldsymbol{x}^{\mathrm{T}}}\frac{\partial H}{\partial \boldsymbol{\lambda}}+\frac{\partial H}{\partial \boldsymbol{\lambda}^{\mathrm{T}}}\left(-\frac{\partial H}{\partial \boldsymbol{x}}\right)=0$$

再考虑到极值条件(7-64)，于是式(7-65)可表示为

$$\frac{\mathrm{d}H}{\mathrm{d}t}=\frac{\partial H}{\partial t} \tag{7-66}$$

上式表明，沿最优轨线哈密顿函数 H 对时间的全导数等于对时间的偏导数。当哈密顿函数 H 不显含时间变量 t 时，则有

$$H(t)=\text{常数}\quad (t\in[t_0,t_f]) \tag{7-67}$$

例 7-7 已知被控系统为

$$\dot{x}=u,\quad x(t_0)=x_0$$

求最优控制 $u^*(t)$ 使如下性能指标泛函取极小。

$$J=\frac{1}{2}Cx^2(t_f)+\frac{1}{2}\int_{t_0}^{t_f}u^2(t)\mathrm{d}t \quad (C>0)$$

解 这是一个具有 t_f 固定，$x(t_f)$ 自由的终端约束的极值问题。首先构造哈密顿函数如下：

$$H(t,x,u,\lambda)=\frac{1}{2}u^2+\lambda u$$

由极值条件(7-64)可解得 $u=-\lambda$。将其代入规范方程，可得

$$\dot{x}=u=-\lambda, \quad \dot{\lambda}=-\frac{\partial H}{\partial x}=0$$

并满足如下边界条件：

$$x(t_0)=x_0, \quad \lambda(t_f)=Cx(t_f)$$

从而解得

$$x^*(t_f)=\frac{x_0}{1+C(t_f-t_0)}$$

$$\lambda(t)=\lambda(t_f)=Cx^*(t_f)=\frac{Cx_0}{1+C(t_f-t_0)}$$

$$u^*(t)=-\lambda(t)=-\frac{Cx_0}{1+C(t_f-t_0)}$$

$$x^*(t)=\frac{x_0+Cx_0(t_f-t)}{1+C(t_f-t_0)}$$

其中 t_f 为某一确定的常数。将 $u^*(t)$ 代入 $H(t,x,u,\lambda)$ 得

$$H(t,x^*,u^*,\lambda)=-\frac{1}{2}\lambda(t)^2$$

$\lambda(t)$ 为常数。

7.3.3 末态时刻 t_f 和末态 $\boldsymbol{x}(t_f)$ 固定的问题

对末态的要求不同将导致最优控制问题的结论不同。上面讨论了无末态约束的问题，这一小节将研究末态时刻 t_f 和末态 $\boldsymbol{x}(t_f)$ 固定的最优控制问题。

由于末态时刻 t_f 和末态 $\boldsymbol{x}(t_f)$ 已固定，即 $\boldsymbol{x}(t_f)=\boldsymbol{x}_f$，因此，性能指标泛函中的末值项 $S[\boldsymbol{x}(t_f),t_f]$ 就没有存在的必要。在这种情况下，最优控制问题的性能指标泛函为如下积分型泛函：

$$J[\boldsymbol{u}(\cdot)]=\int_{t_0}^{t_f}L[\boldsymbol{x}(t),\boldsymbol{u}(t),t]\mathrm{d}t \tag{7-68}$$

因此，该最优控制问题描述如下。

末态固定最优控制问题 对于被控系统(7-51)，始端状态 $(t_0,\boldsymbol{x}(t_0))$ 和末态 $(t_f,\boldsymbol{x}(t_f))$ 固定时的性能指标泛函(7-68)极小的最优控制问题。

与式(7-52)的推导过程类似，考虑到末值项 $S[\boldsymbol{x}(t_f),t_f]=0$，辅助泛函 J_1 可定义为

$$J_1[\boldsymbol{u}(\cdot)]=\int_{t_0}^{t_f}\{H[\boldsymbol{x}(t),\boldsymbol{u}(t),\boldsymbol{\lambda}(t),t]-\boldsymbol{\lambda}(t)^{\mathrm{T}}\dot{\boldsymbol{x}}(t)\}\mathrm{d}t$$

就泛函 J_1 而言，其宗量有 t_0，t_f，$\boldsymbol{x}(t)$，$\dot{\boldsymbol{x}}(t)$，$\boldsymbol{u}(t)$ 和 $\boldsymbol{\lambda}(t)$。对 $\boldsymbol{\lambda}(t)$ 的变分结果就是约束条件(7-51)。因此，考虑到始端和末端固定，即 $\delta\boldsymbol{x}(t_f)=\delta\boldsymbol{x}(t_0)=0$，泛函 J_1 对其所有宗量的一阶变分为

$$\delta J_1=-\boldsymbol{\lambda}^{\mathrm{T}}(t)\delta\boldsymbol{x}(t)\big|_{t=t_f}^{t=t_f}+\int_{t_0}^{t_f}\left[\left(\frac{\partial H}{\partial\boldsymbol{x}}+\dot{\boldsymbol{\lambda}}\right)^{\mathrm{T}}\delta\boldsymbol{x}+\left(\frac{\partial H}{\partial\boldsymbol{u}}\right)^{\mathrm{T}}\delta\boldsymbol{u}\right]\mathrm{d}t$$

$$=\int_{t_0}^{t_f}\left[\left(\frac{\partial H}{\partial\boldsymbol{x}}+\dot{\boldsymbol{\lambda}}\right)^{\mathrm{T}}\delta\boldsymbol{x}+\left(\frac{\partial H}{\partial\boldsymbol{u}}\right)^{\mathrm{T}}\delta\boldsymbol{u}\right]\mathrm{d}t \tag{7-69}$$

根据泛函极值的必要条件 $\delta J_1=0$,同样可以导出

$$\dot{\boldsymbol{\lambda}}=-\frac{\partial H}{\partial\boldsymbol{x}} \tag{7-70}$$

$$\int_{t_0}^{t_f}\left(\frac{\partial H}{\partial\boldsymbol{u}}\right)^{\mathrm{T}}\delta\boldsymbol{u}\,\mathrm{d}t=0 \tag{7-71}$$

当 $\boldsymbol{x}(t_f)$固定,即 $\delta\boldsymbol{x}(t_f)=0$ 时,变分 $\delta\boldsymbol{u}(t)$不再是任意的。但 $\boldsymbol{x}(t_f)$固定是相对的,其值的确定具有任意性,因此,末态 $\boldsymbol{x}(t_f)$固定时的最优控制问题的极值条件仍然为式(7-64)。

同上一节末态时刻 t_f固定,末态 $\boldsymbol{x}(t_f)$无约束的变分问题相比,边界条件(7-63)在这里被取而代之的是 $\boldsymbol{x}(t_f)=\boldsymbol{x}_f$。

综合上述结论,有如下关于末态固定最优控制问题的定理。

定理 7-6(末态固定最优控制问题) 末态固定最优控制问题的最优控制函数 $\boldsymbol{u}^*(t)$、最优状态轨线 $\boldsymbol{x}^*(t)$和适当选择的拉格朗日乘子函数 $\boldsymbol{\lambda}(t)$在边界条件

$$\boldsymbol{x}(t_0)=\boldsymbol{x}_0,\quad \boldsymbol{x}(t_f)=\boldsymbol{x}_f \tag{7-72}$$

下需满足规范方程(7-61)、(7-62)以及极值条件(7-64)。

7.3.4 末态时刻 t_f固定、末态 $\boldsymbol{x}(t_f)$受约束的问题

本小节讨论末态时刻 t_f固定,末态 $\boldsymbol{x}(t_f)$受等式约束的最优控制问题。该问题可描述如下。

末态约束最优控制问题 对于被控系统(7-51),末态时刻 t_f固定,末态 $\boldsymbol{x}(t_f)$受等式

$$\mathbf{g}[\boldsymbol{x}(t_f),t_f]=0 \tag{7-73}$$

约束,复合型性能指标泛函(7-52)取极小的最优控制问题。

所谓末态约束,即末态只允许在末端流形(7-73)上变化。上述约束条件中向量函数 $\mathbf{g}[\boldsymbol{x}(t_f),t_f]$的维数为 p,为使该最优控制问题的解存在,当性能指标泛函中 $L=0$ 时,$p\leqslant n-1$;当 $L\neq 0$ 时,$p\leqslant n$。

上述最优控制问题与在 6.3.2 小节所讨论的末态 $\boldsymbol{x}(t_f)$无约束的问题相比,只是增加了末态约束条件(7-73)。对该约束条件,可引入待定拉格朗日乘子向量 $\boldsymbol{\mu}=[\mu_1,\mu_2,\cdots,\mu_p]^{\mathrm{T}}$,定义如下新的辅助泛函

$$J_1[\boldsymbol{u}(\cdot)]=S[\boldsymbol{x}(t_f),t_f]+\boldsymbol{\mu}^{\mathrm{T}}\mathbf{g}[\boldsymbol{x}(t_f),t_f]$$
$$+\int_{t_0}^{t_f}\{H[\boldsymbol{x}(t),\boldsymbol{u}(t),\boldsymbol{\lambda}(t),t]-\boldsymbol{\lambda}(t)^{\mathrm{T}}\dot{\boldsymbol{x}}(t)\}\mathrm{d}t \tag{7-74}$$

其中哈密顿函数 H 的定义与前面一致。

若令

$$\bar{S}[\boldsymbol{x}(t_f),t_f] = S[\boldsymbol{x}(t_f),t_f] + \boldsymbol{\mu}^{\mathrm{T}}\boldsymbol{g}[\boldsymbol{x}(t_f),t_f] \tag{7-75}$$

则泛函(8-92)可表示为

$$J_1[\boldsymbol{u}(\cdot)] = \bar{S}[\boldsymbol{x}(t_f),t_f] + \int_{t_0}^{t_f}\{H[\boldsymbol{x}(t),\boldsymbol{u}(t),\boldsymbol{\lambda}(t),t] - \boldsymbol{\lambda}(t)^{\mathrm{T}}\dot{\boldsymbol{x}}(t)\}\mathrm{d}t \tag{7-76}$$

与 7.3.2 小节所讨论的末态 $\boldsymbol{x}(t_f)$无约束的问题一样，可得规范方程、极值条件和边界条件，其中边界条件为

$$\boldsymbol{\lambda}(t_f) = \frac{\partial \bar{S}[\boldsymbol{x}(t_f),t_f]}{\partial \boldsymbol{x}(t_f)} = \frac{\partial S[\boldsymbol{x}(t_f),t_f]}{\partial \boldsymbol{x}(t_f)} + \frac{\partial \boldsymbol{g}^{\mathrm{T}}[\boldsymbol{x}(t_f),t_f]}{\partial \boldsymbol{x}(t_f)}\boldsymbol{\mu} \tag{7-77}$$

泛函 J_1对其宗量 $\boldsymbol{\mu}$ 的变分结果是 $\boldsymbol{x}(t_f)$所满足的等式约束条件 $\boldsymbol{g}(\boldsymbol{x}(t_f),t_f)=0$，所以，在求泛函 J_1的变分 δJ_1时，和不需要对 $\boldsymbol{\lambda}(t)$变分一样，也不需要对 $\boldsymbol{\mu}$ 的变分。

综上所述，末态时刻 t_f固定、末态 $\boldsymbol{x}(t_f)$受约束的最优控制问题的结论可以归纳为以下定理。

定理 7-7 （末态约束最优控制定理）末态约束最优控制问题的最优控制函数 $\boldsymbol{u}^*(t)$、最优状态轨线 $\boldsymbol{x}^*(t)$和适当选择的拉格朗日乘子函数 $\boldsymbol{\lambda}(t)$在边界条件

$$\boldsymbol{x}(t_0) = \boldsymbol{x}_0, \quad \boldsymbol{g}[\boldsymbol{x}(t_f),t_f] = 0 \tag{7-78}$$

$$\boldsymbol{\lambda}(t_f) = \frac{\partial S[\boldsymbol{x}(t_f),t_f]}{\partial \boldsymbol{x}(t_f)} + \frac{\partial \boldsymbol{g}^{\mathrm{T}}[\boldsymbol{x}(t_f),t_f]}{\partial \boldsymbol{x}(t_f)}\boldsymbol{\mu} \tag{7-79}$$

下满足规范方程(7-61)、(7-62)以及极值条件(7-64)。

从定理 7-7 可知，末端受约束不改变该问题求解中的规范方程，只影响边界条件。与 7.2 节相比，增加了边界条件(7-78)中的末态条件，而在(7-79)中增加了拉格朗日乘子向量 $\boldsymbol{\mu}$，其变量数和末态受约束条件个数相等。

当复合型性能指标泛函(7-52)中末值型指标 $S[\boldsymbol{x}(t_f),t_f]=0$ 时，边界条件(7-79)可记为

$$\boldsymbol{\lambda}(t_f) = \frac{\partial \boldsymbol{g}^{\mathrm{T}}[\boldsymbol{x}(t_f),t_f]}{\partial \boldsymbol{x}(t_f)}\boldsymbol{\mu} \tag{7-80}$$

由于$\partial \boldsymbol{g}^{\mathrm{T}}[\boldsymbol{x}(t_f),t_f]/\partial \boldsymbol{x}(t_f)$为最优轨线的末端约束流形上的方向场，即方向梯度，因此式(7-80)表明，在最优轨线的末端，$\boldsymbol{\lambda}(t_f)$与末端目标集正交，即与 $\boldsymbol{g}[\boldsymbol{x}(t_f),t_f]=0$ 规定的 n-p 维末端约束流形正交。所以，边界条件(7-80)常称为横截条件。而边界条件(7-79)表示 $\boldsymbol{\lambda}(t_f)$既不与末端目标集正交，亦不与之相切。因此，它常被称为斜截条件。

最后值得指出的是，由于末态固定 $\boldsymbol{x}(t_f)=\boldsymbol{x}_f$可以视为末端约束条件 $\boldsymbol{g}[\boldsymbol{x}(t_f),t_f]=0$ 的一种特例，因此，本小节方法同样适用于上一小节的末态固定的情况。

例 7-8 对被控系统

$$\begin{cases} \dot{x}_1 = x_2 \\ \dot{x}_2 = u \end{cases}$$

试求控制函数 $u(t)$，使系统从初始状态

$$x_1(0) = 0 \quad x_2(0) = 0$$

经过 1 s 转移到目标集

$$x_1(1)+x_2(1)=1$$

且使如下性能指标取极小。

$$J=\frac{1}{2}\int_0^1 u^2(t)\mathrm{d}t$$

解 本例中末态约束条件为

$$g[\boldsymbol{x}(t_f),t_f]=x_1(1)+x_2(1)-1=0$$

因此，相应的哈密顿函数和辅助性能指标泛函中的末值项分别为

$$H(t,\boldsymbol{x},\dot{\boldsymbol{x}},u,\boldsymbol{\lambda})=\frac{1}{2}u^2+\lambda_1(x_2-\dot{x}_1)+\lambda_1(u-\dot{x}_2)$$

$$\bar{S}[\boldsymbol{x}(t_f),t_f]=\mu[x_1(1)+x_2(1)-1]$$

根据定理 7-7，可得该最优控制的如下方程和边界条件：

$$\dot{x}_1(t)=x_2(t),\quad \dot{x}_2(t)=u(t)$$

$$\dot{\lambda}_1(t)=-\frac{\partial H}{\partial x_1}=0,\quad \dot{\lambda}_2(t)=-\frac{\partial H}{\partial x_2}=-\lambda_1(t)$$

$$x_1(0)=0,\quad x_2(0)=0,\quad x_1(1)+x_2(1)=1$$

$$\lambda_1(1)=\frac{\partial g}{\partial x_1}\mu=\mu,\quad \lambda_2(1)=\frac{\partial g}{\partial x_2}\mu=\mu$$

$$\frac{\partial H}{\partial u}=u+\lambda_2=0$$

由上述方程可求得如下解析解：

$$u^*(t)=-\frac{3}{7}t+\frac{6}{7},\quad x_1^*(t)=-\frac{1}{14}t^3+\frac{3}{7}t^2,\quad x_2^*(t)=-\frac{3}{14}t^2+\frac{6}{7}t$$

7.3.5 末态时刻 t_f 未定的问题

末态时刻 t_f 未定时，末态 $\boldsymbol{x}(t_f)$ 又可分为自由、固定和受约束 3 种情况。这里仅讨论末态 $\boldsymbol{x}(t_f)$ 受约束的情况，末态 $\boldsymbol{x}(t_f)$ 固定和自由两种情况可以视为这一类情况的特例。此外，这种情况下的优化问题可以视为前面末态时刻 t_f 固定情况的一般化，通过本节的结论可以得到前几节的结论。

末态时刻未定最优控制问题 对于被控系统(7-51)，末态时刻 t_f 未定，末态 $\boldsymbol{x}(t_f)$ 受等式(7-73)约束，性能指标泛函(7-52)取极小的最优控制问题。

与前面一样，引入状态约束的拉格朗日乘子函数 $\boldsymbol{\lambda}(t)$ 和末态 $\boldsymbol{x}(t_f)$ 约束的拉格朗日乘子向量 $\boldsymbol{\mu}$，将系统状态方程和性能指标泛函结合成如下新的辅助泛函

$$J_1[\boldsymbol{u}(\cdot)]=S[\boldsymbol{x}(t_f),t_f]+\boldsymbol{\mu}^{\mathrm{T}}\boldsymbol{g}[\boldsymbol{x}(t_f),t_f]+\int_{t_0}^{t_f}\{H[\boldsymbol{x}(t),\boldsymbol{u}(t),\boldsymbol{\lambda}(t),t]-\boldsymbol{\lambda}(t)^{\mathrm{T}}\dot{\boldsymbol{x}}(t)\}\mathrm{d}t \tag{7-81}$$

式中，哈密顿函数 H 的定义与前面一致。将式(7-81)最后一个积分项进行分部积分，可得

$$J_1[\boldsymbol{u}(\cdot)]=S[\boldsymbol{x}(t_f),t_f]+\boldsymbol{\mu}^{\mathrm{T}}\boldsymbol{g}[\boldsymbol{x}(t_f),t_f]+\boldsymbol{\lambda}^{\mathrm{T}}(t_0)\boldsymbol{x}(t_0)-\boldsymbol{\lambda}^{\mathrm{T}}(t_f)\boldsymbol{x}(t_f)$$

$$+\int_{t_0}^{t_f}\{H[\boldsymbol{x}(t),\boldsymbol{u}(t),\boldsymbol{\lambda}(t),t]+\dot{\boldsymbol{\lambda}}^{\mathrm{T}}(t)\boldsymbol{x}(t)\}\mathrm{d}t \tag{7-82}$$

定义
$$\bar{S}[\boldsymbol{x}(t_f),t_f]=S[\boldsymbol{x}(t_f),t_f]+\boldsymbol{\mu}^{\mathrm{T}}\boldsymbol{g}[\boldsymbol{x}(t_f),t_f]$$

则泛函(7-82)可表示为

$$\begin{aligned}J_1[\boldsymbol{u}(\cdot)]=&\bar{S}[\boldsymbol{x}(t_f),t_f]+\boldsymbol{\lambda}^{\mathrm{T}}(t_0)\boldsymbol{x}(t_0)-\boldsymbol{\lambda}^{\mathrm{T}}(t_f)\boldsymbol{x}(t_f)\\&+\int_{t_0}^{t_f}\{H[\boldsymbol{x}(t),\boldsymbol{u}(t),\boldsymbol{\lambda}(t),t]+\dot{\boldsymbol{\lambda}}^{\mathrm{T}}(t)\boldsymbol{x}(t)\}\mathrm{d}t\end{aligned} \tag{7-83}$$

就泛函 J_1 而言，其宗量有 $t_0,t_f,\boldsymbol{x}(t),\dot{\boldsymbol{x}}(t),\boldsymbol{u}(t)$ 和 $\boldsymbol{\lambda}(t)$。类似前面讨论，对 $\boldsymbol{\lambda}(t)$ 的变分结果是约束条件(7-51)。因将 t_f 视为一宗量，也要对它进行变分。考虑到初始状态 $[t_0,\boldsymbol{x}(t_0)]$ 固定，泛函 J_1 对其所有的可变宗量的一阶变分为

$$\begin{aligned}\delta J_1=&\frac{\partial\bar{S}^{\mathrm{T}}[\boldsymbol{x}(t_f),t_f]}{\partial\boldsymbol{x}(t_f)}\delta\boldsymbol{x}(t_f)+\frac{\partial\bar{S}^{\mathrm{T}}[\boldsymbol{x}(t_f),t_f]}{\partial\boldsymbol{x}(t_f)}\dot{\boldsymbol{x}}(t_f)\delta t_f+\frac{\partial\bar{S}^{\mathrm{T}}[\boldsymbol{x}(t_f),t_f]}{\partial t_f}\delta t_f\\&-\boldsymbol{\lambda}^{\mathrm{T}}(t_f)\delta\boldsymbol{x}(t_f)-[\dot{\boldsymbol{\lambda}}(t_f)\boldsymbol{x}(t_f)+\boldsymbol{\lambda}(t_f)\dot{\boldsymbol{x}}(t_f)]\delta t_f+[H(\boldsymbol{x},\boldsymbol{u},\lambda,t)+\dot{\boldsymbol{\lambda}}^{\mathrm{T}}\boldsymbol{x}]\big|_{t=t_f}\delta t_f\\&+\int_{t_0}^{t_f}\left[\left(\frac{\partial H}{\partial\boldsymbol{x}}+\dot{\boldsymbol{\lambda}}\right)^{\mathrm{T}}\delta\boldsymbol{x}+\frac{\partial H}{\partial\boldsymbol{u}^{\mathrm{T}}}\delta\boldsymbol{u}\right]\mathrm{d}t\end{aligned} \tag{7-84}$$

根据泛函极值的必要条件 $\delta J_1=0$，可以得到如下定理。

定理 7-8(末态时刻未定最优控制定理) 末态时刻未定最优控制问题的最优末态时刻 t_f^*、最优控制函数 $\boldsymbol{u}^*(t)$、最优状态轨线 $\boldsymbol{x}^*(t)$ 和适当选择的拉格朗日乘子函数 $\boldsymbol{\lambda}(t)$ 在边界条件

$$\boldsymbol{x}(t_0)=\boldsymbol{x}_0,\quad \boldsymbol{g}[\boldsymbol{x}(t_f),t_f]=0 \tag{7-85}$$

$$\boldsymbol{\lambda}(t_f)=\frac{\partial S[\boldsymbol{x}(t_f),t_f]}{\partial\boldsymbol{x}(t_f)}+\frac{\partial\boldsymbol{g}^{\mathrm{T}}[\boldsymbol{x}(t_f),t_f]}{\partial\boldsymbol{x}(t_f)}\boldsymbol{\mu} \tag{7-86}$$

下满足规范方程(7-61)、(7-62)与极值条件(7-64)，并且哈密顿函数 H 在最优轨线的末端应有

$$H[\boldsymbol{x}^*(t_f^*),\boldsymbol{u}^*(t_f^*),\boldsymbol{\lambda}(t_f^*),t_f^*]=-\frac{\partial S[\boldsymbol{x}(t_f),t_f]}{\partial t_f}-\frac{\partial\boldsymbol{g}^{\mathrm{T}}[\boldsymbol{x}(t_f),t_f]}{\partial t_f}\boldsymbol{\mu} \tag{7-87}$$

类似于定理 7-8 的结论，当末态时刻 t_f 未定而 $\boldsymbol{x}(t_f)$ 自由时，在定理 7-8 的结论中，规范方程和极值条件不变，边界条件为

$$\boldsymbol{x}(t_0)=\boldsymbol{x}_0,\quad \boldsymbol{\lambda}(t_f)=\frac{\partial S[\boldsymbol{x}(t_f),t_f]}{\partial\boldsymbol{x}(t_f)} \tag{7-88}$$

哈密顿函数 H 在最优轨线的末端应有

$$H[\boldsymbol{x}^*(t_f^*),\boldsymbol{u}^*(t_f^*),\boldsymbol{\lambda}(t_f^*),t_f^*]=-\frac{\partial S[\boldsymbol{x}(t_f),t_f]}{\partial t_f} \tag{7-89}$$

当末态时刻 t_f 未定而 $\boldsymbol{x}(t_f)$ 固定时，对应于当末态时刻 t_f 未定而 $\boldsymbol{x}(t_f)$ 自由情况而言，除边界条件(7-88)变为

$$\boldsymbol{x}(t_f)=\boldsymbol{x}_f \tag{7-90}$$

以外，其余的不变。

例 7-9 已知被控系统为

$$\dot{x}=u,\quad x(0)=1,\quad x(t_f)=0$$

求在性能指标泛函

$$J=t_f+\frac{1}{2}\int_{t_0}^{t_f}\beta u^2(t)\mathrm{d}t\quad(\beta>0)$$

下的最优末态时刻 t_f^* 和最优控制 $u^*(t)$。

解 首先构造哈密顿函数如下

$$H(x,u,\lambda,t)=\frac{\beta}{2}u^2+\lambda u$$

由极值条件可解得 $u=-\lambda/\beta$。将其代入规范方程，可得

$$\dot{x}=u,\quad \dot{\lambda}=-\frac{\partial H}{\partial x}=0$$

并写出边界条件如下：

$$x(0)=1,\quad x(t_f)=0$$

$$\beta u+\lambda=0$$

$$\frac{\beta}{2}u^2(t_f)+\lambda(t_f)u(t_f)=-1$$

从而解得

$$t_f^*=\sqrt{\frac{\beta}{2}},\quad u^*(t)=-\sqrt{\frac{2}{\beta}},\quad x^*(t)=1-\sqrt{\frac{2}{\beta}}t$$

7.4 极大值原理

前一节讨论的最优控制问题都基于这样一个基本假定：控制量 $\boldsymbol{u}(t)$ 的取值范围 U 不受任何限制，即控制域 U 充满整个 r 维控制空间，或者 U 是一个开集（即控制量 $\boldsymbol{u}(t)$ 受等式条件约束）。但是，大多数情况下控制量总是受限制的。例如，控制量可能受如下大小限制

$$|u_i(t)|\leqslant a\quad(i=1,2,\cdots,r)$$

其中 a 为常数。上述约束条件即相当于容许控制空间 U 是一个超方体。甚至，有些实际控制问题的控制量为某一孤立点集。例如，继电器控制系统的控制输入限制为

$$u_i(t)=\pm a\quad(i=1,2,\cdots,r)$$

一般情况下，总可以将控制量所受的约束用如下不等式来表示

$$M_i[\boldsymbol{u}(t),t]\leqslant 0\quad(i=1,2,\cdots)$$

当控制变量 $\boldsymbol{u}(t)$ 受不等式约束条件限制时，古典变分法就无能为力了。以后，还会看到，最优控制往往需要在闭集的边界上取值。这就要求人们去探索新的理论和方法。

应用古典变分法的另一个限制条件是要求函数 $L[\boldsymbol{x},\boldsymbol{u},t]$，$\boldsymbol{f}[\boldsymbol{x},\boldsymbol{u},t]$，$S[\boldsymbol{x}(t_f),t_f]$ 对其自变量的连续可微性，特别是要求 $\partial H/\partial \boldsymbol{u}$ 存在。因此，类似

$$J=\int_{t_0}^{t_f}|u(t)|\,\mathrm{d}t$$

这样的有较大实际意义的性能指标泛函就无能为力了。所以,类似消耗燃料最小这类常见最优控制就无法用古典变分法来解决。

鉴于古典变分法的应用条件失之过严,引起了不少数学界和控制界学者的关注。其中,贝尔曼的动态规划和庞特里亚金的极大值原理是较为成功的,应用也很广泛,成为解决最优控制问题的有效工具。

本节主要介绍极大值原理的结论及其启发性证明。

7.4.1 自由末端的极大值原理

最优控制问题的具体形式是多种多样的,在7.2节的讨论中可知,3种泛函问题(拉格朗日问题、波尔扎问题和麦耶尔问题)的表达形式可以互相转换。因此,与前面的方法一致,先研究泛函为定常的末值型性能指标的最优控制问题(麦耶尔问题),然后将结论逐步推广至其他最优控制问题。

下面就定常的末值型性能指标、末态自由的控制问题来叙述极大值原理。

定理7-9 设 $\boldsymbol{u}(t)\in U,t\in[t_0,t_f]$是一容许控制。指定的末值型性能指标泛函为

$$J[\boldsymbol{u}(\cdot)]=S[\boldsymbol{x}(t_f)] \tag{7-91}$$

式中,$\boldsymbol{x}(t)$是定常的被控系统

$$\dot{\boldsymbol{x}}(t)=\boldsymbol{f}[\boldsymbol{x}(t),\boldsymbol{u}(t)],\quad \boldsymbol{x}(0)=\boldsymbol{x}_0 \tag{7-92}$$

相应于控制量 $\boldsymbol{u}(t)$的状态轨线,t_f为未知的末态时刻。

设使性能指标泛函(7-91)极小的最优控制函数为 $\boldsymbol{u}^*(t)$,最优状态轨线为 $\boldsymbol{x}^*(t)$。则必存在不恒为零的 n 维向量函数 $\boldsymbol{\lambda}(t)$,使得 $\boldsymbol{\lambda}(t)$是方程

$$\dot{\boldsymbol{\lambda}}(t)=-\frac{\partial H}{\partial \boldsymbol{x}}=-\frac{\partial \boldsymbol{f}^{\mathrm{T}}[\boldsymbol{x}(t),\boldsymbol{u}(t)]}{\partial \boldsymbol{x}}\boldsymbol{\lambda}(t) \tag{7-93}$$

满足边界条件

$$\boldsymbol{\lambda}(t_f)=\frac{\partial S[\boldsymbol{x}(t_f)]}{\partial \boldsymbol{x}(t_f)} \tag{7-94}$$

的解,其中哈密顿函数为

$$H[\boldsymbol{x}(t),\boldsymbol{\lambda}(t),\boldsymbol{u}(t)]=\boldsymbol{\lambda}^{\mathrm{T}}(t)\boldsymbol{f}[\boldsymbol{x}(t),\boldsymbol{u}(t)] \tag{7-95}$$

则有

$$H[\boldsymbol{x}^*(t),\boldsymbol{\lambda}(t),\boldsymbol{u}^*(t)]=\min_{\boldsymbol{u}(t)\in U}H[\boldsymbol{x}^*(t),\boldsymbol{\lambda}(t),\boldsymbol{u}(t)] \tag{7-96a}$$

即

$$H[\boldsymbol{x}^*(t),\boldsymbol{\lambda}(t),\boldsymbol{u}^*(t)]\leqslant H[\boldsymbol{x}^*(t),\boldsymbol{\lambda}(t),\boldsymbol{u}(t)],\quad \forall t\in[t_0,t_f],\forall \boldsymbol{u}(t)\in U \tag{7-96b}$$

沿最优轨线哈密顿函数应满足

$$H[\boldsymbol{x}^*(t),\boldsymbol{\lambda}(t),\boldsymbol{u}^*(t)]=\begin{cases}H[\boldsymbol{x}^*(t_f^*),\boldsymbol{\lambda}(t_f^*),\boldsymbol{u}^*(t_f^*)]=0 & t_f\text{自由}\\ H[\boldsymbol{x}^*(t_f),\boldsymbol{\lambda}(t_f),\boldsymbol{u}^*(t_f)]=\text{常数} & t_f\text{固定}\end{cases} \tag{7-97}$$

下面先对上述极大值原理的涵义作简单的解释,再给出该定理的启发性证明。

1)容许控制条件的放宽。古典变分法应用于最优控制问题,要求控制域 $U=\boldsymbol{R}^n$,即控制域 U 充满整个 r 维控制空间。然后,从控制量的变分 $\delta\boldsymbol{u}(t)$的任意性出发,导出极值

条件$\partial H/\partial \boldsymbol{u}=0$。这一条件是非常严格的。首先它要求哈密顿函数$H$对控制量$\boldsymbol{u}(t)$连续可微；其次它要求控制量的变分$\delta\boldsymbol{u}(t)$具有任意性，即控制量$\boldsymbol{u}(t)$不受限制，或仅在受等式约束条件限制的开集中取值。

2) 定理7-9中的结论式(7-93)和式(7-94)同样称为协态方程和横截条件，其相应求解方法与基于古典变分法的最优控制求解方法类似。变分法的极值条件是一种解析形式，而极大值原理的极值求解条件(7-96)是一种定义形式，不需要哈密顿函数H对控制量$\boldsymbol{u}(t)$的可微性加以约束，而且对于通常的对$\boldsymbol{u}(t)$的约束都是适用的，例如，$\boldsymbol{u}(t)$受不等式约束条件约束，即在闭集中取值。

3) 由极值求解条件(7-96)可知，极大值原理得到的是全局最小值，而非局部极值，而古典变分法中由极值条件$\partial H/\partial \boldsymbol{u}=0$得到的是局部极小值。再则，如果把条件(7-96)仍称为极值条件，则极大值原理得到的是强极值。而古典变分法在欧拉方程推导时，对极值曲线$\boldsymbol{x}^*(t)$和其导数$\dot{\boldsymbol{x}}^*$都引入变分，得到的是弱极值。

不难理解，当满足古典变分法的应用条件时，极值条件$\partial H/\partial \boldsymbol{u}=0$只是极大值原理的极值求解条件(7-96)的一个特例。

4) 在上述定理中，最优控制$\boldsymbol{u}^*(t)$使哈密顿函数取最小值。所谓“极小值原理”一词正源于此。本教材称“极大值原理”是习惯性叫法。若实际控制问题需求极大值，可将极值求解条件(7-96)的求最小(min)改为求最大(max)即可。

5) 极大值原理只给出了最优控制的必要条件，并非充分条件。得到的解是否能使泛函J最小，还有待证实。极大值原理更没有涉及解的存在性问题。

如果实际问题的物理意义已经能够判定所讨论的问题的解是存在的，而由极大值原理求出的控制又只有一个，可以断定，此控制就是最优控制。实际遇到的问题往往属于这种情况。

7.4.2 极大值原理的证明

庞特里亚金对极大值原理作了严格的证明，涉及拓扑学、实函数分析等很多数学问题，这是作为工科教材难以详细论述的。本教材利用增量法给出极大值原理的一个启发性证明。

证明中所作的假设是：

1) 函数$\boldsymbol{f}(\boldsymbol{x},\boldsymbol{u})$和$S[\boldsymbol{x}(t_f)]$都是其自变量的连续函数；

2) 函数$\boldsymbol{f}(\boldsymbol{x},\boldsymbol{u})$和$S[\boldsymbol{x}(t_f)]$对于$\boldsymbol{x}$是连续可微的，即$\partial \boldsymbol{f}/\partial \boldsymbol{x}$和$\partial S/\partial \boldsymbol{x}(t_f)$存在且连续，但并不要求函数$\boldsymbol{f}(\boldsymbol{x},\boldsymbol{u})$对$\boldsymbol{u}$可微；

3) 为了保证微分方程解的存在和惟一性，假定$\boldsymbol{f}(\boldsymbol{x},\boldsymbol{u})$在任意有界集上对自变量$\boldsymbol{x}$满足李卜希茨(Lipschitz)条件

$$\|\boldsymbol{f}(\boldsymbol{x}_1,\boldsymbol{u})-\boldsymbol{f}(\boldsymbol{x}_2,\boldsymbol{u})\|\leqslant\alpha\|\boldsymbol{x}_1-\boldsymbol{x}_2\| \quad (\exists\alpha>0,\forall\boldsymbol{x}_1,\boldsymbol{x}_2\in X\subset\boldsymbol{R}^n,\forall\boldsymbol{u}\in U\subset\boldsymbol{R}^r)$$

下面叙述用增量法证明极大值原理的过程。

(1) 泛函 J 的增量

假定末态时刻 t_f 已知，根据 $S[\boldsymbol{x}(t_f)]$ 对 $\boldsymbol{x}(t_f)$ 的连续可微性泛函(7-91)的增量 ΔJ 可表示为

$$\begin{aligned}\Delta J &= J[\boldsymbol{u}^*(\cdot)+\Delta\boldsymbol{u}(\cdot)]-J[\boldsymbol{u}^*(\cdot)] = S[\boldsymbol{x}^*(t_f)+\Delta\boldsymbol{x}(t_f)]-S[\boldsymbol{x}^*(t_f)]\\ &= \frac{\partial S[\boldsymbol{x}^*(t_f)]}{\partial\boldsymbol{x}^{\mathrm{T}}(t_f)}\Delta\boldsymbol{x}(t_f)+o(\|\Delta\boldsymbol{x}(t_f)\|)\end{aligned} \tag{7-98}$$

式中 $\boldsymbol{u}^*(t)$ 和 $\boldsymbol{x}^*(t)$ 分别表示最优控制函数及相应的最优轨线；$\Delta\boldsymbol{x}(t)$ 为 $\boldsymbol{x}(t)$ 在最优轨线 $\boldsymbol{x}^*(t_f)$ 附近的变分；$o(\|\Delta\boldsymbol{x}(t_f)\|)$ 表示泰勒展开式中 $\Delta\boldsymbol{x}(t_f)$ 的高阶项。

要从 $\Delta J[\boldsymbol{u}^*(\cdot)]\geqslant 0$ 的条件导出最优控制必要条件，首先应找出 $\Delta\boldsymbol{x}(t)$ 与控制量 $\boldsymbol{u}(t)$ 的变分 $\Delta\boldsymbol{u}(t)$ 的关系，进而对 $\Delta\boldsymbol{x}(t)$ 作出估计。

(2) $\Delta\boldsymbol{x}(t)$ 的表达式

根据 $\boldsymbol{f}(\boldsymbol{x},\boldsymbol{u})$ 对 $\boldsymbol{x}$ 的可微性，由状态方程(7-92)可得由控制量的变分 $\Delta\boldsymbol{u}(t)$ 引起的状态方程(6-92)的变分

$$\begin{aligned}\Delta\dot{\boldsymbol{x}}(t) &= \boldsymbol{f}[\boldsymbol{x}^*(t)+\Delta\boldsymbol{x}(t),\boldsymbol{u}^*(t)+\Delta\boldsymbol{u}(t)]-\boldsymbol{f}[\boldsymbol{x}^*(t),\boldsymbol{u}^*(t)]\\ &= \boldsymbol{f}[\boldsymbol{x}^*(t),\boldsymbol{u}^*(t)+\Delta\boldsymbol{u}(t)]-\boldsymbol{f}[\boldsymbol{x}^*(t),\boldsymbol{u}^*(t)]\\ &\quad+\frac{\partial\boldsymbol{f}[\boldsymbol{x}^*(t),\boldsymbol{u}^*(t)+\Delta\boldsymbol{u}(t)]}{\partial\boldsymbol{x}^{\mathrm{T}}}\Delta\boldsymbol{x}(t)+o(\|\Delta\boldsymbol{x}(t)\|)\\ &= \frac{\partial\boldsymbol{f}[\boldsymbol{x}^*(t),\boldsymbol{u}^*(t)]}{\partial\boldsymbol{x}^{\mathrm{T}}}\Delta\boldsymbol{x}(t)+\boldsymbol{f}[\boldsymbol{x}^*(t),\boldsymbol{u}^*(t)+\Delta\boldsymbol{u}(t)]-\boldsymbol{f}[\boldsymbol{x}^*(t),\boldsymbol{u}^*(t)]\\ &\quad+\left\{\frac{\partial\boldsymbol{f}[\boldsymbol{x}^*(t),\boldsymbol{u}^*(t)+\Delta\boldsymbol{u}(t)]}{\partial\boldsymbol{x}^{\mathrm{T}}}-\frac{\partial\boldsymbol{f}[\boldsymbol{x}^*(t),\boldsymbol{u}^*(t)]}{\partial\boldsymbol{x}^{\mathrm{T}}}\right\}\Delta\boldsymbol{x}(t)+o(\|\Delta\boldsymbol{x}(t)\|)\end{aligned} \tag{7-99}$$

令矩阵函数 $\boldsymbol{\Phi}(t,s)$ 为线性状态方程

$$\Delta\dot{\boldsymbol{x}}(t)=\frac{\partial\boldsymbol{f}[\boldsymbol{x}^*(t),\boldsymbol{u}^*(t)]}{\partial\boldsymbol{x}^{\mathrm{T}}}\Delta\boldsymbol{x}(t) \tag{7-100}$$

的状态转移矩阵，即 $\boldsymbol{\Phi}(t,s)$ 满足如下微分方程组

$$\left.\begin{aligned}\frac{\mathrm{d}\boldsymbol{\Phi}(t,s)}{\mathrm{d}t} &= \frac{\partial\boldsymbol{f}[\boldsymbol{x}^*(t),\boldsymbol{u}^*(t)]}{\partial\boldsymbol{x}^{\mathrm{T}}}\boldsymbol{\Phi}(t,s)\\ \boldsymbol{\Phi}(s,s) &= I\end{aligned}\right\} \tag{7-101}$$

考虑到 $\Delta\boldsymbol{x}(t_0)=0$，则方程(7-99)在 $t=t_f$ 时的解为

$$\begin{aligned}\Delta\boldsymbol{x}(t_f) &= \int_{t_0}^{t_f}\boldsymbol{\Phi}(t_f,s)\{\boldsymbol{f}[\boldsymbol{x}^*(s),\boldsymbol{u}^*(s)+\Delta\boldsymbol{u}(s)]-\boldsymbol{f}[\boldsymbol{x}^*(s),\boldsymbol{u}^*(s)]\}\mathrm{d}s\\ &\quad+\int_{t_0}^{t_f}\boldsymbol{\Phi}(t_f,s)\left\{\frac{\partial\boldsymbol{f}[\boldsymbol{x}^*(s),\boldsymbol{u}^*(s)+\Delta\boldsymbol{u}(s)]}{\partial\boldsymbol{x}^{\mathrm{T}}}-\frac{\partial\boldsymbol{f}[\boldsymbol{x}^*(s),\boldsymbol{u}^*(s)]}{\partial\boldsymbol{x}^{\mathrm{T}}}\right\}\Delta\boldsymbol{x}(s)\mathrm{d}s\\ &\quad+\int_{t_0}^{t_f}\boldsymbol{\Phi}(t_f,s)o(\|\Delta\boldsymbol{x}(s)\|)\mathrm{d}s\end{aligned} \tag{7-102}$$

将上述方程代入式(7-98)，则得泛函 J 的增量 ΔJ 为

$$\Delta J=\frac{\partial S[\boldsymbol{x}^*(t_f)]}{\partial \boldsymbol{x}^{\mathrm{T}}(t_f)}\int_{t_0}^{t_f}\boldsymbol{\Phi}(t_f,s)\{\boldsymbol{f}[\boldsymbol{x}^*(s),\boldsymbol{u}^*(s)+\Delta\boldsymbol{u}(s)]-\boldsymbol{f}[\boldsymbol{x}^*(s),\boldsymbol{u}^*(s)]\}\mathrm{d}s$$
$$+\frac{\partial S[\boldsymbol{x}^*(t_f)]}{\partial \boldsymbol{x}^{\mathrm{T}}(t_f)}\int_{t_0}^{t_f}\boldsymbol{\Phi}(t_f,s)\left\{\frac{\partial \boldsymbol{f}[\boldsymbol{x}^*(s),\boldsymbol{u}^*(s)+\Delta\boldsymbol{u}(s)]}{\partial \boldsymbol{x}^{\mathrm{T}}}-\frac{\partial \boldsymbol{f}[\boldsymbol{x}^*(s),\boldsymbol{u}^*(s)]}{\partial \boldsymbol{x}^{\mathrm{T}}}\right\}\Delta\boldsymbol{x}(s)\mathrm{d}s$$
$$+\frac{\partial S[\boldsymbol{x}^*(t_f)]}{\partial \boldsymbol{x}^{\mathrm{T}}(t_f)}\int_{t_0}^{t_f}\boldsymbol{\Phi}(t_f,s)o(\|\Delta\boldsymbol{x}(s)\|)\mathrm{d}s+o(\|\Delta\boldsymbol{x}(t_f)\|) \tag{7-103}$$

式(7-103)虽然给出了泛函增量 ΔJ 与 $\Delta\boldsymbol{u}$ 和 $\Delta\boldsymbol{x}$ 的关系，但是对一般形式的 $\Delta\boldsymbol{u}$ 还很难估计式(7-103)的 ΔJ。因为对任意的 $\Delta\boldsymbol{u}$ 有式(7-103)成立，故对特定的 $\Delta\boldsymbol{u}$ 也应成立。下面将讨论取一种特定的变分 $\Delta\boldsymbol{u}$，以利于对式(7-103)的估计。

(3) 对 $\boldsymbol{x}(t)$ 的估计

设 $\Delta\boldsymbol{u}(t)$ 是控制 $\boldsymbol{u}(t)$ 的任意变分，对应 $\boldsymbol{x}(t)$ 的增量 $\Delta\boldsymbol{x}(t)$ 应满足如下方程

$$\left.\begin{aligned}\Delta\dot{\boldsymbol{x}}(t)&=\boldsymbol{f}[\boldsymbol{x}(t)+\Delta\boldsymbol{x}(t),\boldsymbol{u}(t)+\Delta\boldsymbol{u}(t)]-\boldsymbol{f}[\boldsymbol{x}(t),\boldsymbol{u}(t)]\\ \Delta\boldsymbol{x}(t_0)&=0\end{aligned}\right\} \tag{7-104}$$

将式(7-104)的第一式改写为

$$\begin{aligned}\Delta\dot{\boldsymbol{x}}(t)=&\boldsymbol{f}[\boldsymbol{x}(t)+\Delta\boldsymbol{x}(t),\boldsymbol{u}(t)+\Delta\boldsymbol{u}(t)]-\boldsymbol{f}[\boldsymbol{x}(t),\boldsymbol{u}(t)+\Delta\boldsymbol{u}(t)]\\ &+\boldsymbol{f}[\boldsymbol{x}(t),\boldsymbol{u}(t)+\Delta\boldsymbol{u}(t)]-\boldsymbol{f}[\boldsymbol{x}(t),\boldsymbol{u}(t)]\end{aligned} \tag{7-105}$$

对于给定的 $\boldsymbol{u}(t)$ 和 $\Delta\boldsymbol{u}(t)$，由于它们的分段连续性，必存在有界的 $U_1\subset U$ 及 $X\subset\boldsymbol{R}^n$，使 $\boldsymbol{u}(t)+\Delta\boldsymbol{u}(t)\in U_1$，$\boldsymbol{x}(t)\in X$，对所有的 $t\in[t_0,t_f]$，根据李卜希茨条件，必存在 $a>0$，满足

$$\|\boldsymbol{f}[\boldsymbol{x}(t)+\Delta\boldsymbol{x}(t),\boldsymbol{u}(t)+\Delta\boldsymbol{u}(t)]-\boldsymbol{f}[\boldsymbol{x}(t),\boldsymbol{u}(t)+\Delta\boldsymbol{u}(t)]\|<a\|\Delta\boldsymbol{x}(t)\| \tag{7-106}$$

且由 $\boldsymbol{f}(\boldsymbol{x},\boldsymbol{u})$ 对 $\boldsymbol{u}$ 的连续性，对有界的 $\boldsymbol{u}(t)$ 和 $\Delta\boldsymbol{u}(t)$，存在 $b(t)>0$，则

$$\|\boldsymbol{f}[\boldsymbol{x}(t),\boldsymbol{u}(t)+\Delta\boldsymbol{u}(t)]-\boldsymbol{f}[\boldsymbol{x}(t),\boldsymbol{u}(t)]\|\leqslant b(t)\quad(\forall t\in[t_0,t_f]) \tag{7-107}$$

其中

$$b(t)=\begin{cases}0 & (\text{当 }\Delta\boldsymbol{u}(t)=0\text{ 时})\\ b(\text{正常数}) & (\text{当 }\Delta\boldsymbol{u}(t)\neq 0\text{ 时})\end{cases} \tag{7-108}$$

于是由式(7-105)可知，$\Delta\boldsymbol{x}(t)$满足

$$\|\Delta\dot{\boldsymbol{x}}(t)\|\leqslant a\|\Delta\boldsymbol{x}(t)\|+b(t) \tag{7-109}$$

为了作进一步的估计，下面先引入一个引理。

引理 7-2

$$\frac{\mathrm{d}}{\mathrm{d}t}\|\Delta\boldsymbol{x}\|\leqslant\|\Delta\dot{\boldsymbol{x}}\|$$

证明　由欧几里德范数(2-范数)的定义，有

$$\|\Delta\boldsymbol{x}\|=\left[\sum_{i=1}^{n}\Delta x_i^2\right]^{1/2}$$

从而有

$$\frac{\mathrm{d}}{\mathrm{d}t}\|\Delta\boldsymbol{x}\|=\frac{1}{2\|\Delta\boldsymbol{x}\|}\sum_{i=1}^{n}2\Delta x_i\Delta\dot{x}_i=\frac{\Delta\boldsymbol{x}^{\mathrm{T}}\Delta\dot{\boldsymbol{x}}}{\|\Delta\boldsymbol{x}\|}\leqslant\frac{\|\Delta\boldsymbol{x}\|\|\Delta\dot{\boldsymbol{x}}\|}{\|\Delta\boldsymbol{x}\|}=\|\Delta\dot{\boldsymbol{x}}\|$$

□□□

因此，由引理 7-2 和式(7-109)，有

$$\frac{\mathrm{d}}{\mathrm{d}t}\|\Delta \boldsymbol{x}(t)\| \leqslant a\|\Delta \boldsymbol{x}(t)\| + b(t)$$

即

$$\frac{\mathrm{d}}{\mathrm{d}t}\|\Delta \boldsymbol{x}(t)\| - a\|\Delta \boldsymbol{x}(t)\| \leqslant b(t) \tag{7-110}$$

将两边乘以 e^{-at}，得

$$\frac{\mathrm{d}}{\mathrm{d}t}(\mathrm{e}^{-at}\|\Delta \boldsymbol{x}(t)\|) \leqslant \mathrm{e}^{-at}b(t)$$

解得

$$\|\Delta \boldsymbol{x}(t)\| \leqslant \int_{t_0}^{t}\mathrm{e}^{a(t-s)}b(s)\mathrm{d}s \tag{7-111}$$

□□□

至今还没有对 $\Delta \boldsymbol{u}(t)$ 作任何限制。为了使变分后的控制 $\boldsymbol{u}(t)$ 仍属于容许控制空间，即 $\boldsymbol{u}(t)\in U$，对所有的 $t\in[t_0, t_f]$，并且利于导出极值求解条件(7-96)，采用一种异于古典变分的特定形式的变分——针状变分。

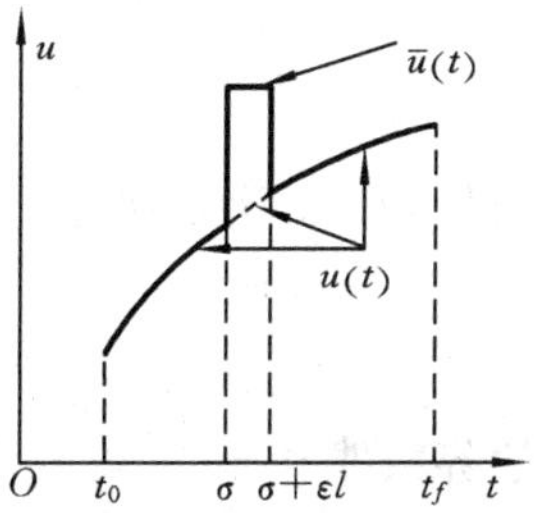

图 7-5 针状变分示意图

令 σ 为最优控制 $\boldsymbol{u}^*(t)$ 的任意一个连续点，$l>0$ 是某一确定的数，$\varepsilon>0$ 是一个充分小的数。可将控制量的变分 $\Delta \boldsymbol{u}(t)$ 取成一个依赖于 σ，l 和 ε 的针状变分，如图 7-5 所示。记为 $\Delta_{\sigma\varepsilon}\boldsymbol{u}(t)$，可表示为

$$\boldsymbol{u}^*(t) + \Delta_{\sigma\varepsilon}\boldsymbol{u}(t) = \begin{cases}\bar{\boldsymbol{u}} & (t\in[\sigma,\sigma+\varepsilon l])\\ \boldsymbol{u}^*(t) & (\text{其他})\end{cases} \tag{7-112}$$

式中，$\bar{\boldsymbol{u}}\in U$ 表示任意容许控制，这就是说，在充分小的时间区间$[\sigma,\sigma+\varepsilon l]$内，$\bar{\boldsymbol{u}}$可以取控制域 U 内的任何点。当然，也可以取闭集上的点。所以变分

$$\Delta_{\sigma\varepsilon}\boldsymbol{u}(t) = \bar{\boldsymbol{u}} - \boldsymbol{u}^*(t) \quad (t\in[\sigma,\sigma+\varepsilon l])$$

是一个有限量。但当 ε 是一个充分小的量时，则由 $\Delta_{\sigma\varepsilon}\boldsymbol{u}(t)$所引起的变分 $\Delta_{\sigma\varepsilon}\boldsymbol{x}(t)$仍可能是一个充分小的量。

下面证明由针状变分 $\Delta_{\sigma\varepsilon}\boldsymbol{u}(t)$引起的状态增量 $\Delta_{\sigma\varepsilon}\boldsymbol{x}(t)$是一个与 ε 同阶的无穷小量。

事实上，当控制量作针状变分时，式(7-108)可表示为

$$b(t) = \begin{cases}b(\text{正常数}) & (t\in[\sigma,\sigma+\varepsilon l])\\ 0 & (\text{其他})\end{cases} \tag{7-113}$$

于是，由式(7-111)可知，由针状变分 $\Delta_{\sigma\varepsilon}\boldsymbol{u}(t)$引起的状态增量 $\Delta_{\sigma\varepsilon}\boldsymbol{x}(t)$为

$$\begin{aligned}\|\Delta_{\sigma\varepsilon}\boldsymbol{x}(t)\| &\leqslant \int_{t_0}^{t}\mathrm{e}^{a(t-s)}b(s)\mathrm{d}s \leqslant \int_{t_0}^{t_f}\mathrm{e}^{a(t_f-s)}b(s)\mathrm{d}s \leqslant \mathrm{e}^{at_f}\int_{t_0}^{t_f}b(s)\mathrm{d}s\\ &= \mathrm{e}^{at_f}\int_{\sigma}^{\sigma+\varepsilon l}b\mathrm{d}s = b\varepsilon l\mathrm{e}^{at_f}\end{aligned} \tag{7-114}$$

上式表明，$\|\Delta_{\sigma\varepsilon}\boldsymbol{x}(t)\|$ 与 $\varepsilon>0$ 是同阶无穷小量。

据此，由式(7-103)可得如下由针状变分 $\Delta_{\sigma\varepsilon}\boldsymbol{u}(t)$引起的泛函 J 的变分 $\Delta_{\sigma\varepsilon}J$ 的表达

式

$$\Delta_{\sigma\varepsilon} J=\frac{\partial S[\boldsymbol{x}^*(t_f)]}{\partial \boldsymbol{x}^{\mathrm{T}}(t_f)}\int_{\sigma}^{\sigma+\varepsilon l}\boldsymbol{\Phi}(t_f,s)\{\boldsymbol{f}[\boldsymbol{x}^*(s),\boldsymbol{u}^*(s)+\Delta_{\sigma\varepsilon}\boldsymbol{u}(s)]-\boldsymbol{f}[\boldsymbol{x}^*(s),\boldsymbol{u}^*(s)]\}\mathrm{d}s$$
$$+\frac{\partial S[\boldsymbol{x}^*(t_f)]}{\partial \boldsymbol{x}^{\mathrm{T}}(t_f)}\int_{\sigma}^{\sigma+\varepsilon l}\boldsymbol{\Phi}(t_f,s)\left\{\frac{\partial \boldsymbol{f}[\boldsymbol{x}^*(s),\boldsymbol{u}^*(s)+\Delta\boldsymbol{u}(s)]}{\partial \boldsymbol{x}^{\mathrm{T}}}-\frac{\partial \boldsymbol{f}[\boldsymbol{x}^*(s),\boldsymbol{u}^*(s)]}{\partial \boldsymbol{x}^{\mathrm{T}}}\right\}\Delta_{\sigma\varepsilon}\boldsymbol{x}(s)\mathrm{d}s$$
$$+\frac{\partial S[\boldsymbol{x}^*(t_f)]}{\partial \boldsymbol{x}^{\mathrm{T}}(t_f)}\int_{\sigma+\varepsilon l}^{t_f}\boldsymbol{\Phi}(t_f,s)o(\|\Delta\boldsymbol{x}(s)\|)\mathrm{d}s+o(\|\Delta_{\sigma\varepsilon}\boldsymbol{x}(t_f)\|) \tag{7-115}$$

上式中后 3 项都是 ε 的高阶无穷小量，可归并成一项，则上式可记为

$$\Delta_{\sigma\varepsilon} J=\int_{\sigma}^{\sigma+\varepsilon l}\frac{\partial S[\boldsymbol{x}^*(t_f)]}{\partial \boldsymbol{x}^{\mathrm{T}}(t_f)}\boldsymbol{\Phi}(t_f,s)\{\boldsymbol{f}[\boldsymbol{x}^*(s),\boldsymbol{u}^*(s)+\Delta_{\sigma\varepsilon}\boldsymbol{u}(s)]-\boldsymbol{f}[\boldsymbol{x}^*(s),\boldsymbol{u}^*(s)]\}\mathrm{d}s+o(\varepsilon) \tag{7-116}$$

若令

$$\boldsymbol{\lambda}^{\mathrm{T}}(s)=\frac{\partial S[\boldsymbol{x}^*(t_f)]}{\partial \boldsymbol{x}^{\mathrm{T}}(t_f)}\boldsymbol{\Phi}(t_f,s) \tag{7-117}$$

则向量 $\boldsymbol{\lambda}(t)$ 必满足状态方程(7-92)的协态方程

$$\dot{\boldsymbol{\lambda}}(t)=-\frac{\partial \boldsymbol{f}^{\mathrm{T}}[\boldsymbol{x}^*(t),\boldsymbol{u}^*(t)]}{\partial \boldsymbol{x}}\boldsymbol{\lambda}(t) \tag{7-118}$$

及边界条件

$$\boldsymbol{\lambda}^{\mathrm{T}}(t_f)=\frac{\partial S[\boldsymbol{x}^*(t_f)]}{\partial \boldsymbol{x}^{\mathrm{T}}(t_f)} \tag{7-119}$$

若记

$$H[\boldsymbol{x}(t),\boldsymbol{\lambda}(t),\boldsymbol{u}(t)]=\boldsymbol{\lambda}^{\mathrm{T}}(t)\boldsymbol{f}[\boldsymbol{x}(t),\boldsymbol{u}(t)] \tag{7-120}$$

则协态方程(7-118)可写成

$$\dot{\boldsymbol{\lambda}}(t)=-\frac{H[\boldsymbol{x}^*(t),\boldsymbol{\lambda}(t),\boldsymbol{u}^*(t)]}{\partial \boldsymbol{x}} \tag{7-121}$$

于是，表达式(7-116)可改写成

$$\Delta_{\sigma\varepsilon} J=\int_{\sigma}^{\sigma+\varepsilon l}\boldsymbol{\lambda}^{\mathrm{T}}(s)\{\boldsymbol{f}[\boldsymbol{x}^*(s),\boldsymbol{u}^*(s)+\Delta_{\sigma\varepsilon}\boldsymbol{u}(s)]-\boldsymbol{f}[\boldsymbol{x}^*(s),\boldsymbol{u}^*(s)]\}\mathrm{d}s+o(\varepsilon)$$
$$=\int_{\sigma}^{\sigma+\varepsilon l}\{H[\boldsymbol{x}^*(s),\boldsymbol{\lambda}(s),\boldsymbol{u}^*(s)+\Delta_{\sigma\varepsilon}\boldsymbol{u}(s)]-H[\boldsymbol{x}^*(s),\boldsymbol{\lambda}(s),\boldsymbol{u}^*(s)]\}\mathrm{d}s+o(\varepsilon) \tag{7-122}$$

(4) 极值条件的推证

已假设 $\boldsymbol{u}^*(t)$ 是使泛函 J 取最小值的最优控制，$\boldsymbol{x}^*(t)$ 为相应的轨线，而 $\boldsymbol{\lambda}(t)$ 是协态方程(7-118)的解。所以，对任意的控制变分，当然也包含对 $\boldsymbol{u}(t)$ 的针状变分，泛函的增量(7-122)必满足

$$\Delta_{\sigma\varepsilon} J=\int_{\sigma}^{\sigma+\varepsilon l}\{H[\boldsymbol{x}^*(s),\boldsymbol{\lambda}(s),\boldsymbol{u}^*(s)+\Delta_{\sigma\varepsilon}\boldsymbol{u}(s)]-H[\boldsymbol{x}(s),\boldsymbol{\lambda}(s),\boldsymbol{u}^*(s)]\}\mathrm{d}s+o(\varepsilon)\geqslant 0 \tag{7-123}$$

因为 $\boldsymbol{x}^*(t)$ 和 $\boldsymbol{\lambda}(t)$ 在 $t\in[t_0,t_f]$ 范围内是连续函数，而 $\boldsymbol{u}^*(t)$ 和 $\bar{\boldsymbol{u}}=\boldsymbol{u}^*(t)-\Delta_{\sigma\varepsilon}\boldsymbol{u}(t)$ 在式(7-123)的积分范围内也是连续的，所以哈密顿函数 H 是一连续函数。根据中值定理及 H 的连续性，则有

$$\int_{\sigma}^{\sigma+\varepsilon l}\{H[\boldsymbol{x}^*(s),\boldsymbol{\lambda}(s),\boldsymbol{u}^*(s)+\Delta_{\sigma\varepsilon}\boldsymbol{u}(s)]-H[\boldsymbol{x}^*(s),\boldsymbol{\lambda}(s),\boldsymbol{u}^*(s)]\}\mathrm{d}s$$
$$=\varepsilon l\{H[\boldsymbol{x}^*(t),\boldsymbol{\lambda}(t),\boldsymbol{u}^*(t)+\Delta_{\sigma\varepsilon}\boldsymbol{u}(t)]-H[\boldsymbol{x}^*(t),\boldsymbol{\lambda}(t),\boldsymbol{u}^*(t)]\}_{t=\sigma+\beta\varepsilon l}$$
$$=\varepsilon l\{H[\boldsymbol{x}^*(\sigma),\boldsymbol{\lambda}(\sigma),\boldsymbol{u}^*(\sigma)+\Delta_{\sigma\varepsilon}\boldsymbol{u}(\sigma)]-H[\boldsymbol{x}^*(\sigma),\boldsymbol{\lambda}(\sigma),\boldsymbol{u}^*(\sigma)]\}+o(\varepsilon)$$

其中 $0<\beta<1$。将上式代入式(7-123),可得

$$\Delta_{\sigma\varepsilon}J=\varepsilon l\{H[\boldsymbol{x}^*(\sigma),\boldsymbol{\lambda}(\sigma),\boldsymbol{u}^*(\sigma)+\Delta_{\sigma\varepsilon}\boldsymbol{u}(\sigma)]-H[\boldsymbol{x}^*(\sigma),\boldsymbol{\lambda}(\sigma),\boldsymbol{u}^*(\sigma)]\}+o(\varepsilon)\geqslant 0 \tag{7-124}$$

用 ε 除上式的两边,得

$$l\{H[\boldsymbol{x}^*(\sigma),\boldsymbol{\lambda}(\sigma),\boldsymbol{u}^*(\sigma)+\Delta_{\sigma\varepsilon}\boldsymbol{u}(\sigma)]-H[\boldsymbol{x}^*(\sigma),\boldsymbol{\lambda}(\sigma),\boldsymbol{u}^*(\sigma)]\}+\frac{o(\varepsilon)}{\varepsilon}\geqslant 0$$

当 $\varepsilon\to 0$ 时,考虑到 $l>0$,则有

$$H[\boldsymbol{x}^*(\sigma),\boldsymbol{\lambda}(\sigma),\bar{\boldsymbol{u}}(\sigma)]-H[\boldsymbol{x}^*(\sigma),\boldsymbol{\lambda}(\sigma),\boldsymbol{u}^*(\sigma)]\geqslant 0 \tag{7-125}$$

或写作

$$H[\boldsymbol{x}^*(\sigma),\boldsymbol{\lambda}(\sigma),\boldsymbol{u}^*(\sigma)]\leqslant H[\boldsymbol{x}^*(\sigma),\boldsymbol{\lambda}(\sigma),\bar{\boldsymbol{u}}(\sigma)] \tag{7-126}$$

上式对于区间 $[t_0,t_f]$ 内 $\boldsymbol{u}^*(t)$ 的所有连续点都成立。考虑到 $\bar{\boldsymbol{u}}$ 要取遍容许控制域 U 中所有的点,因此,式(7-126)也可表示为

$$H[\boldsymbol{x}^*(\sigma),\boldsymbol{\lambda}(\sigma),\boldsymbol{u}^*(\sigma)]=\min_{\bar{\boldsymbol{u}}(\sigma)\in U}H[\boldsymbol{x}^*(\sigma),\boldsymbol{\lambda}(\sigma),\bar{\boldsymbol{u}}(\sigma)] \tag{7-127}$$

式中,σ 同样是区间 $[t_0,t_f]$ 内 $\boldsymbol{u}^*(t)$ 的任意连续点。由于假定 $\boldsymbol{u}(t)$ 是分段连续函数,而 $\boldsymbol{u}^*(t)$ 的不连续点上的函数值如何并不影响控制效果,因此,不妨认为式(7-127)对于任意的 $\sigma\in[t_0,t_f]$ 都成立。这就是说,如果 $\boldsymbol{u}^*(t)\in U,t\in[t_0,t_f]$ 是最优控制,则对所有 $t\in[t_0,t_f]$ 都必须满足

$$H[\boldsymbol{x}^*(t),\boldsymbol{\lambda}(t),\boldsymbol{u}^*(t)]=\min_{\boldsymbol{u}(t)\in U}H[\boldsymbol{x}^*(t),\boldsymbol{\lambda}(t),\boldsymbol{u}(t)]$$

从而证明了极值条件(7-96)。

(5) Δt_f 的考虑

前面仅仅考虑了末态时刻 t_f 已经给定的情况。当 t_f 可变时,还要考虑由 t_f 的改变量 Δt_f 所引起的泛函改变量。

设 $\boldsymbol{u}^*(t)$、t_f^* 是使性能指标泛函(7-91)最小的最优解,$\boldsymbol{x}^*(t)$ 是相应的最优轨线。若令 t_f 的改变量 $\Delta t_f=\varepsilon T_1$,其中 T_1 为任意常数,并同时考虑控制 $\boldsymbol{u}(t)$ 的针状变分 $\Delta_{\sigma\varepsilon}\boldsymbol{u}(\sigma)$。根据 $S[\boldsymbol{x}(t_f)]$ 的可微性,则有

$$\Delta J=\frac{\partial S[\boldsymbol{x}^*(t_f^*)]}{\partial \boldsymbol{x}^{\mathrm{T}}}\Delta\boldsymbol{x}(t_f^*+\Delta t_f)+o(\varepsilon)$$
$$=\frac{\partial S[\boldsymbol{x}^*(t_f^*)]}{\partial \boldsymbol{x}^{\mathrm{T}}}[\Delta\boldsymbol{x}(t_f^*)+\dot{\boldsymbol{x}}^*(t_f^*)\Delta t_f]+o(\varepsilon)$$
$$=\frac{\partial S[\boldsymbol{x}^*(t_f^*)]}{\partial \boldsymbol{x}^{\mathrm{T}}}[\Delta\boldsymbol{x}(t_f^*)+f(\boldsymbol{x}^*(t_f^*),\boldsymbol{u}^*(t_f^*))\varepsilon T_1]+o(\varepsilon)$$

上式对任意 T_1 及任意控制变分均成立,自然对 $\Delta\boldsymbol{u}(t)\equiv 0$ 时也成立。当 $\Delta\boldsymbol{u}(t)\equiv 0$ 时,显然有 $\Delta\boldsymbol{u}(t_f)=0$。考虑到 T_1 为任意实数,于是可得

$$\frac{\partial S[\boldsymbol{x}^*(t_f^*)]}{\partial \boldsymbol{x}^{\mathrm{T}}} f[\boldsymbol{x}^*(t_f^*), \boldsymbol{u}^*(t_f^*)] = 0$$

因此,有
$$H[\boldsymbol{x}^*(t_f^*), \boldsymbol{\lambda}(t_f^*), \boldsymbol{u}^*(t_f^*)] = \boldsymbol{\lambda}^{\mathrm{T}}(t_f^*) \boldsymbol{f}[\boldsymbol{x}(t_f^*), \boldsymbol{u}^*(t_f^*)]$$
$$= \frac{\partial S[\boldsymbol{x}^*(t_f^*)]}{\partial \boldsymbol{x}^{\mathrm{T}}} f[\boldsymbol{x}^*(t_f^*), \boldsymbol{u}^*(t_f^*)] = 0 \tag{7-128}$$

从而证明了式(7-97)的第1部分。

当取 $T_1 = 0$,对于针状变分 $\Delta_{\sigma\varepsilon}\boldsymbol{u}(t)$ 应有

$$\Delta_{\sigma\varepsilon} J = \frac{\partial S[\boldsymbol{x}^*(t_f^*)]}{\partial \boldsymbol{x}^{\mathrm{T}}} \Delta \boldsymbol{x}(t_f^*) + o(\varepsilon) \geqslant 0$$

因此,依上述证明过程(1)～(4),同样可以证明式(7-128)成立。

下面证明当 t_f 固定,$\boldsymbol{x}(t_f)$ 自由时,式(7-97)的第2部分。

哈密顿函数 H 的增量可表示为

$$\begin{aligned}
\Delta H[\boldsymbol{x}^*(t), \boldsymbol{\lambda}(t), \boldsymbol{u}^*(t)] &= H[\boldsymbol{x}^*(t+\Delta t), \boldsymbol{\lambda}(t+\Delta t), \boldsymbol{u}^*(t+\Delta t)] \\
&\quad - H[\boldsymbol{x}^*(t), \boldsymbol{\lambda}(t), \boldsymbol{u}^*(t)] \\
&= H[\boldsymbol{x}^*(t+\Delta t), \boldsymbol{\lambda}(t+\Delta t), \boldsymbol{u}^*(t+\Delta t)] \\
&\quad - H[\boldsymbol{x}^*(t), \boldsymbol{\lambda}(t), \boldsymbol{u}^*(t+\Delta t)] \\
&\quad + H[\boldsymbol{x}^*(t), \boldsymbol{\lambda}(t), \boldsymbol{u}^*(t+\Delta t)] - H[\boldsymbol{x}^*(t), \boldsymbol{\lambda}(t), \boldsymbol{u}^*(t)]
\end{aligned}$$

考虑到哈密顿函数 $H(\boldsymbol{x}, \boldsymbol{\lambda}, \boldsymbol{u})$ 对 $\boldsymbol{x}$ 和 $\boldsymbol{u}$ 的连续可微性,因此,由泰勒展开式可得哈密顿函数的一阶增量表示式

$$\begin{aligned}
\Delta H[\boldsymbol{x}^*(t), \boldsymbol{\lambda}(t), \boldsymbol{u}^*(t)] &= \frac{\partial H[\boldsymbol{x}^*(t), \boldsymbol{\lambda}(t), \boldsymbol{u}^*(t)]}{\partial \boldsymbol{x}^{\mathrm{T}}(t)} [\boldsymbol{x}^*(t+\Delta t) - \boldsymbol{x}^*(t)] \\
&\quad + \frac{\partial H[\boldsymbol{x}^*(t), \boldsymbol{\lambda}(t), \boldsymbol{u}^*(t)]}{\partial \boldsymbol{\lambda}^{\mathrm{T}}(t)} [\boldsymbol{\lambda}(t+\Delta t) - \boldsymbol{\lambda}(t)] \\
&\quad + H[\boldsymbol{x}^*(t), \boldsymbol{\lambda}(t), \boldsymbol{u}^*(t+\Delta t)] - H[\boldsymbol{x}^*(t), \boldsymbol{\lambda}(t), \boldsymbol{u}^*(t)] \\
&= -\dot{\boldsymbol{\lambda}}(t) \dot{\boldsymbol{x}}^*(t) \Delta t + \dot{\boldsymbol{x}}^*(t) \dot{\boldsymbol{\lambda}}(t) \Delta t \\
&\quad + H[\boldsymbol{x}^*(t), \boldsymbol{\lambda}(t), \boldsymbol{u}^*(t+\Delta t)] - H[\boldsymbol{x}^*(t), \boldsymbol{\lambda}(t), \boldsymbol{u}^*(t)] \\
&= H[\boldsymbol{x}^*(t), \boldsymbol{\lambda}(t), \boldsymbol{u}^*(t+\Delta t)] - H[\boldsymbol{x}^*(t), \boldsymbol{\lambda}(t), \boldsymbol{u}^*(t)]
\end{aligned} \tag{7-129}$$

若定义 $\bar{\boldsymbol{u}} = \boldsymbol{u}^*(t+\delta t)$,则由式(7-129)有如下 H 的一阶增量式

$$\Delta H[\boldsymbol{x}^*(t), \boldsymbol{\lambda}(t), \boldsymbol{u}^*(t)] = H[\boldsymbol{x}^*(t), \boldsymbol{\lambda}(t), \bar{\boldsymbol{u}}(t)] - H[\boldsymbol{x}^*(t), \boldsymbol{\lambda}(t), \boldsymbol{u}^*(t)]$$

因此,考虑到 $\boldsymbol{u}^*(t)$ 是最优控制函数,由极值条件则有

$$\Delta H[\boldsymbol{x}^*(t), \boldsymbol{\lambda}(t), \boldsymbol{u}^*(t)] = 0 \tag{7-130}$$

考虑到时间增量 Δt 的任意性,其值可正可负。因此,由式(7-130)可知,当 $\Delta t > 0$ 时,$\Delta H \geqslant 0$,则意味着哈密顿函数 H 随时间 t 递增;而当 $\Delta t < 0$ 时,$\Delta H \geqslant 0$ 则意味着哈密顿函数 H 随时间 t 递减。故证明了

$$H[\boldsymbol{x}^*(t), \boldsymbol{\lambda}(t), \boldsymbol{u}^*(t)] = \text{常数} \tag{7-131}$$

即证明了式(7-97)的第2部分。综合式(7-128)和式(7-131)，即证明了式(7-97)。

例7-10　给定被控系统

$$\begin{cases}\dot{x}_1=-x_1+u\\ \dot{x}_2=x_1\end{cases},\quad \boldsymbol{x}(0)=\begin{bmatrix}1\\0\end{bmatrix}$$

控制变量$u(t)$受不等式约束$-1\leqslant u(t)\leqslant 1$约束，试求最优控制函数$u^*(t)$和最优轨线$\boldsymbol{x}^*(t)$，使性能指标泛函$J=x_2(1)$最小。

解　该问题的哈密顿函数为

$$H=\lambda_1(-x_1+u)+\lambda_2 x_1$$

则协态方程是

$$\dot{\lambda}_1=-\frac{\partial H}{\partial x_1}=\lambda_1-\lambda_2,\quad \dot{\lambda}_2=-\frac{\partial H}{\partial x_2}=0$$

其末端条件(横截条件)为

$$\lambda_1(1)=\frac{\partial S}{\partial x_1}=0,\quad \lambda_2(1)=\frac{\partial S}{\partial x_2}=1$$

解得

$$\lambda_1(t)=1-e^{t-1},\quad \lambda_2(t)=1$$

运用极大值原理

$$\begin{aligned}H[\boldsymbol{x}^*(t),\boldsymbol{\lambda}^{\mathrm{T}}(t),u^*(t)]&=\min_{u(t)\in U}H[\boldsymbol{x}^*(t),\boldsymbol{\lambda}(t),u(t)]=\min_{-1\leqslant u(t)\leqslant 1}\lambda_1(-x_1^*+u)+\lambda_2 x_1^*\\&=\min_{-1\leqslant u(t)\leqslant 1}-\lambda_1 x_1^*+\lambda_2 x_1^*+\lambda_1 u=-\lambda_1 x_1^*+\lambda_2 x_1^*+\min_{-1\leqslant u(t)\leqslant 1}\lambda_1 u\end{aligned}$$

解得

$$u^*(t)=\begin{cases}-1 & \lambda_1(t)>0\\ +1 & \lambda_1(t)<0\end{cases}$$

由于$\lambda_1(t)=1-e^{t-1}>0,t\in[0,1]$，于是，可得

$$u^*(t)=-1\quad (t\in[0,1])$$

因此，由

$$\dot{x}_1^*=-x_1^*+u^*=-x_1^*-1\quad (x_1(0)=1)$$

得

$$x_1^*(t)=2e^{-t}-1$$

同样，可求得

$$x_2^*(t)=-2e^{-t}-t+2$$

因此，该问题的最优控制函数$u^*(t)$和最优轨线$\boldsymbol{x}^*(t)$分别为

$$u^*(t)=-1$$
$$x_1^*(t)=2e^{-t}-1$$
$$x_2^*(t)=-2e^{-t}-t+2$$

7.4.3　极大值原理的几种具体形式

前面讨论了定常系统的定常末值型性能指标、末态自由的最优控制问题的极大值原理。经数学变换，上述最优控制问题的极大值原理的结论可以推广至时变系统、积分型或复合型性能指标等控制问题的最优控制中，无需重新进行细致的证明。下面将给出几种具体的极大值原理形式和分析证明的思路。

1. 时变情况

如果描述最优控制问题的一些函数，如状态方程的$\boldsymbol{f}(\cdot)$中显含时间t，或末值型性

能指标 $S(\cdot)$ 中显含时间 t_f，则该问题称为时变(非定常)的，并可描述如下。

时变系统最优控制问题 对时变的被控系统

$$\dot{\boldsymbol{x}}(t)=\boldsymbol{f}[\boldsymbol{x}(t),\boldsymbol{u}(t),t],\quad \boldsymbol{x}(t_0)=\boldsymbol{x}_0 \tag{7-132}$$

求一容许控制 $\boldsymbol{u}(t)\in U, t\in[t_0,t_f]$，使如下末值型性能指标泛函取极值。

$$J[\boldsymbol{u}(\cdot)]=S[\boldsymbol{x}(t_f),t_f] \tag{7-133}$$

对于时变问题，可以通过引进新的状态变量的方法将时变的问题变换成定常的问题，再应用定常问题的极大值原理(定理 7-9)，便可推导出时变问题的极大值原理。

对时变的状态方程(7-132)和性能指标(7-133)，引入如下辅助状态变量

$$x_{n+1}(t)=t \tag{7-134}$$

使其满足辅助状态方程

$$\dot{x}_{n+1}(t)=1 \tag{7-135}$$

和初始条件 $x_{n+1}(t_0)=t_0,\quad x_{n+1}(t_f)=t_f$

则上述时变的状态方程和性能指标泛函可分别变换为如下定常的状态方程和性能指标泛函

$$\begin{bmatrix}\dot{\boldsymbol{x}}(t)\\ \dot{x}_{n+1}(t)\end{bmatrix}=\begin{bmatrix}\boldsymbol{f}[\boldsymbol{x}(t),\boldsymbol{u}(t),t]\\ 1\end{bmatrix} \tag{7-136}$$

$$J[\boldsymbol{u}(\cdot)]=S[\boldsymbol{x}(t_f),x_{n+1}(t_f)] \tag{7-137}$$

对上述辅助的定常最优控制问题，应用极大值原理(定理 7-9)，则有如下时变最优控制问题的极大值原理。

定理 7-10 (时变系统极大值原理)时变系统最优控制问题的最优控制函数 $\boldsymbol{u}^*(t)$、最优状态轨线 $\boldsymbol{x}^*(t)$和协态向量函数 $\boldsymbol{\lambda}(t)$使得：

1) $\boldsymbol{x}^*(t)$和 $\boldsymbol{\lambda}(t)$满足规范方程

$$\dot{\boldsymbol{x}}(t)=\frac{\partial H[\boldsymbol{x},\boldsymbol{u},\boldsymbol{\lambda},t]}{\partial \boldsymbol{\lambda}}=\boldsymbol{f}[\boldsymbol{x}(t),\boldsymbol{u}(t),t]$$

$$\dot{\boldsymbol{\lambda}}(t)=-\frac{\partial H[\boldsymbol{x},\boldsymbol{u},\boldsymbol{\lambda},t]}{\partial \boldsymbol{x}}=-\frac{\partial \boldsymbol{f}^{\mathrm{T}}[\boldsymbol{x}(t),\boldsymbol{u}(t),t]}{\partial \boldsymbol{x}}\boldsymbol{\lambda}(t)$$

其中哈密顿函数为

$$H[\boldsymbol{x}(t),\boldsymbol{\lambda}(t),\boldsymbol{u}(t),t]=\boldsymbol{\lambda}^{\mathrm{T}}(t)\boldsymbol{f}[\boldsymbol{x}(t),\boldsymbol{u}(t),t]$$

2) 边界条件

$$\boldsymbol{x}(t_0)=\boldsymbol{x}_0,\quad \boldsymbol{\lambda}(t_f)=\frac{\partial S[\boldsymbol{x}(t_f),t_f]}{\partial \boldsymbol{x}(t_f)}$$

3) 哈密顿函数 H 作为 $\boldsymbol{u}(t)\in U$ 的函数，在 $\boldsymbol{u}(t)=\boldsymbol{u}^*(t), t\in[t_0,t_f]$时取绝对极小，即

$$H[\boldsymbol{x}^*(t),\boldsymbol{\lambda}(t),\boldsymbol{u}^*(t),t]=\min_{\boldsymbol{u}(t)\in U}H[\boldsymbol{x}^*(t),\boldsymbol{\lambda}(t),\boldsymbol{u}(t),t]$$

或 $H[\boldsymbol{x}^*(t),\boldsymbol{\lambda}(t),\boldsymbol{u}^*(t),t]\leqslant H[\boldsymbol{x}^*(t),\boldsymbol{\lambda}(t),\boldsymbol{u}(t),t]\quad (\forall t\in[t_0,t_f],\forall \boldsymbol{u}(t)\in U)$

4) 在最优轨线的末端，哈密顿函数应满足

$$H[\boldsymbol{x}^*(t_f^*),\boldsymbol{\lambda}(t_f^*),\boldsymbol{u}^*(t_f^*),t_f^*]=-\frac{\partial S[\boldsymbol{x}^*(t_f^*),t_f^*]}{\partial t_f}$$

5) 沿最优轨线哈密顿函数满足如下关系

$$H[\boldsymbol{x}^*(t),\boldsymbol{\lambda}(t),\boldsymbol{u}^*(t),t]=H[\boldsymbol{x}^*(t_f^*),\boldsymbol{\lambda}(t_f^*),\boldsymbol{u}^*(t_f^*),t_f^*]+\int_{t_f}^{t}\frac{\partial H[\boldsymbol{x}^*(s),\boldsymbol{\lambda}(s),\boldsymbol{u}^*(s),s]}{\partial s}\mathrm{d}s$$

定理(7-10)的证明可直接应用定常情况的极大值原理(定理 7-9)给出,这里略去。

比较定理 7-10 和定理 7-9 可知,时变性并没有改变极大值原理的规范方程、横截条件及极值条件,却改变了最优轨线末端哈密顿函数的值。在定常情况下,沿最优轨线哈密顿函数的值为常数(当 t_f 自由时为零),而时变时却不是常数,它由定理 7-10 的条件 5)决定。

值得指出的是,定理 7-10 的条件 5)不是求解该最优控制问题的必要条件,只是描述最优轨线上哈密顿函数的一个性质。定理 7-10 的前 4 个条件才是必要的,由它们已经能决定出最优控制函数 $\boldsymbol{u}^*(t)$、最优轨线 $\boldsymbol{x}^*(t)$ 和最优末态时刻 t_f^*。

2. 积分型性能指标

最优控制的极大值原理讨论的性能指标泛函为末值型的,实际上许多控制问题的指标函数为积分型。对该类性能指标函数的控制问题可描述如下。

积分型泛函最优控制问题 对定常的被控系统(7-92),求容许控制 $\boldsymbol{u}(t)\in U, t\in[t_0,t_f]$,使如下积分型性能指标泛函取极值。

$$J[\boldsymbol{u}(\cdot)]=\int_{t_0}^{t_f}L[\boldsymbol{x}(t),\boldsymbol{u}(t),t]\mathrm{d}t \tag{7-138}$$

对积分型泛函指标(7-138),引入辅助状态变量 x_0,使其满足

$$\dot{x}_0(t)=L[\boldsymbol{x}(t),\boldsymbol{u}(t)],\quad x_0(t_0)=0 \tag{7-139}$$

则有

$$J[\boldsymbol{u}(\cdot)]=\int_{t_0}^{t_f}L[\boldsymbol{x}(t),\boldsymbol{u}(t)]\mathrm{d}t=x_0(t_f) \tag{7-140}$$

则上述积分型性能指标泛函的最优控制问题,可变换成状态方程和性能指标泛函分别为

$$\begin{bmatrix}\dot{x}_0(t)\\ \dot{\boldsymbol{x}}(t)\end{bmatrix}=\begin{bmatrix}L[\boldsymbol{x}(t),\boldsymbol{u}(t)]\\ \boldsymbol{f}[\boldsymbol{x}(t),\boldsymbol{u}(t)]\end{bmatrix} \tag{7-141}$$

$$J[\boldsymbol{u}(\cdot)]=x_0(t_f) \tag{7-142}$$

的最优控制问题。

对上述辅助的最优控制问题,应用极大值原理(定理 7-9),则有如下积分型性能指标泛函的最优控制问题的极大值原理。

定理 7-11 (积分型泛函极大值原理)积分型泛函最优控制问题的最优控制函数 $\boldsymbol{u}^*(t)$、最优状态轨线 $\boldsymbol{x}^*(t)$ 和协态向量函数 $\boldsymbol{\lambda}(t)$,使得:

1) $\boldsymbol{x}^*(t)$ 和 $\boldsymbol{\lambda}(t)$ 满足规范方程

$$\dot{\boldsymbol{x}}(t)=\frac{\partial H(\boldsymbol{x},\boldsymbol{u},\boldsymbol{\lambda})}{\partial \boldsymbol{\lambda}}=\boldsymbol{f}[\boldsymbol{x}(t),\boldsymbol{u}(t)]$$

$$\dot{\boldsymbol{\lambda}}(t)=-\frac{\partial H(\boldsymbol{x},\boldsymbol{u},\boldsymbol{\lambda})}{\partial \boldsymbol{x}}=-\frac{\partial L[\boldsymbol{x}(t),\boldsymbol{u}(t)]}{\partial \boldsymbol{x}}-\frac{\partial \boldsymbol{f}^{\mathrm{T}}[\boldsymbol{x}(t),\boldsymbol{u}(t)]}{\partial \boldsymbol{x}}\boldsymbol{\lambda}(t)$$

其中哈密顿函数为

$$H[\boldsymbol{x}(t),\boldsymbol{\lambda}(t),\boldsymbol{u}(t)]=L[\boldsymbol{x}(t),\boldsymbol{u}(t)]+\boldsymbol{\lambda}^{\mathrm{T}}(t)\boldsymbol{f}[\boldsymbol{x}(t),\boldsymbol{u}(t)]$$

2）边界条件

$$\boldsymbol{x}(t_0)=\boldsymbol{x}_0,\quad \boldsymbol{\lambda}(t_f)=0$$

3）哈密顿函数 H 作为 $\boldsymbol{u}(t)\in U$ 的函数，在 $\boldsymbol{u}(t)=\boldsymbol{u}^*(t)$，$t\in[t_0,t_f]$时取绝对极小，即

$$H[\boldsymbol{x}^*(t),\boldsymbol{\lambda}(t),\boldsymbol{u}^*(t)]=\min_{\boldsymbol{u}(t)\in U}H[\boldsymbol{x}^*(t),\boldsymbol{\lambda}(t),\boldsymbol{u}(t)]$$

或 $H[\boldsymbol{x}^*(t),\boldsymbol{\lambda}(t),\boldsymbol{u}^*(t)]\leqslant H[\boldsymbol{x}^*(t),\boldsymbol{\lambda}(t),\boldsymbol{u}(t)]\quad (\forall t\in[t_0,t_f],\forall \boldsymbol{u}(t)\in U)$

4）沿最优轨线哈密顿函数应满足

$$H[\boldsymbol{x}^*(t),\boldsymbol{\lambda}(t),\boldsymbol{u}^*(t)]=\begin{cases}H[\boldsymbol{x}^*(t_f^*),\boldsymbol{\lambda}(t_f^*),\boldsymbol{u}^*(t_f^*)]=0 & (t_f\text{自由})\\ H[\boldsymbol{x}^*(t_f),\boldsymbol{\lambda}(t_f),\boldsymbol{u}^*(t_f)]=\text{常数} & (t_f\text{固定})\end{cases}$$

定理 7-11 的证明可直接应用定常情况的极大值原理(定理 7-9)给出，这里略去。

比较定理 7-11 和定理 7-9 可知，积分型性能指标泛函的极大值原理与末值型性能指标的极大值原理相比，除哈密顿函数 H 的定义和协态变量向量函数 $\boldsymbol{\lambda}(t)$ 的边界条件有一定区别之外，其他条件与结论基本一致。

不难验证，若性能指标泛函为复合型的，即

$$J[\boldsymbol{u}(\cdot)]=S[\boldsymbol{x}(t_f)]+\int_{t_0}^{t_f}L[\boldsymbol{x}(t),\boldsymbol{u}(t)]\mathrm{d}t \tag{7-143}$$

则相应的哈密顿函数为

$$H[\boldsymbol{x}(t),\boldsymbol{\lambda}(t),\boldsymbol{u}(t)]=L[\boldsymbol{x}(t),\boldsymbol{u}(t)]+\boldsymbol{\lambda}^{\mathrm{T}}(t)\boldsymbol{f}[\boldsymbol{x}(t),\boldsymbol{u}(t)]$$

复合型性能指标泛函的最优控制问题的极大值原理与积分型性能指标泛函的基本一致，但协态变量向量函数 $\boldsymbol{\lambda}(t)$ 的边界条件(横截条件)变为

$$\boldsymbol{\lambda}(t_f)=\frac{\partial S[\boldsymbol{x}(t_f)]}{\partial \boldsymbol{x}(t_f)}$$

可见末值型性能指标不影响哈密顿函数的定义，但会影响边界条件(横截条件)。

上面讨论的是时变的、末值型性能指标泛函的最优控制问题，和定常的、积分型性能指标泛函的最优控制问题的极大值原理。由于前面所述的各种最优控制问题经数学变换都可等效到同一类型的最优控制问题来处理，故其他情况的最优控制问题的极大值原理可由定理 7-9、定理 7-10 和定理 7-11 推广而得。

7.4.4 约束条件的处理

前面讨论了自由末端问题的极大值原理，下面考虑存在末态约束及积分型限制的最

优控制问题。

1. 末态约束问题

末态 $\boldsymbol{x}(t_f)$受约束的控制问题可描述如下。

末态约束最优控制问题 对定常的被控系统(7-92),其末态满足约束(目标集)

$$M:\{\boldsymbol{g}_1[\boldsymbol{x}(t_f)]=0,\quad \boldsymbol{g}_2[\boldsymbol{x}(t_f)]\leqslant 0\} \tag{7-144}$$

式中,$\boldsymbol{g}_1[\boldsymbol{x}(t_f)]$和 $\boldsymbol{g}_2(\boldsymbol{x}(t_f))$分别表示 p 维和 q 维关于 $\boldsymbol{x}(t_f)$的连续可微向量函数。求一容许控制 $\boldsymbol{u}(t)\in U,t\in[t_0,t_f]$,使末值型性能指标(7-91)取极值。

末态约束(7-144)中末态时刻 t_f是状态轨线 $\boldsymbol{x}(t)$与目标集 M 首次相遇的时刻。若式(7-144)中性能指标含有末值项,$p<n$;否则,$p\leqslant n$。而维数 q 不受限制。

与自由末端问题不同,现在要求末态 $\boldsymbol{x}(t_f)$只能落在由约束条件(7-144)所规定的目标集上。对于这种约束条件下的泛函极值问题,如同等式和不等式约束下求函数极值一样,通过引入拉格朗日乘子 $\boldsymbol{\mu}$ 和 $\boldsymbol{v}$,将末态约束化为等价的末值型性能指标

$$J_1[\boldsymbol{u}(\cdot)]=S[\boldsymbol{x}(t_f)]+\boldsymbol{\mu}^{\mathrm{T}}\boldsymbol{g}_1[\boldsymbol{x}(t_f)]+\boldsymbol{v}^{\mathrm{T}}\boldsymbol{g}_2[\boldsymbol{x}(t_f)] \tag{7-145}$$

式中,$\boldsymbol{\mu}$ 和 $\boldsymbol{v}$ 为不同时为零的 p 维和 q 维常向量。

类似不等式约束的函数极值问题的库恩-塔克尔定理,考虑不等式约束条件的乘子要满足约束条件

$$v_i g_{2i}[\boldsymbol{x}(t_f)]=0\quad (v_i\geqslant 0,i=1,2,\cdots,q) \tag{7-146}$$

类似于前面定常的末值型性能指标泛函的最优控制问题的极大值原理的证明,有如下末态受等式和不等式条件约束的定常末值型性能指标泛函的最优控制问题的极大值原理。

定理 7-12 (末态约束极大值原理)末态约束最优控制问题的最优控制函数为 $\boldsymbol{u}^*(t)$、最优状态轨线为 $\boldsymbol{x}^*(t)$和协态向量函数 $\boldsymbol{\lambda}(t)$,以及不同时为零的 p 维常向量 $\boldsymbol{\mu}$ 和 q 维常向量 $\boldsymbol{v}$,使得:

1) $\boldsymbol{x}^*(t)$和 $\boldsymbol{\lambda}(t)$满足规范方程

$$\dot{\boldsymbol{x}}(t)=\frac{\partial H(\boldsymbol{x},\boldsymbol{u},\boldsymbol{\lambda})}{\partial \boldsymbol{\lambda}}=\boldsymbol{f}[\boldsymbol{x}(t),\boldsymbol{u}(t)]$$

$$\dot{\boldsymbol{\lambda}}(t)=-\frac{\partial H(\boldsymbol{x},\boldsymbol{u},\boldsymbol{\lambda})}{\partial \boldsymbol{x}}=-\frac{\partial \boldsymbol{f}^{\mathrm{T}}[\boldsymbol{x}(t),\boldsymbol{u}(t)]}{\partial \boldsymbol{x}}\boldsymbol{\lambda}(t)$$

其中哈密顿函数为

$$H[\boldsymbol{x}(t),\boldsymbol{\lambda}(t),\boldsymbol{u}(t)]=\boldsymbol{\lambda}^{\mathrm{T}}(t)\boldsymbol{f}[\boldsymbol{x}(t),\boldsymbol{u}(t)]$$

2) 边界条件

$$\boldsymbol{x}(t_0)=\boldsymbol{x}_0$$

$$\boldsymbol{\lambda}(t_f)=\frac{\partial S[\boldsymbol{x}(t_f)]}{\partial \boldsymbol{x}(t_f)}+\frac{\partial \boldsymbol{g}_1^{\mathrm{T}}[\boldsymbol{x}(t_f)]}{\partial \boldsymbol{x}(t_f)}\boldsymbol{\mu}+\frac{\partial \boldsymbol{g}_2^{\mathrm{T}}[\boldsymbol{x}(t_f)]}{\partial \boldsymbol{x}(t_f)}\boldsymbol{v}$$

$$\boldsymbol{g}_1[\boldsymbol{x}(t_f)]=0,\quad \boldsymbol{g}_2[\boldsymbol{x}(t_f)]\leqslant 0$$

$$v_i g_{2i}[\boldsymbol{x}(t_f)]=0,\quad (v_i\geqslant 0,i=1,2,\cdots,q)$$

3) 哈密顿函数 H 作为 $\boldsymbol{u}(t)\in U$ 的函数,在 $\boldsymbol{u}(t)=\boldsymbol{u}^*(t),t\in[t_0,t_f]$时取绝对极小,

即

$$H[\boldsymbol{x}^*(t),\boldsymbol{\lambda}(t),\boldsymbol{u}^*(t)] = \min_{\boldsymbol{u}(t)\in U} H[\boldsymbol{x}^*(t),\boldsymbol{\lambda}(t),\boldsymbol{u}(t)]$$

或 $H[\boldsymbol{x}^*(t),\boldsymbol{\lambda}(t),\boldsymbol{u}^*(t)] \leqslant H[\boldsymbol{x}^*(t),\boldsymbol{\lambda}(t),\boldsymbol{u}(t)] \quad (\forall t \in [t_0,t_f], \forall \boldsymbol{u}(t) \in U)$

4) 沿最优轨线哈密顿函数应满足

$$H[\boldsymbol{x}^*(t),\boldsymbol{\lambda}(t),\boldsymbol{u}^*(t)] = \begin{cases} H[\boldsymbol{x}^*(t_f^*),\boldsymbol{\lambda}(t_f^*),\boldsymbol{u}^*(t_f^*)] = 0 & (t_f \text{自由}) \\ H[\boldsymbol{x}^*(t_f),\boldsymbol{\lambda}(t_f),\boldsymbol{u}^*(t_f)] = \text{常数} & (t_f \text{固定}) \end{cases}$$

上面给出的是末态受约束的定常性能指标泛函的最优控制问题的极大值原理，对于其他情况，如时变的、积分型的或复合型的性能指标泛函的最优控制问题的极大值原理，可参照定理 7-12 及相应的定理 7-10 或定理 7-11 得到。这里不再进行详细讨论。

2. 积分约束问题

实际被控系统由于所处环境的复杂性，所受的限制、约束条件是各异的。例如，航天器材上要求总的消耗能量是有限的。这些约束条件有时可用对状态变量 $\boldsymbol{x}(t)$ 和控制变量 $\boldsymbol{u}(t)$ 的积分型约束条件来表示。这类有积分型约束条件的最优控制问题可描述如下。

积分型约束最优控制问题 对定常的被控系统(7-92)，其系统状态轨线 $\boldsymbol{x}(t)$ 和控制函数 $\boldsymbol{u}(t)$ 满足积分型约束

$$J_1 = \int_{t_0}^{t_f} L_1[\boldsymbol{x}(t),\boldsymbol{u}(t)]\mathrm{d}t = 0 \tag{7-147}$$

$$J_2 = \int_{t_0}^{t_f} L_2[\boldsymbol{x}(t),\boldsymbol{u}(t)]\mathrm{d}t \leqslant 0 \tag{7-148}$$

式中，$L_1[\boldsymbol{x}(t),\boldsymbol{u}(t)]$ 和 $L_2[\boldsymbol{x}(t),\boldsymbol{u}(t)]$ 分别为 k 维和 l 维向量函数。求一容许控制 $\boldsymbol{u}(t) \in U, t\in[t_0,t_f]$，使积分型性能指标(7-138)取极值。

处理这类问题与前面类似，同样可以采用引进新的状态变量的方法将受积分限制的最优控制问题转换到前面已经讨论过的最优控制问题，从而获得该最优控制问题的极大值原理。如，引入辅助状态变量 x_0，$\boldsymbol{x}_1$ 和 $\boldsymbol{x}_2$ 如下

$$\dot{x}_0(t) = L[\boldsymbol{x}(t),\boldsymbol{u}(t)], \quad x_0(t_0) = 0 \tag{7-149}$$

$$\dot{\boldsymbol{x}}_1(t) = L_1[\boldsymbol{x}(t),\boldsymbol{u}(t)], \quad \boldsymbol{x}_1(t_0) = 0 \tag{7-150}$$

$$\dot{\boldsymbol{x}}_2(t) = L_2[\boldsymbol{x}(t),\boldsymbol{u}(t)], \quad \boldsymbol{x}_2(t_0) = 0 \tag{7-151}$$

则积分型性能指标泛函变换为如下辅助末值型性能指标泛函

$$J[\boldsymbol{u}(\cdot)] = x_0(t_f) \tag{7-152}$$

积分型约束(7-147)和(7-148)变换为如下辅助状态变量的末端条件

$$\boldsymbol{x}_1(t_f) = J_1 = 0, \quad \boldsymbol{x}_2(t_f) = J_2 \leqslant 0 \tag{7-153}$$

那么，再应用定理 7-9 的极大值原理，可推导得受积分限制的、积分型性能指标泛函指标的最优控制的极大值原理。

定理 7-13(积分型约束极大值原理) 积分型约束最优控制问题的最优控制函数 $\boldsymbol{u}^*(t)$、最优状态轨线 $\boldsymbol{x}^*(t)$ 和协态向量函数 $\boldsymbol{\lambda}(t)$，以及 k 维常向量 $\boldsymbol{\lambda}_1$ 和 l 维常向量 $\boldsymbol{\lambda}_2$，使得：

1）$\boldsymbol{x}^*(t)$和$\boldsymbol{\lambda}(t)$满足规范方程

$$\dot{\boldsymbol{x}}(t)=\frac{\partial H(\boldsymbol{x},\boldsymbol{u},\boldsymbol{\lambda})}{\partial \boldsymbol{\lambda}}=\boldsymbol{f}[\boldsymbol{x}(t),\boldsymbol{u}(t)]$$

$$\dot{\boldsymbol{\lambda}}(t)=-\frac{\partial H(\boldsymbol{x},\boldsymbol{u},\boldsymbol{\lambda})}{\partial \boldsymbol{x}}=-\frac{\partial L[\boldsymbol{x}(t),\boldsymbol{u}(t)]}{\partial \boldsymbol{x}}-\frac{\partial \boldsymbol{f}^{\mathrm{T}}[\boldsymbol{x}(t),\boldsymbol{u}(t)]}{\partial \boldsymbol{x}}\boldsymbol{\lambda}(t)$$

其中哈密顿函数为

$$\begin{aligned}H[\boldsymbol{x}(t),\boldsymbol{\lambda}(t),\boldsymbol{\lambda}_1,\boldsymbol{\lambda}_2,\boldsymbol{u}(t)]=&L[\boldsymbol{x}(t),\boldsymbol{u}(t)]+\boldsymbol{\lambda}^{\mathrm{T}}(t)\boldsymbol{f}[\boldsymbol{x}(t),\boldsymbol{u}(t)]\\&+\boldsymbol{\lambda}_1^{\mathrm{T}}L_1[\boldsymbol{x}(t),\boldsymbol{u}(t)]+\boldsymbol{\lambda}_2^{\mathrm{T}}L_2[\boldsymbol{x}(t),\boldsymbol{u}(t)]\end{aligned}$$

2）边界条件

$$\boldsymbol{x}(t_0)=\boldsymbol{x}_0,\quad \boldsymbol{\lambda}(t_f)=0$$

$$J_1=\int_{t_0}^{t_f}L_1[\boldsymbol{x}(t),\boldsymbol{u}(t)]\mathrm{d}t=0$$

$$J_2=\int_{t_0}^{t_f}L_2[\boldsymbol{x}(t),\boldsymbol{u}(t)]\mathrm{d}t\leqslant 0$$

$$\lambda_{2i}J_{2i}=0\quad(\lambda_{2i}\geqslant 0,i=1,2,\cdots,l)$$

3）哈密顿函数 H 作为$\boldsymbol{u}(t)\in U$的函数，在$\boldsymbol{u}(t)=\boldsymbol{u}^*(t),t\in[t_0,t_f]$时取绝对极小，即

$$H[\boldsymbol{x}^*(t),\boldsymbol{\lambda}(t),\boldsymbol{\lambda}_1,\boldsymbol{\lambda}_2,\boldsymbol{u}^*(t)]=\min_{\boldsymbol{u}(t)\in U}H[\boldsymbol{x}^*(t),\boldsymbol{\lambda}(t),\boldsymbol{\lambda}_1,\boldsymbol{\lambda}_2,\boldsymbol{u}(t)]$$

或
$$H[\boldsymbol{x}^*(t),\boldsymbol{\lambda}(t),\boldsymbol{\lambda}_1,\boldsymbol{\lambda}_2,\boldsymbol{u}^*(t)]\leqslant H[\boldsymbol{x}^*(t),\boldsymbol{\lambda}(t),\boldsymbol{\lambda}_1,\boldsymbol{\lambda}_2,\boldsymbol{u}(t)]$$
$$(\forall t\in[t_0,t_f],\forall \boldsymbol{u}(t)\in U)$$

4）在最优轨线的末端哈密顿函数应满足

$$H[\boldsymbol{x}^*(t),\boldsymbol{\lambda}(t),\boldsymbol{\lambda}_1,\boldsymbol{\lambda}_2,\boldsymbol{u}^*(t)]=\begin{cases}H[\boldsymbol{x}^*(t_f^*),\boldsymbol{\lambda}(t_f^*),\boldsymbol{\lambda}_1,\boldsymbol{\lambda}_2,\boldsymbol{u}^*(t_f^*)]=0 & (t_f\text{自由})\\H[\boldsymbol{x}^*(t_f),\boldsymbol{\lambda}(t_f),\boldsymbol{\lambda}_1,\boldsymbol{\lambda}_2,\boldsymbol{u}^*(t_f)]=\text{常数} & (t_f\text{固定})\end{cases}$$

综上所述，积分型约束限制条件可通过拉格朗日乘子向量转化成等价的积分型性能指标泛函。因此，相应的哈密顿函数的定义中，引进了乘子向量$\boldsymbol{\lambda}_1$和$\boldsymbol{\lambda}_2$。

上面讨论的是带积分约束限制条件的、定常的积分型性能指标泛函的最优控制问题。对其他类型的被控系统和性能指标泛函，带积分型约束限制条件的最优控制问题，可类似于上述定理 7-13 给出。

7.5 线性二次型最优控制

对于最优控制问题，极大值原理很好地描述了动态系统的最优控制解的存在性。但对于复杂的控制问题，如非线性系统的控制问题、系统模型与性能指标函数对控制量$\boldsymbol{u}(t)$不为连续可微的控制问题，在确定最优控制规律时存在不少困难，如非线性常微分方程求解、最优控制的非平凡性问题，而且带来闭环控制系统工程实现的困难性，难以得到统一、简洁的最优控制规律的表达式。

对于线性系统，若取状态变量 $\boldsymbol{x}(t)$ 和控制变量 $\boldsymbol{u}(t)$ 的二次型函数的积分作为性能指标泛函，这种动态系统的最优控制问题称为线性系统的最优二次型性能指标的最优控制问题，简称为线性二次型问题。该类问题的优点是能得到最优控制解 $\boldsymbol{u}^*(t)$ 的统一解析表达形式和一个简单的且易于工程实现的最优状态反馈律。因此，线性二次型问题对于从事自动控制研究的理论工作者和工程技术人员都具有很大吸引力。近 40 年来，人们对各种最优状态反馈控制系统的结构、性质以及设计方法进行了多方面的研究，并且有许多成功的应用。线性二次型问题是最优控制理论中发展最为成熟、最有系统性、应用最为广泛和深入的分支。本节将陆续介绍线性二次型问题及其解的存在性、惟一性和最优控制解的充分必要条件。

线性系统的二次型性能指标的最优控制问题可表述如下。

设线性时变系统的状态方程和输出量测方程为

$$\dot{\boldsymbol{x}}(t)=\boldsymbol{A}(t)\boldsymbol{x}(t)+\boldsymbol{B}(t)\boldsymbol{u}(t),\quad \boldsymbol{x}(t_0)=\boldsymbol{x}_0 \tag{7-154}$$

$$\boldsymbol{y}(t)=\boldsymbol{C}(t)\boldsymbol{x}(t) \tag{7-155}$$

式中，$\boldsymbol{x}(t)$ 是 n 维状态向量，$\boldsymbol{u}(t)$ 是 r 维控制向量，$\boldsymbol{y}(t)$ 是 m 维输出向量。$\boldsymbol{A}(t)$、$\boldsymbol{B}(t)$ 和 $\boldsymbol{C}(t)$ 分别是 $n\times n$、$n\times r$ 和 $m\times n$ 维的分段连续的时变矩阵。假定系统的维数满足 $0<m\leqslant r\leqslant n$，且 $\boldsymbol{u}(t)$ 不受约束。用 $\boldsymbol{z}(t)$ 表示预期的输出，它为 m 维向量，则定义输出误差向量如下

$$\boldsymbol{e}(t)=\boldsymbol{z}(t)-\boldsymbol{y}(t) \tag{7-156}$$

控制的目标是寻找最优控制函数 $\boldsymbol{u}^*(t)$，使下列二次型性能指标泛函为最小

$$J[\boldsymbol{u}(\cdot)]=\frac{1}{2}\boldsymbol{e}^{\mathrm{T}}(t_f)\boldsymbol{F}\boldsymbol{e}(t_f)+\frac{1}{2}\int_{t_0}^{t_f}[\boldsymbol{e}^{\mathrm{T}}(t)\boldsymbol{Q}(t)\boldsymbol{e}(t)+\boldsymbol{u}^{\mathrm{T}}(t)\boldsymbol{R}(t)\boldsymbol{u}(t)]\mathrm{d}t \tag{7-157}$$

式中，$\boldsymbol{F}$ 为 $m\times m$ 维非负定的常数矩阵；$\boldsymbol{Q}(t)$ 为 $m\times m$ 维时变的分段连续的非负定矩阵；$\boldsymbol{R}(t)$ 为 $r\times r$ 维时变的分段连续的正定矩阵，且其逆矩阵 $\boldsymbol{R}^{-1}(t)$ 存在并有界；末态时刻 t_f 是固定的。

下面对上述性能指标泛函作细致的讨论。

1）性能指标泛函 $J[\boldsymbol{u}(\cdot)]$ 中的第 1 项 $\boldsymbol{e}^{\mathrm{T}}(t_f)\boldsymbol{F}\boldsymbol{e}(t_f)$，是为了突出对末端目标的控制误差的要求和限制而引进的，称为末端代价函数。非负定的常数矩阵 $\boldsymbol{F}$ 为加权矩阵，其各行各列元素的值的不同，体现了对误差向量 $\boldsymbol{e}(t)$ 在末态时刻 t_f 各分量的要求不同、重要性不同。若矩阵 $\boldsymbol{F}$ 的第 i 行第 i 列元素值较大，代表二次项 $e_i^2(t)$ 的重要性较大，对其精度要求较高。

2）性能指标泛函 $J[\boldsymbol{u}(\cdot)]$ 中的被积函数中的第 1 项 $\boldsymbol{e}^{\mathrm{T}}(t)\boldsymbol{Q}(t)\boldsymbol{e}(t)$，表示在系统工作过程中对控制误差向量 $\boldsymbol{e}(t)$ 的要求和限制。由于时变的加权矩阵 $\boldsymbol{Q}(t)$ 为非负定的，故该项函数值总是为非负的。一般情况下，$\boldsymbol{e}(t)$ 越大，该项函数值越大，其在整个性能指标泛函所占的份量就越大。因此，对性能指标泛函求极小化体现了对误差向量 $\boldsymbol{e}(t)$ 的大

小的约束和限制。在 $\boldsymbol{e}(t)$为标量函数时，该项可取为 $e^2(t)$，于是该项与经典控制理论中判别系统性能的误差平方积分指标一致。

非负定的时变矩阵 $\boldsymbol{Q}(t)$为加权矩阵，其各行各列元素的值的不同，体现了对相应的误差向量 $\boldsymbol{e}(t)$的分量在各时刻的要求不同、重要性不同。时变矩阵 $\boldsymbol{Q}(t)$的不同选择，对闭环最优控制系统的性能的影响较大。

3）性能指标泛函 $J[\boldsymbol{u}(\cdot)]$ 中的被积函数的第 2 项 $\boldsymbol{u}^{\mathrm{T}}(t)\boldsymbol{R}(t)\boldsymbol{u}(t)$，表示在系统工作过程中对控制向量 $\boldsymbol{u}(t)$ 的大小的要求和限制。由于时变的加权矩阵 $\boldsymbol{R}(t)$ 为正定的，故该项函数值在 $\boldsymbol{u}(t)$ 为非零向量时总是为正的。而且 $\boldsymbol{u}(t)$ 越大，该项函数值越大，其在整个性能指标泛函所占的分量就越大。因此，对性能指标泛函求极小化体现了对控制向量 $\boldsymbol{u}(t)$ 的大小的约束和限制。如 $\boldsymbol{u}(t)$ 为与电压或电流成正比的标量函数时，该项为 $u^2(t)$，并与功率成正比，而$\int_{t_0}^{t_f} u^2(t)\mathrm{d}t$ 则与在$[t_0,t_f]$ 区间内 $\boldsymbol{u}(t)$ 所做的功或所消耗的能量成正比。因此，该项是用来衡量控制功率大小的代价函数。正定的时变矩阵 $\boldsymbol{R}(t)$ 亦为加权矩阵，其各行各列元素的值的不同，体现了对相应的控制向量 $\boldsymbol{u}(t)$ 的分量在各时刻的要求不同、重要性不同。

时变矩阵 $\boldsymbol{R}(t)$的不同选择，对闭环最优控制系统的性能的影响较大。综上所述，可见线性系统的二次型性能指标泛函的最优控制问题的实质在于用不大的控制量，来保持较小的控制误差，以达到所耗费的能量和控制误差的综合最优。

现在讨论上述线性二次型问题的几种特殊情况。

1）若令 $\boldsymbol{C}(t)=\boldsymbol{I}$，$\boldsymbol{z}(t)=0$，则 $\boldsymbol{y}(t)=\boldsymbol{x}(t)=-\boldsymbol{e}(t)$。这时，线性二次型问题的性能指标泛函变为

$$J[\boldsymbol{u}(\cdot)]=\frac{1}{2}\boldsymbol{x}^{\mathrm{T}}(t_f)\boldsymbol{F}\boldsymbol{x}(t_f)+\frac{1}{2}\int_{t_0}^{t_f}[\boldsymbol{x}^{\mathrm{T}}(t)\boldsymbol{Q}(t)\boldsymbol{x}(t)+\boldsymbol{u}^{\mathrm{T}}(t)\boldsymbol{R}(t)\boldsymbol{u}(t)]\mathrm{d}t \tag{7-158}$$

该问题转化成：用不大的控制能量，使状态 $\boldsymbol{x}(t)$保持在零值附近，称为状态调节器问题。

2）若令 $\boldsymbol{z}(t)=0$，则 $\boldsymbol{y}(t)=-\boldsymbol{e}(t)$。这时，线性二次型问题的性能指标泛函变为

$$J[\boldsymbol{u}(\cdot)]=\frac{1}{2}\boldsymbol{y}^{\mathrm{T}}(t_f)\boldsymbol{F}\boldsymbol{y}(t_f)+\frac{1}{2}\int_{t_0}^{t_f}[\boldsymbol{y}^{\mathrm{T}}(t)\boldsymbol{Q}(t)\boldsymbol{y}(t)+\boldsymbol{u}^{\mathrm{T}}(t)\boldsymbol{R}(t)\boldsymbol{u}(t)]\mathrm{d}t \tag{7-159}$$

该问题转化成：用不大的控制能量，使输出值 $\boldsymbol{y}(t)$保持在零值附近，称为输出调节器问题。

3）若 $\boldsymbol{z}(t)\neq 0$，则 $\boldsymbol{e}(t)=\boldsymbol{z}(t)-\boldsymbol{y}(t)$。这时，线性二次型问题为：用不大的控制能量，使输出 $\boldsymbol{y}(t)$跟踪期望信号 $\boldsymbol{z}(t)$的变化，称为输出跟踪问题。

下面将陆续介绍状态调节器、输出调节器和最优跟踪问题的求解方法、解的性质以及最优状态反馈实现。

7.5.1 时变状态调节器

前面已经指出,状态调节器问题为:用不大的控制能量,使状态 $\boldsymbol{x}(t)$ 保持在零值附近的二次型最优控制问题。该问题的描述如下。

有限时间 LQ 调节器问题 设线性时变系统的状态方程和初始条件为

$$\dot{\boldsymbol{x}}(t)=\boldsymbol{A}(t)\boldsymbol{x}(t)+\boldsymbol{B}(t)\boldsymbol{u}(t),\quad \boldsymbol{x}(t_0)=\boldsymbol{x}_0,t\in[t_0,t_f] \tag{7-160}$$

式中,控制量 $\boldsymbol{u}(t)$ 不受约束。寻找最优控制函数 $\boldsymbol{u}^*(t)$,使下列二次型性能指标泛函为最小

$$J[u(t)]=\frac{1}{2}\boldsymbol{x}^{\mathrm{T}}(t_f)\boldsymbol{F}\boldsymbol{x}(t_f)+\frac{1}{2}\int_{t_0}^{t_f}[\boldsymbol{x}^{\mathrm{T}}(t)\boldsymbol{Q}(t)\boldsymbol{x}(t)+\boldsymbol{u}^{\mathrm{T}}(t)\boldsymbol{R}(t)\boldsymbol{u}(t)]\mathrm{d}t \tag{7-161}$$

式中,$\boldsymbol{F}$ 和 $\boldsymbol{Q}(t)$ 为非负定矩阵;$\boldsymbol{R}(t)$ 为正定矩阵;末态时刻 t_f 是固定的。

由于所讨论的系统为线性系统,给定的性能指标泛函对状态变量 $\boldsymbol{x}(t)$ 和控制量 $\boldsymbol{u}(t)$ 均连续可微,因此,状态调节器问题可用变分法、极大值原理和动态规划方法中的任一种求解。本节采用变分法给出最优控制解存在的充分必要条件及最优控制问题解的表达式,讨论最优控制解的存在性、惟一性等性质及解的计算方法。

1. 最优控制的充分必要条件

定理 7-14(有限时间 LQ 调节器) 对于有限时间 LQ 调节器问题,$\boldsymbol{u}^*(t)$ 为其最优控制的充分必要条件是

$$\boldsymbol{u}^*(t)=-K\boldsymbol{x}^*(t),\quad K(t)=-\boldsymbol{R}^{-1}(t)\boldsymbol{B}^{\mathrm{T}}(t)\boldsymbol{P}(t) \tag{7-162}$$

最优轨线 $\boldsymbol{x}^*(t)$ 为下述状态方程

$$\dot{\boldsymbol{x}}^*(t)=\boldsymbol{A}(t)\boldsymbol{x}^*(t)+\boldsymbol{B}(t)\boldsymbol{u}^*(t),\quad \boldsymbol{x}^*(t_0)=\boldsymbol{x}_0,\quad t\in[t_0,t_f] \tag{7-163}$$

的解,而最优性能值为

$$J^*=J[\boldsymbol{u}^*(t)]=\frac{1}{2}\boldsymbol{x}_0^{\mathrm{T}}\boldsymbol{P}(0)\boldsymbol{x}_0\quad(\forall\,\boldsymbol{x}_0\neq 0) \tag{7-164}$$

式中 $\boldsymbol{P}(t)$ 为下述矩阵黎卡提微分方程的对称正定或半正定解。

$$\dot{\boldsymbol{P}}(t)=-\boldsymbol{P}(t)\boldsymbol{A}(t)-\boldsymbol{A}^{\mathrm{T}}(t)\boldsymbol{P}(t)+\boldsymbol{P}(t)\boldsymbol{B}(t)\boldsymbol{R}^{-1}(t)\boldsymbol{B}^{\mathrm{T}}(t)\boldsymbol{P}(t)-\boldsymbol{Q}(t)\quad t\in[t_0,t_f] \tag{7-165}$$

$$\boldsymbol{P}(t_f)=\boldsymbol{F} \tag{7-166}$$

证明 1) 必要性证明。已知 $\boldsymbol{u}^*(t)$ 是最优控制,需要证明 $\boldsymbol{u}^*(t)=-\boldsymbol{R}^{-1}(t)\boldsymbol{B}^{\mathrm{T}}(t)\cdot\boldsymbol{P}(t)\boldsymbol{x}^*(x)$。

这里可变分的宗量为 $x(t),u(t),x(t_f)$。首先将有限时间 LQ 调节器问题(条件极值问题)化为无条件极值问题。为此,引入 n 维向量拉格朗日算子 $\boldsymbol{\lambda}(t)$,将性能指标函数表示为

$$J=\frac{1}{2}\boldsymbol{x}^{\mathrm{T}}(t_f)\boldsymbol{F}\boldsymbol{x}(t_f)+\int_{t_0}^{t_f}\{\frac{1}{2}[\boldsymbol{x}^{\mathrm{T}}(t)\boldsymbol{Q}(t)\boldsymbol{x}(t)+\boldsymbol{u}^{\mathrm{T}}(t)\boldsymbol{R}(t)\boldsymbol{u}(t)]$$
$$+\boldsymbol{\lambda}^{\mathrm{T}}(t)[\boldsymbol{A}(t)\boldsymbol{x}(t)+\boldsymbol{B}(t)\boldsymbol{u}(t)-\dot{\boldsymbol{x}}(t)]\}\mathrm{d}t \tag{7-167}$$

因而该优化问题就变为对上述 J 相对于 $\boldsymbol{u}(t)$ 求极值问题。定义哈密顿函数

$$H(\boldsymbol{x}(t),\boldsymbol{u}(t),\boldsymbol{\lambda}(t))=\frac{1}{2}[\boldsymbol{x}^{\mathrm{T}}(t)\boldsymbol{Q}(t)\boldsymbol{x}(t)+\boldsymbol{u}^{\mathrm{T}}(t)\boldsymbol{R}(t)\boldsymbol{u}(t)]$$
$$+\boldsymbol{\lambda}^{\mathrm{T}}(t)[\boldsymbol{A}(t)\boldsymbol{x}(t)+\boldsymbol{B}(t)\boldsymbol{u}(t)] \tag{7-168}$$

则式(7-167)可以进一步表示为

$$J=\frac{1}{2}\boldsymbol{x}^{\mathrm{T}}(t_f)\boldsymbol{F}\boldsymbol{x}(t_f)+\int_{t_0}^{t_f}\{H[\boldsymbol{x}(t),\boldsymbol{u}(t),\boldsymbol{\lambda}(t)]-\boldsymbol{\lambda}^{\mathrm{T}}(t)\dot{\boldsymbol{x}}(t)\}\mathrm{d}t$$
$$=\frac{1}{2}\boldsymbol{x}^{\mathrm{T}}(t_f)\boldsymbol{F}\boldsymbol{x}(t_f)-\boldsymbol{\lambda}^{\mathrm{T}}(t)\boldsymbol{x}(t)\,\big|_{t_0}^{t_f}+\int_{t_0}^{t_f}\{H[\boldsymbol{x}(t),\boldsymbol{u}(t),\boldsymbol{\lambda}(t)]+\dot{\boldsymbol{\lambda}}^{\mathrm{T}}(t)\boldsymbol{x}(t)\}\mathrm{d}t$$

$$\delta J=\frac{1}{2}\frac{\partial\boldsymbol{x}^{\mathrm{T}}(t_f)\boldsymbol{F}\boldsymbol{x}(t_f)}{\partial\boldsymbol{x}^{\mathrm{T}}(t_f)}\delta\boldsymbol{x}(t_f)-\boldsymbol{\lambda}^{\mathrm{T}}(t_f)\delta\boldsymbol{x}(t_f)+\int_{t_0}^{t_f}\left[\left(\frac{\partial H}{\partial\boldsymbol{x}}+\dot{\boldsymbol{\lambda}}\right)^{\mathrm{T}}\delta\boldsymbol{x}+\frac{\partial H}{\partial\boldsymbol{u}}^{\mathrm{T}}\delta\boldsymbol{u}\right]\mathrm{d}t$$
$$=[\boldsymbol{x}^{\mathrm{T}}(t_f)\boldsymbol{F}-\boldsymbol{\lambda}^{\mathrm{T}}(t_f)]\delta\boldsymbol{x}(t_f)+\int_{t_0}^{t_f}\left[\left(\frac{\partial H}{\partial\boldsymbol{x}}+\dot{\boldsymbol{\lambda}}\right)^{\mathrm{T}}\delta\boldsymbol{x}+\frac{\partial H}{\partial\boldsymbol{u}}\delta\boldsymbol{u}\right]\mathrm{d}t \tag{7-169}$$

根据极值的必要条件,可以求得

$$\dot{\boldsymbol{x}}(t)=\frac{\partial H}{\partial\boldsymbol{\lambda}}=\boldsymbol{A}(t)\boldsymbol{x}(t)+\boldsymbol{B}(t)\boldsymbol{u}(t) \tag{7-170}$$

$$\dot{\boldsymbol{\lambda}}(t)=-\frac{\partial H}{\partial\boldsymbol{x}}=-\boldsymbol{Q}(t)\boldsymbol{x}(t)-\boldsymbol{A}^{\mathrm{T}}(t)\boldsymbol{\lambda}(t) \tag{7-171}$$

$$\boldsymbol{\lambda}(t_f)=\frac{1}{2}\frac{\partial\boldsymbol{x}^{\mathrm{T}}(t_f)\boldsymbol{F}\boldsymbol{x}(t_f)}{\partial\boldsymbol{x}(t_f)}=\boldsymbol{F}\boldsymbol{x}(t_f) \tag{7-172}$$

以及极值条件

$$\frac{\partial H}{\partial\boldsymbol{u}}=\boldsymbol{R}(t)\boldsymbol{u}(t)+\boldsymbol{B}^{\mathrm{T}}(t)\boldsymbol{\lambda}(t)=0 \tag{7-173}$$

由式(7-173)得最优控制律为

$$\boldsymbol{u}^*(t)=-\boldsymbol{R}^{-1}(t)\boldsymbol{B}^{\mathrm{T}}(t)\boldsymbol{\lambda}(t) \tag{7-174}$$

注意到方程(7-170)和方程(7-171)及其终端条件均为线性,因此,$\lambda(t)$ 和 $x(t)$ 之间必定为线性关系,可以表示为

$$\boldsymbol{\lambda}(t)=\boldsymbol{P}(t)\boldsymbol{x}^*(t) \tag{7-175}$$

由式(7-174)和式(7-175)可以得到最优解(7-162)。其中矩阵 $\boldsymbol{P}(t)$ 满足方程(7-170)、方程(7-171)以及方程(7-175)。求解方法如下。

对方程(7-175)求导数,得

$$\dot{\boldsymbol{\lambda}}(t)=\dot{\boldsymbol{P}}(t)\boldsymbol{x}^*(t)+\boldsymbol{P}(t)\dot{\boldsymbol{x}}^*(t)=\dot{\boldsymbol{P}}(t)\boldsymbol{x}^*(t)+\boldsymbol{P}(t)\boldsymbol{A}(t)\boldsymbol{x}^*(t)+\boldsymbol{P}(t)\boldsymbol{B}(t)\boldsymbol{u}^*(t)$$
$$=[\dot{\boldsymbol{P}}(t)+\boldsymbol{P}(t)\boldsymbol{A}(t)-\boldsymbol{P}(t)\boldsymbol{B}(t)\boldsymbol{R}^{-1}(t)\boldsymbol{B}^{\mathrm{T}}(t)\boldsymbol{P}(t)]\boldsymbol{x}^*(t)$$

另将方程(7-171)代入上式得

$$\dot{\boldsymbol{\lambda}}(t)=-\boldsymbol{Q}(t)\boldsymbol{x}^*(t)-\boldsymbol{A}^{\mathrm{T}}(t)\boldsymbol{P}(t)\boldsymbol{x}^*(t)=[-\boldsymbol{Q}(t)-\boldsymbol{A}^{\mathrm{T}}(t)\boldsymbol{P}(t)]\boldsymbol{x}^*(t)$$

比较上述两式,可以求得矩阵 $\boldsymbol{P}(t)$是矩阵黎卡提微分方程(7-165)的对称正定或半正定解。因此,证明了定理的必要性。

2) 充分性证明。已知 $\boldsymbol{u}^*(t)=-\boldsymbol{R}^{-1}(t)\boldsymbol{B}^{\mathrm{T}}(t)\boldsymbol{P}(t)\boldsymbol{x}^*(t)$,欲证 $\boldsymbol{u}^*(t)$为最优控制。

引入如下等式

$$\frac{1}{2}\boldsymbol{x}^{\mathrm{T}}(t_f)\boldsymbol{P}(t_f)\boldsymbol{x}(t_f)-\frac{1}{2}\boldsymbol{x}^{\mathrm{T}}(t_0)\boldsymbol{P}(t_0)\boldsymbol{x}(t_0)=\frac{1}{2}\int_{t_0}^{t_f}\frac{\mathrm{d}}{\mathrm{d}t}\boldsymbol{x}^{\mathrm{T}}(t)\boldsymbol{P}(t)\boldsymbol{x}(t)\mathrm{d}t$$

$$=\frac{1}{2}\int_{t_0}^{t_f}[\dot{\boldsymbol{x}}^{\mathrm{T}}(t)\boldsymbol{P}(t)\boldsymbol{x}(t)+\boldsymbol{x}^{\mathrm{T}}(t)\dot{\boldsymbol{P}}(t)\boldsymbol{x}(t)+\boldsymbol{x}^{\mathrm{T}}(t)\boldsymbol{P}(t)\dot{\boldsymbol{x}}(t)]\mathrm{d}t$$

进而,利用(7-160)和(7-165),上式可以进一步表示为

$$\begin{aligned}&\frac{1}{2}\boldsymbol{x}^{\mathrm{T}}(t_f)\boldsymbol{P}(t_f)\boldsymbol{x}(t_f)-\frac{1}{2}\boldsymbol{x}^{\mathrm{T}}(t_0)\boldsymbol{P}(t_0)\boldsymbol{x}(t_0)\\&=\frac{1}{2}\int_{t_0}^{t_f}\{\boldsymbol{x}^{\mathrm{T}}(t)[\boldsymbol{A}^{\mathrm{T}}(t)\boldsymbol{P}(t)+\dot{\boldsymbol{P}}(t)+\boldsymbol{P}(t)\boldsymbol{A}(t)]\boldsymbol{x}(t)\\&\quad+\boldsymbol{u}^{\mathrm{T}}(t)\boldsymbol{B}^{\mathrm{T}}(t)\boldsymbol{P}(t)\boldsymbol{x}(t)+\boldsymbol{x}^{\mathrm{T}}(t)\boldsymbol{P}(t)\boldsymbol{B}(t)\boldsymbol{u}(t)\}\mathrm{d}t\\&=\frac{1}{2}\int_{t_0}^{t_f}\{\boldsymbol{x}^{\mathrm{T}}(t)[-\boldsymbol{Q}(t)+\boldsymbol{P}(t)\boldsymbol{B}^{\mathrm{T}}(t)\boldsymbol{R}^{-1}(t)\boldsymbol{B}(t)\boldsymbol{P}(t)]\boldsymbol{x}(t)\\&\quad+\boldsymbol{u}^{\mathrm{T}}(t)\boldsymbol{B}^{\mathrm{T}}(t)\boldsymbol{P}(t)\boldsymbol{x}(t)+\boldsymbol{x}^{\mathrm{T}}(t)\boldsymbol{P}(t)\boldsymbol{B}(t)\boldsymbol{u}(t)\}\mathrm{d}t\end{aligned}$$

考虑到若取控制律为 $\boldsymbol{u}(t)=-\boldsymbol{R}^{-1}(t)\boldsymbol{B}^{\mathrm{T}}(t)\boldsymbol{P}(t)\boldsymbol{x}(t)$,对上述方程进行配方得

$$\begin{aligned}\frac{1}{2}\boldsymbol{x}^{\mathrm{T}}(t_f)\boldsymbol{P}(t_f)\boldsymbol{x}(t_f)-\frac{1}{2}\boldsymbol{x}^{\mathrm{T}}(t_0)\boldsymbol{P}(t_0)\boldsymbol{x}(t_0)&=\frac{1}{2}\int_{t_0}^{t_f}\{-\boldsymbol{x}^{\mathrm{T}}(t)\boldsymbol{Q}(t)\boldsymbol{x}(t)-\boldsymbol{u}^{\mathrm{T}}(t)\boldsymbol{R}(t)\boldsymbol{u}(t)\\&+[\boldsymbol{x}(t)+\boldsymbol{R}^{-1}(t)\boldsymbol{B}^{\mathrm{T}}(t)\boldsymbol{P}(t)\boldsymbol{x}(t)]^{\mathrm{T}}\boldsymbol{R}(t)[\boldsymbol{x}(t)+\boldsymbol{R}^{-1}(t)\boldsymbol{B}^{\mathrm{T}}(t)\boldsymbol{P}(t)\boldsymbol{x}(t)]\}\mathrm{d}t\end{aligned}$$

考虑到 $\boldsymbol{P}(t_f)=F$,可以导出

$$\begin{aligned}J[\boldsymbol{u}(t)]&=\frac{1}{2}\boldsymbol{x}^{\mathrm{T}}(t_f)F\boldsymbol{x}(t_f)+\frac{1}{2}\int_{t_0}^{t_f}[\boldsymbol{x}^{\mathrm{T}}(t)\boldsymbol{Q}(t)\boldsymbol{x}(t)+\boldsymbol{u}^{\mathrm{T}}(t)\boldsymbol{R}(t)\boldsymbol{u}(t)]\mathrm{d}t\\&=\frac{1}{2}\boldsymbol{x}^{\mathrm{T}}(t_0)\boldsymbol{P}(t_0)\boldsymbol{x}(t_0)+\frac{1}{2}\int_{t_0}^{t_f}[\boldsymbol{u}(t)+\boldsymbol{R}^{-1}(t)\boldsymbol{B}^{\mathrm{T}}(t)\boldsymbol{P}(t)\boldsymbol{x}(t)]^{\mathrm{T}}\\&\quad\cdot\boldsymbol{R}(t)[\boldsymbol{u}(t)+\boldsymbol{R}^{-1}(t)\boldsymbol{B}^{\mathrm{T}}(t)\boldsymbol{P}(t)\boldsymbol{x}(t)]\mathrm{d}t\end{aligned}$$

这表明,当 $\boldsymbol{u}(t)=-\boldsymbol{R}^{-1}(t)\boldsymbol{B}^{\mathrm{T}}(t)\boldsymbol{P}(t)\boldsymbol{x}(t)$时,性能指标 $J[\boldsymbol{u}(t)]$将取最小值

$$J[\boldsymbol{u}^*(t)]=\frac{1}{2}\boldsymbol{x}^{\mathrm{T}}(t_0)F\boldsymbol{x}(t_0)$$

即 $\boldsymbol{u}^*(t)=-\boldsymbol{R}^{-1}(t)\boldsymbol{B}^{\mathrm{T}}(t)\boldsymbol{P}(t)\boldsymbol{x}^*(t)$为最优控制。于是,定理的充分性得以证明。

□□□

上述具有充分必要的最优控制(7-162)实际上是一个线性状态反馈,因此,可以将线性系统最优状态调节器的最优控制表示成如图 7-6 所示的状态反馈形式,其闭环系统的状态方程为

$$\dot{\boldsymbol{x}}(t)=[\boldsymbol{A}(t)-\boldsymbol{B}(t)\boldsymbol{R}^{-1}(t)\boldsymbol{B}^{\mathrm{T}}(t)\boldsymbol{P}(t)]\boldsymbol{x}(t)$$

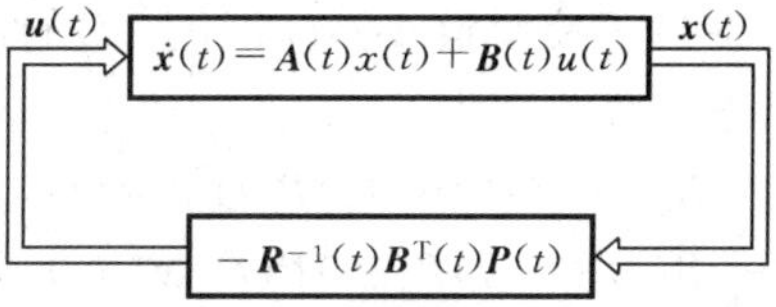

图 7-6 线性系统最优状态调节器

上述结论是线性时变系统的结论，当系统是线性定常的时候，上述结论仍然成立，而且计算还要简单。

2. 矩阵 $\boldsymbol{P}(t)$ 的若干性质

对黎卡提微分方程的解 $\boldsymbol{P}(t)$，有如下性质。

1) $\boldsymbol{P}(t)$ 是黎卡提微分方程末值问题的解，与初始状态无关。当在区间$[t_0,t_f]$内 $\boldsymbol{A}(t)$、$\boldsymbol{B}(t)$、$\boldsymbol{R}(t)$ 和 $\boldsymbol{Q}(t)$ 为分段连续的时间函数，$\boldsymbol{R}(t)$ 为正定且其逆矩阵有界，$\boldsymbol{Q}(t)$ 矩阵为非负定时，根据微分方程解的存在性和惟一性理论，$\boldsymbol{P}(t)$ 的解在区间$[t_0,t_f]$内惟一存在。

2) 对于任意 $t\in[t_0,t_f]$，$\boldsymbol{P}(t)$ 是对称矩阵。事实上，将黎卡提微分方程(7-165)和边界条件(7-166)的两边作转置，并考虑到 $\boldsymbol{R}(t)$，$\boldsymbol{Q}(t)$ 和 $\boldsymbol{F}$ 都为对称矩阵，则有

$$[\boldsymbol{P}^{T}(t)] = [\dot{\boldsymbol{P}}(t)]^{T} = -\boldsymbol{P}(t)\boldsymbol{A}(t) - \boldsymbol{A}^{T}(t)\boldsymbol{P}(t) + \boldsymbol{P}(t)\boldsymbol{B}(t)\boldsymbol{R}^{-1}(t)\boldsymbol{B}^{T}(t)\boldsymbol{P}(t) - \boldsymbol{Q}(t)$$

$$\boldsymbol{P}^{T}(t_f) = \boldsymbol{P}(t_f) = \boldsymbol{F}$$

因此，矩阵 $\boldsymbol{P}(t)$ 和它的转置 $\boldsymbol{P}^{T}(t)$ 满足同一个矩阵微分方程和边界条件。根据微分方程解的存在性和惟一性理论，则对任意 $t\in[t_0,t_f]$，有 $\boldsymbol{P}^{T}(t)=\boldsymbol{P}(t)$，即 $\boldsymbol{P}(t)$ 是对称的。

3) 由于矩阵 $\boldsymbol{P}(t)$ 的对称性，则 $n\times n$ 维的黎卡提矩阵微分方程实质上是一个由 $n(n+1)/2$ 个非线性标量微分方程组成的微分方程组。因此，求解 $P(t)$，只要求解 $n(n+1)/2$ 个非线性微分方程即可。

3. 最优控制的存在性与惟一性

对于一般的最优控制问题，论证最优控制解的存在性是很困难的，但对于最优状态调节器问题，可以证明最优控制解的存在性和惟一性。对此，有如下定理。

定理 7-15 对线性时变系统的最优状态调节器问题，当 $t_f<\infty$ 时，最优控制 $\boldsymbol{u}^*(t)$ 存在且惟一。

证明 (1) 证明定理的存在性。定理 7-14 给出最优状态调节器问题的 $\boldsymbol{u}^*(t)$ 的充分必要条件为

$$\boldsymbol{u}^*(t) = -\boldsymbol{R}^{-1}(t)\boldsymbol{B}^{T}(t)\boldsymbol{P}(t)\boldsymbol{x}^*(t)$$

由于黎卡提微分方程末值问题的解 $\boldsymbol{P}(t)$ 是惟一存在的，因此，$\boldsymbol{u}^*(t)$ 的存在性得证。

(2) 证明定理的惟一性。用反证法证明。设 $\boldsymbol{u}^*(t)$ 不惟一，为不失一般性，令 $\boldsymbol{u}_1^*(t)$ 和 $\boldsymbol{u}_2^*(t)$ 是同一最优状态调节器问题的最优控制函数解。由 $\boldsymbol{P}(t)$ 的惟一性可知，$\boldsymbol{u}_1^*(t)$ 和 $\boldsymbol{u}_2^*(t)$ 分别为

$$\boldsymbol{u}_1^*(t) = -\boldsymbol{R}^{-1}(t)\boldsymbol{B}^{T}(t)\boldsymbol{P}(t)\boldsymbol{x}_1^*(t), \quad \boldsymbol{u}_2^*(t) = -\boldsymbol{R}^{-1}(t)\boldsymbol{B}^{T}(t)\boldsymbol{P}(t)\boldsymbol{x}_2^*(t)$$

其中，$\boldsymbol{x}_1^*(t)$和$\boldsymbol{x}_2^*(t)$分别为对应于控制量$\boldsymbol{u}_1^*(t)$和$\boldsymbol{u}_2^*(t)$的最优状态轨线。因此，在两种最优控制下的闭环系统状态方程分别为

$$\dot{\boldsymbol{x}}_1^*(t)=[\boldsymbol{A}(t)-\boldsymbol{B}(t)\boldsymbol{R}^{-1}(t)\boldsymbol{B}^{\mathrm{T}}(t)\boldsymbol{P}(t)]\boldsymbol{x}_1^*(t),\quad \boldsymbol{x}_1^*(t_0)=\boldsymbol{x}_0$$
$$\dot{\boldsymbol{x}}_2^*(t)=[\boldsymbol{A}(t)-\boldsymbol{B}(t)\boldsymbol{R}^{-1}(t)\boldsymbol{B}^{\mathrm{T}}(t)\boldsymbol{P}(t)]\boldsymbol{x}_2^*(t),\quad \boldsymbol{x}_2^*(t_0)=\boldsymbol{x}_0$$

可见，最优状态轨线$\boldsymbol{x}_1^*(t)$和$\boldsymbol{x}_2^*(t)$满足同一个微分方程和同样的初始条件。根据微分方程初值问题解的惟一性，显然有

$$\boldsymbol{x}_1^*(t)=\boldsymbol{x}_2^*(t)\quad(\forall t\in[t_0,t_f])$$

从而有

$$\boldsymbol{u}_1^*(t)=\boldsymbol{u}_2^*(t)\quad(\forall t\in[t_0,t_f])$$

即惟一性得以证明。

□□□

由定理7-14和7-15表明，对于线性系统二次型性能指标泛函的最优控制问题，如果控制区间$[t_0,t_f]$有限，则其最优控制必存在，且惟一地具有式(7-164)的状态线性反馈律的形式，其中矩阵$\boldsymbol{P}(t)$为黎卡提矩阵微分方程的解。

下面通过分析一个一阶系统的最优状态调节器问题，进一步领会该调节器的基本特性。

例7-11 已知一阶被控系统的状态方程和性能指标分别为

$$\dot{x}(t)=ax(t)+u(t),\quad x(t_0)=x_0$$
$$J=\frac{1}{2}fx^2(t_f)+\frac{1}{2}\int_{t_0}^{t_f}[qx^2(t)+ru^2(t)]\mathrm{d}t$$

其中，$f\geqslant0,q\geqslant0,r>0$。试求其最优控制和最优状态轨线。

解 根据定理7-14，可以求出该问题的最优控制为

$$u(t)=-\frac{1}{r}p(t)x(t)$$

其中$p(t)$是如下黎卡提微分方程及边界条件的解

$$\dot{p}(t)=-2ap(t)+\frac{1}{r}p^2(t)-q,\quad p(t_f)=f$$

由上述微分方程可知，$p(t)$的解满足

$$\int_{p(t)}^{p(t_f)}\frac{\mathrm{d}p(s)}{-2ap(s)+\frac{1}{r}p^2(s)-q}=\int_t^{t_f}\mathrm{d}s$$

积分上式，可得

$$p(t)=r\frac{\beta+a+(\beta-a)\frac{f/r-\beta-a}{f/r+\beta-a}e^{2\beta(t-t_f)}}{1-\frac{f/r-\beta-a}{f/r+\beta-a}e^{2\beta(t-t_f)}}$$

其中

$$\beta=\sqrt{\frac{q}{r}+a^2}$$

最优状态轨线为下列一阶时变微分方程的解

$$\dot{x}(t)=\left[a-\frac{p(t)}{r}\right]x(t)$$

于是得

$$x(t)=x_0\exp\left[\int_0^t\left(a-\frac{p(s)}{r}\right)\mathrm{d}s\right]$$

对上述线性定常系统的最优状态调节器问题，其最优状态反馈律和闭环系统状态方程都呈现时变的性质。这是最优状态调节器在 $t_f<\infty$ 的一个重要性质。

图 7-7 是例 7-11 的最优状态调节器的结构图。图中信号 $p(t)$ 是对黎卡提微分方程进行电子电路模拟的结果，其初始信号 $p(0)$ 是对黎卡提微分方程的解在 $t=0$ 时的值。

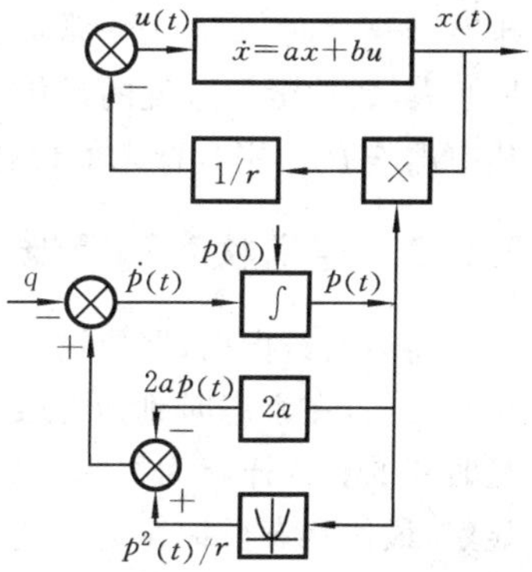

图 7-7 最优状态调节器结构图

图 7-8(a)表示在 $a=-1,f=0,t_f=1,x(0)=1$ 和$q=1$时，以 r 为参数的一组最优状态轨线 $x(t)$。可见 r 很小，意即在性能指标中控制的价值不太重要，状态 $x(t)$将迅速被控制到零值；r 很大，意即控制的价值较重要，状态 $x(t)$将由于控制量投入得小，则衰减得很慢。

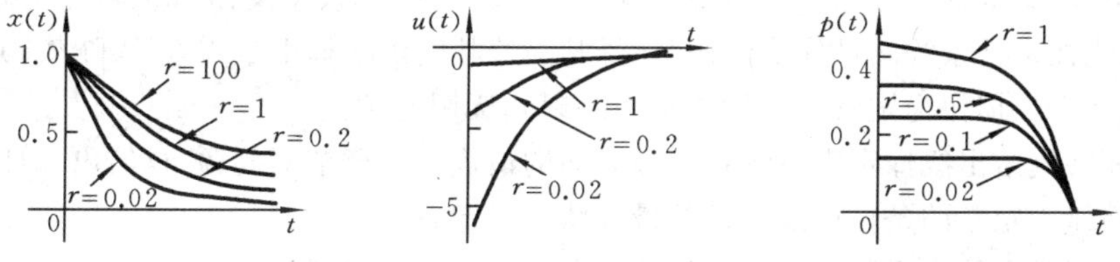

图 7-8 不用 r 值最优状态调节器各变量变化轨迹

图 7-8(b)表示以 r 为参数的一组最优控制 $u(t)$ 的曲线。可见随着 r 的减小，在控制区间[0,1]的开始阶段，控制量 $u(t)$ 较大；当 $r\to 0$ 时，控制将逐渐变成在 $t=0$ 时刻的脉冲信号。

图 7-8(c)表示以 r 为参数时，黎卡提微分方程的解 $p(t)$ 的一组曲线。可见随着 r 的减小，在控制区间[0,1]的开始阶段，$p(t)$ 几乎为一常数；当 r 很小时，$p(t)$ 仅在控制区间的最后阶段才呈现时变的性质。

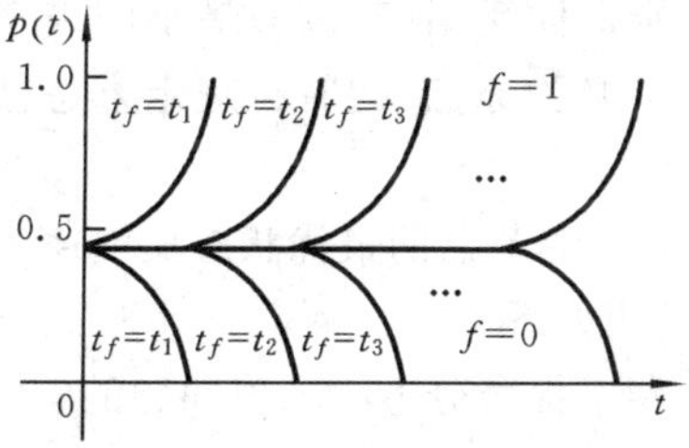

图 7-9 不同末端时刻 $p(t)$ 的曲线

图 7-9 表示在 $a=-1,f=0,q=r=1,f$ 取 0 或 1 的情况下，以 t_f 为参数时黎卡提微分方程的解 $p(t)$ 的一组曲线。这些曲线表明，随 t_f 的增长，函数 $p(t)$ 的前面部分趋于同一个稳态值，其时变值仅在后面很小的时间段内呈现，而且该稳态值与末端条件无关。这一事实可用如下数学关系式来说明。

$$\lim_{t_f\to\infty} p(t)=r(\beta+a)=ar+\sqrt{qr+a^2r^2}$$

即当 $t_f \to \infty$ 时，$p(t)$ 为一常数。当 $a=-1, q=r=1$ 时，$p(t) \to 0.414$。由此可见，只要 t_f 足够大，线性定常系统的最优状态调节器的时变状态反馈律可用定常状态反馈律近似，其中矩阵 $\boldsymbol{P}(t)$ 用其稳态值代替。

7.5.2 定常状态调节器

前面已经指出，即使被控系统是线性定常的，性能指标泛函中的矩阵 $\boldsymbol{Q}(t)$ 和 $\boldsymbol{R}(t)$ 也是定常的，在末态时刻为有限时间，即 $t_f < \infty$ 时，其最优状态调节器的最优状态反馈律也是时变的。这样就为控制方法的实施带来了相当大的困难，控制系统的结构变得复杂。显然，最优状态反馈律为时变的症结在于矩阵 $\boldsymbol{P}(t)$ 是时变的。因此，建立 $\boldsymbol{P}(t)$ 为定常矩阵的最优状态调节器问题的条件就是得到定常最优状态反馈律的条件。以定常最优状态反馈律构成闭环系统，既大大减少了控制系统实施的困难性，简化了系统的结构，又便于维护使用，无论在理论上和工程上都具有较大价值。

从例 7-11 的一阶线性定常系统的最优状态调节器问题可以看出，随着末态时刻 t_f 的无限增长，黎卡提微分方程的解 $p(t)$ 趋于常数，而最优状态反馈律也转化为定常的。因此，对线性定常系统的最优状态调节器问题，若其泛函指标中矩阵 $\boldsymbol{Q}(t)$ 和 $\boldsymbol{R}(t)$ 均为定常，最优状态反馈律为定常的条件与末态时刻 t_f 无限有关。

下面将先给出线性定常系统在无限时间的最优状态调节器问题，再给出和证明最优状态反馈律为定常的条件以及定常的最优状态反馈解。

线性定常系统在无限时间的最优状态调节器问题的描述如下。

无限时间最优状态调节器问题 设线性定常系统的状态方程和初始条件为

$$\dot{\boldsymbol{x}}(t) = \boldsymbol{A}\boldsymbol{x}(t) + \boldsymbol{B}\boldsymbol{u}(t), \quad \boldsymbol{x}(t_0) = \boldsymbol{x}_0 \tag{7-176}$$

式中，系统矩阵 $\boldsymbol{A}$ 和输入矩阵 $\boldsymbol{B}$ 为常数矩阵；控制量 $\boldsymbol{u}(t)$ 不受约束。寻找最优控制函数 $\boldsymbol{u}^*(t)$，使下列二次型性能指标泛函为最小

$$J[\boldsymbol{u}(\cdot)] = \frac{1}{2}\int_0^\infty [\boldsymbol{x}^{\mathrm{T}}(t)\boldsymbol{Q}\boldsymbol{x}(t) + \boldsymbol{u}^{\mathrm{T}}(t)\boldsymbol{R}\boldsymbol{u}(t)]\mathrm{d}t \tag{7-177}$$

式中，$\boldsymbol{Q}$ 为非负定常数矩阵；$\boldsymbol{R}$ 为正定常数矩阵。

上述无限时间最优状态调节器问题的性能指标泛函中没有末态性能指标项 $S[\boldsymbol{x}(t_f), t_f]$。这是因为，对无限时间调节器问题，使性能指标泛函(7-177)最小的末态 $\boldsymbol{x}(\infty)$ 必定为原点；否则，$J[\boldsymbol{u}(\cdot)]$ 将趋于 ∞。因此，$\boldsymbol{x}(\infty)$ 必为原点，此时再规定末态性能指标项是无意义的。

前面已经指出，上述线性定常系统的无限时间最优状态调节器的最优状态反馈律为定常的条件与末态时刻 t_f 为无限有关。该结论可简单说明如下。

由黎卡提微分方程解的性质可知，矩阵 $\boldsymbol{P}(t)$ 是如下黎卡提微分方程末值问题的解。

$$\begin{cases} \dot{\boldsymbol{P}}(t) = -\boldsymbol{P}(t)\boldsymbol{A} - \boldsymbol{A}^{\mathrm{T}}\boldsymbol{P}(t) + \boldsymbol{P}(t)\boldsymbol{B}\boldsymbol{R}^{-1}\boldsymbol{B}^{\mathrm{T}}\boldsymbol{P}(t) - \boldsymbol{Q} \\ \boldsymbol{P}(t_f) = 0 \end{cases} \tag{7-178}$$

式中，矩阵 $\boldsymbol{A}$、$\boldsymbol{B}$、$\boldsymbol{Q}$ 和 $\boldsymbol{R}$ 都为定常矩阵。由于 $\boldsymbol{P}(t)$ 与末态时刻 t_f 有关，可记为 $\boldsymbol{P}(t, t_f)$。

由微分方程理论可知，定常微分方程(7-178)的解 $\boldsymbol{P}(t,t_f)$的值只与 t_f-t 有关，与时刻 t 无直接关系。因此，有

$$\lim_{t_f\to\infty}\boldsymbol{P}(t,t_f)=\lim_{t_f\to\infty}\boldsymbol{P}(0,t_f-t)=\boldsymbol{P}(0,\infty)$$

即当 $t_f\to\infty$时定常微分方程(7-178)的解 $\boldsymbol{P}(t,t_f)$与时间 t 无关。因此，只要黎卡提微分方程(7-178)的解 $\boldsymbol{P}(t,t_f)$存在且为有限矩阵，则 $\boldsymbol{P}(t,t_f)$必为常数矩阵。所以，黎卡提微分方程(7-178)可记为如下代数矩阵方程

$$\boldsymbol{PA}+\boldsymbol{A}^{\mathrm{T}}\boldsymbol{P}-\boldsymbol{PBR}^{-1}\boldsymbol{B}^{\mathrm{T}}\boldsymbol{P}+\boldsymbol{Q}=0 \tag{7-179}$$

也称为黎卡提矩阵代数方程。

因此，上述结论可归纳为如下线性定常系统的无限时间最优状态调节器定理。

定理 7-16(无限时间状态调节器定理)　无限时间最优状态调节器问题的最优控制存在且惟一，并可由下式决定

$$\boldsymbol{u}^*(t)=-\boldsymbol{R}^{-1}\boldsymbol{B}^{\mathrm{T}}\boldsymbol{Px}^*(t) \tag{7-180}$$

式中 $n\times n$ 维矩阵 $\boldsymbol{P}$ 是黎卡提矩阵代数方程(7-179)的惟一非负定的解。此时，最优状态调节器的闭环系统状态方程为

$$\dot{\boldsymbol{x}}(t)=[\boldsymbol{A}-\boldsymbol{BR}^{-1}\boldsymbol{B}^{\mathrm{T}}\boldsymbol{P}]\boldsymbol{x}(t),\quad \boldsymbol{x}(t_0)=\boldsymbol{x}_0 \tag{7-181}$$

从任意初始状态 $\boldsymbol{x}(t_0)$开始的最优性能指标为

$$J[\boldsymbol{x}(t_0),t_0]=\frac{1}{2}\boldsymbol{x}^{\mathrm{T}}(t_0)\boldsymbol{Px}(t_0)$$

关于线性定常系统的无限时间最优状态调节器的定理，有如下说明。

1) 在该定理中，强调了被控的线性定常系统状态要能镇定(即能稳的)。由 6.3 节知识可知，状态能稳性的意义是一定存在一个状态反馈，使状态能稳的系统闭环渐近稳定。

无限时间的最优状态调节器问题要求调节被控系统在末态时刻 $t_f\to\infty$时的状态 $\boldsymbol{x}(\infty)$为零状态(原点)。如果被控系统是状态能控的，当然就存在线性定常状态反馈律，使被控系统的反馈闭环系统是渐近稳定的，即状态 $\boldsymbol{x}(t)$可逐渐衰减至零；或存在时变的状态反馈律，使被控系统的状态在有限时间内转移到零状态。若被控系统是状态不完全能控的，则至少要求不能控的子系统是渐近稳定的，才能使得该部分子系统的状态能随时间 $t\to\infty$而自由衰减至零状态。因此，在无限时间的最优状态调节器问题中，要求系统至少是状态能镇定的。

在前一节讨论的有限时间最优状态调节器问题中，未要求被控系统是状态能控的或状态能镇定的。这是因为，该问题的末态 $\boldsymbol{x}(t_f)$是自由的。控制的目的是使性能指标泛函最小，而不是将系统状态调节到指定的末态。即使系统状态不是能控的和能镇定的，也总可以找到控制 $\boldsymbol{u}(t)$使得性能指标泛函对该系统而言是最小的。

2) 若被控线性定常系统是状态能镇定的，即矩阵对$(\boldsymbol{A},\boldsymbol{B})$是能镇定矩阵对，则黎卡提矩阵代数方程(7-179)的解 $\boldsymbol{P}$ 至少是非负定的。若被控线性定常系统是状态完全能控的，即矩阵对$(\boldsymbol{A},\boldsymbol{B})$是能控矩阵对，则黎卡提矩阵代数方程(7-179)的解 $\boldsymbol{P}$ 是正定的(参

见参考文献[43])。

下面通过分析一个一阶线性定常系统的无限时间最优状态调节器问题,进一步领会该调节器的基本特性。

例 7-12 已知一阶被控系统的状态方程和性能指标分别为

$$\dot{x}(t) = ax(t) + u(t), \quad x(t_0) = x_0$$

$$J = \frac{1}{2}\int_0^{\infty} [qx^2(t) + ru^2(t)]\mathrm{d}t$$

其中,$q \geqslant 0, r > 0$。试求其最优控制和最优状态轨线。

解 根据定理 7-16,可以求出该问题的最优控制为

$$u(t) = -\frac{1}{r}px(t)$$

其中,p 是如下黎卡提代数方程的解

$$2ap - \frac{1}{r}p^2 + q = 0$$

解得

$$p = ar + \sqrt{qr + a^2r^2}$$

因此,最优状态反馈律为

$$u(t) = -\left[a + \sqrt{\frac{q}{r} + a^2}\right]x(t)$$

相应的最优状态调节器的闭环系统状态方程为

$$\dot{x}(t) = -\sqrt{\frac{q}{r} + a^2}\, x(t)$$

于是得

$$x(t) = \exp\left[-\sqrt{\frac{q}{r} + a^2}\right]x(0)$$

关于 LQ 最优调节器的更多方面知识,可以参考文献[42]。

7.6 动态规划与离散系统最优控制

前面讨论了连续系统最优控制问题的基于经典变分法和庞特里亚金极大值原理的两种求解方法。所谓连续系统,即系统方程是用线性或非线性微分方程描述的动态系统。该类系统的控制问题是与传统的控制系统和控制元件的模拟式实现相适应的,如模拟式电子运算放大器件、模拟式自动化运算仪表、模拟式液压放大元件等。随着计算机技术的发展及计算机控制技术的日益深入,离散系统的最优控制问题也必然成为最优控制中需深入探讨的控制问题,而且成为现代控制技术更为关注的问题。离散系统的控制问题为人们所重视的原因有二。

1) 有些连续系统的控制问题在应用计算机控制技术、数字控制技术时,通过采样后成为离散化系统,如许多现代工业控制领域的实际计算机控制问题。

2) 有些实际控制问题本身即为离散系统,如某些经济计划系统、人口系统的时间坐

标只能以小时、天或月等标记；再如机床加工中心的时间坐标是以一个事件(如零件加工活动)的发生或结束为标志的。

本节将介绍解决离散系统最优控制的强有力工具——贝尔曼动态规划，以及线性离散系统的二次最优控制问题。

7.6.1 最优性原理与离散系统的动态规划法

基于对多阶段决策过程的研究，贝尔曼在20世纪50年代首先提出了求解离散多阶段决策优化问题的动态规划法。如今，这种决策优化方法在许多领域得到应用和发展，如在生产计划、资源配置、信息处理、模式识别等方面都有成功的应用。下面要介绍的是，贝尔曼本人将动态规划优化方法成功地应用于动态系统的最优控制问题，即构成最优控制的两种主要求解方法之一的最优控制动态规划法。

动态规划的核心是贝尔曼最优性原理。这个原理归结为一个基本的递推公式，求解多阶段决策问题时，要从末端开始，逆向递推，直至始端。动态规划的离散基本形式受到问题的维数的限制，应用有一定的局限性。但是，它用于解决线性离散系统的二次型性能指标的最优控制问题特别有效。至于连续系统的最优控制问题的动态规划法，不仅是一种可供选择的有充分性的最优控制求解法，它还揭示了动态规划与变分法、极大值原理之间的关系，具有重要的理论价值。

1. 多阶段决策问题

在讨论动态规划法之前，先考察一个简单的最短时间行车问题，简称行车问题。

如图7-10所示，某交通工具从S站出发，终点为F站，全程可分为4段。中间可以经过的各站及它们之间的行车时间均已标记在图上。试求最短行车时间的行车路线。

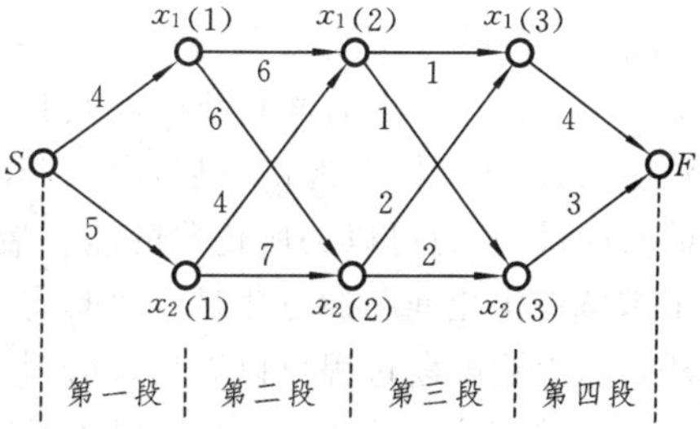

图7 10 某行车路线图

由S站出发至终点F站可有多种不同的行车路线，沿各种行车路线所耗费的时间不同。为使总的行车时间最短，司机在路程的前3段要作出3次决策。也就是说，一开始司机要在经过$x_1(1)$站还是$x_2(1)$站两种情况中作出决策。到$x_1(1)$站或$x_2(1)$后，又面临下一站是经过$x_1(2)$站还是$x_2(2)$站的第2次决策。同样，在后续的每个阶段都要作出类似的决策。

在该行车问题中，阶段数$n=4$，需作$n-1=3$次决策。由于每次决策只有两种可能的选择，3次选择共有$2^{(n-1)}=2^3=8$种不同的行车路线。因此，计算8种不同的行车路线所耗费的总行车时间，取最小者即可求出最短时间行车路线。若行车问题需作决策的阶段数n较大，每次决策中可供选择的方案较多时，用上述穷举法解决最短行车时间问题的计算量非常大。一般说来，用穷举法计算时间与作决策的阶段数n和每次决策中可供选择的方案数成指数关系，即通常所称的指数爆炸、维数灾难。

通过分析发现，另一种求最短时间行车路线的方法是：从最后一段开始，先分别算出 $x_1(3)$站和 $x_2(3)$站到终点 F 的最短时间，并分别记为 $J[x_1(3)]$和 $J[x_2(3)]$。实际上，最后一段没有选择的余地。因此，由图 7-10 可求得

$$J[x_1(3)] = 4,\quad J[x_2(3)] = 3$$

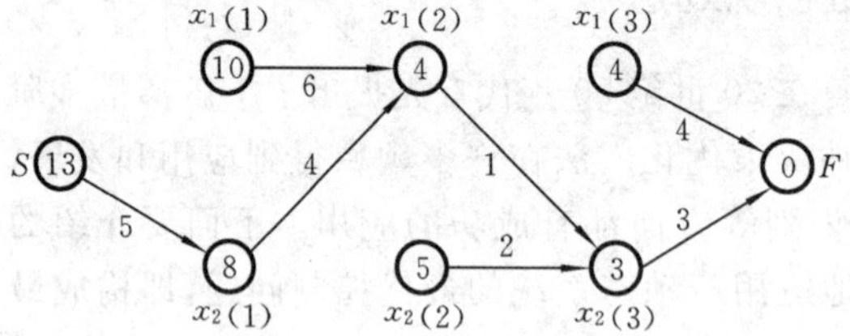

图 7-11　最优行车路线图

为便于今后求解过程的应用，可将从 $x_1(3)$站和 $x_2(3)$站到终点的最短时间 $J[x_1(3)]$和 $J[x_2(3)]$的数值标记于代表该站的小圆圈内，如图 7-11 所示。其他站的情况依此类推。

由此向后倒推，继续考察倒数第 2 段，计算 $x_1(2)$站和 $x_2(2)$站到终点 F 的最短时间，并分别记为 $J[x_1(2)]$和 $J[x_2(2)]$。由图 7-10 可知，从 $x_1(2)$站到达终点 F 的路线中下一站只能是 $x_1(3)$站和 $x_2(3)$站中之一。由于从 $x_1(3)$站和 $x_2(3)$站分别前往终点的最短时间已经计算出，因此，从 $x_1(2)$站和 $x_2(2)$到终点的最短时间分别为

$$J[x_1(2)] = \min\{1 + J[x_1(3)], 1 + J[x_2(3)]\} = 4$$

$$J[x_2(2)] = \min\{2 + J[x_1(3)], 2 + J[x_2(3)]\} = 5$$

其相应的最短时间行车路线为$\{x_1(2), x_2(3), F\}$和$\{x_2(2), x_2(3), F\}$。

类似于前面过程，其他各站到终点的最短时间和相应的行车路线如图 7-11 所示。从图 7-11 可以很方便地得到各站到终点站 F 的最短时间行车路线和所耗费的行车时间，当然，也可以得到从起点站 S 到终点站 F 的最短时间行车路线和所耗费的行车时间。

上述最短行车时间路线问题及其求解方法可以推广到许多多阶段决策优化问题，如建筑安装工期计划、经济发展计划、资源合理配置等，其相应的最优性指标可以为所耗费的时间最短，也可以为所耗费的能源最小、所得到的效益最好等。因此，前面介绍逆向递推求解最优化问题的方法是一种具有普遍性意义的多阶段决策优化方法，称为动态规划法。从上述解题过程可以看出，动态规划法具有如下特点。

1）与穷举法相比，动态规划法可使计算量大为减少。事实上，用动态规划法解多阶段决策问题，只需作一些简单的、非常有限的加法运算和求极大运算。如对一个有 n 个阶段、除最后一段外每一个状态下一步有 m 种可能决策方案的多阶段决策问题，共需作$(n-2)m^2+m=(mn-2m+1)m$ 次加法运算，以及$(mn-2m+1)(m-1)$次从 2 取 1 的极大运算。而对穷举法，则需作 $m\times m^{n-2}\times(n-1)=m^{n-1}(n-1)$次加法运算和 $m^{n-1}-1$ 次从 2 取 1 的极大运算。如对前面的 $n=4, m=2$ 的最短时间行车问题，用动态规划法求解共需作 10 次加法运算和 5 次从 2 取 1 的极大运算。而用穷举法求解，则分别为 24 次和 8 次。因此，动态规划法在减少计算量上的效果是显著的。阶段数 n 越大，决策方案 m 越多，则动态规划法的优点更为突出。如对 $n=10, m=4$ 的多阶段决策问题，用动态规划法求解共需作 132 次加法运算和 33 次从 2 取 1 的极大运算，而用穷举法求解分别

为 2359296 次和 262143 次。因此,动态规划法减少计算量的效果是非常显著的。

2) 用动态规划法求解多阶段决策问题的思路:为最后求出由起点 S 至终点 F 的最优路线,先逆向递推求出各状态至终点 F 的最优路线。在取得当前状态到终点的极值时,只需要知道当前状态值和上一次的最优(集合)值,就可以得到当前的最优值,并作为下一次优化的初始数据。贝尔曼的最优性原理就是运用这个原理给出递推方法的。

3) 由图 7-11 可知,与从起点 S 至终点 F 的最优路线$\{S,x_2(1),x_1(2),x_2(3),F\}$相对应的,该最优路线的从 $x_2(1)$站至终点 F 的部分路线$\{x_2(1),x_1(2),x_2(3),F\}$是从 $x_2(1)$站至终点 F 的最优路线。类似地,从 $x_1(2)$站至终点 F 的最优路线$\{x_1(2),x_2(3),F\}$是从起点 S 至终点 F 的最优路线$\{S,x_2(1),x_1(2),x_2(3),F\}$的一部分,也是从 $x_2(1)$至终点 F 的最优路线$\{x_2(1),x_1(2),x_2(3),F\}$的一部分。对于多阶段决策问题,最优路线和最优决策具有这种性质不是偶然的,而反映了该问题的一种规律性,即所谓的贝尔曼的最优性原理。它是动态规划法的核心。

2. 最优性原理一般问题的问题描述

现在正式阐述动态规划的基本原理。在引进一些专门的名词之后,先叙述所要求解的多阶段决策问题,接着给出和证明动态规划法的核心问题最优性原理,并应用这一基本原理求解多阶段决策过程,并将该求解方法推广至离散系统最优控制问题。

下面将在函数空间中描述 N 阶段的决策过程,为此先引进下述概念与定义。

1) 状态向量 $\boldsymbol{x}(k)$,表示过程在 k 时刻的状态。对控制问题,相当于状态变量向量。

2) 决策向量 $\boldsymbol{u}(k)$,表示过程在 k 时刻的从某一状态转变为另一状态的动因。对控制问题,则相当于控制输入向量。

3) 策略$\{\boldsymbol{u}(0),\boldsymbol{u}(1),\cdots,\boldsymbol{u}(N-1)\}$,是各个阶段的决策所组成的决策集合。

4) 代价 J,由于状态发生转移而耗费的代价。对控制问题,相当于性能指标。

设在决策 $\boldsymbol{u}(k)$的作用下,发生了状态从 $\boldsymbol{x}(k)$到 $\boldsymbol{x}(k+1)$的转移。显然新的状态 $\boldsymbol{x}(k+1)$完全取决于原来的状态 $\boldsymbol{x}(k)$和所采取的决策 $\boldsymbol{u}(k)$。也可以把这种转移看成是在决策 $\boldsymbol{u}(k)$作用下的状态从 $\boldsymbol{x}(k)$到 $\boldsymbol{x}(k+1)$的一种变换,且这种变换是惟一的,并用

$$\boldsymbol{x}(k+1)=\boldsymbol{f}[\boldsymbol{x}(k),\boldsymbol{u}(k),k] \tag{7-182}$$

表示。在每一阶段,通常有若干个决策可供选择,用 $\Omega(k)$代表第 k 个阶段可供选择的决策的集合。一般说来,阶段不同,其决策集合 $\Omega(k)$也不同。下面,还用 Ω 代表全部可供选择的决策的集合,即

$$\Omega=\Omega(0)\cup\Omega(1)\cup\cdots\cup\Omega(N-1)$$

对多阶段的决策问题,可以详细描述如下。

设系统可由决策 $\boldsymbol{u}(k)$,经变换式(7-182)把状态从 $\boldsymbol{x}(k)$转移到 $\boldsymbol{x}(k+1)$,其相应耗费的代价为 $F[\boldsymbol{x}(k),\boldsymbol{u}(k),k]$,$k=0,1,\cdots,N-1$。现需通过一变换序列

$$\boldsymbol{f}[\boldsymbol{x}(0),\boldsymbol{u}(0),0],\boldsymbol{f}[\boldsymbol{x}(1),\boldsymbol{u}(1),1],\cdots,\boldsymbol{f}[\boldsymbol{x}(N-1),\boldsymbol{u}(N-1),N-1]$$

将初始状态 $\boldsymbol{x}(0)$经 $\boldsymbol{x}(1),\cdots,\boldsymbol{x}(N-1)$转移到终态 $\boldsymbol{x}(N)$,与这 N 次转移相对应的所耗

费的总代价为

$$J[\boldsymbol{x}(0),\boldsymbol{u}(0),\boldsymbol{u}(1),\cdots,\boldsymbol{u}(N-1)]=\sum_{k=0}^{N-1}F[\boldsymbol{x}(k),\boldsymbol{u}(k),k] \tag{7-183}$$

试求出一个决策序列$\{\boldsymbol{u}(0),\boldsymbol{u}(1),\cdots,\boldsymbol{u}(N-1)\}\in\Omega$,使 N 阶段决策问题的总代价最小。

问题(7-183)的描述形式和最短路径问题又有所不同。如果把式(7-182)看作约束条件,则最短路径问题是一个无约束的动态规划问题,而问题(7-183)是一个具有约束的动态规划问题,在每一级优化(决策)的时候,都要考虑状态与控制之间的变换关系。

动态规划法是求解多阶段决策问题的一种最优化方法。这一问题的核心是所谓的最优性原理。最优性原理可以表述如下:一个最优性决策具有这样的性质,即不论初始状态和初始决策如何,对于前面决策所形成的状态来说,其余诸决策必须构成一个最优决策。

为了证实最优性原理,有下面的定理。

定理 7-17 若用 $\boldsymbol{u}(0,N-1)$表示 N 阶段决策过程中的一个策略,$\boldsymbol{u}(0,k-1)$和$\boldsymbol{u}(k,N-1)$分别表示前 k 个阶段和后 $N-k$ 个阶段的子策略;并用 $J[\boldsymbol{x}(0),\boldsymbol{u}(0,N-1)]$表示 N 阶段决策过程的总代价,$J[\boldsymbol{x}(0),\boldsymbol{u}(0,k-1)]$和 $J[\boldsymbol{x}(k),\boldsymbol{u}(k,N-1)]$分别表示前 k 个阶段和后 $N-k$ 个阶段的总代价,即存在如下两个等式

$$\boldsymbol{u}(0,N-1)=\{\boldsymbol{u}(0,k-1),\boldsymbol{u}(k,N-1)\} \tag{7-184}$$

$$J[\boldsymbol{x}(0),\boldsymbol{u}(0,N-1)]=J[\boldsymbol{x}(0),\boldsymbol{u}(0,k-1)]+J[\boldsymbol{x}(k),\boldsymbol{u}(k,N-1)] \tag{7-185}$$

则策略 $\boldsymbol{u}^*(0,N-1)=\{\boldsymbol{u}^*(0),\boldsymbol{u}^*(1),\cdots,\boldsymbol{u}^*(N-1)\}$为最优性决策的充分必要条件为:对任一 k,$0<k<N-1$,下列关系成立

$$J^*[\boldsymbol{x}(0),\boldsymbol{u}^*(0,N-1)]=\min_{\boldsymbol{u}(0,k-1)}\{J[\boldsymbol{x}(0),\boldsymbol{u}(0,k-1)]+\min_{\boldsymbol{u}(k,N-1)}J[\boldsymbol{x}(k),\boldsymbol{u}(k,N-1)]\} \tag{7-186}$$

其中 $\boldsymbol{x}(k)=\boldsymbol{f}[\boldsymbol{x}(k-1),\boldsymbol{u}(k-1),k-1]$是后 $N-k$ 个阶段的初始状态。

证明 (1) 证明定理的必要性。由最优策略的定义,并应用式(7-184)和式(7-185),有

$$\begin{aligned}J^*[\boldsymbol{x}(0),\boldsymbol{u}^*(0,N-1)]&=\min_{\boldsymbol{u}(0,N-1)}J[\boldsymbol{x}(0),\boldsymbol{u}(0,N-1)]\\&=\min_{\boldsymbol{u}(0,N-1)}\{J[\boldsymbol{x}(0),\boldsymbol{u}(0,k-1)]+J[\boldsymbol{x}(k),\boldsymbol{u}(k,N-1)]\}\\&=\min_{\boldsymbol{u}(0,k-1),\boldsymbol{u}(k,N-1)}\{J[\boldsymbol{x}(0),\boldsymbol{u}(0,k-1)]+J[\boldsymbol{x}(k),\boldsymbol{u}(k,N-1)]\}\end{aligned}$$

由于上式右边括弧中第一项与子策略 $\boldsymbol{u}(k,N-1)$无关,因此有

$$J^*[\boldsymbol{x}(0),\boldsymbol{u}^*(0,N-1)]=\min_{\boldsymbol{u}(0,k-1)}\{J[\boldsymbol{x}(0),\boldsymbol{u}(0,k-1)]+\min_{\boldsymbol{u}(k,N-1)}J[\boldsymbol{x}(k),\boldsymbol{u}(k,N-1)]\}$$

(2) 证明定理的充分性。设$\tilde{\boldsymbol{u}}(0,N-1)=\{\tilde{\boldsymbol{u}}(0,k-1),\tilde{\boldsymbol{u}}(k,N-1)\}$为任一策略,且

$$\boldsymbol{x}(k)=\boldsymbol{f}[\boldsymbol{x}(k-1),\tilde{\boldsymbol{u}}(k-1),k-1]$$

是后 $N-k$ 个阶段的初始状态,则

$$J[\boldsymbol{x}(k),\tilde{\boldsymbol{u}}(k,N-1)]\geqslant\min_{\boldsymbol{u}(k,N-1)}J[\boldsymbol{x}(k),\boldsymbol{u}(k,N-1)]$$

于是 $J[\boldsymbol{x}(0),\tilde{\boldsymbol{u}}(0,N-1)]=J[\boldsymbol{x}(0),\tilde{\boldsymbol{u}}(k,N-1)]+J[\boldsymbol{x}(k),\tilde{\boldsymbol{u}}(k,N-1)]$

$$\geqslant J[\boldsymbol{x}(0),\tilde{\boldsymbol{u}}(k,N-1)]+\min_{\boldsymbol{u}(k,N-1)} J[\boldsymbol{x}(k),\boldsymbol{u}(k,N-1)]$$

$$\geqslant \min_{\boldsymbol{u}(0,k-1)}\{J[\boldsymbol{x}(0),\boldsymbol{u}(k,N-1)]+\min_{\boldsymbol{u}(k,N-1)} J[\boldsymbol{x}(k),\boldsymbol{u}(k,N-1)]\}$$

因此,若式(7-186)成立,则对任一策略$\tilde{\boldsymbol{u}}(0,N-1)$,都有

$$J[\boldsymbol{x}(0),\tilde{\boldsymbol{u}}(0,N-1)]\geqslant J^*[\boldsymbol{x}(0),\boldsymbol{u}^*(0,N-1)]$$

即 $\boldsymbol{u}^*(0,N-1)$为最优策略。 □□□

由上述定理 7-17 描述的最优性原理,可得如下推论。

推论 7-2 若 $\boldsymbol{u}^*(0,N-1)$是最优策略,则对任一 k,$0<k<N-1$,其子策略 $\boldsymbol{u}^*(k,N-1)$对以 $\boldsymbol{x}^*(k)=\boldsymbol{f}[\boldsymbol{x}^*(k-1),\boldsymbol{u}^*(k-1),k-1]$为初始状态的后 $N-k$ 个阶段来说,也必是最优策略。

证明 用反证法。假设 $\boldsymbol{u}^*(k,N-1)$对以 $\boldsymbol{x}^*(k)=\boldsymbol{f}[\boldsymbol{x}^*(k-1),\boldsymbol{u}^*(k-1),k-1]$为初始状态的后 $N-k$ 个阶段来说,不是最优策略,而$\tilde{\boldsymbol{u}}(k,N-1)$为最优策略,即有

$$J^*[\boldsymbol{x}^*(k),\boldsymbol{u}^*(k,N-1)]>\min_{\boldsymbol{u}(k,N-1)} J[\boldsymbol{x}^*(k),\boldsymbol{u}(k,N-1)]=J[\boldsymbol{x}^*(k),\tilde{\boldsymbol{u}}(k,N-1)]$$

则 $J^*[\boldsymbol{x}(0),\boldsymbol{u}^*(0,N-1)]=J^*[\boldsymbol{x}(0),\boldsymbol{u}^*(0,k-1)]+J^*[\boldsymbol{x}^*(k),\boldsymbol{u}^*(k,N-1)]$

$$>J^*[\boldsymbol{x}(0),\boldsymbol{u}^*(0,k-1)]+J[\boldsymbol{x}^*(k),\tilde{\boldsymbol{u}}(k,N-1)]$$

$$=\min_{\boldsymbol{u}(0,k-1)}\{J[\boldsymbol{x}(0),\boldsymbol{u}(0,k-1)]+\min_{\boldsymbol{u}(k,N-1)} J[\boldsymbol{x}^*(k),\boldsymbol{u}(k,N-1)]\}$$

$$=J^*[\boldsymbol{x}(0),\{\boldsymbol{u}^*(0,k-1),\boldsymbol{u}(k,N-1)\}]$$

即$\{\boldsymbol{u}^*(0,k-1),\boldsymbol{u}(k,N-1)\}$为比 $\boldsymbol{u}^*(0,N-1)$更优的策略,与 $\boldsymbol{u}^*(0,N-1)$为最优策略的假设矛盾。因此,最优策略 $\boldsymbol{u}^*(0,N-1)$的子策略 $\boldsymbol{u}^*(k,N-1)$对以 $\boldsymbol{x}^*(k)=\boldsymbol{f}[\boldsymbol{x}^*(k-1),\boldsymbol{u}^*(k-1),k-1]$为初始状态的后 $N-k$ 个阶段来说,也必是最优策略推论得证。□□□

由上述定理和推论,可得最优性原理的另一个表达形式

$$J^*[\boldsymbol{x}(0),\boldsymbol{u}^*(0,N-1)]=\min_{\boldsymbol{u}(0,k-1)}\{J[\boldsymbol{x}(0),\boldsymbol{u}(0,k-1)]+J^*[\boldsymbol{x}(k),\boldsymbol{u}^*(k,N-1)]\} \tag{7-187}$$

式中,$J^*[\boldsymbol{x}(k),\boldsymbol{u}^*(k,N-1)]$表示以 k 时刻的状态 $\boldsymbol{x}(k)$为初始状态,后 $N-k$ 个阶段在最优策略 $\boldsymbol{u}^*(k,N-1)$下的最优总代价,最优策略 $\boldsymbol{u}^*(k,N-1)$为最优策略 $\boldsymbol{u}^*(0,N-1)$的后 $N-k$ 个决策。

基于最优性原理的表达形式(7-187)和总代价的表达式(7-183),可推得

$$J^*[\boldsymbol{x}(0),\boldsymbol{u}^*(0,N-1)]=\min_{\boldsymbol{u}(0,k-1)}\left\{\sum_{i=1}^{k-1}F[\boldsymbol{x}(i),\boldsymbol{u}(i),i]+J^*[\boldsymbol{x}(k),\boldsymbol{u}^*(k,N-1)]\right\} \tag{7-188}$$

即 $J^*[\boldsymbol{x}(0),\boldsymbol{u}^*(0,N-1)]=\min\limits_{\boldsymbol{u}(0)}\Big\{F[\boldsymbol{x}(0),\boldsymbol{u}(0),0]$

$$+\min_{\boldsymbol{u}(1,k-1)}\left\{\sum_{i=1}^{k-1}F[\boldsymbol{x}(i),\boldsymbol{u}(i),i]+J^*[\boldsymbol{x}(k),\boldsymbol{u}^*(k,N-1)]\right\}\Big\}$$

$$=\min_{\boldsymbol{u}(0)}\Big\{F[\boldsymbol{x}(0),\boldsymbol{u}(0),0]+\min_{\boldsymbol{u}(1)}\Big\{F[\boldsymbol{x}(1),\boldsymbol{u}(1),1]$$

$$
+\min_{u(2,k-1)}\left\{\sum_{i=2}^{k-1}F[x(i),u(i),i]+J^*[x(k),u^*(k,N-1)]\right\}\}\} \tag{7-189}
$$

$$
=\cdots\cdots
$$

因此，有如下一步逆向递推形式：

$$
J^*[x(N-1),u^*(N-1,N-1)]=\min_{u(N-1)}\{F[x(N-1),u(N-1),N-1] + J^*[x(N),u^*(N)]\} \tag{7-190}
$$

$$
J^*[x(N-2),u^*(N-2,N-1)]=\min_{u(N-2)}\{F[x(N-2),u(N-2),N-2] + J^*[x(N-1),u^*(N-1,N-1)]\} \tag{7-191}
$$

$$
\vdots
$$

$$
J^*[x(0),u^*(0,N-1)]=\min_{u(0)}\{F[x(0),u(0),0]+J^*[x(1),u^*(1,N-1)]\} \tag{7-192}
$$

其中 $J^*[x(N),N]$ 为总代价的边界条件，相当于控制性能指标泛函中的末值型指标。对总代价表达式(7-183)，则有如下总代价 J 的边界条件

$$
J^*[x(N),N]=0 \tag{7-193}
$$

由递推解过程(7-190)～(7-193)，可归纳得如下动态规划法的递推方程，即贝尔曼递推方程

$$
J^*[x(k-1),u^*(k-1,N-1)]=\min_{u(N-2)}\{F[x(k-1),u(k-1),k-1] + J^*[x(k),u^*(k,N-1)]\} \quad (k=N,N-1,\cdots,1) \tag{7-194}
$$

为了更好地理解动态规划的本质，再作如下说明。

1）结合定理 7-17 的推论和式(7-187)，最优性原理可以表述为：一个最优性策略具有这样的性质，即不论过去的状态及过去的决策如何，如把当前状态视为后续过程的初始状态，则其后诸决策仍必须构成一最优策略。

2）最优性原理得以成立的一个前提条件(必要条件)，即所谓的过程无后效性是当前状态 $x(k)$ 仅由前一阶段状态 $x(k-1)$ 和决策 $u(k-1)$ 惟一决定。前一阶段状态 $x(k-1)$ 和决策 $u(k-1)$ 对后续过程的影响通过当前状态 $x(k)$ 起作用，并无其他直接影响。这种性质在数学上称为马尔柯夫(Markov)特性。

3）在 N 阶段决策过程中，前 k 个阶段的子策略对总代价的影响表现在以下两个方面，其一是直接决定前 k 个阶段的局部总代价，其二是通过对状态 $x(k)$ 的影响，间接影响后 $N-k$ 个阶段的局部总代价。因此，为了构成一个最优策略，其前 k 个阶段的子策略必须通盘考虑这两个方面的影响。定理 7-17 中式(7-186)正体现了这一思想，即在求前 k 个阶段的子策略时，应使前 k 个阶段的局部总代价与后 $N-k$ 个阶段的局部总代价之和最小，而不是仅使前 k 个阶段的局部总代价最小。

4）从动态规划的逆向递推求解公式(7-194)可知，欲求出最优决策 $\boldsymbol{u}^*(0)$，就得先求出最优决策 $\boldsymbol{u}^*(1)$；依此类推，要求出最优决策 $\boldsymbol{u}^*(1)$，就得先求出最优决策 $\boldsymbol{u}^*(2)$；…最后，归结为首先求出最优决策 $\boldsymbol{u}^*(N-1)$，再逐步递推回代，相继得到最优决策序列 $\{\boldsymbol{u}^*(N-2),\cdots,\boldsymbol{u}^*(1),\boldsymbol{u}^*(0)\}$。

由此可知，动态规划法的解题顺序和事物的发展进程相反。下面通过实例进一步说明多阶段决策的动态规划法的应用。

例 7-13　图 7-12 所示的是某零件的加工工序图，各节点代表机床，箭头代表加工工序，节点间的数字表示零件加工的经济效益。试求一产生最大经济效益的工序路线。

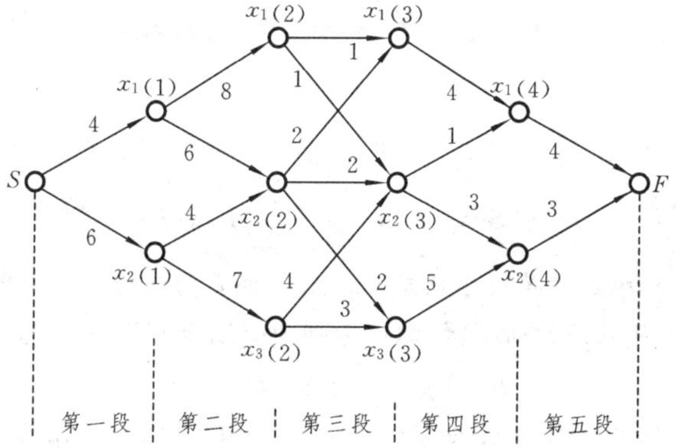

图 7-12　某机械加工工序图

解　根据多阶段决策的动态规划法，反复使用逆向递推公式(7-194)，则有

$$J^*[F]=0$$

$$J^*[x_1(4)]=4$$

$$J^*[x_2(4)]=3$$

$$J^*[x_1(3)]=\max\{4+J^*[x_1(4)]\}=8$$

$$J^*[x_2(3)]=\max\{1+J^*[x_1(4)],3+J^*[x_2(4)]\}=5$$

$$\vdots$$

$$J^*[S]=\max\{4+J^*[r_1(1)],5+J^*[x_2(1)]\}=16$$

将所求得的各点的最佳效益标记在代表各机床的圆圈内，并同时将前面所求得的各相邻机床之间的决策作于工序图上，即可得图 7-13。由图 7-13 可以很方便地得到从加工起始机床 S 到完成最后加工的机床 F 的最佳经济效益工序路线 $\{S,x_2(1),x_2(2),x_2(3),x_1(4),F\}$。由该图也可以很方便地求出各机床到机床 F 的最佳路线。

3. 离散系统的动态规划法

离散系统的最优控制问题可以归结为一个多阶段决策优化问题，其中决策变量即为其控制输入变量，总代价为其性能指标泛函。因此，利用前面的多阶段决策问题的动态规划法，可得离散系统最优控制问题的动态规划解法。

定理 7-18（离散系统的动态规划法）　设离散系统的状态方程、状态初始条件和性

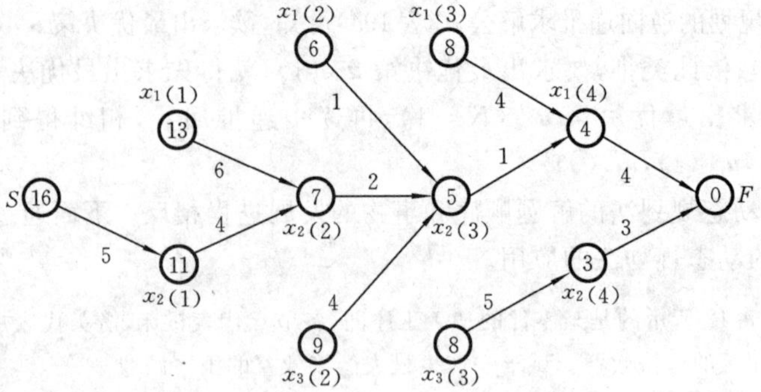

图 7-13 某机械加工最优工序图

能指标泛函分别为

$$\boldsymbol{x}(k+1)=\boldsymbol{f}[\boldsymbol{x}(k),\boldsymbol{u}(k),k],\quad \boldsymbol{x}(k_0)=\boldsymbol{x}_0 \tag{7-195}$$

$$J[\boldsymbol{u}(\cdot)]=S[\boldsymbol{x}(k_f),k_f]+\sum_{k=k_0}^{k_f-1}L[\boldsymbol{x}(k),\boldsymbol{u}(k),k] \tag{7-196}$$

式中,$\boldsymbol{f}(\boldsymbol{x},\boldsymbol{u},k)$和$L(\boldsymbol{x},\boldsymbol{u},k)$都是关于状态$\boldsymbol{x}(k)$和时间$k$的连续可微函数;$S[\boldsymbol{x}(k_f),k_f]$是关于$\boldsymbol{x}(k_f)$和$k_f$的连续可微函数;$\boldsymbol{u}(k)$和$\boldsymbol{x}(k)$分别为$r$维和$n$维向量;容许控制$\boldsymbol{u}(k)$满足

$$\boldsymbol{u}(k)\in U,\ k\in[k_0,k_f] \tag{7-197}$$

式中,U为受不等式约束条件限制的控制量$\boldsymbol{u}(k)$的$\boldsymbol{R}^r$空间中的闭集。

设使性能指标泛函(7-196)极小的最优控制函数为$\boldsymbol{u}^*(k)$、最优状态轨线为$\boldsymbol{x}^*(k)$,则$\boldsymbol{u}^*(k)$和$\boldsymbol{x}^*(k)$满足如下逆向递推方程,即贝尔曼递推方程

$$\left.\begin{aligned}&J^*[\boldsymbol{x}(k),\boldsymbol{u}^*(k,k_f-1)]=\min_{\boldsymbol{u}(k)\in U}\{L[\boldsymbol{x}(k),\boldsymbol{u}(k),k]\\&\qquad+J^*[\boldsymbol{x}(k+1),\boldsymbol{u}^*(k+1,k_f-1)]\}\quad(k=k_f-1,\cdots,1,0)\\&J^*[\boldsymbol{x}(k_f),k_f]=S[\boldsymbol{x}(k_f),k_f]\end{aligned}\right\} \tag{7-198}$$

在离散系统最优控制问题的动态规划求解方法中,若控制量$\boldsymbol{u}(k)$不受约束,可以在$\boldsymbol{R}^r$空间中自由取值,则由贝尔曼递推方程(7-198)求解最优控制量$\boldsymbol{u}^*(k)$,可等效地求解如下关系式

$$\frac{\partial J^*[\boldsymbol{x}(k),\boldsymbol{u}(k),\boldsymbol{u}^*(k+1,k_f-1)]}{\partial\boldsymbol{u}(k)}=0 \tag{7-199}$$

即

$$\begin{aligned}&\frac{\partial L[\boldsymbol{x}(k),\boldsymbol{u}(k),k]}{\partial\boldsymbol{u}(k)}+\frac{\partial J^*[\boldsymbol{x}(k+1),\boldsymbol{u}^*(k+1,k_f-1)]}{\partial\boldsymbol{u}(k)}\\&=\frac{\partial L[\boldsymbol{x}(k),\boldsymbol{u}(k),k]}{\partial\boldsymbol{u}(k)}+\frac{\partial \boldsymbol{f}^{\mathrm{T}}[\boldsymbol{x}(k),\boldsymbol{u}(k),k]}{\partial\boldsymbol{u}(k)}\frac{\partial J^*[\boldsymbol{x}(k+1),\boldsymbol{u}^*(k+1,k_f-1)]}{\partial\boldsymbol{x}(k+1)}=0\end{aligned} \tag{7-200}$$

下面通过一个例子来说明由定理 7-18 求解离散系统的最优控制问题。

例 7-14 已知被控系统为

$$x(k+1)=x(k)+\frac{1}{5}[x^2(k)+u(k)],\quad x(0)=2$$

求在性能指标泛函
$$J=\sum_{k=0}^{2}|x(k)-2u(k)|$$
下的最优控制序列 $\boldsymbol{u}^*(k)$ 和最优轨线 $\boldsymbol{x}^*(k)$。

解 由离散系统最优控制问题的贝尔曼逆向递推方程(7-198),可得

$$J^*[\boldsymbol{x}(k-1),\boldsymbol{u}^*(k-1,2)]=\min_{\boldsymbol{u}(k-1)\in U}\left\{|\boldsymbol{x}(k-1)-2\boldsymbol{u}(k-1)|+J^*[\boldsymbol{x}(k),\boldsymbol{u}^*(k,2)]\right\}$$
$$(k=3,2,1)$$

$$J^*[x(3),3]=0$$

因此,由
$$J^*[x(2),u^*(2)]=\min_{\boldsymbol{u}(2)\in U}|x(2)-2u(2)|$$

可解得
$$u(2)=\frac{x(2)}{2},\quad J^*[x(2),u^*(2)]=0$$

再由
$$J^*[x(1),u^*(1,2)]=\min_{\boldsymbol{u}(1)\in U}\left\{|x(1)-2u(1)|+J^*[x(2),u^*(2)]\right\}$$
$$=\min_{\boldsymbol{u}(1)\in U}|x(1)-2u(1)|$$

可解得
$$u(1)=\frac{x(1)}{2},\quad J^*[x(1),u^*(1)]=0$$

最后,由

$$J^*[x(0),u^*(0,2)]=\min_{\boldsymbol{u}(1)\in U}\left\{|x(0)-2u(0)|+J^*[x(1),u^*(1,2)]\right\}=\min_{\boldsymbol{u}(1)\in U}|x(0)-2u(0)|$$

可解得
$$u(0)=\frac{x(0)}{2},\quad J^*[x(0),u^*(0)]=0$$

因此,由初始状态 $x(0)=2$,可解得最优控制序列和最优轨线分别为

$$u^*(0)=1,\quad u^*(1)=\frac{3}{2},\quad u^*(2)=\frac{51}{20}$$

$$x^*(1)=3,\quad x^*(2)=\frac{51}{10},\quad x^*(3)=\frac{5406}{500}$$

前面讨论了一般求解离散系统最优控制问题的动态规划法,给出了求解方法和基本步骤。对于一般的非线性离散系统,采用上述动态规划法很难得到其最优控制函数 $\boldsymbol{u}^*(t)$ 和最优状态 $\boldsymbol{x}^*(t)$ 的解析表达式,使得离散系统最优控制问题的求解较复杂,难以实际应用。但对于线性离散系统,当其最优控制问题的性能指标泛函为二次型性能指标时,其最优控制函数 $\boldsymbol{u}^*(t)$ 和最优状态 $\boldsymbol{x}^*(t)$ 具有较简洁的解析表达式,并能很方便地构成最优状态反馈律和闭环最优控制系统。下面,作为离散最优控制问题的动态规划法的具体运用,我们将讨论线性离散系统的二次型性能指标泛函下的最优控制问题,即离散最优二次型问题。

7.6.2 线性离散系统的二次型最优控制

1. 时变状态调节器

线性连续系统的二次型最优控制问题在前面已经作了详细的讨论,该控制问题的解

可最后归结到一个最优状态反馈律和求解一个黎卡提矩阵微分方程。下面将会看到，线性离散系统的二次型最优控制问题的解可最后归结到一个最优状态反馈律和求解一个与黎卡提矩阵微分方程相类似的黎卡提矩阵差分方程。

线性离散系统的二次型性能指标泛函下的最优控制问题的描述如下。

设线性时变离散系统的状态方程和初始条件分别为

$$\boldsymbol{x}(k+1)=\boldsymbol{G}(k)\boldsymbol{x}(k)+\boldsymbol{H}(k)\boldsymbol{u}(k),\quad \boldsymbol{x}(k_0)=\boldsymbol{x}_0 \tag{7-201}$$

式中控制量 $\boldsymbol{u}(k)$ 不受约束。寻找最优控制函数 $\boldsymbol{u}^*(k)$，使下列二次型性能指标泛函为最小

$$J[\boldsymbol{u}(\cdot)]=\boldsymbol{x}^{\mathrm{T}}(k_f)\boldsymbol{F}\boldsymbol{x}(k_f)+\sum_{k=k_0}^{k_f-1}[\boldsymbol{x}^{\mathrm{T}}(k)\boldsymbol{Q}(k)\boldsymbol{x}(k)+\boldsymbol{u}^{\mathrm{T}}(k)\boldsymbol{R}(k)\boldsymbol{u}(k)] \tag{7-202}$$

式中，$\boldsymbol{F}$ 和 $\boldsymbol{Q}(k)$ 为非负定矩阵；$\boldsymbol{R}(k)$ 为正定矩阵；末态时刻 k_f 是固定的。

下面讨论用动态规划法求解上述离散系统的最优控制问题。

根据贝尔曼的动态规划法，求解上述最优控制问题需从最后一级开始，由后往前按贝尔曼递推公式进行计算。因此，由贝尔曼递推方程(7-198)，可得如下线性离散系统(7-201)的二次型最优控制问题的递推计算公式和边界条件：

$$\begin{aligned}J^*[\boldsymbol{x}(k),\boldsymbol{u}^*(k,k_f-1)]=\min_{\boldsymbol{u}(k)\in U}\Big\{&\boldsymbol{x}^{\mathrm{T}}(k)\boldsymbol{Q}(k)\boldsymbol{x}(k)+\boldsymbol{u}^{\mathrm{T}}(k)\boldsymbol{R}(k)\boldsymbol{u}(k)\\&+J^*[\boldsymbol{x}(k+1),\boldsymbol{u}^*(k+1,k_f-1)]\Big\}\end{aligned}$$

$$(k=k_f-1,\cdots,1,0) \tag{7-203}$$

$$J^*[\boldsymbol{x}(k_f),k_f]=\boldsymbol{x}^{\mathrm{T}}(k_f)\boldsymbol{F}\boldsymbol{x}(k_f) \tag{7-204}$$

因此，对最后一级应有

$$\begin{aligned}J^*[\boldsymbol{x}(k_f-1),\boldsymbol{u}^*(k_f-1)]&=\min_{\boldsymbol{u}(k_f-1)\in U}\{\boldsymbol{x}^{\mathrm{T}}(k_f-1)\boldsymbol{Q}(k_f-1)\boldsymbol{x}(k_f-1)\\&\qquad+\boldsymbol{u}^{\mathrm{T}}(k_f-1)\boldsymbol{R}(k_f-1)\boldsymbol{u}(k_f-1)+J^*[\boldsymbol{x}(k_f),k_f]\}\\&=\boldsymbol{x}^{\mathrm{T}}(k_f-1)\boldsymbol{Q}(k_f-1)\boldsymbol{x}(k_f-1)\\&\qquad+\min_{\boldsymbol{u}(k_f-1)\in U}\{\boldsymbol{u}^{\mathrm{T}}(k_f-1)\boldsymbol{R}(k_f-1)\boldsymbol{u}(k_f-1)\\&\qquad+\boldsymbol{x}^{\mathrm{T}}(k_f)\boldsymbol{F}\boldsymbol{x}(k_f)\}\end{aligned} \tag{7-205}$$

将状态方程(7-201)代入式(7-205)，可得

$$\begin{aligned}J^*[\boldsymbol{x}(k_f-1),\boldsymbol{u}^*(k_f-1)]=&\boldsymbol{x}^{\mathrm{T}}(k_f-1)\boldsymbol{Q}(k_f-1)\boldsymbol{x}(k_f-1)\\&+\min_{\boldsymbol{u}(k_f-1)\in U}\Big\{\boldsymbol{u}^{\mathrm{T}}(k_f-1)\boldsymbol{R}(k_f-1)\boldsymbol{u}(k_f-1)\\&+[\boldsymbol{G}(k_f-1)\boldsymbol{x}(k_f-1)+\boldsymbol{H}(k_f-1)\boldsymbol{u}(k_f-1)]^{\mathrm{T}}\\&\cdot\boldsymbol{F}[\boldsymbol{G}(k_f-1)\boldsymbol{x}(k_f-1)+\boldsymbol{H}(k_f-1)\boldsymbol{u}(k_f-1)]\Big\}\end{aligned} \tag{7-206}$$

由于 $\boldsymbol{u}(k)$ 不受约束，式(7-206)对 $\boldsymbol{u}(k)$ 求极值等价于求解如下方程：

$$\frac{\partial J^*[\boldsymbol{x}(k_f-1),\boldsymbol{u}(k_f-1)]}{\partial \boldsymbol{u}(k_f-1)} = 2\boldsymbol{R}(k_f-1)\boldsymbol{u}(k_f-1) + 2\boldsymbol{H}^{\mathrm{T}}(k_f-1) \cdot \boldsymbol{F}[\boldsymbol{G}(k_f-1)\boldsymbol{x}(k_f-1) + \boldsymbol{H}(k_f-1)\boldsymbol{u}(k_f-1)]\} = 0 \tag{7-207}$$

解得

$$\boldsymbol{u}^*(k_f-1) = -[\boldsymbol{R}(k_f-1) + \boldsymbol{H}^{\mathrm{T}}(k_f-1)\boldsymbol{F}\boldsymbol{H}(k_f-1)]^{-1}\boldsymbol{H}^{\mathrm{T}}(k_f-1) \cdot \boldsymbol{F}\boldsymbol{G}(k_f-1)\boldsymbol{x}(k_f-1) = -\boldsymbol{K}(k_f-1)\boldsymbol{x}(k_f-1) \tag{7-208}$$

其中$\boldsymbol{K}(k_f-1)$为如下k_f-1时刻的最优状态反馈矩阵：

$$\boldsymbol{K}(k_f-1) = [\boldsymbol{R}(k_f-1) + \boldsymbol{H}^{\mathrm{T}}(k_f-1)\boldsymbol{F}\boldsymbol{H}(k_f-1)]^{-1} \cdot \boldsymbol{H}^{\mathrm{T}}(k_f-1)\boldsymbol{F}\boldsymbol{G}(k_f-1) \tag{7-209}$$

将最优控制函数$\boldsymbol{u}^*(k_f-1)$代入式(7-205)，则有如下最后一级的最优代价函数

$$J^*[\boldsymbol{x}(k_f-1),\boldsymbol{u}^*(k_f-1)] = \boldsymbol{x}^{\mathrm{T}}(k_f-1)\{\boldsymbol{Q}(k_f-1) + \boldsymbol{K}^{\mathrm{T}}(k_f-1)\boldsymbol{R}(k_f-1)\boldsymbol{K}(k_f-1) + [\boldsymbol{G}(k_f-1) - \boldsymbol{H}(k_f-1)\boldsymbol{K}(k_f-1)]^{\mathrm{T}}\boldsymbol{F}[\boldsymbol{G}(k_f-1) - \boldsymbol{H}(k_f-1)\boldsymbol{K}(k_f-1)]\}\boldsymbol{x}(k_f-1) \tag{7-210}$$

定义

$$\boldsymbol{P}(k_f) = \boldsymbol{F} \tag{7-211}$$

$$\begin{aligned}\boldsymbol{P}(k_f-1) &= \boldsymbol{Q}(k_f-1) + \boldsymbol{K}^{\mathrm{T}}(k_f-1)\boldsymbol{R}(k_f-1)\boldsymbol{K}(k_f-1) \\ &\quad + [\boldsymbol{G}(k_f-1) - \boldsymbol{H}(k_f-1)\boldsymbol{K}(k_f-1)]^{\mathrm{T}} \\ &\quad \cdot \boldsymbol{F}[\boldsymbol{G}(k_f-1) - \boldsymbol{H}(k_f-1)\boldsymbol{K}(k_f-1)] \\ &= \boldsymbol{Q}(k_f-1) + \boldsymbol{K}^{\mathrm{T}}(k_f-1)\boldsymbol{R}(k_f-1)\boldsymbol{K}(k_f-1) \\ &\quad + [\boldsymbol{G}(k_f-1) - \boldsymbol{H}(k_f-1)\boldsymbol{K}(k_f-1)]^{\mathrm{T}} \\ &\quad \cdot \boldsymbol{P}(k_f)[\boldsymbol{G}(k_f-1) - \boldsymbol{H}(k_f-1)\boldsymbol{K}(k_f-1)]\end{aligned} \tag{7-212}$$

则式(7-210)可表示为

$$J^*[\boldsymbol{x}(k_f-1),\boldsymbol{u}^*(k_f-1)] = \boldsymbol{x}^{\mathrm{T}}(k_f-1)\boldsymbol{P}(k_f-1)\boldsymbol{x}(k_f-1) \tag{7-213}$$

最优代价函数$J^*[\cdot]$的逆向递推的边界条件(7-204)也可以表示为

$$J^*[\boldsymbol{x}(k_f),k_f] = \boldsymbol{x}^{\mathrm{T}}(k_f)\boldsymbol{P}(k_f)\boldsymbol{x}(k_f) \tag{7-214}$$

因此，上述在最后一级应用动态规划法的递推方程所得到的最优状态反馈矩阵和最优代价函数可总结为

$$\boldsymbol{K}(k_f-1) = -[\boldsymbol{R}(k_f-1) + \boldsymbol{H}^{\mathrm{T}}(k_f-1)\boldsymbol{P}(k_f-1)\boldsymbol{H}(k_f-1)]^{-1} \cdot \boldsymbol{H}^{\mathrm{T}}(k_f-1)\boldsymbol{P}(k_f-1)\boldsymbol{G}(k_f-1) \tag{7-215}$$

$$J^*[\boldsymbol{x}(k_f-1),\boldsymbol{u}^*(k_f-1)] = \boldsymbol{x}^{\mathrm{T}}(k_f-1)\boldsymbol{P}(k_f-1)\boldsymbol{x}(k_f-1) \tag{7-216}$$

其中

$$\begin{aligned}\boldsymbol{P}(k_f-1) &= \boldsymbol{Q}(k_f-1) + \boldsymbol{K}^{\mathrm{T}}(k_f-1)\boldsymbol{R}(k_f-1)\boldsymbol{K}(k_f-1) \\ &\quad + [\boldsymbol{G}(k_f-1) - \boldsymbol{H}(k_f-1)\boldsymbol{K}(k_f-1)]^{\mathrm{T}} \\ &\quad \cdot \boldsymbol{P}(k_f)[\boldsymbol{G}(k_f-1) - \boldsymbol{H}(k_f-1)\boldsymbol{K}(k_f-1)]\end{aligned}$$

依贝尔曼的逆向递推公式，在倒数第二级应有

$$\begin{aligned}J^*[\boldsymbol{x}(k_f-2),\boldsymbol{u}^*(k_f-2)] = \min_{\boldsymbol{u}(k_f-2)\in U} &\{\boldsymbol{x}^{\mathrm{T}}(k_f-2)\boldsymbol{Q}(k_f-2)\boldsymbol{x}(k_f-2) \\ &+ \boldsymbol{u}^{\mathrm{T}}(k_f-2)\boldsymbol{R}(k_f-2)\boldsymbol{u}(k_f-2) \\ &+ J^*[\boldsymbol{x}(k_f-1),\boldsymbol{u}(k_f-1)]\}\end{aligned}$$

$$
\begin{aligned}
&= \boldsymbol{x}^{\mathrm{T}}(k_f-2)\boldsymbol{Q}(k_f-2)\boldsymbol{x}(k_f-2) \\
&\quad + \min_{\boldsymbol{u}(k_f-2)\in U}\{\boldsymbol{u}^{\mathrm{T}}(k_f-2)\boldsymbol{R}(k_f-2)\boldsymbol{u}(k_f-2) \\
&\quad + \boldsymbol{x}^{\mathrm{T}}(k_f-1)\boldsymbol{P}(k_f-1)\boldsymbol{x}(k_f-1)\}
\end{aligned} \tag{7-217}
$$

比较式(7-217)和式(7-205)可以看出，两式形式上相同。因此，只要注意两式之间的如下对应关系：

$$
k_f-1\leftrightarrow k_f,\quad k_f-2\leftrightarrow k_f-1,\quad \boldsymbol{P}(k_f-1)\leftrightarrow \boldsymbol{P}(k_f)=\boldsymbol{F}
$$

就可以类似于最后一级的推导，得到在倒数第二级的如下最优控制解的结论：

$$
\boldsymbol{u}^*(k_f-2)=-\boldsymbol{K}(k_f-2)\boldsymbol{x}(k_f-2) \tag{7-218}
$$

$$
J^*[\boldsymbol{x}(k_f-2),\boldsymbol{u}^*(k_f-2)]=\boldsymbol{x}^{\mathrm{T}}(k_f-2)\boldsymbol{P}(k_f-2)\boldsymbol{x}(k_f-2) \tag{7-219}
$$

其中

$$
\begin{aligned}
\boldsymbol{K}(k_f-2)=&-[\boldsymbol{R}(k_f-2)+\boldsymbol{H}^{\mathrm{T}}(k_f-2)\boldsymbol{P}(k_f-1)\boldsymbol{H}(k_f-2)]^{-1} \\
&\cdot \boldsymbol{H}^{\mathrm{T}}(k_f-2)\boldsymbol{P}(k_f-1)\boldsymbol{G}(k_f-2)
\end{aligned} \tag{7-220}
$$

$$
\begin{aligned}
\boldsymbol{P}(k_f-2)=&\boldsymbol{Q}(k_f-2)+\boldsymbol{K}^{\mathrm{T}}(k_f-2)\boldsymbol{R}(k_f-2)\boldsymbol{K}(k_f-2) \\
&+[\boldsymbol{G}(k_f-2)-\boldsymbol{H}(k_f-2)\boldsymbol{K}(k_f-2)]^{\mathrm{T}}\boldsymbol{P}(k_f-1) \\
&\cdot[\boldsymbol{G}(k_f-2)-\boldsymbol{H}(k_f-2)\boldsymbol{K}(k_f-2)]
\end{aligned} \tag{7-221}
$$

依此类推，可以证明如下离散时变系统的二次型性能指标最优控制问题在倒数第 k 步的逆向递推方程

$$
\boldsymbol{K}(k)=-[\boldsymbol{R}(k)+\boldsymbol{H}^{\mathrm{T}}(k)\boldsymbol{P}(k+1)\boldsymbol{H}(k)]^{-1}\boldsymbol{H}^{\mathrm{T}}(k)\boldsymbol{P}(k+1)\boldsymbol{G}(k) \tag{7-222}
$$

$$
\begin{aligned}
\boldsymbol{P}(k)=&\boldsymbol{Q}(k)+\boldsymbol{K}^{\mathrm{T}}(k)\boldsymbol{R}(k)\boldsymbol{K}(k) \\
&+[\boldsymbol{G}(k)-\boldsymbol{H}(k)\boldsymbol{K}(k)]^{\mathrm{T}}\boldsymbol{P}(k+1)[\boldsymbol{G}(k)-\boldsymbol{H}(k)\boldsymbol{K}(k)]
\end{aligned} \tag{7-223}
$$

$$
\boldsymbol{u}^*(k)=-\boldsymbol{K}(k)\boldsymbol{x}(k) \tag{7-224}
$$

$$
J^*[\boldsymbol{x}(k),\boldsymbol{u}^*(k)]=\boldsymbol{x}^{\mathrm{T}}(k)\boldsymbol{P}(k)\boldsymbol{x}(k) \tag{7-225}
$$

式中，$k=k_f-1,k_f-2,\cdots,0$；逆向递推的边界条件为

$$
\boldsymbol{P}(k_f)=\boldsymbol{F} \tag{7-226}
$$

$$
J^*[\boldsymbol{x}(k_f),k_f]=\boldsymbol{x}^{\mathrm{T}}(k_f)\boldsymbol{P}(k_f)\boldsymbol{x}(k_f) \tag{7-227}
$$

从上面的推导可知，离散系统的二次型最优控制问题的最优控制 $\boldsymbol{u}^*(k)$是状态变量 $\boldsymbol{x}(k)$的线性反馈，其中 $r\times n$ 维矩阵 $\boldsymbol{K}(k)$称为最优状态反馈增益矩阵。由式(7-222)和式(7-223)可知，$\boldsymbol{K}(k)$只与 $\boldsymbol{G}(k)$，$\boldsymbol{H}(k)$，$\boldsymbol{F}$，$\boldsymbol{Q}(k)$和 $\boldsymbol{R}(k)$有关，与系统的初始状态无关。因此，由最优状态反馈律(7-224)实现闭环控制时，可事先离线计算出 $\boldsymbol{K}(k)$，在线控制时仅作式(7-224)所示的简单运算。

与黎卡提矩阵型微分方程相对应，差分方程(7-224)称为黎卡提矩阵型差分方程。由于矩阵 $\boldsymbol{F}$ 为非负定矩阵，因此，可以证明黎卡提矩阵型差分方程(7-223)的解 $\boldsymbol{P}(k)$至少为非负定的。进一步，若矩阵 $\boldsymbol{F}$ 为正定矩阵，则差分方程(7-223)的解 $\boldsymbol{P}(k)$为正定的。

将式(7-222)代入式(7-223)，经整理可得黎卡提矩阵型差分方程(7-223)的另一种表示形式

$$
\boldsymbol{P}(k)=\boldsymbol{G}^{\mathrm{T}}(k)\{\boldsymbol{P}(k+1)-\boldsymbol{P}(k+1)\boldsymbol{H}(k)[\boldsymbol{R}(k)+\boldsymbol{H}^{\mathrm{T}}(k)\boldsymbol{P}(k+1)\boldsymbol{H}(k)]^{-1}
$$

$$\cdot \boldsymbol{H}^{\mathrm{T}}(k)\boldsymbol{P}(k+1)\}\boldsymbol{G}(k)+\boldsymbol{Q}(k)=\boldsymbol{G}^{\mathrm{T}}(k)\boldsymbol{M}(k)\boldsymbol{G}(k)+\boldsymbol{Q}(k) \tag{7-228}$$

式中

$$\boldsymbol{M}(k)=\boldsymbol{P}(k+1)-\boldsymbol{P}(k+1)\boldsymbol{H}(k)[\boldsymbol{R}(k)+\boldsymbol{H}^{\mathrm{T}}(k)\boldsymbol{P}(k+1)\boldsymbol{H}(k)]^{-1} \cdot \boldsymbol{H}^{\mathrm{T}}(k)\boldsymbol{P}(k+1) \tag{7-229}$$

2. 定常状态调节器

正如线性定常连续系统的无限时间定常状态调节器可由线性时变连续系统的有限时间状态调节器令末态时刻 $t_f \to \infty$ 而导出一样，线性定常离散系统的无限时间定常状态调节器也可由前面讨论的有限时间的线性离散时变系统状态调节器令末态时刻 $k_f \to \infty$ 导出。下面将给出线性定常离散系统的无限时间定常状态调节器的有关结论。

线性定常离散系统的无限时间定常状态调节器问题的描述如下。

设状态能镇定的线性定常系统的状态方程和初始条件分别为

$$\boldsymbol{x}(k+1)=\boldsymbol{G}\boldsymbol{x}(k)+\boldsymbol{H}\boldsymbol{u}(k), \quad \boldsymbol{x}(k_0)=\boldsymbol{x}_0 \tag{7-230}$$

式中，控制量 $\boldsymbol{u}(k)$ 不受约束。寻找最优控制函数 $\boldsymbol{u}^*(k)$，使下列二次型性能指标泛函为最小

$$J[\boldsymbol{u}(\cdot)]=\sum_{k=0}^{\infty}[\boldsymbol{x}^{\mathrm{T}}(k)\boldsymbol{Q}\boldsymbol{x}(k)+\boldsymbol{u}^{\mathrm{T}}(k)\boldsymbol{R}\boldsymbol{u}(k)] \tag{7-231}$$

式中，$\boldsymbol{Q}$ 为非负定矩阵；$\boldsymbol{R}$ 为正定矩阵。

由前面讨论的有限时间的线性离散系统状态调节器的逆向递推解式(7-222)～(7-225)，令末态时刻 $k_f \to \infty$，可得无限时间的离散定常系统状态调节器问题的控制律

$$\boldsymbol{K}=-[\boldsymbol{R}+\boldsymbol{H}^{\mathrm{T}}\boldsymbol{P}\boldsymbol{H}]^{-1}\boldsymbol{H}^{\mathrm{T}}\boldsymbol{P}\boldsymbol{G} \tag{7-232}$$

$$\boldsymbol{P}=\boldsymbol{Q}+\boldsymbol{K}^{\mathrm{T}}\boldsymbol{R}\boldsymbol{K}+[\boldsymbol{G}-\boldsymbol{H}\boldsymbol{K}]^{\mathrm{T}}\boldsymbol{P}[\boldsymbol{G}-\boldsymbol{H}\boldsymbol{K}] \tag{7-233}$$

$$\boldsymbol{u}^*(k)=-\boldsymbol{K}\boldsymbol{x}(k) \tag{7-234}$$

$$J^*[\boldsymbol{x}(k),\boldsymbol{u}^*(k)]=\boldsymbol{x}^{\mathrm{T}}(k)\boldsymbol{P}\boldsymbol{x}(k) \tag{7-235}$$

从上面的推导可知，离散系统的定常调节器问题的最优控制 $\boldsymbol{u}^*(k)$ 是状态变量 $\boldsymbol{x}(k)$ 的线性反馈，其中 $r\times n$ 维矩阵 $\boldsymbol{K}$ 称为最优定常状态反馈增益矩阵。由式(7-232)和式(7-233)可知，$\boldsymbol{K}$ 只与 $\boldsymbol{G}$,$\boldsymbol{H}$,$\boldsymbol{Q}$ 和 $\boldsymbol{R}$ 有关，与系统的状态 $\boldsymbol{x}(k)$ 无关。因此，由最优状态反馈律(7-234)实现闭环控制时，可事先离线计算出 $\boldsymbol{K}$，然后可实现定常的最优状态反馈律(7-234)。

与解线性定常连续系统的定常状态调节器问题的黎卡提矩阵型代数方程相对应，矩阵型代数方程(7-233)称为离散形式的黎卡提矩阵型代数方程。可以证明，若线性定常离散系统是状态能镇定的，矩阵代数方程(7-233)的解 $\boldsymbol{P}$ 至少为非负定的(参见参考文献[43])。

例 7-15 已知被控系统

$$x(k+1)=gx(k)+hu(k)$$

求系统在性能指标泛函

$$J[u(\cdot)]=\sum_{k=0}^{\infty}[qx^2(k)+ru^2(k)]$$

为最小的定常调节器的最优状态反馈律。

解 由式(7-233)可得本问题的离散型黎卡提方程

$$p = 1 + \boldsymbol{K}^2 + [g - h\boldsymbol{K}]^2 \boldsymbol{P} \tag{1}$$

其中

$$\boldsymbol{K} = \frac{hgp}{1+h^2 p}$$

将上式代入式(1)，经整理可得

$$h^2 p^2 + (1 - h^2 - g^2)p - 1 = 0$$

解上述方程的正数解，得

$$p = \frac{h^2 + g^2 - 1 + \sqrt{(1-h^2-g^2)^2 + 4h^2}}{2h^2}$$

此时，最优状态反馈矩阵为

$$\boldsymbol{K} = \frac{hgp}{1+h^2 p} = \frac{g\left(h^2+g^2-1+\sqrt{(1-h^2-g^2)^2+4h^2}\right)}{2h + h\left(h^2+g^2-1+\sqrt{(1-h^2-g^2)^2+4h^2}\right)^2}$$

$$= \frac{g^2 - h^2 - 1 + \sqrt{(1-h^2-g^2)^2+4h^2}}{2hg}$$

此时，最优状态反馈律为

$$\boldsymbol{u}^*(k) = -\boldsymbol{K}x(k) = -\frac{g^2-h^2-1+\sqrt{(1-h^2-g^2)^2+4h^2}}{2hg}x(k)$$

因此，闭环控制系统的状态方程为

$$x(k+1) = \left[g - h\frac{g^2-h^2-1+\sqrt{(1-h^2-g^2)^2+4h^2}}{2hg}\right]x(k)$$

$$= \frac{g^2+h^2-1-\sqrt{(1-h^2-g^2)^2+4h^2}}{2g}x(k)$$

由于

$$-1 < \frac{g^2+h^2-1-\sqrt{(1-h^2-g^2)^2+4h^2}}{2g} < 1$$

因此定常调节器不仅使指定的性能指标泛函最小，而且闭环控制系统是渐近稳定的。

7.7 Matlab 问题

本章涉及的主要计算问题为线性定常连续系统和线性定常离散系统的二次型最优控制，其中涉及连续和离散的黎卡提矩阵代数方程求解。

7.7.1 线性定常连续系统的二次型最优控制

Matlab 提供了求解连续黎卡提矩阵代数方程的函数 care()和 lqr()，基于这两个函数求得黎卡提方程的解，就可以构成线性最优二次型控制律和闭环控制系统。

(1) 函数 care()

函数 care()的主要调用格式为

```
[P,L,K] = care(A,B,Q,R)
[P,L,K] = care(A,B,Q)
```

其中,第 1 种输入格式中的矩阵 $\boldsymbol{A}$ 和 $\boldsymbol{B}$ 分别为线性定常连续系统状态空间模型的系统矩阵和输入矩阵,$\boldsymbol{Q}$ 和 $\boldsymbol{R}$ 分别二次型目标函数的加权矩阵。第 2 种输入格式的矩阵 $\boldsymbol{R}$ 缺省为单位矩阵。输出格式的 $\boldsymbol{P}$ 为连续时间黎卡提矩阵代数方程

$$\boldsymbol{A}^{\mathrm{T}}\boldsymbol{P}+\boldsymbol{PA}-\boldsymbol{PBR}^{-1}\boldsymbol{B}^{\mathrm{T}}\boldsymbol{P}=-\boldsymbol{Q}$$

的对称矩阵解,$\boldsymbol{K}$ 为线性二次型最优控制的状态反馈矩阵 $\boldsymbol{R}^{-1}\boldsymbol{B}^{\mathrm{T}}\boldsymbol{P}$,$\boldsymbol{L}$ 为闭环系统的极点。

(2) 函数 lqr()

函数 lqr()的主要调用格式为

$$[\mathrm{K},\mathrm{P},\mathrm{L}]=\mathrm{lqr}(\mathrm{A},\mathrm{B},\mathrm{Q},\mathrm{R})$$

其中,输入、输出格式中各矩阵的意义与函数 care()一致。

Matlab 问题 7-1 试在 Matlab 中求解线性连续系统

$$\dot{\boldsymbol{x}}=\begin{bmatrix}-1 & -2\\ -1 & 3\end{bmatrix}\boldsymbol{x}+\begin{bmatrix}2\\ 1\end{bmatrix}\boldsymbol{u},\quad \boldsymbol{x}_0=\begin{bmatrix}2\\ -3\end{bmatrix}$$

在二次型目标函数

$$J=\int_0^{\infty}\left[\boldsymbol{x}^{\mathrm{T}}\begin{bmatrix}2 & 0\\ 0 & 1\end{bmatrix}\boldsymbol{x}+2\boldsymbol{u}^2\right]\mathrm{d}t$$

下的最优控制律并仿真闭环控制系统的状态响应。

Matlab 程序 m7-1 如下。

```
A=[-1 -2; -1 3];  B=[2; 1];        % 赋值状态方程各矩阵
Q=[2 0; 0 1];     R=2;             % 赋值二次型目标函数的权矩阵
x0=[2; -3];                        % 赋值初始状态
K=lqr(A,B,Q,R)                     % 求线性二次型最优控制的状态反馈矩阵 K
csys=ss(A-B*K,B,[],[]);            % 建立闭环系统模型
[y,t,x]=initial(csys,x0);          % 求闭环系统的状态响应
plot(t,x);                         % 绘制状态响应曲线
```

Matlab 程序 m7-1 执行结果如下。

K = -3.7630 15.6432

因此状态反馈控制律为 $u=-[-3.7630 \quad 15.6432]x$,闭环系统的状态响应如图 7-14 所示。

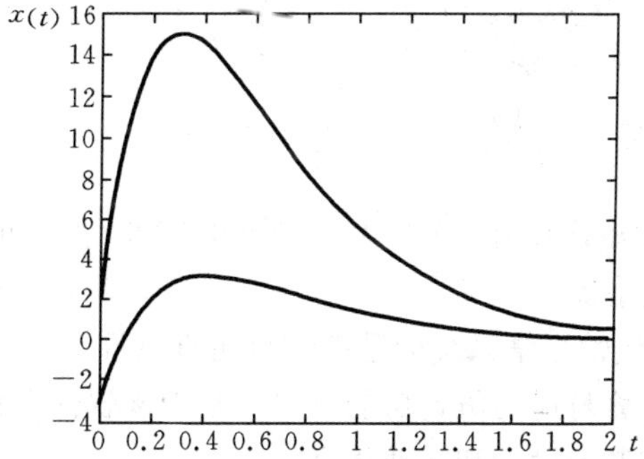

图 7-14 线性二次型最优控制闭环系统状态响应

7.7.2 线性定常离散系统的二次型最优控制

Matlab 提供了求解离散黎卡提矩阵代数方程的函数 dare()和 dlqr()，基于这两个函数求得黎卡提方程的解，就可以构成线性最优二次型控制律和控制系统。

函数 dare()和 dlqr()的主要调用格式为

```
[P,L,K] = dare(G,H,Q,R)
[P,L,K] = dare(G,H,Q)
[K,P,L] = dlqr(G,H,Q,R)
```

其中，输入格式中的矩阵 $\boldsymbol{G}$ 和 $\boldsymbol{H}$ 分别为线性定常离散系统状态空间模型的系统矩阵和输入矩阵，其他符号的意义与连续系统的情况一致。这两个函数求解离散时间黎卡提矩阵代数方程为

$$\boldsymbol{G}^{\mathrm{T}}\boldsymbol{P}\boldsymbol{G}-\boldsymbol{P}-\boldsymbol{G}^{\mathrm{T}}\boldsymbol{P}\boldsymbol{H}(\boldsymbol{H}^{\mathrm{T}}\boldsymbol{P}\boldsymbol{H}+\boldsymbol{R})^{-1}\boldsymbol{H}^{\mathrm{T}}\boldsymbol{P}\boldsymbol{G}=-\boldsymbol{Q}$$

所求得的线性二次型最优控制的状态反馈矩阵 $\boldsymbol{K}$ 为$(\boldsymbol{H}^{\mathrm{T}}\boldsymbol{P}\boldsymbol{H}+\boldsymbol{R})^{-1}\boldsymbol{H}^{\mathrm{T}}\boldsymbol{P}\boldsymbol{G}$。

Matlab 问题 7-2 试在 Matlab 中求解线性离散系统

$$\boldsymbol{x}(k+1)=\begin{bmatrix}0 & 1\\ -0.96 & -2\end{bmatrix}\boldsymbol{x}(k)+\begin{bmatrix}0\\1\end{bmatrix}\boldsymbol{u}(k)$$

在二次型目标函数

$$J=\sum_{k=0}^{\infty}\left[\boldsymbol{x}^{\mathrm{T}}\begin{bmatrix}0.5 & 0\\ 0 & 1\end{bmatrix}\boldsymbol{x}+1.2\boldsymbol{u}^{2}\right]$$

下的最优控制律。

Matlab 程序 m7-2 如下。

```
G=[0 1; -0.96 2];  H=[0; 1];          % 赋值状态方程各矩阵
Q=[0.5 0; 0 1];    R=1.2;             % 赋值二次型目标函数的权矩阵
[P,L,K]=dare(G,H,Q,R)                 % 求线性二次型最优控制的状态反馈矩阵 K,
                                        闭环极点 L 和黎卡提方程的解 P
```

Matlab 程序 m7-2 执行结果如下。

```
P =   1.3722    -1.5107
     -1.5107     4.4793
L =   0.3443    +0.2903i
      0.3443    -0.2903i
K = -0.7572      1.3114
```

由上述计算结果可知，闭环的极点 0.3443±0.2903i 位于单位圆内，闭环稳定且使给定的二次型目标函数最优。

6.7.6 小节介绍的线性定常系统的系统综合仿真软件 lti_synthesis 提供了线性系统二次型最优控制设计计算与运动仿真功能。用户基于该软件平台，可以便捷地实现连续和离散的二次型最优控制的设计和运动仿真。

本章小结

最优控制问题研究使预期的控制目标结果最优的控制问题，是控制理论发展的关键问题，所得到的最优控制原理深刻描述了控制系统的控制品质与系统结构、控制规律之间的关系，是现代控制理论的基础。

7.1 节通过 3 个控制对象实例介绍了最优控制问题的表述，以及最优控制方法的发展。

7.2 节介绍了泛函分析的变分法，导出了泛函问题优化的欧拉方程和横截条件。在此基础上，7.3 节介绍了基于变分法的最优控制问题的求解方法，以及在各种边界条件下，最优控制解的表述形式。

7.4 节针对古典变分法要求系统模型和控制目标（性能指标）函数严格对控制变量连续可导，且控制变量受开集空间约束等苛刻条件，针对一般系统的最优控制问题，介绍了极大值原理及一个启发式证明。讨论了在不同的约束条件和边界条件下，极大值原理的具体表述形式。极大值原理的证明，彻底解决了系统的“最优”控制问题。

基于极大值原理，7.5 节深入讨论了线性时变和定常连续系统在二次型目标函数下的最优控制问题，得到了有限时刻的时变状态调节器和定常系统无限时刻的定常状态调节器。

7.6 节介绍了离散多阶段决策问题，以及求解该问题的最优性原理及动态规划法，并将其引入离散系统的最优控制问题。基于此，讨论了线性时变和定常离散系统的二次型最优控制问题，得到了有限时刻的时变状态调节器和定常系统无限时刻的定常状态调节器。

最后介绍了连续和离散的黎卡提矩阵代数方程求解、线性定常连续和离散系统的二次型最优律的设计等问题的基于 Matlab 求解的程序编制和计算。

习 题

7-1 应用拉格朗日乘子法求二次型函数 $J(\boldsymbol{x},\boldsymbol{u})=\boldsymbol{x}^{\mathrm{T}}\boldsymbol{Q}\boldsymbol{x}+\boldsymbol{u}^{\mathrm{T}}\boldsymbol{R}\boldsymbol{u}$ 在 n 维线性向量方程 $\boldsymbol{f}(\boldsymbol{x},\boldsymbol{u})=\boldsymbol{A}\boldsymbol{x}+\boldsymbol{B}\boldsymbol{u}=\boldsymbol{C}$ 约束条件下的极值点。其中 $\boldsymbol{x}$ 和 $\boldsymbol{u}$ 分别为 n 维和 m 维的变量向量；$\boldsymbol{Q}$ 和 $\boldsymbol{R}$ 分别为 $n\times n$ 维和 $m\times m$ 维的正定的常数矩阵；$\boldsymbol{A}$ 和 $\boldsymbol{B}$ 分别为 $n\times n$ 和 $n\times m$ 常数矩阵；$\boldsymbol{C}$ 为 n 维常数向量。并证明满足必要条件的点是极小值点。

7-2 求函数 $J(x)=x_1^2+x_2^2$ 在不等式约束 $(x_1-4)^2+x_2^2\leqslant 4$，$(x_1-1)^2+x_2^2\leqslant 2$ 条件下的最大值。

7-3 求如下泛函问题的极值曲线

(1) $J[x(\cdot)]=\int_0^{\pi/2}(\dot{x}^2-x^2)\mathrm{d}t,\quad x(0)=1, x(\pi/2)=2$

(2) $J[x(\cdot)]=\int_0^1(\dot{x}^2+12tx)\mathrm{d}t,\quad x(0)=0, x(1)=2$

(3) $J[x(\cdot)]=\int_0^2\frac{\sqrt{1+\dot{x}^2}}{x}\mathrm{d}t,\quad x(0)=1, x(2)=0$

7-4 已知线性系统的状态方程为

$$\dot{\boldsymbol{x}}=\begin{bmatrix}0 & 1\\ 0 & 0\end{bmatrix}\boldsymbol{x}+\begin{bmatrix}1 & 0\\ 0 & 1\end{bmatrix}\boldsymbol{u}$$

其边界条件为 $$\boldsymbol{x}(0)=\begin{bmatrix}1\\1\end{bmatrix},x_2(2)=0$$

求 $\boldsymbol{u}(t)$，使如下性能指标泛函为最小。

$$J=\frac{1}{2}\int_0^2 \boldsymbol{u}^{\mathrm{T}}(t)\boldsymbol{u}(t)\mathrm{d}t$$

7-5 已知被控系统 $\dot{x}=u$，其初始条件为 $x(0)=1$，试求 $u(t)$ 和 t_f，使系统在 t_f 时刻转移到 $x(t_f)=0$，且使如下性能指标泛函极小。

$$J=t_f^2+\int_0^{t_f} u^2(t)\mathrm{d}t$$

7-6 已知线性系统的状态方程为

$$\begin{cases}\dot{x}_1=x_2\\ \dot{x}_2=u\end{cases}\quad \boldsymbol{x}(0)=\begin{bmatrix}1\\1\end{bmatrix}$$

系统的在未定末态时刻 t_f 的末态条件分别为

(1) $x_1(t_f)=-t_f^2$

(2) $x_1(t_f)=-t_f^2,\quad x_2(t_f)=0$

试分别求使系统转移到上述末态条件的最优控制 $u(t)$，并使如下性能指标泛函为最小。

$$J=\int_0^{t_f} u^2(t)\mathrm{d}t$$

7-7 已知被控系统状态方程 $\dot{x}=u$ 控制变量不等式约束 $|u(t)|\leqslant 1$，试利用极大值原理求使系统从初始状态 $x(0)=1$ 转移到 $x(4)=1$，且使性能指标泛函

$$J=t_f^2+\int_0^{t_f} x^2(t)\mathrm{d}t$$

为最小的最优控制和最优轨线。

7-8 已知被控系统状态方程和性能指标泛函分别为

$$\dot{x}_1=x_2,\quad \dot{x}_2=x_3,\quad \dot{x}_3=u$$

$$J=t_f^2x_2(t_f)+\int_0^{t_f} x_1^2(t)\mathrm{d}t$$

约束条件为

(1) $\boldsymbol{x}(0)=[1\quad 0\quad 0]^{\mathrm{T}}$ (2) $x_1(t_f)=x_2(t_f),\quad x_3(t_f)=0$

(3) $|u(t)|\leqslant 1$ (4) $\int_0^{t_f} u^2(t)\mathrm{d}t=1$

试写出最优控制的必要条件，其中末态时刻 t_f 未定。

7-9 某一阶被控系统的状态方程为

$$\dot{x}=0.5x+u,\quad x(0)=x_0$$

试证明 $$u^*(t)=-\frac{1-\boldsymbol{e}^{-t_f}\boldsymbol{e}^{t}}{2(1+\boldsymbol{e}^{-t_f}\boldsymbol{e}^{t})}x(t)$$

是使性能指标泛函 $$J=\frac{1}{2}\int_0^{t_f}\boldsymbol{e}^{-t}[x^2(t)+2u^2(t)]\mathrm{d}t$$

为最小的最优控制律。

7-10 某一阶被控系统的状态方程和初始条件为

$$\dot{x} = u, \quad x(1) = 3$$

性能指标泛函为
$$J = x^2(5) + \frac{1}{2}\int_1^5 u^2(t)\mathrm{d}t$$

试求使 J 最小的最优控制律。

7-11 某一阶被控系统的状态方程和初始条件为

$$\dot{x} = x + u, \quad x(0) = x_0$$

性能指标泛函为
$$J = \frac{1}{2}\int_0^{t_f}[2x^2(t) + u^2(t)]\mathrm{d}t$$

试求使 J 最小的最优控制律。

7-12 某一阶被控系统的状态方程为

$$\begin{cases}\dot{x}_1 = x_2 \\ \dot{x}_2 = \boldsymbol{u}\end{cases}$$

性能指标泛函为
$$J = \frac{1}{2}\int_0^{\infty}[x_1^2(t) + \boldsymbol{u}^2(t)]\mathrm{d}t$$

试求使 J 最小的最优控制律。

7-13 如题图 7-13 所示的街道，图中数字表示相应的街道长度，试求从起点 S 到终点 F 的最短路线。

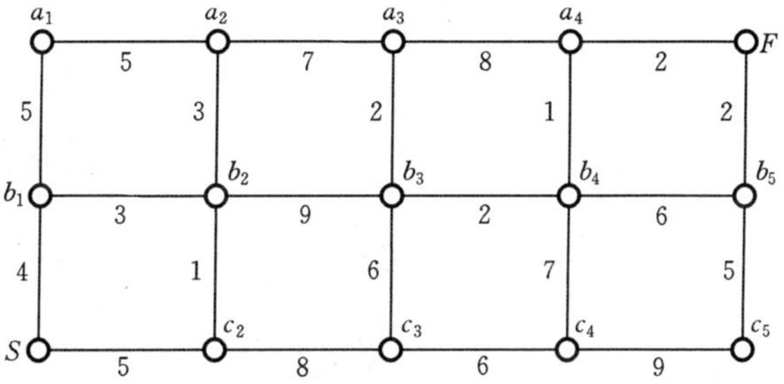

题图 7-13 某街道路线图

7-14 已知被控系统的状态方程和初始条件分别为

$$x(k+1) = x(k)u(k) + u(k), \quad x(0) = 1$$

其中 $u(k)$ 是控制变量，它只能在 -1、0 和 $+1$ 三者之间取值。给定的性能指标泛函为

$$J = |x(3)| + \sum_{k=0}^{2}[|x(k)| + 3|u(k)+1|]$$

极小化。试用动态规划法先列出递推方程，然后求出最优控制序列 $u^*(0)$，$u^*(1)$ 和 $u^*(2)$ 的显式解。

7-15 已知被控系统的状态方程

$$x(k+1) = x(k) + u(k)$$

和初始条件
$$x(0) = x_0, \quad x(N) = x_f$$

给定的性能指标泛函为
$$J = \sum_{k=0}^{N-1}\sqrt{1+u^2(k)}$$

极小化。试用动态规划法先列出递推方程，然后求出最优控制律。

附　录

附录 A　矩阵分析知识补充

现代控制理论以状态空间分析为基础。状态空间分析法的模型表示以及分析、计算是以向量和矩阵为基本计算元素的，其中涉及大量的线性代数与矩阵分析的内容。为此，下面将分别介绍向量与矩阵的微积分、函数矩阵的线性相关性等本科线性代数课程中未涉及的内容。

A.1　向量与矩阵的微积分

向量与矩阵的微积分包括向量和矩阵函数对标量变量的微积分、标量和向量函数对向量变量的微分以及复合函数的微分等。

1. 向量和矩阵函数对标量变量的微积分

将标量函数对标量变量的导数的定义推广至向量函数和矩阵函数对标量变量的导数，则有如下定义。

定义 A-1　n 维列向量函数

$$\boldsymbol{f}(t)=[f_1(t)\quad f_2(t)\quad \cdots\quad f_n(t)]^{\mathrm{T}}$$

对标量自变量 t 的导数定义为列向量函数

$$\frac{\mathrm{d}\boldsymbol{f}(t)}{\mathrm{d}t}=\left[\frac{\mathrm{d}f_1(t)}{\mathrm{d}t}\quad \frac{\mathrm{d}f_2(t)}{\mathrm{d}t}\quad \cdots\quad \frac{\mathrm{d}f_n(t)}{\mathrm{d}t}\right]^{\mathrm{T}} \tag{A-1}$$

定义 A-2　$n\times m$ 维矩阵函数

$$\boldsymbol{F}(t)=\begin{bmatrix} f_{11}(t) & f_{12}(t) & \cdots & f_{1m}(t) \\ f_{21}(t) & f_{22}(t) & \cdots & f_{2m}(t) \\ \vdots & \vdots & \ddots & \vdots \\ f_{n1}(t) & f_{n2}(t) & \cdots & f_{nm}(t) \end{bmatrix}=[f_{ij}(t)]_{n\times m}$$

对标量自变量 t 的导数定义为

$$\frac{\mathrm{d}\boldsymbol{F}(t)}{\mathrm{d}t}=\begin{bmatrix}\frac{\mathrm{d}f_{11}(t)}{\mathrm{d}t} & \frac{\mathrm{d}f_{12}(t)}{\mathrm{d}t} & \cdots & \frac{\mathrm{d}f_{1m}(t)}{\mathrm{d}t}\\ \frac{\mathrm{d}f_{21}(t)}{\mathrm{d}t} & \frac{\mathrm{d}f_{22}(t)}{\mathrm{d}t} & \cdots & \frac{\mathrm{d}f_{2m}(t)}{\mathrm{d}t}\\ \vdots & \vdots & \ddots & \vdots\\ \frac{\mathrm{d}f_{n1}(t)}{\mathrm{d}t} & \frac{\mathrm{d}f_{n2}(t)}{\mathrm{d}t} & \cdots & \frac{\mathrm{d}f_{nm}(t)}{\mathrm{d}t}\end{bmatrix}=\left[\frac{\mathrm{d}f_{ij}(t)}{\mathrm{d}t}\right]_{n\times m} \tag{A-2}$$

显然，定义 A-1 定义的向量函数对标量变量的导数可以视为定义 A-2 定义的矩阵函数对标量变量的导数的一个特例。

依上述定义，并根据矩阵运算法则和标量函数的导数性质，可得如下矩阵函数对标量变量求导数的运算法则

$$\frac{\mathrm{d}(\boldsymbol{A}\pm\boldsymbol{B})}{\mathrm{d}t}=\frac{\mathrm{d}\boldsymbol{A}}{\mathrm{d}t}\pm\frac{\mathrm{d}\boldsymbol{B}}{\mathrm{d}t} \tag{A-3}$$

$$\frac{\mathrm{d}\boldsymbol{\lambda A}}{\mathrm{d}t}=\boldsymbol{\lambda}\frac{\mathrm{d}\boldsymbol{A}}{\mathrm{d}t}+\dot{\boldsymbol{\lambda}}\boldsymbol{A} \tag{A-4}$$

$$\frac{\mathrm{d}(\boldsymbol{AC})}{\mathrm{d}t}=\frac{\mathrm{d}\boldsymbol{A}}{\mathrm{d}t}\boldsymbol{C}+\boldsymbol{A}\frac{\mathrm{d}\boldsymbol{C}}{\mathrm{d}t} \tag{A-5}$$

$$\frac{\mathrm{d}\boldsymbol{D}^{-1}}{\mathrm{d}t}=\boldsymbol{D}^{-1}\frac{\mathrm{d}\boldsymbol{D}}{\mathrm{d}t}\boldsymbol{D}^{-1} \tag{A-6}$$

式中，$\boldsymbol{A}$ 和 $\boldsymbol{B}$ 为 $n\times l$ 维的矩阵函数，$\boldsymbol{C}$ 为 $l\times m$ 维的矩阵函数，$\boldsymbol{D}$ 为 $n\times n$ 维的可逆矩阵函数，$\boldsymbol{\lambda}$ 为标量函数。

显然，式(A-3)～式(A-5)对向量函数亦成立。由式(A-5)还可推出两向量内积的导数公式为

$$\frac{\mathrm{d}(\boldsymbol{a}^{\mathrm{T}}\boldsymbol{b})}{\mathrm{d}t}=\frac{\mathrm{d}\boldsymbol{a}^{\mathrm{T}}}{\mathrm{d}t}\boldsymbol{b}+\boldsymbol{a}^{\mathrm{T}}\frac{\mathrm{d}\boldsymbol{b}}{\mathrm{d}t}=\frac{\mathrm{d}\boldsymbol{b}^{\mathrm{T}}}{\mathrm{d}t}\boldsymbol{a}+\boldsymbol{b}^{\mathrm{T}}\frac{\mathrm{d}\boldsymbol{a}}{\mathrm{d}t} \tag{A-7}$$

式中，$\boldsymbol{a}$ 和 $\boldsymbol{b}$ 为 n 维的列向量函数。

类似上述向量函数和矩阵函数对标量变量的导数定义，下面讨论向量函数和矩阵函数对标量变量的积分的定义。

定义 A-3 n 维列向量函数 $\boldsymbol{f}(t)$ 对标量自变量 t 的积分定义为列向量函数

$$\int_{t_1}^{t_2}\boldsymbol{f}(t)\mathrm{d}t=\left[\int_{t_1}^{t_2}f_1(t)\mathrm{d}t\quad\int_{t_1}^{t_2}f_2(t)\mathrm{d}t\quad\cdots\quad\int_{t_1}^{t_2}f_n(t)\mathrm{d}t\right]^{\mathrm{T}} \tag{A-8}$$

$n\times m$ 维矩阵函数 $\boldsymbol{F}(t)=[f_{ij}(t)]_{m\times n}$ 对标量自变量 t 的积分定义为 $n\times m$ 维矩阵函数

$$\int_{t_1}^{t_2}\boldsymbol{F}(t)\mathrm{d}t=\begin{bmatrix}\int_{t_1}^{t_2}f_{11}(t)\mathrm{d}t & \int_{t_1}^{t_2}f_{12}(t)\mathrm{d}t & \cdots & \int_{t_1}^{t_2}f_{1m}(t)\mathrm{d}t\\ \int_{t_1}^{t_2}f_{21}(t)\mathrm{d}t & \int_{t_1}^{t_2}f_{22}(t)\mathrm{d}t & \cdots & \int_{t_1}^{t_2}f_{2m}(t)\mathrm{d}t\\ \vdots & \vdots & \ddots & \vdots\\ \int_{t_1}^{t_2}f_{n1}(t)\mathrm{d}t & \int_{t_1}^{t_2}f_{n2}(t)\mathrm{d}t & \cdots & \int_{t_1}^{t_2}f_{nm}(t)\mathrm{d}t\end{bmatrix}=\left[\int_{t_1}^{t_2}f_{ij}(t)\mathrm{d}t\right]_{n\times m} \tag{A-9}$$

显然，向量函数对标量变量的积分可以视为矩阵函数对标量变量的积分的一个特例。

依上述定义，并根据矩阵运算法则和标量函数的积分性质，可得如下矩阵函数对标量变量求积分的运算法则及分部积分公式

$$\int_{t_1}^{t_2}[\boldsymbol{A}(t)\pm\boldsymbol{B}(t)]\mathrm{d}t=\int_{t_1}^{t_2}\boldsymbol{A}(t)\mathrm{d}t\pm\int_{t_1}^{t_2}\boldsymbol{B}(t)\mathrm{d}t \tag{A-10}$$

$$\int_{t_1}^{t_2}\lambda(t)\mathrm{d}\boldsymbol{A}(t)=\lambda(t)\boldsymbol{A}(t)\Big|_{t_1}^{t_2}-\int_{t_1}^{t_2}\boldsymbol{A}(t)\mathrm{d}\lambda(t) \tag{A-11}$$

式中，$\boldsymbol{A}(t)$和$\boldsymbol{B}(t)$为$n\times m$维的矩阵函数，$\lambda(t)$为标量函数。

显然，式(A-10)和式(A-11)对向量函数依然成立。对向量函数积分还存在如下分部积分公式

$$\int_{t_1}^{t_2}\boldsymbol{a}^{\mathrm{T}}(t)\mathrm{d}\boldsymbol{b}(t)=\boldsymbol{a}^{\mathrm{T}}(t)\boldsymbol{b}(t)\Big|_{t_1}^{t_2}-\int_{t_1}^{t_2}\boldsymbol{b}^{\mathrm{T}}(t)\mathrm{d}\boldsymbol{a}(t) \tag{A-12}$$

式中，$\boldsymbol{a}(t)$和$\boldsymbol{b}(t)$为n维的列向量函数。

2. 对向量变量的导数

由标量函数对标量变量的偏导数的定义，可定义标量函数和向量函数对向量变量的导数。下面分别加以简述。

定义 A-4　设标量函数$f(\boldsymbol{x})=f(x_1,x_2,\cdots,x_n)$是以列向量变量$\boldsymbol{x}=[x_1\quad x_2\quad\cdots\quad x_n]^{\mathrm{T}}$为自变量的标量函数。则标量函数$f(\boldsymbol{x})$对列向量自变量$\boldsymbol{x}$的导数是列向量函数

$$\frac{\mathrm{d}f(t)}{\mathrm{d}\boldsymbol{x}}=\begin{bmatrix}\frac{\mathrm{d}f(t)}{\mathrm{d}x_1} & \frac{\mathrm{d}f(t)}{\mathrm{d}x_2} & \cdots & \frac{\mathrm{d}f(t)}{\mathrm{d}x_n}\end{bmatrix}^{\mathrm{T}} \tag{A-13}$$

实际上，$f(\boldsymbol{x})$为多元函数，上面的定义就是多元函数的导数或梯度，通常可记$\mathrm{grad}f(\boldsymbol{x})$或$\nabla f(\boldsymbol{x})$。

根据定义 A-4，设$f(\boldsymbol{x})$和$g(\boldsymbol{x})$都是向量自变量$\boldsymbol{x}$的标量函数，则有如下标量函数对向量变量求导数的运算法则

$$\frac{\mathrm{d}}{\mathrm{d}\boldsymbol{x}}[f(\boldsymbol{x})\pm g(\boldsymbol{x})]=\frac{\mathrm{d}f(\boldsymbol{x})}{\mathrm{d}\boldsymbol{x}}\pm\frac{\mathrm{d}g(\boldsymbol{x})}{\mathrm{d}\boldsymbol{x}} \tag{A-14}$$

$$\frac{\mathrm{d}}{\mathrm{d}\boldsymbol{x}}[f(\boldsymbol{x})g(\boldsymbol{x})]=g(\boldsymbol{x})\frac{\mathrm{d}f(\boldsymbol{x})}{\mathrm{d}\boldsymbol{x}}+f(\boldsymbol{x})\frac{\mathrm{d}g(\boldsymbol{x})}{\mathrm{d}\boldsymbol{x}} \tag{A-15}$$

类似地，可以把标量函数$f(\boldsymbol{x})$对行向量$\boldsymbol{x}^{\mathrm{T}}$的导数定义为行向量函数

$$\frac{\mathrm{d}f(\boldsymbol{x})}{\mathrm{d}\boldsymbol{x}^{\mathrm{T}}}=\begin{bmatrix}\frac{\partial f(\boldsymbol{x})}{\partial x_1} & \frac{\partial f(\boldsymbol{x})}{\partial x_2} & \cdots & \frac{\partial f(\boldsymbol{x})}{\partial x_n}\end{bmatrix} \tag{A-16}$$

下面讨论向量函数对向量变量的导数定义及运算法则。

定义 A-5　设列向量函数$\boldsymbol{f}(\boldsymbol{x})=[f_1(\boldsymbol{x})\quad f_2(\boldsymbol{x})\quad\cdots\quad f_n(\boldsymbol{x})]^{\mathrm{T}}$是$n$维列向量变量$\boldsymbol{x}$为自变量的$m$维列向量函数。则列向量函数$\boldsymbol{f}(\boldsymbol{x})$对列向量自变量$\boldsymbol{x}$的导数定义为

$$\frac{\mathrm{d}\boldsymbol{f}(\boldsymbol{x})}{\mathrm{d}\boldsymbol{x}}=\frac{\mathrm{d}\boldsymbol{f}(\boldsymbol{x})}{\mathrm{d}\boldsymbol{x}^{\mathrm{T}}}\triangleq\begin{bmatrix}\frac{\partial f_1(\boldsymbol{x})}{\partial x_1} & \frac{\partial f_1(\boldsymbol{x})}{\partial x_2} & \cdots & \frac{\partial f_1(\boldsymbol{x})}{\partial x_n}\\ \frac{\partial f_2(\boldsymbol{x})}{\partial x_1} & \frac{\partial f_2(\boldsymbol{x})}{\partial x_2} & \cdots & \frac{\partial f_2(\boldsymbol{x})}{\partial x_n}\\ \vdots & \vdots & \ddots & \vdots\\ \frac{\partial f_m(\boldsymbol{x})}{\partial x_1} & \frac{\partial f_m(\boldsymbol{x})}{\partial x_2} & \cdots & \frac{\partial f_m(\boldsymbol{x})}{\partial x_n}\end{bmatrix}=\left[\frac{\partial f_i(\boldsymbol{x})}{\partial x_j}\right]_{m\times n} \tag{A-17}$$

上述列向量函数对列向量变量的导数 $\mathrm{d}\boldsymbol{f}(\boldsymbol{x})/\mathrm{d}\boldsymbol{x}$ 是 $m\times n$ 维矩阵，也称为雅可比矩阵。

根据定义 A-5，则有如下向量函数对向量变量求导数的运算法则

$$\frac{\mathrm{d}}{\mathrm{d}\boldsymbol{x}}[\boldsymbol{f}(\boldsymbol{x})\pm\boldsymbol{g}(\boldsymbol{x})]=\frac{\mathrm{d}\boldsymbol{f}(\boldsymbol{x})}{\mathrm{d}\boldsymbol{x}}\pm\frac{\mathrm{d}\boldsymbol{g}(\boldsymbol{x})}{\mathrm{d}\boldsymbol{x}} \tag{A-18}$$

$$\frac{\mathrm{d}}{\mathrm{d}\boldsymbol{x}}[\lambda(\boldsymbol{x})\boldsymbol{g}(\boldsymbol{x})]=\boldsymbol{g}(\boldsymbol{x})\frac{\mathrm{d}\lambda(\boldsymbol{x})}{\mathrm{d}\boldsymbol{x}}+\lambda(\boldsymbol{x})\frac{\mathrm{d}\boldsymbol{g}(\boldsymbol{x})}{\mathrm{d}\boldsymbol{x}} \tag{A-19}$$

$$\frac{\mathrm{d}}{\mathrm{d}\boldsymbol{x}}[\boldsymbol{f}^{\mathrm{T}}(\boldsymbol{x})\boldsymbol{g}(\boldsymbol{x})]=\frac{\mathrm{d}\boldsymbol{f}^{\mathrm{T}}(\boldsymbol{x})}{\mathrm{d}\boldsymbol{x}}\boldsymbol{g}(\boldsymbol{x})+\frac{\mathrm{d}\boldsymbol{g}^{\mathrm{T}}(\boldsymbol{x})}{\mathrm{d}\boldsymbol{x}}\boldsymbol{f}(\boldsymbol{x}) \tag{A-20}$$

其中，$\boldsymbol{f}(\boldsymbol{x})$和 $\boldsymbol{g}(\boldsymbol{x})$都是向量自变量 $\boldsymbol{x}$ 的 m 维向量函数；$\lambda(\boldsymbol{x})$为向量自变量 $\boldsymbol{x}$ 的标量函数。

类似地，亦可定义行向量函数 $\boldsymbol{f}^{\mathrm{T}}(\boldsymbol{x})$对列向量变量 $\boldsymbol{x}$ 的导数如下

$$\frac{\mathrm{d}\boldsymbol{f}^{\mathrm{T}}(\boldsymbol{x})}{\mathrm{d}\boldsymbol{x}}=\frac{\mathrm{d}\boldsymbol{f}^{\mathrm{T}}(\boldsymbol{x})}{\mathrm{d}\boldsymbol{x}^{\mathrm{T}}}\triangleq\begin{bmatrix}\frac{\partial f_1(\boldsymbol{x})}{\partial x_1} & \frac{\partial f_2(\boldsymbol{x})}{\partial x_1} & \cdots & \frac{\partial f_m(\boldsymbol{x})}{\partial x_1}\\ \frac{\partial f_1(\boldsymbol{x})}{\partial x_2} & \frac{\partial f_2(\boldsymbol{x})}{\partial x_2} & \cdots & \frac{\partial f_m(\boldsymbol{x})}{\partial x_2}\\ \vdots & \vdots & \ddots & \vdots\\ \frac{\partial f_1(\boldsymbol{x})}{\partial x_n} & \frac{\partial f_2(\boldsymbol{x})}{\partial x_n} & \cdots & \frac{\partial f_m(\boldsymbol{x})}{\partial x_n}\end{bmatrix}=\left[\frac{\partial f_i(\boldsymbol{x})}{\partial x_j}\right]_{n\times m} \tag{A-21}$$

对行向量函数对向量变量的导数，亦有如式(A-18)～式(A-20)所示的运算法则。由向量函数对向量变量的导数定义式(A-17)和式(A-21)，又可得如下向量函数对向量变量求导数的运算法则

$$\frac{\mathrm{d}\boldsymbol{f}^{\mathrm{T}}(\boldsymbol{x})}{\mathrm{d}\boldsymbol{x}}=\left[\frac{\mathrm{d}\boldsymbol{f}(\boldsymbol{x})}{\mathrm{d}\boldsymbol{x}}\right]^{\mathrm{T}} \tag{A-22}$$

$$\frac{\mathrm{d}\boldsymbol{x}^{\mathrm{T}}}{\mathrm{d}\boldsymbol{x}}=\frac{\mathrm{d}\boldsymbol{x}}{\mathrm{d}\boldsymbol{x}^{\mathrm{T}}}=\boldsymbol{I} \tag{A-23}$$

$$\frac{\mathrm{d}}{\mathrm{d}\boldsymbol{x}}(\boldsymbol{x}^{\mathrm{T}}\boldsymbol{A})=\boldsymbol{A} \tag{A-24}$$

$$\frac{\mathrm{d}}{\mathrm{d}\boldsymbol{x}^{\mathrm{T}}}(\boldsymbol{B}\boldsymbol{x})=\boldsymbol{B} \tag{A-25}$$

$$\frac{\mathrm{d}}{\mathrm{d}\boldsymbol{x}}(\boldsymbol{x}^{\mathrm{T}}\boldsymbol{D}\boldsymbol{x}) = (\boldsymbol{D}+\boldsymbol{D}^{\mathrm{T}})\boldsymbol{x} \tag{A-26}$$

其中，$\boldsymbol{A}$、$\boldsymbol{B}$ 和 $\boldsymbol{D}$ 分别为 $n\times m$ 维、$m\times n$ 维和 $n\times n$ 维的常数矩阵。

由上述标量函数和向量函数对向量变量的导数的定义，可对标量函数对向量变量的二阶导数定义如下

$$\frac{\partial^2 f(\boldsymbol{x},\boldsymbol{u})}{\partial\boldsymbol{x}\partial\boldsymbol{u}} = \frac{\partial}{\partial\boldsymbol{u}^{\mathrm{T}}}\frac{\partial f}{\partial\boldsymbol{x}} \triangleq \begin{bmatrix} \frac{\partial^2 f}{\partial x_1\partial u_1} & \frac{\partial^2 f}{\partial x_1\partial u_2} & \cdots & \frac{\partial^2 f}{\partial x_1\partial u_m} \\ \frac{\partial^2 f}{\partial x_2\partial u_1} & \frac{\partial^2 f}{\partial x_2\partial u_2} & \cdots & \frac{\partial^2 f}{\partial x_2\partial u_m} \\ \vdots & \vdots & \ddots & \vdots \\ \frac{\partial^2 f}{\partial x_n\partial u_1} & \frac{\partial^2 f}{\partial x_n\partial u_2} & \cdots & \frac{\partial^2 f}{\partial x_n\partial u_m} \end{bmatrix} = \left[\frac{\partial^2 f}{\partial x_i\partial u_j}\right]_{n\times m} \tag{A-27}$$

其中，$\boldsymbol{x}$ 和 $\boldsymbol{u}$ 分别为 n 维和 m 维的自变量向量。

因此，由上述二阶导数定义，有如下标量函数 $f(\boldsymbol{x},\boldsymbol{u})$ 关于向量变量 $\boldsymbol{x}$ 和 $\boldsymbol{u}$ 在 $(\boldsymbol{x}_0,\boldsymbol{u}_0)$ 处的泰勒展开式

$$\begin{aligned} f(\boldsymbol{x},\boldsymbol{u}) = {} & f(\boldsymbol{x}_0,\boldsymbol{u}_0) + \left(\frac{\partial f}{\partial\boldsymbol{x}}\right)^{\mathrm{T}}(\boldsymbol{x}-\boldsymbol{x}_0) + \left(\frac{\partial f}{\partial\boldsymbol{u}}\right)^{\mathrm{T}}(\boldsymbol{u}-\boldsymbol{u}_0) \\ & + \frac{1}{2}\begin{bmatrix}\boldsymbol{x}-\boldsymbol{x}_0 \\ \boldsymbol{u}-\boldsymbol{u}_0\end{bmatrix}^{\mathrm{T}} \begin{bmatrix} \frac{\partial^2 f}{\partial\boldsymbol{x}^2} & \frac{\partial^2 f}{\partial\boldsymbol{x}\partial\boldsymbol{u}} \\ \left(\frac{\partial^2 f}{\partial\boldsymbol{x}\partial\boldsymbol{u}}\right)^{\mathrm{T}} & \frac{\partial^2 f}{\partial\boldsymbol{u}^2} \end{bmatrix} \begin{bmatrix}\boldsymbol{x}-\boldsymbol{x}_0 \\ \boldsymbol{u}-\boldsymbol{u}_0\end{bmatrix} + \cdots \end{aligned} \tag{A-28}$$

其中，$\frac{\partial^2 f}{\partial\boldsymbol{x}^2}$和$\frac{\partial^2 f}{\partial\boldsymbol{u}^2}$分别是$\frac{\partial^2 f}{\partial\boldsymbol{x}\partial\boldsymbol{x}}$和$\frac{\partial^2 f}{\partial\boldsymbol{u}\partial\boldsymbol{u}}$的习惯简记。

3. 复合函数的导数

类似于标量函数中复合函数的求导法则，由上述向量和矩阵的导数的定义，可得如下复合函数求导法则。

1）标量复合函数的导数。设标量复合函数 $f=f(\boldsymbol{y},\boldsymbol{x},t)$，$\boldsymbol{y}=\boldsymbol{y}(\boldsymbol{x},t)$，$\boldsymbol{x}=\boldsymbol{x}(t)$，则有

$$\frac{\mathrm{d}f}{\mathrm{d}\boldsymbol{x}} = \frac{\partial\boldsymbol{y}^{\mathrm{T}}}{\partial\boldsymbol{x}}\frac{\partial f}{\partial\boldsymbol{y}} + \frac{\partial f}{\partial\boldsymbol{x}} \tag{A-29}$$

$$\frac{\mathrm{d}f}{\mathrm{d}t} = \left(\frac{\partial\boldsymbol{y}^{\mathrm{T}}}{\partial\boldsymbol{x}}\frac{\partial f}{\partial\boldsymbol{y}} + \frac{\partial f}{\partial\boldsymbol{x}}\right)^{\mathrm{T}}\frac{\mathrm{d}\boldsymbol{x}}{\mathrm{d}t} + \frac{\partial f}{\partial\boldsymbol{y}^{\mathrm{T}}}\frac{\partial\boldsymbol{y}}{\partial t} + \frac{\partial f}{\partial t} \tag{A-30}$$

2）向量复合函数的导数。设向量复合函数 $\boldsymbol{z}=\boldsymbol{z}(\boldsymbol{y},\boldsymbol{x},t)$，$\boldsymbol{y}=\boldsymbol{y}(\boldsymbol{x},t)$，$\boldsymbol{x}=\boldsymbol{x}(t)$，则有

$$\frac{\mathrm{d}\boldsymbol{z}}{\mathrm{d}\boldsymbol{x}} = \frac{\partial\boldsymbol{z}}{\partial\boldsymbol{y}}\frac{\partial\boldsymbol{y}}{\partial\boldsymbol{x}} + \frac{\partial\boldsymbol{z}}{\partial\boldsymbol{x}} \tag{A-31}$$

$$\frac{\mathrm{d}\boldsymbol{z}}{\mathrm{d}t} = \frac{\mathrm{d}\boldsymbol{z}}{\mathrm{d}\boldsymbol{y}}\left(\frac{\partial\boldsymbol{y}}{\partial\boldsymbol{x}}\frac{\mathrm{d}\boldsymbol{x}}{\mathrm{d}t} + \frac{\partial\boldsymbol{y}}{\partial t}\right) + \frac{\partial\boldsymbol{z}}{\partial\boldsymbol{x}}\frac{\mathrm{d}\boldsymbol{x}}{\mathrm{d}t} + \frac{\partial\boldsymbol{z}}{\partial t} \tag{A-32}$$

A.2 函数的线性相关性

向量空间的向量组间的线性相关性是指向量间是否可相互表达，同样在函数空间的函数组也存在是否可相互表达的问题，即函数的线性相关性问题。为此，有如下函数线性相关性定义。

定义 A-6 设$f_1(t),f_2(t),\cdots,f_n(t)$是一组关于变量$t$的实函数，若存在一组不全为零的实数$c_1,c_2,\cdots,c_n$，使得

$$\sum_{i=1}^{n} c_i f_i(t) = 0, \quad \forall t \in [t_1,t_2] \tag{A-33}$$

则称这组实函数在$[t_1,t_2]$内线性相关，否则称它们在$[t_1,t_2]$内线性无关。

值得指出的是，上述定义的函数组的线性相关性是相对变量区间$[t_1,t_2]$而言的。若变量区间不同，则函数线性相关性就不同。例如下面定义的两个函数

$$f_1(t) = t, \quad t \in [-1,1]$$

$$f_2(t) = \begin{cases} -t, & t \in [-1,0) \\ t, & t \in [0,1] \end{cases}$$

由于

$$f_1(t) + f_2(t) = 0, \quad \forall t \in [-1,0)$$

$$f_1(t) - f_2(t) = 0, \quad \forall t \in [0,1]$$

因此，它们在区间$[0,1]$内线性相关，在区间$[-1,0)$内也线性相关，但在区间$[-1,1]$内线性无关。

由函数相关性的定义及上例可知，若函数组$f_1(t),f_2(t),\cdots,f_n(t)$在$[t_1,t_2]$内线性相关，则在$[t_1,t_2]$的任意子区间$[t_3,t_4]$（$[t_3,t_4]\in[t_1,t_2]$）内依然线性相关；若函数组$f_1(t),f_2(t),\cdots,f_n(t)$在$[t_1,t_2]$内线性无关，则在包含区间$[t_1,t_2]$的任意区间$[t_3,t_4]$（$[t_1,t_2]\in[t_3,t_4]$）内依然线性无关。

上述函数的线性相关性定义可以推广到函数向量组的线性相关性。为此，有如下函数向量组的线性相关性定义。

定义 A-7 设$\boldsymbol{f}_1(t),\boldsymbol{f}_2(t),\cdots,\boldsymbol{f}_n(t)$是一组关于变量$t$的$p$维实函数行向量，若存在一组不全为零的实数$c_1,c_2,\cdots,c_n$，使得

$$\sum_{i=1}^{n} c_i \boldsymbol{f}_i(t) = \boldsymbol{c}\boldsymbol{F}(t) = 0 \quad \forall t \in [t_1,t_2] \tag{A-34}$$

其中，$\boldsymbol{c}=[c_1 \quad c_2 \quad \cdots \quad c_n]$是$n$维行向量，$\boldsymbol{F}(t)=[\boldsymbol{f}_1^{\mathrm{T}}(t) \quad \boldsymbol{f}_2^{\mathrm{T}}(t) \quad \cdots \quad \boldsymbol{f}_n^{\mathrm{T}}(t)]^{\mathrm{T}}$是$n\times p$维矩阵，则称这组实函数向量在$[t_1,t_2]$内线性相关，否则称它们在$[t_1,t_2]$内线性无关。

与函数组的线性相关性具有相对性一样，上述定义的函数向量组线性相关性也是相对变量区间$[t_1,t_2]$而言的，并有如下结论：若函数向量组$\boldsymbol{f}_1(t),\boldsymbol{f}_2(t),\cdots,\boldsymbol{f}_n(t)$在$[t_1,t_2]$内线性相关，则在$[t_1,t_2]$的任意子区间$[t_3,t_4]$（$[t_3,t_4]\in[t_1,t_2]$）内依然线性相关；若函数向量组$\boldsymbol{f}_1(t),\boldsymbol{f}_2(t),\cdots,\boldsymbol{f}_n(t)$在$[t_1,t_2]$内线性无关，则在$[t_1,t_2]$的任意子区

间$[t_3,t_4]$（$[t_1,t_2]\in[t_3,t_4]$）内依然线性无关。

定义 A-7 定义了函数行向量组的线性相关性，但由该定义直接判定函数行向量组线性相关性比较困难。判定连续函数行向量组的线性相关性可采用如下定理给出的格兰姆矩阵法。

定理 A-1　令$\boldsymbol{f}_1(t),\boldsymbol{f}_2(t),\cdots,\boldsymbol{f}_n(t)$是定义在区间$[t_1,t_2]$内的一组关于变量$t$的$p$维连续实函数行向量，$\boldsymbol{F}(t)$是以它们为行构成的$n\times p$维函数矩阵，则这组函数行向量线性无关的充分必要条件为关于$\boldsymbol{F}(t)$的格兰姆矩阵

$$\boldsymbol{W}(t_1,t_2)=\int_{t_1}^{t_2}\boldsymbol{F}(t)\boldsymbol{F}^{\mathrm{T}}(t)\mathrm{d}t \tag{A-35}$$

非奇异。

证明　必要性证明。采用反证法。假设这组函数行向量在区间$[t_1,t_2]$内线性无关，但是格拉姆矩阵$\boldsymbol{W}(t_1,t_2)$奇异。因此，存在一个非零的n维行向量$\boldsymbol{c}$使得

$$\boldsymbol{cW}(t_1,t_2)=0$$

即有

$$\boldsymbol{cW}(t_1,t_2)\boldsymbol{c}^{\mathrm{T}}=\int_{t_1}^{t_2}\boldsymbol{cF}(t)[\boldsymbol{cF}(t)]^{\mathrm{T}}\mathrm{d}t=\int_{t_1}^{t_2}\|\boldsymbol{cF}(t)\|^2\mathrm{d}t=0 \tag{A-36}$$

函数行向量$\boldsymbol{f}_i(t)(i=1,2,\cdots,n)$的连续性保证函数矩阵$\boldsymbol{F}(t)$的连续性，$\|\boldsymbol{cF}(t)\|^2$是非负的数，式(A-36)表示

$$\boldsymbol{cF}(t)=0,\quad \forall t\in[t_1,t_2]$$

这与假设的n个函数行向量在区间$[t_1,t_2]$内线性无关矛盾，故必要性得以证明。

充分性证明。采用反证法。假设格拉姆矩阵$\boldsymbol{W}(t_1,t_2)$非奇异，但是这n个函数行向量在区间$[t_1,t_2]$内线性相关。因此，存在一个非零的n维行向量$\boldsymbol{c}$使得

$$\boldsymbol{cF}(t)=0,\quad \forall t\in[t_1,t_2]$$

于是

$$\boldsymbol{cW}(t_1,t_2)=\int_{t_1}^{t_2}\boldsymbol{cF}(t)\boldsymbol{F}^{\mathrm{T}}(t)\mathrm{d}t=0$$

即格拉姆矩阵$\boldsymbol{W}(t_1,t_2)$奇异，这与假设的格拉姆矩阵$\boldsymbol{W}(t_1,t_2)$非奇异矛盾，故充分性得以证明。　□□□

定理 A-1 的成立依赖于函数向量的连续性，并可推广到具有有限个间断点的分段连续函数向量的线性无关性。如果每个函数向量不仅连续且至少存在$n-1$阶连续导数，则可用下面的定理判断行函数向量的线性相关性。

定理 A-2　假设p维实函数行向量$\boldsymbol{f}_1(t),\boldsymbol{f}_2(t),\cdots,\boldsymbol{f}_n(t)$在区间$[t_1,t_2]$内连续且至少存在$n-1$阶连续导数，$\boldsymbol{F}(t)$是以它们为行构成的$n\times p$维函数矩阵，并以$\boldsymbol{F}^{(k)}(t)$表示函数矩阵$\boldsymbol{F}(t)$的$k$阶导数。若在区间$[t_1,t_2]$内存在某一时刻$t'\in[t_1,t_2]$使得矩阵

$$[\boldsymbol{F}(t')\quad \boldsymbol{F}^{(1)}(t')\quad \boldsymbol{F}^{(2)}(t')\quad \cdots\quad \boldsymbol{F}^{(n-1)}(t')]$$

的秩为n，则这组函数行向量$\boldsymbol{f}_1(t),\boldsymbol{f}_2(t),\cdots,\boldsymbol{f}_n(t)$在区间$[t_1,t_2]$内线性无关。

证明　采用反证法。假设确有$t'\in[t_1,t_2]$使得

$$\mathrm{rank}[\boldsymbol{F}(t')\quad \boldsymbol{F}^{(1)}(t')\quad \boldsymbol{F}^{(2)}(t')\quad \cdots\quad \boldsymbol{F}^{(n-1)}(t')]=n$$

但函数行向量 $\boldsymbol{f}_1(t),\boldsymbol{f}_2(t),\cdots,\boldsymbol{f}_n(t)$ 在区间 $[t_1,t_2]$ 内线性相关。这表明存在一个非零的 n 维行向量 $\boldsymbol{c}$ 使得

$$\boldsymbol{cF}(t)=0,\quad \forall t\in[t_1,t_2]$$

由于 $\boldsymbol{F}(t)$ 连续且至少 $n-1$ 阶可导,因而

$$\boldsymbol{cF}^{(k-1)}(t)=0,\quad k=1,2,\cdots,n-1,\quad \forall t\in[t_1,t_2]$$

即有

$$\boldsymbol{c}[\boldsymbol{F}(t)\quad \boldsymbol{F}^{(1)}(t)\quad \boldsymbol{F}^{(2)}(t)\quad \cdots\quad \boldsymbol{F}^{(n-1)}(t)]=0,\quad \forall t\in[t_1,t_2]$$

对于 $t'\in[t_1,t_2]$,当然有

$$\boldsymbol{c}[\boldsymbol{F}(t')\quad \boldsymbol{F}^{(1)}(t')\quad \boldsymbol{F}^{(2)}(t')\quad \cdots\quad \boldsymbol{F}^{(n-1)}(t')]=0$$

这与假设的

$$\mathrm{rank}[\boldsymbol{F}(t')\quad \boldsymbol{F}^{(1)}(t')\quad \boldsymbol{F}^{(2)}(t')\quad \cdots\quad \boldsymbol{F}^{(n-1)}(t')]=n$$

相矛盾。所以这组函数行向量线性无关。 □□□

定理 A-2 给出的是一个充分条件。若函数行向量 $\boldsymbol{f}_i(t)\,(i=1,2,\cdots,n)$ 在区间 $[t_1,t_2]$ 内是解析函数,应用定理 A-2 的证明和 $\boldsymbol{f}_i(t)$ 的解析表达可以证明如下定理的充分必要条件(证明略)。

定理 A-3 假设 p 维实函数行向量 $\boldsymbol{f}_1(t),\boldsymbol{f}_2(t),\cdots,\boldsymbol{f}_n(t)$ 在区间 $[t_1,t_2]$ 内解析,$\boldsymbol{F}(t)$ 是以它们为行构成的 $n\times p$ 维函数矩阵并以 $\boldsymbol{F}^{(k)}(t)$ 表示函数矩阵 $\boldsymbol{F}(t)$ 的 k 阶导数,则这组函数行向量 $\boldsymbol{f}_1(t),\boldsymbol{f}_2(t),\cdots,\boldsymbol{f}_n(t)$ 在区间 $[t_1,t_2]$ 内线性无关的充要条件为存在某一时刻 $t'\in[t_1,t_2]$ 使得下式成立。

$$\mathrm{rank}[\boldsymbol{F}(t')\quad \boldsymbol{F}^{(1)}(t')\quad \boldsymbol{F}^{(2)}(t')\quad \cdots\quad \boldsymbol{F}^{(n-1)}(t')\quad \cdots\quad]=n \tag{A-37}$$

值得注意的是,式(A-37)中矩阵的规模是到无穷的(n 行,无限列),实际上计算时应从左到右逐渐扩大矩阵规模计算。若存在某个有限的 k,使得

$$\mathrm{rank}[\boldsymbol{F}(t')\quad \boldsymbol{F}^{(1)}(t')\quad \boldsymbol{F}^{(2)}(t')\quad \cdots\quad \boldsymbol{F}^{(k)}(t')]=n$$

则式(A-37)一定成立。

前面定义的函数向量组的相关性及判定定理是针对函数行向量组的,对函数列向量组也对应存在函数相关性定义及判定定理。如对应于定理 A-1,对函数列向量组的相关性,有如下定理。

定理 A-4 令 $\boldsymbol{f}_1(t),\boldsymbol{f}_2(t),\cdots,\boldsymbol{f}_n(t)$ 是定义在区间 $[t_1,t_2]$ 内的一组关于变量 t 的 p 维连续实函数列向量,$\boldsymbol{F}(t)$ 是以它们为列构成的 $p\times n$ 维函数矩阵,则这组函数列向量线性无关的充分必要条件为关于 $\boldsymbol{F}(t)$ 的格兰姆矩阵

$$\boldsymbol{W}(t_1,t_2)=\int_{t_1}^{t_2}\boldsymbol{F}^{\mathrm{T}}(t)\boldsymbol{F}(t)\mathrm{d}t$$

非奇异。

附录B 名词与人名中外文索引表

第1章

巴本 D. Papin
贝尔曼 R. Bellman
伯德 H. W. Bode
单输入单输出 single-input-single-output, SISO
动态系统、动力学系统 dynamic systems
多变量控制 multivariable control
多输入多输出 multi-input-multi-output, MIMO
根轨迹法 root locus method
胡尔维茨 A. Hurwitz
卡尔曼 R. Kalman
控制理论 control theory
控制论 cybernetics
控制器 controller
劳斯 E. J. Routh
李雅普诺夫 A. M. Ляпунов
麦克斯韦 J. C. Maxwell
奈奎斯特 H. Nyquist
尼科尔斯 N. B. Nichols
庞特里亚金 Понтрягин
频率 frequency
频域 frequency domain
普尔佐诺夫 I. Polzunov
扰动、干扰 disturbance
时域 time domain
随机系统 stochastic systems
瓦特 J. Watt
维纳 N. Wiener
系统 system
相位 phase
伊万斯 W. R. Evans
H∞控制 H_∞ control
艾希德 A. Isidori
变结构控制 variable structrue control
不确定性 uncertainty
分布参数系统 distributed parameter systems
控制方法 control method
离散事件控制 discrete event control
鲁棒控制 robust control
鲁棒性 robustness
滤波 filtering
容错性 fault tolerance
微分几何 differential geometry
系统辨识 system identification
智能控制 intelligent control
自适应控制 adaptive control
仿真 simulation
非线性优化 nonlinear optimization
符号计算 symbolic computation
工具箱 toolbox
数值计算 numerical computation
对角线规范形 diagonal canonical form
约旦规范形 Jordan canonical form

第2章

被控系统、受控系统 controlled systems
常微分方程 ordinary differential equations
导数 deriatative
定常系统、时不变系统 time-invariant systems
非线性系统 nonlinear systems
矩阵 matrix
连续系统、连续时间系统 continuous-time systems

时变系统、非定常系统　time-varying systems
输出方程　output equation
数学模型　mathematic models
线性系统　linear system
向量　vector
状态　state
状态方程　state equation
状态轨迹　state trace
状态空间　state space
状态空间模型　state sapce model
传递函数　transfer function
倒立摆　inverted pendulum
对角线矩阵　diagonal matrix
傅里叶变换、傅氏变换　Fourier transformation
傅里叶展开式　Fourier expansion
惯性环节　inertial element
块对角矩阵　block diagonal matrix
线性化　linerization
相变量　phase variable
严格真有理函数　strictly proper rational function
友矩阵　companior matrix
约旦矩阵　Jordan matrix
真有理函数　proper rational function
伴随矩阵　adjoint matrix
代数重数　algebraic multiple number
非奇异矩阵、可逆矩阵　non-singuler matrix
广义特征向量　generality eigenvector
规范形、标准型、典范型　canonical form
几何重数　geometric multiple number
块矩阵　block matrix
特征多项式　characteristic polynomials
特征方程　characteristic equation
特征向量　eigenvector
特征值　eigenvalue
线性变换　liner transformation
秩　rank
重数　multiple number
并联联结　parallel connection
传递函数阵　transfer function matrix
串联联结　series connection
反馈联结　feedback connection
拉普拉斯变换、拉氏变换　Laplace transformation
有理矩阵函数　rational matrix function
组合系统　compostion system
A/D 转换、模数转换　Analog to Digital Converter
D/A 转换、数模转换　Digital to Analog Converter
z 变换　z transformation
采样系统　sampled systems
差分方程　difference equation
离散系统、离散时间系统　discrete-time systems
人口系统　population system
伺服系统　servo system
延迟　delay

第 3 章

初始时间　initial time
初始状态　initial state
叠加性　superposition
多项式　polynomial
多项式矩阵函数　polynomial matrix function
非齐次状态方程　non-homogenerous state equation
分段连续函数　piecewise continuous function
阶跃信号　step signal
矩阵指数函数　matrix exponent function
卷积　convolution
零输入响应　zero-input response
零状态响应　zero-state response
脉冲响应　impulse response
脉冲信号　impulse signal
齐次性　homogenerous

齐次状态方程　homogenerous state equation
输出响应　output response
响应　response
状态响应　state response
状态转移矩阵　state transistion matrix
自治系统　autonomous system
凯莱-哈密顿定理　Cayley-Hamilton Theorem
零化多项式　annihilated polynomial
塞尔维斯特内插法　Sylvester interpolating method
首一多项式　momic polynomial
最小多项式　minmial polynomial
保持器　holder
离散化系统　discreting systems
递推算法　recursive algorithm

第4章

格拉姆矩阵　Gram matrix
函数线性无关　functional linear indendence
函数线性相关　functional linear dendence
模态判据　modulity criterion
能控性、可控性　controllablity
能控性矩阵　controllablity matrix
能控性判据　controllability criterion
输出能控性　output controllability
秩判据　rank criterion
状态能控性　state controllability
能观性、可观性　observablity
能观性矩阵　observability matrix
能观性判据　observablity criterion
能达性、可达性　reachablity
对偶性　duality
结构分解　structural decomposition
零点　zero
零极点相消　zero-pole cancel
子空间　subspace
子系统　subsystem
龙伯格能控规范形　Luenberger controllability canonical form
能观规范形　observability canonical form
能控规范形　controllability canonical form
能控性指数　controllability index
旺纳姆能控规范形　Wonham controllability canonical form
系统实现　system realization
最小实现　minimal realization

第5章

定号性　definite sign
范数　norm
非正定矩阵　non-positive definite matrix
欧几里德范数、2范数　Euclidean norm, 2-norm
平衡态　equilibrum state
输入输出稳定性　input-output stability
稳定性　stability
一致稳定　consistent stability
有界输入有界输出稳定性　bounded-input bounded-output stability, BIBO stability
状态稳定性　state stability
代数方程　algebraic equation
对称矩阵　symmetry matrix
二次型函数　quadratic function
非负定矩阵　non-negative definite matrix
负定矩阵　negative definite matrix
合同变换　congjurent transformation
渐近稳定、渐进稳定　asymptotic stability
偏导数　partial deriatative
塞尔维斯特定理　Sylvester Theorem
稳定性判据　stability criterion
雅可比矩阵　Jacobi matrix
正定矩阵　positive-definite matrix
黎卡提微分方程　Riccati differential equation
阿依捷尔曼法　Айзерман
变量梯度法　variable gradient method
克拉索夫斯基法　Красовский
梯度　gradient

旋度 spinor

第 6 章

系统综合 system synthesis
闭环系统 closed-loop systems
反馈 feedback
开环系统 open-loop systems
控制目标 control goal
输出反馈 output feedback
状态反馈 state feedback
极点配置 pole assignment
鲁棒特征结构配置 robust characteristic strucure assigment
循环矩阵 cyclical matrix
镇定控制 stable control
补偿器解耦 compensator decouple
解耦 decouple
解耦控制 decouple control
观测器 reduction observer
降维观测器 reduction-dimension observer
全维观测器 full-dimension obseravabor
状态估计 state estimation
状态观测误差 state observating error
状态规测器 state observator

第 7 章

末端时刻 end time
末态 end state
目标集 goal set
容许控制 admissible control
性能指标 cost,perofrmance index
最优控制 optimal control
变分法 variation method
波尔扎问题 Bolza problem
泛函分析 functional analysis
横截条件 transversality condition
极值 extremum value
库恩-塔哈克定理 Kuhn-Tucker Theorem
拉格朗日乘子 Lagrange multiplier
拉格朗日问题 Lagrange problem
麦耶尔问题 Mayer problem
欧拉方程 Eular equation
容许函数 admissible functiuon
约束条件 constraint condition
宗量 argument
最优化理论 optimization theory
边界条件 boundarly condition
哈密顿函数 Hamitom function
协态方程、共轭方程、伴随方程 adjoint equation
极大值原理 maximum principle
二次型最优控制 quadratic optimal control
跟踪控制 tracking control
状态调节器 state regualtor
动态规划 dynamic programming
多阶段决策 multi-stage decision
最优性原理 optimal priciple

附录 C 符号表

符 号	含 义
$\boldsymbol{A},\boldsymbol{B},\boldsymbol{\Phi},\cdots$	大写黑斜体字母表示矩阵
$\boldsymbol{u},\boldsymbol{x},\boldsymbol{y},\boldsymbol{f},\boldsymbol{\phi},\cdots$	小写黑斜体字母表示向量
$u,x,y,f,\alpha,\cdots$	小写斜体字母表示标量
$\Omega,V,\cdots$	表示集合或空间
0	数字 0、零向量或零矩阵
$\boldsymbol{R}^{m\times n}$	表示 $m\times n$ 维实元素矩阵的全体
$\boldsymbol{C}^{m\times n}$	表示 $m\times n$ 维复元素矩阵的全体
$\boldsymbol{R}^{n}$	表示 n 维实元素列向量的全体
$\boldsymbol{C}^{n}$	表示 n 维复元素列向量的全体
$\boldsymbol{R}$	表示实数的全体
$\boldsymbol{C}$	表示复数的全体
$\dim V$	表示子空间 V 的维数
$\rightarrow$	趋于
$\in$	元素属于
$\notin$	元素不属于
$A\subset B$	集合 A 属于集合 B(集合 A 为集合 B 的子集)
$\forall$	全称量词,意“任取”、“任意”和“所有”
$\exists$	存在量词,意“存在”、“找到”和“某个”
$\Rightarrow$	蕴含
$\Vert\boldsymbol{x}\Vert$	向量 $\boldsymbol{x}$ 的范数,未申明者一般为 2 范数(欧几里得范数)
$\boldsymbol{I}(\boldsymbol{I}_n)$	单位矩阵($n\times n$ 单位矩阵)
$\boldsymbol{A}^{\mathrm{T}},\boldsymbol{x}^{\mathrm{T}}$	矩阵 $\boldsymbol{A}$、向量 $\boldsymbol{x}$ 的转置
$\boldsymbol{x}>0,<0,\geqslant0,\leqslant0$	向量 $\boldsymbol{x}$ 的每个元素 $>0,<0,\geqslant0,\leqslant0$
$\boldsymbol{A}>0,<0,\geqslant0,\leqslant0$	对称矩阵 $\boldsymbol{A}$ 正定,负定,非负定,非正定

续表

符 号	含 义
$\boldsymbol{A}>\boldsymbol{B}$	对称矩阵 $\boldsymbol{A}$ 与 $\boldsymbol{B}$ 满足:$\boldsymbol{A}-\boldsymbol{B}>0$
$\boldsymbol{A}\geqslant\boldsymbol{B}$	对称矩阵 $\boldsymbol{A}$ 与 $\boldsymbol{B}$ 满足:$\boldsymbol{A}-\boldsymbol{B}\geqslant 0$
$\lambda(\boldsymbol{A})$	矩阵 $\boldsymbol{A}$ 的特征值
$\|\boldsymbol{A}\|$, $\det(\boldsymbol{A})$	矩阵 $\boldsymbol{A}$ 的行列式值
$\\|\boldsymbol{x}\\|$	向量 $\boldsymbol{x}$ 的范数,未申明者一般为 2 范数(欧几里得范数)
$\\|\boldsymbol{A}\\|_2$	矩阵 $\boldsymbol{A}$ 的 2 范数(欧几里得范数)
$\mathrm{Re}\boldsymbol{A}(\mathrm{Re}\ s)$	矩阵 $\boldsymbol{A}$(变量 s)的实部
$\mathrm{Im}\boldsymbol{A}(\mathrm{Im}\ s)$	矩阵 $\boldsymbol{A}$(变量 s)的虚部
$\mathrm{tr}\boldsymbol{A}$	方阵 $\boldsymbol{A}$ 的迹,即 $\boldsymbol{A}$ 的对角线元素之和
$\mathrm{rank}\boldsymbol{A}$	矩阵 $\boldsymbol{A}$ 的秩
$\mathrm{adj}\boldsymbol{A}$	方阵 $\boldsymbol{A}$ 的伴随矩阵
$\mathrm{diag}\{s_1\ s_2\ \cdots s_n\}$	对角元素为 $s_1\ s_2\ \cdots s_n$ 的对角矩阵
$\mathrm{block\_diag}\{\boldsymbol{A}_1\ \boldsymbol{A}_2\ \cdots\ \boldsymbol{A}_n\}$	由方块矩阵 $\boldsymbol{A}_1\ \boldsymbol{A}_2\ \cdots\ \boldsymbol{A}_n$ 为对角块组成的块对角矩阵
e^x, $\ln(x)$, $\sin(x)$, $\cos(x)$	常用函数名符号(均采用正体)
□□□	定理、引理与推论的证明完毕

参 考 文 献

[1] B. D. O. Anderson, J. B. Moore. Linear Optimal Control. Prentice-Hall, Inc. ,1971.

[2] M. Athans, P. L. Falb. Optimal Control. McGraw-Hall,1966.

[3] S. Barnett. Introduction to Mathematical Control Theory. Clarendon Press, Oxford,1975.

[4] A. E. Bryson Jr. , Y. C. Ho. Applied Optimum Control. John Wiley & Sons, Inc. , 1975.

[5] 常春馨. 现代控制理论基础[M]. 北京:机械工业出版社,1988.

[6] C. T. Chen. Linear System Theory and Design. CBS College Publishing,1984.

[7] M. J. Corless, A. E. Frazho. Linear Systems and Control: an Operator Perspective. New York: Marcel Dekker, 2003.

[8] 段广仁. 线性系统理论[M]. 哈尔滨:哈尔滨工业大学出版社,1996.

[9] 方斌. 自动控制原理学习指导与解题[M]. 西安:西安电子科技大学出版社,2003.

[10] 冯国楠. 最优控制理论与应用[M]. 北京:北京工业大学出版社,1991.

[11] 冯巧玲. 自动控制原理[M]. 北京:北京航空航天大学出版社. 2003.

[12] R. V. Gamkrelidze. Principle of Optimal Control. New York: Plenum Press, 1978.

[13] 高为炳. 运动稳定性基础[M]. 北京:高等教育出版社,1987.

[14] 关肇直. 极值控制与极大值原理[M]. 北京:科学出版社,1980.

[15] 胡寿松. 自动控制原理[M]. 北京:科学出版社,2001.

[16] 黄道平. MATLAB 与控制系统的数字仿真及 CAD[M]. 北京:化学工业出版社, 2004.

[17] 黄琳. 系统与控制理论中的线性代数[M]. 北京:科学出版社,1984.

[18] 黄琳. 稳定性理论[M]. 北京:北京大学出版社,1992.

[19] 黄忠霖. 控制系统 MATLAB 计算及仿真[M]. 北京:国防工业出版社,2001.

[20] T. Kailath. Linear Systems, Englewood Cliffs. N. J. Prentice-Hall,1980.

[21] G. Leitmann. The Calculus of Variations and Optimum Control—An Introduction. Plenum Press,1981.

[22] 李庆扬,王能超,易大义. 数值分析[M]. 北京:清华大学出版社,2001.

[23] 刘叔军,盖晓华,樊京等. MATLAB 7. 0 控制系统应用与实例[M]. 北京:机械工业出版社, 2006.

[24] 罗家洪. 矩阵分析引论[M]. 广州:华南理工大学出版社,2000.

[25] K. Ogata. Discrete-time Control Systems. Prentice-Hall, Inc. ,1987.

[26] 秦寿康,张正方.最优控制[M].北京:电子工业出版社,1984.
[27] 仝茂达.线性系统理论和设计[M].合肥:中国科学技术大学出版社,1998.
[28] W. J. Rugh. Linear System Theory . New Jersey-Prentice-Hall,1996.
[29] 施颂椒,陈学中,杜秀华.现代控制理论基础[M].北京:高等教育出版社,2005.
[30] 宋申民,陈兴林.自动控制原理典型例题解析与习题精选[M].北京:高等教育出版社,2004.
[31] 涂奉生,王翼.现代控制理论基础.化工自动化丛书[M].北京:化学工业出版社,1981.
[32] 屠伯埙.高等代数[M].上海:上海科学技术出版社,1987.
[33] 王高雄,朱思铭,王寿松等.常微分方程[M].北京:高等教育出版社,2006.
[34] 王诗宓,杜继宏,窦曰轩.自动控制理论例题习题集[M].北京:清华大学出版社,2002.
[35] 王孝武.现代控制理论基础[M].北京:机械工业出版社,1998.
[36] 王照林.现代控制理论基础[M].北京:国防工业出版社,1981.
[37] W. M. 旺纳姆.线性多变量控制——一种几何方法[M].姚景尹,王恩平译.北京:科学出版社,1979.
[38] 魏克新,王云亮,陈志敏. MATLAB 语言与自动控制系统设计[M].北京:机械工业出版社,1997.
[39] 吴麒.自动控制原理(上、下册)[M].北京:清华大学出版社,1992.
[40] 吴受章.应用最优控制[M].西安:西安交通大学出版社,1987.
[41] 夏道行,严绍宗.实变函数论与泛函分析[M].北京:高等教育出版社,1983.
[42] 解学书.最优控制理论与应用[M].北京:清华大学出版社,1988.
[43] 须田信英.自动控制中的矩阵理论[M].曹长修译.北京:科学出版社,1979.
[44] 薛定宇.控制系统计算机辅助设计 MATLAB 语言及应用[M].北京:清华大学出版社,1996.
[45] 尤昌德.现代控制理论[M].北京:北京:电子工业出版社,1996.
[46] 赵明旺.现代控制理论基础[M].北京:冶金工业出版社,1995.
[47] 郑大钟.线性系统理论[M].北京:清华大学出版社,2002.